Säugetiere

Frank E. Beddard

Writat

Diese Ausgabe erschien im Jahr 2023

ISBN: 9789359250960

Herausgegeben von
Writat
E-Mail: info@writat.com

Inhalt

VORWORT

Da Sir WH Flower und Mr. Lydekker in ihrer *Einführung in das Studium der Säugetiere* nicht behaupten konnten, die Mammalia im Rahmen von fast 800 Seiten erschöpfend zu behandeln , ist es offensichtlich, dass der vorliegende Band, der zehn Jahre später erscheint und von … ist Das eher kleinere Werk kann nur eine Auswahl der enormen Menge an Fakten enthalten, die dem Studenten dieser Gruppe zur Verfügung stehen. Daher war die Hauptfrage für mich, was ich auswählen und was ich beiseite lassen sollte. Es ist zu bemerken, dass ich die Seiten dieses Buches auf eine Übereinstimmung mit denen anderer Bände der Reihe reduziert habe, indem ich einige Gruppen kürzer behandelt habe als andere. Es erschien mir wünschenswert, solche Gruppen wie die Edentata und die Marsupialia vollständig zu behandeln , und es wäre mir zulässig, sich bei der Behandlung so großer Ordnungen wie denen der Rodentia und Chiroptera kürzer zu fassen . Langwierige Abhandlungen über so bekannte und vergleichsweise uninteressante Tiere wie den Löwen und den Leoparden wurden gekürzt und der dadurch gewonnene Platz kürzeren und zahlreicheren Berichten über andere Lebewesen gewidmet. Da der Wissenschaft fast sechshundert Gattungen lebender Säugetiere bekannt sind, wurde sowohl das Weglassen als auch die Komprimierung zu einer absoluten Notwendigkeit. Ich hoffe, dass ich die Mehrzahl der wichtigeren Gattungen lebender und ausgestorbener Säugetiere vom Standpunkt einer notwendigerweise begrenzten Abhandlung angemessen behandelt habe; Die Länge dieses Teils des Buches musste jedoch durch die Entdeckung einer beträchtlichen Anzahl wichtiger neuer Typen im letzten Buch erhöht werden, die mir im Vergleich zu den beiden Autoren, deren Namen ich zitiert habe, gleichzeitig einen Vor- und einen Nachteil verschaffen 10 Jahre. Solche Formen wie *Notoryctes* , *Romerolagus* , *Caenolestes* , „ *Neomylodon* “ und *Ocapia* konnten unmöglich weggelassen werden.

Bei der Erstellung meiner Berichte über lebende und ausgestorbene Formen habe ich fast immer die Originalautoren konsultiert und diese Berichte oft durch meine eigenen Sektionen in den Gärten der Zoological Society ergänzt oder bestätigt. Meine Regel ist in dieser Angelegenheit jedoch nicht unveränderlich, da es zwei neuere und vertrauenswürdige Lehrbücher der Paläontologie der Säugetiere gibt – Professor Zittels *Handbuch der Paläontologie* und Dr. A. Smith Woodwards Handbuch *Outlines of Vertebrate Palaeontology* Cambridge Biological Series. Wo nur der Name einer Gattung oder ihr Verbreitungsgebiet oder nur ein oder zwei Tatsachen darüber erwähnt werden, habe ich es nicht für notwendig gehalten, über diese beiden Werke hinauszugehen. Aber seit dem Erscheinen dieser beiden Bände ist viel getan worden, und ich werde feststellen, dass ich es nicht ignoriert habe.

Ich danke meinen Herausgebern für die Mühe, die sie sich bei der Überarbeitung der Korrekturabzüge gemacht haben, und für viele Anregungen. Ich bin Professor Osborn von der Columbia University, New York, für einige freundliche Vorschläge zu Dank verpflichtet. Meine Tochter Iris hat mich auf verschiedene Weise unterstützt. Abschließend möchte ich Herrn Dixon und Herrn MP Parker für die Sorgfalt danken, mit der sie die Zahlen erstellt haben, die sie speziell für diese Arbeit gezeichnet haben.

FRANK E. BEDDARD .

LONDON , *28. Februar 1902* .

KAPITEL I

EINLEITEND

Die Mammalia bilden eine Gruppe von Wirbeltieren, die in etwa dem entsprechen, was im Volksmund als „Vierbeiner" bezeichnet wird, oder mit den noch umgangssprachlicheren Begriffen „Bestien" oder „Tiere". Der Name „Säugetier" leitet sich vom hervorstechendsten Merkmal der Gruppe ab, *nämlich* dem Besitz von Zitzen; aber wenn der Begriff in einem absolut strengen etymologischen Sinne verwendet würde, könnte er die Monotremen nicht einschließen, die zwar Milchdrüsen, aber keine vollständig differenzierten Zitzen haben (siehe S. 16) . Es gibt jedoch, wie wir gleich sehen werden, andere Merkmale, die die Einbeziehung dieser eierlegenden Vierbeiner in die Klasse Mammalia erforderlich machen.

Die Mammalia sind zweifellos die höchsten Wirbeltiere. Obwohl diese Aussage allgemein akzeptabel ist, bedarf sie einer Erklärung und Begründung. „Höchste" impliziert Vollkommenheit oder zumindest relative Vollkommenheit. Man könnte mit absoluter Wahrheit sagen, dass eine Schlange in gewisser Weise ein Beispiel perfekter Struktur ist: Ohne Gliedmaßen kann sie schnell durch das Gras gleiten, schwimmen wie ein Fisch, klettern wie ein Affe und schnell auf ihre Beute stürzen und Genauigkeit. Es ist ein Beispiel für ein äußerst spezialisiertes Reptil, wobei der Verlust der Gliedmaßen die offensichtlichste Art und Weise ist, in der es sich von den allgemeineren Reptilienarten unterscheidet . Tatsächlich ist Spezialisierung oft gleichbedeutend mit Erniedrigung und impliziert daher ein eingeschränktes Leben. Andererseits ist Vereinfachung nicht immer als Entartung zu verstehen. Der Unterkiefer von Säugetieren beispielsweise hat weniger Knochen als der von Reptilien und ist präziser mit dem Schädel verbunden; Dies impliziert eine größere Effizienz als Beißorgan. Der höchste Begriff umfasst jedoch sowohl erhöhte Komplexität als auch Vereinfachung, wobei die beiden Modifikationsreihen miteinander verwoben werden, um einen effizienteren Organismus zu bilden. Es kann nicht bezweifelt werden, dass die zunehmende Komplexität des Gehirns von Säugetieren sie auf der Skala anhebt, ebenso wie die komplexe und fein angepasste Reihe von Knochenchen, die das Organ für die Schallübertragung zum Innenohr bilden. Die Abtrennung der die Lunge enthaltenden Höhle und die Auskleidung der so gebildeten Scheidewand mit Muskelfasern macht die Wirkung der Lunge wirksamer; und es gibt andere Beispiele bei den Säugetieren, in denen die verschiedenen Teile und Organe des Körpers im Vergleich zu niedrigeren Formen komplexer sind, was dazu beiträgt, den allgemein für diese Lebewesen verwendeten Begriff „höchste" zu rechtfertigen.

Komplexität und Ausführung der Struktur gehen oft mit großer Größe einher; und die Säugetiere sind im Großen und Ganzen größer als alle anderen Wirbeltiere und enthalten auch die kolossalsten Arten. Obwohl die riesigen Dinosaurier des Mesozoikums zu den größten Tieren gehören, werden sie von den Walen übertroffen; und zur letzteren Gruppe gehört das mächtigste Geschöpf, das existiert oder jemals existiert hat, der 85 Fuß lange Sibbalds Rorqual. Wenn wir uns strikt auf Fakten beschränken und jede Theorie über den möglichen Zusammenhang zwischen Komplexität und Feinheit des Körperbaus und der Fähigkeit zur Massenzunahme vermeiden, wird aus der Geschichte von mehr als einer Gruppe von Säugetieren deutlich, dass eine Zunahme der Masse mit einer Spezialisierung der Struktur einhergeht . Das lehren uns die riesigen Dinocerata im Vergleich mit dem Vorfahren *Pantolambda* , ebenso wie viele ähnliche Beispiele. Innerhalb der Säugetiergruppe gibt es, wie auch bei anderen Wirbeltieren, eine gewisse grobe Übereinstimmung zwischen Größenunterschieden und Lebensraumunterschieden. Die Wale beherbergen nicht nur die größten Tiere, sondern ihre Durchschnittsgröße ist auch großartig; Dasselbe gilt auch für die ebenso aquatische Sirenia und die sehr aquatische Pinnipedia . Hier ermöglichen die Unterstützung durch das Wasser und der daraus resultierende geringere Bedarf an Muskelkraft zur Neutralisierung der Auswirkungen der Schwerkraft eine Zunahme des Volumens. Als nächstes kommen rein terrestrische Tiere; und schließlich baumlebende und noch mehr „fliegende" Säugetiere sind von geringer Größe, da die Aufrechterhaltung der Position beim Bewegen und Fressen enorme Muskelanstrengungen erfordert.

Die Säugetiere sind von den in der Reihe tiefer liegenden Wirbeltieren leichter zu trennen als die letzteren in aufsteigender Reihenfolge voneinander. Zusätzlich zu denen, die im folgenden kurzen Katalog wesentlicher Säugetiermerkmale verwendet werden, könnte eine große Anzahl von Merkmalen verwendet werden, wenn es nicht die niedrig platzierten Monotremata auf der einen Seite und die hochspezialisierten Wale auf der anderen Seite gäbe. Einschließlich dieser Formen unterscheiden sich die Mammalia von allen anderen Wirbeltieren durch die folgende Reihe von Strukturmerkmalen, die später in einer kurzen Abhandlung über die allgemeine Struktur der Mammalia erweitert werden. Die Klasse Mammalia kann tatsächlich folgendermaßen definiert werden :

Behaarte Wirbeltiere mit Hautdrüsen beim Weibchen, die Milch zur Ernährung der Jungen absondern. Schädel ohne präfrontale, postfrontale, quadrato -jugale und einige andere Knochen und mit zwei Hinterhauptskondylen, die vollständig von den Hinterhauptsbeinen gebildet werden. Der Unterkiefer besteht nur aus Zahnknochen und ist nur mit dem Plattenepithel verbunden. Ohrknochen sind eine Kette aus drei oder vier separaten Knochen. Halswirbel deutlich von den Rückenwirbeln abgegrenzt , und wenn sie freie Rippen haben, zeigen sie keinen Übergang zwischen diesen und den Brustrippen. Gehirn mit vier Sehlappen. Lunge und Herz sind durch ein muskuläres Zwerchfell von der Bauchhöhle getrennt. Herz mit einem einzigen linken Aortenbogen. Rote Blutkörperchen bilden keinen Kern.

Die folgenden Merkmale sind ebenfalls nahezu universell und auf jeden Fall absolut unterscheidbar : – Halswirbel, sieben; Wirbel mit Epiphysen. Sprunggelenk „ cruro -tarsal", *also* zwischen Bein und Knöchel, und nicht in der Mitte des Knöchels. [1] Befestigung des Beckens an der Wirbelsäule in präazetabulärer Position.

Da es sich bei den Mammalia um heißblütige Lebewesen handelt, sind sie temperaturunabhängiger als Reptilien; Sie kommen daher über einen größeren Bereich der Erdoberfläche verteilt vor. Da sie zwar heißblütig sind, aber nicht über die Fortbewegungsfähigkeit verfügen, die Vögel besitzen, sind sie nicht ganz so weit verbreitet wie diese Tiere. Die Säugetiere kommen bis in den äußersten Norden vor, doch mit Ausnahme einiger hauptsächlich im Wasser lebender Arten wie den Seelöwen ist nicht bekannt, dass sie auf dem antarktischen Kontinent vorkommen. Mit Ausnahme der fliegenden Fledermäuse gibt es in Neuseeland überhaupt keine einheimischen Säugetiere; und es scheint zweifelhaft zu sein, ob die angeblichen ozeanischen Inseln, die eine Säugetierfauna beherbergen, wirklich ozeanischen Ursprungs sind. Die Kontinente und Ozeane werden von etwas mehr als dreitausend Säugetierarten bevölkert, eine Zahl, die erheblich geringer ist als die von Vögeln oder Reptilien. Es scheint klar, dass die Säugetierfauna heute, zumindest was die Anzahl der Familien und Gattungen betrifft, weniger vielfältig ist als im mittleren Tertiär, der Blütezeit des Säugetierlebens. Es ist ziemlich bemerkenswert, auf diese Weise die Säugetiere und die Vögel gegenüberzustellen. Die beiden Klassen des Tierreichs scheinen etwa zur gleichen Zeit entstanden zu sein; aber entweder haben die Vögel heute ihren Höhepunkt erreicht oder sie haben ihn noch nicht erreicht. Die Mammalia hingegen vermehrten sich im Eozän und Miozän außerordentlich stark und sind seitdem zurückgegangen. Der Bruch ist am Ende des Pleistozäns am stärksten ausgeprägt und könnte teilweise auf den direkten Einfluss des Menschen zurückzuführen sein. Gegenwärtig übt der Mensch sowohl direkt als auch indirekt einen so enormen Einfluss aus, dass die zukünftige Geschichte der Mammalia wahrscheinlich durch die Beispiele des Breitmaulnashorns und der Quagga angedeutet wird. Andererseits ist der wirtschaftliche Nutzen der Mammalia größer als der aller anderen Tiere; und die nächstwichtigste Ära in ihrer Geschichte wird wahrscheinlich die der Häuslichkeit und der „Erhaltung" sein.

KAPITEL II

Struktur und gegenwärtige Verbreitung der Säugetiere

Äußere Form. — Es wäre völlig unmöglich, irgendein anderes vierbeiniges Tier mit einem Säugetier zu verwechseln. Der Körper eines Reptils ist sozusagen zwischen seinen Gliedmaßen umschlungen, wie der Körper eines Streitwagens aus dem 18. Jahrhundert zwischen seinen vier Rädern; Beim Säugetier ist der Körper vollständig über die vier Gliedmaßen gehoben und wird von diesen getragen. Auch die Achsen dieser Gliedmaßen verlaufen in der Regel parallel zur vertikalen Achse des Körpers ihres Besitzers. Aus der Sicht eines Landgeschöpfes, das diese Gliedmaßen für schnelle Bewegungen nutzen muss, ergibt sich somit eine größere Perfektion der Beziehungen der Gliedmaßen zum Rumpf. Die gleiche Vollkommenheit dieser Beziehungen ist bei solchen Laufformen bei den niederen Wirbeltieren wie den Vögeln und den Dinosauriern zu beobachten, wo die tatsächliche Winkelung der Gliedmaßen wie bei den rein laufenden Säugetieren ist. Diese Beziehungen gehen bei den im Wasser lebenden Cetacea natürlich völlig verloren und sind bei verschiedenen grabenden Lebewesen nicht ausgeprägt. Die Art und Weise, wie die Vorder- und Hinterbeine gewinkelt sind, unterscheidet sich in beiden Fällen erheblich. Bei den letzteren, die am häufigsten verwendet werden und sozusagen auf den vorderen Teil des Körpers drücken, ist das untere Ende des Oberschenkelknochens nach vorne gerichtet, das Schienbein und das Wadenbein ragen am unteren Ende nach hinten, während Knöchel und Fuß dies tun wieder in die gleiche Richtung wie der Femur geneigt. Bei den Vorderbeinen gibt es diesen regelmäßigen Wechsel nicht. Der Oberarmknochen ist nach hinten gerichtet, der Unterarm nach vorne und die Hand noch mehr nach vorne. Diese Winkelung scheint die Bewegung zu erleichtern, da sie sogar bei Amphibien und niederen Reptilien zu beobachten ist, bei denen jedoch die Unterschiede zwischen den Vorder- und Hinterbeinen weniger ausgeprägt sind, was daher auf einen weniger spezialisierten Zustand der Gliedmaßen hinweist . Es ist eine interessante Tatsache, dass die Winkelung der Gliedmaßen bei sehr massigen Tieren bis zu einem gewissen Grad nicht mehr möglich ist, und bei den Elefanten (siehe S. 217), die starke und gerade Säulen zu benötigen scheinen, um ihren riesigen Tieren den nötigen Halt zu geben, ist dies fast vollständig der Fall Körper.

Die Wachsamkeit und allgemeine intellektuelle Überlegenheit der Säugetiere gegenüber allen in der Reihe darunter liegenden Tieren (mit Ausnahme der Vögel, die in ihrer Art den Mammalia fast gleichgestellt sind) zeigt sich in ihren aktiven und kontinuierlichen Bewegungen. Die langen Perioden absoluter Bewegungslosigkeit, die jedem bei einem Lebewesen wie dem

Krokodil so vertraut sind, sind bei den typischeren Säugetieren unbekannt, außer im Schlaf. Dieser Geisteszustand zeigt sich deutlich in der proportionalen Entwicklung der äußeren Teile aller Organe der höheren Sinne. Die Säugetiere haben in der Regel gut entwickelte, oft extrem große Hautlappen, die den Eingang zum Hörorgan umgeben und oft „Ohren", besser aber „Ohrmuscheln" genannt werden. Diese sind mit speziellen Muskeln ausgestattet und können oft und in viele Richtungen bewegt werden. Die Nase ist immer oder fast immer durch ihren nackten Charakter sehr auffällig; durch die große, oft feuchte Oberfläche, die die Nasenlöcher umgibt; und wiederum durch die Muskeln, die es ermöglichen, diesen Teil der Haut nach Belieben zu bewegen. Die Augen sind vielleicht in ihrer Dominanz gegenüber den Augen niederer Wirbeltiere weniger ausgeprägt als die Ohren und die Nase; Sie sind jedoch in der Regel mit oberen und unteren Augenlidern sowie mit einer Nickhaut ausgestattet, wie dies bei den unteren Wirbeltieren der Fall ist. Das scheinbare Vorherrschen des Geruchs- und Hörsinns gegenüber dem Sehsinn scheint bei den Säugetieren ausgeprägt zu sein und könnte für ihre Verschiedenartigkeit sowohl der Stimme als auch des Geruchs und für die allgemeine Gleichheit der Färbung verantwortlich sein, die diese Gruppe von den brillanten unterscheidet - farbige Vögel und Reptilien. Auch der Kopf, der diese besonderen Sinnesorgane trägt, ist deutlicher vom Hals und Körper abgegrenzt, als dies bei den langweiligeren Geschöpfen der Fall ist, die die unteren Zweige des Wirbeltierstamms besetzen.

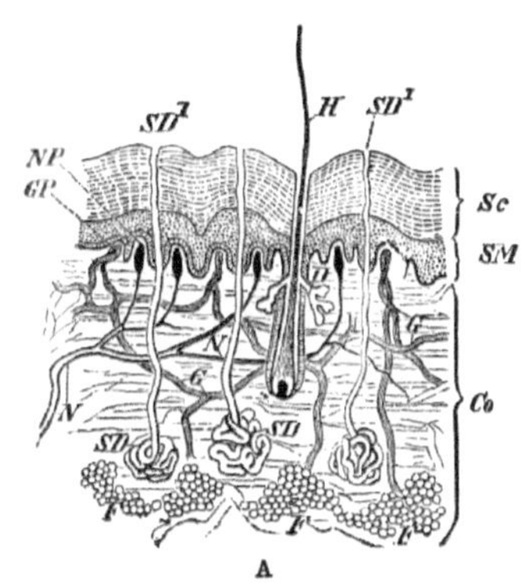

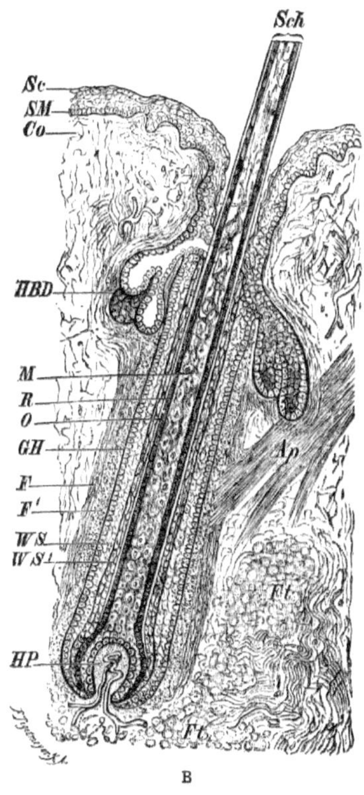

FEIGE. 1. – **A** , Abschnitt der menschlichen Haut. *Co* , Dermis; *D* , Talgdrüsen; *F* , Fett in der Dermis; *G* , Gefäße in der Dermis; *GP* , Gefäßpapillen; *H* , Haare; *N* , Nerven in der Dermis; *NP* , Nervenpapillen; *Sc* , Hornschicht der Epidermis; *SD* , Schweißdrüse; *SD* 1 , Schweißdrüsengang; *SM* , Malpighian-Schicht. **B** , Längsschnitt durch ein Haar (schematisch). *Ap* , Band aus Muskelfasern, das in den Haarfollikel eingeführt wird; *Co* , Lederhaut (Dermis); *F* , äußere Längsrichtung; *F* 1 , innere kreisförmige, faserige Schicht des Follikels; *Ft* , Fettgewebe in der Dermis; *GH* , hyaline Membran zwischen der Wurzelscheide und dem Follikel; *HBD* , Talgdrüse; *HP* , Haarpapille mit Gefäßen im Inneren; *M* , Marksubstanz (Mark) des Haares; *O* , Kutikula der Wurzelscheide; *R* , kortikale Schicht; *Sc* , Hornschicht der Epidermis; *Sch* , Haarschaft; *SM* : Malpighische Epidermisschicht; *WS* , *WS* 1 ,

äußere und innere Schicht der Wurzelscheide. (Aus Wiedersheims *Vergleichende Anatomie* .)

Das Haar. — Die Mammalia unterscheiden sich von allen anderen Wirbeltieren (oder auch Wirbellosen) durch den Besitz von Haaren. Ein Säugetier als Wirbeltier mit Haaren zu definieren, wäre eine völlig ausschließliche Definition; Selbst bei Glattwalen sind zumindest einige Haare vorhanden, die auf den Lippen auf bis zu zwei Borsten reduziert sein können. Der Begriff „Haar" wird jedoch eher locker verwendet; Es wurde beispielsweise zur Beschreibung der schlanken Fortsätze der Chitinhaut der Krustentiere verwendet. Es wird daher notwendig sein, auf die mikroskopische Struktur und Entwicklung der Säugetierhaare einzugehen. Haare kommen bei jedem Säugetier vor. Das erste Auftreten eines Haares ist eine leichte Verdickung des Stratum Malpighii der Epidermis, wobei die daran beteiligten Zellen verlängert sind und oben und unten leicht zusammenlaufen. Dr. Maurer hat auf die bemerkenswerte Ähnlichkeit zwischen dem embryonalen Haar in diesem Stadium und den einfachen Sinnesorganen niederer Wirbeltiere aufmerksam gemacht. Später bildet sich darunter eine dichtere Ansammlung der Lederhaut, die schließlich zur Haarpapille wird. Dies ist das scheinbare Homolog des ersten geformten Teils einer Feder, der als Papille hervorsteht, bevor die Epidermis irgendeine Modifikation erfahren hat. Daher besteht von Anfang an ein Unterschied zwischen Federn und Haaren – ein Unterschied, der sorgfältig beachtet werden muss, insbesondere wenn wir die starke oberflächliche Ähnlichkeit zwischen Haaren und den einfachen widerhakenlosen Federn berücksichtigen. Noch später wird der Knubbel der Epidermiszellen zu einer röhrenförmigen Struktur vertieft, die mit Zellen ausgekleidet ist, die ebenfalls aus dem Stratum Malpighii stammen , aber mit einer Fortsetzung der oberflächlicheren Zellen der Epidermis gefüllt sind. Dies ist der Haarfollikel, und aus den Epidermiszellen entsteht das Haar durch direkte Metamorphose dieser Zellen; Es erfolgt keine Ausscheidung der Haare durch die Zellen, sondern die Zellen werden zu Haaren. Aus dem Haarfollikel wachsen außerdem zwei Talgdrüsen, die dazu dienen, das ausgewachsene Haar feucht zu halten.

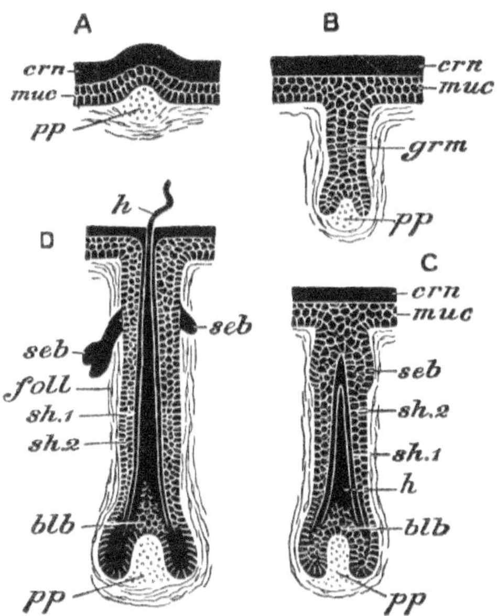

FEIGE. 2. – Vier Diagramme der Stadien der Haarentwicklung. A: Frühestes Stadium bei einem dieser Säugetiere, bei dem die Hautpapille zuerst erscheint; B, C, D, drei Stadien der Haarentwicklung im menschlichen Embryo. *blb*, Haarzwiebel; *crn*, Hornschicht der Epidermis; *foll*, Haarfollikel; *grm*, Haarkeim; *h*, Haare, in D, die auf die Oberfläche ragen; *muc*, malpighische Schicht der Epidermis; *pp*, Hautpapille; *seb*, sich entwickelnde Talgdrüsen; *sh.1*, *sh.2*, innere und äußere Wurzelhüllen. (Nach Hertwig.)

Dr. Meijerle [2] hat kürzlich die besondere Anordnung der einzelnen Haare bei Säugetieren ausführlich beschrieben ; Sie sind keineswegs ungeordnet verstreut, sondern zeigen eine bestimmte und regelmäßige Anordnung, die je nach Tier variiert. Bei einem Amerikanischen Affen (*Midas*) beispielsweise wachsen die Haare zu dritt – drei Haare gleicher Größe, die dicht beieinander aus der Epidermis entspringen; Bei den Paca (*Coelogenys*) wechseln sich in jeder Gruppe drei kräftige Haare mit drei schlanken Haaren ab. Bei einigen Formen entspringen mehrere Haare einem gemeinsamen Punkt: Bei der Springmaus (*Dipus*) entspringen zwölf oder dreizehn einem einzigen Loch; Bei *Ursus arctos* gibt es den gleichen allgemeinen Plan, aber es gibt ein kräftiges Haar und vier oder fünf schlanke. Es gibt zahlreiche weitere Komplikationen und Modifikationen, aber die Fakten scheinen, obwohl sie interessant sind, kein Licht auf die gegenseitige Verwandtschaft der Tiere zu werfen. Verwandte Formen können eine sehr unterschiedliche Anordnung haben, während bei Formen, die keine nähere Verwandtschaft haben, der Plan sehr ähnlich sein kann, wie die in Dr. Meijerles Arbeit zitierten Beispiele zeigen . Darüber hinaus haben die Haargruppen selbst eine bestimmte Anordnung, die derselbe Anatom mit der Anordnung der Haarbündel hinter und zwischen den Schuppen des Gürteltiers verglichen hat und die ihn zu der Ansicht geführt hat, dass dies die Vorfahren der Säugetiere waren schuppige Kreaturen – eine Ansicht, die auch von Professor Max Weber unterstützt wird, [3] und an sich nicht unvernünftig ist, wenn man die zahlreichen Verwandtschaftspunkte zwischen den primitiven Säugetieren und bestimmten ausgestorbenen Reptilienformen bedenkt. [4]

Die Form der Haare ist bei verschiedenen Säugetieren und an verschiedenen Körperteilen stark verändert. Sehr häufig ist ein weiches Unterfell von den längeren und gröberen Haaren zu unterscheiden, die letzteres teilweise verdecken. Somit ist das „Robbenfell" des Handels das Unterfell der *Otaria Ursina* des Nordens. Die gröberen Haare können weiter in Borsten differenziert werden; diese wiederum in Stacheln, wie die des Igels und des Stachelschweins. Auch hier scheint die Abflachung und Verklumpung der Haare für die Schuppenbildung der *Manis verantwortlich zu sein* und für die Hörner des *Nashorns* . Es ist allgemein bekannt, dass sich auf dem Kopf verschiedener Tiere, *z. B.* der Hauskatze, lange und empfindliche Haare entwickeln, die mit den Nervenenden verbunden sind und eine sensorische, wahrscheinlich taktile Funktion erfüllen. Diese treten an der Schnauze, über den Augen und in der Nähe der Ohren auf. Es ist eine interessante Tatsache, dass an der Hand vieler Säugetiere in der Nähe des Handgelenks ein Büschel ganz ähnlicher Haare vorkommt, die, zumindest im Fall von *Bassaricyon* , mit einem starken Ast des Armnervs verbunden sind. Diese Büschel kommen auch bei Lemuren, bei der Katze, verschiedenen Nagetieren und Beuteltieren vor und sind wahrscheinlich ganz allgemein bei Säugetieren anzutreffen, die mit ihren Vorderbeinen „fühlen", wobei die Vorderbeine in der Tat nicht ausschließlich Lauforgane sind. Dass die letzten verbliebenen Haare der Cetacea auf der Schnauze zu finden sind, ist vielleicht ein Hinweis auf die Bedeutung dieser Sinnesborsten. Das völlige Fehlen von Haaren ist in dieser Ordnung recht häufig, obwohl Spuren davon manchmal im Embryo gefunden werden. Auch die Sirenia sind vergleichsweise haarlos, ebenso wie viele Huftiere. Ob das Vorhandensein von Speck im ersteren Fall und das Vorhandensein einer sehr dicken Haut bei den letzteren Tieren Tatsachen sind, die etwas mit dem Verschwinden der Haare zu tun haben oder nicht, muss weiter untersucht werden.

Die Intimstruktur der Haare variiert erheblich. Die Variationen betreffen die Form des Haares, das im Querschnitt rund oder so oval sein kann, dass es bei Betrachtung des gesamten Haares ziemlich flach erscheint. Die Haarsubstanz besteht aus einem zentralen Mark oder Mark mit einer peripheren Rinde; Letzteres ist schuppig, und die Schuppen sind oft schuppenförmig und weisen hervorstehende Kanten auf. Auch die Menge der beiden Bestandteile ist unterschiedlich, und die Rinde kann auf eine Reihe von Bändern reduziert sein, die nur Teile des umschlossenen Marks umgeben. Im Haar ist das Pigment enthalten, auf das die Farbe der Säugetiere hauptsächlich zurückzuführen ist. Es können Streifen hell gefärbter Haut vorhanden sein, wie bei den Affen bestimmter Gattungen; aber solche Strukturen sind nicht allgemein. Das Pigment der Haare scheint aus Pigmentsubstanzen zu bestehen, die als Melanine bekannt sind . Es ist bemerkenswert, eine so einheitliche Ursache für die Färbung zu finden , wenn man die große Vielfalt der bei Vögeln vorkommenden Federpigmente berücksichtigt. Die Farbunterschiede im Haar von Säugetieren sind auf die ungleiche Verteilung dieser braunen Pigmente zurückzuführen. Es gibt nur sehr wenige Säugetiere, die man als farbenfroh bezeichnen kann . Die Fledermäuse der Gattung *Kerivoula* wurden mit großen Schmetterlingen verglichen, und einige der Gleithörnchen weisen stark ausgeprägte Kontraste von Rotbraun, Weiß und Gelb auf. Das Gleiche gilt für die Stacheln bestimmter Stachelschweine. Aber wir finden im Haar keine leuchtenden Blau-, Grün- und Rottöne, wie sie bei Vögeln üblich sind.

Es gibt bestimmte allgemeine Fakten über die Färbung von Säugetieren, die hier näher beachtet werden müssen. Neben den normalerweise düsteren Farbtönen dieser Tiere ist das allgemeine Fehlen einer sekundären Geschlechtsfärbung bemerkenswert. Nur in wenigen Fällen finden wir bei Lemuren und Fledermäusen deutliche Farbunterschiede zwischen Männchen und Weibchen. Sekundäre Geschlechtsmerkmale bei Säugetieren werden zwar oft durch die große Länge bestimmter Haarstränge beim Männchen zum Ausdruck gebracht, wie z. B. die Mähne des Löwen, die Kehl- und Beinbüschel des Berberschafs usw.; aber abgesehen davon zeigen sich die sekundären Geschlechtsmerkmale von Säugetieren hauptsächlich in der Größe, z. B. beim Gorilla, oder im Vorhandensein von Stoßzähnen, z. B. verschiedener Wildschweine, oder von Hörnern, wie beim Hirsch usw. Die Färbung von Säugetieren ist häufig auffällig Muster der Markierung. Diese liegen in Form von Längsstreifen, Querstreifen oder Flecken vor; Letztere können „feste" Flecken sein oder, wie beim Leoparden und Jaguar, in Gruppen kleinerer, rosettenartig angeordneter Flecken aufgeteilt sein. Bei Säugetieren finden wir nie die komplizierten „Augen" und andere Markierungen, die bei so vielen Vögeln und anderen niederen Wirbeltieren vorkommen. Es ist wichtig zu beachten, dass es bei Mammalia, deren Sehsinn sehr ausgeprägt ist, praktisch keine sekundären Geschlechtsfarben geben sollte . Was die Beziehung zwischen den verschiedenen auftretenden Formen der Markierung angeht, scheint klar, dass es einen Übergang von einem gestreiften oder gefleckten Zustand zu einer einheitlichen Färbung gegeben hat. Denn wir stellen fest, dass viele Hirsche Junge gefleckt haben; dass der junge Tapir der Neuen Welt gefleckt ist, während seine Eltern gleichmäßig schwarzbraun sind; die stark ausgeprägte Fleckenbildung des jungen Pumas steht im Kontrast zum einheitlichen Braun des erwachsenen

Pumas; und das Löwenbaby ist, wie jeder weiß, ebenfalls gefleckt, wobei die erwachsene Löwin deutliche Spuren der Flecken aufweist.

Der jahreszeitliche Wechsel der Farben bestimmter Säugetiere ist ein Thema, über das viel geschrieben wurde. Das Extrem davon ist bei Lebewesen wie dem Eishasen und dem Polarfuchs zu beobachten, die im Winter völlig bleich werden und im Frühjahr ihr dunkleres Fell wiedererlangen. Dies ist jedoch nur ein Extremfall einer allgemeinen Änderung. Die meisten Tiere bekommen im Winter ein dickeres Fell und tauschen es im Sommer gegen ein helleres aus. Und die Farbtöne des Fells ändern sich entsprechend.

Drüsen der Haut. — Die große Mannigfaltigkeit der Hautdrüsen, die die Säugetiere besitzen, unterscheidet sie von jeder Gruppe niederer Wirbeltiere. Diese Variabilität betrifft jedoch nur die anatomische Struktur der betreffenden Drüsen. Histologisch sind sie offenbar alle einem von zwei Typen zuzuordnen, der Schweißdrüse oder der Talgdrüse. Einfache Schweiß- und Talgdrüsen sind bei Säugetieren bis auf wenige Ausnahmen reichlich vorhanden. Die Strukturen, mit denen wir uns jetzt befassen, sind Ansammlungen dieser Drüsen. Die Brustdrüsen werden im Zusammenhang mit dem Beuteltier behandelt; Es handelt sich entweder um Ansammlungen von Schweißdrüsen oder um Talgdrüsen, deren Sekret in Milch umgewandelt wurde.

Viele Fleischfresser besitzen Drüsen, die sich in der Nähe des Anus durch eine große Öffnung nach außen öffnen. Diese scheiden verschiedene Duftstoffe aus, wofür die bekannte „Zibetkatze" ein Beispiel ist. Weitere Duftdrüsen sind die Moschusdrüsen des Moschustiers und des Bibers; die suborbitale Drüse vieler Antilopen; die Rückendrüse des Pekari, die der Gattung den Namen *Dicotyles gegeben hat*, weil sie in ihrer Form einem Nabel ähnelt. Es ist zu erkennen, dass diese Drüse eine klare, wässrige Flüssigkeit absondert. Der Elefant hat eine Drüse an der Schläfe, die angeblich nur zu bestimmten Zeiten ein Sekret absondert und als Warnung dient, das Tier in Ruhe zu lassen. Sehr bemerkenswert sind die Fußdrüsen bestimmter *Nashornarten*; Sie kommen bei diesen Tieren nicht überall vor und sind daher als spezifische Unterscheidung nützlich. Auf der Rückseite der Schwanzwurzel befinden sich bei vielen Hunden ähnliche Drüsen. Der Sanfte Lemur (*Hapalemur*) hat eine besondere Drüse am Arm, die etwa die Größe einer Mandel hat und beim Männchen unter einem Fleck stacheliger Auswüchse liegt. Bei *Lemur varius* handelt es sich um einen harten Fleck schwarzer Haut, der möglicherweise ein Überbleibsel einer solchen Drüse ist. Es wird angenommen, dass die Schwielen an den Beinen von Pferden und Eseln Überreste von Drüsen sind.

Eine der komplexesten dieser Strukturen, die mikroskopisch untersucht wurde, existiert im Beuteltier *Myrmecobius*. [5] Auf der Haut des vorderen Teils der Brust, direkt vor dem Brustbein, befindet sich ein nackter Hautfleck, der von zahlreichen Poren durchlöchert ist. Außer den gewöhnlichen Talg- und Schweißdrüsen gibt es eine Reihe von Drüsenmassen, die sich durch größere Öffnungen öffnen, die das Aussehen von Talgdrüsengruppen haben und einen traubigen Charakter haben; aber das Vorhandensein von Muskelfasern in ihrem Fell scheint zu zeigen, dass sie eher der schweißgebärenden Reihe zugeordnet werden sollten. Unter der Hautdecke befindet sich eine große, zusammengesetzte röhrenförmige Drüse mit einem Durchmesser von etwa einem halben Zoll.

Bei *Didelphys dimidiata* gibt es einen genau ähnlichen Drüsenbereich und eine große darunter liegende Drüse, wobei die Übereinstimmung bei zwei Beuteltieren, die in geographischer Position und Verwandtschaft so weit voneinander entfernt sind, bemerkenswert ist. Sogar unter den Diprotodont-Gattungen gibt es etwas Ähnliches; für in *Dorcopsis luctuosa* und *D. muelleri* ist eine Ansammlung von vier ungewöhnlich großen Talgfollikeln am Hals, und beim Baumkänguru (*Dendrolagus bennettii*) gibt es die gleiche Ansammlung vergrößerter Haarfollikel, obwohl sie im Vergleich zu denen von *Dorcopsis offenbar etwas kleiner sind* . Dies sind natürlich nur einige Beispiele von vielen.

Es scheint möglich, dass die Funktionen dieser verschiedenen Drüsen mindestens zweifach sind . Erstens können sie, wenn sie bei einem Geschlecht vorherrschen, dazu dienen, die Geschlechter zusammenzuziehen. Zweitens können die Drüsen nützlich sein, um einem streunenden Tier einer geselligen Art die Wiedererlangung der Herde zu ermöglichen. Es ist auch durchaus denkbar, dass die Drüsen in anderen Fällen einen Schutz vor Angriffen bieten, wie dies zweifellos beim Stinktier der Fall ist. Im Zusammenhang mit der ersten und insbesondere der zweiten möglichen Verwendung dieser Drüsen ist es interessant festzustellen, dass sich die Drüsen bei rein terrestrischen Lebewesen wie dem Nashorn an den Füßen befinden und daher das Gras verunreinigen würden und Gras, während das Tier vorbeikam, und hinterließ so eine Spur zum Wohle seines Partners. Dasselbe kann man von den rudimentären Drüsen des Pferdes sagen, sofern es sich tatsächlich um Drüsen handelt. Das Sekret des „ Krumens “ der Antilopen wird manchmal von *Oreotragus absichtlich* auf umgebende Gegenstände abgelagert , ein Verfahren, das das gleiche Ziel erreichen würde. Man kann vielleicht sogar „Mimikry“ in den ähnlichen Gerüchen bestimmter Tiere erkennen. Beute kann zu ihrer Vernichtung gelockt oder Feinde verscheucht werden. Das wehrlose Moschustier kann seinen Feinden durch die Andeutung des moschusartigen Geruchs eines Krokodils entkommen. Es ist auf jeden Fall durchaus vorstellbar, dass die Vielfalt der Gerüche bei Säugetieren eine sehr wichtige Rolle in ihrem Leben spielt , und es ist vielleicht bemerkenswert, dass Vögel mit sehr buntem Gefieder nur mit der Bürzeldrüse ausgestattet sind, Säugetiere dagegen normalerweise matte und ähnliche Färbungen weisen eine große Vielfalt an Hautdrüsen auf. Der Geruchssinn ist bei Säugetieren zweifellos ein wichtigerer Sinn als bei Vögeln. Es handelt sich um ein Thema, das einer weiteren Untersuchung bedarf.

Nägel und Krallen. – Mit Ausnahme der Cetacea (bei denen Rudimente im Fötus gefunden wurden) sind die Extremitäten der Finger und Zehen von Säugetieren von Hornplatten der Epidermis, sogenannten Nägeln, Krallen und Hufen, bedeckt oder darin eingeschlossen.

Die Vielfalt in der Form und Entwicklung dieser Hornhauthüllen bis zu den Fingern ist für Säugetiere im Gegensatz zu niederen Wirbeltieren sehr charakteristisch. Wenn wir extreme Fälle nehmen, wie den Daumennagel des Menschen, den Huf eines Pferdes und die Klaue einer Katze, ist es leicht, die drei Arten von Hornbedeckungen der Phalangen zu unterscheiden. Aber die Unterschiede verschwinden, wenn wir von diesen zu verwandten Typen übergehen. Der Nagel des kleinen Fingers nähert sich beim Menschen der klauenartigen Form an; und die Hufe des Lama sind durch die Schärfe ihrer Gliedmaßen fast Krallen. Im Großen und Ganzen kann man sagen, dass Klauen und Hufe den Knochen, den sie bedecken, umschließen, während Nägel nur auf seiner Rückenfläche liegen. Die Form der Endphalanx, die den Nagel trägt, weist jedoch zwei Arten von Modifikationen auf, die eine solche Klassifizierung nicht stützen . Wenn diese Fingerglieder mit Hufen bekleidet oder mit einem Nagel bedeckt sind, enden sie in einem abgerundeten und abgeflachten Ende. Wenn sie hingegen eine Kralle tragen , sind sie selbst am Ende geschärft und oben oft gefurcht.

Das Marsupium. — Es mag an dieser Stelle unnötig erscheinen, über den Beutel des Beuteltiers zu sprechen, von dem allgemein angenommen wird, dass er ein Merkmal der Gruppe Marsupialia ist . Rudimente dieser Struktur wurden jedoch kürzlich bei höheren Säugetieren entdeckt, und wie Dr. Klaatsch [6] bemerkte, gipfeln alle Forschungen zur „Geschichte der Säugetiere in der Frage, ob die Plazenta-Säugetiere ein Beuteltierstadium durchlaufen." oder nicht." Wir können daher den Beutelbeutel nicht als eine Sache ansehen, die nur die Beuteltiere betrifft, obwohl es wahr ist, dass dieses Organ derzeit nur bei ihnen und bei den Monotremata funktionsfähig ist .

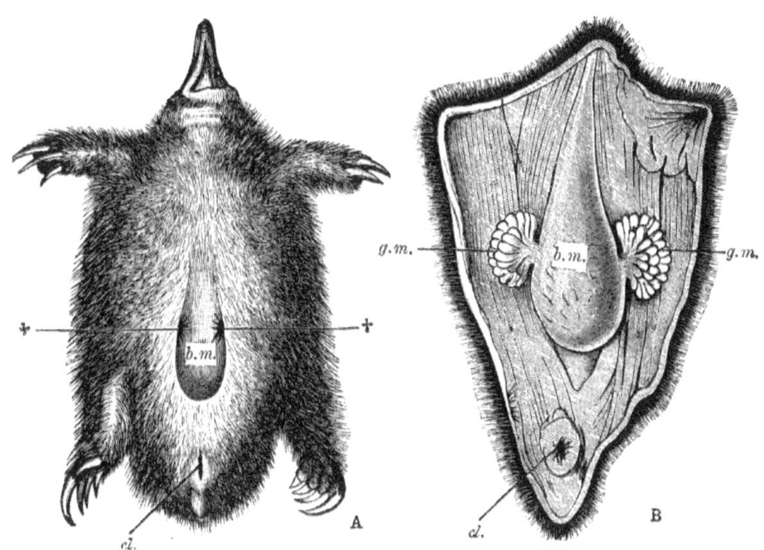

FEIGE. 3. – *Echidna hystrix* . **A** , Unterseite des brütenden Weibchens; **B** ; Präparation mit dorsaler Ansicht des Beutels und der Milchdrüsen; ††, die beiden Haarbüschel in den seitlichen Falten des Brustbeutels, aus denen das Sekret fließt, *bm* , Beutel; *cl* , Kloake; *gm* , Gruppen von Milchdrüsen. (Aus Wiedersheims *Vergleichende Anatomie* , nach W. Haacke .)

Bei den Beuteltieren beherbergt der Beutel die Jungen, die in einem äußerst unvollkommenen Zustand geboren werden, winzig, nackt und blind, mit einem „Larven"-Mund, der nur dazu dient, dauerhaft die Zitze zu greifen, an der sie sorgfältig befestigt werden Elternteil. Aber auch später wird der Beutel als vorübergehender Zufluchtsort genutzt : Aus dem Beutel weiblicher Kängurus im Zoologischen Garten kann man häufig beobachten, dass der Schwanz und die Hinterbeine eines jungen Kängurus in der Größe einer Katze herausragen, und zwar perfekt gut in der Lage, für sich selbst zu sorgen.

Bei den Monotremata (bei *Echidna*) gibt es eine tiefe Hautfalte, die das ungeschlüpfte Ei beherbergt und in die auf beiden Seiten die Milchdrüsen münden. Diese Struktur entwickelt sich nur periodisch und entsteht aus zwei Rudimenten, von denen eines jedem Brustbereich entspricht; aber beim Weibchen mit Eiern oder Jungen gibt es nur eine einzige tiefe Vertiefung, die dieselbe Körperregion einnimmt wie die Beuteltasche der Beuteltiere . [7] Üblicherweise wird davon ausgegangen, dass diese Struktur nicht genau den gleichen morphologischen Wert hat wie der Beutel des Beuteltiers; und der Unterschied wird ausgedrückt, indem man die eine (die von *Echidna*) als Brustbeutel und die andere als Beuteltier bezeichnet. Auf den ersten Blick scheint es eine unnötige Verfeinerung zu sein, zwei Strukturen zu trennen, die so viele und so offensichtliche Ähnlichkeiten aufweisen. Es ist jedoch nicht ganz sicher, ob der Unterschied nicht noch tiefgreifender ist, als spätere Meinungen vermuten lassen. Die Monotremata haben nicht nur, wie bereits erwähnt, keine Zitzen, sondern auch die Milchdrüsen selbst sind von völlig anderer Natur als die der höheren Säugetiere, einschließlich der Beuteltiere. Es ist daher *von vornherein nichts dagegen einzuwenden, dass auch die im* Zusammenhang mit den Milchdrüsen entwickelten Zubehörteile unterschiedlich sein müssten. Die Zitze der höheren Säugetiere wächst um die Stelle herum, an der sich die Milchdrüsengänge öffnen; Es handelt sich um eine Hautfalte, die schließlich die zylindrische Form der erwachsenen Zitze annimmt und die Kanäle der Milchdrüsen umfasst. Es wurde vermutet, dass die beiden Hautfalten, die den Milchbeutel von *Echidna bilden* , als das Äquivalent der beginnenden Zitze des höheren Säugetiers angesehen werden müssen. [8] In diesem Fall ist klar, dass die Beutelfalten des Beuteltiers nicht genau mit den scheinbar ähnlichen Falten des Ameisenigels übereinstimmen können , da es auch Zitzen gibt. Es sind die Zitzen, die den Beutelfalten des Ameisenigels *entsprechen* . Diese Ansicht steht offensichtlich im Widerspruch zu einer interessanten Entdeckung in einem Exemplar eines Phalanger von Dr. Klaatsch . [9] Dieses Beuteltier hat wie die meisten anderen einen gut entwickelten Beutel, in dem die Jungen bei der Geburt untergebracht werden; aber rund um zwei der Zitzen befindet sich auf beiden Seiten eine weitere deutliche Falte, deren Außenwand die allgemeine Wand des Beutels bildet. Dr. Klaatsch glaubt, dass diese kleineren und eingeschlossenen Beutel den Brustbeuteln von *Echidna entsprechen* . Sie enthalten Zitzen, doch dieser Vergleich entkräftet nicht die Gültigkeit des bereits erwähnten Vorschlags von Gegenbaur , denn die Zitzen sind (siehe oben) zweitrangig. Wenn diese Tatsache in dem Sinne interpretiert werden kann, den Dr. Klaatsch ihr beimisst, dann haben wir es mit einem interessanten Fall zu tun, in dem ein neues Organ aus einem alten Organ herauswächst und dieses teilweise ersetzt. In den Monotremes gibt es einen Beutel, der sowohl Ernährungs- als auch Schutzfunktionen erleichtert oder erfüllt; im Phalanger werden diese beiden Funktionen in getrennten Beuteln ausgeübt; schließlich kommt es bei anderen Beuteltieren zu einer Rückkehr zum undifferenzierten Zustand der Monotremata , jedoch mit Hilfe eines neuen Organs, das bei ihnen nicht vorkommt.

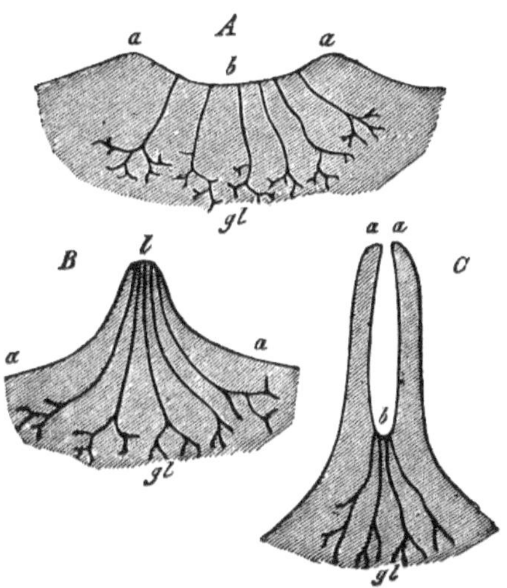

FEIGE. 4. – Diagramm der Entwicklung der Brustwarze (im Vertikalschnitt).
A : Indifferentes Stadium, Drüsenbereich flach; **B** : Erhebung des
Drüsenbereichs mit der Brustwarze; **C** , Erhebung der Peripherie des
Drüsenbereichs in die falsche Zitze, *a* , Peripherie des Drüsenbereichs; *b* ,
Drüsenbereich; *gl* , Drüsen. (Von Gegenbaur .)

Obwohl es für Beuteltiere so charakteristisch ist, ist der Beutelbeutel bei
ihnen nicht immer entwickelt. Es kommt bei allen Kängurus, Wallabys und
Wombats vor, genauer gesagt bei den Diprotodonten. Es kommt auch in
einer Reihe fleischfressender Polyprotodont- Beuteltiere vor; aber bei
Phascologale ist es nur in Ansätzen vorhanden und bei *Myrmecobius* ist es völlig
veraltet. Bei den amerikanischen Opossums ist der Zustand des Beutels
unterschiedlich. „Im Allgemeinen nicht vorhanden, manchmal lediglich aus
zwei seitlichen Hautfalten zusammengesetzt, die an jedem Ende getrennt
sind, selten vollständig", lautet die Zusammenfassung von Herrn Thomas in
seiner Definition der Familie Didelphyidae . [10] Ein weiteres merkwürdiges
Merkmal des Beutels bei den Beuteltieren ist die Variabilität in der Position
der Beutelöffnung: Bei allen Diprotodonten ist sie nach vorne gerichtet; aber
bei vielen Polyprotodonten sieht es rückwärts aus. Dies hat jedoch etwas mit
der gewohnheitsmäßigen Haltung des Besitzers zu tun: Beim Känguruh, das
auf den Hinterbeinen hüpft, ist es erforderlich, dass sich der Beutel nach
vorne öffnet ; aber beim hundeähnlichen Beutelwolf, der sich auf allen
Vieren bewegt, ist die Tatsache, dass sich der Beutel nach hinten öffnet, für
die enthaltenen Jungen weniger nachteilig.

Der männliche Beutelwolf hat einen Beutel, der ganz oder fast genauso gut
geformt ist wie der weibliche. Es gibt auch Ansätze einer Tasche in den
männlichen Föten vieler Beuteltiere, insbesondere derjenigen, die zur
Polyprotodont- Abteilung der Ordnung gehören, obwohl diese Ansätze

keineswegs auf diese Unterteilung beschränkt sind. Bis zum Alter von vier Monaten (Länge 19,8 cm) hat der männliche *Dasyurus ursinus* einen Beutel.

Wir müssen nun die interessante Reihe von Tatsachen in Bezug auf die Beständigkeit der Brusttasche bei den höheren Mammalia – allerdings in einem rudimentären Zustand – betrachten, Tatsachen, die ein zusätzlicher Beweis dafür zu sein scheinen, dass sie von einem Vorfahren abstammen Der Beutel war ein Organ von funktioneller Bedeutung. Der erste eindeutige Beweis für das Vorkommen eines Beutels bei einem Säugetier, das kein Beuteltier oder Monotrem ist, wurde von Malkmus erbracht , der diese Struktur bei einem Schaf fand. Es scheint jedoch, dass die bei den höheren Säugetieren gefundenen Strukturen nicht immer mit dem Beuteltier der Beuteltiere, sondern manchmal mit der Brusttasche des Monotrems vergleichbar sind. Dass die Beuteltiere eine Nebenlinie seien und nicht an der Abstammung der Eutheria beteiligt seien , ist eine derzeit weit verbreitete Meinung. Gleichzeitig ist es vernünftig anzunehmen, dass der ursprüngliche Bestand zwischen Prototheria und Metatheria, aus dem letztere und Eutheria entstanden sind , sowohl den Milchbeutel des niederen Säugetiers als auch das Beuteltier des weiter entwickelten Stadiums erhalten hat macht *Phalangista* heutzutage gelegentlich. Daher wäre es nicht so unglaublich, Überreste beider Strukturen in existierenden Säugetieren zu finden. Dr. Klaatsch glaubt , dass dies der Fall ist. Bei gewissen Huftieren, darunter zwei Antilopenarten, fand Dr. Klaatsch sehr beträchtliche Faltenrudimente, die mit glatten Muskelfasern versehen waren ; Bei der erwachsenen *Cervicapra isabellina* befanden sich zwei Beutel, einer auf jeder Seite und ein Rudiment eines zweiten auf jeder Seite; möglicherweise hängt diese Vermehrung der Beutel mit der Anzahl der Jungen zusammen. Dass es mehr als einen Beutel gibt, macht eher einen Vergleich mit dem Brustbeutel als mit dem Beuteltier wahrscheinlich. Man muss bedenken, dass die Huftier-Zitze (siehe S. 16) eine sekundäre Zitze ist; Daher stellt der Vergleich unter diesem Gesichtspunkt keine Schwierigkeiten dar. Ein Beutel mit einer primären Zitze wäre natürlich absolut nicht mit einem Milchbeutel zu vergleichen, da in diesem Fall die Wand der Zitze selbst der Beutel wäre.

Säugetiere, die ganz unterschiedlichen Orden angehören, weisen mehr oder weniger ausgeprägte Spuren eines Beuteltiers auf. Bei jungen Hunden werden die Zitzen an einer Stelle getragen, an der die Haut dünner und die Haarbedeckung weniger dicht ist als anderswo – allesamt Ähnlichkeiten mit der Innenseite des Beutels eines Beuteltiers; Darüber hinaus finden sich Spuren des Musculus sphincter marsupii . In anderen Fleischfressern gibt es ähnliche Überreste. Bei *Lemurenkatzen* findet man ein vollständigeres Rudiment eines Beuteltierbeutels . Bei diesem Lemuren sind die Zitzen sowohl inguinal als auch brustförmig; Die Haut in diesen Regionen ist dünn und nur leicht behaart und erstreckt sich nach vorne als zwei gleich dünne und glatte Bänder auf jeder Seite der dicht behaarten Haut, die das Brustbein bedeckt. Dieser Bereich ist durch eine parallel zur Körperlängsachse verlaufende Falte scharf vom übrigen Integument getrennt und kann mit nichts anderem als dem Rudiment der Beuteltierfalte verglichen werden.

Man ist versucht, sich zu fragen, inwieweit die Angewohnheit bestimmter Lemuren, ihre Jungen über den Bauch zu tragen und dabei den Schwanz um den Körper der Mutter zu wickeln, an einen Beutel eines Beuteltiers erinnert.

Skelett.

Das Skelett der Mammalia besteht fast ausschließlich aus dem Endoskelett. Nur bei den Edentata findet man ein Exoskelett aus Knochenplatten in der Haut. Wie bei anderen Wirbeltieren ist das Skelett in einen axialen Teil, den Schädel und die Wirbelsäule, und ein Anhangskelett, das der Gliedmaßen, unterteilbar. Die Knochen von Säugetieren sind gut verknöchert, und beim Erwachsenen sind nur noch wenige und kleine Knorpelbahnen übrig.

Wirbelsäule . — Die Wirbelsäule der Säugetiere besteht wie die der höheren Wirbeltiere aus einer Anzahl getrennter und vollständig verknöcherter Wirbel.

Der Aufbau eines Wirbels, auf dem alle üblichen Vorgänge beruhen, ist wie folgt : Zunächst gibt es den Körper oder das Zentrum des Wirbels, ein massives Knochenstück in Form einer Scheibe oder eines Zylinders. Die Zentren benachbarter Wirbel sind durch eine gewisse Menge faserigen Gewebes getrennt, das die Bandscheibe bildet, und die aneinanderliegenden Flächen der Zentren sind in der Regel nahezu flach. In diesem letzten Merkmal und in der wichtigen Tatsache, dass die Centra aus drei verschiedenen Zentren verknöchert sind, wobei die vorderen und hinteren Teile („Epiphysen") eine Zeit lang, sogar für lange Zeit (wie bei den Walen), unterschiedlich bleiben, sind die Centra bei den Säugetieren unterscheiden sich von denen der Reptilien und Vögel. Die Epiphysen sind nicht in der gesamten Wirbelsäule der niedrig organisierten Tiere zu finden Monotremata , und sie scheinen in der Sirenia nicht zu existieren.

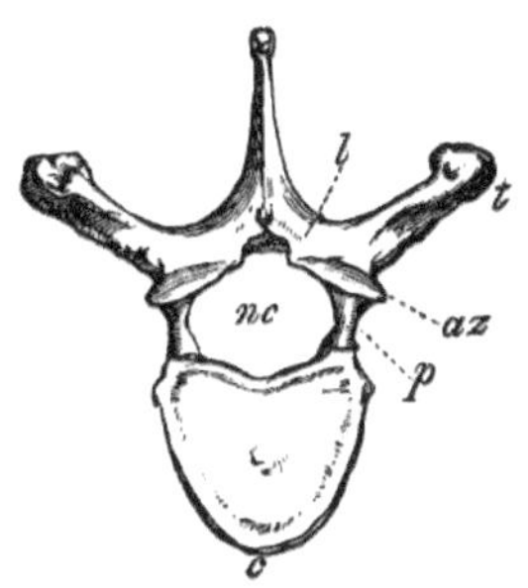
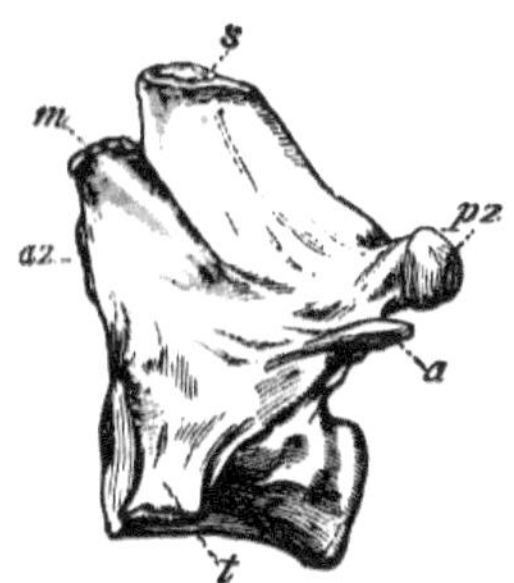

FEIGE. 5. – Vorderfläche des menschlichen Brustwirbels (vierter), × ⅔ . *az* , vordere Zygapophyse; *c* , Körper oder Zentrum; *l* , Lamina, und *p* , Stiel, des Neuralbogens; *nc* , Neuralkanal; *t* , Querfortsatz. (Aus Flower's *Osteology of the Mammalia* .)

FEIGE. 6. – Seitenansicht des ersten Lendenwirbels eines Hundes (*Canis Familiaris*). × ¾. *a* , Anapophysis ; *az* , vordere Zygapophyse; *m* , Metapophyse ; *pz* , hintere Zygapophyse; *s* , Dornfortsatz; *t* , Querfortsatz. (Aus Flower's *Osteology* .)

Von jeder Seite des Zentrums auf der Rückenseite entspringt ein Knochenfortsatz, der in der oberen Mittellinie auf seinen Gegenstück trifft und von dort oft zu einer Wirbelsäule verlängert wird. Dadurch entsteht ein Kanal, der das Rückenmark beherbergt. Dieser Knochenbogen wird als Neuralbogen bezeichnet, der dorsale Fortsatz desselben als Dornfortsatz. Die Seiten des Neuralbogens tragen ovale Facetten, durch die aufeinanderfolgende Wirbel miteinander artikulieren: Die vorne liegenden Wirbel sind die vorderen Zygapophysen, während die auf der hinteren Seite des Bogens die hinteren Zygapophysen sind; Diese Gelenkfacetten kommen im Schwanzbereich vieler Säugetiere, *z. B.* Wale, nicht vor.

Zusätzlich zum dorsalen medianen Dornfortsatz des Wirbels kann es einen ventralen medianen Fortsatz geben, der natürlich vom Zentrum ausgeht und als Hypophyse bezeichnet wird .

Von den Seiten des Neuralbogens oder vom Zentrum selbst aus gibt es üblicherweise auf jeder Seite einen längeren oder kürzeren Fortsatz, den sogenannten Querfortsatz. Dies besteht manchmal aus zwei unterschiedlichen, übereinander liegenden Prozessen; in solchen Fällen wird der obere Teil als Diapophyse bezeichnet, der untere als Parapophyse .

Der Neuralbogen kann auch andere seitliche Fortsätze tragen, von denen einer nach vorne gerichtet die Metapophyse und der andere nach hinten gerichtet die Anapophyse ist .

Die Knochenreihe, aus der die Wirbelsäule besteht, kann in Regionen unterteilt werden. Es können Hals-, Rücken-, Lenden-, Kreuzbein- und Schwanzwirbel erkannt werden . Bei Tieren mit nur rudimentären Hinterbeinen, wie den Walen, ist kein Sakralbereich erkennbar . Die Anzahl der Hals- oder Halswirbel beträgt fast immer sieben. Die bekannten Ausnahmen sind die Seekühe, bei denen es sechs gibt, und bestimmte Faultiere, bei denen es sechs, acht oder neun gibt. Diese seltenen Ausnahmen unterstreichen nur die sehr bemerkenswerte Konstanz der Zahl, die für die Säugetiere im Vergleich zu den niederen Wirbeltieren sehr charakteristisch ist. Es gibt natürlich Anomalien, die letzte Halsrippe und manchmal auch die letzten beiden, die die Eigenschaften der nachfolgenden Rückenrippen annehmen , indem sie eine mehr oder weniger vollständige Rippe entwickeln. Es gibt auch dokumentierte Beispiele von *Bradypus* , bei denen die Anzahl der Gebärmutterhalse auf zehn erhöht ist. Die Merkmale der Halswirbel bestehen also erstens darin, dass sie normalerweise keine freien Rippen tragen und dass aus diesem Grund in der Regel ein Bruch zwischen der letzten Halswirbelsäule und der ersten Rückenwirbelsäule besteht. Bei Vögeln zum Beispiel nähern sich die Halswirbelsäulen , deren Anzahl in verschiedenen Familien und Gattungen unterschiedlich ist, durch die allmählich länger werdenden Rippen allmählich den Rückenflügeln an. Die Querfortsätze der Wirbel sind üblicherweise durch einen Kanal für die Wirbelarterie perforiert und an ihren Enden gegabelt. Bei manchen Huftieren ähneln diese Wirbel darüber hinaus den Wirbeln der unteren Wirbeltiere dadurch, dass zwischen den Zentren Kugelgelenke und nicht nur die Bandscheiben der übrigen Wirbel vorhanden sind.

Die ersten beiden Wirbel der Reihe unterscheiden sich immer stark von den folgenden. Der erste wird Atlas genannt und artikuliert mit dem Schädel. Die bemerkenswerteste Tatsache an diesem Knochen (die jedoch von niederen Wirbeltieren geteilt wird) ist, dass sein Zentrum von ihm gelöst und am nächsten Wirbel befestigt ist, in Verbindung mit dem wir uns gleich darauf beziehen werden. Der ganze Knochen erhält dadurch eine ringartige Form, und die hervorstehenden Fortsätze der anderen Wirbel sind nur wenig entwickelt, mit Ausnahme der Querfortsätze, die breit und flügelartig sind. Bei vielen Beuteltieren wie dem Wombat und dem Känguru ist der Atlasbogen unten offen, es gibt kein Verknöcherungszentrum . Bei anderen, wie z. B. *Thylacinus* , gibt es in dieser Situation ein deutliches Knochenknötchen, das nicht mit dem Rest des Bogens übereinstimmt .

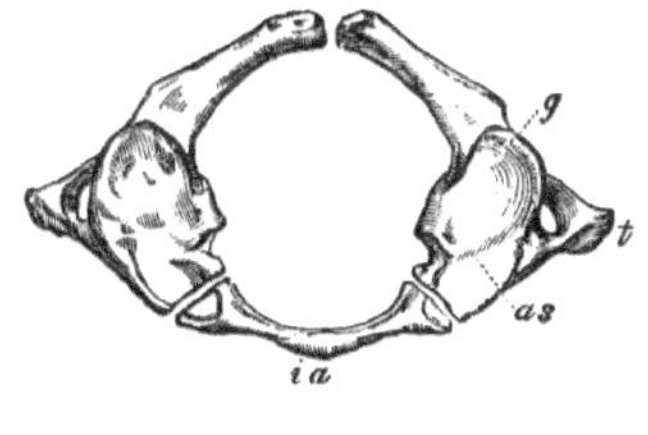

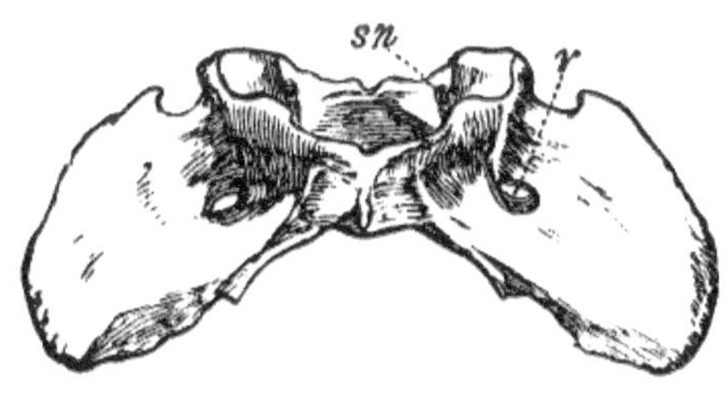

FEIGE. 7. — Atlas des Menschen (jung), der die Entwicklung zeigt. × ¾. *as* , Gelenkfläche für den Hinterkopf; *g* , Rille für den

FEIGE. 8. — Untere Oberfläche des Atlas des Hundes. × ½. *sn* , Foramen für den ersten Spinalnerv; *v* , vertebrarterieller Kanal. (Aus Flower's *Osteology* .)

ersten Spinalnerv und die Wirbelarterie; *ich ein* , unterer Bogen; *t* , Querfortsatz. (Aus Flower's *Osteology* .)

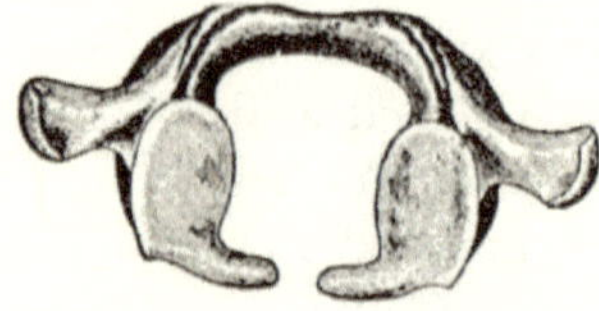

FEIGE. 9. – Atlas des Kängurus.... (Aus Parker und Haswells *Zoologie* .)

Der zweite Wirbel, der als Axis oder Epistropheus bekannt ist, ist eine zusammengesetzte Struktur, der vordere „Odontoidfortsatz", der in den Ring des Atlas passt und in Wirklichkeit das abgetrennte Zentrum dieses Wirbels ist. [11] Es ist eine merkwürdige Tatsache bei diesem Prozess, dass er in zwei Abteilungen von Huftieren unabhängig voneinander löffelförmig geworden ist; Dass es so geworden ist, scheint daran zu erkennen, dass es in den früheren Typen beider Formen die vorherrschende einfache, zapfenartige Form hat. Die Halswirbel sind gelegentlich ganz (Glattwale) oder teilweise (viele Wale, Springmäuse, bestimmte Zahnwale) zu einer verbundenen Masse verschweißt. Hinweise darauf wurden sogar beim Menschen gefunden.

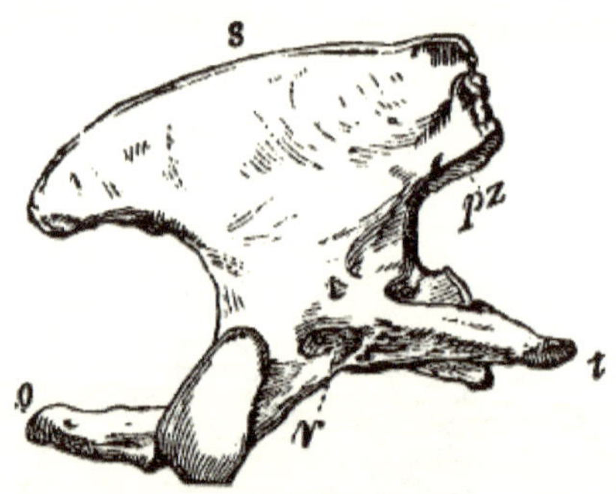

FEIGE. 10. – Seitenansicht der Achse des Hundes. × ⅔ . *o* , Zahnfortsatz; *pz* , hintere Zygapophyse; *s* , Dornfortsatz; *t* , Querfortsatz; *v* , vertebrarterieller Kanal. (Aus Flower's *Osteology* .)

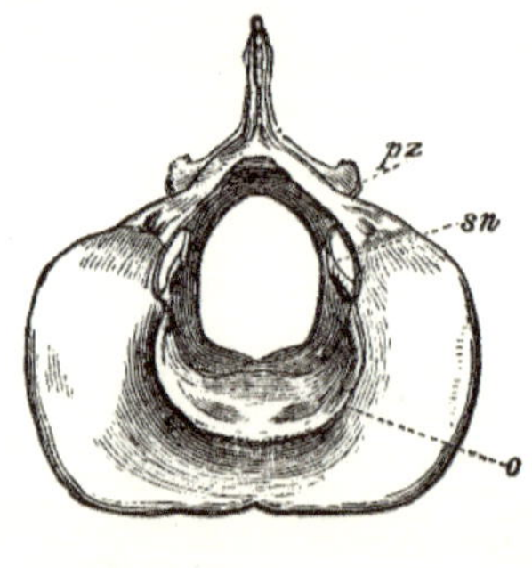

FEIGE. 11. – Vorderfläche der Achse des Rothirsches. × ⅔ . *o* , Zahnfortsatz; *pz* , hintere Zygapophyse; *sn* , Foramen für den zweiten Spinalnerv. (Aus Flower's *Osteology* .)

Die Anzahl der Rückenwirbel variiert stark: Neun (*Hyperoodon*) scheint die niedrigste Anzahl zu sein, die normalerweise existiert; während es bis zu neunzehn sein kann, wie bei *Centetes* , oder zweiundzwanzig, wie bei *Hyrax* . Diese Wirbel sind dadurch zu definieren, dass sie Rippen tragen, und die ersten ein oder zwei Lendenwirbel werden oft durch das Auftreten einer kleinen überzähligen Rippe in Rückenwirbel „umgewandelt". Die Dornfortsätze dieser Wirbel sind üblicherweise lang, manchmal sogar sehr lang. Nur bei den Glyptodons sind diese Wirbel zu einer Masse verwachsen.

Die Anzahl der Lendenwirbel, die auf die Rückenwirbel folgen, ist sehr unterschiedlich. Beim Wal *Neobalaena* sind es nur zwei , beim *Tursiops* sogar siebzehn ; diese Gruppe, die Cetacea, enthält die Extreme. Neun Lendenwirbel kommen bei den Lemuren *Indris* und *Loris vor* . In der Regel hängt die Anzahl der Lendenwirbel in gewissem Maße von der der Rückenwirbel ab . Es kommt häufig vor, dass die Anzahl der Brust-Lendenwirbel für eine bestimmte Gruppe konstant ist. So haben die Artiodactyles neunzehn dieser Wirbel, die Perissodactyles in der Regel dreiundzwanzig. Eine größere Anzahl an Rückenwirbeln bedeutet eine geringere Anzahl an Lendenwirbeln und *umgekehrt* . Das Vorhandensein einer Sakralregion, die aus mehreren miteinander verwachsenen Wirbeln besteht und durch den Beckengürtel gestützt wird, ist charakteristisch für die Säugetiere, findet sich jedoch nicht bei den Cetacea und Sirenia, wo funktionsfähige Hinterbeine fehlen. Streng genommen beschränkt sich das Kreuzbein auf die zwei oder drei Wirbel, deren ausgedehnte Querfortsätze auf die Darmbeine treffen. Aber zu diesen kommt oder kann eine variable Anzahl von Wirbeln hinzugefügt werden, die sowohl aus der Lenden- als auch der Schwanzreihe stammen und sich miteinander vereinigen, um das massive Knochenstück zu bilden, das das Kreuzbein des Erwachsenen bildet.

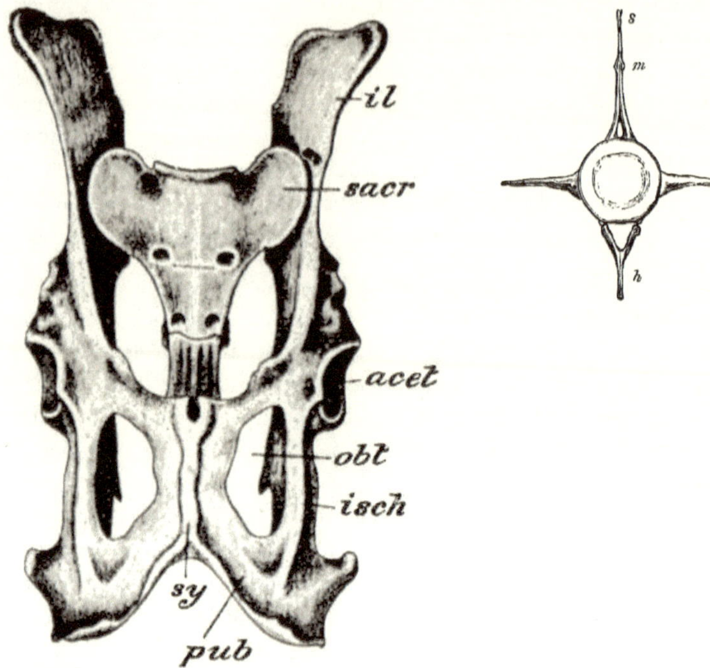

FEIGE. 12. – *Lepus cuniculus* . Innominate
und Kreuzbein, ventrale Seite. *Acet* ,
Acetabulum; *il* , Darmbein; *isch* , Sitzbein; *obt*
, Foramen obturatorium; Kneipe,
Schambein; *sacr* , Kreuzbein; *sy* , Symphyse.
(Aus Parker und Haswells *Zoologie* .)

FEIGE. 13. –
Vorderfläche des vierten
Schwanzwirbels des
Schweinswals (*Phocoena
communis*), × ½. *h* ,
Chevron-Knochen; *m* ,
Metapophyse ; *s* ,
Dornfortsatz; *t* ,
Querfortsatz. (Aus
Flower's *Osteology* .)

Die Schwanzwirbel vervollständigen die Serie. Sie beginnen in einem so voll
entwickelten Zustand wie die Lendenwirbelsäule , mit gut ausgeprägten
Querfortsätzen usw.; aber sie enden nur als Centra, von denen manchmal
winzige Auswüchse in rudimentärer Weise die Neuralbögen usw. darstellen.
Sehr oft sind die Schwanzwirbel mit ventralen, im Allgemeinen geformten v
Fortsätzen, den Chevron-Knochen oder Intercentra , ausgestattet . [12] Diese
sind besonders auffällig bei den Walen und den Edentaten. In der ersteren
Gruppe dient das Auftreten des ersten Interzentrums dazu, die Trennung der
kaudalen von der lumbalen Reihe zu markieren. Die Anzahl der
Schwanzflossen variiert von drei beim Menschen – und diese sind recht
rudimentär – bis zu fast fünfzig bei *Manis macrura* und *Microgale longicaudata* .

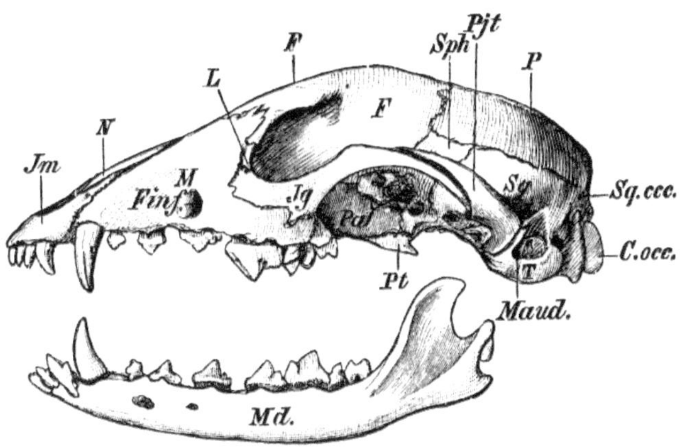

FEIGE. 14. – Seitenansicht des Schädels eines Hundes. *C.occ* , Hinterhauptskondylus; *F*, frontal; *F.inf*, Foramen infraorbitalis; *Jg*, jugal; *Jm* , Prämaxillare; *L* , Tränen; *M* , Oberkiefer; *Maud* , äußerer Gehörgang; *Md* , Unterkiefer; *N* , nasal; *P* , parietal; *Pal* , Palatin; *Pjt* , Prozess der Schuppenflechte; *Pt* , Pterygoideus; *Sph* , Alisphenoid; *Sq* , Plattenepithelkarzinom; *Sq.occ* , supraokzipital; *T* , Trommelfell. (Aus Wiedersheims *Vergleichende Anatomie* .)

Der Schädel. — Der Schädel der Mammalia unterscheidet sich von dem der unteren Wirbeltiere in einer Reihe wichtiger Merkmale, die in der folgenden kurzen Skizze seines Aufbaus aufgezählt werden. Erstens ist der Schädel ein festeres Ganzes als bei Reptilien; die Zahl der in seine Bildung eintretenden Elemente ist geringer und sie sind im Großen und Ganzen fester miteinander verschweißt als bei den in der Reihe unterhalb der Mammalia stehenden Wirbeltieren. So sind in der Schädelregion die Post- und Präfrontalen, die Postorbitale und die Supraorbitale verschwunden, obwohl wir hin und wieder durch eine gesonderte Verknöcherung, die einigen dieser entspricht, an ihr Vorkommen bei den Vorfahren der Mammalia erinnert werden Knochen. Nirgendwo ist diese Verfestigung deutlicher zu erkennen als im Unterkiefer. Dieser Knochen, oder vielmehr jede Hälfte davon, besteht bei Säugetieren aus einem einzigen Knochen, dem Dentalknochen (zu dem gelegentlich, wie es scheint, ein separater Mentoknochen gehört) . Ossifikation kann hinzukommen). Die eckigen, splenialen und alle anderen Elemente des Reptilienkiefers sind verschwunden, obwohl die zahlreichen Punkte, an denen der Zahn der Säugetiere verknöchert, eine Reminiszenz an einen früheren Zustand sind; und auch hier bleibt eine gelegentliche Fortsetzung der Trennung erhalten, wie der von Professor Albrecht beobachtete Fall eines getrennten supraangularen Knochens bei einem Rorqual bezeugt. Zu den anderen Reptilienknochen, die nicht im Schädel von Säugetieren zu finden sind, gehören die Basipterygoidea , die Quadrato

-Jugal-Knochen und die Supratemporal-Knochen. Einige dieser Knochen sind zwar im erwachsenen Schädel nicht mehr nachweisbar, außer in Fällen, die wir als Anomalien bezeichnen, aber sie finden ihre Vertreter im fetalen Schädel. Professor Parker hat beispielsweise ein Supraorbital im Embryo Hedgehog beschrieben; Gelegentlich scheint auch ein Supratemporales unabhängig zu sein.

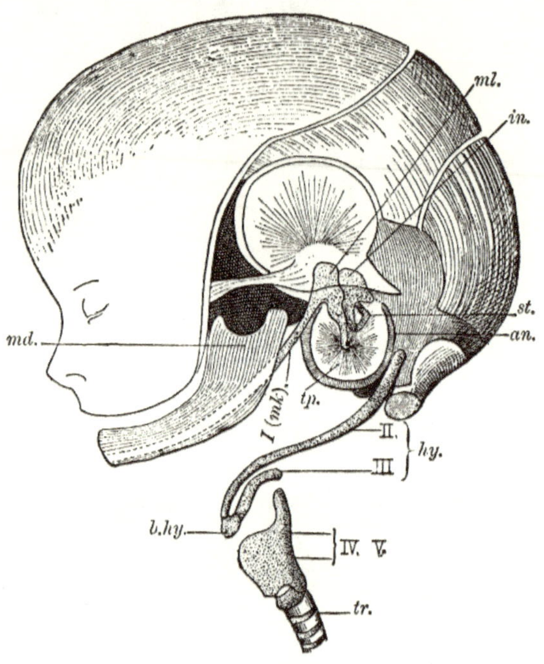

FEIGE. 15. – Kopf eines menschlichen Embryos im vierten Monat. Präpariert, um die Gehörknöchelchen, den Trommelfellring und den Meckel-Knorpel sowie das Zungenbein und den Schilddrüsenapparat zu zeigen. Alle diese Teile sind in einem größeren Maßstab abgegrenzt als der Rest des Schädels. *ein* Trommelfellring; *b.hy* , Basihyal- Element; *hy* , sogenanntes Zungenbein; *in* , Amboss; *md* , knöcherner Unterkiefer; *ml* , Hammer; *st* , Steigbügel; *tp* , Trommelfell; *tr* , Luftröhre; I. (*mk*), erster Skelett-(Unterkiefer-)Bogen (Meckel-Knorpel); II. zweiter Skelettbogen (Zungenbein); III. dritter (erster Kiemen-)Bogen; IV. V. vierter und fünfter Bogen (Schildknorpel). (Aus Wiedersheims *Struktur des Menschen* .)

In der Art der Artikulation des Unterkiefers mit dem Schädel unterscheiden sich die Mammalia offenbar, vielleicht sogar tatsächlich, von anderen Wirbeltieren. Bei den Amphibien und Reptilien, mit denen allein Vergleiche sinnvoll sind, artikuliert der Unterkiefer mittels eines Quadratknochens, der beweglich oder fest mit dem Schädel verbunden sein kann. Bei den Säugetieren erfolgt die Verbindung des Unterkiefers mit dem Plattenepithel.

Die Art dieser Artikulation ist einer der umstrittensten Punkte in der vergleichenden Anatomie. Wenn man bedenkt, dass Professor Kingsley [13] in seinem jüngsten Beitrag zu diesem Thema nicht weniger als zweiundfünfzig unterschiedliche Ansichten zitiert, von denen viele mehr oder weniger übereinstimmen, wird es offensichtlich sein, dass die Angelegenheit in einem Werk wie dem vorliegenden nicht behandelt werden kann erschöpfend. Professor Kingsley sagt jedoch zu Recht, dass „kein einzelner Knochen in der Diskussion über den Ursprung der Mammalia eine wichtigere Position einnimmt als das Quadratum", und fügt dies mit gleichem Recht hinzu, „aufgrund der Antwort, die hinsichtlich seines Schicksals hier gegeben wurde." „Während die Tatsache, dass die Gruppe in hohem Maße vom umfassenderen Problem der Phylogenie der Mammalia abhängt", wird sie zu einer Angelegenheit, die in keinem Werk, das sich mit den Säugetieren befasst, ignoriert werden kann, oder ist es tatsächlich schon seit langem. Eine einfache Ansicht, die dem verstorbenen Dr. Baur und Professor Dollo zu verdanken ist, scheint auf den ersten Blick zutreffend zu sein. Der letztgenannte Autor vertritt die Auffassung bzw. behauptete, dass es bei allen höheren Wirbeltieren zumindest a *priori* wahrscheinlich sei, dass zwei so charakteristische Wirbeltiermerkmale wie der Unterkiefer und die Knochenkette die Außenwelt mit dem inneren Organ in Verbindung bringen Das Hörverhalten wäre in der gesamten Serie homolog. Er glaubte daher, dass die gesamte Kette der Ossicula auditus beim Säugetier der Columella des Reptils gleich sei, da ihre Beziehungen zum Trommelfell einerseits und zum Foramen ovale andererseits die gleichen seien; und dass der Unterkiefer in beiden Fällen auf die gleiche Weise artikuliert. Daraus folgt, dass es sich bei dem glenoidalen Teil des Squamosal um das Quadratum handeln muss, das mit ihm in der bereits erwähnten Art und Weise der Konzentration im Säugetierschädel ankylosiert ist. Die Tatsache, dass der glenoidale Teil des Plattenepithels gelegentlich ein separater Knochen ist [14], schien diese Sichtweise zu bestätigen . Aber das Markenzeichen der Wahrheit ist nicht immer Einfachheit; Tatsächlich scheint das Gegenteil häufig der Fall zu sein. Und im Großen und Ganzen empfiehlt sich diese Ansicht derzeit für Zoologen nicht. Denn es muss bedacht werden, dass der Unterkiefer der Säugetiere nicht genau dem Unterkiefer der Reptilien entspricht. Neben den Membranknochen, die in ihrer Gesamtheit das Äquivalent des Zahnbeins des Säugetiers darstellen können, ist auch der knorpelige Gelenkknochen zu berücksichtigen, der bei Reptilien die Verbindung zwischen dem Rest des Kiefers und dem Quadratum bildet. Selbst bei den Anomodontia , deren Beziehungen zu den Mammalia an anderer Stelle betrachtet werden, gibt es diesen Knochen. Aber bei diesen Reptilien artikuliert das Gelenkbein nicht nur mit dem Quadratum, sondern zu einem großen Teil auch mit dem Squamosal, wobei das Quadratum in seiner Größe schrumpft und Fortsätze entwickelt, die ihm entweder das Aussehen des Amboss oder des Hammers des Säugetiers verleihen Ohr. Tatsächlich scheint es im Großen und Ganzen mit den Ansichten der Mehrheit sowie mit einer fairen Interpretation der Tatsachen der Embryologie übereinzustimmen, wenn man davon ausgeht, dass die Kette der Ohrknochen beim Säugetier nicht das Äquivalent der Columella des Säugetiers ist Reptilien, aber dass der Steigbügel des Säugetiers die Columella ist und dass das Articulare durch den Hammer und das Quadratum durch den Amboss dargestellt wird. Es ist sehr interessant, diese gesamte Funktionsänderung in den betreffenden Knochen zu beobachten. Knochen, die beim Reptil zur Befestigung des Unterkiefers am Schädel dienen, werden beim Säugetier dazu verwendet, die Schallwellen vom Trommelfell des Ohrs zum inneren Hörorgan zu übertragen.

Ein weiteres wichtiges und diagnostisches Merkmal des Säugetierschädels besteht darin, dass der erste Wirbel der Wirbelsäule immer mit zwei separaten Hinterhauptskondylen artikuliert, die von den Hinterhauptsknochen getragen werden und hauptsächlich, wenn auch nicht vollständig, von diesen gebildet werden. Bestimmte Anomodontien sind in dieser Hinsicht den Säugetieren am nächsten. Die beiden Kondylen von Amphibia sind rein exokzipitalen Ursprungs.

Anders als bei den unteren Wirbeltieren (aber auch hier bilden die Anomodontia zumindest teilweise eine Ausnahme) verbindet der Jugalbogen bei den Mammalia das Gesicht nicht mit dem Quadratum, da dieser Knochen, wie bereits gesagt, nicht vorhanden ist die Sauropsidan -Form bei Säugetieren. Dieser Bogen verläuft vom Squamosal zum Oberkiefer und hat zusätzlich zu diesen beiden nur einen separaten Knochen, nämlich den Knochen. der Jugal oder Malar.

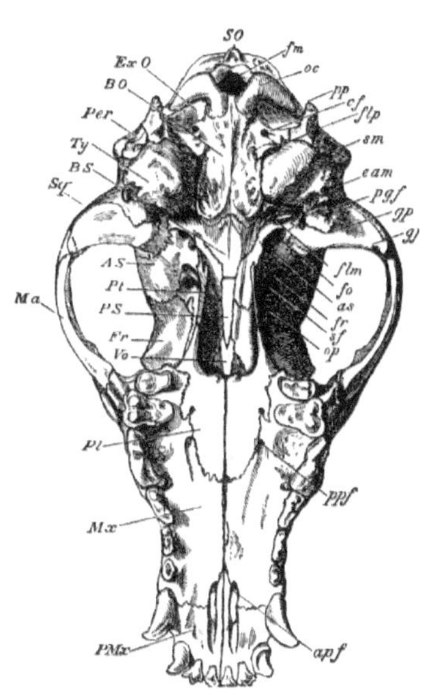

FEIGE. 16. – Unteroberfläche des Schädels eines Hundes. × ½. *apf*, Vorderes Gaumenforamen; *als* hintere Öffnung des Alisphenoidkanals; *AS* , Alisphenoid; *BO* , basioccipital; *BS* , Basisphenoid; *vgl* . Foramen condylaris; *Eam* , äußerer Gehörgang ; *Ex.O* , exokzipital; *flm* , Foramen lacerum medium; *flp* , Foramen lacerum posterius ; *fm* , Foramen magnum; *fo* , Foramen ovale ; *fr* , Foramen rotundum; *Fr* , frontal; *gf* , Fossa glenoidalis; *GP* , Post-Glenoid-Prozess; *Ma* , malar; *Mx* , Oberkiefer; *oc* , Hinterhauptskondylus; *op* , Foramen opticum; *Per* , mastoider Teil des Periotikums; *pgf*, postglenoidale Fossa; *Pl* , Palatin; *PMx* , Prämaxillare; *pp* , Parokzipitalfortsatz ; *ppf* , hinteres Gaumenforamen; *PS* , Presphenoid; *Pt* , Pterygoideus; *sf* , Keilbeinspalte oder Foramen lacerum anterius ; *sm* , Foramen stylomastoideus; *SO* , supraokzipital; *Sq* , Jochbeinfortsatz des Squamosal; *Ty* , Bulla tympanicus; *Vo* , Vomer. (Aus Flower's *Osteology* .)

Im Zusammenhang mit der Ausbildung der Gehörknöchelchenkette ist es sehr üblich, dass Säugetiere einen dünnen, aufgeblähten Knochen besitzen, der manchmal teilweise oder vollständig aus dem Trommelfell besteht und als Bulla tympanicus bekannt ist. Ob diese Struktur dünn und aufgeblasen oder dick und vertieft ist, ist charakteristisch für die Säugetiere und kommt in der Reihe unterhalb dieser nicht vor. Es ist jedoch nicht bei allen Säugetieren vorhanden. Es fehlt beispielsweise bei den Monotremes. Wenn es vorhanden ist, wird es manchmal aus anderen Knochen gebildet, beispielsweise aus den Alisphenoiden . Der Trommelfellring gilt als Äquivalent zum Quadratum. Es handelt sich eher um das quadrato -jugal. [15]

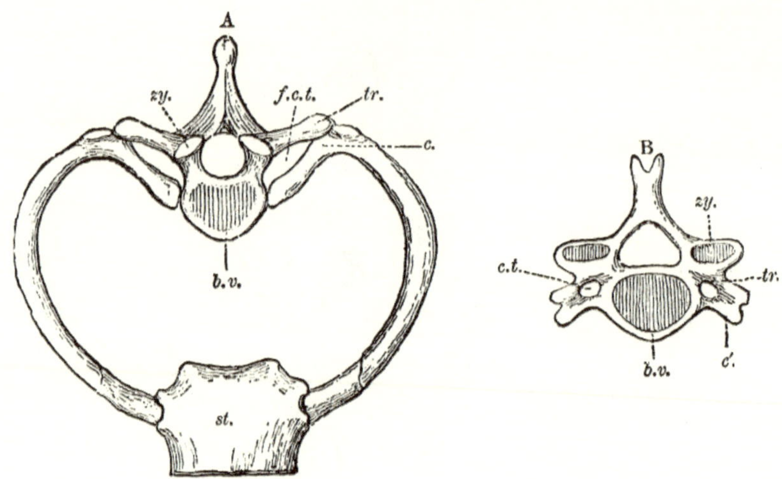

FEIGE. 17. – **A** , erstes Brustskelettsegment zum Vergleich mit **B** , fünfter Halswirbel (Mann), *bv* Wirbelkörper; *c* , erste Brustrippe; *c* ', Halsrippe (die sich mit dem Querfortsatz *tr vereinigt hat*), wobei die beiden das Foramen costo transversum (*fct*) umschließen; *st* , Brustbein; *zy* , Gelenkfortsatz des Bogens (Zygapophyse). (Aus Wiedersheims *Struktur des Menschen* .)

Rippen. — Alle Säugetiere sind mit Rippen ausgestattet, deren Paarzahl von Gruppe zu Gruppe oder sogar von Art zu Art erheblich unterschiedlich sein kann. Die Rippen sind in der Regel durch zwei Köpfe befestigt, von denen einer, das Capitulum, in der Regel zwischen zwei Zentren aufeinanderfolgender Wirbel entsteht. Das andere, das Tuberculum, entspringt dem Querfortsatz. Nur bei den Monotremen gibt es Rippen mit nur einem, dem Kapitularkopf. Im hinteren Teil der Serie verschmelzen die beiden Köpfe oft allmählich, so dass nur noch ein Kopf, der Kapitularkopf, entsteht. Auch die Wale, zumindest die Walknochenwale, zeichnen sich dadurch aus, dass sie nur einen Kopf bis zu den Rippen besitzen, nämlich den Kapitularwal. Die erste Rippe verbindet sich unten mit dem Brustbein, und eine variable Anzahl danach hat die gleiche Befestigung. Es gibt immer eine Reihe von Rippen, manchmal auch schwimmende Rippen genannt, die keine sternale Befestigung haben. Bei den Walknochenwalen ist allein die erste Rippe so befestigt. In der Regel, wovon wiederum die erwähnten Wale eine Ausnahme bilden, ist die Rippe in mindestens zwei Bereiche unterteilt – den Wirbelteil, der immer verknöchert ist, und den Sternalteil, der normalerweise knorpelig ist. Dieser ist jedoch in der ersten Rippe oft sehr kurz. Bei den Gürteltieren und einigen anderen Tieren sind sie jedoch verknöchert. Zwischen Wirbel- und Sternalanteil wird ein Zwischengang abgetrennt und in den Monotremata verknöchert . Die Rippen existierender Säugetiere gehören nur zum dorsalen Bereich der Wirbelsäule, es gibt jedoch Spuren von Lendenrippen und auch von Halsrippen. Bei den Monotremata sind diese letzteren tatsächlich über einen sehr langen Zeitraum hinweg anhaltend frei und werden in manchen Fällen nie mit ihren Wirbeln ankylosiert. Es sollte jedoch beachtet werden, dass es in dieser Gruppe keine Annäherung an die Situation gibt, die bei vielen unteren Wirbeltieren herrscht, wo es einen allmählichen Übergang zwischen den Rippen der Halswirbelsäule und denen der dorsalen Region der Wirbelsäule gibt; denn die der siebten Rippen in Monotremes ist kleiner als diejenigen, die ihr vorangehen.

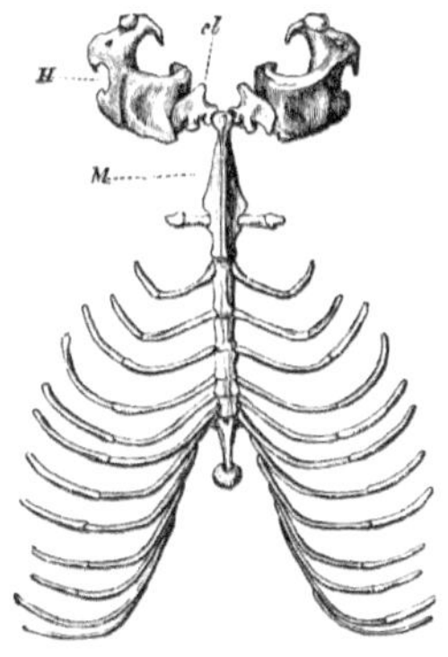

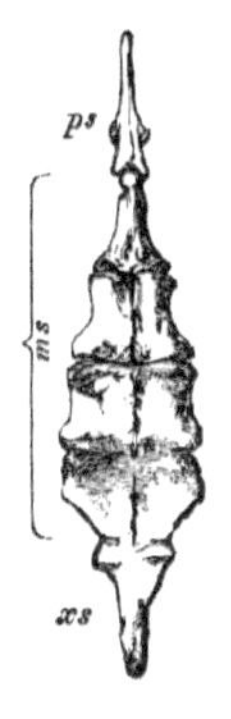

FEIGE. 18. – Sternum und Sternalrippen des Maulwurfs (*Talpa europaea*), mit den Schlüsselbeinen (*cl*) und Oberarmknochen (*H*); *M* , manubrium sterni . Nat. Größe. (Aus Flower's *Osteology* .)

FEIGE. 19. – Brustbein des Schweins (*Sus scrofa*). × ¼. *ms* , Mesosternum ; *ps* , Presternum ; *xs* , Xiphisternum. (Aus Flower's *Osteology* .)

Das Sternum. — Alle Säugetiere besitzen, soweit bekannt, ein Brustbein. Dies ist der Knochen oder eine Reihe von Knochen (Sternebrae), der auf der Bauchfläche der Brust liegt und an dem unten die Rippen befestigt sind. Es wurde gezeigt, dass die Entwicklung des Brustbeins durch die Verschmelzung der darunter liegenden Rippen zu zwei seitlichen Bändern erfolgt, eines auf jeder Seite; Die Annäherung dieser Bänder bildet das einzelne und ungepaarte Brustbein der meisten Säugetiere. Allerdings sind oft sehr deutliche Spuren des paarigen Zustandes der Brustbeinknochen vorhanden; So ist beim Pottwal das erste Stück des Brustbeins durch eine Längsteilung in zwei Teile geteilt, und das zweite Stück ist in Längsrichtung gerillt. Die Entwicklung des Brustbeins aus den verschmolzenen Rippenenden zeigt sich bei einigen *Manis*- Arten in einem vollständigeren Zustand als bei vielen anderen Säugetieren. So sind bei *M. tricuspis* die letzten Rippen derjenigen, die am Brustbein befestigt sind, auf jeder Seite vollständig zu einem einzigen Stück verwachsen. [16] Als allgemeine Regel gilt, dass die letzten Rippen, die mit dem Brustbein in Verbindung stehen, dies nur auf unvollkommene Weise tun, da sie einfach an ihren Seiten fest mit den letzten Rippen verbunden sind, die eindeutig mit dem Brustbein verbunden sind, aber nicht mit ihnen verwachsen sind. Im Gegensatz zu dem, was man bei niederen Wirbeltieren findet , besteht das Brustbein der Säugetiere aus einer Reihe von Stücken, bei *Choloepus* aus acht, neun oder sogar sechzehn, von denen das erste Manubrium sterni und das letzte der Knorpel ensiformis genannt wird . Xiphisternum oder Xiphoidfortsatz. Letzterer bleibt oft lebenslang weitgehend knorpelig; Tatsächlich ist dies bei diesem Teil des Brustbeins im Allgemeinen, aber nicht überall, der Fall . Die außergewöhnlichste Modifikation des Schwertfortsatzes ist bei den afrikanischen Arten der Gattung *Manis* zu beobachten, wo er in zwei lange Knorpel divergiert, die zum Becken zurücklaufen und dann rundherum nach vorne verlaufen und in der Mittellinie anterior miteinander verschmelzen. Diese Fortsätze dienen der Befestigung bestimmter Zungenmuskeln. Professor Parker betrachtete sie als Äquivalente der „Bauchrippen" von Reptilien, die es sonst bei Säugetieren nicht gibt. Diese Ansicht wird jedoch üblicherweise nicht vertreten. Das Manubrium sterni ist oft unten in der Mittellinie gekielt; Dies ist bei den Fledermäusen der Fall, die sich auf diese Weise den Vögeln nähern, und wahrscheinlich aus demselben Grund, nämlich der Notwendigkeit eines vergrößerten Ursprungs für den Brustmuskel, der an den Flugbewegungen beteiligt ist. Bei vielen Formen ist dieser Teil des Brustbeins viel breiter als die folgenden Teile; das ist bei der Viscacha so. Beim Schwein ist genau das Gegenteil der Fall: Das Manubrium ist schmaler als der Rest der Brustbeinknochen. Es ist jedoch zu bemerken, dass in diesem und ähnlichen Fällen keine Schlüsselbeine vorhanden sind. Zwischen den aufeinanderfolgenden Teilen des Brustbeins sind Rippen befestigt. Wenn das Brustbein reduziert ist, wie es bei den Cetacea und Sirenia der Fall ist, ist es der mittlere Teil der Knochenreihe, der verkürzt wird oder verschwindet. Der Pottwal besitzt nur ein Manubrium sterni und ein darauffolgendes Stück, das zum Mesosternum gehört . Man kann mit Recht sagen, dass der Schwertfortsatz und der Rest des Brustbeins verschwunden sind, da bei den Zahnwalen eine fortschreitende Verkürzung des Brustbeins zu beobachten ist. Bei den Walknochenwalen ist das Brustbein noch weiter reduziert; Das Manubrium ist allein übrig geblieben und an ihm ist nur ein einziges Rippenpaar befestigt. In *Balaena wurde* jedoch ein rudimentäres Stück entdeckt, das offenbar mit einem Schwertfortsatz vergleichbar ist.

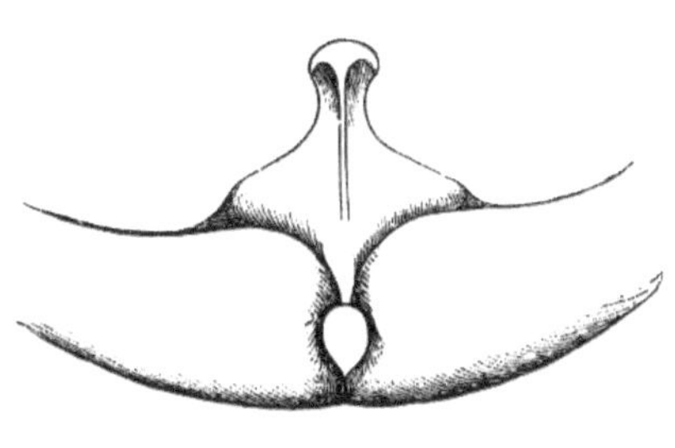 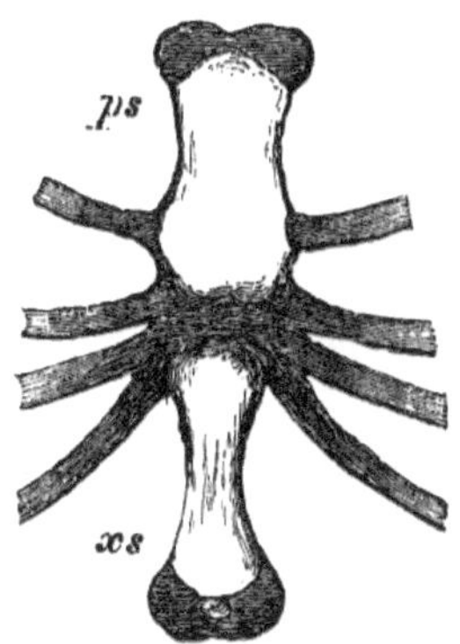

FEIGE. 20. – Sternum des Rudolphi-Wals (*Balaenoptera borealis*), zeigt seine Beziehung zu den unteren Extremitäten des ersten Rippenpaares. × 1 / 10 . (Aus Flower's *Osteology* .)

FEIGE. 21. – Sternum eines jungen Dugong (*Halicore indicus*). × ¼. Aus einem Exemplar im Leyden Museum, *ps* , Presternum ; *xs* , Xiphisternum. (Aus Flower's *Osteology*).

Aufgrund der beschriebenen Fälle sowie der Art und Weise der Entwicklung des Brustbeins und der Anzahl der freien Rippen, *dh* der Rippen, die nicht mit dem Brustbein verbunden sind, scheint es, dass das Brustbein eine beträchtliche Verkleinerung erfahren hat . Diese Verringerung ist möglicherweise auf den Bedarf an Atemaktivität zurückzuführen, der durch eine weniger ausgeprägte Festigkeit der Wände der Brusthöhle deutlich erhöht wird. Im Fall der Wale kommt man kaum umhin, zu diesem Schluss zu kommen. Die Anordnung in den Monotremata weist jedoch nicht in die gleiche Richtung; denn diese Tiere gleichen den höheren Säugetieren genau in der Verkleinerung des Brustbeins und der Anzahl der Rippen, die es erreichen.

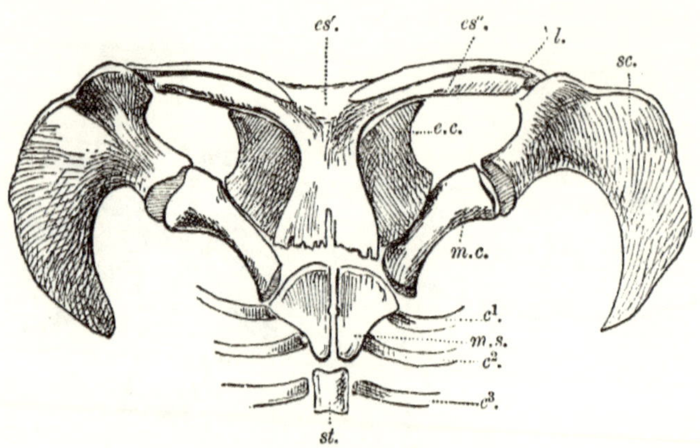

FEIGE. 22. – Schultergürtel von Ornithorhynchus. c^1, c^2, c^3, Erste, zweite, dritte Rippe; *cl*, Schlüsselbein; *ec*, Epicoracoid ; *es* ' und *es* ", Interclavicula (Episternum); *mc*, Metacoracoid ; *ms*, manubrium sterni ; *sc*, Schulterblatt; *st*, sternebra . (Aus Wiedersheims *Struktur des Menschen* .)

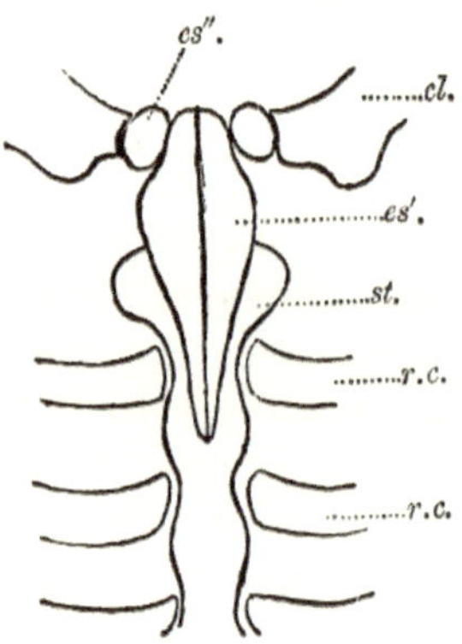

FEIGE. 23. – Episternum eines embryonalen Maulwurfs. (Nach A. Götte .) *cl*, Schlüsselbein; *es* ', zentraler Teil des Episternums; *es* ", seitlicher Teil desselben; *rc*, Rippen; *st*, Brustbein. (Die Figur wurde aus zwei aufeinanderfolgenden horizontalen Abschnitten konstruiert.) (Aus Wiedersheims *Struktur des Menschen* .)

Das Episternum. — Die Mammalia unterscheiden sich von den niederen Wirbeltieren in der Regel durch das Fehlen eines Episternums oder Interclavicula, wie es auch genannt wird. Bei den Monotremata gibt es jedoch einen großen TKnochen, der nicht wie bei Reptilien über dem Brustbein liegt, sondern vor diesem liegt. Die Beziehungen dieses Knochens zu den Schlüsselbeinen scheinen keinen Zweifel daran zu lassen, dass es sich um das Äquivalent der Lacertilianischen Interklavikula oder des Episternums handelt. Die Monotremata sind jedoch nicht die einzigen Säugetiere, bei denen diese Struktur zu sehen ist. Der Maulwurf ist im embryonalen Zustand mit Knochenstücken versehen, die über dem Manubrium sterni liegen und an den Schlüsselbeinen befestigt sind und zweifellos als dieselbe Struktur angesehen werden können. Wahrscheinlich wird man bei vielen Säugetieren feststellen, dass das Manubrium teilweise aus entsprechenden Rudimenten besteht. Auf jeden Fall wurden beim Menschen Überreste eines Episternums in Form von zwei winzigen Gehörknöchelchen entdeckt, die vor dem Manubrium liegen. Sie wurden Ossa suprasternalia genannt. Beim Menschen und beim Maulwurf ist die paarige Natur des Episternums deutlich zu erkennen. Es wurde vermutet, dass diese Struktur in ihrer Gesamtheit zu den Schlüsselbeinen gehört, ebenso wie das Brustbein zu den Rippen; *Das* heißt, dass es sich aus den angenäherten und verschmolzenen Enden der Schlüsselbeine gebildet hat. Dr. Mivart [17] stellte schon vor vielen Jahren ein Paar Gehörknöchelchen in *Mycetes fest*, die in einem Fall zwischen den Enden der Schlüsselbeine und dem Manubrium sterni und in einem anderen Fall vor den ventralen Enden der Schlüsselbeine lagen. Gegenbaur hat beim Hamster ein Paar ähnlicher Knochen entdeckt. [18] Möglicherweise sind diese derselben Kategorie zuzuordnen. Es wurde auch vermutet, dass diese angeblichen episternalen Rudimente die Überreste eines Halsrippenpaares sind.

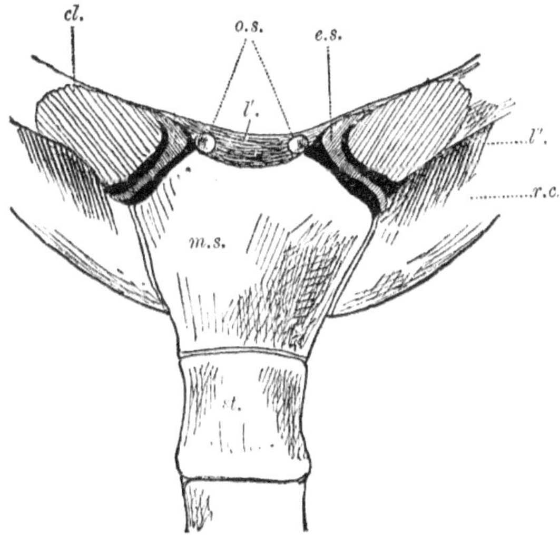

FEIGE. 24. – Episternale Überreste im Menschen. *cl* , Schlüsselbein, durchgesägt; *es* , „Episternum" (Sternoklavikularknorpel); *l* ', Interklavikularband; *l*", costoclaviculares Band; *ms* , manubrium sterni ; *os* , ossa suprasternalia ; *rc* , erste Rippe; *st* , Brustbein. (Aus Wiedersheims *Struktur des Menschen* .)

Der Brustgürtel . — Das Skelett, durch das die Vorderbeine mit dem Rumpf verbunden sind, wird als Brustgürtel bezeichnet. Den Hauptteil dieses Gürtels bildet das große Schulterblatt oder Schulterblatt, wie es oft genannt wird. Auf die korakoidalen Elemente wird später noch eingegangen. Das Schulterblatt ist nicht fest mit der Wirbelsäule verbunden; Es ist lediglich durch Muskeln befestigt und stellt somit einen großen Unterschied zum entsprechenden Beckengürtel dar. Der Grund für diesen Unterschied ist nicht leicht zu verstehen. Einerseits ist darauf hinzuweisen, dass jedenfalls bei allen Lauftieren ein größeres Bedürfnis nach einer besonders festen Fixierung der Hinterbeine besteht; aber auch hier könnte man annehmen, dass bei den kletternden Geschöpfen beide Gliedmaßen durch eine feste Fixierung besser wären. Es muss jedoch daran erinnert werden, dass im letzteren Fall das gleiche Ergebnis zumindest teilweise durch ein gut entwickeltes Schlüsselbein hervorgerufen wird, das den Gürtel mit Hilfe der Rippen am Brustbein und damit an der Wirbelsäule fixiert.

Auch im Großen und Ganzen erfordern die Vorderbeine eine größere Bewegungsfreiheit und -vielfalt als die Hinterbeine, die dem sich schnell bewegenden Körper als Stütze oder zum Vorschieben dienen. Daher ist eine stärkere Fixierung im hinteren Bereich wichtiger als im vorderen Bereich. Unabhängig von der Erklärung besteht auf jeden Fall dieser wichtige Unterschied.

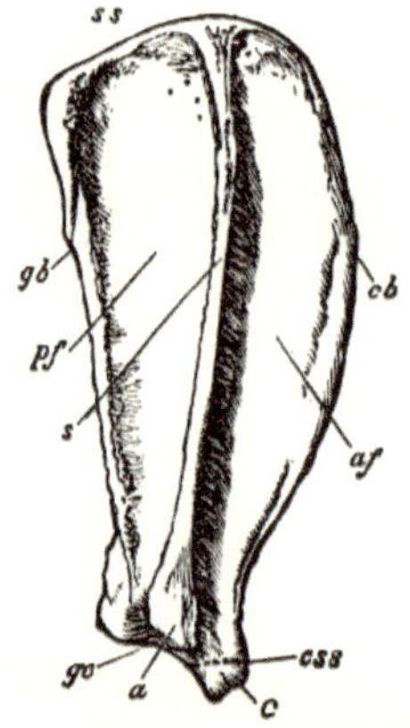

FEIGE. 25. — Rechtes Schulterblatt eines Hundes (*Canis Familiaris*). × ¼. *a* , Acromion; *af* , Fossa präscapularis; *c* , Coracoid; *cb* , Coracoid oder vorderer Rand; *css* zeigt die Position der Coraco -Skapula-Naht an, die bei erwachsenen Tieren durch die

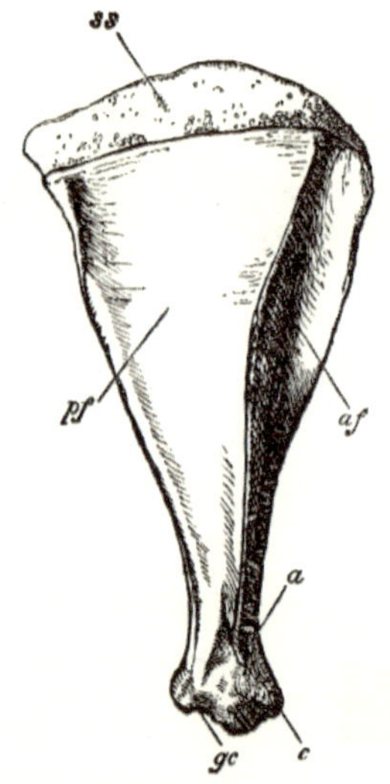

FEIGE. 26. — Rechtes Schulterblatt des Rothirsches (Cervus elaphus). × ¼. *a* , Acromion; *af*, vordere oder präskapulare Fossa; *c* , Coracoid; *gc*, Glenoidhöhle;

vollständige Ankylose der beiden Knochen verödet ist; *GB* , Glenoid oder hinterer Rand; *gc* , Glenoidhöhle; *pf* , Fossa postscapularis ; *s* , Wirbelsäule; *SS* , suprascapularer Rand. (Aus Flower's *Osteology* .) *pf*, Fossa postscapularis ; *SS* , teilweise verknöcherter suprascapularer Rand. (Aus Flower's *Osteology* .)

Das Schulterblatt von Säugetieren ist in der Regel ein stark abgeflachter Knochen mit einer Kante auf der Außenfläche, die als Wirbelsäule bezeichnet wird; Dieser Grat endet in einem frei vorspringenden Fortsatz, dem Acromion, aus dem oft ein als Metacromion bekannter Ast entspringt . Dies verleiht dem Ende des Grats ein gegabeltes Aussehen. Die Wirbelsäule ist weniger entwickelt und das Schulterblatt ist schmaler bei Tieren wie dem Hund und dem Hirsch, die einfach laufen und deren Vorderbeine daher nicht mit der Komplexität der Bewegung ausgestattet sind, die man beispielsweise bei den Affen sieht.

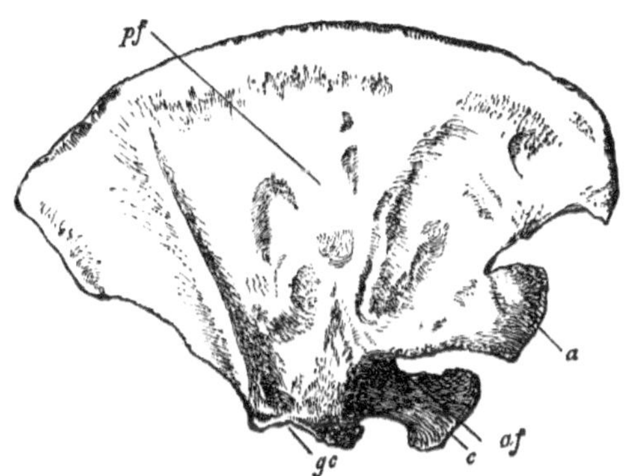

FEIGE. 27. – Rechtes Schulterblatt des Delphins (*Tursiops tursio*). × ¼. *a* , Acromion; *af*, Fossa präscapularis; *c* , Coracoid; *gc* , Glenoidhöhle; *pf*, Fossa postscapularis . (Aus Flower's *Osteology* .)

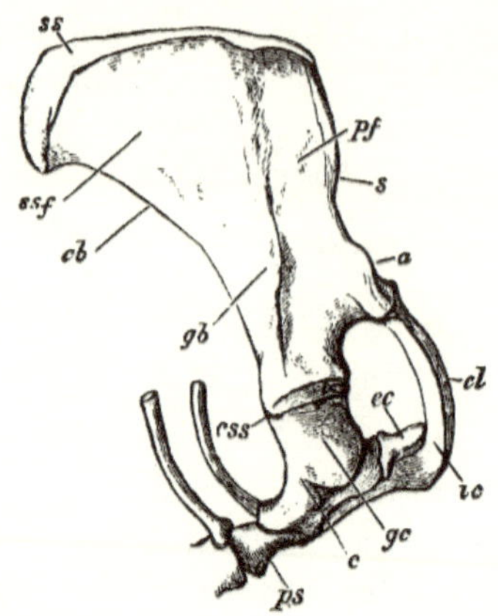

FEIGE. 28. – Seitenansicht der rechten Hälfte des Schultergürtels eines jungen Ameisenigels (*Echidna hystrix*). × ⅔ . *a* , Acromion; *c* , Coracoid; *cb* , Coracoid-Grenze; *cl* , Schlüsselbein; *CSS* , Coraco -Schulterblattnaht; *ec* , Epicoracoid ; gb , Glenoidrand; *gc* , Glenoidhöhle; *ic* , Interklavikula; *pf* , Fossa postscapularis ; *ps* , Presternum ; *s* , Wirbelsäule; *ss* , suprascapulare Epiphyse; *ssf* , Fossa subscapularis. (Aus Flower's *Osteology* .)

Es wurde darauf hingewiesen, dass der Bereich vor der Wirbelsäule, die Lamina prescapularis, bei Tieren, die komplexe Bewegungen mit den Vorderbeinen ausführen, am weitesten entwickelt ist. Der Seelöwe und der Große Ameisenbär werden von Professor GB Howes als Beispiele für dieses Übergewicht des vorderen Teils des Schulterblatts gegenüber dem, der hinter der Wirbelsäule liegt, angeführt. Die allgemeine Form des Schulterblatts variiert erheblich zwischen den verschiedenen Säugetierordnungen; aber es präsentiert immer die erwähnten Merkmale, die bei den Sauropsida nirgends zu finden sind, außer bei bestimmten Anomodonten , auf die ordnungsgemäß Bezug genommen wird (siehe S. 90). Die auffälligsten Abweichungen vom Normalen finden sich bei den Cetacea und den Monotremata . Bei ersterem ist das Akromion so nahe an den vorderen Rand des Schulterblattknochens angenähert, dass die Fossa präscapularis auf einen sehr kleinen Bereich reduziert ist; und bei *Platanista* fällt das Acromion tatsächlich mit der vorderen Grenze zusammen, so dass diese Fossa tatsächlich verschwindet. Auch bei den Walen ist das Schulterblatt in der Regel sehr breit, besonders oben; es hat häufig eine fächerartige Kontur. Bei den Monotremata fällt das Akromion auch mit dem vorderen Rand des Schulterblatts zusammen; Aber die Ähnlichkeit des Aussehens, die es (in diesem Merkmal) dem Schulterblatt des Wals bietet, beruht offenbar nicht auf wirklicher Ähnlichkeit. Was bei den Monotremata passiert ist , ist, dass die Fossa präscapularis so enorm ausgedehnt ist, dass sie die gesamte Innenseite des Schulterblattknochens einnimmt, während die Fossa subscapularis, die sozusagen diese Stelle einnehmen sollte, auf diese Weise verschoben wurde rund nach vorne, wo es nur durch einen leichten Grat von der Fossa postscapularis getrennt ist.

Das Schlüsselbein ist ein Knochen, der bei Säugetieren stark variiert. Manchmal fehlt es tatsächlich, wie bei den Ungulata , völlig; in anderen Formen weist es einen unterschiedlichen Grad der Retrozession in der Bedeutung auf; Nur bei kletternden, wühlenden, grabenden und fliegenden Säugetieren ist es wirklich gut entwickelt.

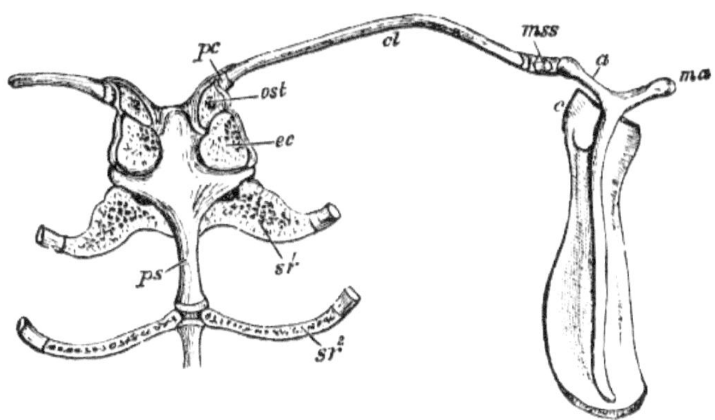

ABB. 29. – Schultergürtel, mit oberem Ende des Brustbeins (Innenfläche) von Spitzmaus (*Sorex*), nach Parker, × 7. *a* , Acromion; *c* , Coracoid; *cl* , Schlüsselbein; *ec* , teilweise verknöchertes „ Epicorakoid " von Parker, oder Rudiment des sternalen Endes des Coracoid; "ma", metakromieller Prozess; *mss* , verknöchertes „ mesoskapuläres Segment"; *ost* , omosternum ; *pc* , Rudiment des Präcoracoids (Parker); *ps* , Presternum ; *sr* [1] , erste Brustbeinrippe; *sr* [2], zweite Brustbeinrippe. (Aus Flower's *Osteology* .)

Bei den höheren Mammalia ist das Coracoid [19] vorhanden, erreicht aber nicht das Brustbein wie bei den Monotremata . Unter menschlichen Anatomen ist er als Processus coracoideus des Schulterblatts bekannt. Professor Howes [20] und andere haben jedoch herausgefunden, dass dieser Prozess tatsächlich aus zwei getrennten Ossifikationszentren besteht , die zwei getrennte Bonelets bilden, die beim Erwachsenen fest miteinander und mit dem Schulterblatt verbunden sind. Diese beiden getrennten Knochen wurden im Embryo von *Lepus, Sciurus* und den Jungen verschiedener anderer Säugetiere gefunden, die sehr unterschiedlichen Ordnungen angehören, wie z. B. Edentaten und Primaten. Auch beim Erwachsenen bleibt die Trennung gelegentlich bestehen. Die Frage ist: In welcher Beziehung stehen diese Knochenchen zum Coracoid der Monotremata und zu den entsprechenden Regionen der Reptilien? Professor Howes bezeichnet den unteren Teil des Knochens als Metacoracoid und den oberen als Epicorakoid ; Ersteres betrifft ausschließlich die Glenoidhöhle. Man könnte daher annehmen, dass es dem „Coracoideus" der Monotremata entspricht , während das obere Knochenstück dem Epicorakoidfortsatz dieses Säugetiers entspricht. Die Mammalia, sowohl die höheren als auch die niederen, unterscheiden sich daher von den Reptilien dadurch, dass das Coracoid aus zwei Knochen besteht; Ausnahmen bilden neben einigen anderen ausgestorbenen Formen bestimmte der Anomodontia, einer Gruppe, die, wie man sich erinnern wird, am nächsten steht aller Reptilien bis hin zu den Säugetieren.

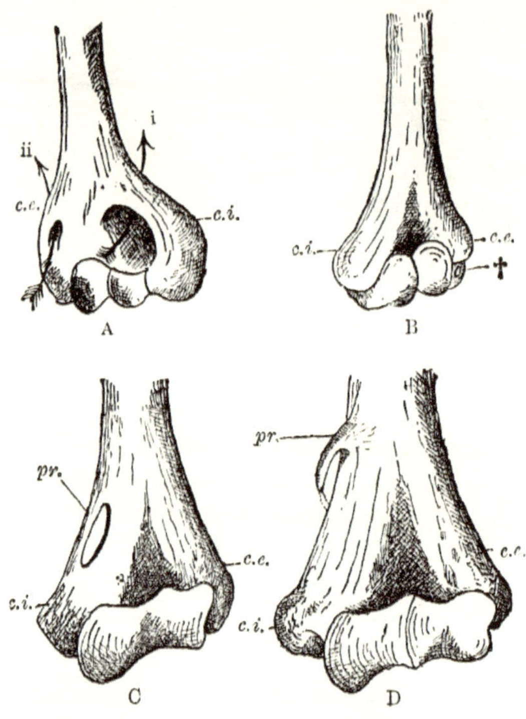

FEIGE. 30. – Distales Ende des Humerus, um die Epicondylar Foramina zu zeigen. **A** , In *Hatteria* ; **B** , in einer Eidechse (*Lacerta ocellata*); **C** , bei der Hauskatze; **D** , im Menschen. *ce* , äußerer Kondylus; *ci* , interner Kondylus. In **A** sind die beiden Foramina entwickelt (bei *i* der Entepikondylär; bei *II* der Ektepikondylär). Der einzige bei der Eidechse (**B**) **vorhandene Kanal** (**†**) befindet sich auf der äußeren Ulnarseite, im knorpeligen distalen Ende. Beim Menschen (**D**) entwickelt sich manchmal ein entepikondylärer Fortsatz (*pr*), der sich als faseriges Band fortsetzt. (Aus Wiedersheims *Anatomie des Menschen* .)

Die Vorderbeine . — Der Oberarmknochen ist bei Säugetieren unterschiedlich lang. Ein Merkmal, das er manchmal mit dem Humerus niedrigerer Formen gemeinsam hat, ist das Vorhandensein eines Foramen entepicondylaris, eines Verknöcherungsdefekts oberhalb des inneren Kondylus des Knochens, der einen Nerv überträgt. Das gleiche Foramen und ein zusätzliches Foramen ectepicondylaris finden sich bei der antiken Reptilienart *Hatteria* (*Sphenodon*); es kommt auch bei den Anomodont-Reptilien vor. Bei Säugetieren sind es in der Regel nur die niederen Formen, die dieses Foramen aufweisen; Daher ist es beim Maulwurf vorhanden und beim Pferd nicht vorhanden. Die Tatsache, dass es gelegentlich beim Menschen vorkommt, ist ein zusätzlicher Beweis für die in vielerlei Hinsicht alte Struktur des höchsten Primatentyps.

Der Radius und die Elle, die zusammen den Unterarm bilden, sind beide bei einer großen Anzahl von Säugetieren vorhanden, aber die Elle neigt dazu, bei den rein laufenden und fingerartigen Huftieren zu verschwinden, ist jedoch bei den älteren Formen dieser Tiere vorhanden Huftiere. Beim Menschen und bei vielen anderen Säugetieren kann der Radius aus seiner normalen Position verschoben und über die Elle gekreuzt werden; Diese Pronationsbewegung ist beim Elefanten dauerhaft fixiert, wobei die Knochen gekreuzt sind, ihre Position jedoch nicht durch die Kontraktion irgendwelcher Muskeln verändert werden kann. Andere Arten stimmen mit dem Elefanten in dieser Fixierung der beiden Knochen überein.

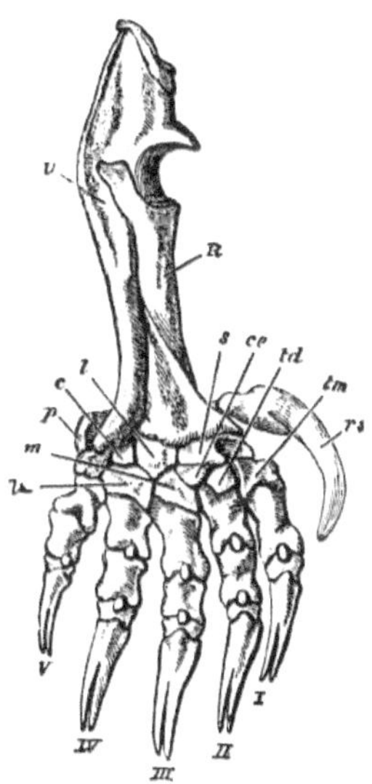

FEIGE. 31. – Knochen des Unterarms und des Handrückens des Maulwurfs (*Talpa europaea*). × 2. *c* , Keilschrift; *ce* , zentral; *l* , Mond; *m* , Magnum; *p* , pisiform; *R* , Radius; *rs* , radiales Sesambein (falciform); *s* , Skaphoid; *td* , Trapez; *tm* , Trapez; *U* , Ulna; *u* , unziform; *IV* , die Ziffern. (Aus Flower's *Osteology* .)

Die Knochen des Handgelenks weisen bei Säugetieren große Unterschiede auf. Die meisten vorkommenden Arten sind bei einer Art wie dem Maulwurf zu finden. Hier haben wir eine proximale Reihe, bestehend aus Skaphoid, Mondbein, Keilbein und Os pisiforme, die in der richtigen Reihenfolge angeordnet sind, beginnend mit der auf der radialen Seite des Gliedes, der Seite, die den ersten Finger trägt. Eine zweite Reihe artikuliert proximal mit diesen Bonelets und distal mit den Mittelhandknochen; Die Knochen, aus denen es besteht, sind, wenn man sie in derselben Reihenfolge nennt, Trapezium, Trapezoid, Centrale, Magnum, Unciform.

Der Centrale gehört jedoch nicht wirklich zur distalen Handwurzelreihe und liegt in der Regel in der Mitte der Handwurzel, entfernt von der Artikulation mit den Mittelhandknochen. Es handelt sich um einen Knochen, der in der Hand von Säugetieren normalerweise nicht vorkommt, aber in verschiedenen niederen Formen, wie dem Biber und dem Hyrax, vorkommt. Es kommt auch bei so hohen Arten wie der Mehrzahl der Affen vor; Es kommt in der Handwurzel des menschlichen Fötus vor . Viele ausgestorbene Formen besaßen ein eigenes Centrale. Auf seine Bedeutung für die Bildung des ineinandergreifenden Zustands des Huftierfußes wird später auf S. 196 . Das einzige Säugetier, das die richtigen fünf Knochen in der distalen Reihe der Handwurzel zu haben scheint, die den fünf Mittelhandknochen entsprechen, ist *Hyperoodon* , wo dieser Zustand zumindest gelegentlich vorkommt. Der letzte Knochen dieser Serie, der Unciforme, scheint zwei verschmolzene Knochen darzustellen. Sehr oft wird die Handwurzel durch die Fusion bestimmter Handwurzelknochen reduziert; so ist es bei den Fleischfressern üblich, dass das Kahnbein und das Mondbein verwachsen sind. Es ist interessant, dass diese Knochen ihre Besonderheit bei den Creodonten ihrer Vorfahren behalten haben. Bei vielen Huftieren verschwindet das Trapez. Die Verkleinerung der Zehen impliziert tatsächlich eine Verkleinerung der einzelnen Elemente der Handwurzel.

Was die Finger der Säugetierhand anbelangt, so beträgt die größte Zahl fünf; die verschiedenen zusätzlichen Knochenchen, die als Präpollex und Postminimus bekannt sind, seien, so wird heute allgemein angenommen, lediglich ergänzende Verknöcherungen, die nicht die Rudimente bereits vorhandener Finger darstellten. Sie können jedoch Krallen tragen. [21] Die Zahl der Fingerglieder, die auf die Mittelhandknochen folgen, beträgt bei den Säugetieren fast konstant drei, mit Ausnahme des Daumens, der nur zwei hat. Dies ist für die Gruppe im Gegensatz zu Reptilien und Vögeln sehr charakteristisch, und die Zunahme der Anzahl dieser Knochen bei den Walen und in einem sehr geringen Ausmaß bei den Sirenia ist eine besondere Verdoppelung, die erwähnt wird, wenn diese Tiere behandelt werden .

Der Beckengürtel . — Der Beckengürtel oder Hüftgürtel ist eine Gesamtheit von Knochen, die einerseits am Kreuzbein befestigt sind und andererseits mit der Hinterextremität artikulieren. In jedem „ os" sind vier verschiedene Elemente zu erkennen innominatum ", der Name, der den verbundenen Knochen jeder Hälfte des gesamten Beckens gegeben wird. Dies sind : – das Darmbein, das mit dem Kreuzbein artikuliert; das Sitzbein, das hinten liegt; das Schambein, das vorne liegt; und schließlich ein kleines Element, das Cotyloid, das in der Hüftpfanne liegt, wo der Femur artikuliert. Die Epipubes der Monotreme und der Beuteltiere werden an anderer Stelle behandelt (siehe S. 116), da sie diesen Gruppen eigen sind.

Professor Huxley wies vor vielen Jahren darauf hin, dass sich die eutherischen Säugetiere zwar von den Reptilien dadurch unterscheiden, dass die Achse des Iliums in einem geringeren Winkel mit der des Kreuzbeins liegt, Ornithorhynchus dem Reptil jedoch dadurch am nächsten kommt, dass diese Achse nahezu *gleich* ist im rechten Winkel zum Kreuzbein. Besonders interessant ist die Feststellung, dass diese Besonderheit bei *Ornithorhynchus* erst im späteren Leben erworben wird und dass sich das Becken des Fötus in diesen Winkeln an das der erwachsenen Tiere anderer Säugetiergruppen anpasst. Auf jeden Fall ist die Rückwärtsrotation des Beckens ein Merkmal von Säugetieren und wird bei Reptilien am ehesten durch die ausgestorbene Anomodontia erreicht , deren Verwandtschaft mit Säugetieren auf einer späteren Seite behandelt wird (S. 90). Eine weitere Besonderheit des Säugetierbeckens scheint das bereits erwähnte Keimblattknochen zu sein. Beim Kaninchen schließt dieser Knochen das Schambein vollständig von jeglichem Anteil an der Hüftpfanne aus; später ankylosiert es mit diesem Knochen. Bei *Ornithorhynchus* ist das Cotyloid oder Os Acctabuli ist ein größerer Teil des Gürtels als das Schambein. Bei anderen Säugetieren scheint es sich daher um eine rudimentäre Struktur zu handeln. Aber es scheint ein Knochen zu sein, der den Säugetieren eigen ist und sich daher im Vergleich zu anderen Wirbeltieren unterscheidet. Die Hüftpfanne ist bei *Echidna* wie bei Vögeln perforiert; aber bei gewissen Nagetieren ist dieselbe Region sehr dünn und nur durch Membranen geschlossen, wie bei *Circolabes villosus* .

Die Anzahl und Anordnung der Knochen der **Hinterbeine** entspricht genau denen der Vorderbeine. Der Femur, der dem Oberarmknochen entspricht, weist einige Formunterschiede auf. Der Hals, der auf den fast kugelförmigen Kopf folgt, die Verbindungsfläche zur Hüftpfanne des Beckens, weist zwei aufgeraute Bereiche oder Tuberositas für den Ansatz von Muskeln auf. Ein dritter solcher Bereich, der als dritter Trochanter bekannt ist, ist je nach Fall vorhanden oder nicht vorhanden, und sein Vorhandensein oder Fehlen ist von systematischer Bedeutung. Im Allgemeinen sind die Oberschenkelknochen der alten Säugetierarten durch die Anwesenheit dieser drei Trochanter glatter und weniger aufgeraut als bei ihren modernen Vertretern. Der Radius und die Elle werden im Hinterbein durch die Tibia und die Fibula repräsentiert. Diese Knochen sind nicht gekreuzt und ermöglichen keine Rotation, wie dies beim Radius und der Elle der Fall ist. Bei Huftieren besteht die gleiche Tendenz zur Verkürzung und zum rudimentären Charakter der Fibula wie bei der Elle, sie ist jedoch ausgeprägter. Bei der Nachverfolgung der Geschichte fossiler Huftiere hat sich gezeigt, dass die Hinterbeine in ihrem Degenerationsgrad in der Regel den Vorderbeinen voraus sind. Dies ist natürlich, wenn wir bedenken, dass die Hinterbeine bei ihrer gründlichen Anpassung an die Cursor-Fortschrittsart den Vorderbeinen vorausgegangen sein müssen. Bei den Mammalia liegt das Sprunggelenk stets in dem, was man cruro -tarsal nennt, *dh* zwischen den Enden der Gliedmaßenknochen und der proximalen Fußwurzelreihe; nicht in der Mitte des Tarsus wie bei manchen Sauropsida (Reptilien und Vögel). Die Knochen des Knöchels ähneln denen der Hand; aber es gibt nie mehr als zwei Knochen in der proximalen Reihe, nämlich den Astragalus und das Calcaneum. Ersteres ist vielleicht als das Äquivalent der Keilschrift und der Mondschrift zusammen anzusehen. Über die Homologien der Fußwurzelknochen gehen die Ansichten jedoch weit auseinander. Darunter befindet sich das Navikular, das als Centrale gilt. Die distale Reihe des Tarsus besteht aus vier Knochen, drei Keilbeinen und einem Quader. Die Verkleinerung erfolgt durch das Zusammenlöten zweier Keilschriftformen wie beim Pferd, durch die Verschmelzung von Kahnbein und Quader wie beim Hirsch. Kein Säugetier hat mehr als fünf Zehen, und bei flüchtigen Tieren (Nagetiere, Huftiere, Kängurus) verringert sich die Zahl tendenziell.

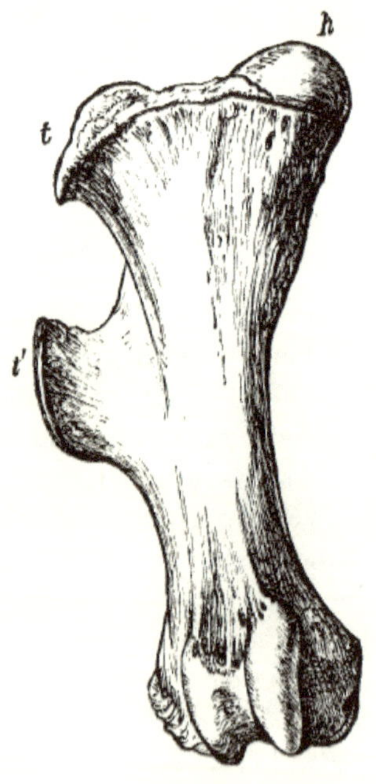

FEIGE. 32. – Vorderer Aspekt des rechten Oberschenkelknochens eines Nashorns (*Rhinoceros indicus*). × ½. *h* , Kopf; *t* , großer Trochanter; *t* ', dritter Trochanter. (Aus Flower's *Osteology* .)

Zähne. — Die Zähne der Mammalia [22] unterscheiden sich in einer Reihe wichtiger Punkte von denen anderer Wirbeltiere. Diese betreffen jedoch ausschließlich die Form der erwachsenen Zähne, ihre Stellung im Mund und die Abfolge der Zahnreihe. Entwicklungstechnisch und histologisch gibt es keine grundsätzlichen Unterschiede zu den Zähnen von Wirbeltieren weiter unten auf der Skala.

Bei Säugetieren, wie zum Beispiel beim Hund, bestehen die Zähne aus drei Arten von Gewebe – dem Zahnschmelz, dem Dentin und dem Zement. Der Zahnschmelz stammt aus der Epidermis der Mundhöhle und die beiden übrigen Bestandteile aus der darunter liegenden Dermis. Die Zähne entstehen ganz unabhängig vom Kiefer, mit dem sie später so innig verbunden sind; Die Unabhängigkeit des Ursprungs ist eine der Tatsachen, auf denen die aktuelle Theorie über die Natur der Zähne basiert. Es wurde darauf hingewiesen, dass die Schuppen der Elasmobranchierfische aus einer Schmelzkappe auf einer Basis aus Dentin bestehen, wobei ersteres aus der Epidermis stammt und einer Papille der Dermis nachempfunden ist, deren Zellen das Dentin absondern. Die Tatsache, dass ähnliche Strukturen im Mund (*z. B.* den Zähnen) entstehen, ist erklärbar, wenn man bedenkt, dass der Mund selbst eine späte Einstülpung von außerhalb des Körpers ist und daher die Fähigkeit seines Gewebes, solche Strukturen zu erzeugen, erhalten bleibt ist nicht bemerkenswert.

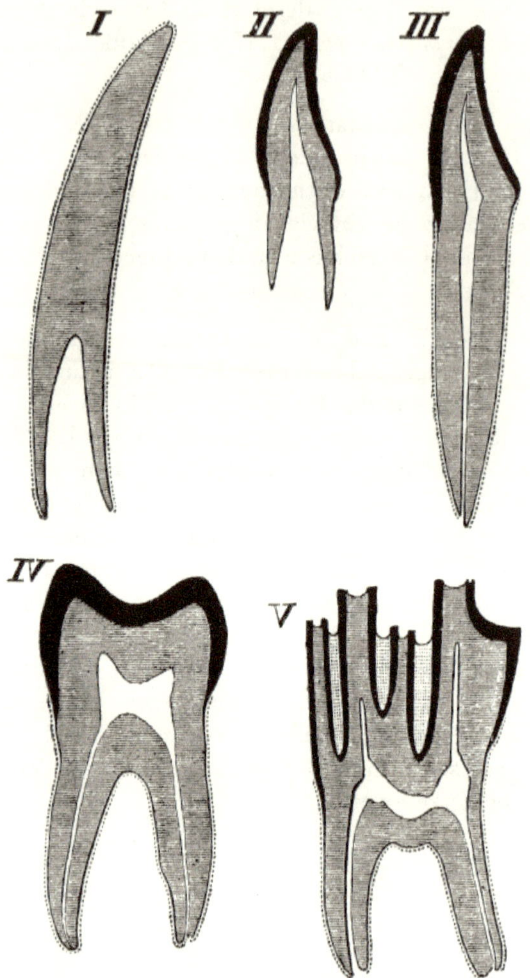

FEIGE. 33. – Schematische Abschnitte verschiedener Zahnformen. *I* , Schneidezahn oder Stoßzahn eines Elefanten, mit an der Basis dauerhaft offener Pulpahöhle; *II* : Menschlicher Schneidezahn während der Entwicklung, mit unvollständig geformter Wurzel und weit offener Pulpahöhle an der Basis; *III* , vollständig geformter menschlicher Schneidezahn, mit Pulpahöhle, die sich durch eine verengte Öffnung an der Wurzelbasis öffnet; *IV* : Menschlicher Backenzahn mit breiter Krone und zwei Wurzeln; *V*, Backenzahn des Ochsen, wobei der die Krone bedeckende Zahnschmelz tief gefaltet und die Vertiefungen mit Zement gefüllt sind; die Oberfläche ist durch den Gebrauch abgenutzt, sonst wäre die Emaille-Beschichtung oben auf den Graten durchgehend. Bei allen Figuren ist die Emaille schwarz, das Fruchtfleisch weiß; das Dentin wird durch horizontale

Linien und der Zement durch Punkte dargestellt. (Nach Flower und Lydekker .)

Die Beziehungen der drei Bestandteile des Zahns in seiner einfachsten Form sind in der beigefügten Abbildung dargestellt, wobei die innige Struktur von Zahnschmelz, Dentin und Zement (oder Crusta petrosa , wie sie manchmal genannt wird) nicht angegeben ist. Letzterer hat die größte Ähnlichkeit mit Knochen. Das Dentin wird von feinen Kanälen durchzogen, die parallel zueinander verlaufen und hier und da anastomosieren. Der Zahnschmelz besteht aus langen prismatischen Fasern und weist eine übermäßig harte Struktur auf, da er weniger tierische Bestandteile enthält als die anderen Zahngewebe. Auf diese Tatsache sind häufig die komplizierten Muster auf den Zähnen von Huftieren zurückzuführen, die durch die Abnutzung des Dentins und des Zements sowie durch die Widerstandsfähigkeit des Zahnschmelzes entstehen.

Die Mitte der Zahnpapille bleibt weich und bildet die Zahnpulpa, die je nach Fall durch einen feinen Kanal oder einen breiten Hohlraum mit dem darunter liegenden Gewebe des Zahnfleisches verbunden ist. Bei Zähnen, die während des gesamten Lebens des Tieres ständig wachsen, wie zum Beispiel die Schneidezähne von Nagetieren, besteht eine weite Verbindung zwischen der Zahnhöhle und dem Zahnfleischgewebe; Beispielsweise gibt es in den Zähnen des Menschen nur einen schmalen Kanal, und zwar in den allermeisten Fällen. Die drei Bestandteile der typischen Zähne kommen jedoch nicht bei allen Säugetieren vor; Die Schicht, die manchmal fehlt, ist der Zahnschmelz. Dies ist bei den meisten Edentaten der Fall; aber die interessante Entdeckung wurde (von Tomes) gemacht, dass es beim Gürteltier ein Herunterwachsen der Epidermis gibt, ähnlich dem, das bei anderen Säugetieren den Zahnschmelz bildet, ein rudimentäres „Schmelzorgan“.

Zähne sind bei fast allen Säugetieren vorhanden; und wenn sie fehlen, gibt es häufig Hinweise darauf, dass der Verlust erst kürzlich eingetreten ist. Die Weißwale, die Monotremata , *die Manis* und die Amerikanischen Ameisenbären unter den Edentata sind im ausgewachsenen Zustand zahnlos. In mehreren dieser Fälle wurden jedoch mehr oder weniger rudimentäre Zähne gefunden, die entweder nie das Zahnfleisch durchtrennten oder schon früh im Leben verloren gingen. Letzteres ist bei *Ornithorhynchus der Fall* , wo Zähne bis zur Geschlechtsreife vorhanden sind (siehe S. 113). Kükenthal hat Zahnkeime bei Walen gefunden, Röse bei Orientalischen *Manis* . Der Verlust der Zähne scheint in diesen Fällen mit der Art der Nahrung zusammenzuhängen. Bei ameisenfressenden Säugetieren, wie den Ameisenbären und *Ameisenigeln* , werden die Ameisen mit der langen und klebrigen Zunge aufgeleckt und müssen nicht gekaut werden. Es muss jedoch daran erinnert werden, dass *Orycteropus* ebenso wie der Beuteltier *Myrmecobius ein Ameisenbär ist*, wobei beide Gattungen Zähne haben.

Die erste wesentliche Besonderheit der Zähne von Säugetieren im Vergleich zu denen anderer Wirbeltiere betrifft die Position der Zähne im Mund. Es gibt zweifellos kein ausgestorbenes oder lebendes Säugetier, bei dem die Zähne an anderen Knochen als dem Gebiss, dem Oberkiefer und dem Prämaxillare befestigt sind. Es gibt keine Vomerin-, Gaumen- oder Pterygoidzähne, wie man sie bei Amphibia und Reptilia findet.

Die anderen Besonderheiten der Zähne von Säugetieren sind zwar auf die große Mehrheit der Fälle zutreffend, aber keines davon ist absolut universell.

Aufgrund der großen Bedeutung, die den Zähnen bei der Entscheidung über Beziehungsfragen beigemessen wird, ist es jedoch notwendig, ausführlicher auf das Thema einzugehen. Darüber hinaus basiert unser Wissen über bestimmte ausgestorbene Säugetierformen, zweifellos größtenteils aufgrund ihrer Härte und Unvergänglichkeit, ausschließlich auf ein paar verstreuten Zähnen; während es für einige andere Gattungen, insbesondere für die Trias- und Jura-Gattungen, nicht viele Beweise außer denen gibt, die durch die Zähne geliefert werden. In der Tat ist die wichtige Stellung, die die Odontographie in der vergleichenden Anatomie einnimmt, in vielerlei Hinsicht bedauerlich, wenn auch unvermeidlich. „In kaum einem anderen Organsystem von Wirbeltieren", bemerkt Dr. Leche, „besteht eine so große Gefahr, die Ergebnisse der Konvergenz der Entwicklung mit echten Homologien zu verwechseln, denn kaum ein anderes Organsystem ist weniger konservativ und vollständiger unterwürfig." auf den leichtesten Impuls von außen." Die durch die Zähne angezeigten Affinitäten stehen manchmal in direktem Widerspruch zu denen anderer Organe; oder, wie im Fall der einfachen Zahnwale, liegen keinerlei Beweise vor. Dr. Leche hat darauf hingewiesen, dass *Arctictis*, *allein nach seinen Zähnen beurteilt*, den Waschbären zugeordnet werden würde, obwohl es in Wirklichkeit ein Viverrid ist; während *Bassariscus*, von dem Sir W. Flower zeigte, dass es sich um einen Waschbären handelt, in seinen Zähnen ein Viverrid ist. Herr Bateson musste das Thema durch eine weitere Schwierigkeit erschweren.

Bei der Beschäftigung mit den Variationen der Zähne [23] hat Herr Bateson eine ungeheure Anzahl von Tatsachen zusammengetragen, die dazu neigen, zu beweisen, dass die Variabilität dieser Strukturen viel größer ist, als bisher angenommen wurde; dass diese Variabilität oft symmetrisch ist; und dass bei einigen Tieren, wie bei „*Canis cancrivorus*, einem südamerikanischen Fuchs, die Mehrheit einige Anomalien aufwies." Wenn wir von Herrn Bateson erfahren, dass „von *Felis Fontanieri*, einem abweichenden Leoparden, nur zwei Schädel bekannt sind, die beide Zahnanomalien aufweisen", erscheint es gefährlich, einen zu hohen Aufbau auf einem einzelnen fossilen Kiefer zu errichten. Es muss auch beachtet werden, dass entgegen dem vorherrschenden Aberglauben nicht Haustiere die größte Zahnvariation aufweisen. Was spezielle Homologien zwischen Zahn und Zahn betrifft, mit denen wir uns auf einer späteren Seite befassen werden, hat Herr Bateson auf fast unüberwindliche Schwierigkeiten hingewiesen.

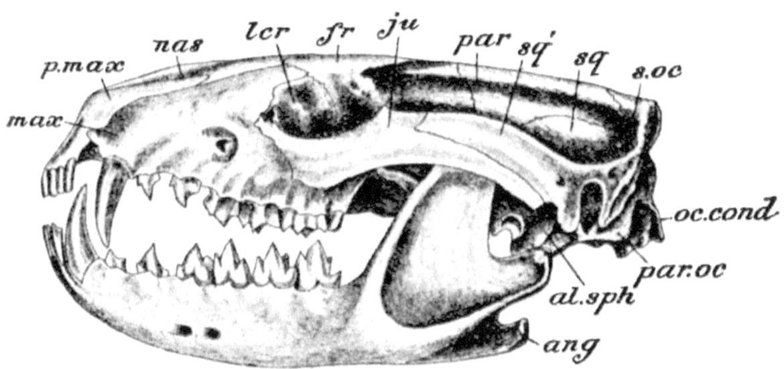

FEIGE. 34. – Schädel von Dasyurus (Seitenansicht). *al.sph* , Alisphenoid; *ang* , eckiger Fortsatz des Unterkiefers; *fr* , frontal; *ju* , jugal; *lcr* , Tränen; *max* , Oberkiefer; *nas* , nasal; *oc.cond* , Hinterhauptskondylus; *par* , parietal; *par.oc* , Parokzipitalfortsatz ; *p.max* , Prämaxillare; *s.oc* , supraokzipital; *sq* , Plattenepithelkarzinom; *sq* ', Jochbeinfortsatz des Squamosal. (Aus Parker und Haswells *Zoologie* .)

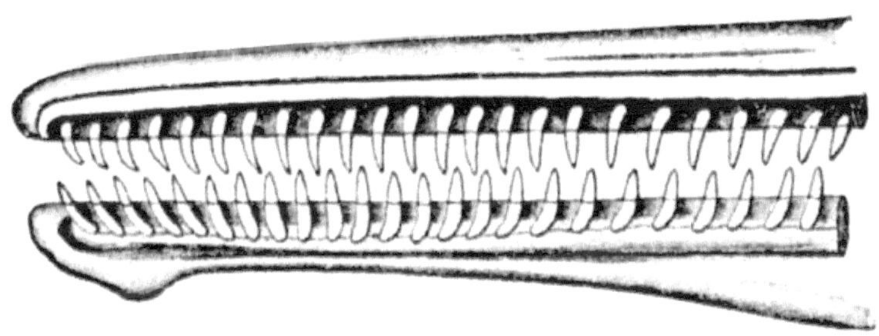

FEIGE. 35. – Obere und untere Zähne einer Seite des Mauls eines Delphins (*Lagenorhynchus*), die den homodontischen Gebisstyp eines Säugetiers veranschaulichen. (Nach Flower und Lydekker .)

Die Zähne der Mammalia sind fast ausnahmslos „heterodont", *das heißt,* sie weisen in verschiedenen Teilen des Mundes Strukturunterschiede auf. Im Allgemeinen lassen sich Zähne in schneidende Schneidezähne, scharfe konische Eckzähne und Backenzähne einteilen, deren Oberfläche in den meisten Fällen zum Schleifen geeignet ist. Darin stehen sie im Gegensatz zu den meisten niederen Wirbeltieren, bei denen die Zähne „homodont" (oder besser: *homöodont*) sind, *also* alle mehr oder weniger ähnlich und nicht durch

Formveränderung für unterschiedliche Aufgaben geeignet sind. Aber es gibt auf beiden Seiten Ausnahmen. Bei den Zahnwalen sind die Zähne homodont, wie beim Frosch und bei den meisten Reptilien; Andererseits haben einige der bemerkenswerten Reptilien, die zu Professor Huxleys Ordnung der Anomodontia gehören , ausgeprägte Eckzähne und zeigen andere Differenzierungen in ihren Zähnen.

Ein zweites Merkmal des Säugetiergebisses ist die begrenzte Anzahl der Zähne, die selten mehr als vierundfünfzig beträgt. Auch hier bilden die Zahnwale eine Ausnahme, denn die Anzahl ihrer Zähne ist ebenso groß wie bei vielen Reptilien. Bei den Säugetieren ist die Anzahl der Zähne festgelegt (natürlich mit Ausnahme von Anomalien), während es bei Reptilien häufig keinen genauen Normalwert gibt. Bei jedem Zahn lassen sich zwei Bereiche unterscheiden: die Krone und die Wurzel; Letzterer ist, wie der Name schon sagt, im Zahnfleisch eingebettet, während die Krone die frei hervorstehende Spitze des Zahns darstellt. Die unterschiedlichen Proportionen dieser beiden Zahnregionen ermöglichen es uns, die Zähne in zwei Serien zu unterteilen – den Brachyodonten und den Hypselodonten; bei letzterem entwickelt sich die Krone auf Kosten der kleinen Wurzel; Beim Hypselodontenzahn handelt es sich um einen Zahn, der aus einer hartnäckigen Pulpa wächst oder auf jeden Fall schon lange offen ist. Brachyodontische Zähne hingegen haben enge Kanäle, die in das Dentin verlaufen. Die ursprüngliche Form des Zahns scheint zweifellos ein konischer einwurzeliger Zahn zu sein, wie er heute bei den Zahnwalen und in den Eckzähnen fast aller Tiere erhalten ist. Die Entwicklung der Zähne, also die einfache glockenförmige Form des Schmelzorgans, scheint dies einigermaßen zu beweisen; aber es ist eine ganz andere Frage, ob wir mit Fug und Recht davon ausgehen können, dass die Wale diese frühe Zahnform beibehalten haben. In ihrem Fall scheint die Vereinfachung, wie so oft bei der Vereinfachung von Organen, eher eine Degeneration als eine Beibehaltung primitiver Merkmale zu sein. Aber das ist eine Angelegenheit, die vorerst aufgeschoben werden muss.

Die Schneidezähne sind im Allgemeinen einfach aufgebaut und fast immer einwurzelig. Bei den Nagetieren, bei den ausgestorbenen Tillodontia und bei den Diprotodontia-Beuteln sind sie groß geworden, und wie bereits erwähnt, nehmen sie mit dem wachsenden Fruchtfleisch kontinuierlich an Größe zu. Diese Zähne haben nur auf der Vorderseite eine Schmelzschicht, die ihnen eine scharfe, meißelartige Kante verleiht, da der härtere Zahnschmelz langsamer abgetragen wird als das vergleichsweise weiche Dentin. Das „Horn“ des Narwals ist eine weitere Modifikation eines Schneidezahns, ebenso wie die Stoßzähne von Elefanten. Bei den Lemuren sind die Schneidezähne gezähnt und dienen der kammartigen Reinigung des Fells. Dies ist insbesondere bei *Galeopithecus* der Fall . Die Schneidezähne fehlen manchmal völlig, wie bei den Faultieren, manchmal fehlen sie teilweise, wie bei vielen Artiodactyles , wo die unteren Schneidezähne gegen eine Hornhaut im Oberkiefer beißen, in der keine Spur von Schneidezähnen gefunden wurde.

Eckzähne sind bei den meisten Säugetieren vorhanden, fehlen jedoch ausnahmslos im Kiefer der Rodentia. Der Eckzahn des Oberkiefers ist der Zahn, der unmittelbar nach der Naht entsteht, die den Prämaxillarknochen vom Oberkieferknochen trennt. Die Eckzähne sind in der Regel einfache konische Zähne mit nur einer Wurzel; Tatsächlich ähneln sie dem, was wir als die erste Art von Zähnen bezeichnen könnten, die bei Säugetieren entwickelt wurde. Darin ähneln sie in der Regel auch den oben genannten Schneidezähnen. Es sind jedoch Fälle bekannt, in denen die Eckzähne über zwei Wurzeln implantiert wurden. Dies ist bei *Triconodon* , beim Schwein *Hyotherium* , beim Maulwurf und einigen anderen Insektenfressern sowie bei *Galeopithecus* zu beobachten , wo die Schneidezähne ebenfalls auf diese Weise in den Kiefer implantiert werden können. Darüber hinaus kann vom einfachen Zustand der Zahnkrone abgewichen werden. Dies ist bei einem Flughund der Gattung *Pteralopex der Fall* . Bei den primitiveren Säugetieren ist es üblich, keinen großen Unterschied zwischen den Eckzähnen und Schneidezähnen zu finden; Dies ist bei den frühen Huftierarten des Eozäns der Fall, beispielsweise bei *Xiphodon* . Bei modernen Säugetieren, insbesondere bei den Fleischfressern, neigen die Eckzähne jedoch dazu, größer und stärker zu werden als die Schneidezähne, und bei einigen Katzen und beim Walross werden diese Zähne durch riesige, anstößige Stoßzähne dargestellt. Es kommt nicht selten vor, dass die Eckzähne männlicher Tiere größer sind als die ihrer Artgenossen. Es gibt auch Fälle wie beim Moschushirsch und beim Kanchil , bei denen nur das Männchen diese Zähne besitzt, jedoch nur im Oberkiefer. Die Zähne, die auf die Eckzähne folgen, werden als Mahlzähne oder Backenzähne oder, technischer ausgedrückt, als Prämolaren und Molaren bezeichnet. Diese beiden letztgenannten Begriffe unterscheiden Zähne, die zu unterschiedlichen Zeitpunkten entstehen, und ihre Verwendung wird später erklärt. In der Zwischenzeit kann darauf hingewiesen werden, dass die Backenzähne die Zähne sind, die die größte Variation in ihrer Struktur aufweisen; Dies zeigt sich an der Anzahl und Vielfalt der Höcker, in denen die Beißfläche endet. Die knirschenden Zähne variieren von einfachen einhöckerigen Zähnen, genau wie Eckzähne, bis hin zu Zähnen mit einer enormen Anzahl einzelner Höcker. Im ersteren Fall ist es schwierig, zwischen Schneidezähnen, Eckzähnen und Backenzähnen im Unterkiefer zu unterscheiden, wo keine Naht den Knochen trennt. Darüber hinaus ist es durchaus üblich, dass der erste Backenzahn im Unterkiefer die Merkmale eines Eckzahns aufweist, während der echte Eckzahn in seiner Form den vorangehenden Schneidezähnen ähnelt. Dies ist zum Beispiel bei den Lemuren der Fall, wo der erste Prämolar caniniform ist und der Eckzahn die merkwürdige Liegehaltung teilt, die die unteren Schneidezähne vieler dieser Tiere auszeichnet.

Eine unterschiedliche Anzahl der vorderen Backenzähne kann kaum mehr als einfache konische Zähne sein; aber der Rest des Satzes ist üblicherweise komplizierter. Für die Komplikation des hinteren Teils im Vergleich zum vorderen Satz können keine eindeutigen Gesetze aufgestellt werden. Im Großen und Ganzen handelt es sich um rein pflanzenfressende Lebewesen, bei denen an den beiden Enden der geringste Unterschied zu erkennen ist und die gleichzeitig am aufwendigsten mit Tuberkeln und Graten verziert sind. Umgekehrt ist es so, dass bei rein fleischfressenden Tieren, einschließlich insekten- und fischfressender Formen, der größte Unterschied zwischen dem vorderen und dem nachfolgenden Zähneknirschen besteht. In dieser beiden Hinsicht sind Tiere wie Lemuren und Nashörner die Extreme. Darüber hinaus kann man sagen, dass Allesfresser, wie ihre Ernährung vermuten lässt, in einer Zwischenstellung liegen. Wenn am Ende der Serie ein deutlicher Unterschied zwischen dem ersten Prämolaren und den Molaren besteht, kommt es im Allgemeinen zu einer allmählichen Annäherung der Struktur progressiver Art. Die Tuberkel werden bei aufeinanderfolgenden Zähnen zahlreicher; aber die Konsequenz, die sich daraus offenbar ableiten lässt, *nämlich* dass der letzte Backenzahn der kunstvollste der Reihe ist, ist keineswegs immer wahr. Tatsächlich ist der letzte Backenzahn oft degeneriert. Andererseits ist es bei so unterschiedlichen Arten wie dem Elefanten, dem Schwein *Phacochoerus* und dem Nagetier *Hydrochoerus eindeutig das größte der Serie* . Es gilt als Regel, dass die Backenzähne des Oberkiefers komplizierter sind als die entsprechenden Zähne des Unterkiefers.

Der Aufbau der Backenzähne ist bei den Mammalia sehr unterschiedlich. Im Großen und Ganzen sind zwei Typen zu unterscheiden . Es gibt Zähne, bei denen die Mahlfläche zu einer Reihe von zwei, bis zu vielen, je nach Fall schärferen oder stumpferen Höckern angehoben ist – schärfer und weniger gleichzeitig bei fleischfressenden und insbesondere insektenfressenden Arten, häufiger bei Allesfressern . Für diese Zahnform wird der Begriff „Bunodont" verwendet. Es besteht kein Zweifel, dass dies der früheste Zahntyp ist; Aber ob der Zustand mit weniger oder mehr Spitzen der ursprüngliche ist, ist eine Frage, die der Betrachtung am Ende dieses Kapitels vorbehalten ist. Die andere Art des Knirschens von Zähnen ist als „Lophodont" bekannt. Beispiele hierfür sind Arten wie Perissodactyla und Huftiere im Allgemeinen sowie Nagetiere. Der Zahn wird von Leisten durchzogen, die im Allgemeinen eine Querrichtung zur Längsachse des Kiefers haben, in dem der Zahn liegt. Man kann davon ausgehen, dass sich die Grate zwischen Tuberkeln entwickelt haben, die sie verbinden, und dass

ihre Unterscheidung als Tuberkel dadurch zerstört wird. Lophodont-Zähne
kommen nur bei Tieren vor, die sich pflanzlich ernähren.

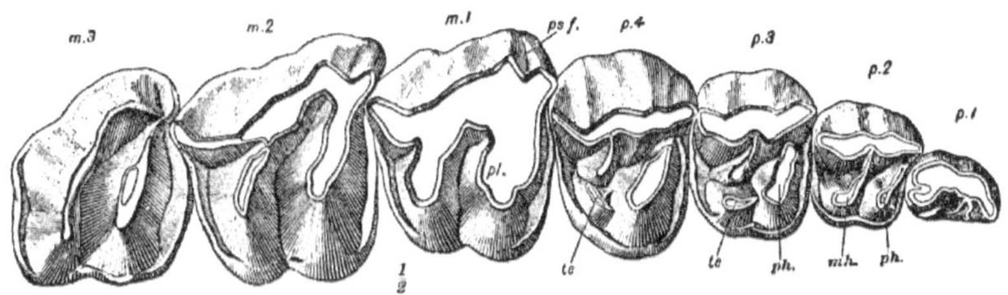

FEIGE. 36. – Backenzähne von *Aceratherium platycephalum* . × ½. *m.1-m.3* .,
Molaren; *mh* , Metaloph; *S.1-S.4* , Prämolaren; *ph* , protoloph ; *ps.f* , Fossa
parastyle ; *te* , Tetartokon . (Nach Osborn.)

Die besonderen Eigenschaften der Zähne verschiedener Tiergruppen
werden im Rahmen der Darstellung der verschiedenen Ordnungen rezenter
und fossiler Säugetiere weiter betrachtet.

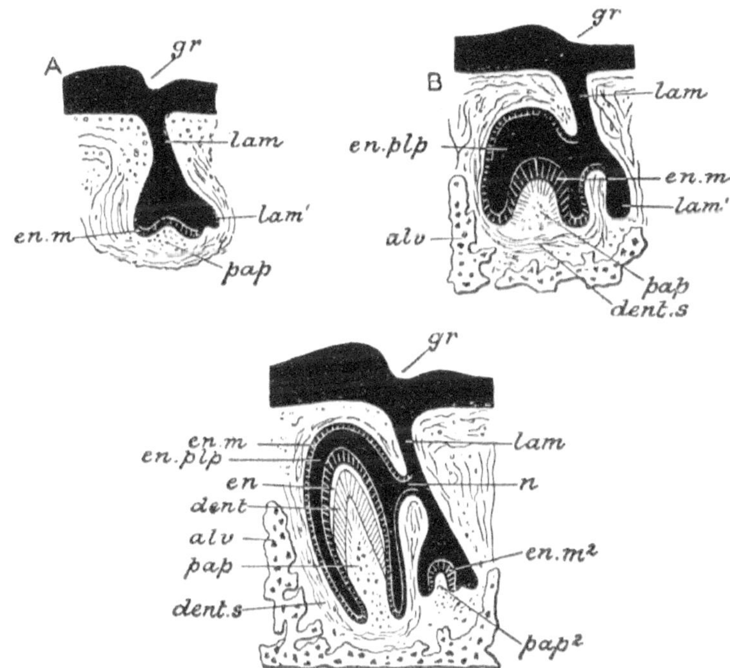

FEIGE. 37. – Zwei Stadien in der Entwicklung der Zähne eines Säugetiers
(diagrammatische Abschnitte). *alv* , Alveolenknochen; *Delle* , Dentin; *dent.s* ,
Zahnsack; *de* , Emaille; *en.m* , Schmelzmembran; *en.m* [2], Schmelzmembran
des bleibenden Zahns; *en.plp* , Emaille-Zellstoff; *gr* , Zahnrille; *lam* ,
Zahnlamina; *Lam* ', Teil der Zahnlamelle, der unterhalb des Zahnkeims nach

unten wächst; *n* , Hals, der Milchkeime und bleibenden Zahn verbindet; *Pap* , Zahnpapille; *Pap* [2] , Zahnpapille des bleibenden Zahns. (Nach O. Hertwig .)

Ein sehr allgemeines Merkmal der Zähne der Mammalia ist das, was üblicherweise als Diphyodontengebiss bezeichnet wird. In der Mehrzahl der Fälle sind zwei Zahnreihen entstanden, von denen die erste vergleichsweise kurze Zeit überdauert und wegen ihrer üblichen Entstehungszeit als „Milchgebiss" bezeichnet wird; Dieses wird später durch das bleibende Gebiss ersetzt. Bei niederen Wirbeltieren werden die Zähne ersetzt, wenn sie abgenutzt sind. Es besteht jedoch in dieser Angelegenheit kein so großer Gegensatz zwischen den Mammalia und anderen Wirbeltieren, wie früher angenommen wurde. Aber um diesen sehr wichtigen Teil des Themas zu erklären, wird es notwendig sein, etwas über die Entwicklung der Zähne zu berichten. Die ausgewählte Art ist der Igel, der kürzlich von Dr. Leche aus Stockholm sorgfältig beschrieben wurde und der darüber hinaus den Vorteil hat, eine „zentrale" Säugetierart zu sein. Der erste Schritt bei der Bildung der Zähne ist eine kontinuierliche Einstülpung des Epithels, das den Kiefer bedeckt, um eine tiefe Gewebewand zu bilden, die sich über die gesamte Dicke des Kiefers erstreckt. Dies ist von Ende zu Ende des Unterkiefers vollkommen kontinuierlich. Aus diesem „gemeinsamen Schmelzkeim" (*Schmelzleiste* der Deutschen [24]) entwickeln sich hier und da „besondere Schmelzkeime" (*Schmelzorgane* , Schmelzorgane) als knospenförmige Verdickungen, die an der Außenseite der Epithelfalte entstehen und etwas weit über seinem unteren Ende. Diese nehmen schließlich eine glockenartige Form an und sind sozusagen an eine verdickte Konzentration der darunter liegenden Dermis angeformt ; Sie lösen sich dann von der Auswüchse des Epithels, aus dem sie entstanden sind. Schließlich wird jeder der acht Keime zu einem der Milchzähne des Tieres. Das untere Ende der einstülpenden Epithelschicht, der gemeinsame Schmelzkeim, ist der Sitz der Bildung des zweiten Gebisses, von dem es bei dem betrachteten Tier jedoch nur zwei in jedem Kiefer gibt. Aber entsprechend jedem der Schmelzkeime des Milchgebisses, mit Ausnahme der ersten beiden Molaren, gibt es eine leichte Verdickung des Endes des gemeinsamen Schmelzkeims, die in einem bestimmten Stadium nicht mehr von der Verdickung zu unterscheiden ist, die eins werden wird der bleibenden Zähne. Wir haben also die diphyodontische Anordnung. Aber damit ist die Reihe der rudimentären Zähne nicht erschöpft, obwohl nicht mehr Zähne zur Reife gelangen als diejenigen, deren Entwicklung bereits erwähnt wurde. Im Oberkiefer entsteht oberhalb und an der Außenseite des Schmelzkeims des dritten Milchschneidezahns ein kleiner Auswuchs des gemeinsamen Schmelzkeims; diese entwickelt sich nicht weiter, aber ihre Ähnlichkeit mit dem Anfangskeim eines Zahnes scheint darauf hinzudeuten, dass es sich um den Überrest einer Zahnreihe handelt, die der Milchreihe vorausging. Darüber hinaus gibt es im vierten Prämolaren Hinweise auf eine vierte Zahnreihe hinter dem bleibenden Gebiss. Wir kommen daher zu der wichtigen Schlussfolgerung, dass, obwohl hier wie anderswo nur zwei Sätze verkalkter Zähne jemals entwickelt wurden, es schwache, aber unverkennbare Überreste zweier anderer Reihen gibt, von denen eine dem diphyodontischen Gebiss vorausgeht und die andere hinter diesem liegt. Die Lücke, die das Gebiss der Säugetiere vom Gebiss der Reptilien trennt, ist daher geringer, als es bisher den Anschein hatte. Dr. Leche untersuchte auch sorgfältig die Zahnentwicklung des *Leguans* ; Er fand heraus, dass es bei dieser Eidechse vier Serien von Zähnen gibt, die zur Reife gelangen, und eine rudimentäre Serie, die diesen vorangeht und niemals vollständig ausgebildete Zähne hervorbringt.

Bei einigen Säugetieren gibt es eine Art Gebiss namens Monophyodont, bei dem nur eine Zahnreihe die Reife erreicht; wobei es faktisch keinen Ersatz einer Milchreihe durch ein bleibendes Gebiss gibt. Für das monophyodontische Gebiss sind Wale ein Beispiel. Die Beuteltiere sind nahezu ein Beispiel für dasselbe Phänomen; denn Sir W. Flower zeigte, und Herr Thomas bestätigte seine Entdeckung, dass in dieser Gruppe nur ein Zahn, laut Herrn Thomas der vierte Prämolar, ersetzt wird. Aber selbst das rein monophyodontische Gebiss der Zahnwale ist eher ein scheinbarer als wirklicher Kontrast zum anderswo vorherrschenden diphyodontischen Gebiss. Eine Untersuchung der Embryonen verschiedener Zahnwale durch Dr. Kükenthal und Dr. Leche hat die äußerst wichtige Tatsache ans Licht gebracht, dass zwei Gebisse vorhanden sind, eines jedoch erst zur Reife gelangt; Aus dieser Tatsache ergibt sich offensichtlich die interessante Frage : Zu welchem der beiden Gebisse normalerer Säugetiere gehört das monophyodontische Gebiss der Wale und Beuteltiere? Auf diese Frage ist glücklicherweise eine eindeutige Antwort möglich. Wie in der vorstehenden Skizze der Zahnentwicklung dargelegt und in den Abbildungen veranschaulicht wurde, entwickeln sich die Milchzähne als seitliche Auswüchse des gemeinsamen Zahnschmelzkeims, während die bleibenden Zähne aus dem Ende desselben Gewebebandes entstehen. Diese Tatsache ermöglicht es, scheinbar zweifelsfrei festzustellen, dass bei den Walen und Beuteltieren nur das Milchgebiss zur Reife gelangt. Somit erweist sich die frühere theoretische Schlussfolgerung, dass das Beutelgebiss „ein Sekundärgebiss ist, bei dem nur noch ein Zahn des Milchgebisses übrig ist", aus embryologischen Gründen als unwahr. Es gibt aber noch andere monophyodontische Tiere als die bereits genannten. [25] Ein Beispiel ist *Orycteropus* , der Kap-Ameisenbär. Herr Thomas hat kürzlich entdeckt, dass es in diesem Zahnlosen einen Satz winziger, aber verkalkter Milchzähne gibt, die wahrscheinlich nie das Zahnfleisch durchschneiden; Hier handelt es sich um eine andere Form des Monophyodontismus , bei dem die Zähne zum zweiten und nicht zum ersten Satz gehören. Zwischen dem letztgenannten

Zustand und dem diphyodontischen Zustand liegen Zwischenstadien. So sind bei den Seelöwen die Milchzähne zwar entwickelt, verschwinden aber früh, wahrscheinlich vor der Geburt des Tieres.

Im typischen diphyodontischen Gebiss, wie es beispielsweise beim Menschen und bei der überwiegenden Mehrheit der Säugetiere vorkommt, verschwinden die Milchzähne schließlich vollständig und werden vollständig durch das bleibende Gebiss ersetzt, mit Ausnahme natürlich der Backenzähne, die Obwohl sie spät entwickelt sind, gehören sie zur Milchreihe.

Ihre Übereinstimmung mit der Milchreihe wird auf interessante Weise durch die große Ähnlichkeit gezeigt, die der letzte Milchprämolar oft mit dem ersten Molaren aufweist. Diese beiden Extreme des Gebisses, *nämlich* rein monophyodontisch und mit Ausnahme der Backenzähne rein diphyodontisch, sind jedoch durch einen Zwischenzustand verbunden, der durch mehr als ein Stadium repräsentiert wird. Bei *Borhyaena* (wahrscheinlich ein Sparassodont) gehören die Schneide- und Eckzähne sowie zwei der vier Prämolaren zum bleibenden Gebiss, während die beiden übrigen Prämolaren und natürlich die drei Molaren zur Milchreihe gehören. *Prothylacinus*, eine zur gleichen Gruppe gehörende Gattung, hat ein Gebiss, das ein oder zwei Schritte weiter in Richtung der rezenten Beuteltiere fortgeschritten ist. Laut Ameghino [26], dessen Schlussfolgerungen von Herrn Lydekker akzeptiert werden, stellen wir fest, dass die Schneidezähne, Eckzähne und zwei Prämolaren zur Milchreihe gehören, während die bleibende Reihe nur durch die beiden verbleibenden Prämolaren repräsentiert wird. Wir können diese Reihe wie folgt tabellarisch darstellen:

(1) Rein monophyodont, mit Zähnen nur des ersten Satzes – Zahnwale.

(2) Unvollständig monophyodont, wie bei den Beuteltieren, wo ein Milchgebiss vorhanden ist, bei dem nur ein Zahn ersetzt ist. [27]

(3) Unvollständig diphyodont, wobei das Gebiss teils aus Milch, teils aus bleibenden Zähnen besteht, wie bei *Borhyaena*.

(4) Diphyodont, bei dem alle Zähne außer den Backenzähnen zum zweiten Satz gehören; dies kennzeichnet fast alle Säugetiere.

Beim Übergang von älteren Formen zu ihren neueren Vertretern kommt es in der Regel zu einer fortschreitenden Entwicklung der Zahnform. Besonders ausgeprägt ist dies bei den Ungulata. Der äußerst komplizierte Zahntyp, der in einer Form wie dem heutigen Pferd vorkommt, kann über eine Reihe von Stadien auf einen Zahn zurückgeführt werden, dessen Krone durch einige getrennte Höcker oder Höcker gekennzeichnet ist. An diesem Punkt angelangt, sind die Unterschiede zwischen den Zähnen der Vorfahrenpferde und der Vorfahrennashörner und Tapire kaum noch genau zu unterscheiden; und die gleiche Schwierigkeit tritt auf, wenn man versucht, andere große Ordnungen durch die Merkmale der Zähne zu definieren, wie sie für das Eozän oder sogar frühere Vertreter dieser Familien gelten . Abb. 36 (S. 51), die eine Reihe von Säugetierzähnen zeigt, soll die obigen Bemerkungen veranschaulichen. Dass es eine solche Konvergenz in der Zahnstruktur gibt, zeigt, dass es zumindest theoretisch möglich ist, die Urform des Säugetierzahns zu bestimmen. In der Praxis sind die Schwierigkeiten, die eine solche Theoriebildung mit sich bringt, jedoch groß; Dass es so unterschiedliche und so stark vertretene gegensätzliche Ansichten gibt, ist ein ausreichender Beweis dafür. Zwei Hauptanschauungen sind vorherrschend: Die eine, die in Amerika am meisten Anklang gefunden hat und hauptsächlich auf die Arbeit und Überzeugungskraft der Professoren Cope, Scott, Osborn und anderer zurückzuführen ist, ist als „Trituberkulose" bekannt. [28] Die alternative Ansicht, wie sie von Forsyth Major, Woodward und Goodrich vertreten wird, versucht zu zeigen, dass das Gebiss des ursprünglichen Säugetiers knirschende Zähne umfasste, die multispitzig oder „ multituberkulär " waren. Für beide Ansichten gibt es viel zu sagen, aber auch etwas gegen beide.

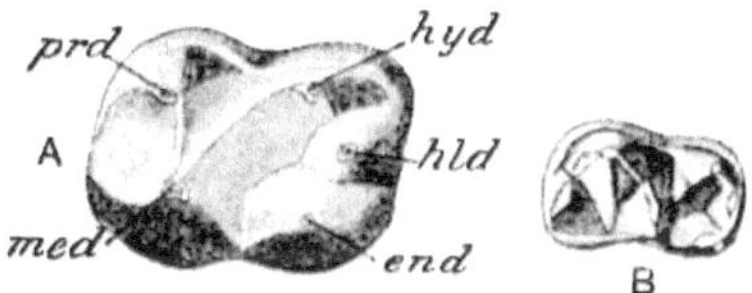

FEIGE. 38. – Backenzähne von A, *Phenacodus* und B, dem Creodont *Palaeonictis* . *Ende* , Endokonid ; *HLD* , Hypokonulid; *hyd* , hypokonid ; *med* , Metakonid; *prd* , Protokonid. (Nach Osborn und Wortman.)

Diese Frage ist jedoch in eine umfassendere Frage eingebettet. Seine Lösung hängt von der Abstammung der Säugetiere ab. Wenn die Mammalia von Reptilien mit einfachen konischen Zähnen abgeleitet werden sollen, dann ist das erste Stadium in der Entwicklung der Trituberkulose nachgewiesen. Andererseits verdichten sich jedoch allmählich die Beweise dafür, dass die Theromorpha mehr als jede uns bekannte Nicht-Säugetiergruppe die wahrscheinliche Vorfahrenform der Säugetiere darstellen. Diese Tiere unterstützen beide führenden Ansichten. *Cynognathus* hatte triconodontische Zähne, die, wie später gezeigt wird, theoretisch ein Zwischenstadium in der Entwicklung trituberkulärer Zähne darstellen; Andererseits sind die Zähne von *Diademodon* und einigen anderen multituberkulär und wurden sehr treffend mit den multituberkulösen Zähnen so primitiver Säugetiere wie dem Ornithorhynchus verglichen. Professor Osborn hat zweifellos recht, wenn er eine Bemerkung eines anonymen Autors in *Science* kursiv schreibt , wonach bei *Diademodon* die Zähne, obwohl multituberkulär , überwiegend drei Höcker aufweisen, die trituberkulär angeordnet sind. Dies ist jedoch möglicherweise nur ein Beweis dafür, dass die Multituberkulose der Trituberkulose vorausgeht. Es kann tatsächlich sein, dass der Säugetierzahn bereits bei den säugetierähnlichen Sauriern unterschieden wurde und dass sich aus einer Form wie *Cynognathus* die Eutheria und andere Formen , bei denen eine trituberkuläre Anordnung nachgewiesen werden kann, und aus einer Form wie *Tritylodon entwickelt haben* Monotrematöser Zweig der Säugetiere. Diese Betrachtungsweise harmonisiert eine viel umstrittene Frage, beinhaltet aber einen diphyletischen Ursprung der Säugetiere – einen Ursprung, der aus anderen Gründen nicht ohne Befürworter ist.

Wir werden nun versuchen, einen allgemeinen Überblick über die Fakten und Argumente zu geben, die „Trituberkulose" stützen oder tendenziell stützen. Tatsächlich ist der Name ungenau ; Denn die Verfechter dieser Ansicht leiten den Säugetierbackenzahn nicht von einem trituberkulösen Zustand ab, sondern in erster Linie von einem einfachen Kegel, wie dem eines Krokodils!

Zu diesem Haupt- und zunächst einzigen Höcker kam als Verstärkung jeweils ein zusätzlicher Höcker an jeder Seite bzw. an jedem Ende hinzu, je nach Lage in Bezug auf die Längsachse des Kiefers. Dieses Stadium ist das „ Triconodont "-Stadium, und es gibt Zähne sowohl bei lebenden als auch bei ausgestorbenen Säugetieren, die diese frühe Zahnform aufweisen. Wir haben tatsächlich die Gattung *Triconodon* , die genau aus diesem Grund so benannt wurde. Unter den lebenden Säugetieren weisen die Robben und der Beutelwolf alle einige triconodontische Zähne auf. Man könnte anmerken, dass ein Zahnwal ein lebendes Beispiel eines Säugetiers mit monoconodontischen Zähnen ist. Die drei primären Höcker, wie sie von den Befürwortern von Copes Theorie des Trituberkulismus genannt werden, werden als Protokonus, Parakonus und Metakonus bezeichnet, oder, wenn sie sich in den Zähnen des Unterkiefers befinden, als Protokonus, Parakonus und Metakonus. Zu einem etwas späteren Zeitpunkt oder zufällig umgab ein Rand teilweise die Zahnkrone; Der Rand ist als Cingulum bekannt, und aus einer markanten Erhebung dieses Randes entwickelte sich ein vierter Höcker, der Hypokonus. Dann bewegten sich die drei Hauptkegel, oder vielmehr zwei von ihnen, so dass sie ein Dreieck bildeten; Dies ist das trituberkuläre Stadium. Zähne dieses Musters sind weit verbreitet und kommen neben zahlreichen ausgestorbenen Gruppen auch bei so alten Formen wie Insektenfressern und Lemuren vor. Es wurde eine Änderung vorgeschlagen, die darin besteht, die Zähne mit dem einfachen primitiven Dreieck „trigonodont" zu bezeichnen und die Bezeichnung trituberkulär für diejenigen Zähne zu reservieren, bei denen der Hypokonus aufgetreten ist. Die den Hypokonus tragende Plattform erweiterte sich zur „Klaue"; und dieser Vorsprung wurde in zwei weitere Höcker umgewandelt, den Hypokonule oder Hypokonulid und den Ektokonus oder Ektokonid . So gelangt man zu dem typischen sextuberkulösen Zahn des primitiven Huftiers und in der Tat vieler primitiver Eutherianer. Daraus können durch weitere Ergänzungen oder Fusionen usw. die noch komplizierteren Zähne moderner Huftiere abgeleitet werden. [29] Andererseits endet die Entwicklung des Primaten-Molaren im Stadium von vier Höckern.

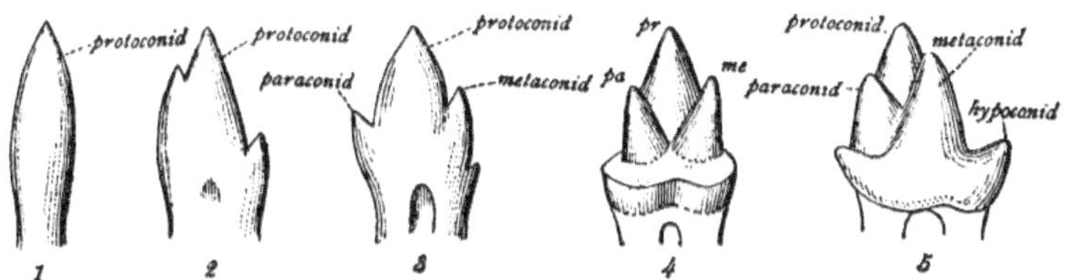

FEIGE. 39. – Inbegriff der Entwicklung eines Höckerzahns. 1, Reptil; 2, *Dromatherium* ; 3, *Mikroconodon* ; 4, *Spalacotherium* ; *ich* , Metakonid; *pa* , Parakonid ; *pr* , Protokonid; 5, *Amphitherium* . (Nach Osborn.)

Dass eine solche Serie verfolgt werden kann, ist eine unbestrittene Tatsache. Jede Stufe existiert oder hat existiert. Aber ob die Stufen miteinander verbunden werden können oder nicht, ist eine ganz andere Frage. Die hier kurz skizzierte Ansicht wird durch drei Hauptargumentationen gestützt. Erstens hat die Verfolgung der Stammbäume vieler Säugetiergruppen sehr großen Erfolg gehabt; und es ist klar, dass wir, wenn wir vom lebenden Pferd und Nashorn mit ihren komplizierten Backenzähnen zu ihren Vorläufern übergehen, feststellen, dass beide auf einen primitiven Huftier-Backenzahn mit nur sechs Höckern zurückgeführt werden können. Gehen wir noch weiter zurück zum untersten Eozän und Urtyp, wie er erscheint, *Euprotogonia* , so finden wir im Backenzahn immer noch den sextuberkulären Strukturplan. Wir können in der Entwicklung der Perissodaktylen kaum mit Sicherheit weiter zurückkommen. Andererseits deuten viele Fakten auf eine grundlegende Verwandtschaft zwischen den primitiven Huftieren und den frühen Kreodonten hin. Letztere weisen häufig deutlich trituberkuläre Backenzähne auf. Solche Huftiere wie *Euprotogonia* und *Protogonodon* haben, obwohl sie hinsichtlich ihrer Backenzähne geschlechts- oder quinketuberkulös sind, einen deutlich vorherrschenden Trituberkulismus , wenn die *Größe* und Bedeutung von drei der Höcker berücksichtigt wird. Als überzeugender Beweis dafür, dass es sich bei dem trituberkulären Zahn um einen primitiven Huftierzahn handelt, fehlt es diesem jedoch an Endgültigkeit.

Professor Osborn hat bestimmte Abweichungen von der normalen Art der Zahnstruktur (für die Gruppe) geschickt genutzt , um seine stark vertretene Meinung zu vertreten. Wenn die Entwicklungsstadien so verlaufen wären, wie er es vorschlägt, wäre ein Rückschritt natürlich in umgekehrter Reihenfolge; so kann der „anscheinend , triconodontische ' untere Molar des *Thylacinus* " als Rückschritt von einem trituberkulären Zahn interpretiert werden. Auf die gleiche Weise lassen sich die triconodontischen Zähne der Robben und des Wals *Zeuglodon erklären*. Schließlich haben sich die modernen Zahnwale in die „ Haplodontie " zurückentwickelt.

Es wurden auch embryologische Beweise herangezogen, und zwar mit einigem Erfolg, um zum Beweis der trituberkulären Zahntheorie beizutragen. Taeker hat gezeigt, dass es beim Pferd und beim Schwein sowie bei einigen anderen Huftieren zunächst einen einzelnen Hügel oder Höcker gibt und dass später die zusätzlichen Zapfen separat entstehen. Ein offensichtlicher Stolperstein, der bei diesen Untersuchungen aufgeworfen wird, besteht darin, dass es nicht immer der Protokonus oder sein Äquivalent im Oberkiefer ist, der zuerst entsteht, wie es phylogenetisch offensichtlich der Fall sein sollte. Dies ist jedoch kein abschließendes Argument in die eine oder andere Richtung. Aus zahlreichen Beispielen wissen wir, dass ontogenetische Prozesse in ihrer Reihenfolge manchmal nicht mit phylogenetischen Veränderungen übereinstimmen. So teilt sich im Säugetierherz die Herzkammer vor der Ohrmuschel; und grob gesagt , phylogenetisch sollte das Gegenteil eintreten, da eine geteilte Ohrmuschel einem geteilten Ventrikel vorausgeht. Darüber hinaus wurde diese Entwicklungsmethode anders interpretiert. Man geht davon aus, dass die komplexen Zähne von Säugetieren zwar aus einfachen Zapfen, aber durch die Verschmelzung mehrerer dieser Zapfen entstanden sind.

Andererseits sind die Behauptungen der multituberkulösen Theorie über die Entstehung von Säugetierzähnen zu berücksichtigen. Die paläontologischen Beweise wurden teilweise bereits genutzt . Auf das Vorkommen solcher Zähne bei den möglichen Vorläufern der Säugetiere und bei einigen der primitivsten Säugetierarten wurde hingewiesen. Señor Ameghino befasst sich mit dem sextuberkulösen Zustand vieler primitiver Säugetiere, die sogar zur Eutheria gehören . In einer aktuellen Mitteilung [30] versucht er, sechs Tuberkel in den Backenzähnen von Typen zu identifizieren, die zu verschiedenen Ordnungen gehören. Der gleiche Zustand ist, wie bereits erwähnt, auch für die alte Huftierform *Euprotogonia* charakteristisch . Selbst dort, wo die Zähne auf den ersten Blick trituberkulär zu sein scheinen, zeigt eine detaillierte Untersuchung Spuren ansonsten verschwundener Höcker.

Wenn wir uns auf die frühen Säugetiere des Jura und der Kreidezeit stützen, muss berücksichtigt werden, dass unser Wissen über sie hauptsächlich vom Unterkiefer abhängt, dessen Zähne normalerweise ein einfacheres Muster aufweisen als die des Oberkiefers. Darüber hinaus darf eine weitere Tatsache, die nicht immer betont wird, nicht aus den Augen verloren werden. Bei vielen dieser Lebewesen waren die Kiefer klein und enthielten dennoch eine große Reihe von Backenzähnen. *Amphitherium* zum Beispiel hatte sechs Backenzähne, und fünf ist eine häufig anzutreffende Zahl. Da die Zähne so zahlreich und die Kiefer so klein sind, scheint es vernünftig, die Einfachheit der Struktur der Zähne mit der Notwendigkeit in Verbindung zu bringen, eine große Zahl zusammenzudrängen. Dasselbe Argument könnte zum Teil die Ursache für die große Anzahl an Zähnen vieler Zahnwale sein. Es stimmt, dass die Seekuh sehr viele und dennoch komplexe Mühlen besitzt; aber dann gibt es bei diesem Tier eine Abfolge, und der Kiefer hält nicht zu einem bestimmten Zeitpunkt die gesamte Reihe, mit der er in Staffeln versehen ist. Wo dagegen nur wenige Backenzähne vorhanden sind, handelt es sich oft um multituberkulären Typ oder nähert sich diesem zumindest an; hierfür ist der Multituberkulose *Polymastodon* ein gutes Beispiel; ebenso die Backenzähne von *Hydrochoerus* und vielen anderen Nagetieren.

Es ist bekannt, dass der vierte Milchmolar des Oberkiefers, der beim ausgewachsenen Tier durch einen bleibenden Prämolaren ersetzt wird, eine komplexere Struktur aufweist als sein Nachfolger. Dies kann tatsächlich zu einem früheren Zeitpunkt in der Serie auf Prämolaren ausgeweitet werden. Beim Hund „ähneln der zweite und der erste Milchmolaren stark dem dritten und zweiten Prämolaren"; Jetzt gehören die Milchprämolaren offensichtlich zum selben Gebiss wie die bleibenden Molaren und sind frühere Zähne als die später entwickelten Ersatzzähne. Daher ist es wichtig, dass diese früheren Zähne stärker spitz zulaufen als die späteren Zähne. Dies spricht in den betroffenen Gruppen eindeutig für die Vereinfachung im Gegensatz zur Komplikation der Zähne im Laufe der Zeit.

Diese Tatsachen können möglicherweise zur Erklärung der einfachen Zähne einiger Säugetiere aus dem Jura und der Kreidezeit herangezogen werden. Es wurde erwähnt, dass absolute Trituberkulose bei diesen alten Lebewesen äußerst selten vorkommt; allgemeiner sind zumindest Spuren weiterer Spitzen zu finden. In einigen von ihnen kann es sich nun um Fälle eines kompletten Zahnwechsels handeln; Die Unterdrückung, die bei Beuteltieren zu finden ist, wurde, abgesehen von einem Zahn, wahrscheinlich bei zumindest einigen dieser frühen Säugetiere nicht entwickelt. Der Einfachheit ging daher möglicherweise Komplexität voraus und es handelte sich möglicherweise lediglich um eine Anpassung an eine insektenfressende Ernährung.

Verdauungskanal . — Das *Maul* der Mammalia zeichnet sich dadurch aus, dass es bis auf wenige Ausnahmen, etwa bei den Walen, dicke und fleischige Lippen hat. Die Aufgabe dieser Personen besteht darin, die Lebensmittel zu beschlagnahmen. Der Gaumen wird durch den vorderen „harten Gaumen" gebildet, der den Ober- und Gaumenbereich bedeckt. Dieser Bereich ist häufig mit erhabenen Graten bedeckt, die eine symmetrische Anordnung haben und bei Wiederkäuern besonders stark ausgeprägt sind. Sie sind bei Nagetieren stark reduziert, wo der vordere Teil des Gaumens aufgrund der Art und Weise, wie seine Seiten in die Seitenfläche des Gesichts übergehen, schlecht definiert ist. Es wurde gezeigt, dass sich diese Leisten, zumindest bei der Katze, als separate papillenförmige Auswüchse entwickeln, und es wurde vermutet, dass diese Papillen, die sich später zu den Leisten vereinen, der letzte Überrest von Gaumenzähnen sind, wie sie bei den unteren Zähnen vorkommen Wirbeltiere.

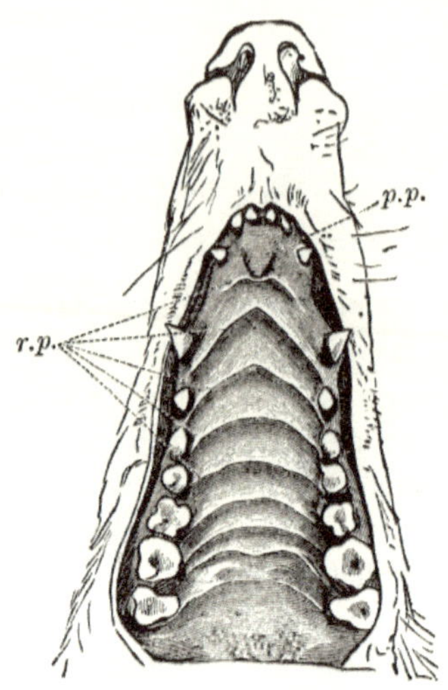

FEIGE. 40. – Gaumenfalten des Waschbären (*Procyon lotor*). *pp* , Papilla palatina ; *rp* , Gaumenfalten. (Aus Wiedersheims *Struktur des Menschen* .)

Die *Zunge* ist ein gut entwickeltes Organ, das meist eine Doppelrolle übernimmt. Es fungiert als Greiforgan, insbesondere bei Tieren wie der Giraffe und dem Ameisenbär, wo es lang ist und über eine beträchtliche Distanz über das Maul hinausragt. Es trägt auch Geschmacksorgane, die zur Unterscheidung der Art der Nahrung dienen. Unter der Zunge befindet sich möglicherweise eine harte Platte, die sogenannte Sublingua . Dies ist besonders bei den Lemuren ausgeprägt, wo es als Hornstruktur unterhalb der Zunge hervorsteht und eine unabhängige und freie Spitze hat. Bei einigen dieser Tiere wird es durch eine knorpelige Struktur gestützt. Gegenbaur ist der Ansicht , dass dieses Organ das Äquivalent der Reptilienzunge ist und dass in den Skelettresten, die es enthält, Äquivalente der Zungenbein-Skelettknorpel zu finden sind, die bei Eidechsen die Zunge stützen. In diesem Fall handelt es sich bei der Zunge der Säugetiere um eine nachträglich hinzugefügte Struktur.

Die *Speiseröhre* führt von der Mundhöhle zum *Magen* . Letzteres Organ hat bei Säugetieren üblicherweise eine charakteristische Form. Dies zeigt sich gut am Menschen. Die Öffnungen der Speiseröhre und des Darms sind etwas angenähert; und dies führt zu einer Ausbeulung des unteren Randes des Organs, die üblicherweise als größere Krümmung bezeichnet wird. Ein Magen dieser typischen Form kommt in vielen Säugetierordnungen vor und unterscheidet sich in seiner Form vom Magen in allen Gruppen niederer Wirbeltiere. Manchmal ist die Form des Organs stark verändert: Es kann ausgestreckt, ausgesackt oder, wie bei Wiederkäuern und Walen, in eine Reihe differenzierter Kammern unterteilt sein, von denen jede eine besondere Rolle bei den Verdauungsphänomenen spielt.

Der *Darm* von Säugetieren ist immer lang und stark gewunden, obwohl die Länge und der daraus resultierende Grad der Windung natürlich variieren. Im Großen und Ganzen kann man vielleicht mit Sicherheit sagen, dass es bei fleischfressenden Tieren kürzer ist als bei gemüsefressenden Tieren. So hat der Paca einen Darm von 39 Zoll Gesamtlänge, während die Katze, ein etwa gleich großes Tier, einen Darm hat, der nur 36 Zoll lang ist. Eine Fischdiät ist allerdings, den Robben nach zu urteilen, mit einem langen Darmtrakt verbunden. Der Darm ist bei den allermeisten Säugetieren in einen Dünn- und einen Dickdarm unterteilbar. Die beiden sind, außer bei bestimmten Fleischfressern, durch eine Klappenverengung getrennt; und in den meisten Fällen wird die Unterscheidung auch durch das Vorhandensein eines blind endenden Divertikels, des *Blinddarms* , *an der Verbindungsstelle* betont . Die Länge dieses letzteren Organs ist sehr unterschiedlich, beim Katzenstamm ist es sehr kurz und bei Nagetieren außerordentlich lang. Seine Größe hängt in gewissem Maße von der Fleisch- oder Grasfressneigung des Tieres ab, bei dem es vorkommt. Eine der längsten Caeca besitzt der Vulpine Phalanger, bei dem das Organ ein Fünftel der Länge des Dünndarms ausmacht; während das andere Ende von *Felis Macroscelis erreicht wird* , der einen Dünndarm hat, der hundertmal so lang ist wie der Blinddarm.

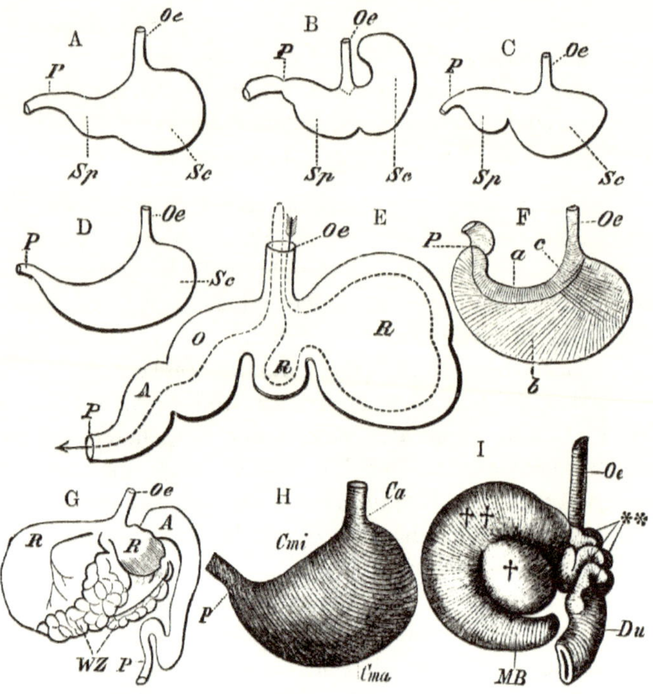

FEIGE. 41. – Verschiedene Formen des Magens bei Säugetieren. **A** , Hund; **B** , *Mus decumanus* ; **C** , *Mus musculus* ; **D** , Wiesel; **E** , Schema des Wiederkäuermagens, der Pfeil mit der gepunkteten Linie zeigt den Verlauf der Nahrung; **F** , menschlicher Magen. *a* , kleine Krümmung; *b* , große Krümmung; *c* , Herzende. **G** , Kamel; **H** , *Echidna aculeata* . *Cma* , Hauptkrümmung; *Cmi* , kleine Krümmung. **Ich** , *Bradypus tridactylus* . *Du* , Zwölffingerdarm; *MB* , Blinddarmdivertikel ; **, Auswüchse des Zwölffingerdarms; †, Retikulum; ††, Pansen. *A* (in **E** und **G**), Abomasum; *Ca* , Herzabteilung; *O* , Psalterium; *Oe* , Speiseröhre ; *P* , Pylorus; *R* (nach rechts in **E** und nach links in **G**), Pansen; *R* (nach links in **E** und nach rechts in **G**), Retikulum; *Sc* , Herzabteilung; *Sp* , Pylorusabteilung; *WZ* , Wasserzellen. (Aus Wiedersheims *Vergleichende Anatomie* .)

Ein interessanter Punkt im Zusammenhang mit dem Darm von Säugetieren ist das unterschiedliche Verhältnis von Dünn- zu Dickdarm. Als allgemeine Regel gilt, dass Ersteres sehr viel länger ist als Letzteres; Bei *Paradoxurus* beispielsweise kann der Dünndarm fünfzehnmal so lang sein wie der Dickdarm. Der Längenüberschuss eines Abschnitts gegenüber dem anderen ist im Allgemeinen nicht so ausgeprägt . Bei *Phalanger maculatus* sind die beiden Darmabschnitte möglichst gleich lang, während bei *Phaseolarctos* der Dickdarm beträchtlich länger ist als der Dünndarm, nämlich 160 Zoll bzw. 111 Zoll. Bei den Beuteltieren und auch bei den Nagetieren ist es üblich, dass diese Proportionen bestehen, *das heißt,* dass der Dickdarm genauso lang oder länger als der Dünndarm ist. Es gibt jedoch so viele Ausnahmen, dass aus den Fakten keine allgemeinen Aussagen abgeleitet werden können.

Einige wenige Details finden Sie im systematischen Teil dieses Buches. Herr Chalmers Mitchell hat einige Gründe angeführt, warum er eine große Länge des Dickdarms mit einer archaischen systematischen Position in Verbindung bringt, jedenfalls bei den Vögeln. Die hier kurz angesprochenen Tatsachen stehen nicht im Widerspruch zur Ausweitung einer solchen Sichtweise auf die Säugetiere.

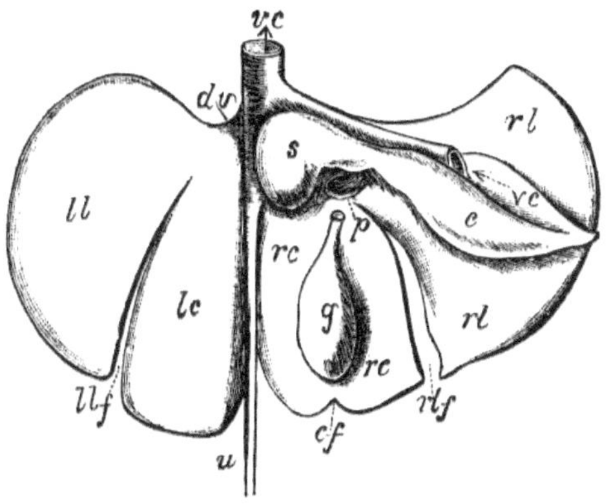

FEIGE. 42. – Schematischer Plan der Leber eines Säugetiers (hintere Oberfläche). *c* , Schwanzlappen; *vgl* . Zystenfissur; *dv* , Ductus venosus; *g* , Gallenblase; *lc* , linker Zentrallappen; *ll* , linker Seitenlappen; *llf* , linker Seitenspalt; *p* , Pfortader, die in den Querspalt eintritt; *rc* , rechter Zentrallappen; *rl* , rechter Seitenlappen; *rlf*, rechter Seitenspalt ; *s* , Spigelian-Lappen; *u* , Nabelvene; *vc* , postkavale Vene . (Nach Flower und Lydekker .)

An den Verdauungstrakt sind drei Drüsen oder Drüsengruppen angeschlossen. In die Mundhöhle münden die *Speicheldrüsen* , die bei Ameisenbären enorm groß und bei Walen klein oder gar nicht vorhanden sind. In ihrer Anzahl und Lage sind diese Drüsen charakteristisch für Säugetiere. In den Darm münden die Gänge der Bauchspeicheldrüse und der Leber, zwei Drüsen, die die Säugetiere mit niederen Wirbeltieren teilen. Die Form der *Leber* ist jedoch im Allgemeinen charakteristisch für Säugetiere. Es ist in der Regel in eine rechte und eine linke Hälfte geteilt, wobei die Teilungslinie durch den Ansatz des Nabelbandes, eines Überbleibsels des primitiven ventralen Mesenteriums, markiert wird. Jede Hälfte ist wiederum üblicherweise in Mittel- und Seitenlappen unterteilt. Darüber hinaus sind häufig zwei weitere Unterteilungen zu sehen: der Spigelian- und der Lobus caudatus. Die Leber ist bei Cetacea und einigen anderen Gruppen weniger unterteilt, bei Nagetieren und anderen Gruppen jedoch sehr stark unterteilt.

Der Grad der Unterteilung und die Proportionen der einzelnen Lappen bieten häufig wertvolle systematische Merkmale. Die Gallenblase kann vorhanden sein oder fehlen; es handelt sich immer um ein Divertikel des Ductus hepaticus. Die beiden sind nie getrennt, wie zum Beispiel bei Vögeln.

Kreislauforgane . — Das Herz aller Säugetiere ist ein vollständig vierkammeriges Organ. Im erwachsenen Herzen gibt es keine Kommunikation zwischen der rechten und der linken Hälfte. Die Vorhöfe sind vergleichsweise dünnwandig, die Ventrikel dickwandig, im Verhältnis zu der Menge an Arbeit, die sie einzeln zu leisten haben. Zudem ist der rechte Ventrikel, der lediglich das Blut in die Lunge treiben soll, deutlich dünnwandiger als der linke Ventrikel, der für den gesamten Körperkreislauf zuständig ist. Die Ausgänge der Arterien und die auriculo-ventrikulären Öffnungen werden durch Klappen geschützt, die nur so angeordnet sind, dass sie dem Blut erlauben, in die richtige Richtung zu fließen. Diese Klappen haben jedoch sowohl ein morphologisches als auch ein physiologisches Interesse. Am Ursprung jeder Arterie, der Aorta und der Pulmonalarterie, befindet sich eine Reihe von drei Taschenklappen, wie sie aufgrund ihrer Form allgemein genannt werden. Diese drei Klappen treffen genau in der Mitte des Lumens des Arterienrohrs aufeinander, wenn Flüssigkeit von oben in sie gegossen wird, und verschließen so die Öffnung vollständig. Die auriculo-ventrikulären Klappen sind in den beiden Ventrikeln unterschiedlich aufgebaut. Die Klappe des linken Ventrikels hat nur zwei Klappen und wird daher oft als Bicuspidal- oder Mitralklappe bezeichnet. Beide Klappen sind häutig und umschließen zusammen den Ausgang von der Ohrmuschel in die Herzkammer vollständig. Die Ränder der Klappe sind durch zahlreiche verzweigte Sehnenfäden, die Chordae tendineae, bis zu den Herzparietalen verbunden, die oft ihren Ursprung in säulenartigen Muskeln haben, die von den Herzwänden ausgehen, den sogenannten Musculi Papillaren . Die Klappe der rechten Herzkammer besteht aus drei Klappen und wird daher oft als Trikuspidalklappe bezeichnet; es ist in gleicher Weise häutig und hat Chordae tendineae und Musculi damit verbundene Papillaren . Die Disposition der Muskulatur Papillaren und ihre Anzahl unterscheiden sich bei verschiedenen Säugetieren, es wurde jedoch noch keine umfassende Untersuchung der Anordnung in verschiedenen Gruppen durchgeführt; Das Ausmaß der individuellen Variation ist nicht einmal bekannt, obwohl sie in einigen Fällen sicherlich beträchtlich ist, beispielsweise im Herzen des Kaninchens. Das Herz der Monotremata weist erhebliche Unterschiede zu denen anderer Säugetiere auf; Das moderne Wissen über das monotrematöse Herz geht vor allem auf Gegenbaur [31] und Lankester zurück , [32] in deren Memoiren Hinweise auf die ältere Literatur zu finden sind. Die wichtigsten interessanten Merkmale, in denen sich das Herz der Monotremata von dem der höheren Mammalia unterscheidet, sind folgende. Wenn man die beiden Ventrikel quer durchschneidet, sieht man, dass die rechte Höhle genau wie die des Vogelherzens um die linke gewickelt ist; beim höheren Säugetier hingegen liegen die beiden Hohlräume nebeneinander. Der Hauptunterschied zwischen Monotremen und anderen Säugetieren betrifft die rechte auriculo-ventrikuläre Klappe. Die Unterschiede, die es von der entsprechenden Struktur der übrigen Mammalia aufweist, sind zwei: Erstens umgibt die Klappe selbst das Ostium nicht vollständig; es ist nur einseitig entwickelt; die Septumhälfte (*dh* die dem interventrikulären Septum zugewandte) fehlt entweder vollständig oder wird allgemeiner durch ein kleines Stück Membran dargestellt; Dennoch habe ich kürzlich [33] in einem *Ornithorhynchus-* Herzen eine vollständige Septumhälfte bis zur rechten Herzvorhofklappe gefunden. Der zweite interessante Punkt im Zusammenhang mit dieser Klappe sind die Muskeln Anstatt in Chordae tendineae zu enden, die am freien Rand der Klappe befestigt sind, sind die Papillaren direkt mit der Klappe verbunden und verlaufen in einigen Fällen durch deren Membranlappen, um an ihrem Ursprung an der Grenze der Ohrmuschel und des Ventrikels befestigt zu werden . Das Eindringen von Muskeln in den Klappenlappen auf diese Weise ist höchst interessant, da es an das Herz des Vogels und des Krokodils erinnert. Der unvollkommene Zustand der Klappe (bei der, wie bereits erwähnt, die Septumhälfte in der Regel fast fehlt) ist ein Punkt der Ähnlichkeit mit dem Herzen des Vogels; Die entsprechende Herzklappe des Krokodils ist vollständig.

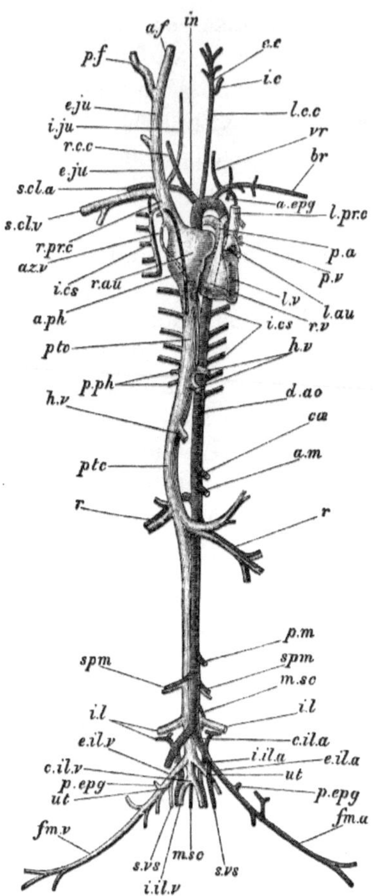

FEIGE. 43. – *Lepus cuniculus*. Ventrale Ansicht des Gefäßsystems. Das Herz ist etwas nach links vom Motiv verschoben; Die Arterien der rechten und die Venen der linken Seite werden größtenteils entfernt. *a.epg* , innere Brustarterie; *af*, vordere Gesichtsvene; *bin*, Arteria mesenterica anterior; *a.ph* , vordere Zwerchfellvene; *az.v* , Azygos-Vene; *br* , Arteria brachialis; *c.il.a* , Arteria iliaca communis; *c.il.v* , gemeinsame Beckenvene; *cœ* , Zöliakie; *d.ao* , dorsale Aorta: *ec* , äußere Halsschlagader; *e.il.a* , äußere Beckenarterie; *e.il.v* , äußere Beckenvene; *e.ju* , äußere Halsvene; *fm.a* , Oberschenkelarterie; *fm.v* , Oberschenkelvene; *hv* , Lebervenen; *ic* , innere Halsschlagader; *i.cs* , Interkostalgefäße; *i.il.a* , Arteria iliaca interna; *i.il.v* , innere Beckenvene; *i.ju* , Vena jugularis interna; *il* , Iliolumbalarterie und -vene; *in* der Arteria innominata; *l.au* , linke Ohrmuschel; *lcc* ; linke Arteria carotis communis; *l.pr.c* , linke präkavale Vene ; *lv* , linker Ventrikel; *m.sc* , mediane Sakralarterie; *pa* , Lungenarterie; *p.epg* , epigastrische Arterie und Vene; *pf* , hintere Gesichtsvene; *PM* , hintere Mesenterialarterie; *p.ph* , hintere

Zwerchfellvenen; *pt.c* , postkavale Vene ; *pv* , Lungenvene; *r* , Nierenarterie und -vene; *r.au* , rechte Ohrmuschel; *rcc* , rechte gemeinsame Halsschlagader; *r.prc* , rechte präkavale Vene ; *rv* , rechter Ventrikel; *s.cl.a* , rechte Arteria subclavia; *s.cl.v* , Vena subclavia; *spm* , Samenarterie; *s.vs* , Blasenarterie; *ut* , Gebärmutterarterie und -vene; *vr*, Wirbelarterie. (Aus Parkers *Zootomie* .)

Es gibt auch Merkmale im Arterien- und Venensystem, die für Säugetiere besonders charakteristisch sind. Erstens ist die Aorta, die das Herz verlässt und das Blut zum Körper transportiert, nur ein halber Bogen und biegt nach links ab, wie in Abb. 43 zu sehen ist. Die rechte und die linke Hälfte sind bei Reptilien vorhanden und treffen sich hinter dem Herzen . Beim Vogel ist allein die rechte Hälfte geblieben. Diese Tatsache zeigt daher, dass das Säugetier nicht von einem vogelähnlichen Vorfahren abstammen kann, sondern dass beide unabhängig voneinander von einem Vorfahren abstammen müssen, bei dem beide Hälften des Aortenbogens vorhanden waren, von denen eine Hälfte in einer Gruppe verschwunden ist, und die andere Hälfte in der anderen. Es ist auch eine interessante Tatsache, dass die vier Hohlräume des Säugetierherzens, deren vierfache Teilung es nur mit den Vögeln teilt, nicht genau Fach für Fach mit denen des Vogelherzens übereinstimmen, zumindest was das betrifft Ventrikel. Denn das Reptilienherz ist nur mit einem Ventrikel ausgestattet, und daher muss die Teilung dieses Hohlraums bei Säugetieren und Vögeln unabhängig voneinander erfolgt sein.

Es gibt zwei Merkmale im Venensystem, die alle Mammalia (mit Ausnahme von *Echidna* in einem dieser Punkte) von den in der Reihe weiter unten stehenden Wirbeltieren unterscheiden. Das hepatische Pfortadersystem ist auf eine Vene beschränkt, die Blut aus dem Verdauungstrakt zur Leber transportiert; Bei keinem Säugetier außer bei *Echidna* gibt es einen Vertreter der vorderen Bauchvene niederer Wirbeltiere. Bei diesem Tier gibt es eine solche Vene, die offenbar aus einem Kapillarnetz an der Blase entspringt und, gestützt durch eine Membran, entlang der Bauchwand des Bauches nach oben zur Leber verläuft und so Blut in dieses Organ entleert, genau wie das vordere Bauchvene des Frosches. Bei keinem Säugetier gibt es Spuren eines Nierenportalsystems. Die Nieren beziehen ihr Blut ausschließlich aus den Nierenarterien.

Viele Säugetiere haben zwei obere Hohlvenen ; Dies ist beispielsweise bei den Elefanten, den Nagetieren und anderen in der Reihe vergleichsweise weit unten stehenden Arten der Fall. Bei den meisten, wenn nicht allen Säugetieren gibt es beträchtliche Überreste einer der hinteren Kardinalvenen in Form der Vena azygos, die in die Vena cava superior oder *Präkavalvene* mündet , d Herz. Dieser eine hintere Kardinal befindet sich normalerweise auf der rechten Seite; aber es kann auf der linken Seite sein, zum Beispiel bei

Trichosurus vulpecula . Auf *Halmaturus bennettii* gibt es zwei Azygos-Adern, eine linke und eine rechte, von denen die linke eher die größere ist. [34]

Harnorgane . — Die Nieren der Mammalia haben eine kompakte Form, die im Gegensatz zu den etwas diffusen und undeutlich umrissenen Nieren der Sauropsida steht . Bei Säugetieren hat das Organ in der Regel die eigentümliche Form, die man „nierenförmig" nennt; eine Vertiefung, Hilus genannt, die die Drüsengänge aufnimmt und den Rand einer ansonsten ovalen Drüse eindrückt. Bei einigen wenigen Säugetieren ist die Niere in Läppchen zerlegt ; Dies ist bei den Walen, den Bären, den Ochsen und einigen anderen Formen der Fall. Eine merkwürdige Tatsache an den Nieren der Mammalia ist ihre sehr allgemeine Asymmetrie der Position. Einer von ihnen liegt normalerweise in einer weiter fortgeschrittenen Position als der andere. Die Harnleiter führen von den Nieren zur Harnblase, die in ihrer Form und ihren Beziehungen recht charakteristisch für die Mammalia ist. Die Blase wird aus den Überresten der Allantois gebildet und ist daher nicht das genaue Homolog der Blase des Frosches, die dem gesamten Sack entspricht, der beim Säugetier aus der Kloake wächst und der fötalen Allantois entspricht . Bei den höheren Säugetieren münden die Harnleiter in die Blase, bei den primitiveren Säugetieren jedoch weiter unten im Urin-Genital-Kanal.

Die Körperhöhle. — Die Mammalia unterscheiden sich von allen anderen lebenden Wirbeltieren durch die Anordnung der Körperhöhle, in der die Eingeweide liegen. Dieser Hohlraum wird durch eine teils muskuläre, teils sehnenartige Trennwand, das Zwerchfell, in zwei Teile geteilt. Kein anderes Wirbeltier verfügt über eine so präzise Anordnung des Zöloms. Das Zwerchfell liegt normalerweise quer zur Längsachse des Körpers, ist aber bei den Cetacea und den Sirenia viel schräger angeordnet, deren Bedürfnisse eine größere Kammer für die Lunge erfordern. Denn vor dem Zwerchfell liegen Lunge und Herz; Dahinter liegen Magen, Leber, Darm sowie die Fortpflanzungs- und Ausscheidungsorgane. Das Zwerchfell wird bei der Atmung verwendet; Wenn sich seine Muskeln zusammenziehen, wird die zur Pleurahöhle gerichtete Oberfläche weniger konvex, und die Lungenhöhle wird dadurch vergrößert, sodass sie sich unter dem Druck der einströmenden Luft ausdehnen kann.

Die Lunge. — Die Lungen der Mammalia unterscheiden sich von denen der tiefer in der Reihe liegenden Tiere durch die eben erwähnte Tatsache, dass sie eine Pleurahöhle einnehmen, die durch das Zwerchfell vom Bauch vollständig abgeschlossen ist. Die Lungen der Mammalia zeichnen sich in der Regel durch ihre mehr oder weniger ausgedehnte Lappenbildung aus. Bei den Walen jedoch und bei den Sirenia sind sie nicht stark geteilt, sondern sehen aus wie die einfachen sackartigen Lungen der Reptilien. Bei einigen Säugetieren gibt es einen mittleren und hinteren ungepaarten Lungenlappen, der in der postperikardialen Höhle hinter dem Perikard liegt. Dies ist nicht überall vorhanden. Sehr häufig sind die Lungenlappen nicht symmetrisch, da die Anzahl der einzelnen Lungenlappen auf der rechten und linken Seite unterschiedlich ist. Die Lungen der Säugetiere stimmen mit denen der niederen Reptilien darin überein, dass sie frei in ihrer Zölomhöhle schweben und nicht, wie bei Vögeln, Krokodilen und den Varanidae unter den Echsen, durch eine Folie an der Rückenfläche dieser Höhle festgebunden sind Peritoneum bedeckt sie.

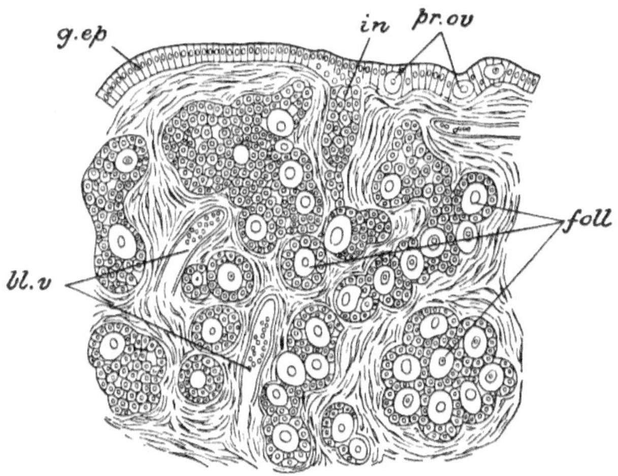

FEIGE. 44. – Teil eines Sagittalschnitts eines Eierstocks eines gerade geborenen Kindes. *bl.v* , Blutgefäße; *Follikel* , Zellstränge und -gruppen, die aus dem Keimepithel stammen und sich zu Follikeln entwickeln; *g.ep* , Keimepithel; *bei* , einwachsender Zellstrang aus dem Keimepithel; *pr.ov* , primitive Eizellen. (Von Hertwig , nach Waldeyer .)

Die Gonaden (Eierstöcke und Hoden). — Der Eierstock ist bei den Mammalia immer paarig; Es kommt nie zu einem teilweisen oder vollständigen Abbruch einer Keimdrüse wie bei Vögeln – außer natürlich in pathologischen Fällen. Die Eierstöcke sind klein und liegen in der Bauchhöhle hinter den Nieren. Bei der überwiegenden Mehrheit der Säugetiere sind die in den Eierstöcken produzierten Eizellen von winziger Größe; Selbst die des kolossalen Rorqual sind, soweit wir wissen, nicht wesentlich größer als die Eizellen einer Maus. Die geringe Größe dieser Fortpflanzungselemente bedeutet zwangsläufig, dass viel nährstoffreiches Eigelb fehlt; und als Konsequenz muss der sich entwickelnde Embryo, da er nicht in einem frühen Stadium als frei lebende Larve schlüpft, von der Mutter ernährt werden, an deren Gewebe er über die Plazenta, eine Struktur, die teilweise aus Fötus besteht, befestigt ist Strukturen, die vom Embryo stammen und teilweise aus Teilen der Gebärmutterschleimhaut der Mutter bestehen. Die Eizellen der Eutherian-Säugetiere, einschließlich der Beuteltiere, sind im Vergleich zu denen aller anderen Wirbeltiere sehr klein, mit Ausnahme von *Amphioxus , wo die Jungen früh als* frei schwimmende Larven schlüpfen . Sie unterscheiden sich auch in sehr charakteristischer Weise in der Art und Weise ihrer Entwicklung innerhalb des Eierstocks. Diese Vorgänge sind teilweise in Abb. 44 dargestellt. Das Hauptgerüst des Eierstocks besteht aus dem sogenannten „Stroma", einer Gewebemasse, die aus mehr oder weniger bindegewebsähnlichen Zellen besteht. Darin befinden sich zahlreiche Hohlräume, die Graaf-Follikel. Die sehr jungen Follikel bestehen nur aus einer einzigen Schicht Follikelzellen, die die zentral liegende Eizelle umgeben. Die Zahl der Follikelzellen nimmt nach und nach zu, bis die Eizelle inmitten mehrerer Zellschichten liegt. Zu diesem Zeitpunkt bildet sich zwischen einigen dieser Zellen ein Hohlraum, der zu einem großen zellfreien Hohlraum heranwächst; Die Eizelle liegt nicht lose in diesem Raum, sondern ist auf einer Seite mit den Follikelzellen verbunden, die durch den sogenannten Diskus oder Cumulus proligerus noch das Innere des Graafschen Follikels auskleiden . Die Eizelle bzw. Eizelle ist außerdem von einer Zellschicht umgeben, die sie unmittelbar umgibt. Alle diese Tatsachen können durch eine Betrachtung der Abb. 45 erfasst werden. Es wurde gezeigt, dass, wie bei niederen Wirbeltieren, die Zellen, die die Eizelle unmittelbar umgeben, direkt mit ihr durch empfindliche Fortsätze verbunden sind, die die eigentliche Membran der Eizelle durchdringen.

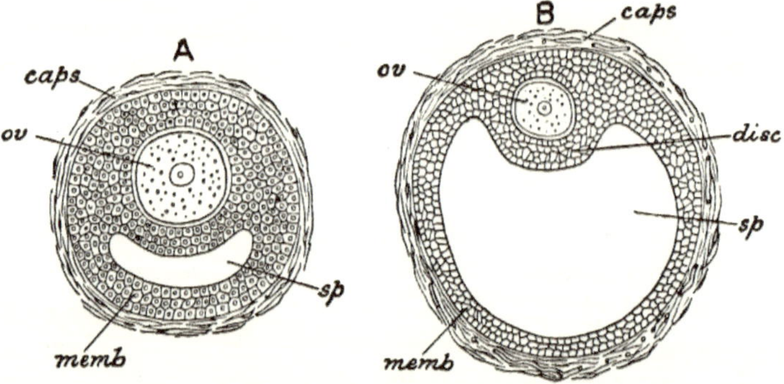

FEIGE. 45. – Zwei Stadien in der Entwicklung des Graafschen Follikels. **A** : Die Follikelflüssigkeit beginnt zu erscheinen; **B** , nachdem sich der Raum stark vergrößert hat. *Kappen* , Kapsel; *Scheibe* , Cumulus proligerus ; *memb* , Membrana granulosa; *ov* , Eizelle; *sp* , Raum, der Flüssigkeit enthält. (Nach Hertwig .)

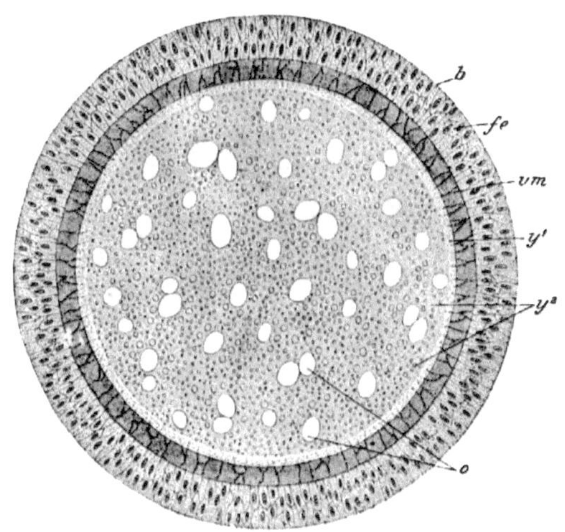

FEIGE. 46. – Eierstockei von *Echidna* . *b* , Basilarmembran; *z* . B.
Follikelepithel; *o* , Ölkügelchen; *vm* , Vitellinmembran; *ja* ¹ , *ja* ² , Eigelb.
(Teilweise nach Caldwell.)

Die einzigen Eizellen, die in ihrer Struktur überhaupt von der oben
beschriebenen abweichen, sind die der Monotremata . Der Verdienst dieser
Entdeckung liegt bei Owen und bei Professor Poulton, der [1884] darauf
hinwies, dass die Eizelle von *Ornithorhynchus* im Vergleich zu denen anderer
Säugetiere sehr groß ist (6 mm gegenüber 0,2 mm). Es ist mit Eigelb gefüllt
und füllt den Follikel vollständig aus, da es nur von zwei Schichten
Follikelzellen umgeben ist. Diese letzte Tatsache wurde von Caldwell
bewiesen. Anschließend beschrieben Gyldberg [36] und ich [37] die Eierstockei
von *Echidna und zeigten, dass sie mit der von Ornithorhynchus* identisch ist . Später
veröffentlichte Caldwell [38] noch einen ausführlicheren und schöner illustrierten Artikel über die
frühen Entwicklungsstadien der Monotremata und Beuteltiere, in dem die
Eizelle der ersteren genau beschrieben wurde (siehe Abb. 46). In den oben
genannten Einzelheiten ist die Eizelle der Monotremata praktisch identisch
mit der der großdotterigen Eizellen der Sauropsida .

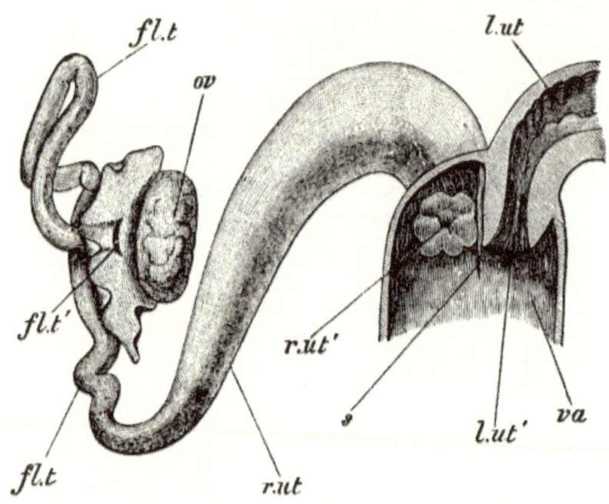

FEIGE. 47. – *Lepus cuniculus*. Das vordere Ende der Vagina mit der rechten Gebärmutter, dem Eileiter und dem Eierstock. (Nat. Größe.) Ein Teil der ventralen Wand der Vagina wird entfernt, und das proximale Ende des linken Uterus wird im Längsschnitt dargestellt, *fl.t* , Eileiter; *fl.t* ', seine Peritonealöffnung; *l.ut* , linker Uterus; *l.ut* ', links os uteri; *ov* , Eierstock; *r.ut* , rechter Uterus; *r.ut* ', rechts os uteri; *s* , Vaginalseptum; *va* , Vagina. (Aus Parkers *Zootomie* .)

Bei Wirbeltieren gilt als allgemeine Regel, dass die Eierstöcke völlig unabhängig von den Kanälen sind, die ihre Produkte nach außen transportieren. Bei bestimmten Fischen besteht jedoch eine absolute Kontinuität zwischen den beiden Strukturen, was vermutlich auf eine einfache Konstanz zwischen dem ursprünglich unterschiedlichen Eierstock und dem Eileiter zurückzuführen ist. Letzteres ist um ersteres herumgewachsen, ein offensichtlicher Vorteil, da es verhindert, dass die Eier in die Bauchhöhle wandern und verloren gehen. Bei den Mammalia finden wir als allgemeine Regel Diskontinuität. Bei einer ganzen Reihe von Formen bilden sich jedoch Falten der Auskleidungsmembran der Bauchhöhle aus, die praktisch den Übergang der Eizellen in den Eileiter gewährleisten, wenn sie aus den Eierstöcken austreten. Darüber hinaus verfügt der Eileiter über ein großes, gezacktes Maul, das in der menschlichen Anatomie – die mit einer Reihe fantasievoller Namen versehen ist – Morsus diaboli genannt wird. Diese umschließt den Eierstock nahezu und verhindert so, dass die Eizellen in die falsche Richtung wandern. Darüber hinaus ist der Eierstock selbst oft so angeordnet, dass er leicht in eine Tasche des Peritoneums zurückgezogen werden kann, aus der der offensichtliche Ausgang durch die klaffende Öffnung des Eileiters erfolgt. Diese Anordnung der generativen Teile ist bei einigen Tieren, wie der Ratte [39] und dem Kinkajou, noch weiter verändert. [40] Bei diesen Tieren öffnet sich die Mündung des Eileiters tatsächlich in das Innere einer geschlossenen Kammer, die den Eierstock enthält. In diesem

Fall gibt es für die extrudierten Eizellen nur einen Weg. Diese Reihe von Schritten zur Perfektionierung der Art und Weise der sicheren Extrusion der Eizellen ist äußerst interessant und ein Beweis für die hohe Stellung der Säugetiere.

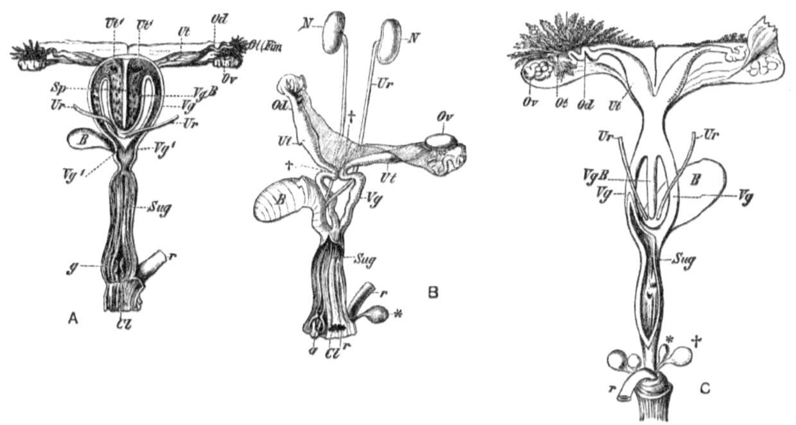

FEIGE. 48. – Weiblicher Urin – Genitalapparat verschiedener Beuteltiere. **A** : *Didelphys dorsigera* (jung); **B** , *Trichosurus* ; **C** , *Phascolomys wombat* . B , Harnblase; *Cl*, „Kloake"; *Fim* , Fimbrien; *g* , Klitoris; *N* , Niere; *Od* , Eileiter; *Ot* , Öffnung des Eileiters; *Ov* , Eierstock; *r* , Rektum; *Sp* , Septum, das die Vagina teilt; *Sug* , Urin -Genitalsinus; *Ur* , Harnleiter; *Ut* , Gebärmutter; *Ut'*, Öffnung der Gebärmutter in die mittlere Vagina (*VgB*); *Vg* , seitliche Vagina; *Vg'*, seine Öffnung in den Sinus urino -genitalis; † (in **B**), Punkt der Annäherung der Gebärmutter; † (in **C**) und *, Rektumdrüsen. (Aus Wiedersheims *Vergleichende Anatomie* .)

Der Eileiterapparat des Säugetiers ist spezialisierter als der niederer Wirbeltiere. Am einfachsten ist es, wie man sich vorstellen kann, bei den eierlegenden Monotremen, wo es tatsächlich auf dem gleichen Niveau wie das der Reptilien liegt. Aber in der Eutheria geht die faserige Mündung des Eileiters in eine schmale und gewundene Röhre über, die Eileiter; Dieser erweitert sich zu einem Uterus, und bei den höheren Formen vereinen sich die beiden Uteri zu einer einzigen Röhre. Aus diesem Grund werden sie Monodelphia genannt . Bei den Beuteltieren sind die Uteri deutlich zu unterscheiden, obwohl sie sich oft oben verbinden, und von dieser Verbindung hängt ein mittlerer „Uterus" ab. Nach der Gebärmutter bzw. dem Uterus folgt in jedem Fall eine einzelne Vagina.

Die Hoden der Mammalia nehmen wie die Hoden anderer Wirbeltiere ursprünglich eine Position in der Körperhöhle ein, die genau der der

Eierstöcke entspricht. Und im schlecht organisierten Monotremata und einige andere Formen, wie zum Beispiel die Wale, behalten diese ursprüngliche Position im Körper bei. Im Gegensatz zu niederen Wirbeltieren unterscheiden sich die Mammalia jedoch dadurch, dass die Hoden später in einen Hodensack übergehen, bei dem es sich einfach um einen Vorsprung der Körperhaut handelt, der von Muskeln umgeben ist und natürlich einen Teil der Körperhöhle enthält in dem die Hoden liegen. Der Penis der Mammalia, der beim Weibchen durch die Klitoris und die damit verbundenen Strukturen dargestellt wird, weist eine für diese Gruppe völlig eigene Struktur auf.

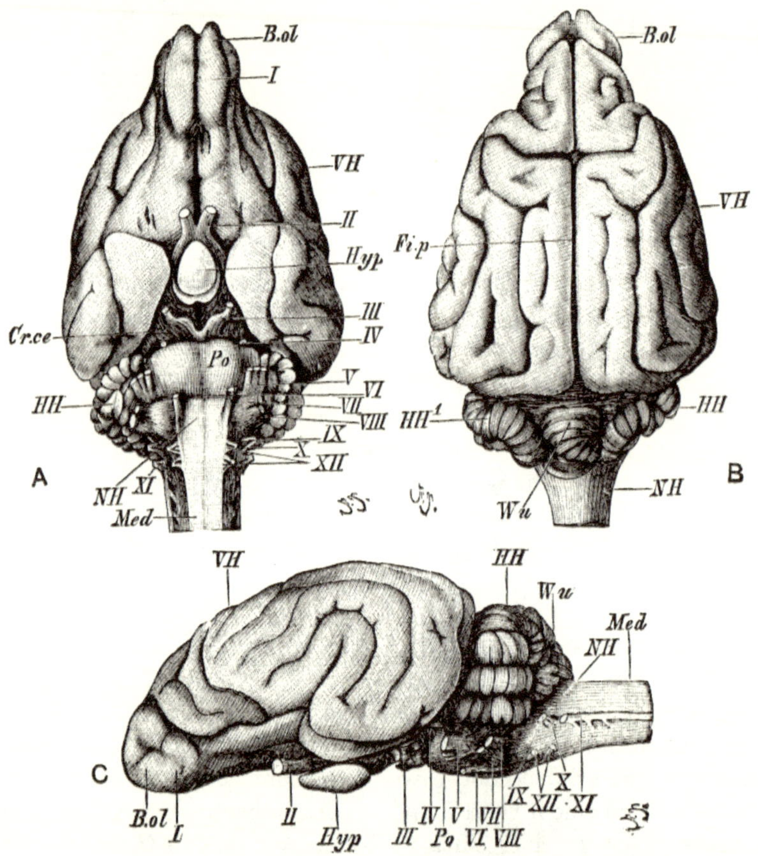

FEIGE. 49. – Gehirn eines Hundes. **A** , ventral; **B** , dorsal; **C** , seitlicher Aspekt. *B.ol* , Riechlappen; *Cr.ce* , crura cerebri; *Fi.p* , großer Längsriss; *HH* , *HH* [1] , Seitenlappen des Kleinhirns; *Hyp* , Hypophyse; *Med* , Rückenmark; *NH* , Medulla oblongata; *Po* , pons Varolii; *VH* , Großhirnhemisphären; *Wu* , Mittellappen (Wurm) des Kleinhirns; *I-XII* , Hirnnerven. (Aus Wiedersheims *Vergleichende Anatomie* .)

Das Gehirn. – Insofern Professor Wiedersheim mit vollkommener Wahrheit gesagt hat, dass „das Gehirn der ausgestorbenen Huftiere *Dinoceras* eine so verblüffende Ähnlichkeit mit dem einer Eidechse aufweist, dass man gezwungen wäre, es als das einer Eidechse zu erklären, ohne das Skelett zu kennen." Es ist klar, dass es schwierig ist, das Gehirn von Säugetieren zu definieren. Die existierenden Säugetiere besitzen jedoch alle Gehirne, die sich leicht von denen von Wirbeltieren unterscheiden lassen, die weiter unten auf der Skala liegen. Sie sind relativ groß, was hauptsächlich auf die Größe der Großhirnhemisphären zurückzuführen ist, die bei dieser Klasse von Wirbeltieren eine Bedeutung haben, die sie anderswo nicht haben. Mit dieser großen Größe der Hemisphären ist ein ausgefeilteres System von Querkommissuren verbunden, die die beiden verbinden. und dies gipfelt in den höheren Mammalia, wo das Corpus callosum eine große Größe und große physiologische Bedeutung erreicht. Ein sehr markantes Merkmal des Gehirns von Säugetieren ist darüber hinaus die Entwicklung regelmäßiger Risse auf seiner Oberfläche, die unter lebenden Säugetieren nur bei *Ornithorhynchus , verschiedenen kleinen Nagetieren, Fledermäusen und Insektenfressern fehlen.* Es wird manchmal, aber fälschlicherweise, gesagt, dass der Besitzer dieses Gehirns umso höher in Intelligenz und „zoologischer Stellung" ist, je komplizierter die Risse im Gehirn sind. Zweifellos lassen sich Beispiele anführen, die eine solche Ansicht stützen; Es handelt sich jedoch lediglich um ausgewählte Fälle, die nicht auf eine breite Anwendbarkeit einer solchen Verallgemeinerung schließen lassen . Daher ist es wahr, dass das Gehirn eines Menschen in seinen Furchen und Windungen ausgefeilter ist als das einer Katze. Tatsache ist, dass die Komplexität des Gehirns aus dieser Sicht mit der Größe des Tieres innerhalb der Gruppe zunimmt.

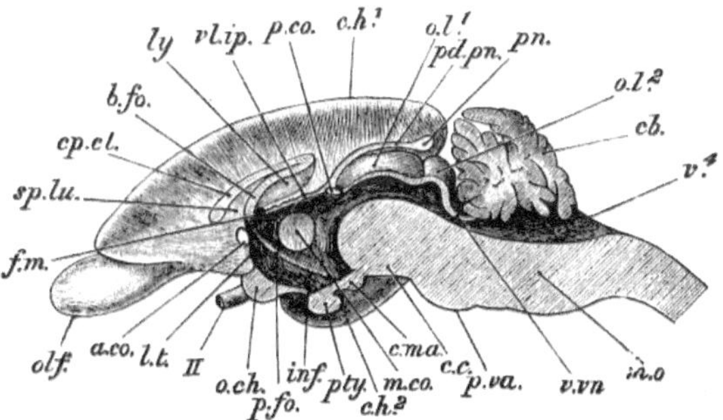

FIGURE. 50.- *Lepus cuniculus.* Vertikaler Längsschnitt des Gehirns. (Nat. Größe.) *a.co* , vordere Kommissur; *b.fo* , Körper des Fornix; *cb* , Kleinhirn, zeigt Lebensbaum; *cc* , crus cerebri; *ch* ¹ , Parencephalon oder Großhirnhemisphäre; *ch* ² , Schläfenlappen; *c.ma* , Corpus mammillare ; *cp.cl* , Corpus callosum; *fm* , Foramen von Monro ; *inf* , Infundibulum; *lt* , Lamina terminalis; *ly* , Lyra; *m.co* , mittlere Kommissur; *mo* , Medulla oblongata; *o.ch* ,

optisches Chiasma; *ol* [1] , *ol* [2] , Corpora quadrigemina oder Optikuslappen; *olf* , Riechlappen; *p.co* , hintere Kommissur; *pd.pn* , Stiel der Zirbeldrüse, *pn* ; *p.fo* , vordere Säule des Fornix; *pty* , Hypophyse; *pv.a* , pons Varolii; *sp.lu* , Septum lucidum; *v* [4] , vierter Ventrikel; *vl.ip* , Velum interpositum ; *v.vn* , Ventil von Vicussens ; *II* , Sehnerv. (Aus Parkers *Zootomie* .)

Der Gorilla und der Schimpanse haben ein stärker gefurchtes Gehirn als der kleine Weißbüschelaffe; der Bär hat ein komplizierteres Gehirn als das Wiesel usw. Die am weitesten gewundenen Gehirne aller Säugetiere sind die der Elefanten, und bei den Huftieren scheint es keinen so ausgeprägten Zusammenhang zwischen Größe und Häufigkeit der Risse zu geben wie dort unter anderen Säugetieren. Für jede für sich betrachtete Gruppe lässt sich mit Sicherheit ein regelmäßiger Verlauf der Risse feststellen; aber es ist nicht so einfach, die Einzelheiten der Anordnung von Gruppe zu Gruppe zu vereinheitlichen . Dies steht insoweit im Einklang mit der Ansicht, dass die bestehenden Säugetiergruppen *von Anfang an voneinander abgewichen sind* .

Ein weiteres markantes Merkmal des Säugetiergehirns im Gegensatz zu anderen Gehirnen ist die relativ geringe Größe und dennoch die Vierfachbeschaffenheit der Sehlappen. Was mit den Sehlappen der frühen Huftiere der Fall war, ist aufgrund der Tatsache, dass die Abgüsse zwangsläufig unvollkommen sind, schwer zu verstehen. Insgesamt ist der enorme Fortschritt in der Komplexität des Gehirns von den Säugetieren des frühen Tertiärs bis zur Gegenwart eine der bemerkenswertesten Entdeckungen der Paläontologie . Dies erklärt möglicherweise in gewisser Weise die bemerkenswerte Vielfalt der Lebensweise der Säugetiere im Vergleich zum Beispiel mit den Vögeln, deren Gehirne nicht so sehr oder in so viele Richtungen von der ursprünglichen Form abgewichen sind.

Die gegenwärtige Verbreitung der Mammalia. — Auf den folgenden Seiten werden einige der wichtigsten Fakten über das geographische Verbreitungsgebiet der Ordnungen, Familien und vieler Mammalia-Gattungen angegeben. Herr Sclater hat zu Recht festgestellt, dass der Lebensraum eines Tieres ebenso Teil seiner Definition ist wie seine Struktur oder äußere Form. Daher wäre keine systematische Darstellung der Mammalia ohne solche geografischen Fakten vollständig. Aber der Zweig der Zoologie, der sich mit der früheren und gegenwärtigen Verbreitung von Tieren befasst, ist in seinem Umfang umfassender. Die Zoogeographie beschäftigt sich nicht nur mit den tatsächlichen Fakten über das Spektrum der Tiere, sondern auch mit den Rückschlüssen auf vergangene Veränderungen in den Beziehungen zwischen Land und Meer, auf die die Fakten hinzuweisen scheinen, und mit Spekulationen über den Herkunftsort der verschiedenen Gruppen. von denen ihre frühere und gegenwärtige Verbreitung manchmal mehr als nur Hinweise gibt. Darüber hinaus lässt sich die Erde in Provinzen und Regionen einteilen, die durch ihre tierischen

Bewohner definierbar sind. In dem vorliegenden Band, der sich nur mit den Mammalia befasst, wird es offensichtlich unmöglich sein, vollständig auf das gesamte Thema der Zoogeographie einzugehen. Es wird lediglich versucht, einen kurzen allgemeinen Überblick über die Wissenschaft zu geben, soweit sie durch die Mammalia veranschaulicht werden kann. Für umfassendere Kenntnisse wird der Leser auf die unten aufgeführten Abhandlungen verwiesen. [41]

Es gibt bestimmte Tatsachen in der Verbreitung von Tieren, die allgemein bekannt sind, die aber mit Bestimmtheit dargelegt werden können. Jeder weiß, dass ein Tier ein bestimmtes Verbreitungsgebiet hat: Elefanten kommen beispielsweise in Indien und bestimmten angrenzenden Teilen Asiens und wiederum in Afrika vor; die Nashörner haben ungefähr das gleiche Verbreitungsgebiet; der Tiger ist auf Asien beschränkt; der Jaguar nach Amerika und so weiter. Als Verbreitungsgebiet bezeichnet man die gesamte Fläche eines Landes, die von einem Tier bewohnt wird. Solche Bereiche sind größer oder kleiner. Der Löwe kommt in ganz Afrika, einem kleinen Teil Indiens und einigen Nachbarländern vor . Andererseits ist der Insektenfresser *Solenodon* auf Cuba und Hayti beschränkt , jeweils eine eigene Art. Unter anderen Tiergruppen gibt es Exemplare mit einem noch engeren Verbreitungsgebiet. Es gibt Kolibris, die auf die Hänge eines einzigen Berges beschränkt sind, und Fische, deren Verbreitungsgebiet auf einen einzigen kleinen See beschränkt ist.

Eine Art kann überall in ihrem Verbreitungsgebiet vorkommen oder auf eine Reihe begrenzter Gebiete innerhalb dieses Gebiets beschränkt sein. In diesem Fall spricht man üblicherweise von „Stationen". In solchen Fällen ist die betreffende Art im Allgemeinen für eine bestimmte Umgebung geeignet. Daher kommen der Otter und andere Wassersäugetiere nur dort vor, wo es Wasser gibt; und dazwischenliegende Gebiete wasserlosen Landes werden keine Otter beherbergen. Ziegen und Gämsen leben nur auf Bergen; In den dazwischen liegenden Ebenen gibt es keine davon. Diese Verteilungsdiskontinuität innerhalb des Gebiets ist sehr allgemein. Aber auch eine Flächendiskontinuität wird beobachtet – allerdings nicht so häufig; und tatsächlich, wenn es vorkommt, handelt es sich um eine Gattung und nicht um eine Art. So kommt der Tapir einerseits in Ostindien und andererseits in Süd- und Mittelamerika vor, wobei er in den Zwischengebieten fehlt.

Es ist klar, dass Landstriche, die für die Unterbringung eines bestimmten Säugetiers hervorragend geeignet sind, nicht immer diese Art oder auch nur eine verwandte Form aufweisen. In Afrika beispielsweise gibt es keine baumbewohnenden Ameisenbären; In Australien gibt es überhaupt keine Ameisenbären (der Ordnung Edentata), obwohl es viele Ameisen gibt, von denen sie sich ernähren können, und tropische Klimabedingungen vorherrschen. Aber da in diesen Fällen die Schlussfolgerung mit der

Begründung verneint werden kann, dass es keine Experimente gibt, die die Behauptung beweisen oder widerlegen könnten, kann die Sache durch Fälle wie die Einführung des Kaninchens in Australien und verschiedener Säugetiere, wie z. B. Ziegen, besser hervorgehoben werden , in ozeanische Inseln. Die durch erstere verursachte Pest ist berüchtigt. Aber auch wenn Klima, Bedingungen und tierische Bewohner nicht genau zusammenpassen, gibt es sicherlich einen Zusammenhang zwischen der Temperatur und der Reichweite der Tiere. Herr Lydekker schreibt zu diesem Punkt wie folgt: „Die lamaähnlichen Tiere, die als Vicunjas bzw. Guanakos bekannt sind, trifft man in Gesellschaft auf den Hochebenen der Kordilleren in Peru und Ecuador, aber wenn wir weiter nach Süden gehen, trifft man auf letztere. " in den Ebenen Südargentiniens und Patagoniens sowie auf der Insel Feuerland auf Meereshöhe. Hier ist also ein klarer Beweis für den engen Zusammenhang zwischen Temperatur und Standort ; das Guanako ist ein Tier, das nur in der Luft leben kann Kalte oder gemäßigte Klimazonen finden in tropischen Breiten nur in einer Höhe von mehreren Tausend Fuß geeignete Bedingungen für ihre Existenz, obwohl sie weiter südlich auf Meereshöhe gedeihen können. Dies kann jedoch nicht zu weit getrieben werden – die Welt kann nicht in Gebiete eingeteilt werden, die durch Temperaturparallelen begrenzt sind, wie es einst versucht wurde –, da es viele Fälle wie den Tiger gibt, der in einem tropischen Dschungel ebenso zu Hause ist wie auf den eisigen Ebenen Nordasiens.

Angesichts der Tatsache, dass es in vielen Fällen keine klimatischen Hindernisse für die Ausbreitung einer bestimmten Tierrasse über ein größeres Verbreitungsgebiet gibt, als sie tatsächlich einnimmt, ist es wichtig zu untersuchen, warum es so viele Fälle von Verbreitungseinschränkungen gibt.

Es lassen sich jedenfalls drei Ursachen erkennen, die für eine große Zahl solcher Fälle verantwortlich sind. Erstens muss eine bestimmte Tierart an einem bestimmten Ort entstanden sein; seine Vermehrung in Individuen muss immer eine langsame Angelegenheit sein, da Feinde und ungünstige Ereignisse im Allgemeinen sich verschwören würden, um die natürliche Vermehrung durch geometrische Progression zu verhindern. Es dürfte daher noch lange dauern, bis die Art ihr Verbreitungsgebiet stark ausdehnt. Eine eingeschränkte Verbreitung kann daher in manchen Fällen eine moderne Rasse bedeuten. Zweitens gibt es bestimmte physische Barrieren, die die Wanderung von Arten behindern. Die Landsäugetiere können keine breiten Meeresarme überqueren; Dass sie über beträchtliche Distanzen schwimmen können und dies auch tun, wurde in mehreren Fällen bewiesen; aber wie bereits erwähnt, ist es unwahrscheinlich, dass ein rein terrestrisches Säugetier freiwillig in ein unbekanntes Meer hinausschwimmt. Und wenn es dann doch käme und die Gegenseite erfolgreich erreichen würde, würde nichts passieren, es sei denn, es wäre ein schwangeres Weibchen; oder, wenn sie nicht schwanger war, bis sehr bald darauf ein Männchen in genau die gleiche Richtung schwamm. Viele Reisende haben von schwimmenden Inseln erzählt, die aus zerrissenen Bäumen und Reisig bestehen und an den Mündungen großer Flüsse gesehen wurden, auf denen Tiere unterwegs waren. Diese sind jedoch so sehr den Strömungen und Stürmen ausgeliefert, dass man sich kaum auf sie als Transportmittel verlassen kann; außerdem wären auch hier zwei Personen oder eine schwangere Frau erforderlich, um eine Niederlassung an einer fremden Küste zu bewerkstelligen . Die Existenz ozeanischer Inseln wird oft als Beweis für die Unfähigkeit angeführt, Meeresabschnitte zu durchqueren; selbst diejenigen, die verhältnismäßig nahe an einem ausgedehnten Kontinent liegen, wie zum Beispiel Fernando Noronha im Atlantik, sind frei von Säugetieren (mit Ausnahme der allgegenwärtigen Maus, von der man annimmt, dass sie oft in Begleitung derselben dorthin gebracht wurde). weit verbreitete Ratte, in Schiffen). Dieses Argument ist jedoch nicht so schlüssig, wie es scheinen mag; Dies gilt zweifellos für weit entfernte Inseln. Allerdings muss die Größe der Inseln berücksichtigt werden. Denn es gibt Inseln wie die Galapagosinseln oder, um ein weniger umstrittenes Beispiel zu nennen, einige der zweifellos kontinentalen Inseln des madagassischen Archipels, auf denen die Zahl der Säugetiere außerordentlich gering ist. Eine Fläche von einer bestimmten Größe scheint eine Notwendigkeit zu sein.

Das Gegenteil davon ist in vielen Fällen leicht zu zeigen, nämlich die große Vielfalt der Tiere, wenn es keine Meeresbarrieren gibt, die ihre Ausbreitung verhindern. John Hunter, der berühmte Anatom und Chirurg (der jedoch nicht oft als Autorität auf dem Gebiet der geografischen Verbreitung zitiert wird), bemerkt: „Es ist ein merkwürdiger Umstand in der Naturgeschichte der Tiere, dass die meisten nördlichen Tiere auf dem Kontinent gleich sind.“ von Amerika und der sogenannten Alten Welt, während dies in den wärmeren Teilen beider Kontinente nicht der Fall ist. So finden wir Bären, Füchse, Wölfe, Elche, Rentiere, Schneehühner usw. in den nördlichen Teilen beider Kontinente. .. Der Grund dafür, dass in den nördlichen Teilen dieselben Tiere zu finden sind, ist die Nähe der beiden Kontinente. Sie sind so nahe beieinander, dass es der Macht des Zufalls unterliegt, die Tiere, insbesondere die großen, von einem Kontinent auf den anderen zu bringen der andere entweder auf dem Eis oder sogar auf dem Wasserweg. Aber die Tatsache, dass die Kontinente nach Süden hin voneinander abweichen und sogar außerhalb des Vogelflugs einen sehr beträchtlichen Abstand voneinander haben, ist der Grund, warum die Vierbeiner nicht gleich sind. "

Tatsächlich besteht kein Zweifel daran, dass der Ozean das unüberwindbarste aller Hindernisse für die Ausbreitung von Säugetieren ist. In geringerem Maße stellen auch Gebirgszüge und Wüsten Barrieren dar. Die

Wüste Sahara ist hierfür ein eindrucksvolles Beispiel; es trennt zwei äußerst unterschiedliche Faunen.

Eine dritte Ursache für die mehr oder weniger eingeschränkte Reichweite ist die durch den Wettbewerb bedingte Barriere. Wenn der Boden bereits belegt ist, gibt es keinen Platz für neue Einwanderer. Es gibt offensichtlich eine Grenze für die Anzahl der Antilopen oder Hirsche, die auf einem bestimmten Stück Grasfläche grasen können. Diese beiden Gruppen von Huftieren veranschaulichen die Sache gut: Die Antilopen sind afrikanische und indische, insbesondere die ersteren, während es in Afrika überhaupt keine Hirsche gibt; In Amerika hingegen gibt es viele Hirsche, aber keine Antilopen, außer dem Gabelbock. Je ähnlicher die beiden Arten oder Artengruppen sind, desto härter wird die Konkurrenz sein; denn eine nahe Verwandtschaft wird zumindest oft ähnliche Gewohnheiten, das Bedürfnis nach ähnlicher Nahrung und andere Ähnlichkeiten mit sich bringen, die beide daran hindern, dasselbe Landgebiet erfolgreich zu besetzen. Man geht davon aus, dass die bemerkenswerte Fauna Australiens ein Beispiel dafür ist. Die vorherrschenden Bewohner dieses Landes sind Beuteltiere. Die Monotreme kommen auch dort vor und nirgendwo sonst außer in Neuguinea und Tasmanien. Die übrigen Säugetiere sind unauffällig; Sie umfassen einige Nagetiere und Fledermäuse sowie den zweifelhaft einheimischen Dingo-Hund. Mittlerweile sind die Beuteltiere an jede Lebensart angepasst. Wir haben die grasenden Kängurus und Wallabys, die wühlenden Wombats, die baumlebenden Phalanger und die fleischfressenden Dasyures. Zweitens ist es eine unbestrittene Tatsache, dass die Beuteltiere eine ältere Rasse sind als die existierenden Eutherian-Säugetiere; Sie waren die dominierenden Säugetiere während der Sekundärepoche. Damals waren sie weiter verbreitet als heute . In den meisten Teilen der Welt fehlen sie inzwischen, da sie von den besser organisierten Gruppen Eutherias erfolgreich verdrängt wurden . Aber zu dieser Zeit, als das höhere Eutheria auf dem Vormarsch war, wurden Australien und die Inseln im Norden von Asien abgeschnitten und somit vom Eindringen Eutherias befreit, das teilweise durch die physische Barriere des Meeres daran gehindert wurde, eine Wirkung zu erzielen Die Besiedlung wurde teilweise verhindert und möglicherweise dadurch verhindert, dass der Boden bereits von den Beuteltieren eingenommen wurde. Die Ähnlichkeit der Gewohnheit bescherte den älteren Bewohnern den Sieg im Kampf ums Dasein.

Die hier gemachten allgemeinen Aussagen stimmen mit der aktuellen Meinung über die Faktoren der geografischen Verteilung überein. Aber das bisherige Tierspektrum scheint weniger mit den vorherrschenden Ansichten übereinzustimmen. Im Tertiär hatten Tiergruppen oft ein weitaus größeres Verbreitungsgebiet als heute. Heutzutage sind Nashörner auf Asien und

Afrika sowie auf ziemlich begrenzte Teile des ehemaligen Kontinents beschränkt. In der Vergangenheit waren diese Tiere in Europa und Nordamerika reichlich vorhanden. Wildpferde haben heute ein Verbreitungsgebiet, das sich nicht wesentlich von dem der Nashörner unterscheidet, außer dass sie sich bis in die nördlicheren Regionen Asiens erstrecken. Ihre Überreste sind sowohl in Nord- als auch in Südamerika reichlich vorhanden. Das heute auf Afrika beschränkte Nilpferd war einst in Europa, Madagaskar und Indien verbreitet. Es gab viele amerikanische und europäische Lemuren. Elefanten kamen in ihrem Verbreitungsgebiet fast auf der ganzen Welt vor; und kurz gesagt, die eingeschränkte Verbreitung scheint im Großen und Ganzen ein Merkmal der heutigen Tiere zu sein.

Obwohl diese Aussagen absolut wahr sind, dürfen sie nicht zu falschen Schlussfolgerungen führen. In Büchern, die Abschnitte über die geografische Verbreitung enthalten, wird dem Leser eher der Eindruck vermittelt, dass Tiere heute insgesamt begrenztere Gebiete bewohnen als in der Vergangenheit. Es gibt jedoch zahlreiche Beispiele für Gruppen ausgestorbener Lebewesen, deren Verbreitungsgebiet unseres Wissens nach recht begrenzt war. Somit waren die Toxodonten rein südamerikanisch, ebenso wie die Glyptodonten und einige andere Formen. Und andererseits sind die Cervidae von heute so weit verbreitet, wenn nicht sogar weiter verbreitet als jemals zuvor. Die Hasen und Kaninchen sind mittlerweile nahezu überall verbreitet; die Katzen fast so. Wir treffen Bovidae, sogar mit Ausnahme von Schafen und Ziegen, in allen vier Teilen der Erde, außer in Südamerika und natürlich Australien. Die Camelidae sind sowohl in der Alten als auch in der Neuen Welt immer noch verbreitet.

Perioden des Tertiärs größere Ähnlichkeiten zwischen Europa und Nordamerika als heute. Es wäre durchaus notwendig gewesen, beide zu einem holarktischen Gebiet zu vereinen, wie es jetzt von vielen gefordert wird; aber die Gründe für diese Verbindung wären dann stärker gewesen. Tatsache ist jedoch, dass die größeren Ähnlichkeiten auf die größere Anzahl von Tierfamilien zurückzuführen waren, die damals als heute existierten; Diese sind auf beiden Kontinenten verfallen und haben die Unterschiede in der Säugetierfauna beider Kontinente deutlich werden lassen. Aber die noch erhaltenen Ähnlichkeiten haben viele dazu veranlasst, die beiden Regionen eng miteinander zu verbinden.

Soweit die Geschichte einer Gattung oder Familie oder einer größeren Abteilung nachvollzogen werden kann, ergibt sich daraus die Schlussfolgerung, dass die betreffende Gruppe von einem bestimmten Herkunftsgebiet aus nach Möglichkeit in unterschiedlichem Ausmaß in alle Richtungen gewandert ist; Dann starb es in dazwischen liegenden Gebieten aus oder blieb nur noch in einem bestimmten Teil seines früheren und größeren Verbreitungsgebiets bestehen.

Zoologische Regionen. — Da jede Tierart ihr eigenes, bestimmtes Verbreitungsgebiet hat, ist es klar, dass die Erdoberfläche in Abteilungen eingeteilt werden kann, die durch ihre tierischen Bewohner charakterisiert werden. Wir werden die Erde in Bereiche einteilen, die die größten Unterteilungen darstellen; dann in Regionen; und schließlich in Unterregionen. Es muss berücksichtigt werden, dass die verschiedenen Gruppen des Tierreichs geologisch gesehen unterschiedlich alt sind und daher je nach Fall weniger oder mehr Zeit hatten, sich in ihrer gegenwärtigen Verbreitung einzuleben, und dass verschiedene Tiere unterschiedlich sind in hohem Maße in ihrer Vermehrungsrate, ihrer Migrationskraft und ihrer Anfälligkeit für die Wirksamkeit verschiedener natürlicher und anderer Verbreitungshindernisse. Es ist daher nicht möglich, die Welt in Reiche und Regionen zu unterteilen, die die Tatsachen der Verteilung des gesamten Tierreichs zum Ausdruck bringen sollen. Solche Einteilungen, die in Lehrbüchern der Zoologie üblich sind, in denen nur ein kleiner Abschnitt der Zoogeographie gewidmet ist, sind bestenfalls bloße Annäherungen und Durchschnittswerte; Es bringt nichts, die Sache so umfassend zu betrachten, da dadurch der eigentliche Zweck der Unterteilung der Erdoberfläche aus den Augen verloren wird. Die zoogeographische Einteilung der Erde, die hier übernommen wird, ist die ursprünglich von Dr. Blanford empfohlene und jetzt von einer Reihe von Autoritäten akzeptierte. Es gibt drei „Bereiche“, zu denen vielleicht ein vierter hinzugefügt werden könnte – allerdings aus negativen Gründen und lediglich zu dem Zweck, die Teile der Welt hervorzuheben , zu denen Säugetiere keinen Zugang erhalten haben. Die Reiche sind wiederum in Regionen teilbar, zumindest im Falle eines von ihnen, und die Regionen können wiederum in mehr oder weniger verschiedene Unterregionen oder Provinzen unterteilt werden. Die drei Hauptabteilungen oder Reiche, in denen Säugetiere leben, sind die Notogaean , einschließlich Australien und bestimmter Inseln nördlich davon; das Neogäische oder der südamerikanische Kontinent und Mittelamerika; das Arktogäische Meer , einschließlich der Kontinente Nordamerika, Europa, Asien und Afrika, zusammen mit den angrenzenden Inseln wie Westindien, Ostindien (mit Ausnahme derjenigen, die zum Reich von Notogaia gehören) und Madagaskar ; und schließlich das Reich der Antarctogaea oder Atheriogaea , das Neuseeland, den antarktischen Kontinent und eine Reihe von Inseln wie Südgeorgien und Kerguelen und möglicherweise sogar den äußersten Süden Patagoniens umfasst. Dieser letzte Teil der Erde bedarf keiner weiteren Erwähnung, da es dort keine wirklich einheimischen Landsäugetiere gibt. Wir können die Fledermäuse nicht in diese Aussage einbeziehen, da ihre Verbreitung auf einer anderen Fähigkeit zur Erweiterung ihres Verbreitungsgebiets und auf anderen Barrieren beruht als denen, die das Verbreitungsgebiet anderer Säugetiergruppen bestimmen.

(1) Notogaea. [42] Dieses Reich ist durch den ausschließlichen Besitz der Monotremes gekennzeichnet : – das heißt, eine der beiden Hauptabteilungen der Mammalia ist absolut auf dieses Gebiet beschränkt. Darüber hinaus enthält es die überwiegende Mehrheit der Beuteltiere. Darüber hinaus zeichnet sich das Reich der Notogaea durch das völlige Fehlen höherer Säugetiere aus, mit Ausnahme einiger kleiner Nagetiere. (Die Fledermäuse werden aus den genannten Gründen ignoriert und es wird angenommen, dass der Dingo importiert wurde.) Es kann nicht bestritten werden, dass es sich hierbei um einen sehr deutlich markierten Bereich der Erdoberfläche handelt.

(2) Neogaia . Auf dem südamerikanischen Kontinent gibt es keine Monotreme und nur wenige Beuteltiere, die mit Ausnahme von *Caenolestes alle* zur Abteilung Polyprotodont dieser Ordnung und zu einer besonderen Familie, den Didelphyidae , gehören . Die jüngste Entdeckung anderer fossiler Beuteltiere stützt jedoch in gewissem Maße Huxleys Ansicht, dass Neogaea und Notogaea im Gegensatz zum Rest der Welt ein Reich bilden. Darüber hinaus besitzt Neogaea die Edentata , die nirgendwo sonst zu finden sind; das heißt die Unterteilung der Edentata , auf die der Name jetzt von einigen Autoritäten beschränkt wird. Sie zeichnet sich auch dadurch aus, dass die wichtige Ordnung der Insektenfresser fast vollständig fehlt ; und als kleinere Unterscheidungsmerkmale das Fehlen von Antilopen, Ochsen und Schafen, des Ichneumon-Stammes, von Pferden und Lemuren. Es ist ausschließlicher Besitz der Hapalidae und Cebidae sowie mehrerer Nagetierfamilien.

(3) Arctogaea. Dieses riesige Reich lässt sich eindeutig in vier Regionen unterteilen, auf die später noch näher eingegangen wird. Mittlerweile sind die Ähnlichkeiten zwischen diesen Unterteilungen ausgeprägter als die Ähnlichkeiten oder Unterschiede zwischen ihnen und den beiden soeben definierten Bereichen. Die beiden Bereiche, die besprochen wurden, haben ihre Unterscheidung voneinander und von Arctogaea über einen beträchtlichen Zeitraum bis in die Tertiärzeit hinein beibehalten. Erst im sehr frühen Tertiär trifft man in Nordamerika auf Edentaten; und dann kann es nicht als absolut geklärt angesehen werden, dass die Ganodonta wirklich die Vorläufer der Gürteltiere, Faultiere usw. sind. Auch Beuteltiere finden wir in Europa erst weit zurück in der Zeit und zu einer entsprechenden Zeit in Nordamerika. Tatsächlich war die Fauna Südamerikas im späten Tertiär sogar noch ausgeprägter als heute; denn damals hatten wir die Toxodonten , Glyptodonten, *Macrauchenia* und andere Formen auf diese Region beschränkt , während es in Australien noch Beuteltiere gab. Im späten Tertiär unterschieden sich Europa und Indien keineswegs so stark von Afrika wie heute. Nordamerika ähnelt der Alten Welt nicht so sehr, wie die Unterteilungen der Alten Welt einander ähneln; aber wie später noch gezeigt

wird, gibt und gab es sehr substanzielle Vereinbarungen. Elefanten, Nashörner, Giraffen, Nilpferde und *Orykteropus* sind heute eindeutig afrikanische oder indische Tiere; aber alle diese Gattungen oder zumindest Familien (im Fall der Giraffe) sind in Europa erst vor relativ kurzer Zeit aufgetreten. Es wird angenommen, dass *Lycaon* , das heute auf Afrika beschränkt ist, aufgrund seines Vorkommens in Höhlen dort einen europäischen Ursprung hat. Die Hyäne und der Löwe, bestimmte Mitglieder des Pferdestammes, Affen und andere Tiere waren ebenfalls Europäer, sind es aber heute nicht mehr.

Indien wiederum und die orientalische Region im Allgemeinen besaßen einst Nilpferde, Schimpansen, Giraffidae , Antilopen, *Cobus* , *Hippotragus* , *Strepsiceros* und *Orias* , die heute rein afrikanische Tiere sind. Mit der äthiopischen Region teilt es derzeit die Catarhines, darunter die Menschenaffen, die Lemuren, Tragulina (die Gattung *Dorcatherium* ist auch aus Fossilien in Indien bekannt), *Manis* , *Hyaena* , den Geparden, den Elefanten, das Nashorn und den Ratel. Tatsächlich gibt es mit Ausnahme der Lemuren keine Säugetierordnung, die heute in einer dieser drei Regionen fehlt, in den anderen aber vorhanden ist, und sie kamen in früheren Zeiten in Europa vor. Der Tapir Indiens ist in Europa als Fossil bekannt, und auf dem letztgenannten Kontinent gab es Affen und sogar Anthropoiden. Nordamerika ist dagegen ausgeprägter. Es gibt keine Lemuren, Affen, Elefanten, Nashörner, Tapire, Edentaten der Alten Welt (Effodientia), Viverridae, Pferde oder Antilopen, mit Ausnahme von *Antilocapra* , einer Art einer separaten Abteilung der Bovidae. Da jedoch in jüngster Zeit mehrere dieser Gruppen vertreten waren, lässt sich keine primäre Trennlinie gewinnbringend ziehen.

Arctogaea als Ganzes kann sowohl durch negative als auch durch positive Charaktere gekennzeichnet sein. Als negative Merkmale können erwähnt werden: – das völlige Fehlen von Edentaten (*Necrodasypus* von Filhol ist eher zweifelhaft, siehe S. 164 , Anm.), obwohl sich in vergangenen Zeiten einige von Neogaia in die Nearktis-Region eingeschlichen haben ; und von Hapalidae , Cebidae und Beuteltieren, mit Ausnahme eines Opossums in Nordamerika. In diesem Reich gibt es hingegen alle Lemuren, alle Insektenfresser mit Ausnahme des westindischen *Solenodon* , alle Rüsseltiere, Nashörner, Pferde, Hirsche, Antilopen, die letzte Gruppe einschließlich der Ochsen und eine Vielzahl anderer wichtiger Familien . Es ist tatsächlich das Hauptquartier aller Eutheria mit Ausnahme der Edentata und der Beuteltiere.

Die Unterteilungen dieses Reiches wurden unterschiedlich vorgenommen . Die klassischen Unterteilungen stammen natürlich von Herrn Sclater , der (1) die Nearktis , Nordamerika; (2) die Paläarktis , einschließlich Europa, Nordasien und Japan; (3) der Osten, einschließlich Asien südlich des Himalaya und der Inseln des Malaiischen Archipels bis in den Osten bis zur australischen Region; und (4) das Äthiopien, *also das* tropische Afrika und Madagaskar. Einige würden dies ändern , indem sie Amerika und den Norden der Alten Welt zu einer holarktischen Region vereinen und die südlichen Teile des nordamerikanischen Kontinents zu einer Sonora-Region abtrennen. Für einige sind die Behauptungen Madagaskars, eine eigene Region zu bilden, überzeugend. Die Grenzen der verschiedenen Regionen abzugrenzen ist eine schwierige Aufgabe; Sie verzahnen sich an den Grenzen mit den komplexen Kurven einer Puzzle-Karte. Die Schwierigkeit wurde durch den Vorschlag intermediärer Übergangsbereiche angegangen; aber dieses Vorgehen verdoppelt die Schwierigkeit tatsächlich, denn es sind dann jeweils zwei Grenzen abzugrenzen statt nur einer. Es muss damit gerechnet werden, dass sich die tierischen Bewohner an den Verbindungslinien einer Region mit einer anderen etwas vermischen.

Die Sonora-Region scheint uns keinen großen Anspruch auf Anerkennung zu haben. Es zeigt eine Vermischung südlicher mit nördlichen Formen, genau wie man es erwarten könnte. Es wird angenommen, dass ein Gürteltier und *Didelphys aus dem* neogäischen Reich in das Gebiet eingedrungen sind; es besitzt auch die südamerikanischen Gattungen *Dicotyles* , *Nasua* , *Conepatus* und *Sigmodon* . Andererseits die Sonora-Gattungen *Antilocapra* , *Cynomys* , *Procyon* und Insectivora *Blarina* und *Scapanus* erstrecken sich weiter nach Norden. Nur sechs Gattungen von Nagetieren sind für diese Region typisch, was kein ausreichender Grund dafür zu sein scheint, die Sonora-Provinz zur Würde einer Region zu erheben. Unter dem Gesichtspunkt der Anzahl eigentümlicher Formen betrachtet, hat die tibetanische Subregion mehr Anspruch auf Unterscheidung als Region; denn auf dieses Gebiet beschränkt haben wir die Gattungen *Nectogale* , *Aeluropus* , *Eupetaurus* , *Pantholops* , *Budorcas* ; während durch eine geringfügige Erweiterung seiner Grenzen eine Reihe anderer eigenartiger Formen hinzugefügt werden könnten. Madagaskar hat deutlich mehr Ansprüche auf regionale Teilung. Absolut darauf beschränkt sind elf der siebzehn existierenden Gattungen der Lemuren, die Familie Centetidae unter den Insectivora , die sieben Gattungen enthält, und eine weitere kürzlich entdeckte und eigenartige Gattung, *Geogale* ; es gibt sechs besondere Gattungen von Viverridae; Es gibt fünf besondere Nagetiergattungen. Darüber hinaus ist es durch das Fehlen der folgenden typischen afrikanischen Tiere negativ gekennzeichnet : Felidae, Proboscidea, Rhinocerotidae , Equiden, Affen usw. Es scheint unmöglich zu sein, diesem Teil der Welt den Rang einer Region zu verleihen.

Bei der Trennung der Nearktis von der paläarktischen Region muss der Schwerpunkt eher auf dem Fehlen asiatischer und europäischer Formen in Nordamerika liegen als auf der Existenz vieler eigentümlicher Formen in der nördlichen Hälfte der Neuen Welt. Besonderheiten der Nearktis sind die Ziegengattung *Haploceros* , die Nagetiere *Erethizon* , *Zapus* und die Familie

Haplodontidae . Auch die Maulwurfsgattung *Condylura* ist auf diesen Teil der Neuen Welt beschränkt. Trotzdem hat es eigenartigere Formen als das Sonoran. Wenn wir dazu noch das Fehlen von Pferden, Antilopen außer *Antilocapra* , Schweinen, Hyänen usw. hinzufügen, gibt es gute Gründe, diese Einteilung beizubehalten. Es muss jedoch zugegeben werden, dass es dem eurasischen Gebiet eher näher kommt als dieses dem orientalischen.

In der orientalischen Region gibt es viele charakteristische Tiere. Unter den Menschenaffen gibt es Orangs und Gibbons; Bei den Altweltaffen hat sie die Gattungen *Semnopithecus* und *Nasalis* auf ihr eigenes Gebiet beschränkt . Von den Lemuren gibt es *Loris* und *Nycticebus* sowie *Tarsius* , die eine Familie dieser Ordnung oder sogar einer Unterordnung repräsentieren. Die Galeopithecidae sind ausschließlich malaiisch. Es gibt viele Gattungen von Nagetieren, Fleischfressern und Insektenfressern. Die Nashörner und Elefanten dieser Region unterscheiden sich von denen Afrikas. *Tragulus* schließt eine Auswahl aus einer sehr reichen Liste eigenartiger Formen ab.

In der äthiopischen Region gibt es auch Anthropoiden, den Gorilla und den Schimpansen, aber sie gehören zu anderen Gattungen oder Gattungen als denen, zu denen die orientalischen Formen gehören. Es gibt fünf besondere Gattungen der Cercopithecidae . Die auf diese Region beschränkten Lemuren sind *Galago* , *Perodicticus* und *Arctocebus* . Die besonderen insektenfressenden Familien Macroscelidae und Chrysochloridae kommen neben vielen anderen besonderen Gattungen nur hier vor. Afrika ist vor allem die Heimat der Antilopen, und die Giraffe kommt heute außerhalb seiner Grenzen nicht mehr vor. Der Elefant und das Nashorn gehören zu anderen Arten als in Indien. Es gibt viele eigenartige Nagetiere und Huftiere.

KAPITEL III

Die möglichen Vorläufer der Mammalia

Das Verhältnis der Säugetiere zu den Wirbeltieren, die auf der Skala darunter liegen, bzw. ihre Herkunft, ist eine viel diskutierte Frage, für die es viele Lösungsversuche gibt. Auf diese große Frage im Detail einzugehen, würde eine Menge nutzloser Argumentationen erfordern, die auf irreführenden oder völlig ungenauen „Tatsachen" beruhen. Es wird vielleicht genügen, wenn wir hier die gegenwärtig am weitesten verbreitete Ansicht widerspiegeln, *nämlich* die, die die Mammalia auf Reptilien beziehen würde, die zur ausgestorbenen Perm- und Trias-Gruppe der Theromorpha (auch Anomodontia genannt) gehören. Diese wurden in letzter Zeit weitgehend erforscht, hauptsächlich von Professor Seeley. [43] Allein die Tatsache, dass eine Gattung *Tritylodon* , die nur durch den vorderen Teil des Schädels bekannt ist, von verschiedenen Autoren als Säugetier und Anomodont bezeichnet wurde , zeigt zumindest die Schwierigkeit, die beiden Gruppen zu unterscheiden, wenn das Untersuchungsmaterial unvollständig ist. Tatsächlich handelt es sich bei diesen Theromorpha zweifellos um Reptilien; Sie zeigen zum Beispiel einen Unterkiefer, der aus mehreren verschiedenen Teilen besteht, von denen das Gelenk mit einem festen Quadratum am Schädel artikuliert. Sie besitzen die charakteristischen Reptilienknochen, die „Querknochen", die Prä- und Postfrontknochen, und es gibt verschiedene andere Strukturpunkte, die keinen Zweifel an ihrer echten Reptiliennatur aufkommen lassen. Es gibt jedoch zahlreiche Hinweise auf eine Entwicklung in Richtung der Säugetiere in allen Teilen des Skeletts, auf die wichtigeren Teile wird hier ein wenig Bezug genommen. Um den Sachverhalt zu klären, wäre es angebracht, die Tatsache zu erwähnen, dass es unter den Theromorpha vier verschiedene Arten von Reptilien gibt, die vier Ordnungen bilden, *nämlich* die Pareiasauri , die Theriodontia , die Anomodontia (Dicynodontia) und die Placodontia .

Die erste dieser Unterteilungen umfasst scheinbar basale Formen. Diese Reptilien weisen zahlreiche Ähnlichkeiten mit den Amphibien-Labyrinthodonten auf. [44] Dagegen ist die dritte Abteilung, die der Dicynodontia , hochspezialisiert Theromorpha , aus dem keine weitere Evolution möglich gewesen zu sein scheint. Dadurch ging das Gebiss entweder vollständig verloren oder wurde wie bei *Dicynodon auf Stoßzähne reduziert* . Wir brauchen uns daher in diesem Band nicht mit diesen Anomodonten zu befassen . Unser Geschäft sind die Theriodonten . Der Name selbst ist, wie man beachtet, treffend auf der hier zu erklärenden Hypothese gewählt; Aber nicht nur in den Zähnen zeigen diese Reptilien Ähnlichkeiten mit den Theria oder Säugetieren, sondern in fast jedem

Merkmal ihrer Organisation . Im Gegensatz zu anderen Reptilien wurden die Theromorpha im Allgemeinen auf recht langen Beinen vergleichsweise hoch über den Boden getragen und ähnelten in der Position der Gliedmaßensegmenten denen von Säugetieren. Das typische Reptil kriecht mit ausgestreckten Beinen auf der Erde, wie der Name schon vermuten lässt. Als vorläufige Schwierigkeit wurde ein Hinweis darauf genannt, dass die Theriodonten in direkter Abstammungslinie von Säugetieren stehen, nämlich ihre Größe. Die frühesten Säugetiere waren zweifellos kleine Lebewesen, deren Größe mit einer Ratte oder einer Maus vergleichbar war; wohingegen ein großer Bär oder ein Wolf ein besserer Größenstandard für einige der bekanntesten Gattungen von Theriodonten ist . Es wurde jedoch durchaus zulässigerweise vermutet, dass es sich bei den in Gesellschaft dieser großen Theriodonten lebenden Gattungen um weniger aufdringliche Gattungen handelte, aus denen die Säugetiere möglicherweise hervorgegangen sind. Es ist eine so bekannte Tatsache, dass eine bestimmte Tiergruppe im Allgemeinen Riesen, Zwerge und Mitglieder mittlerer Größe enthält, dass diese Annahme fast als Tatsache akzeptiert werden kann. Zumindest dürfte es uns bei unseren Vergleichen keine Schwierigkeiten bereiten.

Das hervorstechendste „Säugetier"-Merkmal der Theriodonten ist die Heterodontie der Zähne, das Muster der „Backenzähne" und die begrenzte Anzahl, aus denen die Serie besteht. Auch die Tatsache, dass sie auf die Zahnknochen unten und auf die Ober- und Oberkieferknochen beschränkt sind, ist für den Vergleich mit Säugetieren eine *unabdingbare Voraussetzung* . Bei den basaleren Theromorpha sind die Zähne in ihrer Position nicht so eingeschränkt. Um die bemerkenswerte Ähnlichkeit der Zähne dieser Reptilien mit Säugetieren zu vervollständigen, muss schließlich erwähnt werden, dass bei *Tritylodon* und *Diademodon* die Wurzeln der Backenzähne, wie wir sie mit Fug und Recht nennen können, zwar nicht wirklich nach der Art und Weise der Säugetiere geteilt, aber tief gezeichnet waren eine Rille, die auf eine beginnende Teilung oder Verschmelzung zweier unterschiedlicher Wurzeln schließen lässt. Einige dieser strukturellen Tatsachen können nun detaillierter betrachtet werden. Was die Schneide- und Eckzähne betrifft, genügt die Feststellung, dass die Anzahl der ersteren und die Form der letzteren in vollkommener Übereinstimmung mit einer Ableitung der Mammalia aus dieser Gruppe stehen. Die Molarenreihe kann zumindest hinsichtlich ihrer Form in Prämolaren und Molaren unterteilt werden; denn die vorderen Zähne sind oft kleiner und weniger kompliziert als die folgenden, wie es bei den beiden Reihen der Säugetiere oft der Fall ist. Die Molarenreihe besteht ebenfalls aus Zähnen, die eng aneinander liegen und durch ein Diastema von den Eckzähnen getrennt sind, was ein Merkmal von Säugetierzähnen ist. Die Tatsache, dass beim Reptil *Cynognathus* und beim Säugetier *Myrmecobius* neun dieser Backenzähne in jeder Hälfte jedes Kiefers vorhanden sind, ist vielleicht kein Punkt, auf den man sich allzu sehr konzentrieren sollte; aber die allgemeine Tatsache, dass die Backenzähne in einigen Gattungen von Theriodontia weiter reduziert sind als in der erwähnten, ist eindeutig von Bedeutung, wenn die Abstammung der Säugetiere in Betracht gezogen wird.

Das Interessanteste an der Molarenreihe der Theriodontia ist, dass wir auf die beiden Arten von Molaren treffen, die bei Säugetieren vorkommen. *Cynognathus* und andere Gattungen haben Backenzähne, die aus einem Haupthöcker und einem Höcker vor und einem nach dem Haupthöcker bestehen; Tatsächlich sind diese Zähne wie bei bestimmten frühen Säugetieren triconodontisch , ein Zustand, der nach Ansicht der „ Trituberkulisten " (siehe S. 56) dem trituberkulösen Zahn vorausging. Es gibt auch „ multituberkuläre " Zähne, die besonders gut bei *Tritylodon* entwickelt sind , wo sie denen bestimmter Multituberculata genau ähneln und deren Struktur ursprünglich dazu führte, dass *Tritylodon* zu den Säugetieren dieser Gruppe gezählt wurde . Wenn Zweifel an der Säugetiernatur dieses Fossils bestehen, gibt es noch mehrere andere Theriodontien , bei denen der Multituberkulismus deutlich ausgeprägt ist. So ist es in *Trirhackodon* und zum Beispiel in *Diademodon . Dies unterstützt im Übrigen die Idee, dass die Mammalia aus zwei Quellen entstanden sind, eine Sichtweise auf den Ursprung der Gruppe, die mit den Ansichten einiger Autoren wie des verstorbenen Dr.* Mivart übereinstimmt und dies auch tun wird Versöhnen Sie die Trituberkulisten und die Multituberkulisten . Denn wir sollten dann annehmen, dass die Eutheria und Triconodontia aus einer Form wie *Cynognathus entstanden sind* ; und die Multituberculata und die vorhandenen Monotremes aus einer Form wie *Diademodon* . Es nützt nicht viel, darauf hinzuweisen, dass *Diademodon* wirklich trituberkulär ist , denn in seinen Backenzähnen, obwohl multituberkulär, kann man die trituberkulösen Hauptzapfen erkennen ; denn dieser Zustand hätte genauso gut durch eine Reduktion vom multituberkulösen Typ herbeigeführt werden können. Der Schädel dieser Theriodonten weist einige deutliche Annäherungen an den Säugetiertyp auf. Zunächst kommt es zu einer beginnenden Konsolidierung und Reduktion der einzelnen Knochen, was ein wesentliches Merkmal des Säugetierschädels im Gegensatz zum Schädel niederer Wirbeltiere darstellt. Bei *Cynognathus* ist das Postorbital mit dem Jugal und das Supratemporal mit dem Squamosal verschmolzen und bildet scheinbar einen einzigen Knochen. Im Unterkiefer ist die Milz oft auf die Dünnheit von Papier reduziert, was auf ein beginnendes Verschwinden hindeutet. Bei vielen Theromorpha ist das Plattenepithel maßgeblich an der Bildung der Gelenkfläche für den Unterkiefer beteiligt, offensichtlich ein wichtiges Säugetiermerkmal; Dies wird durch die Reduktion des Quadratums bewirkt, wobei dieser letztere Knochen außerdem in bestimmten Einzelheiten das Aussehen des Hammers von Säugetieren annimmt, mit dem er nach Meinung vieler homolog ist. Aber dieses Thema wurde bereits auf Seite 26 behandelt . Eine sehr ausgeprägte Ähnlichkeit mit dem Schädel von Säugetieren besteht darin, dass es zwei

Hinterhauptskondylen gibt. Dass dies durch die Weiterentwicklung eines dreiteiligen Kondylus, wie er bei Schildkröten vorkommt, und durch die Unterdrückung des Basi -Occipital-Teils zustande gekommen ist, beeinträchtigt die Ähnlichkeit mit dem Schädel von Säugetieren nicht; Tatsächlich erklärt es den Ursprung von zwei Kondylen aus dem typischen Einzelkondylus von Reptilien und beseitigt die Notwendigkeit, mit Huxley und anderen zu glauben, dass die Amphibien aufgrund ihrer beiden Kondylen auf der Hauptlinie der Säugetierevolution stünden . Der allgemeine Aspekt des Schädels von *Cynognathus* wurde mit dem „von *Thylacinus* oder *Dissacus* " verglichen. Niemand kann die tatsächlichen Skizzen des Schädels dieses Theriodonten untersuchen , ohne diese Meinung zu unterstützen. Als merkwürdiger detaillierter Punkt der Ähnlichkeit mit bestimmten Mammalia kann erwähnt werden: „ein kleiner absteigender Fortsatz des Malarknochens, der möglicherweise ein kleiner Vertreter des absteigenden Elements des Malar ist, das bei *Elotherium* , *Nototherium* , *Diprotodon* , *Macropus* und bestimmten Edentata usw. zu sehen ist." wie *Glyptodon* , *Megatherium* , *Mylodon* , *Bradypus* , aber soweit ich weiß, beispiellos bei fossilen Reptilien." (Osborn.) Der Zoologe kann nicht umhin, von der Bedeutung kleiner ähnlicher Details beeindruckt zu sein, die in keiner Weise auf die umgebenden Lebensbedingungen zurückzuführen zu sein scheinen und daher auf bloße Konvergenz zurückzuführen sind, wie die fischähnliche Form der Wale und Siegel.

Das übrige Skelett der Theriodontia ist bei weitem nicht so bekannt wie der Schädel und die Zähne. Aber nach dem, was bekannt ist, können auch andere Säugetiercharaktere aufgezeigt werden. Das vielleicht auffälligste Säugetiermerkmal ist das Schulterblatt von *Cynognathus* . Es ist bei diesem Geschöpf etwas schmal und länglich; aber es hat eine gut ausgeprägte Wirbelsäule, die in einem hakenförmigen Akromion endet. Zur Stützung des diphyletischen Ursprungs der Säugetiere ist nun anzumerken, dass bei den Monotremen, wie auch bei den Walen, die Wirbelsäule den vorderen Rand des Schulterblatts bildet und mit diesem zusammenfällt, so dass es kein Prescapula gibt überhaupt beim Monotrem und nur eine Spur davon bei bestimmten Walen. [45] Ob der multituberkulöse *Tritylodon* oder *Diademodon* ein Schulterblatt nach dem Monotreme-Muster hatte, ist nicht bekannt; aber es ist klar, dass das Schulterblatt des Triconodonten *Cynognathus* ähnelt weitgehend dem Muster des Eutherian-Schulterblatts. Darüber hinaus ist Professor Seeley der Meinung, dass das Coracoid relativ klein war, und zwar kleiner als der gleiche Knochen bei Edentates und *erst recht* als bei Monotremes. Eine weitere strukturelle Tatsache, die möglicherweise ebenfalls auf einen diphyletischen Ursprung der Mammalia hinweist, sind die doppelköpfigen Rippen von *Cynognathus* . Bekanntlich besitzen die Rippen der Monotremata nur den zentralen Kopf, das Capitulum.

Als allgemeines Zeichen der Verwandtschaft mit Säugetieren kann die Verkleinerung der Intercentra bei *Cynognathus* erwähnt werden, sowie das Vorhandensein eines kleinen, aber völlig offensichtlichen Foramen obturatoriums, das das Schambein vom Sitzbein trennt. Es gibt weitere Details , die in die gleiche Richtung tendieren. Und wir werden beim gegenwärtigen Stand unseres Wissens wahrscheinlich nicht viel falsch machen, wenn wir den Ursprung der Säugetiere einer Art zuordnen würden, die zur Ordnung Theriodontia oder zumindest zur Unterklasse Theromorpha gehören würde .

KAPITEL IV

DER ANFANG DES SÄUGETIERLEBENS

Obwohl die Tiere, die wir im letzten Kapitel betrachtet haben, gewisse unverkennbare Ähnlichkeiten mit den Säugetieren aufweisen, handelt es sich dennoch zweifellos nicht um Säugetiere, sondern um Reptilien. In den Schichten der Trias stoßen wir jedoch zunächst auf die Überreste von unbestrittenen Säugetieren. Die Mammalia erschienen zum ersten Mal zögernd und zögerlich auf der Erde: Sie hatten viele der Charaktere ihrer angeblichen Reptilien-Vorfahren nicht abgelegt; Sie scheuten sich vor Beobachtung und Zerstörung durch ihre geringe Größe und offenbar, zumindest soweit ihre Zähne einen Hinweis darauf geben, durch eine Allesfresser-Ernährung. Die Welt war zu dieser Zeit reich an großen und fleischfressenden Reptilien, die tatsächlich die Hauptfeinde gewesen sein könnten, mit denen die ersten Säugetiere zu kämpfen hatten. Diese frühen Säugetiere lebten bis ins Eozän; aber die meisten Gattungen stammten aus der Trias, dem Jura und der Kreidezeit. Bestimmte der primitiven Säugetierformen wurden den Beuteltieren zugeordnet, und es wurde auch auf ihre Ähnlichkeiten mit den Monotremata hingewiesen. Die derzeitige Ansicht ist jedoch, dass sie eine Sonderordnung bilden, die möglicherweise die Vorfahren sowohl der Beuteltiere als auch der Monotreme umfasste; denn es ist vernünftig, auf diese Weise die Kombination der Charaktere dieser beiden Ordnungen zu erklären, die sie darstellen. Für diese Gruppe wurde der Name Allotheria von Marsh und Multituberculata von Cope vorgeschlagen; letztere Bezeichnung ist insofern weniger geeignet, als auch die Monotremata (*Ornithorhynchus*) „multituberkulös" sind. Die Gruppe ist auf sehr unvollkommene Weise bekannt. Die Überreste sind nur wenige und fragmentarisch; und größtenteils haben wir nur ein paar Zähne, über die wir spekulieren können. Das ist ganz natürlich, denn man könnte leicht annehmen, dass die härteren Zähne dem Verfall widerstanden haben, der die weicheren Knochen leichter befallen würde. Wo Knochen vorhanden sind, ist uns häufig nur der Unterkiefer erhalten geblieben – ein Knochen, der auch bei einigen heutigen Beuteltieren erhalten geblieben ist.

Es wurde darauf hingewiesen (anhand der Beobachtung von in Kanälen schwimmenden toten Hunden), dass sich der Unterkiefer gelegentlich vom Kadaver löst . Es ist der am leichtesten trennbare Teil, der ein Skelett enthält. Es kann daher sein, dass die Überreste dieser frühen Säugetiere, die einen Fluss hinunter zum Meer trieben, ihre Kiefer verloren haben, während sie sich im Fluss befanden, oder zumindest im seichten Wasser des Meeres, wobei der Rest des Kadavers herausschwamm weiter entfernt und schließlich im Magen eines fleischfressenden Fisches oder im Schlamm auf dem Grund eines tiefen Ozeans begraben, der seitdem nie mehr das Licht gesehen hat.

Die Charaktere dieser Gruppe ähneln in Wirklichkeit eher denen der Monotremata als denen der Beuteltiere. Die unbestrittene Ähnlichkeit ihrer Backenzähne mit den provisorischen Zähnen des Schnabeltiers wurde bereits erwähnt. Wie die Monotremen scheinen auch die Allotheria ein großes und unabhängiges Korakoid besessen zu haben; Der Beweis dafür beruht auf der Entdeckung des unteren Endes eines Schulterblatts von *Camptomus* , einer Gattung aus der Kreidezeit aus Nordamerika, auf der sich eine eindeutige Facette für die Artikulation dessen befindet, was nichts anderes als ein Coracoid gewesen sein kann. Andererseits unterscheiden sie sich von den Monotremata durch das Vorhandensein von Schneidezähnen, die in ihrer Form an Nagetiere erinnern und sich kaum von denen bestimmter Beuteltiere unterscheiden. Dieser Unterschied kann nicht als besonders wichtig angesehen werden; Niemand würde das Faultier und das Gürteltier aufgrund ihrer Zahnunterschiede, die denen, auf die wir gerade Bezug genommen haben, in etwa gleichwertig sind, in unterschiedliche Ordnungen einteilen. Es scheint in der Tat wahrscheinlich, dass es letztendlich notwendig sein wird, die Grenzlinie, die jetzt die Allotheria und die Monotremata trennt, auszuradieren .

Die Plagiaulacidae sind zweifellos Säugetiere und werden von den meisten Naturforschern in diese derzeit unsichere Gruppe von Multituberculata eingeordnet , die hier aus Rücksicht auf die angesehenen Autoritäten, die die Gruppe gegründet haben, beibehalten wird, obwohl es nur wenige Merkmale gibt, die sie zuordnen können definiert. Obwohl diese Familie in der Trias vorkommt , erstreckt sie sich zeitlich bis ins Eozän. Die Typusgattung, die der Familie ihren Namen gegeben hat, ist *Plagiaulax* . Da es sich nicht um eine Trias handelt, wird die Betrachtung seiner Charaktere auf später verschoben. *Microlestes* ist eine rätische Gattung, die aus Gesteinen in Deutschland und England bekannt ist; aber es basiert vollständig auf Backenzähnen. *M. antiquus* hat einen zweiwurzeligen Backenzahn von länglicher Form mit einer Reihe von Tuberkeln auf beiden Seiten einer mittleren Furche, die die Längsachse des Zahns durchquert. In gewisser Weise ähneln die Zähne der antiken Form denen von *Ornithorhynchus* . *Microlestes* wurde manchmal als Beuteltier bezeichnet, aber Herr Tomes [46] hat herausgefunden, dass er keinen sehr universellen Charakter der Beuteltierzähne aufweist: Er weist nicht die Fortsetzungen der Dentinröhren auf, die bei allen Beuteltieren den Zahnschmelz durchqueren wurden mit Ausnahme des Wombat untersucht.

Die Seltenheit der Überreste von Säugetieren in diesen frühesten Gesteinen der Sekundärepoche wurde auf andere Weise als oben vorgeschlagen erklärt. Möglicherweise hat sich die Gruppe Mammalia in Europa überhaupt nicht entwickelt und die verstreuten Überreste, die auf diesem Kontinent gefunden wurden, stellen fragmentarische Überreste einiger verstreuter Einwanderer dar, die die spätere Invasion zahlreicher Gattungen während der Jurazeit ankündigten.

Die Säugetiere der Jurazeit . — Einige der im letzten Abschnitt beschriebenen Allotheria oder Multituberculata kommen in den Gesteinen dieses frühen Teils der Sekundärepoche vor. Ihre Position ist, wie bereits erwähnt, zweifelhaft; Einige von ihnen, wie zum Beispiel *Tritylodon* und *Dromatherium* , sind möglicherweise überhaupt keine Säugetiere, während die übrigen wahrscheinlich zu einer nicht existierenden Ordnung von Säugetieren gehören. Neben diesen zweifelhaften Kreaturen finden sich fragmentarische Überreste kleiner Tiere, bei denen es sich nicht nur um Säugetiere, sondern aller Wahrscheinlichkeit nach eindeutig um Beuteltiere handelt. Es ist wahr, dass wir uns auch hier nur mit Unterkiefer und Zähnen befassen müssen; so dass es möglicherweise weniger sicher ist, sie den Beuteltieren zuzuordnen, als es die Meinung der Mehrheit der Paläontologen zu sein scheint .

Tatsächlich geht Professor Osborn davon aus, dass die mesozoischen Säugetiere aus drei Gruppen bestehen: (1) Die Multituberculata , einschließlich der Bolodontidae , Stereognathidae , Plagiaulacidae , Polymastodontidae und möglicherweise der Tritylodontidae (die jedoch von ihm und anderen eher als Reptilien angesehen werden). der Theromorphen Gruppe). (2) Die Triconodonta , bei denen es sich um Beuteltiere handelte, allerdings aller Wahrscheinlichkeit nach mit einer vollständigen Zahnfolge und einer allantoisen Plazentation. Zu dieser Gruppe gehören die Gattungen *Phascolotherium* und *Amphilestes* sowie *Triconodon* und *Spalacotherium* . Schließlich haben wir (3) die Trituberculata (oder Insectivora) . Primitiva) mit den Gattungen *Amphitherium* , *Peramus* , *Amblotherium* , *Stylacodon* und *Dryolestes* .

Wir werden diese drei Gruppen der Reihe nach betrachten. Die Multituberculata sind bereits zu einem gewissen Grad definiert, wenn ein solches Wort verwendet werden kann, um die Zusammenfassung der sehr spärlichen Informationen auszudrücken, die uns zur Verfügung stehen. Von dieser Gruppe ist *Plagiaulax* eine Gattung, die in den Purbeck-Schichten vorkommt; es ist nur durch Unterkiefer bekannt, was auf ein Tier von der Größe einer Ratte oder eher kleiner hindeutet. Die Kiefer haben vorne einen großen Schneidezahn, der wie ein Nagetier aussieht und auch denen der Diprotodonten-Beuteltiere ähnelt; Es wird jedoch angenommen, dass diese Zähne nicht aus hartnäckiger Pulpa gewachsen sind und es auf jeden Fall keine vordere, verdickte Schmelzschicht gibt. Eckzähne fehlen; Auf das Diastema folgen vier Prämolaren, die zunehmend größer werden und etwas komplizierte Schleifflächen besitzen. Diese Flächen werden durch mehrere schräg gestellte Grate gebildet. Die nachfolgenden Zähne werden wegen ihrer unterschiedlichen Struktur als Backenzähne bezeichnet, und es gibt nur zwei davon auf jeder Seite. Die Backenzähne haben ein Muster, das bei Multituberculata üblich ist ; Die Mitte ist ausgehöhlt und der erhabene Rand ist mit Tuberkeln besetzt. Weitere jurassische Gattungen von Multituberculates sind *Bolodon* , *Allodon* und *Stereognathus* . Alle diese besitzen die gleichen multituberkulösen Backenzähne.

Von den Triconodonta ist die Typusgattung *Triconodon* . Diese Gattung ist besser bekannt als die meisten Jura-Säugetiere, da sowohl das obere als auch das untere Gebiss beschrieben wurden. Es scheint das typische eutherische Gebiss mit vierundvierzig Zähnen besessen zu haben, zu dem bei einigen Arten ein vierter Backenzahn hinzukommt. Der große Unterschied zwischen Molaren und Prämolaren spricht für einen vollständigen Zahnwechsel. Die Gattung ist sowohl amerikanisch als auch europäisch.

Spalacotherium hat mehr Backenzähne, fünf oder sechs.

Phaskolotherium Bucklandi hingegen ist von der Form seiner Zähne her eine deutlich ältere Art. Es gibt jedoch nicht so viele davon wie in *Amphitherium* ; *Phascolotherium* hat nur zwei Prämolaren und fünf Molaren, also insgesamt achtundvierzig Zähne. Die Zähne haben die Form eines Triconodonten , wobei die drei Höcker auf einer Linie liegen und der mittlere der größte ist.

Amphilestes hat Zähne des gleichen Musters, aber mehr davon, nämlich vier bzw. fünf Prämolaren und Molaren. Bei allen diesen Tieren war der Unterkiefer gebogen. Unabhängig davon, ob sie alle Beuteltiere sind oder nicht, ist klar, dass *Phascolotherium* und *Amphilestes* aufgrund der primitiveren Form ihrer Zähne vereint und von *Amphitherium entfernt platziert werden sollten.*

Als nächstes kommen wir zur Trituberculata .

Zu den berühmtesten dieser Überreste gehören einige Kiefer, die in den Stonesfield-Schieferplatten in der Nähe von Oxford entdeckt und von Buckland, Cuvier und einigen der bedeutendsten Naturforscher zu Beginn des letzten Jahrhunderts untersucht wurden. Diese Kiefer wurden kürzlich einer sorgfältigen erneuten Untersuchung durch Herrn Goodrich unterzogen, [47] der unser Wissen über das Thema erweitert hat, indem er aus der felsigen Matrix, in der die Kiefer liegen, neue Details ihrer Struktur freilegte; Es ist daher wahrscheinlich, dass nun alles, was man aus diesen Exemplaren lernen kann, aufgezeichnet wurde.

Amphitherium prevostii war eine Kreatur von etwa der Größe einer Ratte. Sein Kiefer wurde erstmals um das Jahr 1814 zu Dean Buckland gebracht und sechs Jahre später beschrieben. Buckland hielt den Kiefer für den eines Opossums, eine Meinung, der Cuvier zustimmte. Der Kiefer ist jedoch durch eine entlang seiner Länge verlaufende Rille gekennzeichnet, und diese Rille wurde von de Blainville als Beweis dafür angesehen, dass der Kiefer aus mehr als einem Element zusammengesetzt war, was natürlich dazu führen würde, dass er als Kiefer von angesehen wurde ein Reptil. [48] Diese und eine andere nach Sir Richard Owen benannte Art haben eine Zahnformel, die wie die der Beuteltiere im Vergleich zu der der Plazenta-Säugetiere groß ist; es läuft: I 4, C 1, Pm 5, M 6 – also *insgesamt* 64 Zähne. Das ist eine größere Zahl, als wir bei jedem existierenden Beuteltier finden. Aber wie bei Beuteltieren und auch bei gewissen Insektenfressern ist der Kieferwinkel gebogen. Diese Zähne haben das trituberkuläre Muster mit einer „Ferse". Sie sind in der Tat denen des lebenden *Myrmecobius sehr ähnlich* ; Es sollte jedoch angemerkt werden, dass dies im Gegensatz zu denen bestimmter Insektenfresser nicht der Fall ist .

Die Säugetiere der Kreidezeit . — Es gab einst eine völlig unerklärliche Lücke zwischen dem Jura und dem basalen Eozän, eine Reihe von Schichten, die einen enormen Zeitraum in der Erdgeschichte einnehmen, schienen frei von Säugetierresten zu sein. Diese Lücke wurde jedoch durch die Entdeckung von Säugetierresten in der nordamerikanischen Laramic-Formation geschlossen, die eindeutig aus der Kreidezeit zu stammen scheinen. Darüber hinaus sind einige der Ansicht, dass die Purbeck-Schichten eher der Kreidezeit zuzuordnen sind, was dann die Berücksichtigung einiger der bereits behandelten Typen unter der vorliegenden Überschrift erforderlich machen würde; und wenn, wie im folgenden Abschnitt dargelegt wird, die untersten Schichten des sogenannten Eozäns tatsächlich der Kreidezeit zuzuordnen sind, mangelt es in dieser Zeit nicht an Säugetierresten. Und darüber hinaus war es in diesem Fall die Kreidezeit, in der sich die bestehenden Ordnungen der Plazenta-Säugetiere entwickelten. Ansonsten stimmen die Säugetierreste der Kreidezeit mit denen des Jura überein. Reste der Multituberculata finden wir in Fragmenten von Plagiaulacidae und Polymastodontidae . *Ptilodus* ist eine Gattung mit zwei Prämolaren; und *Meniscoessus* ist ein weiteres Multituberkulum aus derselben Laramic- Formation. Bei den anderen abgetrennten Säugetierfragmenten geht Osborn davon aus, dass es sich dabei sowohl um Plazentatiere als auch um Beuteltiere handelt.

Die Säugetiere des Tertiärs . — Sofern die untersten Schichten des frühesten Tertiärs, des Eozäns, wie das Torrejon in Nordamerika, nicht tatsächlich der Kreidezeit zugeordnet werden sollten, gibt es keinen Beweis dafür, dass die modernen Mammalia-Gruppen vor der gegenwärtigen Epoche der Erdgeschichte existierten . Es ist jedoch wahrscheinlich, dass die Eutheria als Gruppe mesozoisch war. Die fossilen Kiefer, die im letzten Kapitel betrachtet wurden, könnten sehr wahrscheinlich primitive Eutherianer sein oder, wie Professor Osborn glaubte, sogar in Beuteltiere und Insektenfresser unterteilbar sein. Im Tertiär finden wir jedoch, abgesehen von der Frage nach der Natur der Puerco- und Torrejon -

Formationen und nach bestimmten südamerikanischen Schichten, deren Fossiliengehalt von Professor Ameghino untersucht wurde , die ersten Spuren von Säugetieren, die sich eindeutig auf bestehende Ordnungen beziehen lassen oder eindeutig mit bestehenden Aufträgen zu vergleichen. Da jedoch in den frühesten Schichten des Eozäns Vertreter von Arten, die offensichtliche Verwandtschaft mit modernen Arten haben, in beträchtlicher Fülle auftauchen, scheint es klar, dass in Schichten davor noch viel zu entdecken bleibt. Beschränken wir uns jedoch auf Tatsachen und Vergleiche, die an mehr als ein paar Unterkiefern und vereinzelten Zähnen angestellt werden können, was praktisch alles ist, was wir von früheren Säugetieren besitzen, müssen wir zu dem allgemeinen Schluss kommen, dass es sich um zwei der existierenden größeren Gruppen handelt Die eutherischen, nicht beuteltierähnlichen Säugetiere wurden bereits zu Beginn des Eozäns unterschieden und durch Formen repräsentiert, von denen sich zumindest die existierenden Carnivora, Insectivora , Artiodactyla und Perissodactyla ableiten lassen . Dies waren die Creodonta und die Ungulate Condylarthra . Zusätzlich zu diesen können wir als sehr frühe Typen die Lemuroidea aufzählen, die in der Neuen Welt durch Formen wie *Indrodon und (wenn auch später) durch Necrolemur* usw. in der Alten Welt repräsentiert werden, und die Edentata , wenn wir das zulassen wollen als ihre Vorfahren die Ganodonta .

In den Schichten des frühen Eozäns finden sich auch Vertreter mindestens einer Ordnung, der Amblypoda , die sich in der Folge vermehrte, aber ohne Nachkommen ausstarb, es sei denn, wir glauben mit einigen, dass die Elefanten von diesen eozänen „Dickhäutern" abstammen. Im späteren Eozän ist die große Mehrheit der bestehenden Ordnungen und sogar Unterteilungen von Ordnungen anzutreffen; und es gibt darüber hinaus so völlig ausgestorbene Ordnungen wie die Typotheria , Ancylopoda und Tillodontia . In Verbindung mit dieser allmählichen Spezialisierung auf die Ordnungen der eutherischen Säugetiere kommt es natürlich zu einem enormen Anstieg der Zahl der Gattungs- und Familientypen. Dies erreicht möglicherweise seinen Höhepunkt im Miozän, von dem an die Säugetiervielfalt allmählich zurückging, so dass man mit Fug und Recht sagen kann, dass wir heute in einer Epoche leben, in der es kaum Säugetiere gibt. Dieser allmähliche Verfall hält bis heute an, wie das Aussterben der Rhytina und Quagga sowie die wachsende Seltenheit des Breitmaulnashorns und des Amerikanischen Bisons bezeugen.

Der frühe Eutherian-Bestand bestand aus kleinen Säugetieren mit kleinen Köpfen und schlanken, langen Schwänzen. Die Gliedmaßen waren Pentadaktylen , die von Klauen oder breiteren Hufen umhüllt waren . Die Vorderbeine waren möglicherweise teilweise greifbar. Es gab vierundvierzig Zähne, die vollständig in Schneidezähne, Eckzähne, Molaren und Prämolaren differenziert waren; und es scheint ein vollständiger

Diphyodontismus vorgelegen zu haben . Die Eckzähne waren nicht stark vergrößert und kein Diastema trennte einen der Zähne. Die Backenzähne waren bunodontisch oder hatten ein eher geschnittenes Muster mit etwa fünf oder sechs Tuberkeln. Darüber hinaus waren diese Tiere sehr kleinhirnig. Dieser frühe Bestand wird durch Creodont- und Condylarthrous- Tiere repräsentiert, deren genaue Grenzen bei den sehr frühen Arten kaum markiert sind. Professor Osborn hat argumentiert, dass es von diesem frühen eutherischen Stamm zwei Entwicklungswellen gab, oder, wie er es ausdrückt, „zwei große Zentren funktioneller Strahlung". [49]

Der erste war weitgehend wirkungslos, der zweite hat alle heutigen eutherischen Befehle hervorgebracht. Diese beiden Unterteilungen werden von ihm „ Mesoplazentalia " und „ Cenoplazentalia " genannt. Die erste Abteilung umfasst die Amblypoda und ihre Nachkommen, die Coryphodonten und Dinocerata , viele der Condylarthra , den Großteil der Creodonten und Tillodonten. Diese Kreaturen existierten eine Zeit lang, starben jedoch im Miozän aus. Sie zeichneten sich vor allem durch die Kleinheit ihres Gehirns aus; Die starke Spezialisierung der Struktur, die sie aufweisen, hat dieses Organ unberührt gelassen und führt daher auf lange Sicht dazu, dass sie nicht in der Lage sind, mit Veränderungen in der anorganischen und organischen Welt zurechtzukommen. Die erfolgreiche Einteilung der primitiven Eutheria umfasst die heute existierenden Gruppen und steht nicht in direktem Zusammenhang mit den kleinhirnigen Mesoplazentatieren ; es stammt jedoch offenbar von den am wenigsten spezialisierten ihrer Vorfahren ab. Professor Osborn glaubt darüber hinaus, dass die Lemuren und Insektenfresser dauerhafte Nachkommen der früheren Welle eutherischen Lebens sind. Es sieht tatsächlich so aus, als hätte die Natur die bestehenden Huftier-, Huftier- und anderen Arten nach einem fehlerhaften Plan geschaffen und, anstatt sie an modernere Anforderungen anzupassen, aus einigen dieser Arten eine völlig neue Gruppe ähnlich organisierter Arten entwickelt Es sind noch ältere und plastische Formen übrig. Die Beuteltiere sind möglicherweise die einzige verbliebene Gruppe der frühen Welle, und sie konnten sich aus geologischen Gründen behaupten, weil Australien schon früh von der Kommunikation mit dem Rest der Welt abgeschnitten war. Dass sie verschwinden, scheint ihr allmählicher Rückgang zu zeigen, während wir von Australien über die Inseln des malaiischen Archipels zum asiatischen Kontinent reisen. Der Wettbewerb hat sie hier dezimiert, was auch in ferner Zukunft in Australien der Fall sein könnte.

Es wird oft gesagt, wenn auch mit einer gewissen Unbestimmtheit, dass die alten Vierbeiner größer seien als ihre modernen Vertreter. Diese Aussage ist in der Tat zum Teil wahr, in der Folgerung jedoch größtenteils falsch. Denn es deutet darauf hin, dass – und diese Vermutung wird oft in Büchern geäußert, die nicht maßgeblich sind –, dass riesige Tiere einen zwergenartigen Nachwuchs hinterlassen haben; dass es einst Riesen gab und dass es heute eine kümmerliche Rasse gibt. Tatsächlich zeigt das Studium der allmählichen Entwicklung der Säugetiere des frühen Tertiärs zu ihren Nachkommen späterer Zeiten sehr deutlich die Wahrheit dieser interessanten Verallgemeinerung : Dass die primitiven Arten allesamt kleine Lebewesen waren, und zwar in den Fällen, in denen wir das können Um einen Stammbaum zu verfolgen, kam es zu einem allmählichen Größenwachstum, bis zu einem Punkt, an dem ein stärkeres Wachstum zum Aussterben führte. Wir weisen später auf eine Reihe von Fakten hin, die diesen Sachverhalt im Detail veranschaulichen. Es wurde beispielsweise festgestellt, dass der Stammbaum der Pferde, Kamele, Nashörner und vieler anderer Gruppen mit kleinen Formen beginnt und in großen Formen gipfelt. Man kann behaupten, dass solche Tiere wie der Tapir heutzutage kleinere Formen sind und dass mit ihnen in der Vergangenheit die riesigen Titanotheres verwandt waren; aber in diesem und ähnlichen Fällen wird man finden, dass die ausgestorbenen Riesen nicht in der direkten Linie des Stammbaums standen, sondern Seitenzweige darstellten, die aus eigenem Antrieb riesig anwuchsen und dann verschwanden.

KAPITEL V

Die bestehenden Ordnungen der Säugetiere

PROTOTHERIA – MONOTREMATA

Abgesehen von den Lebewesen, deren fragmentarische Überreste im letzten Kapitel betrachtet wurden und die zu den frühesten Säugetierschichten gehören , sind die Überreste von Mammalia alle bestehenden Ordnungen zuzuordnen. Auf den folgenden Seiten werden wir uns daher mit den tatsächlichen Vertretern lebender Familien neben ihren ausgestorbenen Verwandten befassen. Die bestehenden Mammalia-Ordnungen können zusammen mit denen ihrer fossilen Verbündeten klar in zwei große Unterabteilungen oder, wie wir sie nennen werden, Unterklassen unterteilt werden; Die Säugetiere als Ganzes werden als eine Klasse der Wirbeltiere bezeichnet, die mit der Klasse der Reptilien usw. vergleichbar ist. Aufgrund der Initiative von Professor Huxley war es üblich, die Säugetiere in drei Hauptabteilungen einzuteilen. Wir werden später Gründe dafür anführen, warum wir diese Art der Teilung nicht akzeptieren, sondern die, die nur zwei primäre Teilungen zulässt. Diese beiden Abteilungen sind (1) Prototheria und (2) Eutheria . Ob die im letzten Kapitel betrachteten Multituberculata , Trituberculata und Triconodonta tatsächlich auf diese beiden Unterklassen zu verteilen sind, ist eine Frage, über die man sich eine Meinung bilden, aber nicht dogmatisieren kann . Die Prototheria stehen an der Basis der Säugetierreihe und weisen viele Ähnlichkeiten mit den Sauropsida auf ; Die Eutheria sind die Tiere, die als Säugetiere am vollständigsten differenziert sind. Wir beginnen mit

UNTERKLASSE I. – PROTOTHERIA.

Zu dieser Gruppe gehört die Ordnung Monotremata , möglicherweise auch die sogenannte Allotheria oder Multituberculata . Da letztere jedoch nur aus sehr fragmentarischen Überresten bekannt sind, die nicht ausreichen, um die systematische Position der Tiere, von denen sie Fragmente sind, zu bestimmen, habe ich es nicht für sinnvoll gehalten, eine ernsthafte Definition der Ordnung Multituberculata zu versuchen . Ich habe in Kapitel IV einen kurzen Bericht über die wichtigsten bekannten Tatsachen über die unter diesem Namen zusammengefassten Lebewesen in die historische Skizze des Fortschritts des Säugetierlebens eingefügt. Was die Monotremata betrifft, so steht außer Frage, dass sie das Recht haben, in eine Gruppe einzuordnen, die der Gruppe aller anderen Säugetiere entspricht, über die wir ausreichende Kenntnisse haben, um ein Klassifikationsschema zu erstellen. Es gab tatsächlich Naturforscher wie Meckel, die den Rang dieser Kreaturen als Säugetiere gänzlich bestritten.

Die Monotremata oder Ornithodelphia können folgendermaßen definiert werden :

Säugetiere ohne Zitzen, aber mit einem provisorischen Beutel, in dem die Jungen ausgebrütet werden oder in den sie nach dem Schlüpfen übertragen werden und in den die Milchdrüsengänge münden. Eine vordere Bauchvene oder zumindest die sie tragende Membran verläuft durch die gesamte Bauchhöhle. Herz mit unvollständiger und weitgehend fleischiger rechter auriculo-ventrikulärer Klappe. Gehirn ohne Corpus callosum. Schultergürtel mit großem Coracoid, das bis zum Brustbein reicht; Schlüsselbeine und eine Interklavikula vorhanden. Am Becken sind „ Beuteltierknochen" oder Epipubikknochen befestigt. Wirbel größtenteils ohne Epiphysen. Rippen nur mit Capitulum und ohne Tuberculum. Milchdrüsen der sudoriparen und nicht der Talgdrüse der Epidermis. [50] Eigebärend, mit einer großen Eizelle mit Eigelb und meroblastischer Eizelle, eingeschlossen in einem Follikel aus zwei Zellreihen.

Diese Tiere Mammalia zu nennen, ist natürlich in gewisser Hinsicht ein Missbrauch der Bedeutung dieses Wortes, in anderer Hinsicht jedoch nicht; denn der Beutel dieser Monotreme ist, wie bereits an anderer Stelle erklärt wurde (S. 16), das eigentliche Äquivalent einer Zitze und nicht des Beutels der Beuteltiere.

Das hervorstechendste Merkmal dieser Säugetiergruppe bei der Einschätzung ihrer Stellung in der Reihe der Wirbeltiere ist nicht so sehr die Tatsache, dass sie eierlegend sind, sondern vielmehr, dass die Eier einen großen Dotter haben und sich daher, was ihre frühen Stadien betrifft, entwickeln . nach der Art des Eies eines Reptils. Die Eiablage oder zumindest die Ovoviviparität würde sich aus der Struktur des Eies ergeben, da der Eigelbreichtum die Notwendigkeit einer Plazenta überflüssig machen würde. Dass die Eier diese Echseneigenschaft hatten, wurde erstmals von Professor Poulton [51] für *Ornithorhynchus eindeutig bekannt gemacht* , und seine Ergebnisse wurden später für *Echidna bestätigt* . [52] Der Aufbau der Eier wurde jedoch bereits auf S. 72 . Die Tatsache, dass diese Tiere Eier legen, scheint schon seit langem bekannt zu sein, wurde jedoch erst 1884 von Herrn Caldwell wiederentdeckt. [53] Im Zusammenhang mit der Struktur der Eizellen sind die Eierstöcke selbst und die Eileiter nach dem Sauropsida- Plan aufgebaut. Beim Mann behalten die Hoden ihre ursprüngliche Bauchlage bei. Die Tatsache, dass die Harn- und Genitalprodukte über ihre Kanäle in eine Kammer entweichen, die auch das Ende des Verdauungstrakts aufnimmt, ist kein besonderes Merkmal dieser Gruppe, da sie bei den Beuteltieren und auch bei bestimmten niederen Eutheria beobachtet wird , wie der Biber und andere Nagetiere sowie einige Insektenfresser. Äußerlich weisen die Monotremata gewisse archaische Charaktere auf. Die unspezialisierte Anordnung der Milchdrüsen wurde bereits beschrieben. Diese Tiere sind plantigrad, wenn der Begriff auch zur Beschreibung des im Wasser lebenden *Ornithorhynchus* verwendet werden darf . Die Ohren haben überhaupt keine Muschel. Der bemerkenswerte, mit einer Drüse versehene Sporn an den Hinterbeinen, der beim Männchen ausgeprägter ist und beim Weibchen von *Ornithorhynchus tatsächlich verschwindet, ist eine Struktur, die den* speziellen Zustand dieser beiden modernen Vertreter von etwas beweist , das groß gewesen sein muss Ordnung in der Vergangenheit.

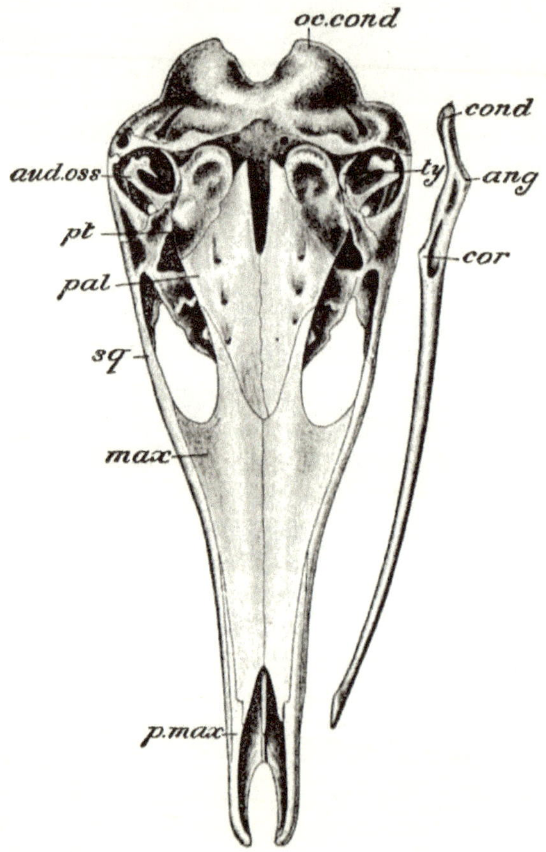

FEIGE. 51. – Ventrale Ansicht des Schädels von *Echidna aculeata* und der rechten Hälfte des Unterkiefers, *Ang* , Winkel des Unterkiefers; *aud.oss* , Gehörknöchelchen; *cond* , Kondylus des Unterkiefers; *cor* , Processus coronoideus; *max* , Oberkiefer; *oc.cond* , Hinterhauptskondylus; *Kumpel* , Palatin; *p.max* , Prämaxillare; *pt* , Pterygoideus; *sq* , Plattenepithelkarzinom; *ty* , Trommelfellring. (Nach Parker und Haswell.)

Das Skelett weist zahlreiche antike Merkmale auf. Im Schädel gibt es keine Abgrenzung der Augenhöhle von der Schläfengrube, ein Merkmal, das bei archaischen Säugetieren weit verbreitet ist. Das Trommelfell bleibt als schlanker Ring bestehen, es besteht weder aus diesem noch aus irgendeinem anderen Knochen eine Gehörblase. Hammer und Amboss sind groß und erinnern so an das Quadrat- und Gelenkbein von Reptilien. Im Unterkiefer kann das Fehlen eines ausgeprägten Processus coronoideus und das Fehlen einer festen Verknöcherung an der Schnittstelle der beiden Äste ein primitiver Zustand sein. Es muss jedoch daran erinnert werden, dass die Cetacea die gleichen Merkmale aufweisen, obwohl es möglich ist, dass auch sie aus einem kleinen Säugetierstamm hervorgegangen sind. In der Wirbelsäule finden wir die für Säugetiere typischen sieben Halswirbel ; aber diese charakteristischen Säugetierstrukturen, die Epiphysen, fehlen bei *Echidna völlig* und sind nur in der Schwanzregion bei *Ornithorhynchus zu sehen* . Da diese Säugetiere nur den Kopf bis zu den Rippen haben, sind sie offensichtlich weit von allen anderen Säugetieren entfernt und sogar reptilienähnlicher als die theromorphen Reptilien. Charakteristisch für die Gruppe sind die großen Schlüsselbeine und das Zwischenschlüsselbein (Abb. 52, S. 109), wobei letzterer Knochen den Monotremata bei Säugetieren eigen ist. Dasselbe gilt auch für das große Korakoid. Im Schulterblatt befindet sich eine Wirbelsäule, die mit dem vorderen Rand dieses Knochens zusammenfällt. Die Anordnung der Muskeln in dieser Region beweist schlüssig, dass diese Projektion das Homolog der Wirbelsäule und des Schulterdachs anderer Säugetiere ist. Auch hier haben wir einen Punkt der Ähnlichkeit mit den Cetacea. [54] Im Becken ist die Hüftpfanne perforiert (bei *Echidna*), wie bei Sauropsida .

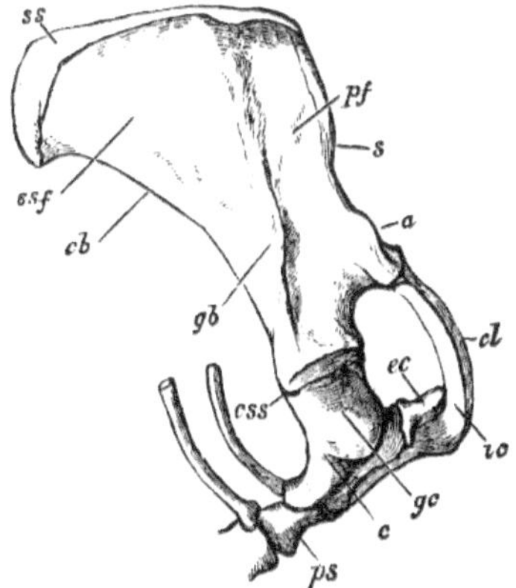

FEIGE. 52. – Seitenansicht der rechten Hälfte des Schultergürtels eines jungen Ameisenigels (*Echidna aculeata*). × 1. *a* , Acromion; *c* , Coracoid; *cb* , Coracoid-Grenze; *cl* , Schlüsselbein; *CSS* , Coraco -Schulterblattnaht; *ec* ,

Epicoracoid ; *gb*, Glenoidrand; *gc*, Glenoidhöhle; *ic*, Interklavikula; *pf*, Fossa postscapularis ; *ps*, Presternum ; *s*, Wirbelsäule; *ss*, suprascapulare Epiphyse; *ssf*, Fossa subscapularis. (Aus Flower's *Osteology* .)

Angesichts der zahlreichen sehr archaischen Merkmale, die die allgemeine Struktur dieser Gruppe aufweist, ist es überraschend, wie typisch sie für Säugetiere in bestimmten anderen Besonderheiten sind. Das Säugetier-Zwerchfell, eines der charakteristischen Merkmale der Klasse, ist bei den Monotremata völlig normal . Der Verdauungskanal weist keine großen Abweichungen von der normalen Struktur auf. Der Magen ist fast kugelförmig, mit einer hervorstehenden Pylorusregion bei *Ornithorhynchus* ; Der Darm wird durch einen dünnen Blinddarm in einen „Dünndarm" und einen „Dickdarm" unterteilt. Die Leber weist die Unterteilungen auf, die dieses Organ normalerweise bei den Mammalia aufweist. Als besonderes Merkmal wurde jedoch bereits das Vorhandensein des ventralen Mesenteriums und der Bauchvene bei *Echidna* und *Ornithorhynchus* erwähnt. Die eigentümliche und scheinbar teilweise primitive Klappe des rechten Ventrikels wurde oben beschrieben (siehe S. 66). Das Gehirn ähnelt in seinen Eigenschaften größtenteils einem Säugetier, weist aber natürlicherweise einige wichtige Unterschiede auf. Dr. Elliot Smith, der diese Frage zuletzt untersucht hat, [55] ist der Meinung, dass die Größe der Gehirnhälften überhaupt nicht reptilienartig ist; tatsächlich übertrifft es „das vieler anderer Säugetiere bei weitem". Auch bei *Echidna* , aber nicht bei *Ornithorhynchus* , sind die Hemisphären gut gewunden, obwohl die Anordnung dieser Windungen nicht mit dem in Einklang gebracht werden kann, was über die Windungen auf den Hemisphären anderer Säugetiere bekannt ist. Es wurde festgestellt, dass bei diesen Tieren, zumindest bei *Echidna* , nur zwei Sehlappen vorhanden waren, wie bei niederen Wirbeltieren, statt wie bei Säugetieren vier. Der verstorbene Sir WH Flower klärte diese Angelegenheit [56] und zeigte, dass *Echidna* in dieser Hinsicht typisch für Säugetiere war. Das Fehlen des Corpus callosum ist eines der Hauptmerkmale, das die Monotremes von anderen Säugetieren unterscheidet.

Die Monotremata werden heute durch zwei Arten repräsentiert, *Ornithorhynchus* und *Echidna* , die es zweifellos wert sind, in getrennte Familien eingeteilt zu werden. Fossile Überreste der Gruppe (abgesehen von der problematischen Multituberculata) sind in Australien nur aus dem Pleistozän bekannt und bestehen aus den Knochen einer großen *Echidna* -Art und einigen Fragmenten von *Ornithorhynchus* , was auf ein kleineres Tier als das lebende Schnabeltier hinweist.

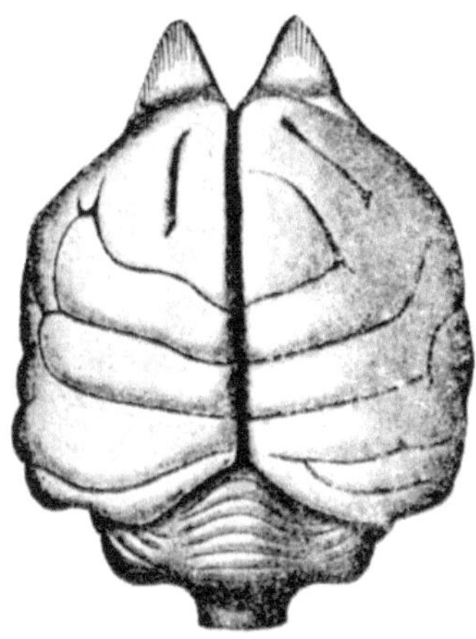

FEIGE. 53. – Gehirn von *Echidna aculeata* , Rückenansicht. (Nat. Größe.)
(Aus Parker und Haswell's *Zoology* .)

Fam. 1. Echidnidae . — Diese Familie umfasst zwei Gattungen, von denen *Echidna* die ältere und weitaus bekanntere ist. Die Haut ist reichlich mit Stacheln bedeckt, mit denen Haare vermischt sind. Die Schnauze ist spitz zulaufend, der Schwanz rudimentär und die Zahl der Finger und Zehen beträgt fünf. Der Sporn und die Drüse am Fersenbein sind kleiner als bei *Ornithorhynchus* . Die Krallen sind sehr stark und dienen dazu, die Nester der Ameisen aufzureißen, deren Bewohner der Ameisenigel frisst, indem er sie mit einer langen, ausgestreckten Zunge, ähnlich der von *Myrmecophaga* , aufleckt . Im Zusammenhang mit dieser Angewohnheit sind die Speicheldrüsen enorm entwickelt, und tatsächlich wurde das Tier mit *Myrmecophaga verwechselt* , [57] wie der umgangssprachliche Name „Australischer Ameisenbär" zeigt.

Im Schädel unterscheidet sich der Echidna von *Ornithorhynchus* durch die größere Ausdehnung der Gaumen nach hinten und die größere Größe der Flügelflügel. Das Ausmaß und die Beziehungen dieser Knochen zueinander sind denen bei vielen Walen überhaupt nicht unähnlich. Die Prämaxillen zeigen Spuren derselben Divergenz, gefolgt von einer Konvergenz ihrer Enden, die beim Schnabeltier zu sehen ist. Es gibt nur 16 Rippenpaare und entweder drei oder vier Lendenwirbel. *Ameisenigel* hat keine Spur von Zähnen und es gibt keine Hornpolster, die an deren Stelle treten; Das Maul ist ebenso zahnlos wie bei den echten Amerikanischen Ameisenbären. Das Gehirn (Abb. 53) ist im Gegensatz zu dem, was wir bei *Ornithorhynchus* finden, durch Sulci gekennzeichnet . Die Gattung wurde in drei Arten unterteilt, aber es ist zweifelhaft, ob mehr als eine zugelassen werden kann, die von Australien bis zur Region Papua reicht. Während es nur eine Art echter *Echidna gibt* , muss eine Neuguinea-Art eindeutig einer bestimmten Gattung *Proechidna zugeordnet werden* . [58] Dieses Tier zeichnet sich dadurch aus, dass es normalerweise nur drei Zehen an jedem Fuß hat. Aber es gibt zahlreiche Rudimente der anderen Phalangen, an denen sich manchmal Krallen entwickeln. Der Schnabel ist nach unten gebogen und der Rücken ist eher gewölbt; Das ganze Tier hat die einzigartigste Ähnlichkeit mit einem Elefanten! Die Rippen sind um ein Paar erhöht und es gibt vier Lendenwirbel. Die eine Art heißt *P. bruijnii* . Der Hon. W. Rothschild [59] unterscheidet eine Form *P. nigroaculeata* , die von Herrn Lydekker zugelassen wird .

FEIGE. 54. – Australischer Ameisenbär. *Echidna aculeata.* × 1 / 6 .

Der Ameisenigel ernährt sich wie ein Ameisenbär, indem er seine Zunge in einen Ameisenhaufen steckt und wartet, bis dieser von empörten und plündernden Ameisen bedeckt ist, die dann verschluckt werden. Dieses Tier frisst aber auch Würmer und Insekten, die mit der Zunge aus ihren Verstecken gelockt werden. Es ist hauptsächlich nachtaktiv und bevorzugt die Abgeschiedenheit der dichtesten Büsche des Busches oder felsige Stellen, wo es keinen Eingriffen ausgesetzt ist. Dr. Semon fand nicht, dass der Sporn dieses Tieres überhaupt zur Selbstverteidigung benutzt wurde ; aber er glaubt, dass die Waffe möglicherweise nur in der Brutzeit bei Kämpfen der Männchen um die Weibchen verwendet werden kann, wenn vielleicht, wie gezeigt wurde, der Fall bei Ornithorhynchus der Fall ist, die daran befestigte Drüse ein giftiges *Secret* produziert .

Das Ei wird, wie es scheint, durch den Mund der Mutter in den Beutel überführt; Die Schale wird vom schlüpfenden Jungen zerbrochen, der zu diesem Zweck einen eierbrechenden Tuberkel an seiner Schnauze trägt. Die Mutter entfernt die Schale. Wenn das Junge eine bestimmte Größe erreicht hat , nimmt die Mutter es aus dem Beutel, nimmt es aber von Zeit zu Zeit zum Saugen auf. Auf ihren nächtlichen Streifzügen wird das Junge in einem zu diesem Zweck gegrabenen Bau zurückgelassen. Dr. Semon konnte diesen Intelligenzakt der Echidna anhand seiner eigenen Beobachtungen untermauern. Es ist bekannt, dass die Temperatur der Monotreme niedriger ist als die höherer Säugetiere; Zusätzlich zu dieser Tatsache stellte Dr. Semon fest, dass die Schwankungsbreite der Temperatur im Echidna bis zu 13 Grad oder mehr betrug. Damit liegt es zwischen den „poikilothermen" Reptilien und den „ homöothermen " Säugetieren.

Fam. 2. Ornithorhynchidae . — Es besteht keine Notwendigkeit, den Versuch zu unternehmen, diese Familie zu definieren, da sie nur eine Gattung *Ornithorhynchus* und nur eine Art, *O. anatinus* , *enthält* . Der allgemeine Aspekt des Tieres ist wohlbekannt. Es ist mit dichtem Fell von schwarzbrauner Farbe bedeckt ; Die Gliedmaßen sind kurz und fünfzehig, die Zehen sind mit Schwimmhäuten versehen. Der Schwanz ist länglich und breit und von oben nach unten abgeflacht. Die Schwimmhäute an den Vorderzehen ragen wie bei den Robben deutlich über die Krallenspitzen hinaus. Bei den Hinterpfoten ist dies jedoch nicht der Fall. Der „Schnabel", der breit und flach ist und tatsächlich an den einer Ente erinnert, ist nicht mit Horn bedeckt, wie oft behauptet wird, sondern mit einer feinen, weichen, empfindlichen, nackten Haut, die reich an Sinnesorganen ist eine taktile Natur. Was die vom Skelett abgeleiteten Merkmale betrifft, so hat *Ornithorhynchus* siebzehn Rippenpaare und nur zwei Lendenwirbel. Der Schädel ist vorne erweitert und der Schnabel wird von zwei zunächst divergierenden und dann konvergierenden Prämaxillen gestützt. Zwischen ihnen befindet sich der berühmte „hantelförmige Knochen", von dem man annimmt, dass er ein Vertreter des Reptilien- Vorläufers ist . Die Flügelflügel sind kleiner als bei *Echidna* und der harte Gaumen reicht nicht so weit nach hinten wie bei dieser Gattung. Das Gehirn dieser Gattung ist glatt.

FEIGE. 55. – Schnabeltier mit Entenschnabel. *Ornithorhynchus anatinus.* × 1 / 6 .

Die Entdeckung der echten Zähne von *Ornithorhynchus* geht erst auf das Jahr 1888 zurück, als sie von Professor Poulton [60] in einem Embryo gefunden wurden. Später fand Herr Thomas heraus [61], dass die Zähne über einen beträchtlichen Teil des Lebens des Tieres bestehen bleiben und wie Milchzähne erst abgeworfen werden, „nachdem sie durch Reibung mit Futter und Sand abgenutzt wurden". Wir haben bereits (S. 98) auf die allgemeine Ähnlichkeit dieser Zähne mit denen einiger der frühesten Mammalia und säugetierähnlicher Reptilien aufmerksam gemacht. Bei den Zähnen handelt es sich ausschließlich um Backenzähne, und ihre Zahl beträgt entweder acht oder zehn. Sie werden durch die Hornplatten des erwachsenen Tieres ersetzt; aber die Art des Ersatzes ist merkwürdig. Die Platten sind aus dem Epithel des Mundes entwickelt, aber rund und unter den echten Zähnen; Das Epithel des Mundes wächst allmählich unter den verkalkten Zähnen, eine Wachstumsmethode, die möglicherweise etwas mit der Ablösung der letzteren zu tun hat. Die Vertiefungen und Rillen in den Platten sind Reste der ursprünglichen Alveolen der Zähne.

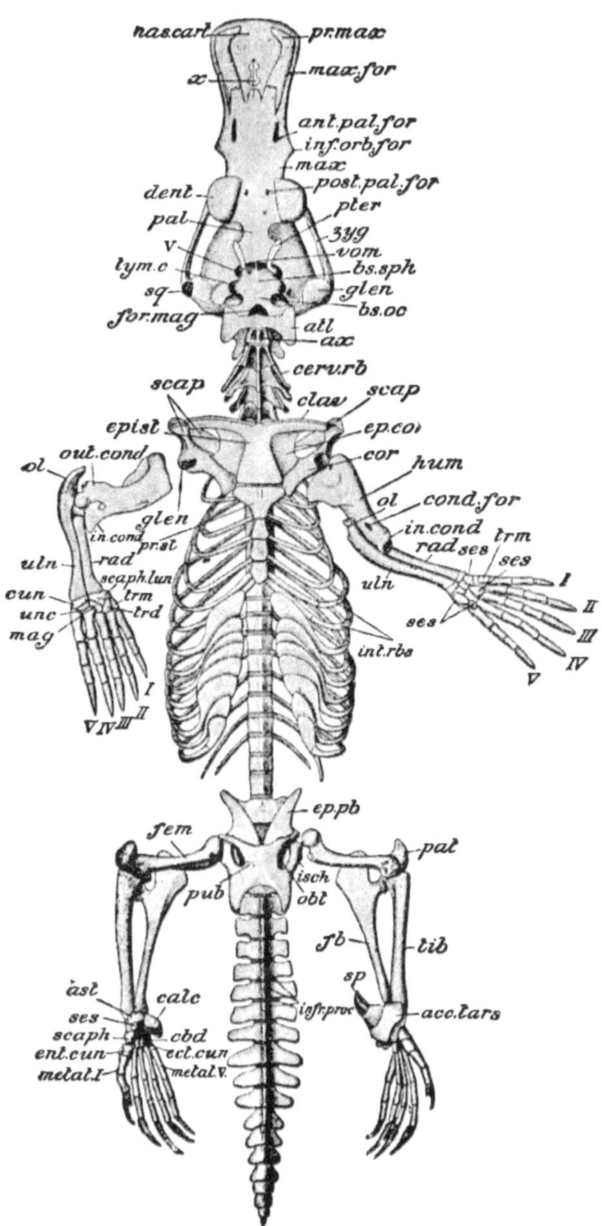

FEIGE. 56. – Skelett eines männlichen *Ornithorhynchus* . Ventrale Ansicht. Das rechte Vorderbein wurde abgetrennt und umgedreht, um die Rückseite des Manus sichtbar zu machen. Der Unterkiefer wird entfernt. *acc.tars* , Nebenfußwurzelknochen, der den Sporn stützt; *ant.pal.for* , vorderes

Gaumenforamen; *ast*, Astragalus; *atl*, Atlas; *Axt*, Achse; *bs.oc*, basi -occipital; *bs.sph*, basi -sphenoid; *calc*, Kalkaneum; *cbd*, quaderförmig; *cerv.rb*, Halsrippe; *clac*, Schlüsselbein; *cond.for*, Foramen über dem inneren Kondylus des Humerus; *cor*, coracoid; *cun*, Keilschrift von carpus; *Delle*, geile Zahnplatte; *ect.cun*, ecto -Keilschrift; *ent.cun*, ento-Keilschrift; *ep.co*, Epicoracoid ; *epist*, Episternum; *ep.pb*, epipubis ; *fb*, Fibel; *fem*, Oberschenkelknochen; *for.mag*, Foramen magnum; *Glen*, Glenoidhöhle des Schultergelenks; *glen*, Glenoidhöhle für den Unterkiefer; *brummen*, Humerus; *in.cond*, innerer Kondylus des Humerus; *inf.orb.for* zeigt auf die Position des Foramen infraorbitale; *infr.proc*, untere Fortsätze der Schwanzwirbel; *int.rbs*, Zwischenrippen; *isch*, Sitzbein; *mag*, Magnum von Carpus; *max*, Oberkiefer; *max.für*, Foramen maxillaris; *metat.I*, erster Mittelfußknochen; *metat.V*, fünfter Mittelfußknochen; *nas.cart*, Nasenknorpel; *obt*, Foramen obturatorium; *ol*, Olekranon; *out.cond*, äußerer Kondylus des Humerus; *Kumpel*, Palatin; *Patella*, Patella; *post.pal.for*, hinteres Gaumenforamen; *pr.max*, Prämaxillare; *pr.st*, Presternum ; *Pter*, Pterygoideus; *Kneipe*, Schambein; *rad*, Radius; *scap*, Schulterblatt; *Scaph*, Skaphoid des Tarsus; *scaph.lun*, scapho-lunar; *Ses*, Sesambeinknochen des Handgelenks und des Knöchels; *sp*, tarsaler Hornsporn; *sq*, Plattenepithelkarzinom; *tib*, Schienbein; *trd*, Trapez; *trm*, Trapez; *tym.c*, Paukenhöhle; *ulna*, Elle; *unc*, unziform; *vom*, vomer; *x*, hantelförmiger Knochen; *zyg*, Jochbogen; *IV*, Ziffern des Manus; *V*, Foramen für den fünften Nerv. (Aus Parker's *Zoology* .)

Das Schnabeltier ist, wie jeder weiß, ein Wassertier. Sie kommt nicht in ganz Australien vor, sondern ist auf die südlichen und östlichen Teile dieses Kontinents sowie auf Tasmanien beschränkt. Das Tier gräbt sich einen Bau am Ufer der langsamen Bäche, die es häufig besucht. Der Bau hat eine Öffnung unter und eine über dem Wasser; und es ist etwa zwanzig bis fünfzig Fuß lang. Das Schnabeltier ernährt sich von tierischer Nahrung, hauptsächlich von „Engerlingen, Würmern, Schnecken und vor allem Muscheln". Diese verstaut es, wenn es in seinen geräumigen Backentaschen gefangen wird. Das Futter wird dann über der Oberfläche gekaut und geschluckt, während das Tier langsam dahintreibt. Dr. Semon , aus dessen Werk „ *In the Australian Bush*" dieser Bericht über die Gewohnheiten des Tieres zitiert wird, glaubt, dass die Erklärung für den Verlust der Zähne in der Art der Nahrung des Tieres zu finden sei. Er ist der Meinung, dass es dazu dient, die harten Schalen der Weichtiere zu knacken *Corbicula nepeanensis* , von der sich *Ornithorhynchus* hauptsächlich ernährt, sind die Hornplatten den brüchigen Zähnen vorzuziehen. *Ornithorhynchus* wird von den Einheimischen wegen seines uralten und fischähnlichen Geruchs offenbar nicht gegessen. Außerdem ist er aufgrund seiner Tauchfähigkeiten, die durch einen ausgeprägten Seh- und Hörsinn unterstützt werden, schwer zu fangen. Als der Entenschnabel zum ersten Mal in dieses Land gebracht wurde, glaubte man, es handele sich um eine absichtliche Fälschung, analog zu den Meerjungfrauen, die durch sorgfältiges Zusammennähen des Vorderteils eines Affen und des Schwanzes eines Lachses hergestellt wurden.

- 115 -

KAPITEL VI

EINFÜHRUNG IN DIE UNTERKLASSE EUTHERIA

Definition. — Säugetiere mit Zitzen. Milchdrüsen vom Talgdrüsentyp. Herz mit vollständig membranöser und vollständiger rechter auriculo-ventrikulärer Klappe. Gehirn im Allgemeinen mit einem Corpus callosum. Das Coracoid ist stark reduziert und reicht nicht bis zum Brustbein. Kein Interklavikula. Wirbel mit Epiphysen. Rippen doppelköpfig. Lebendgebärend, mit einer kleinen Eizelle.

Zu dieser Gruppe zählen nicht nur die Eutheria im Sinne Huxleys, sondern auch seine Metatheria. Obwohl die Metatheria oder Beuteltiere, wie wir sie nennen werden, zweifellos eine höchst ausgeprägte Säugetierordnung bilden, vielleicht sogar ein wenig deutlicher als die meisten anderen, sind ihre Unterschiede zu den übrigen Stämmen keineswegs so groß wie die, die Ornithorhynchus und Ornithorhynchus *trennen Echidna* von allen anderen Säugetieren. In seinen bekannten Memoiren über die Anordnung der Mammalia [62] zählte Professor Huxley elf Merkmale auf, die die Metatheria entweder von der Prototheria oder von der Eutheria unterscheiden . Von diesen waren nur drei Merkmale, in denen sie sich den niederen Säugetieren näherten. Seinem Nachweis zufolge sind die Beuteltiermerkmale daher überwiegend eutherisch. Die drei Merkmale des prototherianischen Typs sind (1) das Vorhandensein von Epipubes ; (2) das kleine Corpus callosum; (3) das Fehlen einer allantoisen Plazenta.

Letzteres kann aufgrund der kürzlichen Entdeckung einer Allantois- Plazenta bei *Perameles verworfen werden* . Das erste Zeichen ist offenbar eine gültige Unterscheidung zwischen den Beuteltieren und ihren Säugetierverwandten weiter oben in der Serie; Aber es ist kein Charakter, den Huxley hätte verwenden sollen, da er an die Existenz eines entsprechenden Elements im Hund glaubte. Da das Corpus callosum (Abb. 50, S. 77) klein ist, scheint dies nur ein geringfügiger Gradunterschied zu sein. [63] Huxley fügte der Beweislast eine Reihe weiterer Charaktere von untergeordneter Bedeutung hinzu, die ihn dazu veranlassten, eine Gruppe Metatheria für die Beuteltiere zu bilden. Allerdings ist mittlerweile bekannt, dass einige davon keine Beweise in dieser Richtung sind. So stellte er beispielsweise fest, dass kein Beuteltier mehr als einen einzigen Folgezahn hatte. Zum jetzigen Zeitpunkt scheint es ziemlich klar zu sein, dass Beuteltiere wie andere Eutherianer ein Milchgebiss haben, dass jedoch nur einer dieser Zähne, der vierte Prämolar, zur Funktionsreife gelangt. Dass es sich tatsächlich um einen Zahn einer vollständigen Milchreihe handelt, wird durch die Tatsache bewiesen, dass sich dieser Zahn gleichzeitig mit einer anderen Reihe differenziert, die früher als sogenanntes Prälaktealgebiss angesehen wurde . [64] Natürlich bleibt die Tatsache bestehen, dass das Milchgebiss größtenteils nicht funktionsfähig ist, aber seine Bedeutung bricht mit diesen neuen Entdeckungen zusammen. Dazu bemerkte Professor Osborn: „Die Entdeckung der vollständigen Doppelreihe scheint den letzten Tropfen aus der Theorie der Beuteltier-Abstammung der Plazentalen entfernt zu haben." Aber Huxley legte nicht viel Wert auf diese Frage der Zähne, da er beobachtete, dass ähnliche Unterdrückungen des Milchgebisses bei vielen anderen Säugetieren, zugegebenermaßen Eutherianern, zu finden waren.

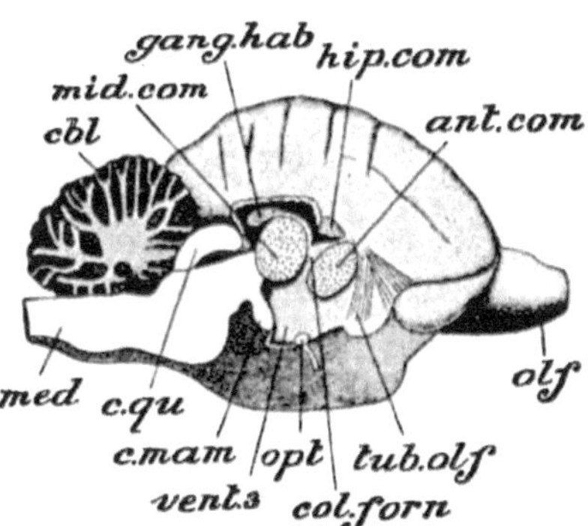

FEIGE. 57.- Gehirn von *Echidna aculeata* ; sagittaler Schnitt. *ant.com* , Vordere Kommissur; *cbl* , Kleinhirn; *c.mam* , Corpus mammillare ; *col.forn* , Spalte des Fornix; *c.qu* , Corpora quadrigemina; *gang.hab* , Ganglion habenulare ; *hip.com* , Kommissur des Hippocampus; *med* , Medulla oblongata; *mid.com* , mittlere Kommissur; *olf* , Riechlappen; *opt* , optisches Chiasma; *tub.olf* , Tuberculum olfactorium ; *entlüften. 3* , dritter Ventrikel. (Aus Parker und Haswells *Zoologie* .)

Huxley betrachtete die Besonderheiten der Fortpflanzungsorgane der Beuteltiere als „einzigartig spezialisierte Charaktere", die in keiner Weise mittelmäßiger Natur seien. Diese Ansicht gilt auch für den Beutel, der, wie bereits erwähnt, die Erwachsenen dieser Gruppe auszeichnet. Die Unmöglichkeit, dieses letzte Merkmal als eines von irgendeiner Bedeutung zu verwenden, wurde jedoch durch die Entdeckung von Rudimenten davon in Embryonen zweifellos eutherischer Säugetiere gezeigt (siehe S. 18).

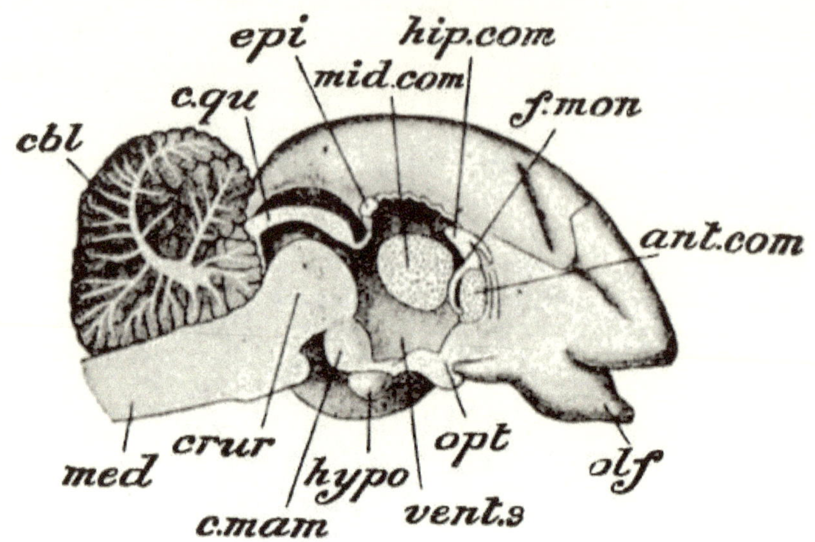

FEIGE. 58. – Sagittalschnitt des Gehirns von Rock Wallaby (*Petrogale*) . *Penicillata*). *ant.com* , Vordere Kommissur; *cbl* , Kleinhirn; *c.mam* , Corpus mammillare ; *c.qu* , Corpora quadrigemina; *crur*, crura cerebri; *epi* , Epiphyse, mit der hinteren Kommissur unmittelbar dahinter; *f.mon* , Position des Foramen von Monro ; *hip.com* , Kommissur des Hippocampus, hier bestehend aus zwei Schichten, die hinten am Spleneium durchgehend sind und vorne etwas divergieren, wo sich das Septum lucidum zwischen ihnen erstreckt; *Hypo* , Hypophyse; *med* , Medulla oblongata; *mid.com* , mittlere Kommissur; *olf* , Riechlappen; *opt* , optisches Chiasma; *entlüften. 3* , dritter Ventrikel. (Aus Parker und Haswells *Zoologie* .)

Heute wird weniger Wert auf die Existenz von vier Backenzähnen gelegt, die die Beuteltiere von den höheren Säugetieren unterscheiden, als dies früher der Fall war. Das Gesamtgebiss der Gruppe besteht im Großen und Ganzen aus mehr Einzelzähnen als bei der typischen Eutheria ; aber wir haben Ausnahmen wie die Wale, das Gürteltier *Priodontes* und die Seekühe; oder besser, weil frei von dem Verdacht der sekundären Vermehrung, *Otocyon* und gelegentlich (laut Herrn Thomas) *Centetes* . In den letzten beiden sind mindestens manchmal vier Backenzähne vorhanden.

Andererseits tauchen bei den Beuteltieren hier und da ein paar archaische Charaktere von einiger Bedeutung auf, die manchmal als Hinweis auf eine primitive Abstammung angesehen werden. Es wurde festgestellt, dass bei Beuteltieren die vierte Zehe die dominierende Größe hat, bei Huftieren dagegen die dritte. Es wurde versucht, dies anhand der (an sich durchaus vernünftigen) Ansicht einer baumlebenden Abstammung der Gruppe zu

erklären. Eine stärkere Entwicklung der vierten Zehe ist jedoch keineswegs
ein notwendiges Merkmal baumlebender Lebewesen; Eine Ausnahme bilden
die Primaten selbst. Auch unter den Beuteltieren ist diese Prävalenz nicht
universell; bei *Myrmecobius* (allein) ist der dritte Zeh der längste; und bei den
Gattungen *Phascologale* , *Didelphys* und einigen anderen kann kein großer
Unterschied zwischen der dritten und vierten Zehe festgestellt werden.
Professor Leche vergleicht das Vorherrschen der vierten Zehe mit dem
hyperphalangealen Zustand der vierten Zehe des embryonalen Krokodils
und hält es für ein archaisches Merkmal, das nicht durch die antiken
Merkmale der Monotremata übertroffen wird . Wieder wurde darauf
hingewiesen, dass bei *Phascologale* und *Perameles* der Epistropheus
(Achsenwirbel) wie bei *Ornithorhynchus eine separate Rippe hat* . Drittens ist die
Ähnlichkeit der Zähne von *Myrmecobius* mit denen von *Ornithorhynchus* ein
Argument in die gleiche Richtung, was darüber hinaus durch das große Alter
(Mesozoikum) der metatherischen Gruppe gestützt wird, wenn wir mit der
Annahme, dass diese ausgestorbenen Lebewesen Recht haben, Recht haben
Beuteltiere.

Wir können nun einige Tatsachen erwähnen, die nicht so allgemein
verwendet werden. Die teilweise primitive Struktur der rechten auriculo-
ventrikulären Klappe in den Monotremata hat kein Gegenstück in einem
präparierten Beuteltier; aber es gibt in letzterem Spuren des
charakteristischen „ventralen Mesenteriums" von *Ornithorhynchus* und *Echidna*
. [65] Mr. Caldwells interessante Beobachtung über das segmentierende Ei des
Beuteltiers, die Unvollständigkeit der ersten Segmentierungsfurche (die uns
an die meroblastische Eizelle des Monotrems erinnert), erweist sich
möglicherweise nicht als ein so ausschließliches Beuteltiermerkmal wie bisher
Gedanke.

Die Abwägung der Beweise deutet somit auf eine engere Verwandtschaft der
Beuteltiere mit den Eutherian-Säugetieren hin; und ihre große Spezialisierung
in Verbindung mit bestimmten Anzeichen von Degeneration (Verschwinden
eines Teils des Milchgebisses) und ihr Alter weisen darauf hin, dass sie auf
jeden Fall die Nachkommen einer frühen Form von Eutherian sind. Aber sie
müssen sich vom Eutherian-Stamm getrennt haben, nachdem dieser eine
eindeutige Diphyodontie und die allantoische Plazenta erworben hatte, die
beiden Hauptmerkmale der Eutherian-Säugetiere im Gegensatz zu den
Prototherian-Säugetieren.

Dennoch scheint es wahrscheinlich, dass der Stamm der Beuteltiere von
einigen der frühesten Eutherianer abstammt. Und aus dieser Sicht lässt sich
die Beibehaltung prototherianischer Charaktere erklären.

Die übrigen Eutheria sind offensichtlich alle einer großen Abteilung
zuzuordnen, möglicherweise mit Ausnahme der Wale, deren Verwandtschaft

eine der Hauptschwierigkeiten für den Studenten dieser Gruppe darstellt. Hier ist eine kurze Zusammenfassung dessen angebracht, was derzeit über die systematische Stellung dieser anomalen Ordnung gedacht wird. Albrecht ging sogar so weit, die Cetacea als die der hypothetischen Promammalia am nächsten stehende Tiergruppe zu betrachten . [66] Aber wenn man seine Argumente durch die Streichung solcher Argumente, die sich auf eine Struktur beziehen, die offensichtlich durch die einzigartige Lebensweise dieser Geschöpfe verändert wurde, außer Acht lässt, spricht tatsächlich viel für seine Ansicht.

Die Haupttatsachen, die eine primitive Stellung der Cetacea unter den Säugetieren belegen, sind vielleicht: (1) die leichte Verbindung der Äste des Unterkiefers; (2) die gelegentlich recht deutlichen Spuren der Doppelkonstitution des Brustbeins; (3) die langen und einfachen Lungen; (4) die Zurückhaltung der Hoden in der Körperhöhle; (5) das gelegentliche Vorhandensein (bei *Balaenoptera*) eines separaten supraangularen Knochens. Diese Punkte sind jedoch nur wenige und nicht von so großem Gewicht wie diejenigen, die vorhanden sein sollten, um einen Anspruch auf eine getrennte Behandlung der Cetacea im Gegensatz zur Eutheria zu begründen . Wenn diese Gruppe von Säugetieren irgendwo angeheftet werden kann, scheint es uns, dass die nächsten Verwandten nicht, wie manchmal behauptet wird, die Ungulata oder die Carnivora sind, sondern die Edentata . Es gibt eine ganze Reihe ziemlich auffälliger Merkmale, die eine Ähnlichkeit zwischen diesen scheinbar unterschiedlichen Säugetierordnungen zeigen. Die wichtigsten sind diese: (1) das Vorhandensein von Spuren eines harten Exoskeletts, von denen Reste im Schweinswal vorhanden sind; (2) die doppelte Verbindung der Rippe der Balaenopteriden mit dem Brustbein, womit man die Verhältnisse beim Großen Ameisenbär vergleichen kann; (3) die Konreszenz einiger Halswirbel; (4) der Anteil, den die Pterygoidea an der Bildung des harten Gaumens haben können; (5) die Tatsache, dass beim Schweinswal, wie auch bei vielen Edentaten, die Vena cava, statt an Größe zuzunehmen, wenn sie sich der Leber nähert, kleiner wird.

Eine weitere völlig isolierte Gruppe ist die der Sirenia. Dem von einigen vertretenen und von Professor Haeckel kürzlich erneuerten Bündnis mit den Cetacea widersprechen so viele wichtige Merkmale, dass es notwendig erscheint, es aufzugeben. Die jüngste Entdeckung eines fossilen Sirenenkiefers durch Dr. Lydekker mit Zähnen, die stark an die von Artiodactyla erinnern , könnte ein Hinweis sein. Eine dritte Gruppe, die so isoliert ist, dass sie in eine primäre Abteilung eingeordnet wurde , die Paratheria genannt werden soll , sind die Edentaten. Wahrscheinlich sollte die so genannte Gruppe eigentlich in die Edentata und die Effodientia unterteilt werden , wobei letztere die altweltlichen Formen enthält. Unabhängig davon, ob letztendlich gezeigt werden kann oder nicht, dass die

Ganodonta edentate Vorfahren (*sensu strictiori*) ist die Verbindung der Gruppe mit anderen derzeit nicht klar. Das Gleiche gilt für die große Ordnung der Nagetiere. Zwar weist die ausgestorbene Ordnung der Tillodontia einerseits gewisse nagetierähnliche Merkmale und andererseits Ähnlichkeiten mit Huftieren auf. Professor Huxley bestand früher darauf, bestimmte Ähnlichkeiten so scheinbar unterschiedlicher Tiere wie dem Kaninchen und dem Elefanten zu zeigen. Vorerst müssen die Nagetiere jedoch eine isolierte Gruppe mit nur sehr zweifelhaften Affinitäten zu anderen bleiben. Die übrigen Gruppen existierender Säugetiere lassen sich leichter verbinden. Auf den ersten Blick scheinen die Unterschiede zwischen einer Katze und einem Pferd genauso groß zu sein wie die Unterschiede zwischen zwei höheren eutherischen Ordnungen. Mit fortschreitender paläontologischer Untersuchung scheint es jedoch immer klarer zu werden , dass der Großteil der Bestände von Huftieren und Fleischfressern, Insektenfressern und möglicherweise Lemuroiden im frühen Eozän Creodonta zusammenläuft . Aus dem Lemuroid-Zweig lassen sich die höheren Primaten ableiten. Die einzigen „Huftiere", die mit einiger Wahrscheinlichkeit nicht zugerechnet werden können, sind die Rüsseltiere. Aber über die frühen Formen dieser Teilung wissen wir derzeit nichts.

Kapitel VII

EUTHERIA – MARSUPIALIA

Ordnung I. MARSUPIALIA [67]

Die Beuteltiere können folgendermaßen definiert werden : – Land-, Baum- oder grabende (selten im Wasser lebende) Säugetiere mit pelziger Haut; Gaumen im Allgemeinen etwas unvollkommen verknöchert; Jugalknochen, der bis zur Gelenkpfanne reicht; Winkel des Unterkiefers fast immer gebeugt. Das Schlüsselbein ist entwickelt. Aus den Schamhaaren entspringen gut entwickelte und verknöcherte Epipubikknochen . Der vierte Zeh ist normalerweise am stärksten ausgeprägt. Zähne überschreiten oft die typische Eutherian-Zahl von vierundvierzig; Backenzähne im Allgemeinen vier auf jeder Seite jedes Kiefers. In der Regel ist nur ein Zahn des Milchgebisses funktionsfähig, nämlich (vielen zufolge) der vierte Prämolar. Zitzen liegen in einem Beutel, in den die Jungen gelegt werden. Junge, die in einem unvollkommenen Zustand geboren wurden und bestimmte Larvenmerkmale aufweisen. Es gibt eine flache Kloake. Die Hoden liegen außerhalb des Bauches, hängen aber vor dem Penis. Im Gehirn liegt das Kleinhirn vollständig frei; Die Hemisphären sind gefurcht, aber das Corpus callosum ist rudimentär. Eine allantoisische Plazenta ist selten vorhanden.

Strukturell liegen die Beuteltiere etwas zwischen der Prototheria und der typischeren Eutheria , mit größerer Ähnlichkeit zu letzterer.

FEIGE. 59.- Felswallaby (*Petrogale xanthopus*), mit Jungen im Beutel. × 1 / 7
. (Nach Vogt und Specht.)

Der Name Beuteltier weist auf den vielleicht hervorstechendsten Charakter
dieser Ordnung hin. Der Beutel, in dem die Jungen getragen werden, ist fast
überall vorhanden. Bei den Polyprotodonten- Formen, wie den Thylacine,
Dasyures usw., ist es im Großen und Ganzen weniger entwickelt , kommt
aber in so vielen von ihnen vor, dass die beiden Abteilungen der Beuteltiere,
die Diprotodonten und die Polyprotodonten , nicht zu unterschiedlichen
Ordnungen erhoben werden können Aus diesem und anderen Gründen. Der
Beutelbeutel der Beuteltiere darf, wie bereits erwähnt, nicht mit dem Beutel
der Monotrem-Säugetiere verwechselt werden. Im Beuteltier der Beuteltiere
findet man deutliche Zitzen, im Milchbeutel des Monotrems dagegen keine,
da der Beutel selbst tatsächlich eine undifferenzierte Zitze darstellt, deren
Wände nicht geschlossen sind. Der Beutel öffnet sich bei den Kängurus nach
vorne, bei den Phalangern und den Polyprotodonten nach hinten . Seine
Wände werden von einem Paar Knochen gestützt, die in -förmiger Weise
voneinander abweichen ; vDiese sind im Thylacine knorpelig und
rudimentär. Sie sind die genauen Äquivalente ähnlicher Knochen in den
Monotremata . Man hat, aber offenbar irrtümlicherweise, angenommen, dass
diese Knochen bloße Verknöcherungen in den Sehnen des äußeren schrägen

Bauchmuskels oder des Pyramidalis derselben Region seien; und es wurden Spuren im Hund vermutet. Solche Knochenchen kommen zweifellos beim Hund vor; aber aus ihrer Entwicklung bei Beuteltieren als Strukturen, die tatsächlich mit dem mittleren, nicht verknöcherten Teil der Schambeinfuge fortfahren, scheint klar zu sein, dass die „Beuteltierknochen" zu diesem Teil des Skeletts gehören und dass sie dem Epipubis bestimmter Amphibien und Reptilien entsprechen . Es kann bemerkt werden, dass der Beutel bei den Männchen vieler Beuteltiere in rudimentärer Form vorhanden ist.

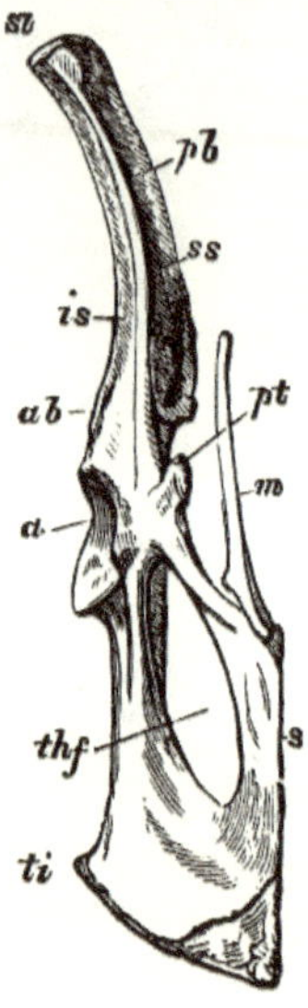

FEIGE. 60. – Ventrale Oberfläche des innominierten Knochens eines Kängurus (*Macropus Major*). × ⅓ . *a* , Acetabulum; *ab* , Hüftpfannenrand des Iliums; *ist* , Beckenoberfläche; *m* , „Beuteltierknochen"; *pb* , Schamgrenze; *pt* , Tuberculum pectineus; *s* , Symphyse; *si* , suprailiakale Grenze; *ss* , Sakraloberfläche; *THF* , Foramen der Schilddrüse; *ti* , Tuberositas des Sitzbeins. (Aus Flower's *Osteology* .)

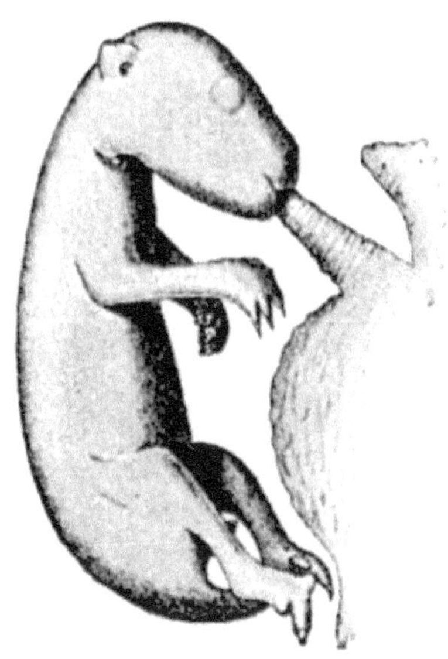

FEIGE. 61. – Brustfötus eines Kängurus , befestigt an der Zitze. (Nat. Größe.) (Aus Parker und Haswell's *Zoology* .)

Das hervorstechendste Merkmal in der Lebensgeschichte der Beuteltiere ist der unvollkommene Zustand, in dem die Jungen geboren werden. Das Ei wird nicht mehr gelegt, wie bei den Monotremen; aber merkwürdigerweise teilt sich die Eizelle, die die kleine Größe derjenigen der Eutheria hat, bei der ersten Teilung unvollständig (wie Mr. Caldwell gezeigt hat), und dieses Entwicklungsmerkmal kann vielleicht als eine Reminiszenz an ein früheres großes Eigelb angesehen werden Zustand. Die Jungen sind bei der Geburt klein und nackt; Der neugeborene Junge eines großen Kängurus ist vielleicht so groß wie der kleine Finger. Die Jungen werden durch die Lippen der Mutter in den Beutel transportiert, wo sie auf eine Zitze gesetzt werden. Es ist eine interessante Tatsache, dass es sich nicht nur um unvollkommene Föten handelt , sondern dass es sich um echte Larven handelt. Tatsächlich besitzen sie zumindest ein Larvenorgan in Form eines speziellen Saugmauls. Dieses Saugmaul ist eine extrauterine Produktion und stellt natürlich eine Anpassung an die besonderen Bedürfnisse der Jungtiere dar, ebenso wie andere Larvenorgane, wie etwa die Kinnsauger der Kaulquappe oder die regelmäßigen Flimmerbänder der Larven von Kaulquappen verschiedene wirbellose Meeresorganismen.

Es gibt eine Reihe weiterer Merkmale, die die Beuteltiere von anderen Säugetieren unterscheiden.

Die Kloake der Beuteltiere ist etwas reduziert, aber noch erkennbar . Seine Ränder sind bei *Tarsipes* sogar zu einer Wand erhöht, die aus dem Körper herausragt.

Früher ging man davon aus, dass die Zahnreihe der Beuteltiere nur aus einem Gebiss bestand, mit Ausnahme des letzten Prämolaren, der einen Vorläufer hat. Die Interpretation der Zähne von Beuteltieren ist vielfältig. Vielleicht gehen die meisten Experten davon aus, dass die Zähne zum Milchgebiss gehören, mit Ausnahme natürlich des einzelnen Zahns, der einen offensichtlichen Vorläufer hat. Aber es gibt einige, die meinen, dass die Zähne zum bleibenden Gebiss gehören. Auf jeden Fall ist erwiesen, dass ein Satz rudimentärer Zähne vor den verbleibenden Zähnen entwickelt wird. Diejenigen, die an das persistierende Milchgebiss glauben, bezeichnen dieses als prälakteal . Ein weiterer wichtiger Aspekt der Zähne dieser Säugetierordnung ist, dass ihre Anzahl manchmal die typischen 44 Zähne der Eutherianer übersteigt. Dies gilt jedoch nur für die Polyprotodonten .

Lange Zeit wurde angenommen, dass sich die Beuteltiere von allen anderen Säugetieren dadurch unterschieden, dass sie keine allantoisische Plazenta hatten. Erst kürzlich wurde durch die Entdeckung einer echten Allantois-Plazenta bei *Perameles bewiesen, dass dieser angebliche Unterschied nicht universell ist* . Die Beuteltiere wurden manchmal Didelphia genannt . Dies liegt daran, dass die Gebärmutter und die Vagina doppelt sind. Sehr häufig verschmelzen die beiden Uteri oben, und von der Verbindungsstelle aus bildet sich ein ungepaarter absteigender Gang (siehe Abb. 48 auf S. 74).

Ein Charakter des Gehirns von Beuteltieren war Gegenstand einiger Kontroversen. Sir Richard Owen erklärte vor vielen Jahren, dass sie sich von den höheren Säugetieren durch das Fehlen des Corpus callosum unterschieden. Später wurde noch darauf hingewiesen, dass ein echtes, wenn auch kleines Corpus callosum vorhanden sei; während schließlich Professor Symington [68] gezeigt zu haben scheint, dass die ursprüngliche Aussage von Owen zumindest teilweise richtig war. Es ist höchstens schwach entwickelt (siehe Abb. 58, S. 118).

Was die Skelettmerkmale betrifft, so weist der Beuteltierschädel im Großen und Ganzen eine Tendenz zu einer dauerhaften Trennung der Knochen auf, die normalerweise fest ankylosiert sind. Somit bleiben die Orbitosphenoide vom Presphenoid getrennt. Der Gaumen ist größtenteils gefenstert, sozusagen eine Rückkehr zum schizognathischen Gaumen des Vogels, sagt Professor Parker. Der Unterkiefer ist eingebogen; dieser bekannte Charakter der Beuteltiere geht auf die frühesten Vertreter der Ordnung im Mesozoikum zurück (siehe S. 96); aber es ist nicht absolut universell, da es im stark geschwächten Schädel von *Tarsipes fehlt* . Andererseits ist die Biegung bei bestimmten Insektenfressern, bei *Otocyon* usw., fast genauso groß. Der Malar erstreckt sich immer nach hinten und bildet einen Teil der Glenoidhöhle. Der Schultergürtel hat das große Coracoid von Monotremes verloren; Dieser Knochen hat den rudimentären Charakter, den er auch in anderen Eutherien besitzt . Das Schlüsselbein ist außer bei den Peramelidae vorhanden . Ein dritter Trochanter am Femur scheint nie vorhanden zu sein.

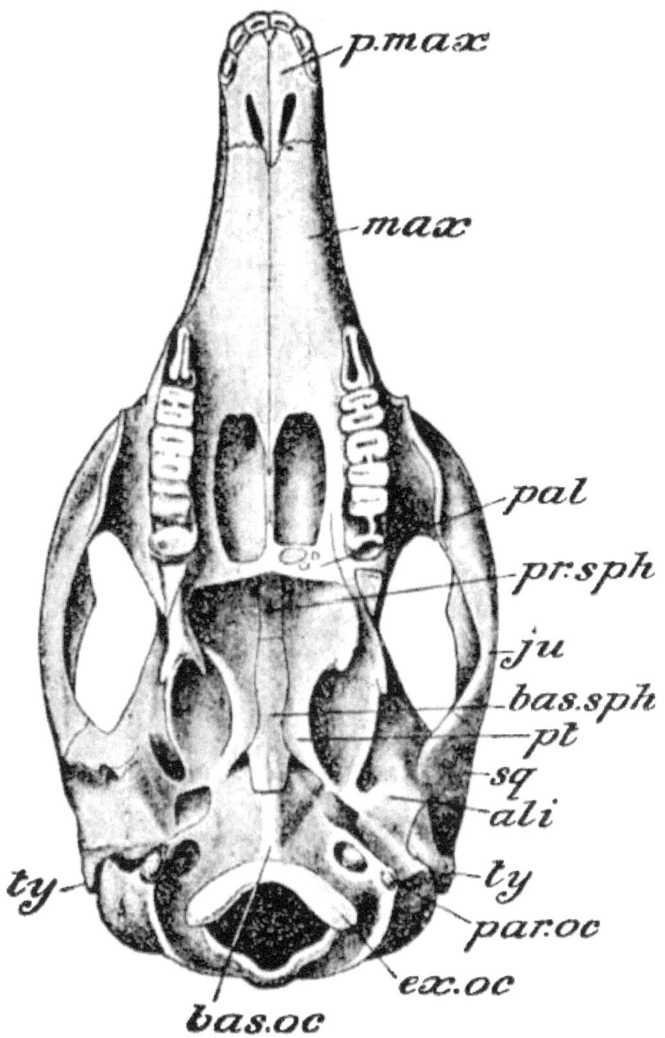

FEIGE. 62. – Schädel eines Felsenwallabys (*Petrogale Penicillata*). (Ventrale Ansicht.) *Ali* , Alisphenoid; *bas.oc* , basi -occipital; *bas.sph* , basi -sphenoid; *ex.oc* , ex-okzipital; *ju* , jugal; *max* , Oberkiefer; *Kumpel* , Palatin; *par.oc* , parokzipital ; *p.max* , Prämaxillare; *pr.sph* , Presphenoid; *pt* , Pterygoideus; *sq* , Plattenepithelkarzinom; *ty* , Trommelfell. (Aus Parker und Haswells *Zoologie* .)

aus mehreren Gründen nicht als Zwischenstadium in der Entstehung der Eutheria angesehen werden. Erstens weist die Beschaffenheit ihrer Zähne darauf hin, dass es sich bei ihnen um degenerierte Tiere handelte; Ein Satz, ob wir ihn nun als Milchgebiss oder als bleibendes Gebiss betrachten, ist zu einem Überbleibsel geworden. Die kürzliche Entdeckung einer echten Allantois- Plazenta in *Perameles* beseitigt einen Grund, die Beuteltiere als primitive Lebewesen zu betrachten. Im Großen und Ganzen bedeutet dies, dass die Beuteltiere aus einem Bestand mit allantoisischer Plazenta hervorgegangen sind . Die Alternative besteht darin, die unabhängige Entwicklung einer allantoischen Plazenta in beiden Mammalia-Gruppen anzunehmen; es sei denn, die Gattung *Perameles* ist tatsächlich die primitivste Rasse der lebenden Beuteltiere, eine Hypothese, die auf den ersten Blick nicht wahrscheinlich erscheint. Solange man glaubte, dass die Brusttasche der Monotreme dem Beuteltier der Beuteltiere entspreche, schien das Fortbestehen dieser Struktur ein Band der Verbindung zwischen den Gruppen zu sein. Mittlerweile ist jedoch bekannt, dass das Beuteltier ein besonderes Organ ist, das nur den Beuteltieren vorbehalten ist, ein Argument, das eher dafür spricht, dass es sich bei ihnen um eine seitliche Entwicklung des Säugetierstamms handelt. Es ist auch zu beachten, dass das Marsupium bei den Polyprotodonten am schwächsten ist, die vielleicht als die primitivsten der Beuteltiere angesehen werden können, was auf ihre zahlreicheren Zähne und andere sofort zu erwähnende Punkte zurückzuführen ist.

Die Beuteltiere sind nicht nur von ihrer Struktur her interessant; Ihre gegenwärtige und vergangene Verteilung ist von gleichem Interesse. Während des Mesozoikums kamen sie in Europa und Nordamerika vor; aber nicht, soweit negative Beweise aussagekräftig sind, in Australien, wo sich jetzt ihr Hauptquartier befindet. In Europa lebten Beuteltiere bis ins Tertiär, wo sie schließlich ausstarben. In Amerika hat die Gruppe natürlich bis heute Bestand. Nun ist es wichtig zu beachten, dass die beiden Hauptunterteilungen der Beuteltiere, die Polyprotodontia und die Diprotodontia, heute sowohl in Australien als auch in Südamerika existieren. Es sollte erklärt werden, dass sich diese beiden Abteilungen hauptsächlich dadurch unterscheiden, dass die eine zahlreiche, die andere selten mehr als zwei [69] Schneidezähne im Unterkiefer hat. Es ist vielleicht die am weitesten verbreitete Meinung, dass die Polyprotodontia die archaischere Gruppe seien; Diese Meinung beruht neben dem Fehlen einer Spezialisierung auf die Schneidezähne auf ein oder zwei Tatsachen. Bei den Polyprotodontia ist die Gesamtzahl der Zähne größer – ein deutlich primitiver Charakter; Zweitens steht die allgemeine Körperform dieser Tiere mit ihren vier ungleichen Gliedmaßen und ihrer fleischfressenden oder allesfressenden Ernährung jedenfalls im Gegensatz zu den rein vegetarischen und stark spezialisierten Kängurus. Schließlich – und vielleicht wurde dieser Angelegenheit nicht ausreichend Nachdruck beigemessen – ist das Gehirn bei den Polyprotodonten weniger gewunden als bei den Gattungen der anderen Abteilung. Diese Aussage erfolgt selbstverständlich unter Berücksichtigung der Größenparallelität (siehe S. 77). Es ist bekannt, dass die Komplexität eines Gehirns in deutlichem Zusammenhang mit der Größe seines Besitzers innerhalb der Gruppe steht. Heute ähneln die ältesten Beuteltiere deutlich eher dem Polyprotodont . Keine europäische Form aus früheren Perioden ist eindeutig den Diprotodonten zuzuordnen. Mittlerweile gibt es aber beide Sparten in Amerika und Australien.

Wir müssen daher eine von drei Hypothesen annehmen. Entweder erfolgte die Differenzierung in die beiden großen Abteilungen in der Jura- oder Kreidezeit vor der Wanderung der Ordnung nach Süden; oder der Diprotodont-Typ ist nur ein Typ und keine natürliche Gruppe, *dh* er hat sich in Amerika und Australien getrennt entwickelt; oder schließlich gab es früher eine Landverbindung in der antarktischen Hemisphäre, entlang der die Diprotodonten Australiens nach Südamerika wanderten. Die mittlere Hypothese stützt sich darauf, dass Syndaktylismus in beiden Abteilungen vorkommt und dass sich bei einigen Diprotodonten der Beutel nach hinten öffnet, wie es bei den Polyprotodonten der Fall ist . Die Ähnlichkeiten sind so groß, dass nur noch wenig Unterschied übrig bleibt – also von großer Bedeutung. Daher ist es nicht schwer, sich vorzustellen, dass die Schneidezähne zweimal verkleinert wurden. Für die erste Hypothese gibt es keine positiven Fakten . Zu Gunsten des Letzteren, das so stark durch die aus der Untersuchung anderer Tiergruppen abgeleiteten Verbreitungsdaten gestützt wird, [70] spricht schließlich zumindest diese auffällige Tatsache oder vielmehr eine Reihe von Tatsachen: dass einige der südamerikanischen Fossile Polyprotodonten haben eine „streng Dasyurin- Verwandtschaft“. [71] Wenn es keine direkte Migration gegeben hat, dann hat sich der Dasyurine-Typus zweimal entwickelt, eine Unwahrscheinlichkeit, die nur wenige zu erklären versuchen. Auf jeden Fall werden wir hier die übliche Einteilung der Beuteltiere in Diprotodontia und Polyprotodontia übernehmen .

UNTERORDNUNG 1. DIPROTODONTIA.

Zu dieser Gruppe gehören die pflanzenfressenden Beuteltiere. Die Schneidezähne sind in der Regel drei oben, bei den Wombats jedoch nur einer. Darunter befindet sich ein kräftiges Paar mit gelegentlich ein oder zwei rudimentären Schneidezähnen. Die oberen Eckzähne sind, falls vorhanden, nicht groß. Die Backenzähne sind höckerig oder geriffelt. Alle Beuteltiere (mit Ausnahme der Wombats) und insbesondere die Makropoden zeichnen sich bis zu einem gewissen Grad durch die Verlängerung der Dentinröhren in den klaren Zahnschmelz aus. Die Bedeutung dieser Tatsache wird jedoch durch die Tatsache gemindert, dass die gleiche Durchdringung des Zahnschmelzes durch Dentinröhren bei Springmäusen, Schliefern und einigen Spitzmäusen auftritt. Die Füße haben zwei syndaktyle Zehen, [72] die bei den Wombats weniger ausgeprägt sind als bei den Kängurus und Phalangern.

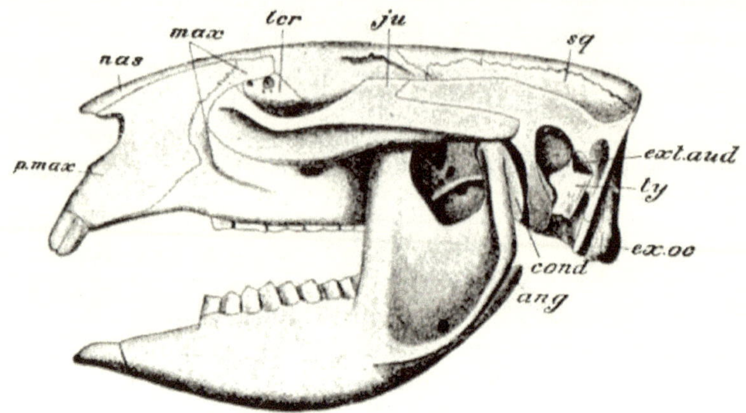

FEIGE. 63. – Schädel des Wombat (*Phascolomys wombat*). (Seitenansicht.) *ang* , Winkelfortsatz; *cond* , Kondylus des Unterkiefers; *ext.aud* , Öffnung des knöchernen Gehörgangs; *ex.oc* , exokzipital; *ju* , jugal; *lcr* , Tränen; *max* , Oberkiefer; *nas* , nasal; *p.max* , Prämaxillare; *sq* , Plattenepithelkarzinom; *ty* , Trommelfell. (Aus Parker und Haswells *Zoologie* .)

Diese Ordnung ist heutzutage hauptsächlich australisch, wobei der Begriff natürlich im „regionalen" Sinne verwendet wird (siehe S. 84); Die einzige Ausnahme von dieser Aussage ist tatsächlich das Vorkommen der Gattung *Caenolestes* in Südamerika. Mittlerweile ist jedoch bekannt, dass Diprotodonten-Beuteltiere früher im selben Teil der Welt existierten.

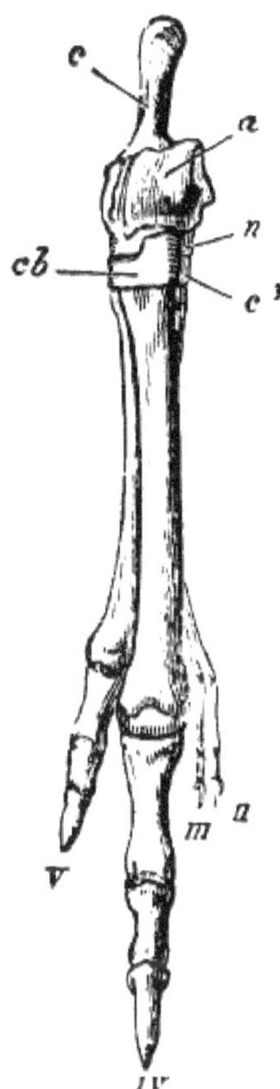

FEIGE. 64. – Knochen des rechten Fußes eines Kängurus (*Macropus bennetti*). *a* , Astragalus; *c* , Kalkaneum; *cb* , quaderförmig; *e* ³ , ento-keilschrift; *n* , Navikular; *II-V* , zweite bis fünfte Zehe. (Aus Flower's *Osteology* .)

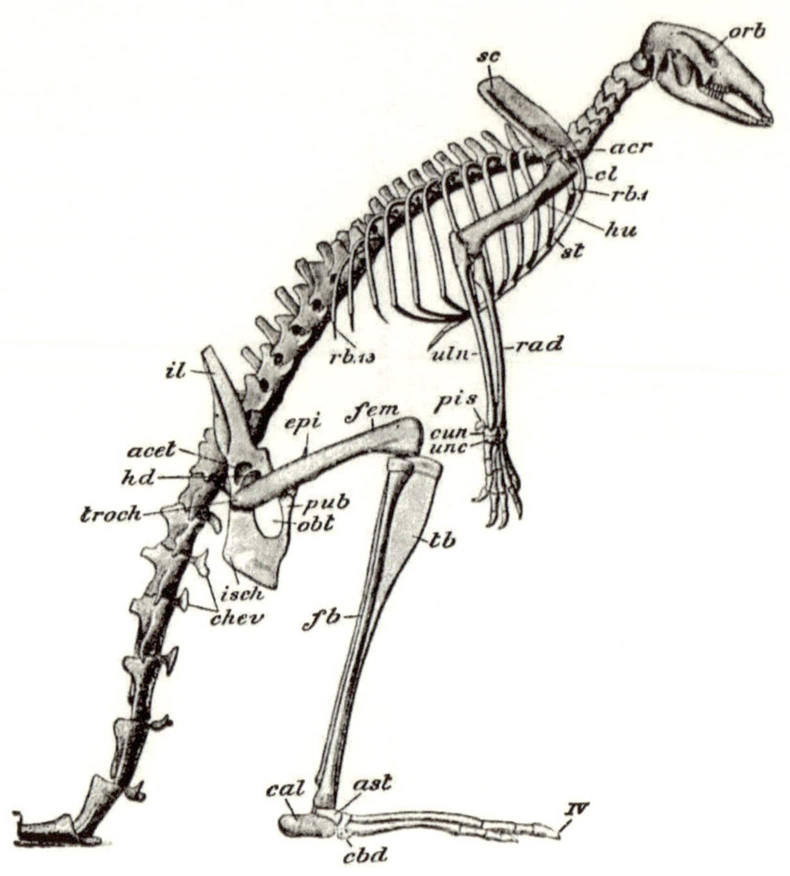

FEIGE. 65. – Skelett eines Wallabys (*Macropus ualabatus*). Das Schulterblatt ist etwas höher angehoben als in der Natur. Das Ende des Schwanzes wird weggelassen. Der Femurkopf wurde von der Hüftpfanne abgetrennt. *Acet* , Acetabulum; *acr* , Akromionfortsatz; *ast* , Astragalus; *cal* , Kalkaneum; *cbd* , quaderförmig; *chev* , Chevron-Knochen; *cl* , Schlüsselbein; *cun* , Keilschrift von carpus; *epi* , epipubis ; *fb* , Fibel; *fem* , Oberschenkelknochen; *hd* , Femurkopf; *hu* , Humerus; *il* , Darmbein; *isch* , Sitzbein; *obt* , Obturator-Foramen; *Orb* , Umlaufbahn; *pis* , pisiform; *Kneipe* , Schambein; *rad* , Radius; *rb* [1] , erste Rippe; *rb* [13] , letzte Rippe; *sc* , Schulterblatt; *st* , Brustbein; *tb* , Schienbein; *Troch* , großer Trochanter des Oberschenkelknochens; *ulna* , Elle; *unc* , unziform; *IV* , vierte Zehe. (Aus Parker und Haswells *Zoologie* .)

Fam. 1. Macropodidae. — Zu dieser Familie gehören Kängurus, Wallabys, Rattenkängurus und Baumkängurus. Mit Ausnahme von *Dendrolagus* lebt die Familie terrestrisch, und ihre zahlreichen Arten entwickeln sich durch Sprünge fort, die durch die langen Hinterbeine bewirkt werden, die deutlich, oft sogar erheblich länger als die Vorderbeine sind. Am Hinterbein ist die vierte Zehe sehr lang und kräftig; der fünfte mäßig; der zweite und der dritte sind schlank und durch die Haut verbunden. Der Schwanz ist immer lang, unterscheidet sich jedoch in seinen Merkmalen von Gattung zu Gattung. Der Magen ist stark ausgesackt. Die Zahnformel lautet I 3/1 C (1 oder 0)/0 P 2/2 M 4/4. Der Atlas ist unten oft offen und bildet somit einen unvollständigen Ring.

Obwohl die Anzahl der Schneidezähne bei erwachsenen Diprotodonten nie mehr als drei auf jeder Seite in jedem Kiefer beträgt, sind zahlreichere Rudimente vorhanden. Herr M. Woodward [73] hat kürzlich das Thema untersucht und dabei interessante Ergebnisse erzielt. Er findet, dass viele Arten deutliche Spuren von zwei zusätzlichen Schneidezähnen aufweisen, was die Gesamtzahl auf das erhöht, was die Polyprotodontia charakterisiert ; aber in zwei Fällen, nämlich. *Macropus giganteus* und *Petrogale penicillata* ist ein Sechstel vorhanden, die Gesamtzahl ist somit größer als bei jedem anderen Beuteltier. Das ist, wie der Autor selbst zugibt, zu viel. Es ist kein Säugetier bekannt, das im Erwachsenenalter so viele Schneidezähne hat; Auch die fossilen Mammalia helfen uns nicht, die Schwierigkeit zu überwinden; Selbst bei Reptilien ist es nicht üblich, dass an den Prämaxillaren so viele Zähne vorkommen.

Es ist eine merkwürdige Tatsache, dass die beiden langen unteren Schneidezähne wie eine Schere, oder besser gesagt eine Schere, verwendet werden können. Ihre Innenkanten sind geschärft und sie sind in der Lage, sich aufeinander zu und voneinander weg zu bewegen; Mit ihnen wird Gras geerntet.

Der Magen von *Macropus* (und anderen verwandten Gattungen) ist aufgrund seines langen und sackförmigen Charakters eigenartig; Die Speiseröhre mündet ganz in der Nähe des Herzendes, das gegabelt ist. Die Herren Schäfer und Williams [74] haben gezeigt, dass sich das nicht-drüsenförmige Plattenepithel der Speiseröhre über den größten Teil des Magens erstreckt, wobei nur das Pylorusende und einer der beiden Herz-Caeca mit Zylinderepithel ausgekleidet sind.

Die Macropodidae lassen sich klar in drei Unterfamilien unterteilen, die sich durch ausgeprägte anatomische Merkmale auszeichnen.

In der Unterfamilie MACROPODINAE (einschließlich der Gattungen *Macropus* , *Petrogale* , *Lagorchestes* , *Dorcopsis* , *Dendrolagus* , *Onychogale* und *Lagostrophus*) gibt es keinen Hallux und der Schwanz ist behaart. Die Speiseröhre mündet in der Nähe des Herzendes in den Magen. Der Blinddarm hat, wenn er kurz ist, keine Längsbänder; Die Leber hat einen Spigelschen Lappen.

Die zweite Unterfamilie, POTOROINAE oder HYPSIPRYMNINAE (einschließlich der Gattungen *Potorous* , *Aepyprymnus* , *Bettongia* und

Caloprymnus), besteht aus kleineren Tieren als die Macropodinae , die ihnen jedoch dadurch ähneln, dass sie keinen Hallux, sondern einen haarigen Schwanz haben. Die Speiseröhre mündet in der Nähe des Pylorusendes dieses Organs in den Magen. Der Blinddarm ist zwar kurz, hat aber seitliche Längsbänder. Die Leber hat keinen speziellen Spigelschen Lappen. Die Eckzähne sind immer vorhanden, was bei Macropodinae selten der Fall ist , und sind normalerweise gut entwickelt.

Die dritte Unterfamilie, die der HYPSIPRYMNODONTIDAE , ist zweifelhaft der Familie zuzuordnen; Es besteht aus nur einer Gattung *Hypsiprymnodon* , die in vielen Punkten eher einem Phalanger als einem Känguru ähnelt. Es hat einen opponierbaren Hallux und einen nicht behaarten, aber schuppigen Schwanz. Es hat Eckzähne im Oberkiefer.

FEIGE. 66.— Rotes Känguru. *Macropus rufus.* × 1 / 18 .

Unterfamilie 1. Macropodinae . — Die Gattung *Macropus* umfasst nicht nur die Kängurus, sondern auch die Wallabys, die eigentlich nicht zu unterscheiden sind, obwohl sie manchmal in eine separate Gattung *Halmaturus eingeordnet wurden* . Die so erweiterte Gattung umfasst 23 Arten. Es kann folgendermaßen charakterisiert werden : Die Ohren sind lang, das Rhinarium ist normalerweise nackt, aber bei *M. giganteus* und anderen reicht ein Haarband bis zur Oberlippe herab; Vom Knöchel bis zu den Zehenpolstern erstreckt sich ein nacktes Band, das bei *M. rufus* durch ein Haarband direkt vor den Fingern unterbrochen wird. Die Mammae sind vier. Der Schwanz ist nicht buschig, sondern bei *M. irma* mit einem Kamm versehen . Sie kommen zum größten Teil auf dem australischen Kontinent vor, einige Arten kommen jedoch auch auf den Inseln im Norden vor, die zur australischen Region gehören. Somit stammt *M. brunii* , das als erstes Känguru, das ein Europäer sah, von Interesse ist, auf den Aru-Inseln. Ein Exemplar dieses Tieres, das damals im Garten des niederländischen Gouverneurs von Batavia lebte, wurde im Jahr 1711 von Bruyn beschrieben. *M. rufus* , das größte Mitglied der Gruppe, zeichnet sich durch das rote Sekret aus, das den Hals ziert des Mannes. Es wird durch Partikel verursacht, die das Aussehen und die Farbe von Karmin haben . *M. giganteus* ist nicht, wie sein spezifischer Name vermuten lässt, der „Riese" der Rasse; seine Abmessungen werden mit 5 Fuß angegeben, während *M. rufus* eine Länge von 5 Fuß 5 Zoll erreichen soll, ausschließlich (in beiden Fällen) des Schwanzes.

Der Bericht, den Sir Joseph Banks [75] in seinem Tagebuch über das Känguru gibt, ist interessant, da er einer der ersten Naturforscher war, der dieses Geschöpf sah. Im Juli 1770 wurde ihm berichtet, dass sein Volk ein „Tier so groß wie ein Windhund, mausfarben und sehr schnell" gesehen hatte . Wenig später stellte er zu seiner Überraschung fest, dass das Tier „nur auf zwei Beinen ging und große Sprünge machte, genau wie die Springmaus". Der Unterleutnant tötete eines dieser Kängurus, über das Sir Joseph Banks schrieb: „Es wäre unmöglich, es mit irgendeinem europäischen Tier zu vergleichen, da es mit keinem , das ich gesehen habe, die geringste Ähnlichkeit hat. Seine Vorderbeine sind extrem kurz und … " Beim Gehen ist es für ihn nutzlos; seine Hinterhand ist ebenfalls unverhältnismäßig lang; mit diesen hüpft er sieben bis acht Fuß auf einmal, auf die gleiche Weise wie die Springmaus, mit der sie in der Tat große Ähnlichkeit hat, außer in der Größe. Dieses wiegt 38 Pfund und die Springmaus ist nicht größer als eine gewöhnliche Ratte. Das Tier wurde getötet und gefressen und erwies sich als ausgezeichnetes Fleisch. Die Beobachtungen von Sir Joseph Banks über das Springen des Kängurus sind von Interesse, da oft behauptet wird, dass der Schwanz größtenteils als dritter Fuß oder als Stütze verwendet wird. Herr Aflalo erklärt in höchst positiver Weise, dass bei wiederholter Untersuchung der Spuren auf weichem Sand, unmittelbar nachdem das Tier vorbeigekommen war, nicht die geringste Spur des Schwanzabdrucks entdeckt werden konnte. Die Sprünge eines großen Kängurus scheinen etwas größer zu sein, als von Banks aufgezeichnet. Es wird gesagt, dass 15 oder sogar 20 Fuß auf einmal zurückgelegt werden, und zwar in einem Sprung nach dem anderen. Aber wenn man langsam geht, kann man bei einer Untersuchung von Kängurus in den Gärten der Zoologischen Gesellschaft leicht erkennen, dass das Tier tatsächlich auf seinem Schwanz ruht, der mit den Hinterbeinen ein Dreibein bildet.

Petrogale steht mit sechs Arten neben *Macropus* und unterscheidet sich von ihm tatsächlich nur durch den dicht behaarten und schlankeren Schwanz, der nicht, wie es manchmal bei den Kängurus der Fall ist, als zusätzliches

Hinterbein verwendet wird. Die Felsenkängurus leben zwischen Felsen, auf die sie klettern und von denen sie springen; und der Schwanz fungiert eher als Balancierstange. Der ausführlichste mir bekannte Bericht über die Anatomie von *Petrogale stammt von Mr. Parsons.* [76] Das von Herrn Thomas angegebene Gebiss ist I 3/1 C 0/0 Pm 2/2 M 4/4 – das von *Macropus* ohne die gelegentlich vorkommenden Eckzähne des Oberkiefers. Die osteologischen Merkmale, die es von *Macropus unterscheiden* , sind ganz unbedeutend. Mr. Parsons erwähnt einen Wurmknochen , „ os epilepticum " an der Verbindung der koronalen und sagittalen Nähte. Es wurde festgestellt, dass es in zwei von fünf untersuchten Schädeln vorkommt und scheint bei anderen Kängurus nicht vorzukommen. Die Gaumenforamina von Petrogale sind so groß, dass sie den hinteren Teil des *Knochens* überragen ist nur ein schmaler, verdickter Grat. Der Dünndarm von *P. xanthopus* ist 102 Zoll lang, der Dickdarm 44 Zoll. Der Blinddarm hat eine Länge von 6 Zoll und ist nicht ausgesackt, was sich darin vom Blinddarm von Macropus *Major unterscheidet* Die bekanntesten Arten sind *P. xanthopus* und *P. penicillata* . Die Gattung ist auf Australien selbst beschränkt und kommt nicht in Tasmanien vor.

Zu Onychogale gehören die sogenannten „Nagelschwanzwallabys", die am Schwanzende einen Dorn haben, der an den Löwen und den Leoparden erinnert, deren Schwänze eine ähnliche Bewehrung haben . Der Muffel ist behaart. Drei Arten sind von Herrn Thomas zugelassen.

Wie bei der letzten Gattung ist bei *Lagorchestes das Rhinarium, also* der Teil der Nase, der die Nasenlöcher unmittelbar umgibt, behaart statt glatt wie bei den eigentlichen Kängurus. Es unterscheidet sich von *Onychogale* durch das Fehlen der Schwanzschwiele am Ende, die eher kurz ist. Der Name Hasenkänguru wird den Mitgliedern dieser Gattung (drei Arten) aufgrund ihrer außerordentlichen Flinkheit gegeben. Diese Gattung ist auf Australien selbst beschränkt. *L. conspicillatus* soll „eine bemerkenswerte Ähnlichkeit mit dem englischen Hasen" aufweisen , und *L. leporoides* wurde von Gould aufgrund seines allgemeinen Aussehens und seines Gesichts so genannt.

Dorcopsis hat kürzere Hinterbeine als *Macropus* und einen nackten Muffel. Die Ohren sind klein. Die Struktur von *D. luctuosa* wurde von Garrod untersucht [77], der auf die Existenz von vier vergrößerten Haarfollikeln am Hals in der Nähe der Unterkieferfuge hinwies. Diese sind jedoch in der nächsten Gattung *Dendrolagus vertreten* und kommen auch in *Petrogale vor* . Die Gliedmaßen sind nicht so unproportional wie bei *Macropus* , und der Schwanz ist an der Spitze nackt.

Dorcopsis und die nächste zu beschreibende Gattung, *Dendrolagus* , unterscheiden sich in einer Reihe anatomischer Punkte von *Macropus* und seinen unmittelbaren Verbündeten *Petrogale* und *Lagorchestes* . Erstens sind die

Prämolaren doppelt so groß wie die von *Macropus* und weisen ein charakteristisches Muster auf, das bei Kängurus nicht zu beobachten ist. Dieser besteht aus einem mittleren Grat (der gesamte Zahn hat eine eher prismatische Form) und seitlichen Graten im rechten Winkel dazu. Die oberen Eckzähne sind entwickelt, aber winzig klein.

Der Magen ähnelt nicht ganz dem von *Macropus*, obwohl er nach einem ähnlichen Plan aufgebaut ist. Die blinde Herzextremität ist eine einzelne, keine doppelte Sackgasse; Darin ähnelt es dem von *Petrogale*. Die Verteilung des weißen Plattenepithels der Speiseröhre ähnelt stark der von *Dendrolagus*. Bei beiden Gattungen wird die Mündung der Speiseröhre in den Magen durch zwei starke Längsfalten geschützt, die über eine gewisse Strecke zum Pylorus hin verlaufen. Bei *Dendrolagus* ist dieser Gang jedenfalls auf beiden Seiten von Drüsenflecken begrenzt. Bei *Dendrolagus* reicht das Plattenepithel zudem nicht bis in den Herzsack hinein. Letzterer ist vom Rest des Magens durch zwei leicht divergierende Falten getrennt, die bei *Petrogale* und bei *Halmaturus schwach dargestellt sind*. In den letzten beiden Gattungen sind die die Speiseröhrenöffnung umgebenden Falten nur schwach vertreten; besser in *Halmaturus* als in *Petrogale*. Aber es gibt nicht die bereits erwähnten Drüsenflecken. Der Dünndarm von *Dorcopsis* ist 97 Zoll lang, der Dickdarm ist 32 Zoll lang, *also* verhältnismäßig lang, wie bei Beuteltieren im Allgemeinen. Der kleine Blinddarm (2½ Zoll) ist nicht ausgesackt.

Die Milz ist Macropodin und ist T-förmig oder Y-förmig. Auf die Unterschiede zwischen *Dorcopsis* und dem offensichtlich eng verwandten *Dendrolagus* wird bei der Beschreibung des letzteren näher eingegangen. *Dorcopsis* ist auf Neuguinea beschränkt und umfasst drei Arten, nämlich. *D. muelleri*, *D. luctuosa* und *D. macleani*. *D. muelleri* hat eine verblüffende Ähnlichkeit mit *Macropus brunii*, mit dem es verwechselt wurde. Obwohl diese Kängurus zwischen *Macropus* und *Dendrolagus angesiedelt sind, leben sie nicht auf Bäumen.*

Die Gattung *Dendrolagus* zeichnet sich durch ihre ungewöhnliche, känguruähnliche Lebensweise auf Bäumen aus. In Übereinstimmung mit dieser Gewohnheitsänderung kommt es zu einer relativen Verkürzung der Hinterbeine, ein Merkmal, das bei *Dorcopsis zu beobachten beginnt*. „Der allgemeine Körperbau", schreibt Herr Thomas, „entspricht den normalen Proportionen von Säugetieren und ist überhaupt nicht makropodiform ." Der Muffel ist zum größten Teil nicht nackt, obwohl die Kürze der Haare diesen Effekt hervorruft. Wie bei *Dorcopsis*, jedoch nicht wie bei *Macropus*, ist die Bulla tympani nicht geschwollen. Es gibt insgesamt fünf Arten, die fünfte, *D. bennetti*, wurde kürzlich anhand von Exemplaren beschrieben, die in den Gärten der Zoological Society leben.

FEIGE. 67.- Baumkänguru. *Dendrolagus bennetti* . × 1 / 12 .

Die Anatomie dieser Gattung wurde von Owen für *D. inustus* [78] und von mir für *D. bennetti beschrieben* . Der Magen hat eine einzelne, nicht gespaltene Sackgasse und wird von zwei Hauptbändern und weiteren Nebenbändern durchzogen. Seine innere Struktur wurde bereits teilweise beschrieben. Die Milz von *D. bennetti* zeichnet sich durch die Tatsache aus, dass sie nicht T geformt ist, während *D. inustus* in der Form dieses Organs mit anderen Macropodinen übereinstimmt . Der Dünndarm von *D. bennetti* ist 95 Zoll lang, der Dickdarm 38 Zoll. Der Blinddarm scheint bei beiden Arten unterschiedlich zu sein; Bei *D. bennetti* ist es kleiner , wo es nur 2 Zoll lang ist. Das bemerkenswerteste Merkmal der Leber ist die Größe des linken Seitenlappens und der zweilappige Zustand des Spigel-Lappens; Dies war zumindest bei *D. bennetti der Fall* . Eine kürzlich beschriebene Art [79] wurde von Dr. Lumholtz in ihren heimischen Verbreitungsgebieten aufmerksam untersucht . [80] Er lebt in den höchsten Teilen des Gebirgsgestrüpps von Queensland, wo er sich sowohl auf dem Boden als auch zwischen den Bäumen schnell fortbewegt. Es wird zusammen mit den Dingos von den „Schwarzen" gejagt und von ihnen gefressen. [81]

Lagostrophus ist ein Gattungsname, der von Herrn Thomas für ein kleines Wallaby von 18 Zoll Länge vorgeschlagen wurde, das sich dadurch auszeichnet, dass die langen Krallen der Hinterbeine vollständig von langen und borstigen Haaren verdeckt sind; der Muffel ist nackt; es gibt keinen

Hund. Die Blasen sind geschwollen. Es gibt nur eine Art der Gattung, *L. fasciatus* , die in Westaustralien heimisch ist.

Unterfamilie 2. Potoroinae . — *Aepyprymnus* und die anderen Gattungen dieser Unterfamilie sind im Volksmund unter dem Namen „Rattenkängurus" oder manchmal auch „Känguru-Ratten" bekannt. Der letztere Begriff wurde als „falsch" bezeichnet, obwohl er genauso gut ist wie der erstere, da beide tatsächlich unzutreffend sind, da sie eine gewisse Ähnlichkeit oder Beziehung zu einer Ratte implizieren. Die vorliegende Gattung hat ein teilweise behaartes Rhinarium; die Gehörblasen sind nicht geschwollen. Es enthält nur eine Art, *Ae. rufescens* stammt aus Ostaustralien und zeichnet sich durch sehr lange Hinterpfoten aus.

Bettongia hat lange Hinterfüße wie bei *Aepyprymnus* , aber das Rhinarium ist völlig nackt und nicht teilweise behaart, während die Ohren viel kürzer sind. Die aus vier Arten bestehende Gattung zeichnet sich dadurch aus, dass sie das einzige bodenlebende Säugetier mit einem Greifschwanz ist, mit dem sie Gras usw. trägt. *B. lesueuri* gräbt sich oft bis zu einer Tiefe von 10 Fuß in den Boden. Die Gattung kommt sowohl in Tasmanien als auch in Australien vor.

Caloprymnus ist mit einer Art eine Gattung, die von Herrn Thomas in seinem Katalog der Beuteltiere für eine Form (*C. campestris*) eingeführt wurde, die auf bemerkenswerte Weise die Merkmale von *Aepyprymnus* , *Bettongia* und *Potorous vereint* . Die äußeren Merkmale und die allgemeine Form des Schädels sind wie bei *Bettongia* , während die Backenzähne den Aufbau denen von *Aepyprymnus haben* . Der letzte Prämolar ist wie bei *Potorous* .

Von der Gattung *Potorous* gibt es drei Arten, die sowohl tasmanischer als auch australischer Herkunft sind. Im Gegensatz zu den anderen Rattenkängurus sind die Hinterpfoten vergleichsweise kurz, weshalb das Tier weniger springfreudig ist als seine Verwandten. Das Rhinarium ist nackt und die Ohren sind ziemlich lang.

Unterfamilie 3. Hypsiprymnodontinae . — Das Moschuskänguru, *Hypsiprymnodon* , ist die letzte Gattung der heutigen Familie und die einzige Gattung dieser Unterfamilie. Es liegt zwischen den Macropodidae und den Phalangeridae , wobei das annectierende Merkmal hauptsächlich die Hinterpfoten sind, die, obwohl sie den gleichen langen vierten Finger wie die Kängurus haben, diesen schwächer entwickelt haben und auch einen gegensätzlichen Hallux besitzen, der einer davon ist die hervorstechenden Merkmale in der Struktur der Phalangeridae . Der Schwanz ist nackt und schuppig; das Rhinarium ist völlig nackt. Die Ohren sind groß und nicht pelzig. Die einzige Art, *H. moschatus* , scheint sich sowohl von Insekten als auch von Gemüse zu ernähren.

„Seine Gewohnheiten sind hauptsächlich tagaktiv, und wenn er nicht gestört wird, sind seine Handlungen keineswegs unanmutig. Er schreitet in etwa auf die gleiche Weise voran wie die Känguru-Ratten (*Potorous*), *mit denen er eng verwandt ist, beschafft sich aber seine Nahrung, indem er den* Abfall umwirft im Gestrüpp auf der Suche nach Insekten, Würmern und Knollenwurzeln, wobei er häufig die Palmbeeren frisst, die er nach Art der Phalanger in seinen Vorderpfoten hält, auf seinen Hinterbeinen sitzt oder manchmal wie die Beuteldachsen gräbt. Dies ist Mr. Ramsays Beschreibung des Tieres, das er als erster entdeckte. [82]

Fam. 2. Phalangeridae . — Die Gattung *Hypsiprymnodon* überbrückt die nicht sehr große Lücke, die die Kängurus von den Phalangern trennt. Die Phalanger sind Beuteltiere mit fünf Fingern und Zehen; Die zweite und dritte Zehe sind wie bei den Macropodidae durch eine gemeinsame Hülle miteinander verbunden . Der Hallux ist opponierbar und nagellos . Der Schwanz ist fast immer lang und greifbar. Der Beutel ist gut entwickelt; der Magen ist nicht ausgesackt; ein Blinddarm ist vorhanden (außer bei *Tarsipes*). Dies sind wirklich die Hauptunterschiede zwischen den beiden Familien. Darüber hinaus ist zu erwähnen, dass die unteren Schneidezähne keine scherenartige Wirkung haben wie beim Känguru.

Die Phalanger lassen sich in vier Unterfamilien einteilen.

Die erste davon, die der PHALANGERINAE , enthält die Gattungen *Phalanger* (einschließlich *Cuscus*), *Acrobates* , *Distaechurus* , *Dromicia* , *Gymnobelideus* , *Petaurus* , *Petauroides* , *Dactylopsila* , *Pseudochirus* und *Trichosurus* .

Diese Gattungen stimmen in den folgenden Allgemeingültigkeiten überein : – Schwanz gut entwickelt, oft sehr lang; drei Schneidezähne oben und mindestens zwei Prämolaren oben und unten; Blinddarm lang und einfach; Magen ohne Herzdrüse; Leber nicht sehr kompliziert durch Nebenfurchen, mit ausgeprägtem Schwanzlappen; die medianen Sackgassen der Vagina verschmolzen oft; Lunge mit einem Azygos-Lappen.

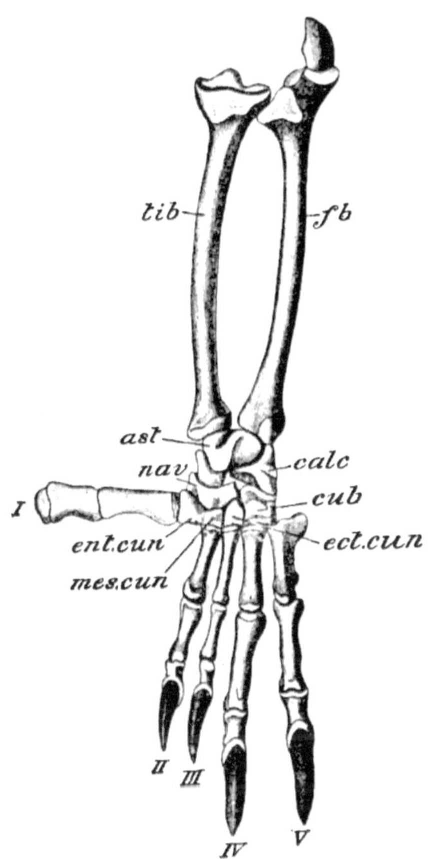

FEIGE. 68.- Bein- und Fußknochen des Phalanger. *ast* , Astragalus; *calc* , Kalkaneum; *Jungtier* , Quader; *ect.cun* , ecto -Keilschrift; *ent.cun* , ento-Keilschrift; *fb* , Fibel; *mes.cun* , Meso-Keilschrift; *nav* , Navikular; *tib* , Schienbein; *IV* , erste bis fünfte Zehe. (Nach Owen.)

Die zweite Unterfamilie, PHASCOLARCTINAE (nur beim Koala), ist folgendermaßen gekennzeichnet : – Schwanz rudimentär; Backentaschen vorhanden; obere Schneidezähne drei, aber nur ein Prämolar oben und unten; Blinddarm außerordentlich lang; Magen mit Herzdrüse; Leber durch zusätzliche Furchen kompliziert, ohne freien Schwanzlappen; kein Azygoslappen zur Lunge; Vaginalsack frei .

Die dritte Unterfamilie, PHASCOLOMYINAE , UNTERSCHEIDET SICH WIE folgt von den anderen : – Schwanz rudimentär; Backentaschen vorhanden, aber rudimentär; je ein Schneidezahn oben, aber keine weiteren Prämolaren; alle Zähne wurzellos; Blinddarm hat keine besondere Form; Magen mit Herzdrüse; Leber kompliziert durch sekundäre Furchen, ohne freien Schwanzlappen; Lunge mit Azygos-Lappen; Vaginalsack frei .

Die letzte Unterfamilie, TARSIPEDINAE , ist wie folgt definiert : – Schwanz lang; Zungenverlängerung; nur ein Prämolar; Backenzähne reduziert; Blinddarm fehlt.

FEIGE. 69.- Vulpine Phalanger. *Trichosurus vulpecula* . × 1 / 6 .

Unterfamilie 1. Phalangerinae . — Die Gattung *Phalanger* umfasst fünf Arten, die manchmal mit dem Gattungsnamen *Cuscus bezeichnet werden* . Es sind große Tiere mit kurzen Ohren; nur das Ende des Schwanzes ist nackt. Von diesen Tieren kommt nur eine Art in Australien selbst vor, der Rest lebt auf den nördlich gelegenen Inseln. Der Gefleckte Kuskus, *Ph. maculatus* , wird trotz seiner vegetarischen Ernährung und vielleicht wegen seiner Flecken als „Tigerkatze" bezeichnet. Herr Aflalo bemerkt dazu, dass er, obwohl er mit einem Greifschwanz ausgestattet ist, als Kletterer kaum besser geeignet ist als der schwanzlose Koala.

Trichosurus , einschließlich der „Echten Phalanger", umfasst größere Arten, die sich von der letzten Gattung durch eine Brustdrüse unterscheiden lassen, die derjenigen ähnelt, die bei *Myrmecobius* und einigen anderen Beuteltieren der vorliegenden Gruppe vorkommt. Es gibt nur zwei Arten, die rein australisch sind. Das „Bürstenschwanzopossum", *T. vulpecula* (vielleicht besser bekannt als *Phalangista) . vulpina*), wie sein amerikanischer Pseudo-Namensvetter (ein echtes Opossum, Gattung *Didelphys*), „spielt gelegentlich „Opossum". Die Zahnformel lautet I 3/2 C 1/0 Pm 2/3 M 4/4. Die Ohren sind kurz.

Die Katta-Phalanger, *Pseudochirus* , sind weiter verbreitet als die letzten beiden Gattungen; Ihr Verbreitungsgebiet reicht von Tasmanien im Süden bis nach Neuguinea im Norden. Sie haben jedoch keinen Ringelschwanz, obwohl die Schwanzspitze im Allgemeinen weiß ist. Wie bei den letzten Gattungen, die Greifschwänze haben, ist das Ende dieses Fortsatzes nackt. Die Mammae sind vier. Die Zahnformel lautet I 3/2 C 1/0 Pm 3/3 M 4/4. Es gibt etwa zehn Arten der Gattung.

Der gestreifte Phalanger, *Dactylopsila trivirgata* ist ein etwa einen Fuß langes Tier, dessen Identität anhand seiner gestreiften, schwarz-weißen Haut festgestellt werden kann. Es handelt sich um ein Baumgeschöpf, das offenbar sowohl von Blättern als auch von Larven lebt, wie so viele Baumgeschöpfe ganz unterschiedlicher Gruppen – zum Beispiel Eichhörnchen und Neuweltaffen. Die Zahnformel lautet I 3/3 C 1/6 Pm 3/2 M 4/4.

Gymnobelideus Leadbeateri ist eine kleine Kreatur mit einem Körper von 6 Zoll Länge. Es ist auf die Kolonie Victoria beschränkt. Das allgemeine Aussehen ist das von *Petaurus* ; die Ohren sind nackt.

Dromicia ist eine Phalanger-Gattung, die, obwohl sie keinen Fallschirm besitzt, wie ihn bestimmte Gattungen besitzen, die wir gleich betrachten werden, mit großer Beweglichkeit von Ast zu Ast springen kann. Die Ohren sind groß und dünn und fast nackt; Die Zahnformel lautet I 3/2 C 1/0 Pm 3/3 M 4/4. Es sind winzige Geschöpfe, die längsten mit einem Schwanz von 10 Zoll. Siebenschläfer-Phalanger ist ein Name, der ihnen manchmal gegeben wird. Es gibt vier Arten, die von Tasmanien bis Neuguinea reichen. Der für die Gattung verwendete Name Siebenschläfer scheint auf die Art und Weise zurückzuführen zu sein, wie sie beim Füttern eine Nuss in den Pfoten halten. *D. nana* ist 10 cm lang und hat einen fast gleich langen Schwanz. An der Basis ist es dick.

Distaechurus ist die letzte Gattung nicht fliegender Phalanger. Sein Name bezieht sich auf die Anordnung der Haare am Schwanz, die wie eine Federfahne auf beiden Seiten in einer Reihe angeordnet sind. Die Zahnformel lautet I 3/2 C 1/0 Pm 3/2 M 3/3, fast wie bei *Acrobates* . Die Ohren sind wie bei dieser Gattung.

Petaurus ist die erste Gattung der Fliegenden Phalanger, die alle mit einer fallschirmartigen Ausdehnung der Haut zwischen den Vorder- und Hinterbeinen ausgestattet sind; die Ohren sind groß und kahl; und die Zahnformel ist I 3/2 C 1/0 Pm 3/3 M 4/4. Es gibt drei Arten der Gattung, die sich nahezu im gesamten australischen Raum verbreiten. Der Begriff „fliegend“, wie er für diese und die anderen „fliegenden“ Gattungen verwendet wird, ist natürlich übertrieben. Die Tiere können nicht nach oben fliegen; Sie können nur gleitend hinabsteigen, wobei die Hautfalten ihren Fall bremsen. *P. breviceps* ist vielleicht die bekannteste Art. Der Körper ist 8, der Schwanz 9 Zoll lang.

Petauroides scheint sich von Petaurus hauptsächlich dadurch zu unterscheiden , dass der Schwanz, wie bei seinem Verbündeten *Dactylopsila* , am Ende teilweise nackt ist. Bei *Petaurus* und *Gymnobelideus* ist der Schwanz bis zum Ende, einschließlich der äußersten Spitze darunter, buschig.

Eine dritte Gattung fliegender Phalanger sind die Kleinen *Acrobates* , die einen zweistichigen Schwanz wie den von *Distaechurus haben* . Die Länge beträgt inklusive Schwanz nicht mehr als 15 cm. Was diese fliegenden

Phalanger betrifft, ist es äußerst aufschlussreich zu beobachten, dass dieselbe „Flugmethode" offenbar dreimal entwickelt wurde; denn jede der drei Gattungen ist speziell mit einer eigenen Art nicht fliegender Phalanger verwandt. Die gleiche Beobachtung lässt sich bei den Gleithörnchen, *Anomalurus* und *Sciuropterus machen* . Die Zahnformel lautet I 3/2 C 1/0 Pm 3/3 M 3/3. Die Ohren sind dünn mit Haaren bedeckt. Es gibt vier Zitzen.

Unterfamilie 2. Phascolarctinae . — Der Koala oder einheimische Bär, *Phascolarctos cinereus* , ist der einzige Vertreter seiner Unterfamilie. Es ist, wie der Wombat, durch das Fehlen eines offensichtlichen Schwanzes ungewöhnlich. Das Fehlen dieses Anhängsels ist bei einem baumlebenden Geschöpf merkwürdig, dessen nahe Verbündete ein langes und greifbares Anhängsel haben. Die Struktur des Koalas wurde vom verstorbenen Herrn WA Forbes untersucht. [83] Es gibt einige unerwartete Ähnlichkeiten mit dem Wombat: So stimmen sie im Fehlen des Schwanzes, in der Struktur des Magens und in der großen Unterteilung der Leberlappen überein. Das Gehirn ist jedoch glatt und der Blinddarm ist außerordentlich groß und kompliziert aufgebaut, während der Blinddarm des Wombat kurz ist. Dass beide Tiere Backenbeutel haben, ist möglicherweise auf ähnliche Gewohnheiten zurückzuführen, große Mengen an Futter zwischenzulagern. Dieses Tier hat nur elf Rippenpaare. Der Schwanz hat nur sieben oder acht Wirbel , und diese haben keine Chevron-Knochen.

Eine Besonderheit des Schädels ist die große Größe der Bulla alisphenoideus, die in Größe und Aussehen mit der des Schweins vergleichbar ist. Wie bei den Kängurus ist der Atlas unten unvollständig.

Die Zahnformel der Gattung lautet I 3/1 C 1/0 Pm 1/1 M 4 /(4 oder 5). Der zusätzliche untere Backenzahn scheint eine Ausnahme zu sein und wurde nur bei einem Exemplar gefunden.

Die bemerkenswerteste Struktur im Verdauungstrakt ist der Dickdarm, der auf den ersten etwa 28 Zoll seines Verlaufs sehr geräumig ist. Dieser Abschnitt des Dickdarms ist mit Rugae ausgekleidet, genau wie diejenigen, die im Blinddarm vorkommen. Diese Falten, deren Zahl zunächst etwa zwölf beträgt, verschmelzen weiter unten, und wenn sich der Dickdarm der äußeren Öffnung nähert, sind sie auf fünf reduziert. Ähnliche Falten kommen, wie bereits erwähnt, im Blinddarm vor, reichen aber nicht bis zu dessen blindem Ende. Der Blinddarm ist proportional und tatsächlich größer als bei jedem anderen Beuteltier. Die Gallenblase ist ungewöhnlich verlängert.

FEIGE. 70.— Koala. *Phascolarctos cinereus.* × 1 / 9 .

Der Koala ist hauptsächlich dämmerungs- oder nachtaktiv. Es ernährt sich so ausschließlich von den Blättern des Eukalyptusbaums, *dass* es unmöglich ist, das Tier in Ländern, in denen diese besondere Art von Nahrung nicht verfügbar ist, lange in Gefangenschaft zu halten.

Obwohl das Weibchen nur ein einziges Junges zu gebären scheint, das nach der Art einiger Opossums auf dem Rücken getragen wird, hat es zwei Brustwarzen. Die langsamen Gewohnheiten des Tieres scheinen ein nächtliches und zurückgezogenes Leben zu erfordern. Es ist ungefähr so lethargisch wie das Faultier, und es soll diesem Tier noch mehr ähneln, indem es sich auch nach einem Schuss fest an einen Ast klammert.

Unterfamilie 3. Phascolomyinae . — *Phascolomys* , der Wombat, ist die einzige Gattung dieser Unterfamilie. Dieses Tier hat das Aussehen eines schwer gebauten Murmeltiers, wie es nur einen Stumpf als Schwanz und ein Paar kräftiger meißelförmiger und Nagetier-ähnlicher Schneidezähne hat, die sich jedoch von denen der Nagetiere dadurch unterscheiden, dass sie vollständig sind Beschichtung aus Zement. Alle Zähne des Tieres sind wurzellos und es gibt keine Eckzähne. Die Schneidezähne haben nur auf der Vorder- und Seitenfläche Schmelz. Die Zahnformel lautet I 1/1 C 0/0 Pm 1/1 M 4/4. Die Verwandtschaft mit anderen Diprotodonten-Beuteltieren wird durch die beginnende Syndaktylie der zweiten und dritten Zehe deutlich. Das Rhinarium ist nackt oder behaart. Es gibt einen rudimentären Backenbeutel, wie bei *Phascolarctos* . Der Wombat hat, wie der Koala und auch der Biber – was den Wert des Vergleichs teilweise zunichte macht – einen eigentümlichen Drüsenfleck im Magen, einen erhabenen Bereich mit angesammelten Drüsen. Bei keinem anderen Beuteltier ist eine solche Struktur zu finden, „während die Identität der beiden betrachteten Formen nahezu eindeutig ist." Dass eine solch einzigartige Struktur unabhängig voneinander in zwei Formen entwickelt wurde, die nicht miteinander in Zusammenhang stehen, scheint mir von höchster Bedeutung zu sein Grad unwahrscheinlich." Dies ist die Meinung von Herrn Forbes. Dies könnte durch die Hinzufügung der Beobachtung gestärkt werden, dass es aufgrund der weiteren Ähnlichkeiten zwischen dem Wombat und dem Koala unwahrscheinlicher erscheint, dass eine so nahezu identische Struktur zweimal in zwei nicht sehr weit entfernten Formen entwickelt wurde. Wie bei den Kängurus ist der Atlas unten geöffnet. *Ph. ursinus* hat 15 Rippen; die anderen Arten sind die normalen (für Beuteltiere) 13. Weitere Ähnlichkeitspunkte werden unter der Beschreibung des Koalas erwähnt. Diese Tiere ernähren sich hauptsächlich von Wurzeln; Sie leben in Gesellschaften in Höhlen. Es gibt drei Arten: *Ph. ursinus* , *Ph. latifrons* und *Ph. mitchelli* . *Ph. ursinus* ist tasmanisch verbreitet, die beiden anderen Arten sind südaustralisch.

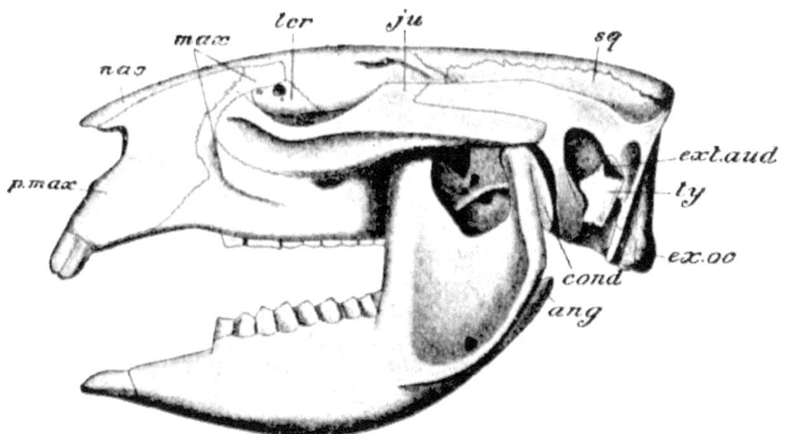

FEIGE. 72. – Schädel von Wombat. *Phascolomys -Wombat.* (Seitenansicht.) *ang* , Winkelfortsatz; *cond* , Kondylus des Unterkiefers; *ex.oc* , exokzipital; *ext.aud* , Öffnung des knöchernen Gehörgangs; *ju* , jugal; *lcr* , Tränen; *max* , Oberkiefer; *nas* , nasal; *p.max* , Prämaxillare; *sq* , Plattenepithelkarzinom; *ty* , Trommelfell. (Aus Parker und Haswells *Zoologie* .)

Unterfamilie 4. Tarsipedinae . — Die Gattung *Tarsipes* sollte vielleicht aus der heutigen Familie entfernt werden. Es gibt nur eine einzige Art, nämlich ein kleines Geschöpf mit einer Gesamtlänge von 7 Zoll und einem Schwanz von 4 Zoll. Die Zähne sind stark geschrumpft, die Formel lautet I 2/1 C 1/0 Pm 1/0 M 3/3 = 22. Die unteren Schneidezähne sind liegend. Der Unterkiefer weist außerdem nicht die charakteristische Beutelbiegung auf. Der Darmkanal ist bei den übrigen Phalangeridae ohne Blinddarm vorhanden . Es ist eine merkwürdige Tatsache, dass dieser abnorme kleine Phalanger wie der noch abnormere *Myrmecobius* aus Westaustralien stammen sollte . Wie dieser hat auch *Tarsipes* eine lange, bewegliche Zunge, mit der er jedoch Honig aus Blüten extrahiert. Wahrscheinlich fängt er auch winzige Insekten in den Blütenkronen. Es ist tatsächlich erwiesen, dass das Tier in Gefangenschaft jedenfalls ein Insektenfresser ist; denn es ist bekannt, dass es Motten frisst.

Fam. 3. Epanorthidae . — Die ausgestorbenen Epanorthidae Patagoniens werden heute durch ein kleines Beuteltier repräsentiert, das in den letzten zwei oder drei Jahren wiederentdeckt wurde. Dieses kleine Tier, früher *Hyracodon genannt* (ein früher häufig verwendeter Name), heißt heute *Caenolestes* und stammt aus Kolumbien und Ecuador. Es gibt zwei Arten, und von diesen wird *C. obscurus von den Bewohnern „Raton* runcho " genannt , was Opossum-Ratte bedeutet. Es ernährt sich offenbar von Vogeleiern und kleinen Vögeln, gehört aber zur Diprotodonten-Abteilung der Beuteltiere. Obwohl *Caenolestes* ein Diprotodontist ist, weist er nicht den syndaktylen

Charakter der Zehen der Füße auf, auf den bereits bei den Kängurus und ihren Verbündeten hingewiesen wurde. Der Beutel ist klein und rudimentär. Das Gebiss ist I 4/3 C 1/1 Pm 3/3 M 4/4 = 46, und die Zähne sollen laut Herrn Thomas denen der australischen *Dromicia sehr ähnlich sein* . [84]

Im Schädel wird von Herrn Thomas eine Besonderheit erwähnt, die nichts mit seiner Verwandtschaft mit anderen Beuteltieren zu tun hat, aber dennoch interessant ist. Die Nasenflügel sind nicht ausreichend verlängert, um den oberen Rand des Oberkiefers zu erreichen, und so bleibt eine Lücke zurück, wie in den Schädeln vieler Wiederkäuer (z. B. *der* Rappenantilope). Der Gaumen ist sehr unvollkommen; die Foramina, die es so machen, reichen bis zum letzten Prämolaren. Der Unterkiefer ähnelt mit seinen langen und nach vorne vorstehenden Schneidezähnen durchaus dem eines *Macropus* oder *Phalanger* .

Ausgestorbene Diprotodonten. — Der große *Diprotodon* ist ein Geschöpf mit einem Schädel von einem Meter Länge, der die Größe eines großen Nashorns gehabt haben muss. Obwohl es eng mit *Macropus verwandt* ist, scheint es, dass dieses große Tier nicht nach der Art eines Kängurus hüpfte, da seine Gliedmaßen ähnlicher waren als die des Kängurus. Kürzlich wurden weitere Überreste von *Diprotodon* in einem See namens Lake Mulligan entdeckt, wo sie offenbar feststeckten. Professor Stirling hat einen Bericht über diese Überreste beigesteuert, der eine beträchtliche Wissenslücke schließt. Er konnte den Aufbau der Vorder- und Hinterbeine beschreiben. Beide Gliedmaßen sind fünfbeinig , wobei die Finger der Vorderbeine in Länge und allgemeiner Entwicklung ungefähr gleich sind. An der Hinterhand ist der Hallux klein und besteht nur aus dem Mittelfußknochen. Dieser Knochen ist in der Position der „extremen Abduktion" fixiert und erinnert an ein baumartiges Glied. Die Finger zwei und drei könnten syndaktylisch gewesen sein , und die Autoren des Berichts [85] dieser Knochen gehen davon aus, dass der vierte Zeh an dieser Syndaktylie beteiligt gewesen sein könnte. Der Mittelfußknochen des fünften Fingers ist an seinem Rand enorm erweitert und scheint dem Geschöpf eine starke Stütze geboten zu haben; Dies ist auch am Mittelhandknochen der Vorderextremität zu beobachten. Wahrscheinlich war *Diprotodon daher* in seiner Progression vierbeinig, wobei der Schwerpunkt auf dem kleinen Finger und der kleinen Zehe lag und nicht, wie bei uns, auf der ersten Zehe. Der Hinterfuß des *Diprotodon* könnte dem eines Kängurus nicht ähnlicher sein, als er tatsächlich ist.

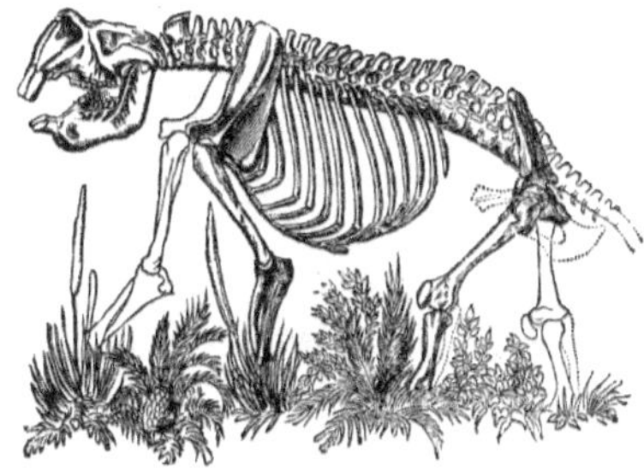

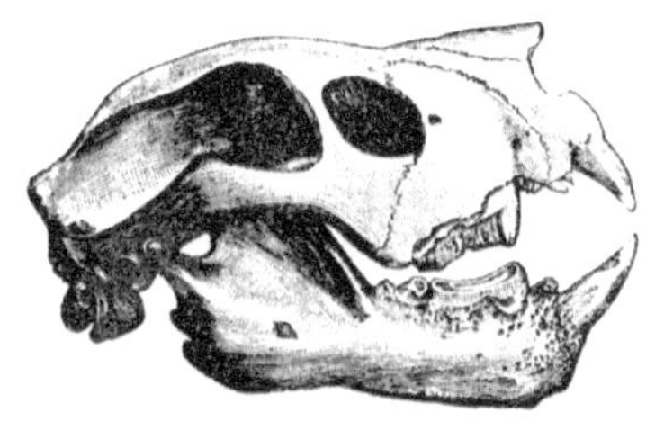

FEIGE. 73. – *Diprotodon australis.*
(Nach Owen.)

FEIGE. 74.- *Thylacoleo carnifex.*
Seitenansicht des Schädels.
(Nach der Blüte.)

Ein weiterer Riese unter diesen Beuteltieren war die Gattung *Thylacoleo*, deren Name ihr Sir Richard Owen gab, weil er der Ansicht war, es handele sich um einen Beuteltiger. Sir W. Flower hat diese Meinung jedoch widerlegt, und die Gattung ist tatsächlich trotz ihrer Größe eng mit den Phalangern und Cuscuses verwandt. [86] Die Zahnformel lautet I 3/1 C 1/0 Pm 3/1 M 1/2; Der letzte Prämolar ist ein großer, klingenförmiger Zahn wie der von *Potorous*
.

Nototherium war eine Kreatur, die kleiner als *Diprotodon war*, aber dennoch von großer Größe; Es wird angenommen, dass es sich um ein wühlendes Wesen handelte und die Wombats mit *Diprotodon in Verbindung gebracht werden*. Ein sichererer Verbündeter des existierenden Wombat war *Phascolonus*, ein Wombat so groß wie ein Tapir.

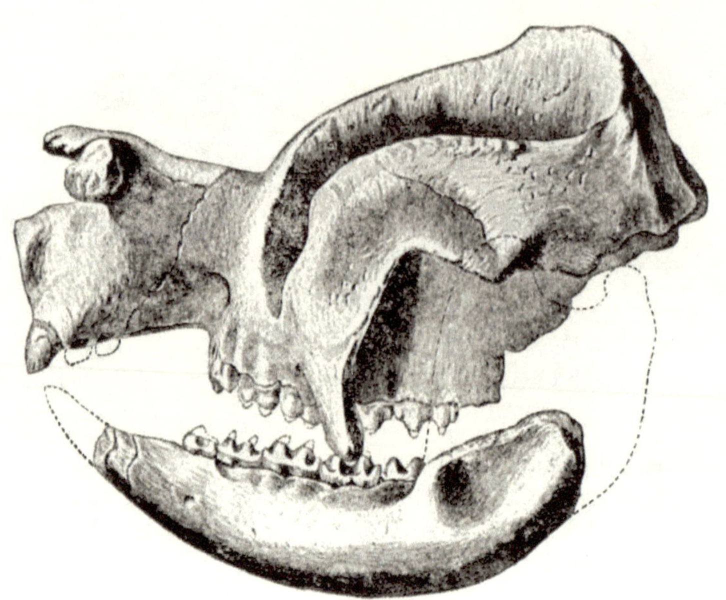

FEIGE. 75.- *Nototherium mitchelli* . Seitenansicht des Schädels. × 1 / 6 . (Nach Owen.)

Von den ausgestorbenen amerikanischen Diprotodonten waren die Epanorthidae , die bereits im Zusammenhang mit den lebenden *Caenolestes* erwähnt wurden , die bekanntesten Formen. Die Gattung *Epanorthus* kommt in der Santa-Cruz-Formation Patagoniens vor, die vermutlich aus dem Miozän stammt. Im Oberkiefer gibt es drei Schneidezähne; und der einzelne Schneidezahn jedes Astes des Unterkiefers ist ein großes, meißelförmiges Schneidinstrument.

Aufgrund der großen hervorstehenden Schneidezähne des Unterkiefers ist *Abderites auch typischerweise Diprotodont*. Es hat einen großen Schneidezahn im Unterkiefer, der der letzte Prämolar zu sein scheint und daher mit dem großen Schneidezahn des Unterkiefers und des Oberkiefers des ausgestorbenen Phalanger, Thylacoleo, vergleichbar *ist* . Es kann auch mit dem großen Prämolaren von Multituberculata wie *Ptilodus* und *Plagiaulax vergleichbar sein* . Darüber hinaus ist es mit vertikalen Rillen gekennzeichnet.

Eine interessante, leider aber wenig bekannte Form ist die australische und pleistozäne Gattung *Triclis* mit einer Art, *T. oscillans* . Da es einen winzigen Eckzahn im Unterkiefer hat, stimmt es mit einigen Phalangeridae überein , und da es ansonsten eng mit *Hypsiprymnodon verwandt ist* , vereint es die Macropodidae mit den Phalangeridae .

UNTERORDNUNG 2. POLYPROTODONTIA.

In dieser hauptsächlich fleischfressenden oder insektenfressenden Abteilung der Beuteltiere sind die Schneidezähne auf jeder Seite des Oberkiefers vier oder fünf, im Unterkiefer ein oder zwei weniger. Feigen. 76 und 77 veranschaulichen die Polyprotodont- und Diprotodont-Gebisse. Die Eckzähne stammen von Fleischfressern, ebenso wie die Backenzähne, die in der Regel scharf zugespitzt sind. In der Regel, mit einer Ausnahme bei den Peramelidae , kommt es am Hinterfuß nicht zu einer Syndaktylierung der Zehen. Diese Unterordnung ist in ihrem heutigen Verbreitungsgebiet australisch und amerikanisch.

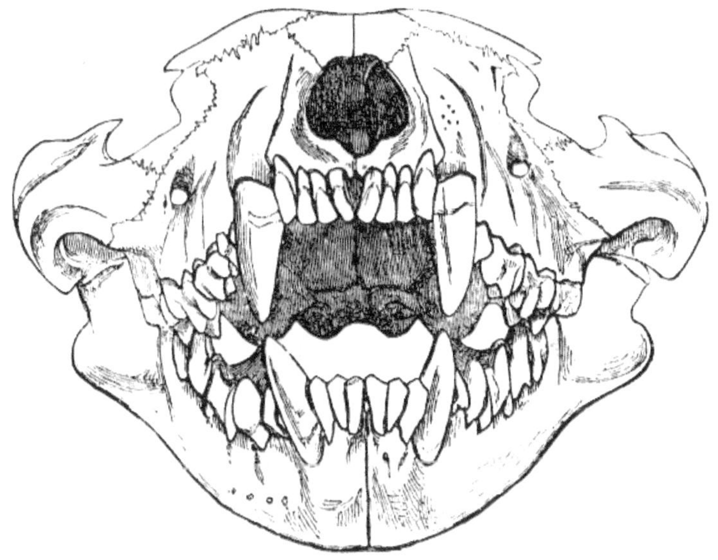

FEIGE. 76. – Vorderansicht des Schädels des Tasmanischen Teufels (*Sarcophilus ursinus*), der Polyprotodont und fleischfressendes Gebiss zeigt. (Nach der Blüte.)

Fam. 1. Dasyuridae. — Diese Familie besteht aus Beuteltieren, die im Allgemeinen fünfzählig sind , denen jedoch gelegentlich der Hallux fehlt. Der Schwanz ist lang, aber nicht greifbar. Der Beutel ist vorhanden oder nicht vorhanden. Die Zähne variieren in den verschiedenen Gattungen, aber die oberen Schneidezähne sind nie weniger als drei und können im Oberkiefer bis zu fünf und im Unterkiefer bis zu sechs betragen. Die Eckzähne sind scharfkantig. Es gibt keinen Blinddarm.

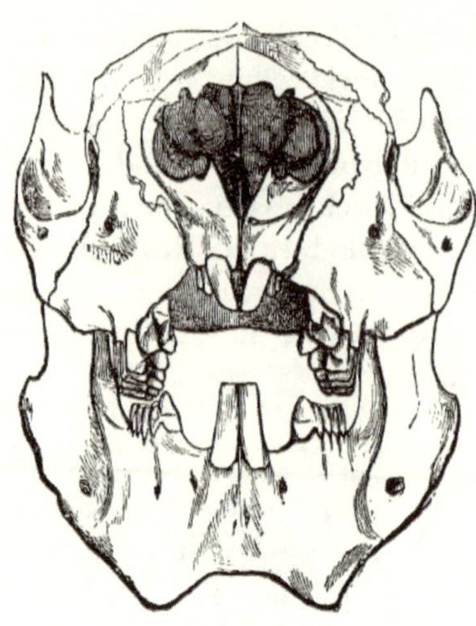

FEIGE. 77. – Vorderansicht des Schädels eines Koalas (*Phascolarctos cinereus*) zur Veranschaulichung des Diprotodonten und des pflanzenfressenden Gebisses. (Von Blume.)

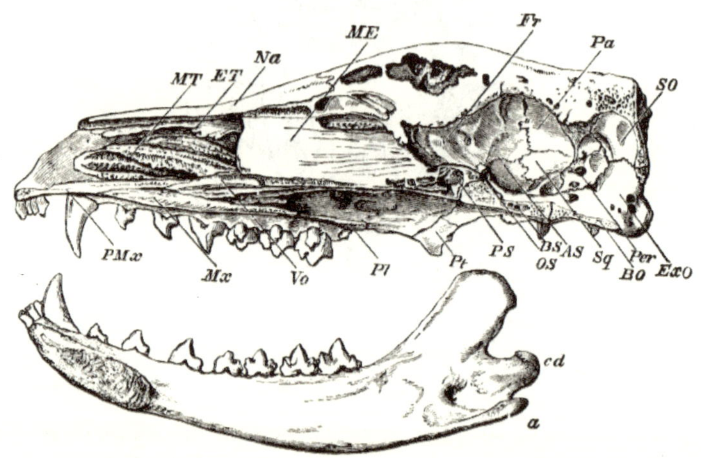

FEIGE. 78.- Längsschnitt durch den Schädel des Thylacinus (*Thylacinus cynocephalus*). × ½. *a* , Winkelfortsatz des Unterkiefers; *AS* , Alisphenoid; *BO* , basioccipital; *BS* , Basisphenoid; *cd* , Kondylus des Unterkiefers; *ET* , ethmoturbinal; *Ex.O* , exokzipital; *Fr* , frontal; *ME* , verknöcherter Teil des Mesethmoids ; *MT* , maxilloturbinal ; *Mx* , Oberkiefer; *Na* , nasal; *OS* , Orbitosphenoid ; *Pa* , parietal; *Per* , periotisch; *Pl* , Palatin; *PMx* , Prämaxillare; *PS* , Presphenoid; *Pt* , Pterygoideus; *SO* , supraokzipital; *Sq* , Plattenepithelkarzinom; *Vo* , Vomer. (Aus Flower's *Osteology* .)

Die Gattung *Thylacinus* enthält nur eine einzige Art, die heute auf Tasmanien beschränkt ist und allgemein als Tasmanischer Wolf bekannt ist. Er hat den

Körperbau eines gewöhnlichen Wolfes und ist ungefähr gleich groß. Der hintere Teil des Körpers ist mit einer Reihe schwarzer Querbänder gekennzeichnet. Der Hallux fehlt völlig; Die Tasche öffnet sich nach hinten. Die Beuteltierknochen sind winzig und nicht verknöchert. Die Zahnformel lautet I 4/3 C 1/1 Pm 3/3 M 4/4 = 46. Es gibt vier Mammae. Dieses Tier, das jetzt auf Tasmanien beschränkt ist, wird aufgrund seiner Neigung zum Schaftöten und des daraus resultierenden Vernichtungskrieges, den ihm die Kolonisten erklärt haben, immer seltener. Es ernährt sich jedoch von anderen Tieren; und es wird berichtet, dass das erste jemals gefangene Exemplar die Überreste eines Ameisenigels im Magen hatte! Herr Thomas glaubt, dass das Fortbestehen dieses und einiger anderer größerer fleischfressender Beuteltiere in Tasmanien nach ihrem Aussterben in Australien nicht ohne Zusammenhang mit dem Aufkommen des Dingos steht. Es wird jedoch behauptet, dass der Thylacine durchaus in der Lage ist, sogar ein Rudel Hunde auf Abstand zu halten.

FEIGE. 79. – Tasmanischer Teufel. *Sarcophilus ursinus.* × 1 / 10 .

Die Gattung *Sarcophilus* ist häufig mit der nächsten verwechselt worden, wird aber von Herrn Thomas, der Cuvier darin folgt, getrennt gehalten. Ein alternativer Gattungsname ist *Diabolus* , der sich wie der Vorname auf die Lebensgewohnheiten und den Charakter der einzelnen Arten dieser Gattung bezieht. Die Gattung ähnelt eher *Thylacinus* als *Dasyurus* . Der Hallux fehlt, und die Zähne ähneln, wenn auch in geringerer Zahl (42), denen des Thylacine mehr als denen des Dasyure. Die Art heißt *S. ursinus* , der populäre Name ist Tasmanischer Teufel. Es ist schwarz mit einer unterschiedlichen Anzahl weißer Flecken auf dem Körper. Er hat etwa die Größe eines Dachses und ist wie der Beutelwolf ein nachtaktives Tier. Der Tasmanische Teufel soll eines der wildesten Tiere sein und seine Wildheit durch ein „schreiendes Knurren" zum Ausdruck bringen.

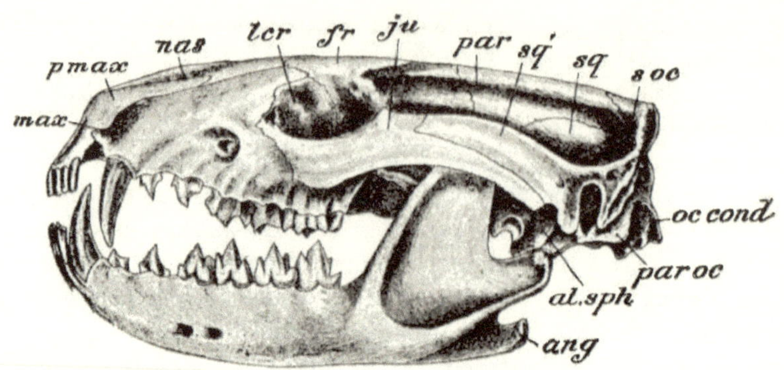

FEIGE. 80. – Schädel von *Dasyurus* . (Seitenansicht.) *al.sph* , Alisphenoid; *ang* , eckiger Fortsatz des Unterkiefers; *fr* , frontal; *ju* , jugal; *lcr* , Tränen; *max* , Oberkiefer; *nas* , nasal; *oc.cond* , Hinterhauptskondylus; *par* , parietal; *par.oc* , Parokzipitalfortsatz ; *p.max* , Prämaxillare; *s.oc* , supraokzipital; *sq* , Plattenepithelkarzinom; *sq* ', Jochbeinfortsatz des Squamosal. (Aus Parker und Haswells *Zoologie* .)

FEIGE. 81. – Dasyure. *Dasyurus viverrinus* . × 1 / 5 . (Nach Vogt und Specht.)

Die nächste Gattung dieser Familie, *Dasyurus* , umfasst fünf Arten, die in den gesamten Unterregionen Papuas und Australiens verbreitet sind. Die allgemeine Form ist Viverrine, und der Hallux ist manchmal vorhanden, wenn auch klein. Die Zahnformel ist wie bei der letzten Gattung, aber die Zähne „sind in ihrem Charakter eher insektenfressend". Es gibt sechs oder acht Mammae. Die Mitglieder dieser Gattung sind grau oder braun und weiß gefleckt; Sie leben alle auf Bäumen und ernähren sich hauptsächlich von Vögeln und ihren Eiern. Herr Thomas hat darauf hingewiesen, dass bei zwei Arten, *D. viverrinus* und *D. geoffroyi* , die Streifen auf den Fußballen fehlen und dass diese daher zumindest wahrscheinlich nicht so rein baumartig sind wie die übrigen. Die Tiere sind nicht tagaktiv und verstecken sich tagsüber in hohlen Baumstämmen. Sie werden als „einheimische Katzen" bezeichnet, haben aber die allgemeinen Gewohnheiten der Martens. *D. maculatus* kommt in Tasmanien häufig vor, ist aber in Australien selten und nähert sich damit „dem Zustand an, den jetzt der Thylacine und der Tasmanische Teufel aufweisen, nämlich die vollständige Ausrottung in Australien, wo beide einst lebten". *D. hallucatus weist* mit seinen fünfzehigen Hinterfüßen und seinem schlanken Körperbau eine Annäherung an *Phascologale auf.*

Phascologale ist eine Gattung, die wie die letztere normalerweise baumbewohnend ist (allerdings nicht *P. virginiae* aus Nord-Queensland), aber von viel kleinerer Größe ist, wobei die Art die Ausmaße einer Ratte nicht überschreitet. Sie haben keine Flecken, aber manchmal gibt es einen Streifen auf der Rückseite. Es gibt dreizehn Arten, die das gleiche Verbreitungsgebiet wie die letzte Gattung haben. Der Hallux ist vorhanden, wenn auch klein, aber der Beutel ist „praktisch veraltet", obwohl sich hinter den Zitzen eine kleine Hautfalte befindet. Das Rhinarium ist nackt; Der Schwanz ist lang, „buschig, mit Kamm oder fast nackt". Die Zahl der Säugetiere beträgt vier bis zehn. Die Zahnformel ist wie bei *Dasyurus*, und die Zähne unterscheiden sich in ihrer Form nicht sehr; Manchmal fehlt der letzte Prämolar. „Die Mitglieder dieser Gattung", bemerkt Herr Thomas, „nehmen offensichtlich den Platz in der australischen Region ein, der im orientalischen durch die Tupaiae und im neotropischen durch die kleineren Opossums eingenommen wird."

Die Gattung *Sminthopsis* umfasst nicht mehr als vier Arten, die sogar kleiner sind als die letzte. Die größte Art, *S. virginiae*, ist nur 125 mm groß. in der Länge. Der Hallux ist vorhanden und es gibt einen gut entwickelten Beutel. Es gibt sechsundvierzig Zähne, wie bei den Dasyures. Die Füße sind schmal und haben körnige oder haarige Sohlen, während sie bei *Phascologale* breit und glatt sind. Die Mammae sind acht oder zehn. Die Gattung erstreckt sich über Australien und Tasmanien.

Die Gattung *Antechinomys* hat nur eine einzige Art, die in Queensland und New South Wales heimisch ist. Der Körperbau ähnelt dem einer Springmaus, und das Tier ist, wie man vermuten könnte, ein Landtier. Die Ohren sind sehr lang und die Gliedmaßen verlängert; der Hallux fehlt; Die Zähne sind genau wie bei *Sminthopsis*.

Antechinomys hat dreizehn Rücken- und sieben Lendenwirbel; drei Sakrale und fünfundzwanzig Caudalen, wobei die letztere Zahl die ihrer Verbündeten übersteigt. Der Magen ist nahezu kugelförmig mit angenäherten Öffnungen; Der Darm war 6,8 Zoll lang, etwas mehr als doppelt so lang wie das Tier selbst. *A. lanigera* stammt ursprünglich aus Ost-Zentralaustralien und scheint von Natur aus ausschließlich terrestrisch zu sein und sich in einer Reihe von Sprüngen fortzubewegen – jedenfalls bei voller Geschwindigkeit.

Professor Spencer, der Exemplare dieser seltenen Art gefunden hat, gibt eine interessante Beschreibung ihrer Gewohnheiten. *Antechinomys* ähnelt stark der australischen Ratte *Hapalotis mitchelli* ; und da die beiden Tiere ein ähnliches Leben führen, ist die Ähnlichkeit nicht unerwartet. Professor Spencer fragt sich, warum diese Kreaturen einen salzigen Lebensstil haben. Das Land, in dem sie leben, ist trocken, aber es gibt Gras- und Strauchflächen. Für ein großes Känguru mag der Vorteil der Fähigkeit, über solche Hindernisse zu springen, offensichtlich sein, nicht jedoch für die kleinen und schlanken *Antechinomys* . Die Hauptfeinde dieses seltenen Beuteltiers scheinen Raubvögel zu sein; und Professor Spencer ist der Meinung, dass die salzige Art des Fortschreitens für solche Verfolger möglicherweise noch verwirrender ist als selbst ein schneller Lauf.

Die Gattung *Dasyuroides* wurde kürzlich von Professor Spencer für ein Beuteltier aus Zentralaustralien eingeführt, das etwas zwischen *Sminthopsis* und *Phascologale liegt* . Da es sich nur um eine Art handelt, wird das Generikum mit den spezifischen Merkmalen betrachtet. *D. byrnei* ist ein Tier von etwa der Größe einer Ratte. Der Hallux fehlt. Der Schwanz ist ziemlich dick, aber nicht „verkrustet". Es gibt sechs Brustwarzen und der Beutel ist nur leicht entwickelt und weist zwei niedrige Seitenfalten auf. Das Gebiss ist I 4/3 C 1/1 Pm 3/2 M 4/4. Dieses Beuteltier ist nachtaktiv und wühlt aus Gewohnheit. Seine Nahrung besteht aus Insekten. [87]

Myrmecobius unterscheidet sich so sehr von den zuletzt beschriebenen Gattungen (DASYURINAE), dass es normalerweise als Unterfamilie MYRMECOBIINAE VON IHNEN GETRENNT WIRD . Das Tier hat eine leuchtend rötliche Farbe und ist hinten weiß gebändert. Es gibt keinen Hallux, obwohl der zu diesem Finger gehörende Mittelfußknochen vorhanden ist. Es gibt vier Mammae. [88] Auf der Brust befindet sich ein einigermaßen nackter Fleck, an dem die Gänge einer komplexen Drüse münden, die ich selbst beschrieben und dargestellt habe. [89] Es gibt keinen Beutel, aber ein Hautstück weist Hinweise auf eine beutelartige Struktur auf. Die Zähne sind außerordentlich zahlreich, fünfzig bis vierundfünfzig; Die Formel lautet I 4/3(4) C 1/1 Pm 3/3 M 5/6. Ihre Ähnlichkeit mit denen bestimmter Beuteltiere aus dem Jura wird auf S. 100 . [90] In dieser Angelegenheit liegt natürlich das Hauptinteresse der Gattung, die „ein unveränderter Überlebender aus der Zeit des Mesozoikums und damit aus einer Zeit lange vor der Unterscheidung der Didelphyidae , Peramelidae und Dasyuridae" sein könnte. Ein weiteres antikes Merkmal (das bei Jura-Säugetieren zu finden ist) ist eine Mylo -hyoideus-Furche am Unterkiefer, die jedoch nicht immer vorhanden ist und deren Existenz daher geleugnet wurde. Die einzige Art, *M. fasciatus* , lebt teils baumartig, teils terrestrisch und ernährt sich von Ameisen. Es handelt sich um eine west- und südaustralische Form.

FEIGE. 82. – Gebänderter Australischer Ameisenbär. *Myrmecobius fasciatus.* ×
1 / 5 .

Fam. 2. Didelphyidae . — Alle Mitglieder dieser Familie sind pentadaktyl .
Die Anzahl der Zähne beträgt fünfzig, sie sind folgendermaßen angeordnet:
I 5/4 C 1/1 Pm 3/3 M 4/4. Der Blinddarm ist klein; der Beutel fehlt im
Allgemeinen; Der Schwanz ist im Allgemeinen lang und greifbar.

FEIGE. 83. – Virginia-Opossum. *Didelphys virginiana.* × 1 / 5 . (Nach Vogt
und Specht.)

Die Gattung *Didelphys* enthält die meisten Formen dieser Familie, darunter
etwa 23 Arten. Die Opossums sind hauptsächlich baumlebende Tiere, die
sich in ihrer Nahrung insektenfressend ernähren. aber die größeren Arten
fressen Reptilien, Vögel und deren Eier. Einige der kleinen Arten tragen ihre
Jungen, wenn sie die Zitzen verlassen können, auf dem Rücken, wobei der
Schwanz der Jungen um den der Mutter gewickelt ist. Es sind nicht nur die
Beuteltierarten, die ihre Jungen auf diese Weise tragen. Azaras Opossum, ein
Tier so groß wie eine Katze, soll seine elf Jungen (selbst so groß wie Ratten)
auf dem Rücken tragen, obwohl ihr Halt durch die Verflechtung der
Schwänze offenbar nicht gestärkt wird. Selbst mit dieser riesigen Familie auf

dem Rücken kann die Mutter mit großer Eifer auf Bäume klettern. Die Zahl der Säugetiere beträgt sieben bis fünfundzwanzig. Die Gattung wurde kürzlich in eine Reihe von Gattungen aufgeteilt: *Marmosa* , *Dromiciops* , *Peramys* usw.

FEIGE. 84.— Dickschwanzopossum. *Didelphys crassicaudata* . × 1 / 5 .

Chironectes unterscheidet sich kaum von *Didelphys* . Es hat Schwimmhäute an den Hinterfüßen und lebt im Wasser. Die einzige Art der Gattung ist als Yapock bekannt und ist eine mittel- und südamerikanische Form. Es ist ungefähr so groß wie eine große Ratte und scheint ein erfahrener Taucher zu sein, wenn es um die Fische geht, von denen es lebt.

Fam. 3. Peramelidae . — Obwohl die Bandicoots eindeutig zu den Polyprotodonten Beuteltieren gehören, stimmen sie doch mit den Diprotodonten in der Tatsache überein, dass die zweite und dritte Zehe der Füße in einer gemeinsamen Hülle verbunden sind, was beim Diprotodonten Caenolestes nicht der Fall *ist* . Die Hinterpfoten sind länger als die Vorderpfoten; Von der früheren Extremität sind allein zwei oder drei Finger lang und funktionsfähig; die anderen sind rudimentär oder fehlen. Schwanz lang, behaart und nicht greifbar. Gebiss I 5/3 C 1/1 Pm 3/3 M 4/4 = 48, oder manchmal, aufgrund des Fehlens eines Paares oberer Schneidezähne, 46. Es gibt einen Blinddarm.

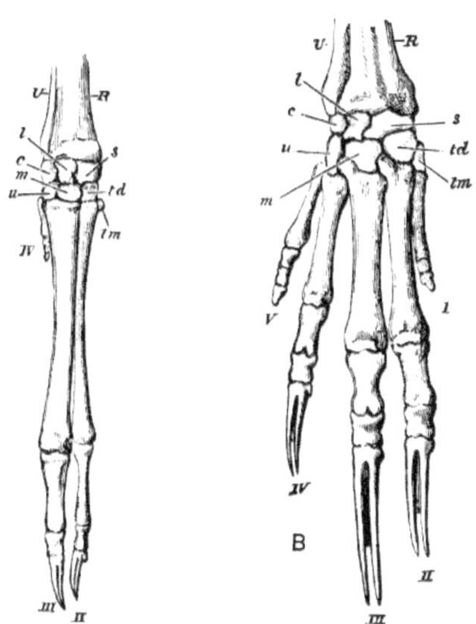

FEIGE. 85.- Manusknochen. **A** , von *Choeropus castanotis* . × 2. **B** , von Bandicoot (*Perameles*). × 1½. *c* , Keilschrift; *l* , Mond; *m* , Magnum; *R* , Radius; *s* , Skaphoid; *td* , Trapez; *tm* , Trapez; *u* , unziform; *U* , Ulna; *IV* , Ziffern. (Aus Flower's *Osteology* .)

FEIGE. 86. – Kaninchenbandicoot. *Peragale lagotis.* × 1 / 5 .

Die Gattung *Peragale* , die Bandicoots, besteht aus zwei Arten, die ausschließlich in Australien vorkommen. Die riesigen Ohren (daher „Rabbit" Bandicoot) unterscheiden diese Gattung von *Perameles* . Der Beutel öffnet sich nach hinten und es gibt acht Brüste. *P. lagotis* , die einzige Art, über deren

Lebensweise etwas bekannt ist, gräbt sich in den Boden ein, aus dem sie
Larven gewinnt; Es ist auch ein Grasfresser, und es wird gesagt, dass seine
Ähnlichkeit mit einem Kaninchen im Aussehen durch seinen ähnlichen
Geschmack noch verstärkt wird !

Perameles ist eine aus zwölf Arten bestehende Gattung, die in Tasmanien,
Australien und Neuguinea vorkommt. Wie die letzte Gattung, von der sie
sich in anderen Punkten nicht sehr unterscheidet, besteht *Perameles* aus Arten,
die insektenfressende und vegetarische Lebensgewohnheiten kombinieren.
Eine Art soll in Gefangenschaft zum Experten im Mäusefang geworden sein.
Der Beutel öffnet sich nach hinten und es gibt sechs oder acht Brustwarzen.

FEIGE. 87. – Schweinsfußbandicoot. *Choeropus castanotis*. × ⅓ .

Die letzte Gattung dieser Familie ist *Choeropus* , die nur eine Art enthält, *Ch.
Castanotis* . Es ist auf den australischen Kontinent beschränkt. Es
unterscheidet sich von den letzten beiden dadurch, dass es im Vorderbein
nur zwei funktionelle Finger gibt, den zweiten und den dritten; der vierte ist
rudimentär; die anderen beiden fehlen. Es gräbt und ist wie seine
Verbündeten Allesfresser. Die beiden entwickelten Mittelhandknochen sind
sehr lang und liegen eng beieinander; Sie haben daher ein bemerkenswert
schweineartiges Aussehen und rechtfertigen ihren Namen. Der Beutel öffnet
sich nach hinten und es gibt acht Brüste.

Fam. 4. Notoryctidae . — Diese Familie enthält nur eine einzige Gattung
und Art, die kürzlich entdeckten *Notoryctes Typhlops* . [91]

Als Familienmerkmale können wir die Gliedmaßen des Pentadaktylus , das
Vorhandensein von drei Schneidezahnpaaren im Unterkiefer und vier Paaren

im Oberkiefer betrachten; und die trituberkuläre Natur der oberen Molaren. *Notoryctes typhlops* , der „Beuteltiermaulwurf", wie er genannt wird, wurde ursprünglich von Professor Stirling in Zentral-Südaustralien entdeckt. Es handelt sich um ein wühlendes Geschöpf, gekleidet in ein seidenes, blassgoldrotes Fell, ohne Außenohren. Sein Aussehen wurde mit *Chrysochloris* , dem Goldenen Maulwurf am Kap, verglichen, und der bedeutende Paläontologe Professor Cope hat sogar auf einer echten genetischen Verwandtschaft bestanden. Auch zahnlose Verwandtschaften wurden vermutet. Aber *Notoryctes hat wie bei anderen* Polyprotodonten einen kleinen Beutel, der sich nach hinten öffnet , [92] und da es auch Beuteltierknochen besitzt, muss es zweifellos den Marsupialia zugeordnet werden . Das Tier zeigt viele merkwürdige Anpassungen an seine unterirdische Lebensweise. Bestimmte Wirbel im Hals- und Lendenbereich sind fest miteinander verschweißt, was natürlich eine Stoßkraft verleiht und an Gürteltiere erinnert; Die Krallen der dritten und vierten Vorderzehe sind stark vergrößert und müssen effiziente Graborgane sein. Die Spur des Tieres gleicht der einer Eisenbahn in bergigem Land; Es gräbt sich ein kurzes Stück ein, taucht wieder auf und taucht dann unter der Oberfläche wieder auf. Die rote Farbe des Fells soll mit dem trockenen Boden, in dem es lebt, harmonieren. Der einheimische Name der Kreatur ist „ Urquamata ". Es ernährt sich von Ameisen und anderen Insekten.

FEIGE. 88. – Australischer Beuteltiermaulwurf. *Notoryctes Typhlops* . × ¼.

Ausgestorbene Polyprotodonten . — Von ausgestorbenen Polyprotodonten (abgesehen von den mesozoischen Formen, die auf S. 100 betrachtet werden) sind aus Australien ausgestorbene Arten von *Thylacinus* und *Dasyurus* bekannt . Die interessanteste Tatsache im Zusammenhang mit den tertiären Polyprotodonten ist die Existenz von Gattungen wie *Prothylacinus* und *Amphiproviverra* in Südamerika , die nicht nur Polyprotodonten , sondern definitiv Dasyures sind und nicht den Didelphyidae zuzuordnen sind .

Diese Formen wurden in eine Ordnung, SPARASSONTA , AUFGENOMMEN . Es ist jedoch keineswegs sicher, ob diese Formen richtig in die Nähe der fleischfressenden Beuteltiere gestellt werden; Es ist möglich, dass sie zu den Creodonta oder ihren Verbündeten verbannt werden sollten . Ihre Struktur liegt tatsächlich etwas zwischen diesen beiden Gruppen. Die Zähne scheinen fleischfressend und beuteltierartig zu sein; aber wie bereits erwähnt, wird im Zusammenhang mit der allgemeinen Struktur der Zähne mehr als ein einzelner Prämolar ersetzt. Tatsächlich liegen diese Tiere, was ihre Zähne betrifft, auf halbem Weg zwischen den Beuteltieren und den typischen Eutheria . Der Winkel des Unterkiefers ist gebeugt, der Gaumen weist jedoch keine mangelhafte Verknöcherung auf. Zumindest ist dies nicht bei allen Mitgliedern der Gruppe der Fall. Ob das kleine *Mikrobiotherium* , das zum Typ einer Familie gemacht wird, hier zu Recht erwähnt wird, ist nicht sicher. Dieses Tier hatte Gaumenlücken sowie einen gebogenen Winkel zum Unterkiefer.

KAPITEL VIII

EDENTATA – GANODONTA

Befehl II. EDENTATA

Rillen bedeckt . Gliedmaßen mit Krallen versehen. Zähne fehlen entweder völlig oder sind, falls vorhanden, in ihrer Struktur unvollkommen, haben keinen Zahnschmelz und bilden keine vollständige Reihe; Schneide- und Eckzähne fehlen in der Regel. Zitzen axillär, pektoral oder inguinal. [93] Retia mirabilia kommt in den Extremitäten sehr häufig vor.

Edentata einordnen , sondern auch den Elefanten und die Gattung *Trichechus* . Herr Thomas hat vorgeschlagen, den Namen in Paratheria zu ändern, wobei dieser Name darauf hindeutet, *was* er und einige andere über die systematische Stellung der Gruppe denken, d ein separater Zweig, der mit der Eutheria aus einem geringen Säugetierbestand entstanden ist . Diese Ansicht kann kaum akzeptiert werden, wenn es sich bei den Ganodonta – von denen gleich noch die Rede sein wird – tatsächlich um edentatische Vorfahren handelte, denn sie sind in keiner Weise eine Säugetiergruppe der Prototherianer, soweit ihre Überreste es uns ermöglichen, dies zu beurteilen.

Die Edentata enthalten unter anderem Faultiere, Ameisenbären, Gürteltiere, *Manis* und *Orycteropus* . Die großen Erdfaultiere, *Megatherium* usw. sowie Gürteltiere, *Glyptodon* usw. stellen die ausgestorbenen Formen dar.

Der für diese Gruppe verwendete Name ist insofern unangemessen, als viele Zahnlose Zähne haben. Allerdings kann die Reihenfolge durch eine Reihe kleiner Zahnzeichen definiert werden. Wenn also Zähne vorhanden sind, sind diese einfach aufgebaut und haben im Erwachsenenalter keinen Zahnschmelz, obwohl bei einem Gürteltier ein rudimentäres Zahnschmelzorgan entdeckt wurde. Darüber hinaus befinden sich die Zähne nicht im vorderen Teil des Mundes und wachsen aus hartnäckigen Pulpen; es gibt auch keine große Differenzierung zwischen ihnen. Es ist jedoch nicht möglich, von den Edentaten als völlig homodont zu sprechen, da bei *Orycteropus* große Backenzähne vorhanden sind; aber es gibt jedenfalls keine ausgeprägte Heterodontie in diesem oder irgendeinem anderen Edentate. Früher sagte man, die Edentaten seien monophyodontisch. Später wurde jedoch festgestellt, dass das Gürteltier *Tatusia* ein zweites unterdrücktes Gebiss besaß, und nach dieser Entdeckung bewies Herr Thomas, dass *Orycteropus* ebenfalls ein Diphyodont ist. Seitdem hat sich gezeigt , dass andere Gürteltiere diphyodontisch sind; und daher kann die gesamte Gruppe , soweit es die Mitglieder betrifft, die Zähne haben, in dieser Hinsicht aller Wahrscheinlichkeit nach als typische Säugetiere angesehen werden.

Diese Charaktere sind recht schlank, aber es scheint keine anderen zu geben, mit denen die Mitglieder dieses Ordens zufriedenstellend miteinander verbunden werden könnten. Tatsache ist, dass es sich hier um eine polymorphe Ordnung handelt, die aller Wahrscheinlichkeit nach Vertreter von mindestens zwei getrennten Ordnungen enthält. Wir haben derzeit nur sehr wenige und diese vielleicht stark veränderte Nachkommen einer großen und vielfältigen Gruppe von Säugetieren. Der Einfachheit halber werden sie alle unter der Überschrift Edentata behandelt .

Obwohl es aus den bereits genannten wahrscheinlichen Gründen schwierig ist, eine solche Definition zu formulieren, die alle existierenden Edentaten einschließt, ist es einfach genug, zwei Gruppen in dieser heterogenen Reihenfolge zu definieren; um eine Gruppe zu definieren, sollten wir eher sagen, und dann die Überreste so betrachten, dass sie eine andere, nicht so leicht definierbare Gruppe bilden.

Die perfekt definierbare Gruppe besteht aus den Amerikanischen Ameisenbären, den Gürteltieren und den Faultieren. Bei all diesen Lebewesen, die für sich betrachtet sicherlich mehrere Familientypen repräsentieren, gibt es eine Reihe wichtiger und äußerst charakteristischer anatomischer Merkmale, die sie gemeinsam haben. Diese drei Typen sind im allgemeinen Erscheinungsbild und (damit korrelierend) in der Lebensweise so außerordentlich unterschiedlich, dass diese gemeinsamen Charaktere zunehmend an Bedeutung gewinnen.

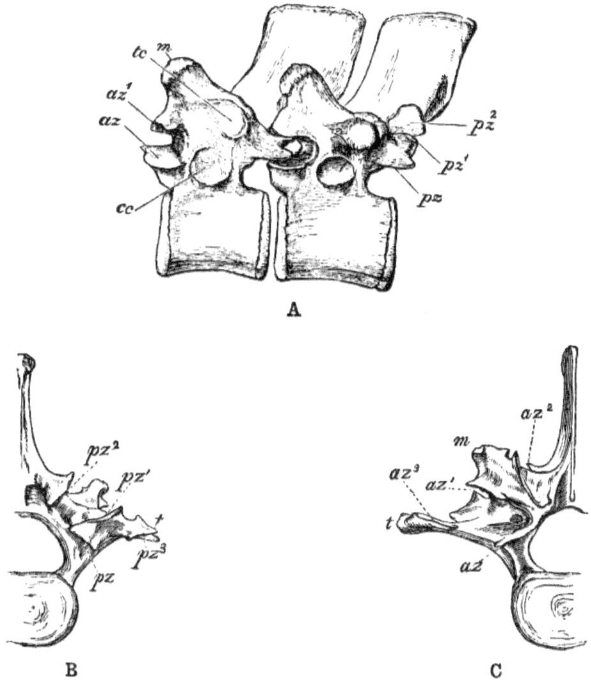

FEIGE. 89. – Großer Ameisenbär (*Myrmecophaga jubata*). **A** , Seitenansicht des zwölften und dreizehnten Brustwirbels. **B** , Hinterfläche des zweiten Lendenwirbels. **C** , Vorderfläche des dritten Lendenwirbels, × ⅔ . *az* , vordere Zygapophyse; az^1 , az^2 , az^3 , zusätzliche vordere Gelenkfacetten; *cc* , Facette für Rippenkapitel; *m* , Metapophyse ; *pz*, hintere Zygapophyse; pz^1 , pz^2 , pz^3 , zusätzliche hintere Gelenkfacetten; *t* , Querfortsatz; *tc* , Facette zur Artikulation des Rippenhöckers. (Aus Flower's *Osteology* .)

Das erste dieser Merkmale ist die Reihe zusätzlicher Zygapophysen an den hinteren Rücken- und Lendenwirbeln; diese sind bei Ameisenbären und Gürteltieren sehr deutlich; weniger klar, aber immer noch offensichtlich vertreten, bei den Faultieren. Zweitens besitzen sie alle ein Schlüsselbein, das beim Großen Ameisenbär zwar rudimentär, aber noch vorhanden ist. Drittens sind die Hoden das ganze Leben lang abdominal, eine Eigenschaft, die sie mit so niedrig organisierten Tieren wie den Monotremata und den Walen teilen . Schließlich, und das ist keineswegs zu übersehen, sind nicht nur alle existierenden Mitglieder dieser Gruppe Amerikaner in ihrem Verbreitungsgebiet, sondern es gibt auch keine Beweise dafür, dass sie jemals anderswo existiert haben. Bisher wurden keine europäischen oder altweltlichen Vertreter entdeckt, die mit Sicherheit dem Ameisenbär-, Gürteltier- oder Faultiertyp zugeordnet werden können. [94]

Von diesen amerikanischen Formen, die zuerst behandelt werden, sind die Gürteltiere entweder von Faultieren oder Ameisenbären weiter entfernt als die letzten beiden voneinander. Der Name XENARTHRA wurde für die amerikanischen Edentates mit „abnormalen" Wirbelgelenken vorgeschlagen; die entsprechende NOMARTHRA umfasst die Formen der Alten Welt.

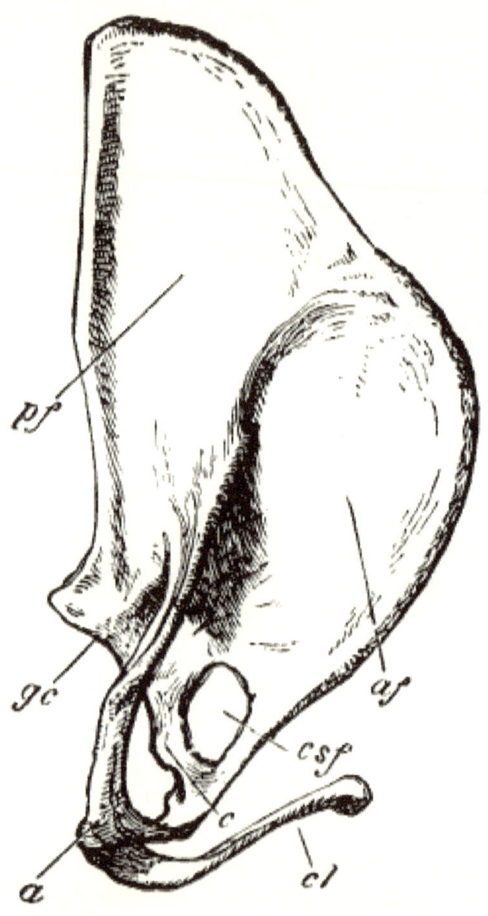

FEIGE. 90. – Rechtes Schulterblatt und Schlüsselbein des Zweifingerfaultiers (*Choloepus hoffmanni*). × 1 ⅔ . *a* , Acromion; *af* , Fossa präscapularis; *c* , Coracoid; *cl* , Schlüsselbein; *CSF* , Coraco - Foramen scapularis; *gc* , Glenoidhöhle; *pf*, Fossa postscapularis . (Aus Flower's *Osteology* .)

Zwischen Faultieren und Ameisenbären liegen das ausgestorbene *Megatherium* und einige seiner Verbündeten gewissermaßen dazwischen. Zunächst kann jedoch darauf hingewiesen werden, dass zwischen den lebenden Formen gewisse wichtige Ähnlichkeiten bestehen. In beiden Fällen entwickelt sich die Retia mirabilia im Schwanz (trotz ihrer Reduzierung bei den Faultieren) und in den Gliedmaßen. Aber bekanntlich kommen Retien auch bei anderen Säugetieren vor, die in der Reihe weit von den betrachteten Säugetieren entfernt sind. Die Fortpflanzungsorgane sind im Allgemeinen sehr ähnlich und haben sowohl eine kuppelförmige als auch eine deziduierte Plazenta. Den letztgenannten Charakter teilen sie mit den Gürteltieren und den Aard Vark ; *Manis* haben eine nicht deziduierte Plazenta, die wie die der Carnivora eine zonäre Form hat. Die Edentata, jedenfalls die amerikanischen Formen, haben eine doppelte Vena cava posterior und keine Vena azygos. Diese Bedingung ist auch bei Walen erfüllt.

Osteologisch sind Faultiere und Ameisenbären dadurch vereint, dass das Coracoid mit dem Coracoidrand des Schulterblatts verschmilzt und so ein Foramen bildet; Die Bedeutung dieses Merkmals wird jedoch durch sein Vorkommen in drei Cebidae-Gattungen beeinträchtigt.

Die oben genannten Fakten verkörpern die Ansichten von Sir William Flower. [95]

Eine anschließende Untersuchung des Gehirns und der Muskeln dieser Tiere hat zu Ergebnissen geführt, die nicht ganz mit diesen Ansichten übereinstimmen.

Dr. Elliot Smith ist nach einer ausführlichen Untersuchung des zahnlosen Gehirns der Meinung [96], dass die vorliegende Gruppe in dieser Körperregion sehr deutliche Ähnlichkeiten mit den Fleischfressern aufweist; das heißt, soweit es die Ameisenbären betrifft. Andererseits ist *Orycteropus* ebenso eindeutig mit einem primitiven Huftiertyp vergleichbar, wie er beispielsweise von *Moschus veranschaulicht wird* . „Wenn das Gehirn von *Orycteropus* ", bemerkt er, „einem Anatomen gegeben würde, der mit allen anderen Variationen des Gehirntyps von Säugetieren vertraut ist, gibt es wahrscheinlich nur ein Merkmal, das ihn dazu bringen würde, es als äußerst einfaches Huftier zu bezeichnen." Gehirn. Dieses eine Merkmal ist der hohe Grad an Makrosmatismus . [97] *Manis* hingegen kommt *Orycteropus nicht besonders nahe* . Das Gehirn von *Manis* entspricht einer einfachen Art von Architektur, die in vielen Punkten mit denen von *Orycteropus* und den amerikanischen Edentaten übereinstimmt; Es gibt nicht genügend Beweise, um zu zeigen, welchen Typus sie wirklich bevorzugt ." Elliot Smith würde tatsächlich Max Weber darin zustimmen, dass es bei einer Unterteilung besser ist, die Gruppe in drei Ordnungen zu unterteilen : – die Xenarthra (Faultiere, Ameisenbären und Gürteltiere), Tubulidentata (*Orycteropus*) und Squamata (*Manis*) statt in Xenarthra und Nomarthra .

Die Herren Windle und Parsons [98] sind geneigt, in muskulären Ähnlichkeiten Gründe für die Vereinigung von *Manis mit den amerikanischen Edentaten zu sehen, obwohl sie zugeben, dass sie Orycteropus* nicht zuordnen können

; Bei diesem Tier, sagen sie, „sind wir mehr von der verallgemeinerten Anordnung seiner Muskeln bei Säugetieren beeindruckt als von irgendwelchen besonderen Merkmalen der Edentat. Es gibt jedoch zwei Muskeln bei *Orycteropus* , die Besonderheiten aufweisen, die anderswo als bei den Edentaten nicht zu finden sind "; – die Trizeps, der mehr als einen Schulterblattkopf hat, und der Tibialis posticus , der doppelt ist. Sie kommen zu dem Schluss, dass *Orycteropus* „einige schwache Ansprüche darauf erhebt, in den Orden aufgenommen zu werden".

Wir werden hier die folgenden Unterteilungen übernehmen.

UNTERORDNUNG 1. XENARTHRA.

Fam. 1. Myrmecophagidae . — Die Familie Myrmecophagidae umfasst drei Gattungen, die alle in Südamerika vorkommen. Diese Gattungen *Myrmecophaga* , *Tamandua* und *Cycloturus* stimmen in ihrer äußeren Form weitgehend überein. Sie sind alle ohne Zähne und haben lange Schnauzen und lange hervorstehende Zungen. Das Fell ist dick und sie haben kräftige Krallen, mit denen sie die starken Ameisenhaufen niederreißen können, von denen sie sich ernähren. *Tamandua* und *Cycloturus* leben auf Bäumen, *Myrmecophaga* lebt terrestrisch. Die Krallen der Baumformen sind nützlich, um die Rinde zu zerstören und so Insekten ans Licht zu bringen, die in solchen Situationen lauern.

FEIGE. 91. – Großer Ameisenbär. Myrmecophaga jubata. × 1 / 10 .

Die Gattung *Myrmecophaga* enthält nur eine Art, den Großen Ameisenbären, *Myrmecophaga jubata* . Es ist ein großes und hübsches Tier mit langen, struppigen, grauschwarzen Haaren und einem breiten weißen Streifen über der Schulter. Die Färbung ist bei beiden Geschlechtern ähnlich. Einschließlich des langen und buschigen Schwanzes erreicht er eine Länge von über 7 Fuß. Aufgrund ihrer langen Zunge und der stark entwickelten Speicheldrüsen wurden diese und die verwandten Gattungen ursprünglich *Manis zugeordnet* . Es sind die Unterkieferdrüsen, die so riesig sind; Sie erstrecken sich nach hinten über die Brust und öffnen sich durch drei verschiedene Kanäle, von denen sich zwei kurz vor der äußeren Öffnung vereinigen. Entlang ihres Verlaufs sind diese Kanäle mit einem Schließmuskel versehen, der das Sekret in Richtung der äußeren Öffnung in die Mundhöhle drückt. Der Magen ist etwas muskelmagenartig. Der Darm hat keinen Blinddarm. [99]

Die großen Krallen des Ameisenbären sind nicht nur nützlich, wenn es darum geht, den Boden aufzureißen, um an seine Nahrung zu gelangen; Mit ihnen bewaffnet fürchtet er nicht, wie Mr. Waterton bemerkte, „den tödlichen Druck der Schlangenfalte oder die Zähne des ausgehungerten Jaguars". Auch ein Ameisenbär ist einem großen Hund mehr als gewachsen und reißt sich mit den Krallen den Bauch auf, während der Hund vergeblich versucht, mit seinen Zähnen einen Eindruck im struppigen Haar zu hinterlassen.

Tamandua ist ein kleineres Tier als *Myrmecophaga* und lebt, wie bereits erwähnt, auf Bäumen; Mit dieser Gewohnheit verbunden ist ein Greifschwanz. Wie die letzte Gattung hat *Tamandua* ein rudimentäres Schlüsselbein, wobei dieser Knochen beim kleinen *Cycloturus gut entwickelt ist* .

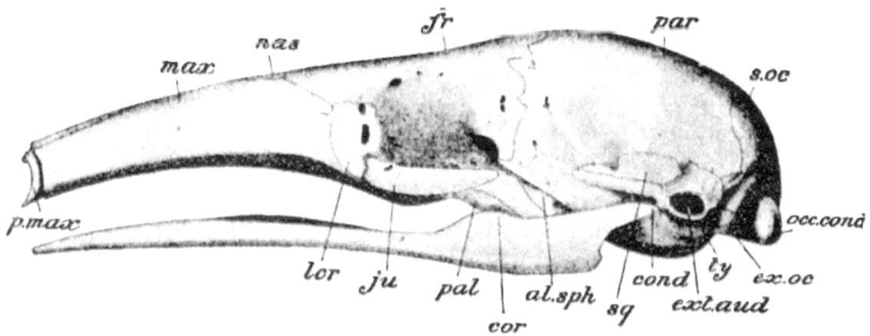

FEIGE. 92. – Schädel eines Ameisenbären (*Myrmecophaga*). Seitenansicht, *al.sph* , Alisphenoid; *cond* , Kondylus des Unterkiefers; *cor* , Processus coronoideus des Unterkiefers; *ex.oc* , exokzipital; *ext.aud* , äußerer Gehörgang; *fr* , frontal; *ju* , jugal; *lcr* , Tränen; *max* , Oberkiefer; *nas* , nasal; *occ.cond* , Hinterhauptskondylus; *Kumpel* , Palatin; *par* , parietal; *p.max* , Prämaxillare; *s.oc* , supraokzipital; *sq* , Plattenepithelkarzinom; *ty* , Trommelfell. (Aus Parker und Haswells *Zoologie*).

Der Schädel des Ameisenbären [100] ist sehr lang und niedrig; Der Vorderteil ist röhrenförmig und es scheint keine Spuren von Zähnen zu geben. Das Prämaxillare ist sehr klein; Der Jochbogen ist unvollständig und reicht nicht bis zum Squamosal dahinter. Ein merkwürdiges Merkmal dieser Gattung, das sie mit einigen Delfinen und anderen Walen gemeinsam hat, ist, dass die Pterygoideusknochen Gaumenplatten entwickeln, die sich in der Mittellinie treffen und so die Öffnung der hinteren Nasenlöcher nach hinten verschieben . Dies ist natürlich auch ein Charakterzug verschiedener niederer Wirbeltiere. Ein weiterer walähnlicher Charakter des Schädels ist der schwache Charakter des Unterkiefers, der keinen ausgeprägten Coronoidfortsatz aufweist. Aber in keiner der beiden Gruppen gibt es viel Kauerei. Das Trommelfell, das Periotikum und das Squamosum sind ankylosiert. Eine Besonderheit der Halswirbel besteht darin, dass (wie bei den Kamelen) der Wirbel-Arterien- Kanal mehrerer Wirbel den Stiel schräg durchbricht. Es gibt fünfzehn oder sechzehn Rücken- und drei oder zwei Lendenwirbel. Die zusätzlichen Zygapophysen auf dem ersteren wurden bereits erwähnt. Die Artikulationsweise der Rippen ist höchst einzigartig.

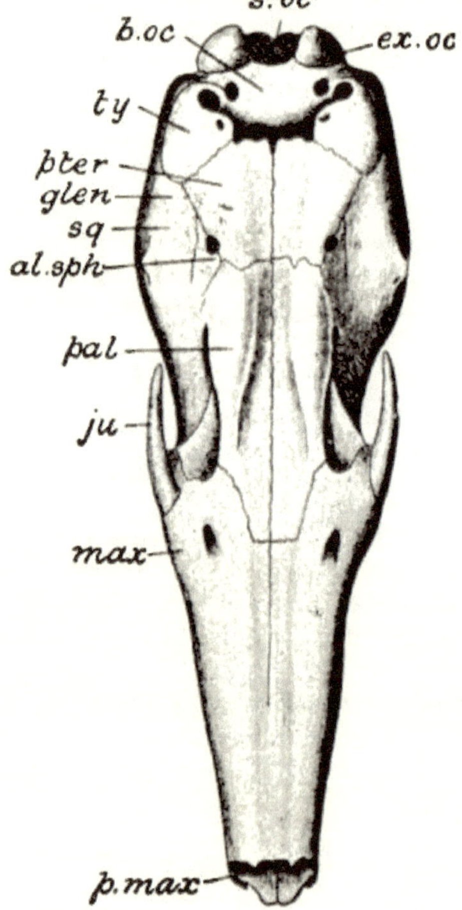

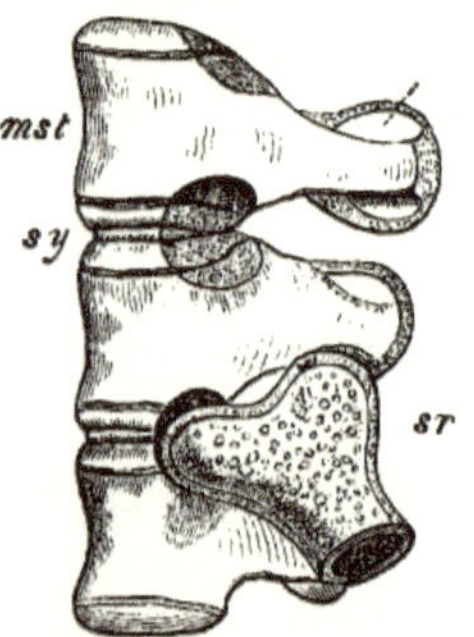

FEIGE. 94. — Seitenansicht von drei mesosternalen Segmenten eines jungen Ameisenbären (*Tamandua*), die die Artikulationsart der Brustrippe (*sr*) zeigt. *mst* : Die obere oder innere Oberfläche des mesosternalen Segments; *sy* , die synoviale Artikulation zwischen den Segmenten. (Aus Flower's *Osteology* , nach Parker.)

FEIGE. 93. – Schädel eines Ameisenbären (
Myrmecophaga). Ventrale Ansicht. Buchstaben
wie in Abb. 92. Zusätzlich *b.oc* , basioccipital;
Glen , Glenoidfläche für Unterkiefer; *Pter* ,
Pterygoideus. (Aus Parker und Haswells
Zoologie .)

Jedes Segment des Brustbeins (von denen es acht gibt) ist vom nächsten
durch eine Synovialmembran getrennt und hat auf beiden Seiten zwei
Facetten für die Verbindung mit den Rippen. Die Art und Weise, wie diese
letzteren Knochen mit dem Brustbein verbunden sind, ähnelt seltsamerweise
der Art und Weise, wie sie an ihrem anderen Ende mit der Wirbelsäule
verbunden sind . Damit kann möglicherweise die doppelte Artikulation der
einzelnen Rippe (die mit dem Brustbein artikuliert) bei den Rorquals
verglichen werden. Bei *Cycloturus* kommt diese Artikulationsart nicht vor.

Der Manus von *Myrmecophaga* ist fünffingrig. Von diesen ist die dritte Ziffer
(wie bei Perissodactyles) die prominenteste; es ist mindestens doppelt so
breit wie der zweite oder dritte Finger; Der Pollex ist sehr schlank. Beim
kleinen *Cycloturus* ist dies in größerem Ausmaß der Fall: Der dritte Finger ist
relativ groß; der erste und der vierte sind recht rudimentär geworden;
während die Quinte gerade noch als winzige Verknöcherung erkennbar ist.

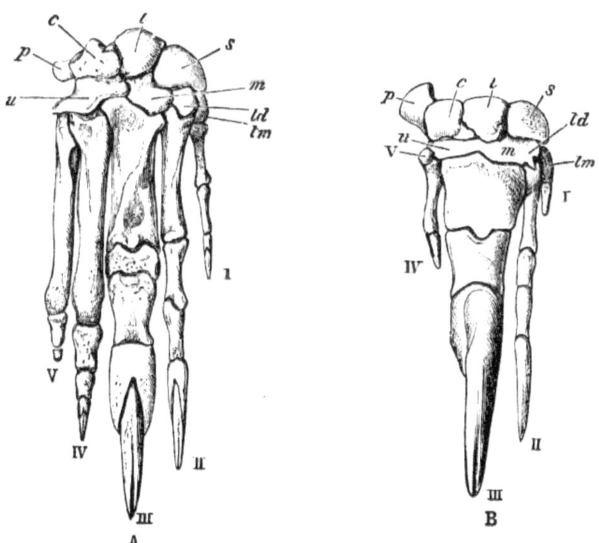

FEIGE. 95. – **A** , Manus des Großen Ameisenbären (*Myrmecophaga jubata*). ×
⅓ . **B** , Manus des Kleinen Ameisenbären (*Cycloturus didactylus*). × 2. *c* ,
Keilschrift; *l* , Mond; *m* , Magnum; *p* , pisiform; *s* , Skaphoid; *td* , Trapez; *tm* ,
Trapez; *u* , unziform; *IV* , Ziffern. (Aus Flower's *Osteology* .)

Die Chevron-Knochen im Schwanz umgeben ein gut entwickeltes Rete mirabile, ein Rete, das sich genau an derselben Stelle in der östlichen *Manis befindet* . *Tamandua* hat auch Retien, die auch bei den Klammeraffen vorkommen.

Cycloturus ist bei weitem der kleinste Ameisenbär. Es hat nur zwei Zehen an den Vorderfüßen. Anatomisch unterscheidet es sich von seinen größeren Verwandten durch das vollständige Schlüsselbein und durch die Tatsache, dass die Pterygoidea nicht in der Mittellinie des Schädels zusammentreffen. Auch die Rippen sind ungewöhnlich breit, wie beim Wal *Neobalaena* , und bilden eine knöcherne Hülle für den Körper. Es hat zwei kleine Caeca. Über fossile Ameisenbären ist jedoch wenig bekannt. Die interessanteste Form ist *Scotaeops* , interessant weil sie zwei kleine Hinterzähne hat, die bei ihren lebenden Verbündeten völlig verloren gehen. Der riesige ausgestorbene patagonische Vogel *Phororhacos* , der zuerst durch einen Unterkiefer bekannt wurde, wurde einst aufgrund der Form und der zahnlosen Beschaffenheit des Kiefers als Mitglied dieser Gruppe angesehen.

FEIGE. 96. – Unau oder Zweifingerfaultier. *Choloepus didactylus.* × 1 / 5 .
(Nach Vogt und Specht.)

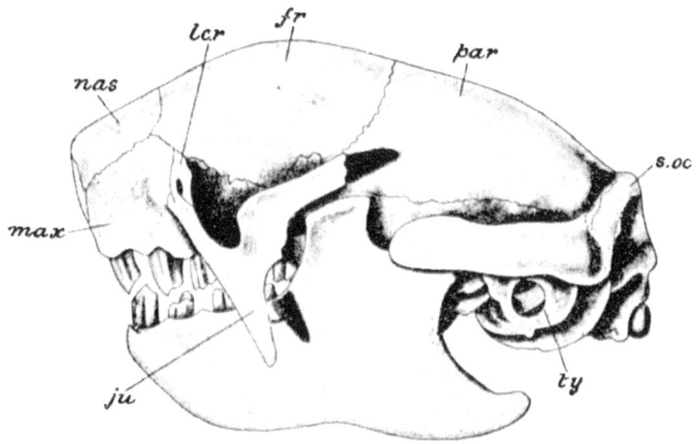

FEIGE. 97. – Schädel eines Dreifingerfaultiers. *Bradypus tridactylus* . Seitenansicht. *fr*, Frontal; *ju* , jugal; *lcr* , Tränen; *max* , Oberkiefer; *nas* , nasal; *par*, parietal; *s.oc* , supraokzipital; *ty* , Trommelfell. (Aus Parker und Haswells *Zoologie* .)

Fam. 2. Bradypodidae. — Die Faultiere, Gattungen *Bradypus* und *Choloepus* , kommen, wie bereits erwähnt, den Ameisenbären trotz ihrer auffallenden Verschiedenheit im Aussehen sehr nahe. Die Faultiere sind reine Baumbewohner mit starken, gebogenen Krallen, die als Haken dienen, um sie an der Unterseite eines Astes hängen zu lassen. Das Dreifingerfaultier *Bradypus* (oder „Ai") hat die außergewöhnliche Anzahl von neun Halswirbeln; Das Zweifingerfaultier *Choloepus hoffmanni* (oder „Unau") hat die ebenso außergewöhnliche Anzahl von sechs. Das Haar ist lang und struppig und erhält durch die Anwesenheit winziger Algen zufällig eine grüne Farbe . [101] Dies verleiht dem Tier das Aussehen eines mit Flechten bedeckten Astes, eine Ähnlichkeit, die bei einer Art durch ein ovales Zeichen auf dem Rücken verstärkt wird, das zwangsläufig auf ein abgebrochenes Ende eines solchen Astes schließen lässt. Auf die Ähnlichkeit eines Faultiers mit seiner Umgebung weist Dr. Siemann hin , [102] der beobachtete, dass eine in Nicaragua vorkommende Art „fast genau die gleiche graugrüne Farbe hat wie *Tillandsia usneoides* , das sogenannte ‚pflanzliche Rosshaar'-Gemeinwesen im Bezirk.... Wenn gezeigt werden könnte, dass es häufig mit dieser Pflanze bedeckte Bäume aufsuchte... gäbe es einen merkwürdigen Fall von Nachahmung zwischen den Haaren des Faultiers und der Tillandsie *und* einen guten Grund, warum es so wenige dieser Faultiere gibt gesehen." Der Magen der Faultiere hat eine komplizierte Struktur mit mehreren Kammern; einer davon gibt einen langen, halbmondförmigen Blinddarm ab. Der Schädel der Faultiere stimmt in einigen Einzelheiten mit dem der Ameisenbären überein.

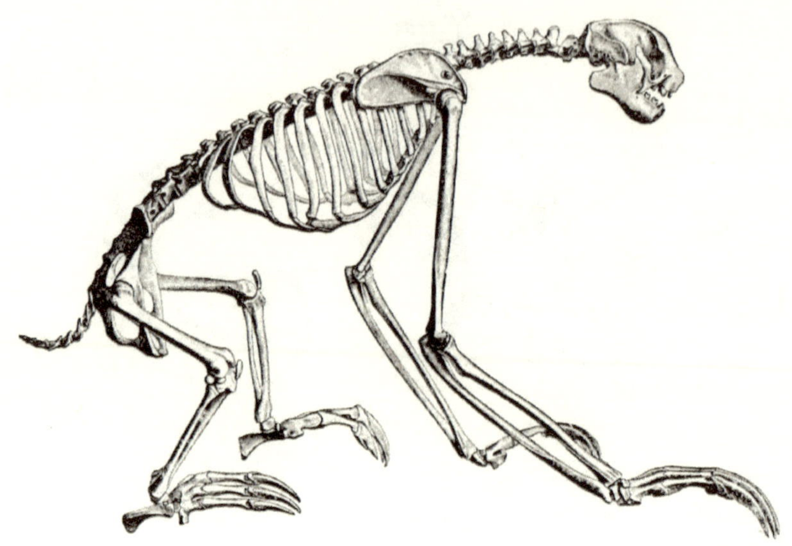

FEIGE. 98.— Skelett eines Dreifingerfaultiers. *Bradypus tridactylus* . (Nach de Blainville.)

Das Jochbein ist unvollständig, obwohl der mit dem Stirnbein verbundene Teil einen stark nach unten gerichteten Fortsatz aufweist, wie er bei *Diprotodon* und einigen anderen Säugetieren zu finden ist. Darüber hinaus gibt es einen Fortsatz vom Squamosal, der jedoch nicht den vorderen Teil erreicht und so die Arkade vervollständigt. Die Prämaxillarien sind sehr klein und gehen normalerweise in getrockneten Schädeln verloren. Mit diesen Ähnlichkeitspunkten sind einige Unterschiede verbunden. Der Unterkiefer beispielsweise weist einen gut ausgeprägten Processus coronoideus auf. Die Pterygoidea treffen sich nicht in der Mittellinie. Die Zähne sind fünf oder vier in jeder Kieferhälfte. Von einem zweiten Satz fehlt jede Spur.

Eine Besonderheit der Faultiere ist die enorme Anzahl an Rückenwirbeln. Bei *Choloepus hoffmanni* gibt es dreiundzwanzig davon , beim Dreifingerfaultier *Bradypus hingegen nur fünfzehn bis siebzehn* . Wie bei anderen amerikanischen Edentaten verbindet sich das Acromion mit dem Coracoid. Dieser Zusammenhang kommt sowohl bei den Zweizehen- als auch bei den Dreizehenarten vor. Die Gliedmaßen dieser Tiere sind sehr lang und typisch für das Leben auf Bäumen. Der Femur hat keinen dritten Trochanter. Die Gattung *Bradypus* , die aufgrund der Tatsache, dass sie die dritte Zehe am Manus nicht verloren hat, primitiver zu sein scheint als *Choloepus* , weist ein weiteres strukturelles Merkmal auf, das diese Schlussfolgerung nicht stützt. Das Trapezoid und das Os magnum des Carpus sind vereint, während es sich bei *Choloepus* um völlig unterschiedliche Knochen handelt.

Der Darm hat keinen Blinddarm.

Es gibt mehrere Arten von Faultieren. Obwohl uns die Organisation des Faultiers im Verhältnis zu seiner besonderen Umgebung äußerst perfekt erscheint, wählte Buffon das Tier als die Art von Unvollkommenheit in der Natur aus. „Noch ein Mangel", schrieb er, „denn es konnte nicht existieren."

Fam. 3. Dasypodidae. — Die Familie Dasypodidae oder Armadillos enthält eine beträchtliche Anzahl von Gattungen. *Tatusia* , *Tolypeutes* , *Dasypus* , *Xenurus* , *Priodon* , [103] und *Chlamydophorus* . Sie haben alle eine mehr oder weniger starre Hülle aus in der Haut eingebetteten Knochenplatten, die mit den Schuppen der Manis nicht im Geringsten vergleichbar sind. Außer den Walen, in einer oder zwei Gattungen, von denen Spuren einer Hautarmatur vorhanden sind, sind die Gürteltiere in dieser Hinsicht einzigartig unter den existierenden Säugetieren. Der Begriff „Edentate" ist insbesondere auf die Gürteltiere nicht anwendbar; die Gattung *Priodon* kann mehr als vierzig Zähne in jedem Kiefer haben; insgesamt neunzig wurden in einem von Professor Kükenthal untersuchten Exemplar gefunden . In der Tendenz der Zähne, sich zu vermehren, haben wir ein weiteres Beispiel für einen Zustand, der so viele Wale charakterisiert . Im Allgemeinen beträgt die Anzahl der Zähne in jeder Kieferhälfte jedoch sieben bis neun , von denen häufig einer in die Prämaxillare implantiert wird. Die Gürteltiere zeigen ihr Bündnis mit den anderen amerikanischen Edentaten in den oben aufgezählten Punkten. Ihre Zähne sind besonders eng mit den Faultieren verwandt, während die Speichel- und Verdauungsorgane im Allgemeinen dem Ameisenbären-Typ ähneln, aber eine weniger extreme Entwicklung aufweisen. In den Gattungen *Dasypus* und *Chlamydophorus* gibt es jedoch Blinddarmpaare, die wie bei Vögeln paarweise vorkommen . Die anderen haben keine. Es gibt jedoch eine Erweiterung am Anfang des Dickdarms, die sich nicht sehr von der leicht entwickelten Caeca von *Dasypus unterscheidet* .

Es gibt gewisse Besonderheiten im Skelett, die diese Familie auszeichnen.

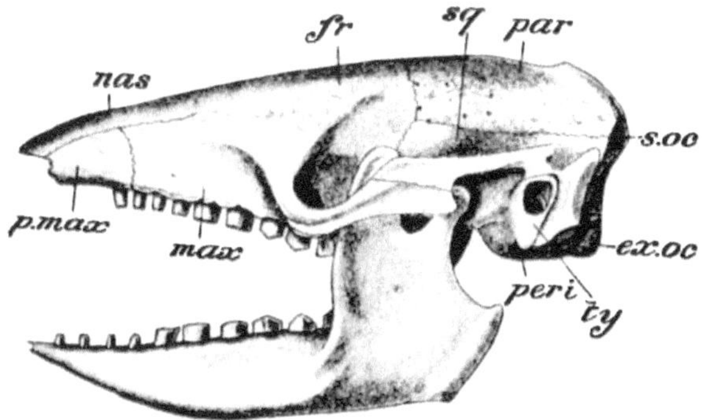

FEIGE. 99.— Schädel eines Gürteltiers. *Dasypus sexcinctus.* × ⅔ . *ex.oc* , Exoccipital; *fr* , frontal; *max* , Oberkiefer; *nas* , nasal; *par* , parietal; *peri* ,

periotisch; *p.max* , Prämaxillare; *s.oc* , supraokzipital; *sq* , Plattenepithelkarzinom; *ty* , Trommelfell. (Aus Parker und Haswells *Zoologie* .)

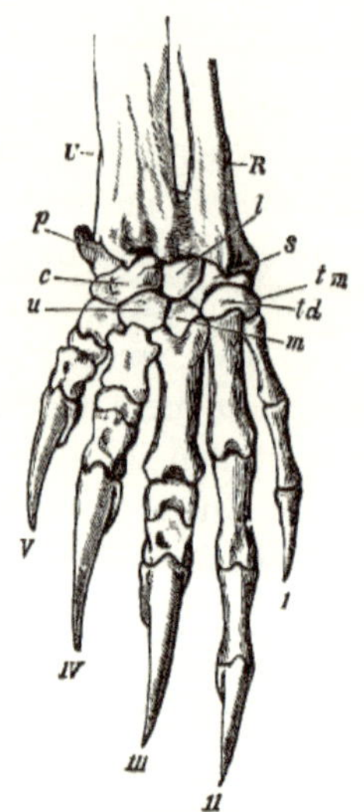

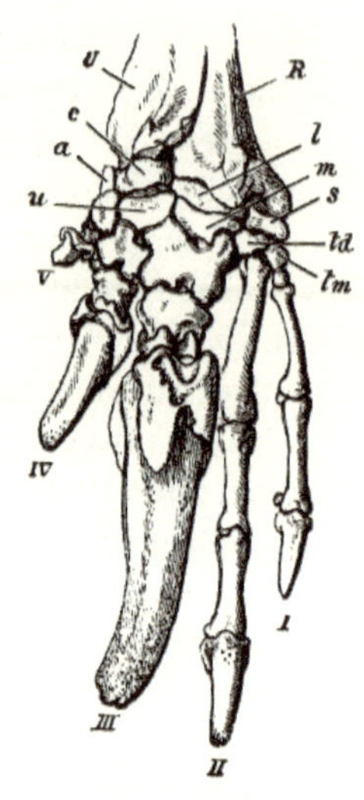

FEIGE. 100.- Knochen des rechten Manus des Haargürteltiers. *Dasypus villosus* . × ⅔ . *c* , Keilschrift; *l* , Mond; *m* , Magnum; *p* , pisiform; *R* , Radius; *s* , Skaphoid; *td* , Trapez; *tm* , Trapez; *u* , unziform; *U* , Ulna; *IV* , Ziffern. (Aus Flower's *Osteology* .)

FEIGE. 101.- Knochen des Manus des Großen Gürteltiers. *Priodon giganteus.* × ⅓ . *a* : Ein zusätzliches Handwurzelknöchelchen vor dem Os pisiforme, das in der Abbildung nicht zu sehen ist. Andere Buchstaben wie in Abb. 100. (Aus Flower's *Osteology* .)

Der Schädel der Gürteltiere weist zahlreiche Ähnlichkeiten mit den anderen amerikanischen Edentaten auf. [104] Die Prämaxillarien sind klein, aber bei *Dasypus* größer als bei *Tatusia* . Andererseits sind die Tränenkanäle bei letzteren größer . Der Jochbogen ist vollständig, es gibt jedoch keinen Abwärtsfortsatz wie bei den Faultieren. Bei *Tatusia* (aber nicht bei *Dasypus*) tragen die „kurzen dicken Pterygoideusen etwas zum harten Gaumen bei". Dies ist eindeutig ein Anfang oder ein Überbleibsel des recht krokodilartigen Charakters des Gaumens von *Myrmecophaga* . An den Halswirbeln sehen wir den walähnlichen Charakter der Verschmelzung einzelner Wirbel; und auch, wie bei den Walen, variiert der Grad, in dem diese Verschmelzung durchgeführt wird; zwei bis vier können so vereint werden. Die zusätzlichen Gelenkfacetten an den Rückenwirbeln wurden bereits als ein Punkt wichtiger Ähnlichkeit mit anderen amerikanischen Edentaten erwähnt. Die Anzahl der Rückenwirbel beträgt üblicherweise elf, die der Lendenwirbel drei. Aber in *Priodon* sind die Zahlen zwölf bzw. zwei. Es sind Spuren der doppelköpfigen Befestigung der Rippen am Brustbein zu erkennen. Der Schultergürtel der Gürteltiere weist in den verschiedenen Gattungen eine etwas unterschiedliche Form auf; Das Acromion ist immer groß und zeichnet sich bei *Priodon* durch die Tatsache aus, dass auch der Humerus mit ihm artikuliert, wobei sein Ende zurückgebogen ist und zu diesem Zweck eine Gelenkpfanne bildet. Wie bei einigen anderen Edentaten befindet sich hinter dem ersten ein zweiter Dorn am Schulterblatt. Das Schlüsselbein ist stark. Es gibt einige Variationen in der Form des Manus. Bei *Dasypus* ist es fünffingrig ; bei *Tolypeutes* ist die erste Ziffer verschwunden; hingegen ist bei *Priodon die Quinte rudimentär* und die Terz enorm vergrößert. Diese letztere Tatsache erinnert an die für *Myrmecophaga charakteristische Anordnung* . Das Becken ist durch das Sitzbein stark mit der Wirbelsäule verbunden. Der Femur hat einen dritten Trochanter.

Die verschiedenen Gürteltierformen unterscheiden sich vor allem durch die Anzahl der beweglichen dünnen Rillenbänder, die zwischen den großen vorderen und hinteren Schilden liegen. Somit haben wir *Dasypus sexcinctus* , *Tolypeutes Tricinctus* usw.

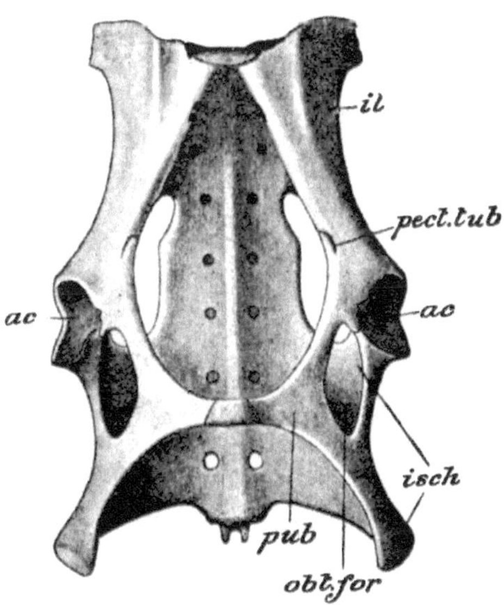

FEIGE. 102. – Becken und Kreuzbein des Gürteltiers. *Dasypus sexcinctus. ac* , Acetabulum; *il*, Darmbein; *isch* , Sitzbein; *obt.for* , Obturator-Foramen; *pect.tub*

, Tuberculum pectineus; *Kneipe* , Schambein. (Aus Parker und Haswells *Zoologie* .)

Der kleine Pichi-chago (oder richtiger Pichy-ciego), *Chlamydophorus* , der nur etwa 5 Zoll lang wird, hat überhaupt keine beweglichen Bänder. Es ist mit einer gleichmäßigen Reihe von Platten bedeckt, die außerdem am Hals nicht unterbrochen sind. Außerdem unterscheidet es sich vom vorherrschenden Gürteltiertyp durch das Fehlen auffälliger äußerer Ohren. Im vorderen Teil des Körpers besteht das Skelett aus kaum mehr als den Hornplatten, die bei anderen Gürteltieren über den knöchernen Hautplatten liegen. Im hinteren Bereich sind die Knochenplatten stark. Bei diesem Tier haben wir daher die dermale Armatur auf ein Minimum reduziert; aber es muss beachtet werden, dass, wie bei den ausgestorbenen Glyptodonen, das Skelett durchgehend ist und nirgends beringt ist.

Die Gattung *Tolypeutes* , deren bekannteste Art *T. tricinctus ist* , der Apar (es gibt zwei weitere Arten in der Gattung), kann sich wie der Pillen-Tausendfüßler (*Glomeris*) zu einer Kugel zusammenrollen und durch ihn geschützt werden Rüstung , rollt unter ähnlichen Umständen wie der Gliederfüßer von seinen Feinden weg. Diese Art des Schutzes wird allerdings auch vom Schuppentier und vom Igel übernommen. Die Gattung hat nur drei bewegliche Bänder. Der Schwanz ist kurz und mit großen Tuberkeln bedeckt. Diese Gattung ist beim Laufen sehr ausgeprägt digitaligrad.

FEIGE. 103. – Dreibindengürteltier oder Apar. *Tolypeutes Tricinctus* . × ¼.

FEIGE. 104.- Peludo-Gürteltier. *Dasypus sexcinctus*. × ¼. (Nach Vogt und Specht.)

Der Peludo, *Dasypus sexcinctus* , ist wie andere Gürteltiere ein Allesfresser und scheint besonders Aas zu mögen. Es gräbt sich wie die Laufkäfer bis in einen verwesenden Kadaver ein . Herr WH Hudson hat die Art und Weise beschrieben, wie dieses Gürteltier eine Schlange tötet, indem es sie niederdrückt und das Reptil mithilfe der scharfen und gezackten Kanten des Panzers buchstäblich in zwei Hälften zersägt. *Dasypus* hat einen sehr kurzen Schwanz, der nahe der Basis durch deutliche Ringe abgeschirmt ist.

Tatusia novemcincta ist eine Art mit neun beweglichen Bändern. Die Gattung hat vier Zitzen; Die Ohren liegen nahe beieinander. Es gibt keine Caeca und keinen Azygoslappen zur Lunge. Eine Art, die offenbar zu dieser Gattung gehört, aber unter den Gattungsnamen *Cryptophractus* und *Praopus beschrieben wird* , zeichnet sich durch die dichte Haarbedeckung aus, die bei anderen Gürteltieren nicht ganz fehlt, aber normalerweise dünn ist. Bei dieser besonderen Art ist das Haarkleid so dick, dass es die darunter liegenden Panzerplatten verdeckt. Die einzelnen Haare sind steif und 2,5 Zentimeter lang. [105]

Die Gattung *Xenurus* umfasst mehrere Arten, von denen die bekannteste den unpassenden Namen *X. unicinctus trägt* . Tatsächlich ist das charakteristische Merkmal der Gattung das Vorhandensein von zwölf oder dreizehn beweglichen Platten zwischen den beiden Enden des Körpers . *X. unicinctus* hat zwölf Rücken- und drei Lendenwirbel. Dieses Gürteltier, im Volksmund unter dem Namen Cabassou bekannt , hat einen der am stärksten veränderten Hände, die man in dieser Familie findet. Die ersten beiden Ziffern sind schlank und länglich; sind aber in der Anzahl ihrer Fingerglieder ganz normal. In den verbleibenden drei Fingern ist der Mittelhandknochen kurz und breit, während die proximale Phalanx entweder ganz unterdrückt oder mit der Mittelhand verwachsen ist, die mittlere Phalanx vorhanden, aber kurz ist, während die dritte Phalanx tatsächlich sehr groß ist. Wie bei *Dasypus*

, aber nicht wie bei *Tatusia* , das in vielerlei Hinsicht von diesen Gattungen abweicht, haben die Lungen einen Azygos-Lappen. Ein kleiner Unterschied, der tendenziell auf eine Allianz zwischen den Gattungen *Xenurus* und *Dasypus* und ihren Unterschied zu *Tatusia schließen lässt* , ist die tief eingebettete Gallenblase; Dieser Sack ist bei *Tatusia* nicht annähernd so tief in das Lebergewebe eingetaucht . *Xenurus* hat keine Blinddarmerweiterungen . Das Gehirn „liegt in seiner Form und seinen Oberflächenmarkierungen zwischen *Dasypus* und *Tolypeutes* ". Der Dünndarm ist fast achtzehnmal so lang wie der Dickdarm. Aber diese Darmmaße sind in dieser Gruppe als Zeichen der Verwandtschaft nicht von großem Nutzen, da Garrod bei drei *Dasypus-Arten* die folgenden stark abweichenden Längen angibt : – *D. villosus* , 11,5 Fuß und 1,25; *D. minutus* 5,1, mit einem Dickdarm von mindestens 7 Fuß; *D. vellerosus* 4.3 und .66.

Priodon ist der Riese seiner Rasse. Dieses Gürteltier kann bis zum Schwanzansatz eine Länge von 3 Fuß erreichen. Der Schwanz ist etwa 20 Zoll lang. Die große Anzahl an Zähnen ist bereits aufgefallen. Es gibt zwölf oder dreizehn Bands. Andere Punkte in der Struktur dieser Gattung wurden bereits erwähnt und müssen nicht noch einmal zusammengefasst werden. Dieses Gürteltier ernährt sich von Termiten und Aas.

Scleropleura ist leider nur unvollständig bekannt. Die einzelne Art, benannt nach Milne-Edwards [106] *S. bruneti* ist offenbar ein sehr seltener Bewohner Brasiliens. Man erkennt es an einer einzelnen Haut, die von dem Jäger gegerbt wurde, der es erlangte. Daher sind die Haare, falls vorhanden, ausgefallen. Die Hautplatten sind entlang des Rückens und sogar auf der Oberseite des Kopfes mangelhaft und sind auf der Rückseite des Schwanzes kaum vertreten. Die Ohren sind klein und weit voneinander entfernt. Der Schwanz ist länglich, etwa ein Drittel der Körperlänge. Die Gesamtlänge der Kreatur inklusive Schwanz beträgt etwas mehr als anderthalb Fuß. Der Jäger , der es erlangte, betrachtete es als eine Hybride zwischen einem Gürteltier und einem Ameisenbären.

Ausgestorbene Xenarthra. — Abgesehen von den Glyptodonen gibt es eine ganze Reihe ausgestorbener Gürteltierarten. *Peltephilus* wird später erwähnt (S. 186). *Dasypus* wurde durch eine große Gestalt von 6 Fuß Länge und einem Schädel von 1 Fuß Länge dargestellt. Auch die Gattung *Eutatus* war groß. Der Panzer bestand aus dreiunddreißig verschiedenen Bändern, von denen die letzten zwölf miteinander verlötet, aber nicht wie bei *Dasypus* usw. zu einem Schild verschmolzen waren.

Eine ausgestorbene Gruppe amerikanischer Edentaten, die GRAVIGRADA GENANNT , [107] liegt etwas zwischen den Faultieren und den Ameisenbären. Einige der Gattungen sind anhand vollständiger Skelette gut bekannt.

Eine der typischen Formen dieser Gruppe ist *Mylodon* , der zusammen mit seinen unmittelbaren Verbündeten oft in eine eigene Familie, **Mylodontidae, eingeordnet wird** .

Mylodon selbst war ein großes Geschöpf, so groß wie ein Nashorn. Es war äußerlich von einer Panzerung in der Haut bedeckt , die keine massive Panzerung wie bei den Glyptodonten bildete, sondern die Form verstreuter, kleiner und nicht miteinander verwachsener Platten hatte. Das allgemeine Erscheinungsbild des Schädels erinnert eindeutig an ein Faultier. Wie bei diesem Tier ist der Backenknochen hinten gespalten, und zwischen der Gabelung ist der Fortsatz des Plattenepithels eingeschlossen. Letzteres ist somit stärker entwickelt als beim Faultier, es besteht jedoch keine tatsächliche Verbindung zwischen ihm und dem Malar. Das Prämaxillare ist klein. Der Unterkiefer hat sowohl Coronoid- als auch aufsteigende Prozesse und ist massiv. Es gibt fünf Zähne auf jeder Seite oben und vier auf jeder Seite unten, wie bei den Faultieren. Es gibt die normalen sieben Halswirbel und sechzehn Rückenwirbel . Die Gliedmaßen sind nicht lang und schlank, sondern kurz und kräftig, da es sich bei dem Tier um ein Landtier handelt. Die Vorderfüße waren fünfzehig, die drei inneren Zehen hatten Krallen. Die Hinterfüße hatten nur vier Zehen und nur die beiden inneren waren mit Krallen versehen.

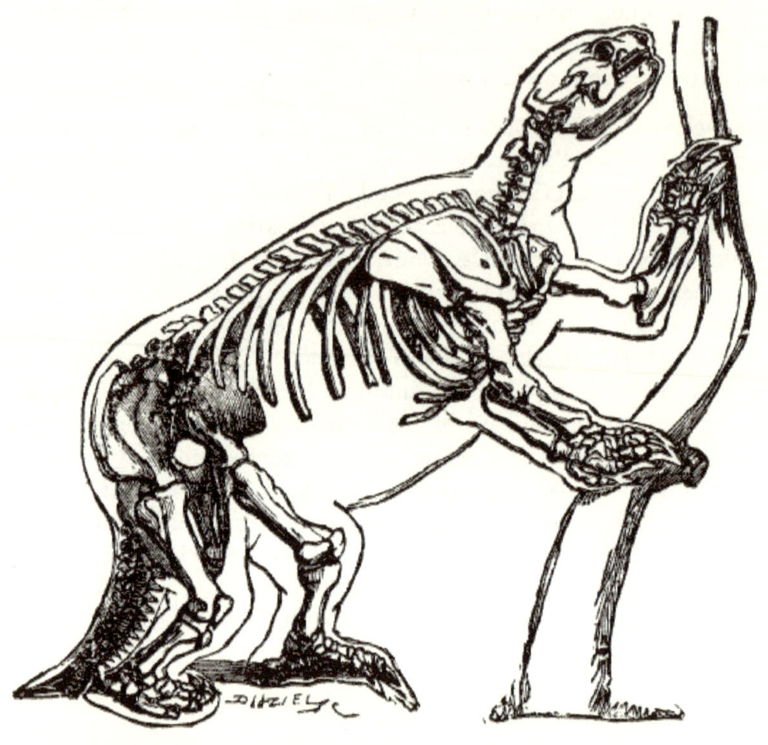

FEIGE. 105. – *Mylodon robustus*. (Restaurierung, nach Owen.)

Scelidotherium ist eine Gattung, die etwas kleiner ist als die letzte. Es hat nur vier richtig entwickelte Zehen am Vorderfuß, der Daumen ist rudimentär; Davon tragen die ersten beiden Krallen. Die Hinterpfoten sind ebenfalls vierzehig. Scelidotherium ist wie *Mylodon eine pleistozäne Gattung.*

Glossotherium hat einen Schädel, der den letzten beiden Gattungen sehr ähnelt; aber es ist bemerkenswert wegen der Tatsache, dass die Nasenlöcher, anstatt vorne ungeschützt durch Knochen zu sein, dort durch eine Knochenplatte verschlossen sind, die von den gut entwickelten Prämaxillen gebildet wird, wobei die Nasenlöcher an den Seiten erscheinen und dem Schädel eine merkwürdige Ähnlichkeit mit dem Schädel verleihen ein Chelonier. Aus einer Reihe neuerer und wichtigster Beobachtungen geht hervor, dass diese Gattung bis in die Neuzeit überlebt hat. [108]

Der bekannte Naturforscher von La Plata, Señor Moreno, der sich mit Studien zur politischen Grenzlinie zwischen Chile und Argentinien beschäftigte, hatte Gelegenheit, Consuelo Cove am Last Hope Inlet in Patagonien zu besuchen. An einem Baum hängend bemerkte er ein Stück getrocknete Haut, das ihm auf den ersten Blick eher wie die Überreste eines Mylodons als wie die eines lebenden Tieres aussah. Die Einwohner betrachteten dieses Stück Haut als eine große Kuriosität, waren jedoch der Meinung, dass es sich um die mit Kieselsteinen verkrustete Haut einer Kuh handelte ! Dieses Fragment aus einer vergangenen Zeit wurde ursprünglich von Professor Ameghino , der offenbar einige der darin eingebetteten Bonelets gesehen hatte, als *Neomylodon beschrieben listai* , „ein lebender Vertreter der alten Gravigrad- Edentaten Argentiniens." Dass es sich bei diesem Stück Haut um ein recht junges Stück handelt, scheint durch eine Reihe von Überlegungen zu belegen. Erstens ist es mit langen Haaren von hellgelbbrauner Farbe bedeckt ; Es ist unwahrscheinlich, dass Haare ihren Charakter über geologische Epochen hinweg bewahren würden. Der nächste entsprechende Fall sind die Überreste von Moas in Neuseeland, deren Federn, getrocknete Haut und Sehnen bekannt sind. Nun war die Moa zweifellos eine Zeitgenossin mit dem Menschen, wie zahlreiche überlieferte Legenden beweisen, und tatsächlich kann sie nicht lange ausgestorben sein. Dennoch sind Haare eine widerstandsfähige Struktur, und in einer trockenen Höhle, in der es nicht zu Überschwemmungen kommen kann, könnten sie ihre Eigenschaften über lange Zeiträume behalten. Die Beweise neueren Datums sind jedoch stärker. Die Haut weist rötliche Flecken auf , die natürlich auf Blutflecken hinweisen. Ein kleines Stück der Außenseite der Haut an der Schnittkante, das wie frisch oder vergleichsweise frisch getrocknete Flüssigkeit aussah, wurde einer chemischen Untersuchung unterzogen und es stellte sich heraus, dass es sich um Serum handelte! Dr. Lönnberg untersuchte chemisch ein Stück der Haut selbst und fand darin nach dem Kochen Kleber, „was beweist, dass die Kollagen- und Gelatinestoffe perfekt erhalten bleiben." Danach scheint es unmöglich, anzunehmen, dass die Haut ein sehr hohes Alter haben kann; denn Bakterien hätten ihre Arbeit an Serum und Gelatine längst beendet. Kombiniert mit dem frischen Aussehen der Haut kommt auch das sehr frische Aussehen des Schädels hinzu. Tatsächlich ist es relativ gesehen unmöglich zu glauben, dass das Tier vor einigen Jahren nicht mehr gelebt hat. Es wird zugegeben, dass dieses Tier gleichzeitig mit dem Menschen war. Es gibt tatsächlich Legenden über eine Kreatur, bei der es sich möglicherweise um dieses *Glossotherium* handelte . „Alte Chronisten berichten uns, dass die Ureinwohner die Existenz eines seltsamen, riesigen, hässlichen Monsters aufgezeichnet haben, das in der Kordillere südlich des 37. Breitengrades seinen Wohnsitz hatte. Die Tehuelches und die Gennakens haben mir ähnliche Tiere erwähnt, von deren Existenz Ihre Vorfahren hatten die Erinnerung weitergegeben; und in der Nähe von Rio Negro zeigte mir der alte Cacique Sinchel im Jahr 1875 eine Höhle, das angebliche Versteck eines dieser Monster, genannt „ Ellengassen "; aber ich muss hinzufügen, dass es keine gibt Einer der vielen Indianer, mit denen ich in Patagonien gesprochen habe, hat jemals auf die tatsächliche Existenz von Tieren hingewiesen, denen wir die betreffende Haut zuschreiben können.

Glyptodon zu erinnern . Es gibt einige Gründe für die Annahme, dass dieser Vierbeiner vom Menschen als Haustier gehalten wurde. In der Höhle befinden sich zwei Wände aus groben Steinstücken, die aufgrund der Abnutzung des Daches eingestürzt zu sein scheinen. Sie scheinen auch lose zusammengestapelt worden zu sein, um zwei Wände zu bilden, in deren Inneren ein unvollkommener Schädel des Tieres gefunden wurde. Dieser Schädel zeigt deutlich, dass der sogenannte „ *Neomylodon* “ mit *Glossotherium* oder *Grypotherium* , wie er manchmal genannt wird, in Verbindung gebracht werden muss. Dieser Schädel ist auf dem Dach so durchlöchert, wie es (nach Meinung von Experten) nur durch eine Waffe in der Hand eines Mannes möglich gewesen wäre. Ein Loch in der Haut wurde sogar mit einer Schusswunde verglichen. Aber darüber ist es vielleicht unnötig, darüber zu diskutieren. Die Haut von *Glossotherium* ist, wie die anderer ausgestorbener „Bodenfaultiere“ (*z. B. Mylodon*), mit kleinen und unregelmäßigen Gehörknöchelchen gefüllt. Aber bei *Mylodon* scheint das skulpturale Aussehen der dermalen Gehörknöchelchen darauf hinzudeuten, dass sie die Oberfläche des Körpers erreichten und nur von der Epidermis bedeckt waren, was bei dem hier betrachteten Tier nicht der Fall ist. Auch die mikroskopischen Eigenschaften der Gehörknöchelchen zeigen Unterschiede zwischen beiden. *Glossotherium* ist „genau eine Zwischenstufe zwischen *Mylodon* und dem existierenden Gürteltier (*Dasypus*).“ Nun gelten *Glossotherium* und *Mylodon* als Formen, die zwischen den existierenden Ameisenbären und den Faultieren desselben Teils der Welt liegen. Wir haben bereits auf die strukturellen Tatsachen hingewiesen, die zu dieser Schlussfolgerung führen . Es könnte daher vernünftigerweise vermutet werden, dass die Behaarung von *Glossotherium* ebenfalls intermediär ist oder zumindest der einer der beiden Gattungen *Myrmecophaga* und *Bradypus ähnelt* . Aber mikroskopische Untersuchungen haben diese Annahme widerlegt. Es hat sich gezeigt, dass die Gürteltiere in dieser Hinsicht die nächsten Verwandten von *Glossotherium sind* . Dieses Ergebnis ist wichtig, da es die enge Wechselbeziehung aller amerikanischen Edentaten im Gegensatz zu den Formen der Alten Welt weiter bestätigt – eine Tatsache, die bereits betont wurde . Es wird jedoch vermutet, dass das Fehlen des Unterfells, das beim Faultier so gut entwickelt ist, und der Unterschied, der in den Querschnitten vom Haar von *Myrmecophaga gezeigt wird* , durch Unterschiede im Lebensraum erklärt werden können. *Glossotherium* lebte unter ähnlichen Bedingungen wie heute die Gürteltiere. So wurde die äußere Hülle des Körpers in beiden Fällen gleich, und in beiden Gattungen traten die gleichen Bedürfnisse auf.

Lestodon ist eine weitere verwandte Gattung, die offenbar Eckzähne zu besitzen scheint. Jedenfalls befindet sich vor den vier Backenzähnen und durch ein Diastema von ihnen getrennt in beiden Kiefern ein kleinerer, etwas eckzahnartiger Zahn.

Megalonyx und seine Verbündeten werden manchmal in eine eigene Familie, **Megalonychidae,** eingeordnet . *Megalonyx selbst hatte einen Schädel, der dem von Bradypus* sehr ähnelte , jedoch kürzer und nicht so langgestreckt war wie bei den Mylodontidae . Vorne befindet sich ein kräftiger Stoßzahn, der durch einen beträchtlichen Abstand von den drei dahinter liegenden Backenzähnen getrennt ist. Beide Gliedmaßenpaare scheinen fünf Zehen besessen zu haben. Dies ist eine nordamerikanische Gattung. Es unterscheidet sich von der Masse der amerikanischen Edentaten dadurch, dass es einen vollständigen Jugalbogen hat.

Megatherium ist die Art einer weiteren dritten Familie, **Megatheriidae** , der Gravigrade Edentates. Dieses Lebewesen ist aus den vielen Restaurierungen bekannt, die aufgebaut wurden, und aufgrund seiner enormen Masse, die kaum an die eines Elefanten heranreicht. Der für die Größe des Lebewesens kleine Schädel hat einen vollständigen Jugalbogen, von dessen Mitte wie bei anderen verwandten Formen ein nach unten gerichteter Fortsatz ausgeht. Die Zähne wachsen außerordentlich tief und es gibt fünf davon im Oberkiefer und vier im Unterkiefer – natürlich auf jeder Seite. Die Vorderbeine des *Megatheriums* sind sehr viel schlanker als die enorm massigen Hinterbeine, auf denen und dem ebenso massiven Schwanz sich das Tier beim Abreißen von Ästen der Bäume, von deren Blättern es sich ernährte, gestützt zu haben scheint. Im Schulterblatt verbindet sich das Acromion mit dem Coracoid wie bei *Bradypus* ; Das Schlüsselbein ist groß. Das Vorderbein ist vierzehig, das Hinterbein hat drei Zehen. Letzterer hat nur einen Krallenfinger (den dritten, *also* den inneren). Am Manus sind die drei inneren Finger mit kräftigen Krallen versehen. Auch dieses Tier stammt aus dem Pleistozän. Die Megatheriidae hatten jedoch sowohl kleine als auch riesige Formen.

Die Gattung *Zamicrus* hatte einen Schädel, der nicht größer als der eines Faultiers war, während *Nothrotherium* ebenfalls ein vergleichsweise kleines Lebewesen war; die Zähne der letzteren Gattung sind auf 4/3 reduziert.

Die ausgestorbene Gruppe der **Glyptodontidae** besteht aus großen Lebewesen mit einer dichten Bedeckung aus knöchernen Rillen , die mosaikartig angeordnet sind und so ein unbewegliches Skelett von enormer Stärke bilden. In Übereinstimmung mit diesem massiven Panzer sind die Rückenwirbel miteinander verschmolzen, und die Lendenwirbel bilden eine ankylosierte Reihe untereinander und mit den folgenden Sakralwirbeln . Diese Kreaturen sind alle südamerikanisch.

FEIGE. 106. – *Glyptodon clavipes* . × 1 / 12 . (Nach Owen.)

Glyptodon , die Gattung, die der Familie ihren Namen gibt, ist aus zahlreichen Überresten in Südamerika und auch aus dem hohen Norden wie Texas und Mexiko bekannt. Es wurde bis zu 16 oder 17 Fuß lang. Im Schädel gibt es einen außerordentlich langen nach unten gerichteten Fortsatz des Jochbogens, wie bei Faultieren, wobei der Bogen selbst vollständig ist. Der Fortsatz erstreckt sich so weit nach unten, dass er etwa auf Höhe der Mitte des Unterkiefers liegt. Die Nasenflügel sind kurz oder rudimentär. Wie bei *Myrmecophaga* sind die Pterygoidea an der Bildung des knöchernen Gaumens beteiligt. Der Unterkiefer hat ein schnabelförmiges Ende und erhebt sich hinten in einen riesigen vertikalen Ast, der so hoch ist, wie der vordere Teil des Kiefers lang ist. In jeder Kieferhälfte befinden sich acht Zähne. Wie bei einigen Gürteltieren sind die Halswirbel zumindest teilweise verwachsen. Der Atlas ist kostenlos, aber der Rest, oder zumindest fünf davon, sind vereint. Der letzte Hals ist manchmal mit den darauffolgenden Rücken verschmolzen ; Letztere sind zwölf an der Zahl und hinsichtlich ihrer zentralen und neuronalen Fortsätze miteinander verwachsen. Der nachfolgende Bereich der Wirbelsäule umfasst sieben bis neun Lendenwirbel , die mit den acht Sakralen verwachsen sind ; In dieser Region sind die Nervenfortsätze hoch, und so entsteht entlang des Rückens ein starker und hoher Grat, der eine kräftige Stütze für den Panzer bildet. Die Vorderbeine sind kürzer als die Hinterbeine, die an einem ungewöhnlich massiven Becken befestigt sind. Die Krallen der Gliedmaßen sind stumpf und fast hufartig.

Der schwere Panzer besteht aus skulpturalen, fünf- oder sechsseitigen Platten, die in der Mitte keine besondere Anordnung aufweisen, an den Rändern jedoch Hinweise auf eine Anordnung in Querreihen aufweisen. Der mäßig lange Schwanz ist außerdem von knöchernen Hautplatten umgeben, die oben dornig oder zumindest jeweils mit einem stumpfen, aufrechten Fortsatz versehen sind. Es scheint, dass sich außerhalb dieses knöchernen Schuppensystems epidermale Hornschuppen befanden, die genau den

Steinchen entsprachen, die sie bedecken. Es gibt offenbar viele *Glyptodon-Arten* .

Bei der verwandten Gattung *Panochthus* ist der Schwanz etwas länger, und die Knochenringe, die ihn umgeben, sind zunächst nicht alle beweglich wie bei *Glyptodon , sondern später, dh* gegen Ende des Schwanzes, zu einem einzigen Stück verschweißt massives Stück. Beide Füße sind hier vierzehig, während bei *Glyptodon* die Hinterfüße fünfzehig und die Vorderfüße vierzehig sind.

Eine weitere Spezialisierung zeigt *Daedicurus* , indem die Füße drei bzw. vier Finger haben. Auch die Orbita zeigt eine Spezialisierung auf die Trennung von der Schläfengrube. Der absteigende Prozess des Jochbogens ist nicht so außerordentlich übertrieben wie bei *Glyptodon* . Es hat das gleiche Endrohr aus knöchernen Rillen am Schwanz. Diese Kreatur scheint eine Länge von etwa zwölf Fuß erreicht zu haben.

Propalaeohoplophorus ist, anders als die großen Gürteltiere, mit denen wir bisher zu tun hatten, ein kleines Tier, dessen Panzerlänge etwa 2 Fuß nicht überschreitet. Eine kleine Alveole auf jeder Seite der Prämaxillae scheint auf das frühere Vorhandensein eines Schneidezahns hinzuweisen; und es scheint, dass das Tier sowohl echte Backenzähne als auch Prämolaren besitzt; denn die ersten vier der acht Zähne sind viel einfacher aufgebaut als die folgenden. Auch die Rückenwirbel sind nicht miteinander verwachsen; die Hinterbeine sind fünfzehig. Alle Panzerplatten sind in bestimmten Querreihen angeordnet; Es wurde auch beobachtet, dass sich einige der vorderen Schilde wie bei den Gürteltieren überlappen, mit denen dieses Tier weitere Ähnlichkeiten aufweist, da die Oberkiefer vom Rand des Nasenlochs ausgeschlossen sind (ein Glyptodont-Merkmal) und die verhältnismäßige Schwäche davon die Scutes .

Peltephilus zu sein , der vielleicht eher ein Gürteltier als ein *Glyptodon ist* . Es liegt jedoch etwas dazwischen, wie *Propalaeohoplophorus* , mit dem es daher behandelt werden kann. Ein höchst einzigartiges Merkmal dieser Gattung wurde auf S. 27 im Zusammenhang mit dem Schädel bei den Mammalia im Allgemeinen. Das liegt daran, dass ein Teil des Squamosum, das die Gelenkfläche des Unterkiefers umgibt, durch eine Naht vom Rest dieses Knochens getrennt ist und daher offensichtlich auf das Quadratum der unteren Wirbeltiere hinweist. Wie bei bestimmten Gürteltieren, Glyptodonen usw. scheinen auch bei dieser Gattung die Pterygoiden an der Bildung des harten Gaumens beteiligt gewesen zu sein. Die Platten des Panzers waren beweglich, was daran zu erkennen ist, dass sie sich manchmal leicht überlappen. Im Hinblick auf die mögliche Herkunft der Edentaten aus niedrig organisierten Mammalia ist es bemerkenswert, dass der Humerus insbesondere mit dem des Monotrem verglichen wurde. *Peltephilus* unterscheidet sich von anderen Gürteltieren durch Zähne an der Vorderseite des Kiefers. Die Gesamtzahl der Zähne beträgt achtundzwanzig, *also* sieben in jeder Kieferhälfte.

UNTERORDNUNG 2. NOMARTHRA.

Wie bereits erläutert, unterscheiden sich die Altwelt-Edentaten von den Neuwelt-Formen durch normale Rückenwirbel, also ohne zusätzliche Zygapophysen. Dieses negative Merkmal reicht jedoch kaum aus, um die vielen strukturellen Unterschiede aufzuwiegen, die die Orycteropodidae von den Manidae unterscheiden, obwohl sie mit der positiven Tatsache kombiniert werden, dass sich beide Formen der Alten Welt von Ameisen ernähren. die daher in verschiedene Gruppen eingeteilt werden. Zu dem, der den Aard enthält Vark kann der Name TUBULIDENTATA VERWENDET WERDEN.

Diese Gruppe umfasst nur eine Familie, die **Orycteropodidae** , von denen es nur eine einzige Gattung gibt.

Der Aard Vark (Erdschwein), Gattung *Orycteropus* , zeichnet sich durch seinen schweren Körperbau aus, wobei der Körper von ziemlich grobem und nicht sehr üppigem Haar bedeckt ist; die Schnauze ist lang und schweineartig, mit runden Nasenlöchern am Ende; die Ohren sind lang, aufrecht und spitz; Der Schwanz ist anfangs sehr dick, so dass er treffend als „eine Verjüngung des Körpers zu einer Spitze" beschrieben wurde. Die Vorderbeine sind vierzehig, die Hinterbeine fünfzehig.

FEIGE. 107.- Aard Vark oder Kap-Ameisenbär. *Orycropus capensis.* × 1 / 16 .

Im Schädel befindet sich ein vollständiges, aber schlankes Jochbein; Die Prämaxillarien sind zwar klein, aber nicht so rudimentär wie bei den amerikanischen Edentaten. Das ringförmige Trommelfell ist nicht ankylosiert mit den umgebenden Knochen, ein Merkmal, das bei anderen niedrigen Säugetieren zu finden ist. Im Gegensatz zu dem, was man in *Manis* findet , hat *Orycteropus* einen riesigen Tränenkanal. Es gibt dreizehn Rücken-

und sieben Lendenwirbel. Das Schlüsselbein ist gut entwickelt. *Orycteropus* ist unter den Edentaten insofern eigenartig, als die Sitzbeinhöcker nicht mit der Wirbelsäule verbunden sind. Der Femur hat einen dritten Trochanter.

Wie auf S. 162 , der Aard Vark ist wie normale Säugetiere diphyodontisch. Die bleibenden Zähne bestehen aus fünf Backenzähnen und Prämolaren auf jeder Seite jedes Kiefers; Die ersten beiden davon sind Prämolaren und haben eine einfachere Form als die beiden folgenden Zähne, die teilweise durch eine Mittelfurche in zwei Hälften geteilt sind. Die Besonderheit dieser Zähne besteht auch darin, dass sie vollständig aus Vaso -Dentin bestehen. Ihre winzige Struktur wurde mit denen des Ray *Myliobates verglichen* . Laut Herrn Oldfield Thomas [109] gibt es auf jeder Seite des Oberkiefers sieben Milchzähne (beschränkt auf den Oberkiefer und somit nicht auf die Schneidezähne). Auf einer Seite eines der von Thomas untersuchten Exemplare wurde ein achter Zahn entdeckt. Im Unterkiefer gibt es auf jeder Seite nur vier Milchzähne. Interessant ist, dass die histologische Struktur dieser Milchzähne mit der der bleibenden Zähne übereinstimmt. In Afrika kommen zwei Arten dieser Gattung vor: Die südliche Art, *O. capensis* , ist stärker behaart als die nördliche, *O. aethiopicus* . *O. gaudryi* ist eine pliozäne Art von der Insel Samos und aus Persien, beschrieben von Dr. Forsyth Major und Dr. Andrews. [110] Es ähnelt stark dem bestehenden *O. aethiopicus* .

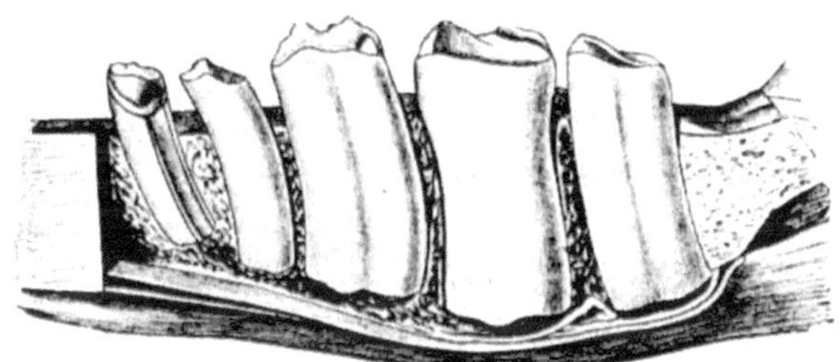

FEIGE. 108. – Abschnitt des Unterkiefers mit den Zähnen von *Orycteropus* . × 2. (Nach Owen.)

Von den Schuppenameisenbären, Gruppe SQUAMATA oder **Manidae** , gibt es eigentlich nur eine Gattung, obwohl zur Unterscheidung verschiedener Formen *Phatagin* , *Pholidotus* , *Smutsia* und *Pangolin* verwendet wurden. Die Gattung *Manis* hat ein afrikanisches und orientalisches Verbreitungsgebiet. Dr. Jentink, der die Art kürzlich überarbeitet hat, erlaubt sieben. [111] Die äußere Form dieser Tiere ist ziemlich gut bekannt, die bemerkenswerten Schuppen unterscheiden die Schuppentiere von anderen Tieren. Zwischen den Schuppen liegen Haare, die bei den Erwachsenen der afrikanischen Arten zu fehlen scheinen, bei den Jungen jedoch vorhanden sind und so eine bequeme Methode bieten, die äthiopischen von den orientalischen Formen zu unterscheiden. Die Schuppen wurden mit verklebten Haaren verglichen.

Dass sie nicht „nur eine Nachahmung der Schuppen der Eidechsen" sind, vertritt Weber [112], der sie direkt mit diesen Strukturen vergleicht, wie er es auch mit den Schuppen anderer Säugetiere tut, etwa denen am Schwanz von *Anomalurus* usw. Dies ist jedoch keine allgemeingültige Meinung. Es ist wahr, dass diese Schuppen hauptsächlich bei niederen Säugetierformen wie den hier betrachteten Beuteltieren, Nagetieren und Insektenfressern vorkommen; aber die Tatsache, dass die Haare vor den Schuppen entwickelt werden, zeigt oder scheint zu zeigen, dass die ersteren die älteren Strukturen sind, und lässt den Schluss zu, dass die Schuppen von Säugetieren neue Strukturen sind. Die verstreuten Haare des Schuppentiers haben außer an der Schnauze keine Talgdrüsen. Auch dies sieht aus, als handele es sich um entartete Strukturen und unterstreicht den nicht-archaischen Charakter der Schuppen. Diese Tiere haben keine Spuren von Zähnen, außer möglicherweise einigen leichten Epithelverdickungen, die als letzter Überrest gedeutet wurden; Die Zunge eignet sich zum Fangen von Ameisen und ähnelt daher stark der der nicht annähernd verwandten amerikanischen Ameisenbären. Der Magen hat eine einfache Form; es zeichnet sich durch eine große Drüse aus, die an die des Koalas erinnert (siehe S. 144); Der Darm hat keinen Blinddarm. Retia mirabilia kommt an den Extremitätenarterien vor. Die Plazenta ist nicht deziduiert und diffus; es wird von Weber speziell mit dem des Pferdes verglichen. Angesichts der vielen adaptiven Ähnlichkeiten zwischen dieser Gattung und den Amerikanischen Ameisenbären, insbesondere in der Mundhöhle, ist es bemerkenswert, dass die Pterygoidea bei *Manis* nicht wie bei *Myrmecophaga verbunden sind* . Trotz gegenteiliger Aussagen scheint es manchmal zu einem deutlichen Tränenfluss zu kommen.

Ein bemerkenswertes Merkmal im Skelett von *Manis* ist das einzigartige Brustbein. Der Schwertknorpel ist außerordentlich in dünne Streifen verlängert, die das Becken erreichen und zurückführen. Dieser Zustand ist nur bei den afrikanischen Arten anzutreffen. Diese Struktur ist, wie behauptet wird, nicht mit Bauchrippen wie denen des Reptils *Hatteria vergleichbar* .

Bei diesen Tieren handelt es sich hauptsächlich um Ameisenbären. Die Japaner haben eine merkwürdige Legende über die Methode zum Fangen von Ameisen, die Dr. Jentink in seiner Monographie über die Gattung erzählt. Der Manis „stellt seine Schuppen auf und täuscht vor, tot zu sein; die Ameisen kriechen zwischen den aufgestellten Schuppen hindurch, woraufhin der Ameisenbär seine Schuppen wieder schließt und ins Wasser geht; er richtet nun erneut die Schuppen auf, die Ameisen werden schwebend gesetzt und dann verschluckt." von den Ameisenbären"! Die gleiche Geschichte wird von Herrn Stanley Flower im Auftrag der Malaysier erzählt.

Obwohl klar zu sein scheint, dass die Ähnlichkeiten, die *Manis mit den Ameisenbären der Neuen Welt* zeigt , hauptsächlich anpassungsfähig sind und nichts mit echter Verwandtschaft zu tun haben, sondern lediglich Ausdruck einer ähnlichen Lebensweise sind, ist es merkwürdig, dass wir hier und da feststellen Ich finde gewisse Ähnlichkeiten, die für die letztgenannte Erklärung nicht geeignet zu sein scheinen. Der Jugalknochen, der bei *Manis fehlt* , ist bei *Myrmecophaga klein* ; das Schlüsselbein fehlt und ist bei den Ameisenbären ebenfalls klein oder rudimentär; es ist groß in anderen Edentaten. Der dritte Trochanter fehlt, wie bei *Myrmecophaga* (und den Faultieren). Es gibt viele Schuppen am Körper; bei *Myrmecophaga* finden sich Spuren dieser Strukturen am Schwanz, ebenso bei *Tamandua* . In den genannten Merkmalen unterscheiden sich die Myrmecophagidae von einer oder beiden der beiden anderen amerikanischen Familien (*d. h.* Dasypodidae, Bradypodidae) und stimmen mit *Manis überein* . Die Fakten sind nicht wenig bemerkenswert.

FEIGE. 109.- Manis. *Manis gigantea.* × 1 / 12 .

Ordnung III. GANODONTA. [113]

Mit den Edentata verwandt und stellt offenbar die Ahnenformen dar, von denen sie, jedenfalls die Xenarthra, abstammen, die Ordnung der Ganodonta . Von dieser Ordnung sind heute eine Reihe von Gattungen bekannt, die in eine Reihe eingeordnet werden können, die sich beim Übergang von den älteren zu den neueren Formen immer mehr den Edentata nähert. Diese interessante Übergangsreihe wird durch eine Beschreibung der Merkmale der verschiedenen Gattungen in ihrer richtigen chronologischen Reihenfolge deutlich . Die folgenden Gattungen werden von Wortman in seine Familie **Stylinodontidae aufgenommen** .

Die früheste Art der Ganodonta ist die Gattung *Hemiganus* mit nur einer Art, *H. otariidens* . Dieses Tier lebte während der Ablagerung der untersten eozänen Schichten, der Puerco-Schichten Nordamerikas. Es war ungefähr so groß wie ein mittelgroßer Hund und hatte kräftige Kiefer. Im Oberkiefer befanden sich mindestens zwei Paar Schneidezähne, dazu kräftige Eckzähne und die vollständige Prämolaren- und Molarenformel. Im Unterkiefer waren die Eckzähne ebenfalls kräftig, aber es ist nicht sicher bekannt, dass es sich bei den Schneidezähnen um mehr als zwei Paare handelte. Der Zahnschmelz auf der Rückseite des Eckzahns ist dünn, und im Fall der Schneidezähne scheint der Zahnschmelz auf die Vorderseite beschränkt zu sein. Die unteren Backenzähne sind quadrituberkulär. Aufgrund des Vorhandenseins einer Naht auf der Oberseite des Prämaxillars wird angenommen, dass die Schnauze des Tieres röhrenförmig war. Die Halswirbel, die nur durch ihr Zentrum bekannt sind, ähneln denen der Gürteltiere (und übrigens auch der Wale) im großen Querdurchmesser im Gegensatz zum antero-posterioren Durchmesser. Besonders die Füße werden mit denen der Erdfaultiere verglichen. Die einzelne Phalanx unguale ist durch einen großen subungualen Fortsatz gekennzeichnet, der von einem beträchtlichen Foramen durchbohrt ist. Das Schienbein wiederum ist mit dem der Gürteltiere zu vergleichen.

In den oberen Schichten von Puerco (Torrejon) wurden Überreste von *Psittacotherium* gefunden. Als diese Gattung zum ersten Mal entdeckt wurde, wurde sie von einigen als Tillodontia und als Huftiere bezeichnet , wobei letztere ein Zufluchtsort für unbestimmte Säugetiere des Eozäns waren, ebenso wie die „ Multituberculata " für ähnlich platzierte sekundäre Säugetiere. Mittlerweile ist bekannt, dass es sich eindeutig um ein Mitglied des Ganodonta- Ordens handelt . Wortman glaubt, dass es nur eine Art gibt, *P. multifragum* . Es scheint ein allgemeines Aussehen gehabt zu haben, das dem von *Hemiganus sehr ähnelte* – gemessen am Schädel – und unterschied sich in der Größe nicht sehr stark. Der Gesichtsteil des Schädels ist kurz und das Jochbein tief. Der Infraorbitalkanal ist doppelt, ein Merkmal, das beim Faultier vorkommt und in der späteren Form des Grundfaultiers *Megalonyx erwähnt wurde* (es muss jedoch beachtet werden, dass das gleiche Merkmal auch bei Nagetieren nicht unbekannt ist). Das Gebiss ist im Vergleich zu dem des *Hemiganus reduziert* , nämlich was die Backenzähne und Schneidezähne betrifft. In jedem Kiefer gibt es nur ein einziges Paar Schneidezähne; die Eckzähne sind stark; Die Prämolaren- und Molarenreihe scheint im Unterkiefer vollständig gewesen zu sein, im Oberkiefer jedoch zumindest um einen Prämolaren reduziert. Es ist sehr wichtig zu beachten, dass die Schneidezähne nur auf ihrer Vorderseite Schmelz haben, und dass das Gleiche auch bei den Eckzähnen der Fall ist, da die dünne Schicht hinter dem Zahn bei Hemiganus in *dieser* späterer Form verschwunden ist. Das Zahnmuster der Backenzähne ähnelt dem von *Hemiganus* . Das Vorderbein ist deutlich zahnähnlich; aber es ist der Fuß, der die stärkste Ähnlichkeit mit dieser Ordnung aufweist. „Wenn ein Anatom", bemerkt Dr. Wortman, „keinen anderen Teil des Skeletts als den des Fußes hätte, um sein Urteil zu leiten, würde er keine auffallende Ähnlichkeit zwischen diesem und dem der Edentata, insbesondere dem Boden, feststellen . " Faultiere, er würde sich nicht nur der Kritik aussetzen, ihm fehle die normale Beobachtungs- und

Vergleichsfähigkeit, sondern er würde auch verdächtigt werden, die Angelegenheit auf eine andere Grundlage zu stellen als die, die durch eine solche Methode geschaffen wurde. Es ist nicht sicher, wie viele Zehen an den Vorderbeinen *Psittacotherium besaß* , aber die große Ähnlichkeit mit *Mylodon* ist in der Tat auffallend, wobei der dritte Finger bei beiden Formen am ausgeprägtesten ist. Es wurden einige Wirbel dieses Ganodonten entdeckt, die nicht die komplexen Gelenkanordnungen späterer edentierter Amerikaner aufweisen. Das Kreuzbein hingegen ist dem des Faultiers sehr ähnlich, und es gibt eine Vorahnung der Verbindung des Ilia mit dem Kreuzbein durch Co-Ossifikation, die bei späteren Edentaten auftritt. Eine noch spätere Art ist die Gattung *Calamodon* , die nachweislich sowohl in Europa als auch in Amerika vorkommt. *C. simplex* war ein größeres Tier als jede der bereits behandelten Gattungen und lieferte somit ein weiteres Beispiel für die Größenzunahme späterer im Vergleich zu früheren Mitgliedern derselben Gruppe, die bei den Ungulata so ausgeprägt ist . Der Unterkiefer hat die gleiche massive Struktur, die diesen Knochen bei *Hemiganus* und *Psittacotherium* charakterisiert . Es gibt nur einen Schneidezahn, aber die Prämolaren- und Molarenreihe ist vollständig. Der Eckzahn sieht aus wie ein Nagetier und ist im größten Teil des Unterkiefers eingebettet; es wuchs offenbar aus hartnäckigem Brei. Es ist nur auf der Vorderseite emailliert . Die Prämolaren und Backenzähne dieser Gattung beginnen, ihren Zahnschmelz zu verlieren, der sich in Form vertikaler Bänder verteilt und Zwischenräume hinterlässt, die nicht vom Zahnschmelz bedeckt sind. Darüber hinaus sind diese Zähne entschieden hypselodontisch, entschiedener als bei *Psittacotherium* ; Sie sind, wenn sie nicht getragen werden, vierspitzig , mit zusätzlichen Höckern; Bei stärkerer Abnutzung sind die Zähne doppelt gefurcht, und zwar quer zur Längsachse des Kiefers; Schließlich haben die stark abgenutzten Zähne flache Kronen, die mehr oder weniger von einem Zahnschmelzring umgeben sind.

Eine noch spätere Form, die aus den Schichten des unteren und mittleren Eozäns stammt, ist die Gattung *Stylinodon* . *S. cylindrifer* , die archaischere der beiden beschriebenen Arten, ist nur aus einem einzigen Backenzahn, Fragmenten eines Eckzahns und „einigen unbedeutenden Teilen des Schädels" bekannt. Der Backenzahn ist deshalb interessant, weil der Zahnschmelz noch weiter reduziert ist; es wird nur durch schmale vertikale Streifen dargestellt, die viel schmaler sind als die älterer Formen von Ganodonten . Es ist auch hypselodont und hat eine hartnäckige Pulpa. Das gilt auch für den Eckzahn, der an der Vorderseite eine dicke Schicht aus Zahnschmelz hatte. Die spätere Art, *S. mirus* , ist besser bekannt. Die Zähne scheinen weitgehend dieselben gewesen zu sein wie bei der zuletzt beschriebenen Art; Im Unterkiefer gab es insgesamt sieben Prämolaren und Molaren, und der Eckzahn war wie bei *Calamodon über eine weite Strecke im Knochen eingebettet* . Die Halswirbel haben kurze Zentren wie bei *Hemiganus* .

Die Schlüsselbeine waren gut entwickelt. Der Humerus besaß ein Foramen entepicondylaris und sein Kopf zeigte das für spätere Edentates so charakteristische birnenförmige Muster. Der Fuß ähnelt deutlich dem von *Psittacotherium* .

Bei der Durchsicht der Serie sehen wir daher eine allmähliche Verkleinerung der Schneidezähne, einen allmählichen Verlust des Zahnschmelzes im Allgemeinen und die Bildung von Hypselodont-Zähnen, die aus hartnäckigen Pulpen wachsen; All dies sind Merkmale der späteren Edentaten. Die Entwicklung verläuft so allmählich, dass die aufgezählten und beschriebenen Formen Teil einer fortlaufenden Reihe gewesen zu sein scheinen, die in späteren Zeiten in den Erdfaultieren ihren Höhepunkt fand. Die anderen Ähnlichkeiten ergeben sich aus den auf den vorangegangenen Seiten dargelegten Fakten.

Es gibt eine weitere Familie der Ganodonta , deren Stellung gegenüber den Edentata nicht so klar ist. Dies ist die Familie **Conoryctidae** , von der zwei Gattungen bekannt sind. Die früheste davon aus dem unteren Puerco ist *Onychodectes* . Bei *O. tissonensis* ist der Schädel lang und schmal und steht damit im Gegensatz zu dem der letzten Familie. Der Gesichtsteil ist ebenfalls lang. Der Unterkiefer ist deutlich schlanker . Die Molarenformel war vollständig, es bestehen jedoch einige Zweifel hinsichtlich der Schneidezähne. Die Backenzähne sind trituberkulär.

Die andere bekannte Gattung ist *Conoryctes* . Sein Schädel hat einen kürzeren Gesichtsteil und ähnelt daher eher dem von Stylinodontidae als dem von *Onychodectes* . Die Zahnformel ist bekannt und bis auf den Verlust eines Schneidezahns oben und unten und eines Prämolaren oben vollständig. Die Beziehung dieser Ganodonten zu späteren Formen ist ungewiss; Ihr Skelettaufbau ist jedoch noch keineswegs vollständig bekannt.

KAPITEL IX

UNGULATA – CONDYLARTHRA – AMBLYPODA – ANCYLOPODA – TYPOTHERIA – TOXODONTIA – PROBOSCIDEA – HYRACOIDEA

Befehl IV. UNGULATA

Die bestehenden Mitglieder dieser Ordnung lassen sich leicht in die Gruppen Hyracoidea , Proboscidea, Perissodactyla und Artiodactyla einteilen , deren Unterteilungen jeweils den Wert einer Ordnung haben und alle scharf voneinander abgegrenzt sind. Da jedoch die Entdeckung so vieler fossiler Formen diese Abgrenzungen weitgehend weniger scharf gemacht hat, ist es besser, alle diese Gruppen nur als Unterordnungen einer größeren „Ordnung" Ungulata zu betrachten . Auch wenn diese Schlussfolgerung notwendigerweise aus einer Betrachtung der älteren Gruppen von Huftieren gezogen wurde, bleibt die Definition einer solchen Ordnung für den Systematiker eine schwierige Angelegenheit. Denn die frühesten dieser Formen, insbesondere die Ancylopoda , die Amblypoda und die Condylarthra , deren Besonderheiten später ausführlich behandelt werden, sind keineswegs leicht von den primitiven fleischfressenden Säugetieren dieser Zeit, den Creodonta , zu unterscheiden ; diese letzteren gehen darüber hinaus durch die sogenannten Sparassonta von Professor Ameghino in die Beuteltiere über . Um uns auf die Huftiere zu beschränken, können wir sie vielleicht als Landtiere mit Hufen statt Krallen oder Nägeln definieren, die überwiegend, wenn nicht sogar ausschließlich, vegetarisch leben. Die Zähne sind bunodontisch oder lophodontisch, wobei die Tendenz zur Bildung des letzteren Typs immer ausgeprägt ist. Obwohl der Gang bei den älteren Arten plantigrad ist, wird er zunehmend digitalisiert, außer bei Überresten aus der Antike wie *dem Hyrax* . Außerdem gibt es beim Übergang von den alten Typen zu den modernen eine allmähliche Vervollkommnung der Gliedmaßen als Lauf- und nicht als Kletter- oder Greiforgane; die Anzahl der Zehen nimmt ab und gipfelt zweimal (beim Pferd und bei der Litopterna) in einer Zehe an jedem Fuß; Gleichzeitig wird die Elle rudimentär und verschmilzt mit dem Radius, und das Wadenbein der Hinterbeine erfährt eine ähnliche Reduktion. Selbst bei einigen der ältesten Arten fehlt das Schlüsselbein; sein Vorkommen in *Typotherium* [114] ist höchst bemerkenswert. Auch der Schwanz, ein Organ, das bei einigen frühen Formen lang war, ist bei ihren modernen Abkömmlingen kurz.

FEIGE. 110. – Ein frühes Huftier. *Phenacodus primaevus* . × 1 / 12 . (Nach Osborn.)

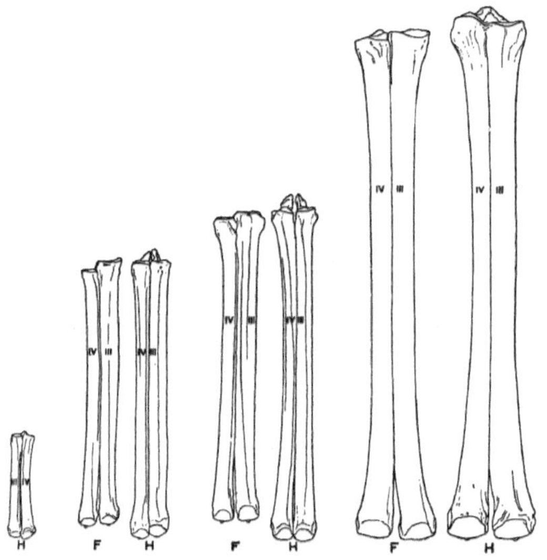

FEIGE. 111. – Reihe von Mittelhandknochen und Mittelfußknochen von Camelidae, um die säkulare und fortschreitende Größenzunahme zu zeigen. Von links nach rechts sind die Arten *Protylopus petersoni* , *Poebrotherium labiatum* , *Gomphotherium Sternbergi* , *Procamelus occidentalis* . **F** , Vorfuß; **H** , Hinterfuß; III, IV, drittes und viertes Metapodial. (Nach Wortman.)

In Verbindung mit der zunehmenden Vervollkommnung des Fußes als bloß zur Stützung des Körpers dienendes Organ haben sich einige interessante Veränderungen in der Anordnung der einzelnen Knochen des Handgelenks und des Knöchels zueinander ergeben. Cope und andere sind der Ansicht, dass die wirklich primitive Anordnung dieser Knochen diejenige war, die uns bestimmte frühe Arten wie *Meniscotherium* oder der existierende Elefant oder *Hyrax präsentierten* . Bei diesen Tieren gibt es (siehe Abb. 112) eine serielle

Anordnung dieser Knochen, wobei die distalen Knochen nur oder fast nur mit den entsprechenden Knochen in der oberen Reihe artikulieren. Bei den modernen Typen (vgl. Abb. 113) kommt es dagegen zu einer Verzahnung, so dass die Knochen der distalen Reihe mit zwei Knochen der proximalen Reihe artikulieren. Dadurch entsteht, wie es scheint, ein viel festerer Fuß, der weniger dazu neigt, unter Druck nachzugeben, und daher besser für ein laufendes Tier geeignet ist. Es handelt sich um das gleiche Prinzip wie beim Verlegen von Ziegeln. Für diese Veränderungen wird der tatsächliche Stress und die Belastung durch den Aufprall verantwortlich gemacht. Eine ebenso geniale und möglicherweise zutreffendere Erklärung der unbestrittenen Tatsachen wurde kürzlich von Herrn WD Matthew vorgelegt. [115] Er hat darauf hingewiesen, dass bei einigen alten Huftieren die Handwurzel nicht seriell, sondern ineinandergreifend ist, selbst bei Formen, die zu den frühesten eozänen Gruppen gehören, wie etwa der Gattung *Protolambda* unter den Amblypoda . Nun gibt es im Vorderfuß von *Meniscotherium* und dem lebenden *Hyrax* ein separates Centrale, das bei der größeren Zahl von Huftieren fehlt. Die Absorption, das heißt das praktische Herausfallen dieses Knochens, würde die serielle Anordnung einer ineinandergreifenden Handwurzel wiederherstellen; während andererseits durch die Verschmelzung dieses Knochens mit dem Kahnbein die ineinandergreifende Anordnung erhalten bleiben würde.

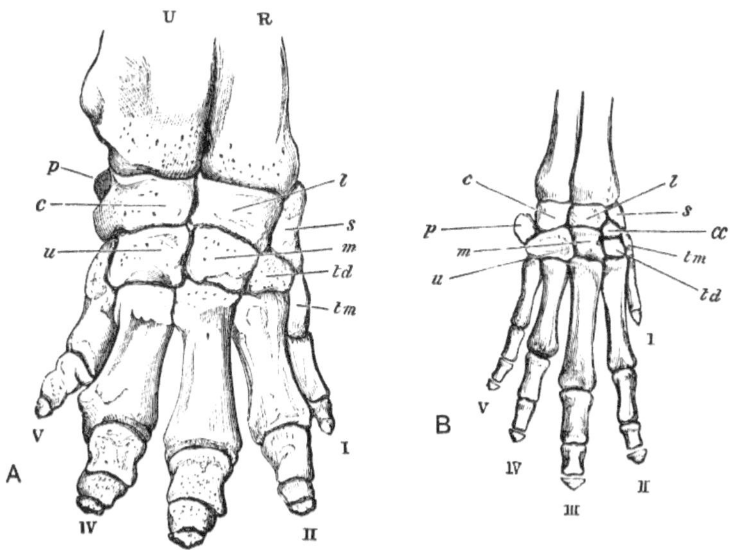

FEIGE. 112. – Knochen des Manus **A** , des Indischen Elefanten, *Elephas indicus* . × ⅛. **B** , des Kapschliefers, *Hyrax capensis* . × 1. *c* , Keilschrift; *cc* , zentral; *l* , Mond; *m* , Magnum; *p* , pisiform; *R* , Radius; *td* , Trapez; *tm* , Trapez; *s* , Skaphoid; *u* , unziform; *U* , Ulna. (Aus Flower's *Osteology* .)

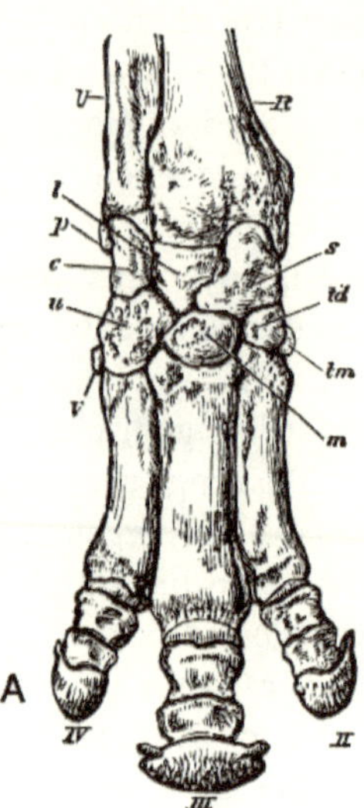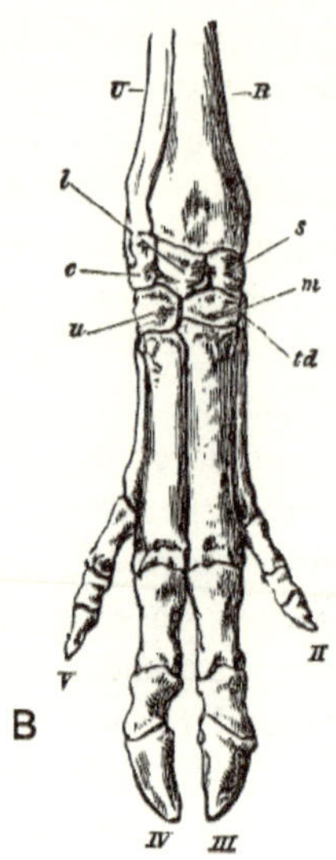

FEIGE. 113. – Knochen des Manus **A** , des Nashorns, *Rhinoceros sumatrensis* . × 1 / 5 . **B** , vom Schwein, *Sus scrofa* . × ⅓ . Buchstaben wie in Abb. 112. (Aus Flower's *Osteology* .)

Die allmähliche Vervollkommnung der Vorder- und Hinterbeine als Lauforgane wird auf das Aufkommen der Gräser und die Bildung großer, mit diesen Gräsern bedeckter Ebenen zurückgeführt. Derselbe Grund stünde auch im Einklang mit der ebenso allmählichen Veränderung der Form der Backenzähne, von einer Tuberkelform, die für eine gemischte oder sogar fleischfressende Ernährung berechnet wurde, zu den flacheren Brechflächen, die die Lophodontenzähne späterer Huftiere aufweisen. Starke Eckzähne würden in gleicher Weise ihren Nutzen verlieren und sogar zu einer Belastung für solche grasenden Tiere werden; und ihr Verschwinden ist eines der herausragenden Merkmale in der Geschichte der Ungulata , also der modernen Vertreter des Ordens. Die außergewöhnliche Hypertrophie dieser Zähne in einer Linie wie der der Amblypoda , die keine Nachkommen hinterlassen hat, war vielleicht einer der Gründe für den Verfall dieser großen Dickhäuter aus der Mitte des Tertiärs; Ihre übermäßige Ausstattung wurde zu einer Belastung, da sie nicht mit Verbesserungen in anderen notwendigen Richtungen einherging. Einige Merkmale der tertiären Huftiere wurden jedoch in unserem allgemeinen Überblick über das Leben der Säugetiere in dieser Epoche behandelt und müssen hier nicht noch einmal erwähnt werden. Von den existierenden Huftieren gibt es keine eindeutigen Hinweise auf die Abstammung der Elefanten oder der Hyracoidea . Ihre Struktur lässt vermuten, dass diese beiden Zweige uralten Ursprungs sind und keine modernen Zweige des Huftierstamms. Was die Perissodactyla und die Artiodactyla betrifft , können wir sie nicht näher zusammenbringen als im frühen Tertiär. Die Ordnung Condylarthra scheint der Ausgangspunkt dieser beiden Unterteilungen zu sein. *Euprotogonia* gilt als Vorfahre des Perissodactyle Zweig und *Protogonodon* oder *Protoselene* der Artiodactyla . Wenn dies wahr ist, müssen die Ähnlichkeiten, die *Titanotherium* mit den Artiodactyla aufweist , entweder rein oberflächlich und zweitrangig sein oder ein Ausschnitt aus alten Merkmalen, die über viele Generationen hinweg inaktiv waren.

Hörner. — Die Ungulata sind die einzige Säugetierordnung, die Hörner besitzt; Da sie im Großen und Ganzen eine wehrlosere Gruppe als die Fleischfresser sind, kann es sein, dass die Hörner ein Gegengewicht zu den Zähnen und Klauen der letzteren bilden; Das Bedürfnis nach Verteidigung und nach Rüstung im Kampf mit Artgenossen um die Gunst der Weibchen hat zu einer anderen Art von Schutz- und Angriffsmechanismus geführt. Hörner als Waffen sind in dieser Gruppe jedoch, wo immer sie vorkommen, besonders effektiv. Ein Wiederkäuer ist meist ein großes und schweres Tier, dem die Beweglichkeit und Geschmeidigkeit des Fleischfressers fehlt. Gerade für diese Art von Tieren, bei denen das Gewicht eine wichtige Rolle spielt, sind Hörner die am besten geeigneten Waffen. Dies wird auch durch die Tatsache deutlich, dass, obwohl der allgemeine Begriff „Horn" zur Beschreibung der Waffen der Huftiersäugetiere verwendet wird, dieser allgemeine Begriff mehr als eine Art von Struktur umfasst; Es ist in der Tat wahrscheinlich, dass die extremen Begriffe in der Reihe der Hörner von ihren Besitzern unabhängig voneinander erworben wurden. Die Hörner einer Giraffe und eines Nashorns haben nur wenig gemeinsam. Beim Nashorn haben wir ein oder zwei Hörner, im letzteren Fall eines hinter dem anderen, bei denen es sich um rein epidermische Wucherungen handelt; Man kann sie tatsächlich als verfilzte Haarmassen betrachten, die allerdings auf einem Knochenvorsprung sitzen, der jedoch keine gesonderte Struktur darstellt. Die Giraffe liefert uns den einfachsten Begriff in dieser Reihe von Hörnern, die teils epidermal, teils knöchern sind. Die paarigen Hörner dieses Tieres wurden beispielsweise oft mit denen des Hirsches verglichen; aber es gibt keinen grundsätzlichen Unterschied zwischen ihnen. Bei der Giraffe sind zwei knöcherne Auswüchse, die ursprünglich vom Schädel, der sie trägt, getrennt, aber letztendlich mit diesem verklebt waren, von einer Schicht völlig unveränderter Haut bedeckt. Eine Unterscheidung von zweifellos praktischer Bedeutung wird üblicherweise zwischen den Wiederkäuern mit Hohlhörnern, *also* Ochsen, Ziegen und Antilopen, und dem Stamm der Hirsche getroffen. Dennoch gibt es keinen grundsätzlichen Unterschied. Bei den Antilopen gibt es einen Kern aus Knochen, den „ Oberschenkel" . „cornu ", wie es genannt wurde, ist von einer Hornschicht, dem eigentlichen Horn, bedeckt, das je nach Gattung oder Art in Form und Größe unterschiedlich verändert ist. Beim Hirsch gibt es das gleiche Mutterhorn Cornu , das zwar verzweigt sein kann, aber in gleicher Weise von einer

Schicht modifizierter Haut bedeckt ist; dies ist als „Samt" bekannt; Es hält nur eine gewisse Zeit und wird dann durch die Anstrengung des Tieres selbst abgerissen, wobei der knöcherne Kern zurückbleibt, der im Volksmund Horn genannt wird. Es wird klar sein, dass es sich hier nur um einen vergleichsweise unwichtigen Unterschied handelt; Die gleichen wesentlichen Merkmale sind bei beiden Tiergruppen vorhanden, die Veränderung der Epidermis ist jedoch unterschiedlich verlaufen. Beides lässt sich auf die primitiven Verhältnisse der paarigen Hörner der Giraffe zurückführen. Sogar der Unterschied, so wie er ist, wird durch die Antilope *Antilocapra* überbrückt , wo das os Das Horn ist gespalten und das Horn wird regelmäßig abgeworfen, ebenso wie der Samt des Hirsches. aber beim Hirsch wird auch der knöcherne Teil des Horns abgeworfen, ein Sachverhalt, der bei den hohlhörnigen Wiederkäuern seinesgleichen sucht. Das große *Sivatherium* könnte möglicherweise eine verbindende Form zwischen den beiden Arten zusammengesetzter Hörner sein, *nämlich* denen der Antilope und denen des Hirsches. Dieses Geschöpf hatte zwei Paar Hörner, von denen natürlich nur noch die knöchernen Kerne übrig sind; das hintere Paar davon war verzweigt. Aber obwohl sie bisher eher den Hörnern von Hirschen als denen von Antilopen ähneln, glaubt Dr. Murie , dass sie von einer Hornscheide bedeckt waren und nicht von weicher Haut wie beim Hirsch. Auf jeden Fall wurden diese Hörner offenbar nie abgeworfen, was eine Ähnlichkeit mit der Antilope und einen Unterschied zum Hirsch darstellt. Abgesehen von der Art der Bedeckung der Knochenkerne gibt es daher gute Gründe, sie als Zwischenprodukte zwischen denen der Hirsche und denen der Antilopen anzusehen.

Die Hörner der Wiederkäuer sind häufig ein sekundäres Geschlechtsmerkmal; Dies ist insbesondere beim Hirsch der Fall. Das Rentier stellt jedoch eine Ausnahme dar, da sowohl Hirsche als auch Hirsche Hörner haben. Dass sie mit der Fortpflanzungsfunktion in Zusammenhang stehen, zeigt sich daran, dass sie nach der Brunftperiode abgeworfen werden, der Samt in dieser Zeit zerstört wird und auch durch die Wirkung auf die Hörner, die jede Verletzung der Fortpflanzungsdrüsen hervorruft. Einige nützliche Fakten zu diesem letztgenannten Kopf wurden von Dr. GH Fowler [116] zusammengetragen , der bei einer Reihe von Hirschen feststellte, dass die Hörner verschiedene Grade der Degeneration im Geweih aufwiesen, die durch unterschiedliche Grade und Perioden des Wallachs entstanden waren. Aus den hier gesammelten Fakten geht klar hervor, dass eine direkte Wirkung entsteht. Wenn wir Hörner als sekundäre Geschlechtsanhängsel betrachten, die später durch Vererbung an das Weibchen weitergegeben wurden, sollten wir damit rechnen, auf Beispiele von Tieren zu stoßen, die jetzt beide Geschlechter tragen, wobei die Hörner der früheren Vertreter auf ein Geschlecht beschränkt waren. Dies zeigt sich am interessantesten bei der ausgestorbenen und miozänen Giraffe *Samotherium* , bei der nur das

Männchen ein Paar kurze Hörner hatte, während der Schädel des Weibchens völlig hornlos war; Die moderne *Giraffe* hat bekanntlich bei beiden Geschlechtern Hörner.

Es ist interessant festzustellen, dass die vorhandenen Perissodactyles und Artiodactyles durch ihre ungepaarten oder paarigen Hörner zu unterscheiden sind. Aber während es keine Artiodactyles mit unpaarigen Hörnern gibt (von Gelegenheitssportarten abgesehen), haben die Perissodactyles es mehr als einmal sozusagen mit gepaarten Hörnern versucht, was sich letztendlich für sie als tödlich erwies. Das Rhinoceros *Diceratherium hat offenbar die kleinen gepaarten Hörner von Aceratherium* geerbt und weiterentwickelt , hat aber keinen Nachkommen hinterlassen. Die paarweise gehörnten Titanotheria bieten ein weiteres Beispiel für die gleiche offensichtliche Inkompatibilität zwischen der Perissodactyle -Struktur und der Beständigkeit paariger Hörner.

UNTERORDNUNG 1. CONDYLARTHRA.

Diese Gruppe zeichnet sich durch die folgende Zusammenstellung von Charakteren aus. Ausgestorbene, oft plantigrade Huftiere mit fünfzehigen Gliedmaßen. Die Knochen von Handwurzel und Fußwurzel sind nicht immer ineinander verzahnt, sondern liegen manchmal in entsprechenden Positionen übereinander. Der Humerus hat ein Foramen entepicondylaris. Zahnformel ziemlich vollständig; die Backenzähne Brachyodont und Bunodont. Die Prämolaren sind einfacher als die Molaren. Die Eckzähne sind klein. Wie bei anderen frühen Typen sind die Zygapophysen flach und nicht ineinander verzahnt. Der Astragalus ähnelt dem der Creodonta . Diese Gruppe hatte ein amerikanisches und europäisches Verbreitungsgebiet, die Überreste ihrer recht zahlreichen Gattungen stammen aus dem Eozän. Die bekannteste Gattung ist *Phenacodus* , über die zunächst einige Berichte gegeben werden, bevor auf die in vielen Fällen fragmentarischeren Überreste anderer verwandter Formen eingegangen wird.

Die Gattung *Phenacodus* wurde bereits 1872 anhand einiger verstreuter Zähne erstmals beschrieben. Seitdem wurden mehrere nahezu vollständige Skelette erhalten, und wir sind im vollständigen Besitz der Einzelheiten ihrer Osteologie. Es war kein großes Geschöpf (siehe Abb. 110, S. 196), etwa 1,80 m lang und mit einem kleinen Kopf. Die Füße waren mehr oder weniger plantigrad und hatten fünf Zehen. Die letzten Fingerglieder der Zehen zeigen, dass sie Hufe und keine Krallen trugen; Dennoch sehen die Vorderfüße ein wenig so aus, als könnten sie als Greiforgane verwendet werden. Die dritte Ziffer der Hinter- und Vorderfüße ist größer als die der anderen, und daher war dieses eozäne Lebewesen durch einen Perissodactyle -ähnlichen Fuß gekennzeichnet . Der Schwanz ist außerordentlich lang und muss beim Gehen des Tieres den Boden erreicht haben. Dabei handelt es sich natürlich keineswegs um einen Huftiercharakter. Dennoch war das Tier in seiner gesamten Organisation eindeutig ein Huftier, obwohl Professor Cope von *Phenacodus* nicht nur als einem Huftier der Vorfahren sprach, sondern als der Elternform von Insektenfressern, Fleischfressern, Lemuren, Affen und dem Menschen selbst! Das Schulterblatt ähnelt in der Tat aufgrund seiner Breite und ovalen Kontur eher dem eines Fleischfressers. Die Schlüsselbeine fehlen wie bei anderen Huftieren. Der Femur ist Perissodactyle und nicht Artiodactyle , wenn ein dritter Trochanter vorhanden ist. Die Kreatur hatte fünfzehn Rippenpaare und fünf oder sechs Lendenwirbel. Die beiden Beinknochen, die unterhalb des Oberschenkelknochens liegen, sind vollkommen unterschiedlich und getrennt. Ein Abdruck des Gehirngehäuses zeigt, dass die Gehirnhälften glatt und klein waren, das Kleinhirn natürlich völlig unbedeckt und fast so groß wie das Großhirn. Auch die Riechlappen waren groß. Das vollständige Skelett von *Phenacodus* wurde kürzlich von Professor Osborn vollständiger aus der umhüllenden Matrix ausgegraben [117] und in der vermutlich natürlichen Position des Tieres montiert. Es scheint, dass es sich, obwohl es fünfzehig war, nur auf den drei mittleren Zehen befand und dass darüber hinaus von diesen die mittlere vorherrschend war, so dass *Phenacodus* eindeutig „ Perissodactyle " war, zumindest im Habitus. Darüber hinaus erinnern seine „langen Hinterhand und der lange, kräftige Schwanz ... an die Abstammung der Creodonten". Die Gattung war europäisch und amerikanisch verbreitet.

Meniskotherium (= *Hyracops* [118]) umfasst mehrere Formen von etwa der Größe eines Fuchses; Sie sind sowohl europäisch als auch amerikanisch verbreitet. Die Zähne haben eine ausgeprägtere Huftierform als die von *Phenacodus* und haben eine w-förmige Außenwand. Es wird beschrieben, dass der Schädel „gleichgültige, primitive Merkmale" aufweist, was einen Vergleich mit denen von Opossums, Insektenfressern und Creodonta ermöglicht . Es besitzt, wie bei *Phenacodus* , keinen Orbitalring. Der Oberarmknochen ähnelt eher dem eines Fleischfressers als dem eines Huftiers. Handwurzel und Fußwurzel sind seriell. Das Wadenbein artikuliert sowohl mit dem Calcaneum als auch mit dem Astragalus, was bei *Phenacodus nicht der Fall ist* . Es wird vermutet, dass diese Tiere Vorfahren der Chalicotheres sind. Im Gehirn bedecken die Hemisphären das Kleinhirn nicht.

Ursprünglicher als *Phenacodus* war offenbar die weniger bekannte Gattung *Euprotogonia* oder *Protogonia* [119] , wie sie genannt wurde. Die bekannteste Art ist *E. puercensis* , so genannt wegen ihres Vorkommens in den Puerco-Schichten des amerikanischen Eozäns. Es war ein schlankes, langgliedriges Geschöpf, kleiner als *Phenacodus* , mit einem langen und schweren Schwanz wie dieses Tier. Wie *Phenacodus* war es semiplantigrad und weist mehr Ähnlichkeiten mit der Creodonta auf . Der Schädel ist nur durch einen Teil des Unterkiefers mit Zähnen und durch die Zähne des Oberkiefers bekannt. Die Wirbel sind nicht vollständig erhalten, aber es sind noch genug übrig, um zu zeigen, dass das Tier einen Schwanz von 16 oder 17 Zoll hatte, was im Vergleich zu seiner Körpergröße, etwa 30 cm am Hinterteil, eine beachtliche Länge darstellt. An der Vorderextremität ist der bemerkenswerteste Punkt, dass die Elle einen konvexen hinteren Rand hat wie bei den Creodonten, während derselbe Rand bei *Phenacodus* konkav ist. Der Humerus ist schlank und weist weniger ausgeprägte Tuberositas auf. Die fünfte Ziffer scheint weniger reduziert worden zu sein. Die Phalangen scheinen Hornscheiden getragen zu haben, die etwas zwischen Hufen und Klauen liegen. Das Becken wird, wie auch das von *Phenacodus* , als eher dem der Creodonta ähnlich beschrieben . Das rechte Hinterbein ist in allen Einzelheiten bekannt. Es scheint, dass die Knochen nicht seriell, sondern ineinandergreifend sind; dies jedoch auf den auf S. 198 , spricht nicht dagegen, *Euprotogonia* als Vorfahr der Gattung *Phenacodus zu betrachten* . Der dritte Zeh ist der herausragende, das Tier ist also Perissodactyle . Die seitlichen Finger sind größer als bei *Phenacodus* , und die Mittelfußknochen und die Fingerglieder sind leicht gebogen, was im Vergleich zu den vollkommen geraden entsprechenden Knochen von *Phenacodus wiederum ein Creodont-Charakter ist* . Es scheint offensichtlich, dass dieses Tier als eine ältere Art als *Phenacodus* anzusehen ist , auch wenn es nicht sein eigentlicher Vorfahre ist.

Eine weitere Gruppe der Condylarthra umfasst die Gattung *Pertipychus* und einige andere. *Periptychus* hat das vollständige Gebiss von vierundvierzig Zähnen, die Backenzähne sind natürlich Bunodont, wobei die drei Haupthöcker am weitesten entwickelt sind. Die Knochen des Tarsus sind ineinandergreifend und nicht in Reihe angeordnet, wie es bei vielen anderen Vertretern der Condylarthra der Fall ist . Der Astragalus hat einen kürzeren Hals als beispielsweise *Meniscotherium* . Darin weist es eine Ähnlichkeit mit demselben Knochen der Amblypoda auf, mit deren primitiven Vertretern, wie z. B. *Pantolambda* , dieses Tier große Ähnlichkeit aufweist. „Astragali und viele Skelettknochen von *Periptychos Rhabdodon* und *Pantolambda Bathmodon* sind fast nicht zu unterscheiden", bemerkt Herr Matthew. Die Vorderfüße dieser Gattung sind unbekannt, aber es scheint, dass es sich bei den Hinterfüßen um plantigrade handelte. Es gibt mehrere Arten der Gattung.

Möglicherweise, aber keineswegs sicher, sind die Mioclaenidae mit den Gattungen *Mioclaenus* und *Protoselene* derselben Ordnung primitiver Huftiere zuzuordnen. Es ist nur notwendig, sie hier zu erwähnen, da sie die primitive Gebissform dieser früheozänen Säugetiere sehr deutlich zeigen. Die Zähne sind völlig vollständig und durch ein Diastema nicht gebrochen. Die Eckzähne sind nur wenig ausgeprägt. Die Backenzähne sind nicht streng trituberkulär, sondern überwiegend trituberkulär. Die Beschaffenheit der

Füße ist nicht bekannt. Da die Gattung *Protoselene* , wie der Name schon sagt, Anzeichen einer beginnenden Selenodontie aufweist , wurde vermutet, dass diese Gruppe der Stamm ist, von dem die Artiodactyles abgeleitet wurden.

Unabhängig davon, ob die besonderen Vergleiche, die hinsichtlich der Verwandtschaft verschiedener Formen von Condylarthra angestellt wurden, zutreffen oder nicht, scheint es klar zu sein, dass diese Gruppe den frühesten Huftierbestand darstellt, sich jedoch kaum von den gleichzeitigen Creodonten unterscheidet.

UNTERORDNUNG 2. AMBLYPODA.

Diese Gruppe ausgestorbener Säugetiere weist die folgenden Hauptmerkmale auf :

Es handelt sich um große, semiplantigrade Huftiere mit kräftigem Körperbau und scheinbar elefantenartigem Gang. Das Gebiss ist wie bei anderen antiken Gruppen größtenteils vollständig, und die Eckzähne sind bei den späteren Formen große Stoßzähne. Die Backenzähne sind brachyodontisch und gefurcht (lophodontisch). Sowohl Speiche und Elle an der Vorderextremität als auch Schien- und Wadenbein an der Hinterextremität sind gut entwickelt. Die Knochen in der Handwurzel wechseln sich in ihrer Position ab. Die Zehen an beiden Füßen sind fünf und sehr kurz. Es gibt jedenfalls Hinweise auf einen beginnenden „ Perissodaktylismus “ an den Vorderfüßen. Das Gehirn ist klein und die Hemisphären glatt.

Die Amblypoda oder Amblydactyla werden wegen ihrer kurzen und gedrungenen Füße und Zehen so genannt. Professor Cope vertrat die Auffassung, dass sie in direkter Abstammungslinie sowohl der Perissodactyles als auch der Artiodactyles stehen , eine Ansicht, die derzeit im Großen und Ganzen nicht akzeptiert wird.

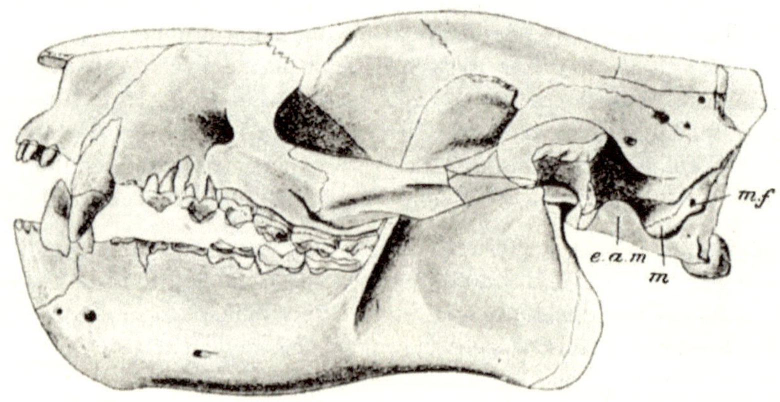

FEIGE. 114. – Schädel von *Protolambda Bademodon* . × ³/₄. *eam* , Äußerer
Gehörgang; *m* , Mastoid; *mf* , Foramen mastoideum. (Nach Osborn.)

Wie andere Gruppen begannen auch die Amblypoda als Unterordnung mit
relativ kleinen Formen wie *Pantolambda* , der ältesten bekannten Art, die in
vielerlei Hinsicht einen Übergang zwischen den späteren Formen und
anderen Säugetiergruppen wie der Pantolambda darstellt Creodonta . [120] Das
Rennen gipfelte und endete in den Riesen *Dinoceras* und *Coryphodon* und
breitete sich in der Alten Welt aus. Trotz ihres glatten und winzigen Gehirns
waren diese Säugetiere in der Lage, sich zu behaupten und sich in viele Arten
und Gattungen zu vermehren; Dabei halfen ihnen vielleicht ihre
beeindruckenden Stoßzähne und die Hörner, die viele von ihnen besaßen.
Die Zähne scheinen auf eine Allesfresser-Ernährung hinzudeuten, was
möglicherweise ein zusätzlicher Vorteil im Kampf ums Dasein war. Es
scheint nicht notwendig zu sein, die Dinoceratidae in eine Unterordnung zu
unterteilen, die den Coryphodontidae entspricht, wie es Professor Marsh
getan hat ; Die zahlreichen Gemeinsamkeiten der Mitglieder beider Familien
verbieten eine weitergehende Trennung als nur als Familie.

Die frühesten Arten von Amblypoda gehören zur Gattung *Pantolambda* , von
der die Art *P.bathmodon* etwa einen Meter lang war. Im restaurierten Zustand
scheint es verhältnismäßig kurze Vorder- und Hinterbeine und einen langen
Schwanz gehabt zu haben. Offensichtlich handelte es sich um eine
Pflanzenart, die einer fleischfressenden Art nicht wenig ähnelte. Der Schädel
weist keine Lufthöhlen auf, wie sie bei den späteren Typen aus dem
Untereozän, z *Coryphodon* ; *Pantolambda* stammt aus dem Basal-Eozän. Die
Stirnknochen zeigen keine Spur der Hörner, die sich in späteren Formen
entwickelt haben; die Nasenflügel sind vergleichsweise lang; Der Jochbogen
ist schlank. Die Backenzähne haben die primitive Form der Trituberkulose,
und die Prämolaren unterscheiden sich, wie so oft bei primitiven Tieren, in
ihrer Form von den Backenzähnen und sind weniger ausgeprägt
selenodontisch. Was die Wirbelsäule betrifft, so scheinen die Rückenwirbel
kurze Stacheln gehabt zu haben, was, wie auch beim größeren und
schwereren *Coryphodon* , auf eine schwache Entwicklung der Bänder und
Muskeln hinweist, die den Kopf stützen und bewegen. Das Schulterblatt
scheint die gleiche eigenartige blattartige Form zu haben wie beim späteren
Coryphodon . [121] Dieser primitive Typ zeigt ein Foramen entepicondylare im
Humerus. Es ist interessant zu beobachten, dass der hintere Rand der Elle
konvex ist, wie bei den Creodonten und bei der frühen Condylarthrous-
Form *Euprotogonia* . Bei der später entwickelten Amblypoda , wie auch bei
der späteren Condylarthra , erhält dieser Knochen einen konkaven
Außenrand. In der Handwurzel ist das Os centrale deutlich ausgeprägt. Im
Femur ist der dritte Trochanter gut ausgebildet; es stirbt im späteren
Amblypoda allmählich aus . Die Fibula artikuliert mit dem Calcaneum. Laut

Osborn ist diese Art „typisch für das hypothetische Protungulate , da es primitiver ist als *Euprotogonia* oder *Phenacodus* ". [122]

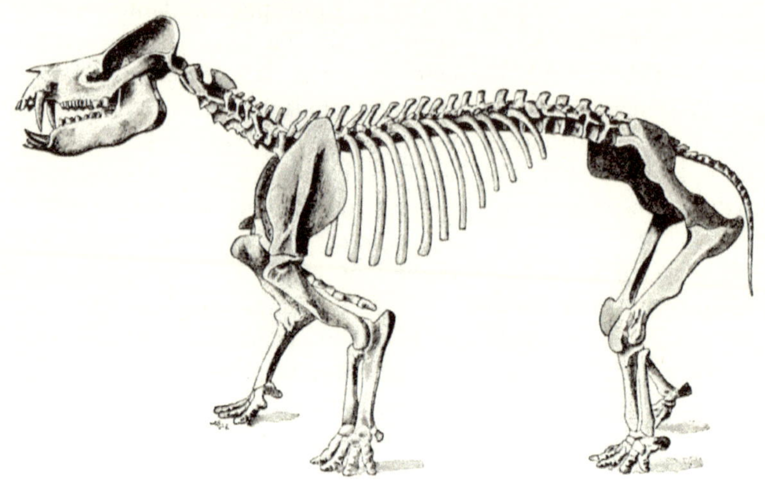

FEIGE. 115. – Skelett von *Coryphodon radians* . × 1 / 10 . (Nach Osborn.)

Die Gattung *Coryphodon* ist durch eine große Anzahl von Arten bekannt, von denen die erste in diesem Land entdeckt wurde und lediglich durch einen Kiefer mit einigen Zähnen dargestellt wurde. Dieser wurde von Sir R. Owen *C. eocaenus benannt* und vom Meeresgrund vor der Küste von Essex ausgebaggert. Ein zweites Exemplar bestand nur aus einem einzigen Eckzahn und wurde beim Bau eines Brunnens in Camberwell aus einer Tiefe von 160 Fuß gefördert . Seitdem wurden in Nordamerika zahlreichere Überreste gefunden.

Diese Gattung hatte einen großen Kopf, und bei einigen Exemplaren sind Spuren der „Hornkerne" zu erkennen, die bei den verwandten *Dinoceras so ausgeprägt waren.* Der Schädel ist hinten breit und vorne schmaler; Die Dachknochen zeigen die für den Elefanten so charakteristischen Zellräume. Der Jugalknochen liegt jedoch nicht wie beim Elefanten in der Mitte des etwas massiven Jochbogens. Wie bei einigen anderen primitiven Huftieren (z *Phenacodus*) gibt es zwanzig dorso -lumbale Wirbel, von denen fünfzehn Rippen trugen.

Das Schulterblatt scheint eine eigentümliche blattartige Form gehabt zu haben, die in der Mitte anschwillt und oben fast spitz endet. Es hat eine gut ausgeprägte Wirbelsäule und das Schulterdach ragt deutlich hervor. Sowohl die Vorder- als auch die Hinterpfoten befinden sich im Übergangszustand zwischen Plantigradismus und Digitigradismus . Es wurde einmal angenommen, dass das Tier an den Vorderpfoten digital und an den Hinterpfoten plantigrad sei. Obwohl es, wie bereits erwähnt, eine Tatsache ist, dass sich die Hinterpfoten oft auf einer anderen Evolutionsebene befinden als die Vorderpfoten, scheint dieser Unterschied kein einziges Huftier zu charakterisieren, mit Ausnahme der hier aufgeführten Gattung Rücksichtnahme.

Die Zehen sind sehr gespreizt. Der Beckengürtel ist von großer Stärke und Breite. Der Femur hat, wie bei den Perissodactyles , einen gut entwickelten dritten Trochanter; aber während in diesem Fall das Hinterbein Perissodactyle ist , ist es Artiodactyle insofern, als das Schienbein und das Wadenbein mit dem Astragalus und dem Calcaneum artikulieren. Die geriffelten Zähne haben der Gattung ihren Namen gegeben.

Ein merkwürdiges Merkmal in der Struktur der Gattung sind die schlanken Stacheln der Rückenwirbel, die im Gegensatz zu den enormen Stacheln einiger anderer Huftiere stehen – merkwürdiger bei dieser Gattung, die schwer gebaut ist, als bei den leichteren *Pantolambda* . Der Rücken des Tieres ist kurz und die Gliedmaßen sind sehr gespreizt, so dass der Gang zweifellos schlurfend war. Der große Kopf und die kurzen und schweren Gliedmaßen und Gliedmaßengürtel trugen wahrscheinlich zu seinem schwerfälligen Schritt oder Trab bei. Die Eckzähne sind große Stoßzähne und breiten sich auf beiden Seiten des Mauls aus. [123]

Der verstorbene Professor Cope beschrieb 1874 das wahrscheinliche Aussehen des *Coryphodons* mit folgenden Worten : „Das allgemeine Erscheinungsbild des Coryphodons , wie es durch das Skelett bestimmt wurde, ähnelte wahrscheinlich mehr den Bären als allen anderen lebenden Tieren, mit der wichtigen Ausnahme, dass in Ihre Füße ähnelten stark den Elefanten. Zu den allgemeinen Proportionen der Bären kommt noch der mittellange Schwanz hinzu. Ob sie mit Haaren bedeckt waren oder nicht, ist natürlich ungewiss. Von ihren nächsten lebenden Verbündeten, den Elefanten, waren einige behaart und andere nackt... Die Bewegungen der Coryphodons ähnelten in ihrem schlurfenden und schlendernden Gang zweifellos denen des Elefanten und waren möglicherweise aufgrund der Starrheit des Knöchels noch ungelenker."

Die jüngsten Mitglieder dieser Unterordnung stammen aus Schichten des mittleren Eozäns und sind hauptsächlich der Gattung *Dinoceras zuzuordnen* , mit der *Tinoceras* und *Uintatherium* zumindest nahezu verwandt, wenn nicht sogar identisch sind. Diese Kreaturen waren von großer Größe, größer als die früher betrachteten Arten. Aufgrund der massiven Hornkerne auf dem Schädel weisen sie eine gewisse oberflächliche Ähnlichkeit mit den Titanotheriidae auf. Diese Hornkerne sind auf den Ober- und Scheitelknochen groß und paarig; An den Nasenflügeln befinden sich kleinere Hörner. Die Schädelknochen haben Lufthöhlen. Die Schneidezähne des Oberkiefers fehlen; Die Eckzähne sind riesige Stoßzähne, und der

Unterkiefer ist in der Nähe der Symphyse, wo diese Stoßzähne sie begrenzen, nach unten gebogen. Im Gegensatz zu den älteren Typen, bei denen die Position des Kondylus des Unterkiefers normal ist, zeigt dieser Vorsprung bei den Dinocerata nach hinten . Die gleiche Kürze der Stacheln der Rückenwirbel herrscht bei dieser Gruppe vor wie bei den anderen Amblypoda , wenn auch vielleicht weniger ausgeprägt. Das Schulterblatt hat nicht die besondere zugespitzte Form, die es bei *Coryphodon gibt* , sondern ist oben dreieckig und breit. Die Gliedmaßen sind elefantenartig, da der Winkel zwischen dem Oberarmknochen bzw. dem Oberschenkelknochen und den darauf folgenden Knochen nicht markiert ist. Die Hinterbeine sind besonders gerade. Der Schwanz ist im Vergleich zu dem der primitiven Amblypoda kurz . Die Dinocerata sind reine Digitigraden. Das Foramen entepicondylaris ist, wie bei den Coryphodonten , verschwunden. Das Os centrale der Handwurzel ist verwachsen und existiert nicht mehr als separater Knochen. Das Wadenbein ist nicht mehr mit dem Fersenbein verbunden, aber sowohl dieser Knochen als auch die Elle sind gut entwickelt. Die Gattung *Astrapotherium wird* von einigen Behörden zu den Amblypoda gezählt . [124]

UNTERORDNUNG 3. ANCYLOPODA.

Die Entdeckungsgeschichte der Mitglieder dieses Ordens ist sehr aufschlussreich, da sie die Gefahren veranschaulicht, die entstehen, wenn man getrennten Tierfragmenten zu viel klassifizierende Bedeutung beimisst. Bereits 1825 wurden im Miozän von Eppelsheim Endphalangen eines neuen Lebewesens gefunden und nach Cuvier geschickt. Cuvier nannte sie „Pangolin gigantesque" und hielt sie aufgrund ihrer allgemeinen Form und gespaltenen Enden für die Edentata . Etwa sieben Jahre später wurden im selben Bett bestimmte Zähne gefunden, die eindeutig Huftiercharakter hatten und für die der Gattungsname *Chalicotherium* verwendet wurde. Später wurde entdeckt, dass die Zähne und die Klauen zum selben Tier gehörten, und später wurden weitere Überreste gefunden, die ein Lebewesen mit der ungewöhnlichen Zusammensetzung eines Huftiers mit eindeutig huftierartigen Zähnen, aber mit Füßen enthüllten, die diesen weitgehend ähnelten eines unbehaarten Tieres. Die gleiche Zeichenverwirrung tritt, wie wir uns erinnern werden, auch bei dem eindeutig Artiodactyle auf *Agriochoerus* (siehe S. 331). Tatsächlich wurden die Füße des letzteren bei ihrer ersten Entdeckung fälschlicherweise, wie sich jetzt herausstellt, mit der heutigen Ordnung der Huftiere unter dem Namen *Artionyx in Verbindung gebracht* . Es ist wahrscheinlich, dass die Gattung *Moropus* aus Nordamerika zu dieser Gruppe gehört und wahrscheinlich mit einer etwas anderen Art von Ancylopod namens *Macrotherium verwandt ist* . Es ist auch klar, dass *Anisodon* ,

Schizotherium und *Ancylotherium* , wenn sie nicht mit einer der beiden anerkannten Gattungen verwandt sind, ihnen zumindest sehr nahe stehen.

Chalicotherium hat einen Schädel, der an den einiger früherer Huftiere erinnert; es hat jedoch überhaupt keine Schneidezähne und keine Eckzähne im Oberkiefer; Dieses Merkmal hat zu der Annahme geführt, dass das Tier mit den Edentata verwandt ist und dass es tatsächlich eine Verbindung zwischen ihnen und den Ungulata darstellt . Die Backenzähne sind wie die der Perissodactyla vom Typ Buno -selenodont. Es stimmt auch mit dieser Gruppe überein (der es von mehreren Autoren angenähert wurde). Tridactyl Manus und Pes und in den Charakteren des Tarsus. Aber obwohl Tridaktylus, verläuft die Achse der Extremität durch den vierten Finger. *Chalicotherium* ist nicht mesaxonisch, ebenso wie die Perissodactyles . Darüber hinaus fehlt ihm der dritte Trochanter, und die ungelenkigen Krallen wurden bereits erwähnt. Bei den letzteren, die kurz sind, ist nicht die Endphalanx, sondern die erste eingezogen; daher *Chalicotherium* unterscheidet sich deutlich von den fleischfressenden und zahnlosen Arten; denn bei ersteren ist es die letzte Phalanx, die zurückgezogen wird, während bei den Edentaten dieselbe Phalanx nach unten gebogen ist. Die Gliedmaßen von *Chalicotherium* sind nahezu gleich groß, und das Tier scheint kräftig und vierbeinig gewesen zu sein. [125]

Macrotherium scheint, wie die letzte Gattung, sowohl in der Neuen als auch in der Alten Welt verbreitet gewesen zu sein. Es ist durch eine Reihe von Zeichen zu unterscheiden. Es soll „semi-arboreal und fossorial“ gewesen sein; Die Vorderbeine sind viel länger als die Hinterbeine, die relativen Proportionen von Radius und Schienbein betragen 70 zu 29. Die Elle war vom Radius verschieden, während bei Chalicotherium *die* beiden oder fast miteinander verschmolzen sind. Junge Exemplare scheinen einen vollständigen Satz Schneidezähne zu besitzen; Ob dies bei *Chalicotherium der Fall ist,* ist nicht bekannt. [126]

Homalodontotherium wird manchmal in die Gruppe eingeordnet.

UNTERORDNUNG 4. TYPOTHERIE.

Es ist etwas schwierig, sicher zu sein, dass die Typotheria zu Recht den Ungulata zugeordnet werden , da sie zwei wichtigen Huftierregeln widersprechen. Sie haben Schlüsselbeine, die an anderer Stelle fehlen, und der Daumen sieht aus, als ob er entgegengesetzt werden könnte. [127] Ein Huftier ist im Wesentlichen ein rennendes Tier und benötigt keinen Greiffinger. Dennoch werden Typotheria von den meisten in die Reihe der Huftiere eingeordnet, obwohl ihre unbestrittenen Ähnlichkeiten mit anderen Gruppen, insbesondere mit den Rodentia, zugegeben und sogar betont werden . Cope ordnet sie definitiv den Toxodonten zu .

Die Typotheria sind eine ausgestorbene Gruppe kleinerer Tiere, die wie die Toxodontia auf Südamerika beschränkt ist, eine Region, in der es im Tertiär und bis ins Pleistozän viele seltsame und vielfältige Huftierarten gab.

Die früheren Formen von Typotheria können durch einen Bericht über die Gattung *Protypotherium* veranschaulicht werden . Dieses Tier war etwa so groß wie ein *Hyrax* , dem es tatsächlich in mehreren Punkten seiner Struktur ähnelt. Die Zähne haben die ursprüngliche Anzahl von vierundvierzig, und sie stehen eng beieinander und hinterlassen kein Diastema; die Backenzähne sind wurzellos und wachsen hartnäckig; Sie sind einfach und haben ein nagetierähnliches Oberflächenmuster. Die Form des Unterkiefers ähnelt der des *Hyrax* und ist im hinteren Bereich abgerundet; Es gibt keinen Projektionswinkel wie bei den Nagetieren, und diese Bemerkung gilt für die Typotheria im Allgemeinen. Das Aussehen des Unterkiefers des Nagetiers unterscheidet sich charakteristisch von dem des *Schliefers* und der betrachteten Formen.

Einige andere Merkmale dieser frühen Formen von Typotheria können aus einer Untersuchung anderer Gattungen entnommen werden. Bei *Icochilus* hatten sowohl Hand als auch Fuß fünf Zehen, und wie bei den alten Huftieren im Allgemeinen sind die Knochen des Handgelenks und des Knöchels seriell und nicht abwechselnd angeordnet. Darüber hinaus ist in der Handwurzel ein Os centrale vorhanden. Sowohl Daumen als auch großer Zeh konnten gegenübergestellt werden. Der Schädel ähnelt bemerkenswert einem Nagetier, der Gaumen ist jedoch nicht so verengt wie bei diesen Tieren.

Bei den neueren Formen der Typotherie kommt es zu einer Verkleinerung des Gebisses. Die Eckzähne gehen verloren, und da auch die Schneidezähne auf einen auf jeder Seite des Oberkiefers und zwei auf jeder Seite des Unterkiefers reduziert werden, ist die Ähnlichkeit mit einem Nagetierschädel größer. Es gibt auch Hinweise auf eine Modifikation gegenüber den primitiveren Formen im Verlust eines Prämolaren oder sogar mehrerer, in den abwechselnden Knochen der Handwurzel, im Verschwinden des Mittelfußes und im Verlust einer Zehe am Hinterfuß. Bei diesen neueren Formen artikuliert die Fibula mit dem Astragalus statt mit dem Calcaneum. Typotherien dieser neueren Formen können durch die typische Gattung *Typotherium veranschaulicht werden* . Es hat die reduzierte Zahnformel I 1/2 C 0/0 Pm 2/1 M 3/3; Die Backenzähne haben ein einfaches Muster und ähneln denen von *Toxodon* . Die oberen Schneidezähne sind kräftig und gebogen, aber von einer Schmelzschicht umgeben, die sich nicht auf die Vorderseite beschränkt, wie dies praktisch bei Nagetieren der Fall ist. Das Kreuzbein besteht aus einer großen Anzahl von Wirbeln – etwa sieben – ein Zustand, der an die Edentata erinnert . Das Schulterblatt hat keine Huftierform. Es hat eine starke Wirbelsäule mit einem Akromion und einem gut entwickelten Metakromion . Die Endphalangen sind vergrößert und hufartig.

In der Gattung *Pachyrucos* gibt es drei Prämolaren, ansonsten ist die Formel dieselbe wie bei *Typotherium* . Das Tier scheint eher Nägel als Hufe gehabt zu haben. Der Daumen war opponierbar. Das Wadenbein ist unten mit dem Schienbein verwachsen, während bei der letzten Gattung diese beiden Knochen ziemlich voneinander getrennt sind.

UNTERORDNUNG 5. TOXODONTIA

Die Gruppe Toxodontia [128] ist wie so viele andere äußerst schwer zu definieren . Auch sind seine Grenzen nicht einfacher abzustecken als bei vielen anderen Huftiergruppen. Am besten wird es vielleicht sein, einen Bericht über *Toxodon* und einige Arten zu geben , die ihm im System nahe zu liegen scheinen, und dann anzugeben, inwieweit sie anderen Huftieren ähneln oder in ihrer Struktur von ihnen abweichen. *Toxodon* selbst ist aus vollständigen Skeletten bekannt. Es lebte in Argentinien während der „ Pampäischen " Periode, die dem Pleistozän anzugehören scheint. Es wurde jedoch eine große Anzahl von Arten beschrieben, von denen einige offenbar weiter in die Vergangenheit zurückreichten und während des Miozäns weiter südlich in Patagonien existierten.

Die Größe dieser Kreatur entsprach in etwa der eines großen Nashorns; Es hat einen massigen Körper und einen großen Kopf, der wegen der nach unten gebogenen vorderen Wirbel tief getragen wurde; In dieser Hinsicht erinnern die Figuren der Skelette an *Glyptodon* und ähnliche Edentaten. Das Tier wurde von Darwin entdeckt und ursprünglich von Owen beschrieben. „Während seines (Mr. Darwins) Aufenthaltes in Banda Oriental", schreibt Rev. H. Hutchinson, „erfuhr er von einigen ‚Riesenknochen' in einem Bauernhaus am Sarandis, einem kleinen Bach, der in den Rio Negro mündet, und ritt dorthin . " , und kaufte für die Summe von achtzehn Pence den Schädel, der von Sir R. Owen beschrieben wurde. Die Leute auf dem Bauernhof sagten Herrn Darwin, dass die Überreste durch eine Überschwemmung freigelegt worden seien, die einen Teil einer Erdbank weggespült habe. Wann fand, war der Kopf ganz perfekt, aber die Jungen schlugen die Zähne mit Steinen aus und stellten dann den Kopf als Ziel zum Werfen auf." Das gesamte Pampäa- Gebiet ist ein Tal aus trockenen Knochen, und die Überreste von *Toxodon* sind dort reichlich vorhanden. Der Schädel von *Toxodon* ist im Allgemeinen dem eines Pferdes nicht unähnlich; aber die Umlaufbahn ist nicht von der Schläfengrube getrennt. Die Prämaxillen sind oben mit einer leichten, zum freien Ende der Nasenflügel gerichteten Ausstülpung versehen, was möglicherweise auf das Vorhandensein eines kurzen Rüssels zurückzuführen ist. Der Jochbogen ist kräftig und breit; die Mandibeln sind mit einer langen Symphyse versehen.

Die Zahnformel lautet I 2/3 C (0-1)/1 Pm 4 /(3-4) M 3/3. Die Zähne sind prismatisch und hypselodontisch und wachsen aus hartnäckigen Pulpen. Die Backenzähne haben eine leicht gewölbte Form, daher der Name *Toxodon* , „Bogenzähne". Die kräftigen, meißelförmigen Schneidezähne erinnern an Nagetiere und *Schliefer* . Darüber hinaus ähneln die Backenzähne in ihrer Zeichnung keineswegs denen von Nagetieren. Sie ähneln jedenfalls überhaupt nicht denen der heutigen Huftiere. Die geringe Größe des Eckzahns und des ersten Prämolaren führt zu einem Diastema in der Zahnreihe. Das Kreuzbein besteht aus fünf Wirbeln und das Sitzbein ist nicht mit ihm verbunden.

Das Schulterblatt hat eine kräftige Wirbelsäule, aber nur ein rudimentäres Akromion; auch das Coracoid ist nicht gut entwickelt. Der Radius kreuzt die Elle, wie beim Elefanten; Das gesamte Vorderbein ist kürzer als das Hinterbein, was den Hang-Dog-Ausdruck des Lebewesens zu Lebzeiten übertrieben haben muss. Die Elemente der Handwurzel greifen modern ineinander. Die des Tarsus hingegen sind primitiv, da sie ohne Abwechslung untereinander liegen. Der Carpus hat einen Centrale. Die Fibula artikuliert mit dem Calcaneum. Der Femur hat keinen dritten Trochanter. Alle Gliedmaßen haben drei Zehen. Es ist klar, dass diese Ansammlung von Charakteren es nicht zulässt , *Toxodon* einer lebenden Huftierordnung zuzuordnen . Wenn die Mittelzehen durch ihre leichte Vorragung der Perissodactyle- Form anzunähern scheinen, lässt die besondere Oberflächenkontur der Backenzähne, ganz zu schweigen vom Fehlen eines dritten Trochanter am Femur, diese Klassifizierung nicht zu.

Toxodon verwandt ist die Gattung *Nesodon* . Der Name stammt von einem „Insellappen" auf der Innenseite der oberen Backenzähne. Dieses Geschöpf, das kleiner als *Toxodon* ist, unterscheidet sich von ihm auch durch die Tatsache, dass das Gebiss vollständig ist, und durch das Muster der Backenzähne, das etwas komplexer ist. Es gibt immer noch einen leichten Vorsprung auf den Prämaxillarknochen, aber das Nasenloch ist mehr nach vorne gerichtet als bei *Toxodon* . Auch das Jochbein ist massiv. Das zweite Schneidezahnpaar im Oberkiefer und das äußere (dritte) Paar im Unterkiefer bilden beim Erwachsenen große Stoßzähne. Diese und die Backenzähne sind jedoch endgültig verwurzelt und wachsen nicht, wie bei *Toxodon* , aus hartnäckigen Pulpen. Die Gattung stammt aus dem älteren Tertiär Patagoniens. Es wurden fünf oder sechs Arten beschrieben. Manche sind so groß wie ein Nashorn, andere so klein wie ein Schaf.

Es besteht kein Zweifel an der engen Verbindung der beiden eben erwähnten Gattungen. Es ist zweifelhafter, ob *Homalodontotherium* und seine Verbündeten, wie sie es oft tun, in die Nachbarschaft der Toxodonten gestellt werden sollten . *Homalodontotherium* verdankt seinen Namen seiner gleichmäßigen Zahnreihe ohne Diastema. Es war ein Lebewesen von gleich großer Größe wie *Toxodon* und stammte ebenfalls aus den tertiären Schichten Patagoniens. Die Zähne sind die typischen 44 Zähne und die Backenzähne wie die eines Nashorns; sie sind jedoch brachyodont und nicht hypselodont wie bei *Toxodon* . Diese Gattung weist jedoch einen wichtigen Unterschied zu den Rhinocerotidae und den anderen Toxodontia in der Tatsache auf, dass sie fünfzehig war und dass die Knochen von Handwurzel und Fußwurzel linear seriell zueinander in Beziehung gesetzt sind.

ist *Astrapotherium* ein naher Verwandter von *Homalodontotherium* . Diese Kreatur war von gleicher Masse und hatte auch eine patagonische Reichweite. Die Anzahl der Zähne ist reduziert, aber das Tier war wie ein Wildschwein mit großen Stoßzähnen ausgestattet, die jedoch von den Schneidezähnen gebildet wurden. Dieses Tier ist nur sehr unvollständig bekannt; Es ist die Form der Backenzähne und die Größe der Schneidezähne, die zu ihrer Assoziation mit der Toxodontia geführt haben . Was die Ähnlichkeit der Zähne dieser Gattung und von *Homalodontotherium* mit denen von *Rhinoceros anbelangt* , ist es schwierig, sie als Beweis für eine annähernde Verwandtschaft zu betrachten. Die Ähnlichkeit ist wahrscheinlich als ein Fall von Parallelität in der Entwicklung anzusehen. Genau die gleiche Erklärung kann möglicherweise für die Ähnlichkeit gegeben werden, die die Zähne von *Toxodon* und *Nesodon* mit Nagetieren oder sogar mit Edentieren aufweisen. Bezüglich ihrer Affinitäten stellt Zittel fest :

„Die Gesamtheit ihrer osteologischen Merkmale spricht dafür, dass das Toxodon eine gesonderte Stellung in der Nachbarschaft der Perissodactyla , Proboscidea, Typotheria und Hyracoidea einnimmt. Die Beziehungen zu den Rodentia beruhen hauptsächlich auf der konvergierenden Entwicklung der Zähne, nicht auf einer echten Verwandtschaft.“

UNTERORDNUNG 6. PROBOSCIDEA.

Große, sich von Gemüse ernährende Tiere, die normalerweise nur spärlich mit Haaren bedeckt sind und deren Nasenlöcher und Oberlippe zu einem langen Rüssel ausgestreckt sind. Ziffern fünf an beiden Gliedmaßen. Femur und Oberarmknochen sind in Ruhestellung nicht auf Unterschenkel und Unterarm gebeugt. Schädel mit reichlich Lufteinschlüssen im Dach und anderen Knochen. Die Schneidezähne entwickeln sich zu langen Stoßzähnen, die nur im Oberkiefer, nur im Unterkiefer oder in beiden Kiefern vorhanden sind. Es gibt keine Eckzähne. Die Backenzähne sind lophodontisch. Das Schlüsselbein fehlt. Der Femur hat keinen dritten Trochanter. Die Knochen der Handwurzel sind seriell angeordnet und greifen nicht ineinander. Der Magen ist einfach. Das Gehirn hat stark gewundene Großhirnhemisphären, das Kleinhirn wird von ihnen jedoch völlig freigelegt. Der Darm ist mit einem breiten Blinddarm ausgestattet. Die

Hoden sind abdominal. Die Zitzen stehen brustförmig. Die Plazenta ist nicht deziduiert und zoniert. Es gibt zwei Hohlvenen Vorgesetzte .

Die Position der Gliedmaßen beim Elefantenstamm ist einzigartig unter lebenden Tieren: das heißt ihre Geradheit und das Fehlen oder die sehr geringe Entwicklung einer Winkelung an den Gelenken der Gliedmaßenknochen. Das gleiche Merkmal wurde bei den ausgestorbenen Dinocerata und Titanotheria beobachtet . Aufgrund der Ähnlichkeit mit diesen alten Formen darf jedoch nicht angenommen werden, dass eine große Verwandtschaft zwischen ihnen und den Rüsseln besteht oder dass letztere ein altes Organisationsmerkmal beibehalten haben . Die ältesten Huftiere und die Creodonten, mit denen sie zweifellos verwandt sind, haben größtenteils stark gebogene Gliedmaßen. Es muss daher berücksichtigt werden, dass die bei den Elefanten herrschende Regelung rein zweitrangig ist. Professor Osborn hat die vernünftige Ansicht vertreten [129] , dass die vertikalen Gliedmaßen all dieser kolossalen Kreaturen auf „eine Anpassung zurückzuführen sind, die dazu bestimmt ist, das zunehmende Gewicht dieser Tiere zu übertragen". Die enorme Masse des Körpers wird besser von vertikalen Säulen getragen als von abgewinkelten Gliedmaßen. Andere Punkte jedoch, wie die Freilegung des Kleinhirns, der beiden Hohlvenen , der fünf Finger und das Fehlen eines dritten Trochanters, sprechen für eine niedrige Stellung der Rüsseltiere in der Eutheria-Gruppe.

Die Gruppe kann leicht in zwei Familien unterteilt werden, die Elephantidae und die Dinotheriidae . Wir beginnen mit Ersterem.

Die eigentlichen Elefanten, **Elephantidae** , unterscheiden sich von den Dinotheriidae durch eine Reihe anatomischer Merkmale und zeichnen sich durch diese aus. Sie besitzen lange Stoßzähne (Schneidezähne) entweder in beiden Kiefern oder, wenn nur in einem Kiefer, im Oberkiefer. Die Backenzähne sind sehr groß – so groß, dass nur wenige von ihnen gleichzeitig verwendet werden. Es gibt nur drei definierbare Gattungen von Elephantidae, von denen nur *Elephas* überlebt. Zu dieser Gattung gehören auch viele ausgestorbene Formen, sowohl amerikanische als auch europäische, aber auch asiatische und afrikanische. Die vollständig ausgestorbenen Gattungen sind *Stegodon* und *Mastodon* . Die Gruppe ist eindeutig eine Gruppe, die der Vernichtung entgegengeht. Vom mittleren Miozän an abwärts existierten diese großen „Dickhäuter"; und vom Miozän bis zum Pleistozän waren sie fast weltweit verbreitet und artenreich.

Die Gattung *Elephas* umfasst meist große, aber gelegentlich (der Zwergelefant von Malta) auch recht kleine Formen. Die äußeren Merkmale der Gattung unterscheiden sich geringfügig bei verschiedenen Arten und werden daher in Bezug auf die Arten beschrieben, die wir hier betrachten werden. Die Wirbelformel lautet C 7, D 19–20, L 3–5, Sa 4–5, Ca 24–30 oder sogar mehr.

Die Wirbelkörper zeichnen sich durch ihre Kürze und die sehr abgeflachten Gelenkflächen aus.

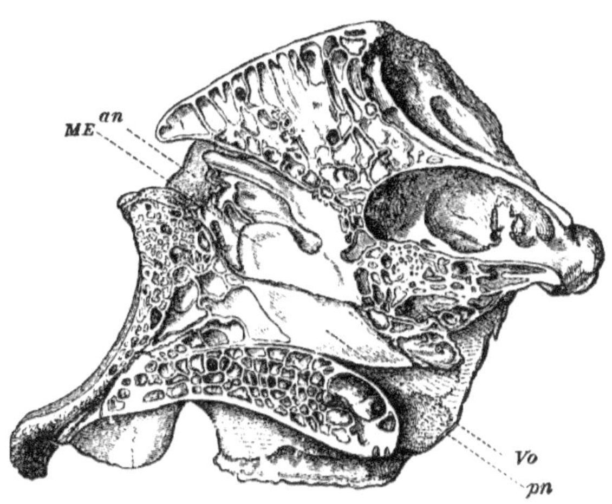

FEIGE. 116. – Ein Abschnitt des Schädels eines ausgewachsenen afrikanischen Elefanten, aufgenommen links von der Mittellinie, einschließlich des Vomer (*Vo*) und des Mesethmoids (*ME*); *an* , vordere, und *pn* , hintere Nasenöffnung. × 1 / 12 . (Aus Flower's *Osteology* .)

Der Schädel ist groß und massiv. Sein großer und schwerer Charakter ist, wie in der Definition der Unterordnung angegeben, auf die enorme Entwicklung von Lufthohlräumen im Diplo zurückzuführen; Der Durchmesser der Schädelwand ist tatsächlich größer als der der Schädelhöhle. Beim Jungtier sind diese Hohlräume nicht erkennbar. Am auffälligsten sind sie in den Dachknochen des Schädels, kommen aber auch anderswo vor und verdicken die Basis cranii , die Oberkieferknochen usw. Dieser Zustand, zusammen mit dem Vorhandensein der riesigen Stoßzähne, hat die Nasenöffnungen sozusagen bis nahe an die Oberseite des Schädels zurückgedrängt, in einer sehr walähnlichen Art und Weise. Wie bei den Cetacea sind die Nasenknochen in ihrer Größe begrenzt und die Prämaxillen senden Fortsätze nach oben, um die Stirnbeine und die Nasenbeine zu verbinden. Es gibt einen geraden und etwas schlanken Jochbogen, aber die Augenhöhle ist nicht von der Schläfengrube getrennt. Der Backenknochen ist klein und bildet wie bei Nagetieren den mittleren Teil des Jochbeins. Dies ist bei den meisten Ungulata nicht der Fall . Die Symphyse der Mandibeln bildet einen tüllenartigen Rand. Das Schulterblatt hat einen schmalen präskapulären, aber einen sehr breiten postskapulären Bereich. Die Wirbelsäule hat einen starken Fortsatz, der von der Mitte her nach hinten ragt; Dies ist ein Punkt der

Ähnlichkeit mit bestimmten Nagetieren. Kein Elefant hat ein Schlüsselbein. Das bemerkenswerteste Merkmal der Vorderextremität ist die Trennung und Kreuzung von Radius und Elle. Die Arme dieser Tiere sind dauerhaft in der Pronationsstellung fixiert. Der Fuß ist kurz und die Knochen der Handwurzel sind seriell angeordnet. Es gibt jedoch in vielen Formen Spuren einer beginnenden Verzahnung dieser Knochen. Die Hinterpfoten sind etwas kleiner als die Vorderpfoten, und Schien- und Wadenbein sind beide entwickelt.

Was die Zähne betrifft, unterscheidet sich diese Gattung von verwandten Formen nur durch das Vorhandensein von Stoßzähnen im Oberkiefer. Diese Stoßzähne haben keine Zahnschmelzbänder, wie sie für *Mastodon* charakteristisch sind . Es sind Schneidezähne. An der Spitze ist jedoch eine Spur der früheren Emaillierung in Form eines Flecks zu sehen, der sich jedoch bald abnutzt. Die Backenzähne von *Elephas* sind so groß, dass der Kiefer nicht mehr als höchstens zweieinhalb Drittel auf einmal aufnehmen kann. Diese werden nach und nach bis auf drei ersetzt, wobei der Austausch der Zähne an den der Seekuh erinnert. Jeder Backenzahn ist tief gefurcht, die Zwischenräume zwischen den Leisten sind mit Zement ausgefüllt. Wenn sich der Zahn abnutzt, bleibt die Oberfläche daher weiterhin flach. Jeder Grat besteht aus einem Dentinkern, der von einer Schmelzschicht umgeben ist. Die Anzahl dieser Grate variiert stark von Art zu Art. Der Indische Elefant gehört zu den Elefantenarten, die mit bis zu 27 die größte Anzahl an Platten pro Zahn haben. [130] Von den sechs Molaren, die schließlich erscheinen, werden die ersten drei als Prämolaren angesehen. Aber Folgezähne sind in der Gattung selten; das heißt, was die Backenzähne betrifft, denn die Stoßzähne haben ihre Milchvorläufer. Was die Backenzähne betrifft, so ist es offenbar nur *E. planifrons* , der mit Sicherheit ein Milchgebiss aufweist. Bei *Mastodon* und älteren Arten ist ein Milchgebiss häufiger.

Die Eingeweide des Elefanten wurden von vielen Zoologen untersucht. Nachfolgend wird die neueste Veröffentlichung zitiert, die sich hauptsächlich mit der afrikanischen Art befasst, aber auch Fakten über ihren indischen Verwandten enthält. [131] Der Elefant zeichnet sich dadurch aus, dass er zusätzlich zu den drei üblichen Speicheldrüsenpaaren bei Säugetieren ein viertes Paar besitzt, das sich im Backenzahnbereich befindet und durch viele Poren zur Wange hin geöffnet ist. Diese Drüse ist bei Nagetieren besonders gut entwickelt. Es gibt eine Drüse, die in diesem Zusammenhang erwähnt werden kann , obwohl sie sich nach außen zwischen Auge und Ohr öffnet und als Schläfendrüse bekannt ist; seine Verwendung scheint nicht klar zu sein. Die Brusthöhle des Elefanten ist, wie aus der großen Anzahl der Rippen hervorgeht, im Vergleich zur Bauchhöhle sehr groß.

Der Magen hat eine einfache Form und das Epithel der Speiseröhre reicht nicht in ihn hinein, wie es bei Pferd und Nashorn der Fall ist. Eine Drüse oder eine Ansammlung kleinerer Drüsen kommt im Magen vor und erinnert an die „Herzdrüse" des Wombat und des Bibers, aber auch an die der Giraffe. Der Dickdarm ist lang, etwas mehr als halb so lang wie der Dünndarm. Der Blinddarm ist bei diesen Tieren gut entwickelt. Die Leber hat eine sehr einfache Form und ist nur leicht gelappt. Eigentlich ist sie nur zweilappig, es ist jedoch wichtig zu beachten, dass diese Teilung nicht den beiden Leberhälften entspricht. Wie der Ansatz des Zentralbandes zeigt, besteht eine Hälfte nur aus dem linken Seitenlappen, die andere Hälfte umfasst die übrigen Primärlappen. Die Einfachheit der Leber sieht aus wie ein archaischer Charakter. Kein Elefant hat eine Gallenblase. Auch die Lunge weist durch ihre leichte Lappenbildung eine einfache Form auf. Tatsächlich ist jede Hälfte ohne Unterteilung und hat eine dreieckige Form. Darin ähneln die Elefanten den Walen, ebenso wie in der einfachen Leber. In beiden Fällen ist die Ähnlichkeit wahrscheinlich auf die Beständigkeit primitiver Organisationsmerkmale zurückzuführen . Das Gehirn [132] des Elefanten hat äußerst gut gewundene Hemisphären; aber sie lassen das Kleinhirn völlig unbedeckt. Dies deutet auf ein Gehirn hin, das eine große Spezialisierung niedrigen Typs darstellt. Das Gehirn wurde insbesondere mit dem der Fleischfresser verglichen, mit welcher Gruppe die Elefanten in den Merkmalen der Plazenta übereinstimmen. Es ist jedoch immer eine äußerst schwierige Sache, die Gehirne von Säugetieren verschiedener Ordnungen zu vergleichen.

Es gibt nur zwei lebende Elefantenarten, von denen wir nun einige Berichte geben werden. Von den recht zahlreichen Fossilienformen können hier nur einige wenige gestreift werden.

Der Afrikanische Elefant, *E. africanus* , *wurde* aufgrund der rautenförmigen Bereiche auf den abgenutzten Zähnen manchmal einer eigenen Gattung oder Untergattung, *Loxodon* , *zugeordnet*. Es lebt, wie der Name schon sagt, in Afrika. Diese Art weist eine Reihe äußerer Merkmale auf, die es ermöglichen, sie vom Orientalischen Elefanten zu unterscheiden. Der Kopf ist stärker nach hinten geneigt und hat nicht die beiden abgerundeten Vorsprünge, die der indischen Art ein so kluges Gesicht verleihen. Die Ohren sind sehr viel größer. Die Spitze des Rumpfes weist sowohl am unteren als auch am oberen Teil des Öffnungsumfangs einen leichten dreieckigen Vorsprung auf. An den Vorderpfoten befinden sich vier Nägel, an den Hinterpfoten drei. Wie bei der indischen Form sind die Zehen alle zusammengebunden und erscheinen an keinem Teil als freie Zehen. Ein dickes Fettpolster usw. lässt das Tier im lebenden Zustand so aussehen, als wäre es plantigrad, während es in Wirklichkeit digaligrad ist. Bei den inneren Merkmalen besteht der auffälligste Unterschied zu *E. indicus* in den Backenzähnen, die von viel weniger Leisten gefurcht sind. Die äußere Zahl für einen einzelnen Zahn beträgt bei der vorliegenden Art 10 oder 11. Bei *Elephas indicus* hingegen sind es sogar 27.

Der afrikanische Elefant erreicht laut Sir Samuel Baker eine Höhe von etwa 12 Fuß, und man wird sich daran erinnern, dass der berüchtigte „Jumbo" eine Schulterhöhe von 11 Fuß hatte. Die Stoßzähne kommen bei beiden Geschlechtern vor, wie beim indischen Tier, sind aber beim Weibchen der hier betrachteten Art verhältnismäßig größer. Es ist auch ein etwas aktiveres Geschöpf und wilder; [133] Allerdings kann es gezähmt werden, wie mehrere Exemplare zeigen, die sich im Besitz der Zoologischen Gesellschaft und anderer Eigentümer befanden und befinden. Es wurde offenbar früher verwendet. Bestimmte karthagische Münzen sind mit der Figur des afrikanischen Elefanten geprägt; aber in Afrika werden derzeit keine Versuche unternommen, dieses Lebewesen außer als Nahrung und Elfenbein zu nutzen .

FEIGE. 117. – Afrikanischer Elefant. *Elephas africanus.* × 1 / 56 . (Nach Sir Samuel Baker.)

Die Bedeutung eines Elefanten als Emblem. Auf einer Münze scheint die Ewigkeit zu sein, und es besteht kein Zweifel daran, dass der Elefant ein langlebiges Tier ist. Es wird gesagt, dass es vor vierzig Jahren kaum die richtige Reife erreicht und dass 150 Jahre im Hinblick auf die Langlebigkeit nicht unwahrscheinlich sind. Ihm wurden sogar noch längere Zeiträume zugeordnet.

Die Stoßzähne des Elefanten sind keineswegs unbedingt sexuelle Schmuckstücke, sondern werden nur zu Kampfzwecken verwendet. Der

Afrikanische Elefant ist ein äußerst „fleißiger Gräber" und gräbt unzählige Wurzeln als Nahrung aus. Es scheint eine Tatsache zu sein, dass bei diesen Operationen hauptsächlich der rechte Stoßzahn verwendet wird und dieser daher sowohl kürzer als auch dünner ist als der andere. Zwei durchschnittliche Stoßzähne würden 75 bzw. 65 Pfund wiegen, wobei letzteres natürlich dem Gewicht des stärker abgenutzten rechten Stoßzahns entspricht. Es sollte beachtet werden, dass diese Gewichte keineswegs die Grenzen angeben, die fein entwickelte Stoßzähne erreichen können. Der schwerste Stoßzahn, den Sir Samuel Baker kannte [134], wog 188 Pfund. Dies wurde im Jahr 1874 bei einem Elfenbeinverkauf in London verkauft. Die Geschwindigkeit des afrikanischen Elefanten, sagt dieselbe Autorität, beträgt zunächst höchstens fünfzehn Meilen pro Stunde, und natürlich in rasender Geschwindigkeit. Dieses Tempo kann nicht länger als zwei- oder dreihundert Meter aufrechterhalten werden, danach sind zehn Meilen pro Stunde eine bessere Annäherung an die Geschwindigkeit, die über weite Strecken aufrechterhalten werden kann.

Der Indische Elefant, *Elephas indicus* (oder *Euelephas indicus* , wenn die Gattung *Loxodon* akzeptiert werden soll), ist bekannter und schon länger bekannt als der Afrikanische. Es kommt in Indien und Ceylon sowie auf einigen der malaiischen Inseln vor, deren Elefanten in den letzten Teilen der Welt als eigenständige Form angesehen wurden, ein scheinbar unnötiges Verfahren.

FEIGE. 118. – Indischer Elefant. *Elephas indicus.* × 1 / 54 . (Nach Sir Samuel Baker.)

Diese Art steht nicht so hoch an der Schulter wie die afrikanische; Sein Rücken ist in der Mitte runder. Der Stamm hat nur eine spitze Spitze; Es gibt fünf Nägel an den Vorder- und vier an den Hinterpfoten. Da diese Art aus Indien und dem Osten stammt, ist sie schon länger und bekannter als die afrikanische Form. Daher beziehen sich viele der Geschichten und Legenden, die sich um Elefanten ranken, tatsächlich auf diese Form. Bekanntlich wird der Indische Elefant häufig als Lasttier und für andere Zwecke eingesetzt, bei denen er aufgrund seiner enormen Stärke von unschätzbarem Wert ist. Aber sein großer Nachteil als Diener des Menschen ist seine große Unabhängigkeit . Auf der einen Seite haben wir wütende, bösartige und im Allgemeinen unzuverlässige Elefanten und auf der anderen Seite vollkommen fügsame Kreaturen, die dem kleinsten Wink ihres Fahrers gehorchen. Obwohl der Elefant riesig ist, ist er oft ein schüchternes Tier. Sir Samuel Baker erzählt, wie einer, auf dem er ritt, beim Anblick eines Hasen ziemlich durchdrehte. Von einem Elefanten durchgebrannt zu werden, ist alles andere als erfreulich, wenn auch ein ziemlich aufregendes Ereignis. Es stellt sofort den nächstgelegenen Dschungel dar, da es viel mehr als die afrikanischen Arten ein Waldbewohner ist. Und wenn sie durch das dichte Unterholz rasen, besteht die Gefahr, dass die Bewohner des Elefantenrückens von unzähligen Dornen weggeschwemmt oder in Stücke geschnitten werden.

Elefanten, zweifellos indischer Art, wurden von den Persern in der Schlacht eingesetzt, und von fünfzehn, die in der Schlacht von Arbela gefangen wurden, wurden einige Aufzeichnungen von Aristoteles verfasst. Mit der Aussage, dass das Tier ein Alter von 200 Jahren erreicht, lag der Naturforscher und Philosoph wohl nicht ganz daneben. Die von Aristoteles beschriebene Art des Elefantenfangs ist diejenige, die auch heute noch praktiziert wird. Damals wie heute werden zahme Elefanten als Lockvögel eingesetzt. Plinius, [135] der dazu neigte, Tatsachen und Fiktion in einem irgendwie untrennbaren Durcheinander zu vermischen, hatte etwas über Elefanten zu sagen, sowohl indische als auch afrikanische. Er dachte, Schlangen seien ihre Hauptfeinde, die sie töteten, indem sie sich um sie wickelten, ihre Köpfe in den Rumpf steckten und so die Atmung stoppten. In Europa wurden Elefanten zum ersten Mal im Jahr 280 v. Chr. gesehen. Pyrrhus nutzte sie bei seiner Invasion, und die Römer folgten seinem Beispiel und lernten selbst, mit Elefanten umzugehen. Der erste in England gesehene Elefant kam im Jahr 1257 an und wurde vom König von Frankreich Heinrich III. geschenkt. Es wurde im Turm aufbewahrt (lange danach eine Menagerie) und starb im Alter von zwölf Jahren. Der Elefant wurde häufig in Symbolen verwendet. Wir haben vom afrikanischen Elefanten auf karthagischen Münzen als Symbol der Ewigkeit gesprochen. Der orientalische Elefant, der auf dem Rücken einer Schildkröte ruht und die Welt stützt, ist dieselbe Idee; und es ist aufschlussreich festzustellen, dass in den Siwalik-Hügeln Überreste einer Schildkröte gefunden wurden, die tatsächlich groß genug gewesen wäre, um die Kreatur zu tragen, sogar „Jumbo", der 6½ Tonnen wog. Ein weiteres

Symbol ist das eines Elefanten, auf dessen Rücken ein Kind mit Pfeilen sitzt; Dies geschieht auf einer Medaille des Kaisers Philipp. Es kann vielleicht kaum die Ewigkeit eines starken menschlichen Gefühls bedeuten!

Die Intelligenz des Elefanten wurde sowohl übertrieben als auch heruntergespielt . Der vielleicht ausgefeilteste Versuch, dem Tier ungewöhnliche geistige Wahrnehmungen zu verleihen, stammt von Aelian , der erzählte, dass ein Elefant, der seinen Wärter sorgfältig beobachtete, mit seinem Rüssel Buchstaben auf eine Tafel hinter ihm schrieb. Dass das Tier sehr viel Gehirn besitzt, scheint sich daran zu zeigen, wie ein gut trainiertes Tier in Indien dem kleinsten Zeichen des Mahouts gehorcht. Laut Sir Samuel Baker werden Orte in Erinnerung behalten, die bestimmte Obstsorten im Überfluss produzieren, sowie die Zeit, zu der die Früchte am besten gedeihen. Rachegeschichten, die zahlreich genug sind, bezeugen, soweit ihre Daten als zutreffend gelten, die Fähigkeit des Gedächtnisses, die der Elefant besaß.

Trotz ihrer Langlebigkeit sind Elefanten im Gegensatz zu Rom jedoch nicht für die Ewigkeit gebaut. Wir können nur zwei lebende Arten finden; aber früher gab es Elefanten sehr zahlreich. Sie begannen, soweit wir wissen, im Miozän.

Die vorhandenen Formen sind in fossilem oder zumindest subfossilem Zustand aus diluvialen Ablagerungen bekannt; und es ist interessant festzustellen, dass der Afrikanische Elefant früher ein größeres Verbreitungsgebiet hatte als heute. Seine Knochen (beschrieben als *E. priscus*) wurden in Spanien und Sizilien gefunden.

Einer der bekanntesten vollständig ausgestorbenen Elefanten ist das Mammut, *E. primigenius* . Dieser große Elefant kam in vielerlei Hinsicht dem existierenden indischen Elefanten näher. Die Zähne haben ebenso viele Platten. Die Stoßzähne waren riesig und erreichten eine maximale Länge von 15 Fuß; sie waren sowohl nach oben als auch nach außen stark gebogen. Ein großer Stoßzahn wiegt bis zu 250 Pfund. Das Mammut hatte eine außerordentlich große Reichweite. Es wurde nicht nur in verschiedenen Teilen Europas gefunden, sondern war in Sibirien besonders häufig anzutreffen, wie die Tatsache zeigt, dass in den letzten zweihundert Jahren jährlich bis zu 100 Stoßzahnpaare aus dieser Region verkauft wurden. Sie kam auch in Amerika zusammen mit Formen vor, die zumindest nicht weit von ihr entfernt waren, etwa *E. columbianus* . Mammuts wurden mehr als einmal als ganze Kadaver im gefrorenen Boden Sibiriens gefunden. Das erste wurde im Jahr 1799 entdeckt und einige Jahre später für das St. Petersburger Museum gerettet. Dieses Beispiel zeigte, dass das Mammut im Gegensatz zu den existierenden Elefanten mit dicker Wolle bedeckt war, vermischt mit langen und borstigeren Haaren von etwa 10 Zoll Länge. Die weichere Wolle bildete eine Art Mähne unterhalb des Halses, die bis zu den Knien herabhing. Ein weiterer Kadaver wurde später von Lieut entdeckt. Benkendorf , der es nicht rettete, sondern von einer Flut beinahe mit ins Meer gespült wurde. Diese Tiere starben in der Position, in der sie gefunden wurden, weil sie auf der Suche nach Vegetation oder Wasser feststeckten.

Wie der Urmensch mit seinen minderwertigen Waffen das Mammut tötete, ist nicht leicht zu verstehen; Dass sie aber zeitgleich waren, wird durch die dazugehörigen Überreste und durch die berüchtigte Skizze des Mammuts auf einem Stück seines eigenen Elfenbeins deutlich gezeigt, in der deutlich gebogene Stoßzähne und eine Stirn wie die eines indischen Elefanten zu sehen sind. Obwohl erst im Jahr 1799 ein Exemplar dieser großartigen Kreatur vor Ort untersucht und nach St. Petersburg gebracht wurde, ist die Existenz von Mammuts und Elfenbein Gegenstand viel älterer Erkenntnisse. M. Trouessart berichtet [136], dass den Griechen fossiles Elfenbein bekannt war. Theophrastus sprach von im Boden eingebettetem Elfenbein, und die Stoßzähne seien von den Chinesen geborgen worden. Es ist eine merkwürdige Tatsache, dass die Chinesen das Mammut als eine Art riesige Ratte beschrieben und darstellten. Die Ähnlichkeit zwischen dem elefantenartigen Backenzahn und dem von Nagetieren wurde kommentiert; Aber das Vorhandensein seiner Stoßzähne unterhalb der Erdoberfläche veranlasste die chinesischen Naturhistoriker zu der Annahme, dass die Lebensweise des Mammuts mit der des Maulwurfs übereinstimmte. Was die Kadaver selbst anbelangt, sagten die Chinesen, das Fleisch sei kalt, aber sehr gesund zu essen. Dieser Ausdruck kann kaum erklärt werden, es sei denn, man geht davon aus, dass frische Kadaver diesem Volk bekannt waren, lange bevor sie uns in der westlichen Welt bekannt wurden. Der Wert des Mammutelfenbeins war bereits in der Antike bekannt; Der berühmte Haroun-al- Raschid schenkte König Karl dem Großen nicht nur ein Paar lebender Elefanten, sondern auch ein „Horn des Einhorns ", das zweifellos ein Name für die Stoßzähne des Mammuts gewesen zu sein scheint. Denn in einem im Jahr 1646 veröffentlichten Bericht über die heiligen Schätze von Saint Denis stellt der Autor dies als Tatsache fest.

Die Ursachen für das Verschwinden des Mammuts sind nicht leicht zu verstehen. Einige meinten, es handele sich um ein nacktes Tier wie die existierenden Elefanten, und der Temperaturabfall in Sibirien erwies sich als tödlich; Mittlerweile ist es natürlich sicher, dass es mit dichtem Wollhaar bekleidet war. Neben den versunkenen Leichen des großen Dickhäuters wurden zahlreiche Kiefernstämme gefunden, zusammen mit den dazugehörigen Überresten anderer Tiere, die in dieser Gegend inzwischen ausgestorben sind . Somit ist klar, dass Sibirien einst von mächtigen Wäldern bedeckt war, durch die das Mammut streifte. Der Verfall dieser Wälder, von deren Ästen sich der Elefant ernährte, wie die Reste von Kiefernblättern in den Zahnzwischenräumen bezeugen , war das Signal für das Verschwinden ihres größten Bewohners.

Die große Anzahl von Überresten dieser und anderer ausgestorbener *Elepha-Arten* in diesem Land ließ vermuten, dass es sich um Elefanten handelte, die Caesar mitgebracht hatte, um bei der Unterwerfung dieser Inseln zu helfen. Rev. J. Coleridge (Vater des Dichters) wies darauf hin, dass Caesar in seinen *Kommentaren zwar* keinen solchen Import von Elefanten erwähnte, eine Passage in den *Stratagems* of Polyaenus jedoch ausdrücklich erwähnt, dass Cassivelaunus von den Römern mit einem Elefanten bekleidet konfrontiert wurde in einem Kettenhemd, mit dessen Hilfe die Überquerung der Themse durchgeführt wurde . Zu der Zeit, als die Aufmerksamkeit darauf gelenkt wurde (1757), war es nicht populär, auf die Möglichkeit von Fossilien hinzuweisen. Diese praktischerweise historische Tatsache diente also dazu, eine Schwierigkeit zu erklären. Es ist bemerkenswert, dass der Elefant, der in asiatischen Denkmälern natürlich häufig vorkommt, tatsächlich in der englischen Architektur vorkommt. Herr Watkins, aus dessen interessantem Werk (*Naturgeschichte der Antike*) viele der hier aufgeführten Fakten stammen, erzählt uns, dass in der Kirche Ottery St. Mary auf einer ihrer Säulen ein Elefantenkopf gemeißelt ist. Das gleiche Ornament erscheint in der Gosberton Church, Lincolnshire. Ob dies etwas mit einer Reminiszenz an früher existierende Elefanten zu tun hat, ist schwer zu beantworten. In dieser Figur eines Elefanten ist der Rüssel spiralförmig dargestellt, und einige glauben, dass der Rüssel eines Elefanten mit der in Schottland üblichen „sogenannten piktischen Ornamentik" gemeint sei; Allein diese Spirale ist ständig zu sehen. Wenn es sich um eine Reduzierung des Elefanten auf seine einfachsten Begriffe handelt, ist es als nahezu unbestrittenes Überbleibsel der Erinnerung an Elefanten äußerst interessant. Denn in einer solchen Zeit können wir die Erinnerungen von Kreuzfahrern oder anderen, die möglicherweise den Osten besucht haben, nicht zur Erklärung der Fakten heranziehen. Die skulpturalen Elefantenköpfe könnten möglicherweise so erklärt werden.

Der Name Mammoth, meint Herr Watkins, könnte vom arabischen Wort Behemoth abgeleitet sein. Er zitiert einen Schriftsteller, der das Tier erstmals 1694 beschrieb und die beiden Wörter gleichgültig verwendete. Darüber hinaus waren die Araber damals wie heute große Elfenbeinhändler; und im neunten und den beiden folgenden Jahrhunderten erkundeten sie die Grenzen Sibiriens, wie sie es heute in den Wäldern Afrikas tun, nach Elfenbein. Der „Behemoth" Hiobs „ frisst Gras wie ein Ochse ... Er bewegt seinen Schwanz wie eine Zeder" (das Nilpferd hat einen viel gedrungeneren Fortsatz). „Siehe, er trinkt einen Fluss hinauf und eilt nicht" deutet sicherlich viel mehr auf die reichlichen Trinkgelder eines Elefanten hin als auf die möglicherweise ebenso reichlichen, aber nicht so sichtbaren Trankopfer eines Nilpferds.

Der älteste echte Elefant (Gattung *Elephas*) ist *E. meridionalis* . Es handelt sich um einen afrikanischen Typ, *das heißt*, die Platten der Backenzähne sind nicht reichlich vorhanden, und zwar nicht so zahlreich wie bei der existierenden Art *E. africanus* . Mit einer Höhe von 4 Metern scheint es sich um einen der größten Elefanten zu handeln . Seine Überreste sind in Europa reichlich vorhanden und auch aus England bekannt. Wie diese Art gehört auch *E. antiquus* zur afrikanischen Art. Es war zeitgemäß mit dem Menschen. Es wird angenommen, dass bestimmte Zwerg- oder „Pony"-Rassen, die in Höhlen auf Malta vorkommen und *Elephas melitensis* oder *E. falconeri genannt werden* , zu dieser Art gehören. Herr Leith Adams, der diese [137] Überreste beschrieb, ordnete sie zwei Zwergarten zu, die mit den oben verwendeten Namen bezeichnet werden, und fand in Verbindung mit ihnen eine größere Form, die er als *E. antiquus bezeichnete* . Die Existenz dieser Tiere auf Malta scheint zumindest auf ihre früheren größeren Ausmaße und das Vorhandensein von mehr Süßwasser hinzuweisen. Die bemerkenswerten Schwimmfähigkeiten des Elefanten bedeuten nicht zwangsläufig, dass er zuvor keine Verbindung zum Land hatte , oder umgekehrt, dass er überhaupt existierte. Auch als dritte Möglichkeit kann nicht vorgeschlagen werden, dass die Zwerggröße auf eine Insel mit begrenzten Ausmaßen schließen lässt, wenn wir an die Riesenschildkröten der Galapagosinseln und einiger anderer Inseln denken. Es ist wichtig zu beachten, dass Elefanten vom afrikanischen Typ (*Loxodon*) früher in Indien nicht fehlten. *E. planifrons* war einer davon.

Die Gattung *Stegodon* wird so genannt, weil die Backenzähne im Längsschnitt eine Reihe dachförmiger Falten aufweisen, deren Zwischenräume nicht oder nur unvollständig mit dem Zement ausgefüllt sind, der bei Elephas die *Oberfläche* verringert der Zähne auf eine ebene Ebene. Diese Gattung ist ausschließlich asiatisch und reicht in der Zeitspanne vom Miozän bis zum Pleistozän. Die Anzahl der Leisten auf den Backenzähnen ist gering und beträgt nicht mehr als zwei. Die Schneidezähne (Stoßzähne) haben keinen Zahnschmelz; Das Skelett ähnelt im Allgemeinen dem von *Elephas* , zwischen dem und *Mastodon* die vorliegende Gattung liegt. Zu den vier oder fünf Arten gehört *S. ganesa* (benannt nach der indischen elefantenköpfigen Gottheit) mit 10 Fuß langen Stoßzähnen, die im British Museum of Natural History zu sehen ist.

Die letzte Gattung der Familie Elephantidae ist *Mastodon* , so genannt wegen der Struktur der Backenzähne. Diese sind nur mit wenigen Querrippen versehen, nicht mehr als fünf, so dass ihre Struktur zwischen der von *Dinotherium* und der von *Stegodon* liegt . Zwischen den Kämmen befinden sich manchmal vereinzelte, höckerartige Ausstülpungen (daher der Name *Mastodon*), die durch eine Unterteilung der Kämme entstehen. Zwischen den

Graten befindet sich entweder nur wenig oder gar kein Zement. Diese Gattung unterscheidet sich von fast allen anderen Elephantidae durch den Besitz von Milchbackenzähnen, die gelegentlich ein Leben lang bestehen bleiben, wobei das bleibende Gebiss in diesen Fällen eine Mischung aus Milch und bleibenden Zähnen ist, wie (fälschlicherweise) vom Igel behauptet wurde. [138]

Die Stoßzähne (Schneidezähne) sind manchmal in beiden Kiefern vorhanden, und da sie zumindest in der Jugend eine Schmelzschicht aufweisen, ist die Ähnlichkeit mit den meißelförmigen Schneidezähnen von Nagetieren offensichtlich. Im Zusammenhang mit der Implantation von Schneidezähnen im Unterkiefer kommt es bei vielen Arten zu einer Verlängerung der Knochen dieses Teils des Skeletts. In den Knochen gibt es im Allgemeinen keinen großen Unterschied zu *Elephas* , aber die Stirn ist etwas weniger ausgeprägt. Die Gattung existierte seit dem Miozän und starb im Pleistozän aus. Sein Verbreitungsgebiet war nahezu weltweit und auf allen vier Kontinenten bekannt. Natürlich war mit diesem sehr breiten Spektrum eine große Artenvielfalt verbunden. Zittel zählt nicht weniger als zweiunddreißig auf.

Diese Gattung ist die einzige der Elephantidae, die ihr Verbreitungsgebiet bis nach Südamerika ausgedehnt hat, wo die Überreste zweier Arten vorkommen. Die Knochen dieser großen Elefanten erregen seit Jahrhunderten Aufmerksamkeit. Sie wurden oft für die Knochen von Riesen gehalten (was sie tatsächlich waren!), und in einem Fall wurden sie einem verstorbenen Monarchen, Teutobochos , zugeschrieben . Die amerikanischen Indianer glaubten, dass es ebenso riesige Männer gab, die in der Lage waren, diese großen Rüsseltiere zu bekämpfen. Es gibt Legenden über die Mastodons als lebende Tiere, was angesichts ihres geologischen Alters durchaus wahrscheinlich ist. Es gibt eine merkwürdige Parallelität zwischen den Legenden zweier so weit voneinander entfernter Orte wie Nordamerika und Griechenland. Buffon erzählt, dass unter den Indianern Kanadas der Glaube herrschte, dass das Große Wesen sowohl Mastodons als auch gleich große Menschen mit Blitzen vernichtete. Damit können wir vielleicht die Geschichte der Zerstörung des Typhoeus durch Zeus vergleichen, der ebenfalls Blitze einsetzte. Einer der Riesen wurde nicht getötet, sondern musste stehen und den Himmel tragen. Atlas nimmt somit die Position des Elefanten ein, der den Globus der indischen Mythologie trägt.

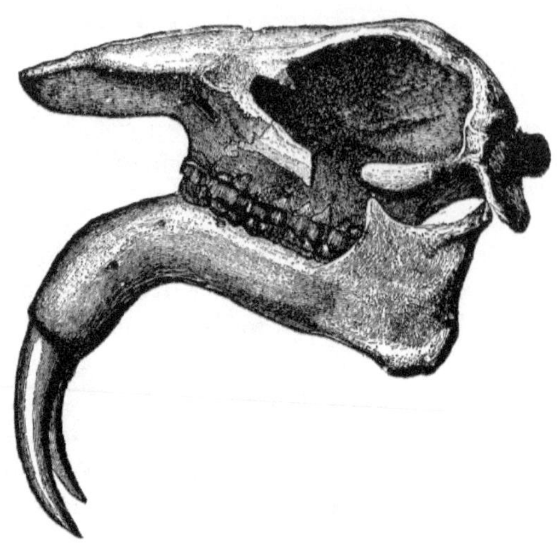

Die Gattung *Dinotherium* , einziger Vertreter der Familie **Dinotheriidae** , unterscheidet sich in einer Reihe wichtiger Einzelheiten von den echten Elefanten. Wenn bei den Elefanten nur ein einziges Paar Schneidezähne vorhanden ist, befinden sich diese im Oberkiefer; Bei *Dinotherium* gibt es offenbar nur ein einziges Paar, aber diese sind in den Unterkiefer eingepflanzt, dessen Symphyse stark verlängert und stark nach unten gebogen ist, so dass die Stoßzähne im rechten Winkel zur Längsachse des Kopfes austreten und gleichmäßig sind nach hinten gebogen. Die Backenzähne sind fünf auf jeder Seite jedes Kiefers und sind bi- oder trilophodontisch, nicht unähnlich denen des Tapirs. In den Tälern zwischen den Kämmen dieser Zähne befindet sich kein Zement, und es gibt eine regelmäßige Abfolge, wobei es sich bei den Prämolaren um zwei und bei den Molaren um drei handelt. [139] Alle Zähne werden gleichzeitig genutzt, da sie aufgrund ihrer geringen Größe gemeinsam im Kiefer untergebracht werden können. Der Schädel von *Dinotherium* ist niedriger als der von *Elephas* oder *Mastodon* . Die Knochen des Skeletts ähneln im Allgemeinen denen von *Elephas* .

Obwohl die Annahme, dass Beuteltierknochen am Becken befestigt seien, widerlegt wurde, besteht kein Zweifel daran, dass *Dinotherium* die primitivste Position unter den Proboscidea einnimmt; aber gleichzeitig kann es nicht als Vorfahre der Elefanten angesehen werden, da es in vielerlei Hinsicht sehr spezialisiert ist. Zum einen verbieten die Schneidezähne diese Betrachtungsweise des Lebewesens. Es handelt sich um eine alte Gattung, die in Schichten des Miozäns in Europa und Asien vorkommt. Aus Amerika ist es nicht bekannt. Die Kreatur war größer als jeder Elefant. Ihm wurde eine Länge von 18 Fuß zugeordnet. Das enorme Gewicht des Unterkiefers und der Stoßzähne scheint ein Argument dafür zu sein, dass er zumindest teilweise im Wasser lebte und dass er diese Stoßzähne möglicherweise zum Ausgraben von Wasserwurzeln oder zum Festmachen am Ufer genutzt hat . Zunächst gab es Naturforscher, die ihn als einen Verbündeten der Seekuh betrachteten, und der Schädel weist durchaus auf den Schädel der Sirenia hin.

Pyrotherium wurde den Proboscidea zugeordnet; Unser Wissen über diese Form beschränkt sich jedoch auf einige Zähne aus patagonischen Gesteinen ungewissen Alters. [140] Es handelt sich um einfache bilophodontische Backenzähne, die denen von *Dinotherium sehr ähneln* . In der Nähe dieser Zähne wurde ein Stoßzahn gefunden, der möglicherweise demselben Tier gehört; aber es ist ungewiss.

UNTERORDNUNG 7. HYRACOIDEA.

Diese Gruppe kleiner Säugetiere enthält nur eine gut ausgeprägte Gattung, die üblicherweise *Hyrax genannt wird* , obwohl *Procavia* der zutreffende Begriff zu sein scheint. Im Volksmund sind diese Kreaturen als Coneys bekannt. Sie haben eine einzigartige Ähnlichkeit mit Nagetieren: Die kurzen Ohren und der stark reduzierte Schwanz tragen neben der hockenden Haltung zu dieser lediglich oberflächlichen Ähnlichkeit bei. Sie stimmen mit anderen Huftieren in der Struktur der Backenzähne überein, die denen des *Nashorns sehr ähneln* ; in Abwesenheit eines Schlüsselbeins; in Abwesenheit eines Akromions; in der Reduzierung der Finger der Gliedmaßen auf vier Finger im Manus und drei im Pes. Andererseits unterscheiden sie sich von den meisten Huftieren dadurch, dass die Schneidezähne aus hartnäckigem Fruchtfleisch wachsen, ein Punkt, in dem sie den Rodentia ähneln . Auch der Muffel ist wie bei diesen Tieren gespalten. Die Besonderheit der Hyracoidea besteht darin, dass sie zusätzlich zum Blinddarm an der Verbindung von Dünn- und Dickdarm ein Paar Blinddarm (vogelähnlich in Paarung) weiter unten im Dickdarm haben. Die Rückenwirbel sind ungewöhnlich zahlreich, 22. Das erwachsene Gebiss ist laut Woodward [141] , der die Sache kürzlich untersucht hat, I 1/2 C (1/0) Pm 4/4 M 3/3, während das Milchgebiss ist I 3/2 C 1/1 Pm 4/4.

FEIGE. 120.- Cape Hyrax. *Hyrax capensis.* × ⅛.

Die Einbeziehung des Eckzahns des bleibenden Gebisses in Klammern bedeutet, dass es sich um den Milcheckzahn handelt, der gelegentlich bestehen bleibt. Zu den Zähnen ist noch anzumerken, dass es sich sowohl um Hypselodonten als auch um Brachyodonten handelt , wobei die beiden Extreme durch Zwischenformen verbunden sind. Eine weitere Besonderheit der Gattung ist die Rückendrüse, die mit Haaren bedeckt ist, die eine andere Farbe haben als die, die den Körper normalerweise bedecken. Dies ist bei allen Arten vorhanden.

Die Gattung *Hyrax* (die neueste Autorität auf diesem Gebiet, Herr Oldfield Thomas, [142] lässt nur eine Gattung zu) ist in ihrem Verbreitungsgebiet auf das äthiopische Afrika und Arabien, einschließlich Palästina, beschränkt. Sie erreicht Madagaskar nicht. Herr Thomas erlaubt vierzehn Arten mit zwei oder drei Unterarten.

Einige der Coneys leben in felsigem Boden, während andere, die früher zur Gattung *Dendrohyrax gehörten* und häufig auf Bäumen leben, in Höhlen schlafen, in denen sie schlafen. Der Coney aus der Heiligen Schrift ist bekannt, der „überaus weise", wenn auch ein „schwaches Volk" ist. Aber die weitere Beobachtung, dass er „ wiederkäut , aber den Huf nicht spaltet", ist offensichtlich völlig falsch. Was die Weisheit betrifft, heißt es, dass dieses Tier zu vorsichtig sei, um in Fallen gefangen zu werden; während die Andeutung, wiederkäuend zu kauen, laut Kanoniker Tristram im Lichte der Gewohnheit des Tieres zu interpretieren ist, seine Kiefer zu bearbeiten und zu bewegen. Der Reisende Bruce hielt einen gefangen, um zu sehen, ob er tatsächlich wiederkäute, und stellte fest, dass dies der Fall war!

KAPITEL X

UNGULATA (*Fortsetzung*) – PERISSODACTYLA (UNGULATE UNGULATE) – LITOPTERNA

UNTERORDNUNG 8. PERISSODACTYLA

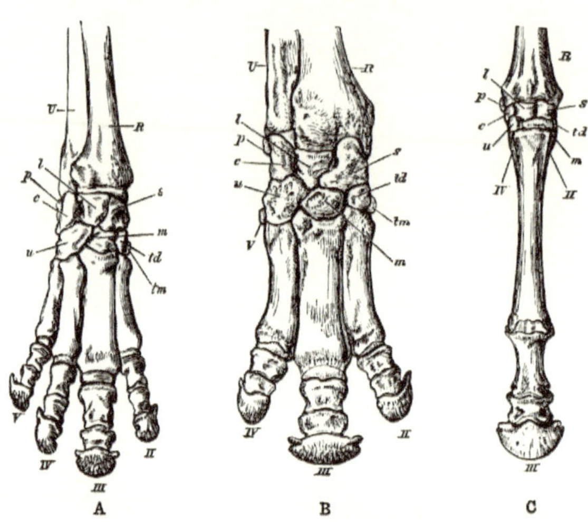

FEIGE. 121.- Knochen des Manus **A** des Tapirs (*Tapirus indicus*). × 1 / 5 . **B** , des Nashorns (*Rhinoceros sumatrensis*). × 1 / 5 . **C** , des Pferdes (*Equus caballus*). × ⅛. *c* , Keilschrift; *l* , Mond; *m* , Magnum; *p* , pisiform; *R* , Radius; *s* , Skaphoid; *td* , Trapez; *tm* , Trapez; *u* , unziform; *U* , Ulna; *II-V* , zweite bis fünfte Ziffer; *V* in **B** und *II* und *IV* in **C** , dargestellt durch rudimentäre Mittelhandknochen. (Aus Flower's *Osteology* .)

Diese Huftiere haben ihren Namen, der vom verstorbenen Sir Richard Owen stammt, von der Tatsache abgeleitet, dass der mittlere Finger der Hand und des Fußes im Vordergrund steht. Wie aus Abb. 121 hervorgeht, verläuft die Achse der Extremität durch den dritten Finger, der größer als alle anderen und in sich symmetrisch ist. Darin steht die vorliegende Gruppe im Gegensatz zu den Artiodactyla , bei denen die Achse nicht „mesaxonisch" ist, sondern bei denen es auf beiden Seiten der Achse zwei Finger gibt, die symmetrisch zueinander sind. Diese Anordnung der Gliedmaßen ist sehr charakteristisch, scheint aber nicht ganz universell zu sein. Bei den Titanotheres, die eine Gruppe der Perissodactyles bilden , sind die Vorderbeine nicht ganz genau mesaxonisch. Andererseits können auch nicht alle Huftiere, die den Perissodactyle- Zustand aufweisen, sicher in die vorliegende Gruppe aufgenommen werden. Die antiken Condylarthra und die Litopterna zeigen genau den gleichen Sachverhalt. Aber auch andere

Merkmale in ihrer Organisation führen zu ihrer Abgrenzung von den Perissodactyles , deren Vorfahren allerdings vermutlich die Condylarthra sind . Bei den Litopterna hingegen, die sogar einzehige Mitglieder wie *Equus besitzen* , wird angenommen, dass sie einen Fall von Parallelität in der Entwicklung darstellen. Die Anzahl der funktionsfähigen Zehen variiert zwischen vier und einer. Im Sprunggelenk artikuliert der Astragalus entweder nicht oder nur in vergleichsweise geringem Ausmaß sowohl mit dem Quader als auch mit dem Strahlbein. Darüber hinaus artikuliert die Fibula, wenn sie vorhanden ist, in der Regel nicht mit dem Fersenbein. In der gegensätzlichen Gruppe der Artiodactyles herrscht genau das Gegenteil dieser Verhältnisse. Als Teil der Definition dieser Gruppe wird üblicherweise angegeben, dass sie keine Hörner besitzen, wie sie bei den Cervicornia und Cavicornia anzutreffen sind . Aber die starken knöchernen Vorsprünge auf dem Schädel vieler Titanotheres, die so seltsam an die der nicht annähernd verwandten *Dinoceras* und *Protoceras erinnern* , könnten durchaus Hörner des Ochsen- und Antilopenmusters getragen haben.

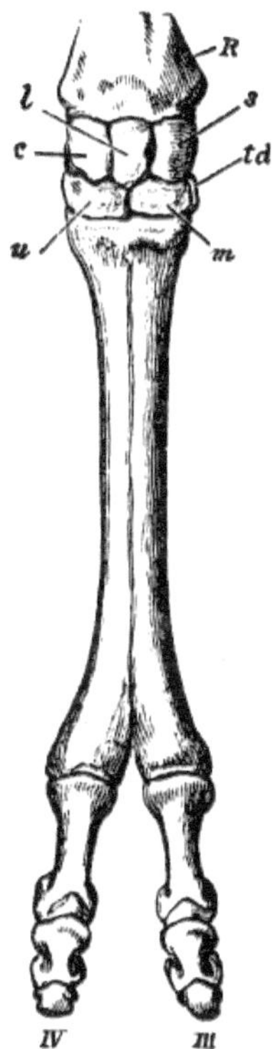

FEIGE. 122.- Knochen des Manus des Kamels (*Camelus bactrianus*). × ⅛. *c* , Keilschrift; *l* , Mond; *m* , Magnum; *R* , Radius; *s* , Skaphoid; *td* , Trapez; *du* , unziform. (Aus Flower's *Osteology* .)

Die Zähne der Perissodactyles sind lophodont, seltener bunodont. Die selenodontische Artiodactyle- Form des Backenzahns kommt nicht vor. Darüber hinaus ist die Zahnformel zumindest nahezu vollständig, wobei die moderneren Formen wie üblich die geringere Anzahl an Zähnen aufweisen.

Die dorso -lumbalen Wirbel sind in der Regel dreiundzwanzig; aber die ausgestorbenen Titanotheres sind wiederum eine Ausnahme; denn zumindest in *Titanotherium* gibt es nur zwanzig dieser Wirbel – ein Artiodactyle- Charakter. Der Femur hat einen dritten Trochanter. Es gibt so wenige neuere Perissodaktylen , dass eine Aufzählung der Unterscheidungsmerkmale der Eingeweide für Zwecke der Klassifizierung höchstwahrscheinlich nutzlos sein dürfte. Aber die lebenden Gattungen sind auf jeden Fall von den lebenden Artiodactylen durch die unveränderliche Einfachheit des Magens, verbunden mit einem sehr großen und ausgesackten Blinddarm, zu unterscheiden . Die Leber ist einfach und nicht stark in Lappen zerlegt, und die Gallenblase fehlt immer. Das Gehirn ist gut vernetzt. Die Zitzen liegen im Leistenbereich. Die Plazenta dieser Gruppe ist diffus.

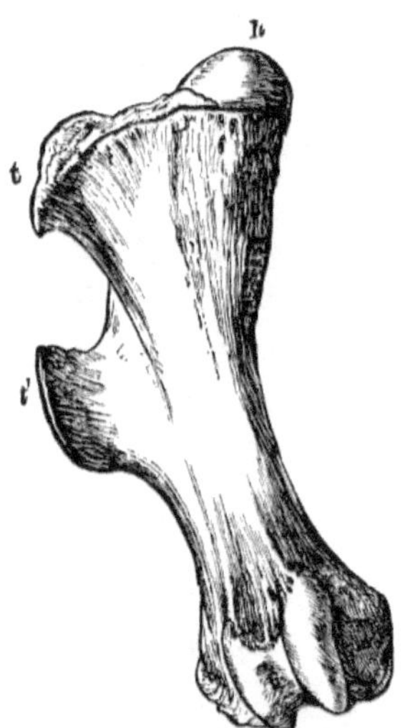

FEIGE. 123. – Vorderer Aspekt des rechten Oberschenkelknochens eines Nashorns (*Rhinoceros indicus*). × ½. *h* , Kopf; *t* , großer Trochanter; *t* ‘, dritter Trochanter. (Aus Flower's *Osteology* .)

Die lebenden Perissodaktylen gehören nur drei Arten an, tatsächlich nur drei Gattungen (nach Einschätzung der meisten), nämlich den Pferden, Tapiren und Nashörnern. Unter Berücksichtigung der ausgestorbenen Formen können sie jedoch hauptsächlich (nach Professor Osborn) in die vier folgenden Gruppen eingeteilt werden : (1) Titanotherioidea , einschließlich nur einer Familie, Titanotheriidae ; (2) Hippoidea , einschließlich der Familien Equidae und Palaeotheriidae ; (3) Tapiroidea mit zwei Familien,

Tapiridae und Lophiodontidae ; und (4) Rhinocerotoidea mit den Familien Hyracodontidae , Amynodontidae und Rhinocerotidae . Nach Ansicht desselben Autors ist es denkbar, dass die Chalicotheres (hier als separate Unterordnung Ancylopoda behandelt) der Perissodactyle- Reihe hinzugefügt werden sollten .

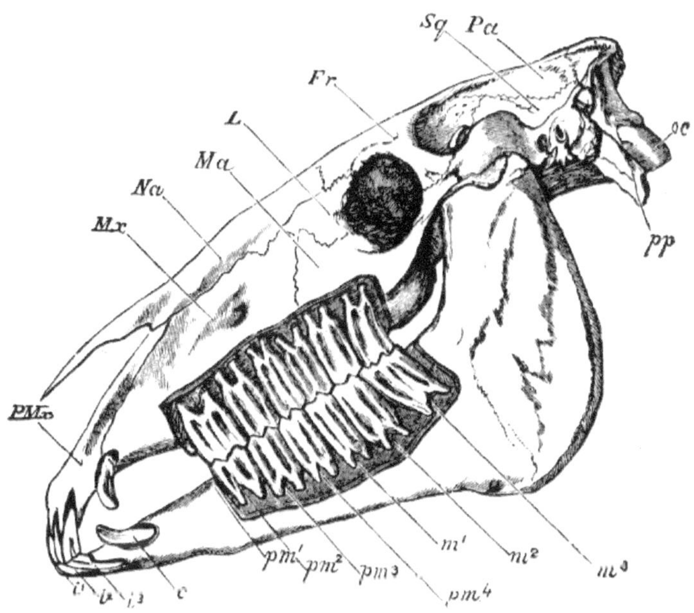

FEIGE. 124. – Seitenansicht des Schädels eines Pferdes, wobei der Knochen entfernt wurde, um die gesamten Zähne freizulegen. *c* , Hund; *Fr* , frontal; *Ich* 1, *ich* 2, *ich* 3, Schneidezähne; *L* , Tränen; *m* 1, *m* 2, *m* 3, Backenzähne; *Ma* , Malar oder Jugal; *Mx* , Oberkiefer; *Na* , nasal; *oc* , Hinterhauptskondylus; *Pa* , parietal; *pm* 1, Situation des verkümmerten ersten Prämolaren, der im Unterkiefer verloren gegangen ist, aber im Oberkiefer vorhanden ist; *PM* 2, *PM* 3, *PM* 4, verbleibende Prämolaren; *PMx* , Prämaxillare; *pp* , Parokzipitalfortsatz ; *Quadratisch* , Plattenepithelkarzinom. (Nach Flower und Lydekker .)

Fam. 1. Equiden. – Diese Familie, zu der das lebende Pferd, das Zebra und der Esel sowie eine Reihe ausgestorbener Gattungen gehören, die in ihrer Struktur mit diesen Typen übereinstimmen, kann durch den Besitz von nur einem funktionellen Zeh definiert werden, wobei die beiden seitlichen bloße Schienen sind. oder nur wenig mehr. Die Backenzähne sind hypselodontisch und die Prämolaren ähneln mit Ausnahme des ersten in ihrem Muster den Backenzähnen. Die Augenhöhle ist vollständig von Knochen umgeben. Die Schneidezähne sind meißelförmig, mit einer Vertiefung auf der freien

Oberfläche. Die Eckzähne sind, falls vorhanden, rudimentär. Radius und Elle sind verwachsen, ebenso Tibia und Fibula. Obwohl aus Gründen der Einheitlichkeit hier eine Familie, die Equidae, von ihren Verbündeten getrennt wird, ist es aufgrund unseres umfassenden Wissens über diese Gruppe völlig unmöglich, eine wirklich eindeutige Grenze zwischen dieser Familie und den Palaeotheriidae zu ziehen . Wir werden uns jetzt mit dem mutmaßlichen Stammbaum des Pferdes befassen, der natürlicherweise diese Familie umfasst und eine ununterbrochene Reihe von vierzehigen Perissodaktylen bis zum heutigen einzehigen Pferd darstellt, wobei die verschiedenen Knochen und Zähne im Laufe der Abstammung verändert werden „mit der Regelmäßigkeit eines Uhrwerks." Wir sind gezwungen, die Grenze bei der funktionellen zweiten und dritten Zehe zu ziehen; Sobald diese nicht mehr verwendet werden, handelt es sich bei dem Tier um ein Pferd im engeren Sinne! Dies ist irrational und bedauerlich, aber aus praktischen Gründen notwendig, wenn wir den Plan zur Definition der verschiedenen Mammalia-Familien fortsetzen wollen.

Die Gattung *Equus* [143] enthält nicht nur das Pferd, sondern auch Esel und Zebras. Die Gattung unterscheidet sich hinsichtlich äußerer Merkmale durch folgende Merkmale : Der Körper ist dicht mit Haaren bekleidet; es gibt einen mehr oder weniger buschigen Schweif und eine Mähne; Die Farben sind meist in schwarzen oder schwärzlichen Streifen auf gelblich-braunem Grund angeordnet. Dies ist natürlich am besten bei den Zebras zu sehen, aber auch bei den Wildeseln gibt es einige Spuren davon, wenn auch nur in der einzelnen Querlatte des Afrikanischen Wildesels, und manchmal ist es sogar beim Hauspferd „reversionär". Es gibt keine Hörner auf der Stirn oder anderswo; Die Vorderbeine beider Paare haben auf der Innenseite eine Hornhautpolsterung, die möglicherweise als eine abgebrochene Drüse angesehen werden kann, die möglicherweise ursprünglich dazu diente, eine duftende Substanz abzusondern, die dazu bestimmt war, streunenden Mitgliedern der Herde die Wiedergewinnung ihrer Gefährten zu ermöglichen. Die Endphalanx jedes (funktionell) einzelnen Fingers ist von einem großen Hornhuf umschlossen.

Die wichtigsten inneren Strukturmerkmale, die diese Gattung der Perissodactyles vom Nashorn oder Tapir oder von beiden unterscheiden, sind: das Vorhandensein starker Schneidezähne, drei auf jeder Seite jedes Kiefers; Es gibt Eckzähne, aber diese sind klein und bleiben bei der ausgewachsenen Stute nicht immer bestehen. Sie sind im Volksmund als „Stoßzähne" oder „Tushes" bekannt. Der erste der vier Prämolaren (der „Wolfszahn") ist klein und recht rudimentär; es fehlt oft. Da es drei Backenzähne gibt, hat die vorliegende Gattung die „typische" Anzahl des Eutherian-Gebisses, *nämlich* vierundvierzig. Im Schädel ist die Augenhöhle – anders als bei Tapiren und Nashörnern – vollständig von Knochen umgeben.

An jeder Hand (Abb. 121 C) und jedem Fuß gibt es nur einen funktionierenden Finger und Zeh; der zweite und dritte Finger werden durch bloße Schienen dargestellt, von denen einer als Abnormalität vergrößert sein kann und fast bis zum gut entwickelten Finger reicht. Gelegentlich finden sich sogar Spuren der Ziffer Nummer zwei.

Das Pferd, *E. caballus*, unterscheidet sich von seinen Artgenossen durch die kleinen Schwielen an den Hinterbeinen, die es zusätzlich zu den größeren an den Vorderbeinen besitzt. Die Behaarung des Schweifes ist üppiger, ebenso die Mähne. Auch der Kopf ist proportional kleiner und die allgemeine Kontur anmutiger. Obwohl Zebrazeichnungen bei *E. caballus nicht üblich sind* , gibt es viele Beispiele für – wie wir es in diesem Fall vielleicht nennen könnten – eine „Rückkehr" in einen gestreiften Zustand. Die berühmte „Lord Mortons Stute", [144] deren Porträt im Royal College of Surgeons hängt, ist ein interessantes Beispiel dafür. Man ging tatsächlich davon aus, dass es sich um ein Beispiel für das eher zweifelhaft auftretende Phänomen der „Telegonie" handelte. Seine Geschichte ist kurz folgende. Das Tier war der Nachkomme einer Stute, die zuvor einem männlichen Quagga ein Hybridfohlen geschenkt hatte. Anschließend brachte dieselbe Stute ein zweites Fohlen eines arabischen Vaters zur Welt. Dieses Fohlen war gestreift und wurde daher als Beispiel männlicher Präpotenz angesehen. Es sind jedoch unbestritten Fälle von Pferden bekannt, die dieselben Streifen aufweisen, wie zum Beispiel ein Norwegenpony, das noch nicht einmal ein Zebra *gesehen hatte* !

Ein letzter Rest der nackten Handfläche und Fußsohle bleibt in Form einer kleinen kahlen Fläche zurück, die beim Pferd kleiner als beim Esel ist und technisch als „Mutterkorn" bekannt ist, der Begriff stammt von den Franzosen Tierärzte. Wie bereits erwähnt, unterscheidet sich das Pferd von Esel und Zebra dadurch, dass die Hinterbeine auf der Innenseite Schwielen aufweisen. Sie sind als „Kastanien" bekannt und ihre Natur ist umstritten. Es wurde vermutet, dass sie das letzte Rudiment eines verschwundenen Zehs sind; aber aller Wahrscheinlichkeit nach handelt es sich, wie bereits vermutet, um Spuren von Drüsenstrukturen, die an den Gliedmaßen vieler Tiere häufig vorkommen (siehe oben, S. 12).

Es ist eine einzigartige Tatsache, dass es offenbar keine Wildpferde dieser Art gibt. Der Fall ähnelt merkwürdigerweise dem des Kamels, das ebenfalls nur als wild oder domestiziert bekannt ist. Warum das Pferd als Wildtier ausgestorben sein sollte, wenn man bedenkt, dass es in freier Wildbahn üppig gedeihen kann, ist nicht zu verstehen. Sir W. Flower meint [145], dass „die sogenannten Tarpans, die im Steppenland nördlich des Asowschen Meeres zwischen dem Fluss Dnjepr und dem Kaspischen Meer vorkommen, den derzeit existierenden echten Wildpferden am nächsten kommen. Sie werden beschrieben." als klein, dunkelbraun , mit kurzer Mähne und abgerundeter, stumpfer Nase. Aber er fügt hinzu, dass es keine Beweise dafür gibt, ob sie wirklich wild sind. Dafür , dass es sich möglicherweise um wilde und einheimische europäische Pferde handelt, kann jedoch die Tatsache erwähnt werden, dass ihr allgemeiner Körperbau und ihr Aussehen stark an die wilden Pferde erinnern, die der Urmensch auf Elfenbein gezeichnet hat.

Ein wirklich wildes Pferd und möglicherweise der Vorfahre des europäischen Hauspferdes ist *E. przewalskii* aus den Sandwüsten Zentralasiens. Es wird angenommen, dass dieses Tier ein Maultier zwischen dem Wildesel und einem wilden Pferd ist; aber wenn eine bestimmte Form und Wahrscheinlichkeit diese Ansicht zu drängen scheint, ist es interessant, die Unterschiede zwischen Pferden und Eseln aufzulösen. Die Art besitzt die vier Schwielen des Pferdes, hat aber eine ärmere Mähne und einen dummen Schwanz.

Es besteht kein Zweifel, dass das Pferd seit vielen Jahrhunderten ein Haustier ist. Hieroglyphen scheinen zu zeigen, dass die Ägypter das Pferd ursprünglich nicht domestiziert hatten; Es scheint, dass es erstmals von den Hyksos oder Hirtenkönigen unter ihnen eingeführt wurde. [146] Was auch immer das Datum sein mag, es ist sicher, dass die Assyrer und Phönizier Pferde besaßen, die weit vor den Ägyptern lagen. In Westeuropa scheint das Datum der Einführung des Pferdes in die Bronzezeit zu fallen. Lord Avebury [147] hat darauf hingewiesen, dass von achtzehn Gräbern, in denen die Überreste von Horse gefunden wurden, zwölf Metallgeräte enthielten, *also* 66 Prozent. Dies beweist natürlich nicht, dass das Pferd zu dieser Zeit domestiziert war, aber es lässt Zweifel aufkommen, dass das Pferd früher in großer Zahl vorkam. Das Pferd kommt jedoch auf dem Kontinent vor und wird mit den Überresten des Menschen während des Quartärs in Verbindung gebracht. [148]

Die Herren Cuyer und Alix zählen zwischen fünfzig und sechzig domestizierte Pferderassen auf, die bereits erwähnten angeblichen Wildarten nicht mitgerechnet. Diese können weiter unterteilt werden; Beispielsweise können wir unter der Rasse „Pony" die irischen, schottischen und Shetland-Varietäten unterscheiden, die jedoch laut Sanson alle aus Irland stammen. Sie werden, wie die oben zitierten Autoren bemerken, „par les jeunes filles des lords pour leurs promenades" verwendet. Der Araber, der Barb, der Suffolk Punch usw. gehören zu den zahlreichen Rassen von Hauspferden, für deren ordnungsgemäße Aufnahme ein weiterer, und zwar großer, Band erforderlich wäre.

Die Esel und Zebras unterscheiden sich vom Pferd durch die unter der Beschreibung von *Equus caballus genannten Merkmale* . Darüber hinaus sei auf ein Merkmal hingewiesen, auf das Herr Tegetmeier hingewiesen hat . [149] Ihm

zufolge beträgt die Tragzeit des Pferdes nur elf Monate; in den anderen mehr
als zwölf.

FEIGE. 125.— Asiatischer Wildesel. *Equus onager.* × 1 / 20 .

Über die Anzahl der Eselarten gibt es unterschiedliche Meinungen. Nach
großzügigster Schätzung gibt es drei asiatische und zwei afrikanische Arten.
Der bekannteste asiatische Wildesel ist der Onager, *E. onager* . Es hat eine
einheitliche gelbliche „Wüsten" -Farbe mit einem dunklen Streifen in der
Mitte des Rückens und kommt in Persien, im Punjab und im Land Cutch
vor. Das Geschöpf ist von großer Schnelligkeit; Es wurde behauptet, es sei
unzähmbar , aber Herr Tegetmeier macht die absolut gegenteilige Aussage,
dass der Esel gelegentlich „so zahm wird, dass er lästig wird"! Der Syrische
Wildesel, *E. hemippus* , unterscheidet sich kaum oder gar nicht davon.

FEIGE. 126.— Nubischer Wildesel. *Equus africanus.* × 1 / 20 .

Der Kiang, *E. hemionus* , scheint mehr Ansprüche auf Unterscheidbarkeit zu haben. Erstens hat es eine begrenztere und andere Verbreitung; Es ist auf die Hochebenen von Thibet auf einer Höhe von 15.000 Fuß und mehr beschränkt. Passend zu diesem Lebensraum hat er ein dickeres und „pelzigeres" Fell, das zudem einen dunkleren Farbton hat als das des Onagers. Dieser Mantel wird im Sommer abgeworfen und durch einen nicht so dunklen Farbton ersetzt. Es ist eine interessante Tatsache, dass die Afrikanischen Wildesel dem Zebratyp ähneln, da sie zumindest Spuren von Streifen aufweisen . Es gibt offenbar zwei Arten. Der bekannteste, der Nubische Esel, *E. africanus* , ist wahrscheinlich der Elternteil des Hausesels. Es hat einen Längsstreifen auf dem Rücken und einen weiteren auf der Schulter – in der Legende die Zeichen des Erlösers . Die Frage nach dem Namen dieses Esels scheint schwer zu entscheiden. Es wurde auch *E. asinus* und *E. taeniopus genannt* . Es wurde beobachtet, dass dieses Tier eine große Abneigung gegen Wasser hat und sich gerne im Staub wälzt – beides Eigenschaften, die auf ein Leben in der Wüste schließen lassen. Andererseits stürzt sich der Kiang kühn in Bäche, scheint aber der Nachkomme einer reinen Wüstenform zu sein. Der Esel ist ein langlebigeres Tier als das Pferd. Herr Tegetmeier macht auf einen Esel aus dem Jahr 1893 aufmerksam, der vor 55 Jahren geritten wurde. Das Pferd hingegen lebt nicht viel länger als 25 Jahre.

Eine zweite Art des Afrikanischen Wildesels, *E. somalicus* , [150] zeichnet sich durch seine grauere Farbe , durch das Fehlen des Schulterstreifens, durch die sehr schwache Entwicklung des Rückenstreifens und durch das Vorhandensein zahlreicher Querstreifen auf dem Rücken aus Beine. Es hat auch kleinere Ohren und eine längere und fließendere Mähne. Herr Lort Phillips, ein erfahrener Naturforscher und Reisender , sah in Somaliland eine Herde dieser Wildesel, bei denen es sich seiner Meinung nach um eine recht neue Art handelte. Ein lebendes Exemplar in den Gärten der Zoological Society führte Herrn Sclater zu einer identischen Schlussfolgerung, die, wie er betonte, durch die Tatsache gestützt wurde, dass dieser Esel ein anderes Verbreitungsgebiet hat als der afrikanische oder nubische Wildesel.

Von den Zebras sind normalerweise drei Arten erlaubt; Dies sind *E. zebra* , das „Bergzebra" oder „Gewöhnliche" Zebra, *E. burchelli* , *E. grevyi* sowie *E. quagga* . Professor Ewart ist der Meinung, dass das Zebra, das Burchell-Zebra und das Quagga nicht sehr deutlich voneinander abgegrenzt sind. Niemand zweifelt jedoch an der Einzigartigkeit von *E. grevyi* . Letzterer unterscheidet sich von den anderen durch seine größere Größe, den großen Kopf und die großen Ohren sowie durch die ausgeprägte Behaarung der Ohren. Es scheint, dass es sich um einen primitiven Zebratyp handelt, wenn man die Tatsache berücksichtigt, dass Hybriden gelegentlich zu einer Elternform zurückkehren; denn Professor Ewart fand ein gekreuztes Zebra, das mehrere Merkmale in der Gesichtszeichnung dieses schönsten Zebrastammes aufwies. Nur vier Exemplare von *E. grevyi* wurden in Europa lebend ausgestellt – zwei in Paris und zwei in den Gärten der Zoological Society in London. Letztere wurden Königin Victoria von König Menelek von Abessinien geschenkt. Die Art wurde von Professor A. Milne-Edwards zu Ehren eines verstorbenen Präsidenten der Französischen Republik benannt, nach einem Beispiel, das ebenfalls von König Menelek geschickt wurde .

Das Gewöhnliche Zebra hat engere und dunklere Streifen als das Burchell-Zebra, aber nicht ganz so dicht wie bei *E. grevyi* . Es hat auch eine sehr charakteristische Streifenanordnung am Widerrist in Form eines Gitters. Letzteres fehlt bei den beiden anderen Arten. Bei *E. grevyi* ist dieser Teil des Rückens tatsächlich weiß. *E. Zebra* hat auch eine Wamme vorne. *E. burchelli* hat weniger und breitere Streifen, und dazwischen liegen in vielen Fällen schwach braune Schattenstreifen.

FEIGE. 127. – Burchells Zebra. *Equus burchelli*. × 1 / 20 .

Alle diese Tiere und auch die Quagga sind ausschließlich auf Afrika beschränkt. Herr R. Crawshay [151] bemerkte bei der Beschreibung dessen, was er für eine neue Sorte hielt, die Neugier von *E. burchelli*. „Sie bleiben den ganzen Tag in der Sonne auf den Ebenen und ziehen sich überhaupt nicht in Verstecke zurück. Sie sind dann ein unerträgliches Ärgernis für jeden, der ein anderes Wild verfolgt; das kann man tatsächlich jederzeit von ihnen sagen. Wenn sie es einmal getan haben Wenn sie dich bemerken, locken sie dich an und bedrängen dich in ihrer Neugier – allerdings nur, wenn man sich nicht für sie interessiert, denn wenn sie glauben, dass sie Gegenstand der Aufmerksamkeit des Eindringlings sind, sind keine Tiere wachsamer und listiger, wenn es darum geht, sich selbst zu schützen. Wenn Nur ihre Neugier manifestierte sich in der Stille , das wäre nicht so wichtig, aber sie macht sich in Schnauben und donnernden Anstürmen Luft, was jedes Tier auf dem *Qui Vive in Hörweite bringt* .

Ob das Burchell-Zebra [152] weiter in Arten oder Unterarten unterteilt werden kann, erscheint zweifelhaft. Dr. Matschie ist der Ansicht, dass *Equus boehmi* und zusätzlich zu dieser zwei Unterart *E. burchelli als gültige Form angesehen werden können granti* und *E. burchelli Selousi* wurden für die meisten lokalen Rennen vorgeschlagen. Es ist jedoch derzeit alles andere als sicher, ob ihre Verbreitung diese Unterteilung begünstigt .

Der Quagga war stärker gestreift, als es manchmal in Abbildungen dargestellt wird. Laut Dr. Noack, aus dessen Arbeit [153] über das Tier ich hier zitiere, reichten die Querstreifen bis zum Gesäß zurück; an den Beinen fehlten sie jedoch völlig. Das Tier ist, wie jeder weiß, wahrscheinlich völlig ausgestorben. Im Jahr 1836 war es noch reichlich vorhanden; 1864 ging das letzte jemals ausgestellte Exemplar bei der Zoological Society ein. Herr WL Sclater geht davon aus, dass es in der Oranje-Fluss-Kolonie noch bis 1878 überlebt hat, räumt jedoch ein, dass jede Gewissheit schwierig ist, da es von den Buren häufig mit dem Burchell-Zebra verwechselt wurde. Seine Seltenheit wird durch die Tatsache unterstrichen , dass es in der jüngsten Arbeit des äußerst geschickten Jägers, Herrn F. Selous, nicht erwähnt wird. Gaudry ordnet die Quagga von allen lebenden Equiden dem *Hipparion gracile* von Pikermi am nächsten .

Fossile Equiden. — Die existierenden Equiden gehören alle zur Gattung *Equus , obwohl es einige gibt, die die Zebras (völlig unnötig) als Gattung Hippotigris* abtrennen würden . Die Gattung *Equus* selbst reicht zurück in die Zeit des Pliozäns, in dieser Epoche lebte in Indien *E. sivalensis* , dieselbe Art nach Ansicht einiger mit der *E. stenonis* in Europa. Keine dieser Arten, weder aus der Alten noch aus der Neuen Welt, lässt sich leicht von *E. caballus* trennen . Aber es wurden ihnen viele Namen gegeben. Es ist natürlich durchaus denkbar, dass sie sich untereinander genauso unterschieden haben wie die existierenden Zebras und Esel, deren Trennung kaum möglich wäre, wenn wir nur ihre Knochen kennen würden. Es gibt jedoch ausgestorbene Gattungen, die zweifellos so eng mit *Equus verwandt sind* , dass sie derselben Familie zugeordnet werden können, obwohl sie eindeutig als Gattungen trennbar sind. *Hipparion* ist eine dieser Gattungen; Seine Überreste sind aus Europa, Asien und Nordafrika aus Schichten des Miozäns und Pliozäns bekannt. Es wurde eine große Anzahl verschiedener Arten beschrieben. Es war ein Tier von etwa der Größe eines Zebras. Die Hauptmerkmale sind, dass jeder Fuß drei Zehen hat, von denen jedoch die beiden seitlichen kleiner sind als der mittlere Zeh. Am Oberkieferknochen befindet sich eine ausgeprägte runde Fossa, ein Merkmal, das auch das südamerikanische *Onohippidium aufweist* . [154] Auch das Muster der Backenzähne unterscheidet sich ein wenig von dem von *Equus* . *Protohippus* des nordamerikanischen Pliozäns ist ebenfalls dreizehig, allerdings sind die beiden zusätzlich entwickelten Zehen kleiner als bei *Hipparion* . Weitere Formen werden weiter unten im Zusammenhang mit der Abstammung der Perissodactyles behandelt . Es ist eine merkwürdige Tatsache bei *Hipparion* , das heute nicht als direkt vom Pferd abstammend angesehen wird, dass die Ränder der Schmelzplatten der Backenzähne möglicherweise eine komplizierte Faltung aufweisen, die der dieser eindeutig endständigen Form des Perissodactyle-Lebens sehr ähnlich ist . das gigantische *Elasmotherium* . Dies ist ein Hinweis auf eine hohe Spezialisierung , die zum Aussterben führte.

Abstammung der Pferde. — Die **Lophiodontidae** und die **Palaeotheriidae** sind zwei der interessantesten ausgestorbenen Familien der Perissodactyles ; denn unter ihnen finden wir scheinbar die Vorfahren der beiden existierenden Tapire und Pferde. Auch die Nashörner scheinen von den Palaeotheriidae ableitbar zu sein . Die Vagheit der Charaktere dieser Geschöpfe, vom klassifizierenden Standpunkt aus betrachtet, hat zu großer Vielfalt bei ihrer Platzierung geführt. Obwohl dies für den Evolutionisten erfreulich ist, ist es für den Autor, der einen methodischen Bericht über ihre verschiedenen Charaktere geben möchte, ermüdend. Es ist vielleicht am besten, nicht den Versuch zu unternehmen, eine genaue Einordnung vorzunehmen oder widersprüchliche Meinungen in Einklang zu bringen, sondern einige hervorstechende Merkmale der Osteologie anzugeben, die zum Glauben an ihre Beziehung zu bestehenden Gruppen von Perissodaktylen führen . Ein Buch über die Geschichte der Säugetiere wäre unvollständig ohne einen Bericht über die wohlbekannte Reihe von Formen, die diese primitiven Perissodaktylen mit dem modernen Pferd zu verbinden scheinen. Tatsächlich ist *Equus* nicht nur das „Showpferd" der Evolutionslehre, sondern auch das „pirschende Pferd".

Im Eozän gibt es sowohl in Europa als auch in Amerika eine Reihe von Formen, von denen wir ausgehen können. *Hyracotherium* , das einerseits als Art einer Unterfamilie der Equiden selbst und andererseits als Mitglied der Familie Lophiodontidae angesehen wird , war ein kleines Tier von etwa drei Fuß Länge; Es besitzt das vollständige Eutherian-Gebiss mit einem leichten Diastema. Die Bahnen sind nicht von der Schläfengrube getrennt; Die Vorderbeine waren vierzehig, die Hinterbeine dreizehig, mit mäßig langen Metapodien, besonders an den Hinterpfoten. Das Schulterblatt hat einen gut ausgeprägten Processus coracoideus. Radius und Elle sind getrennt; Das gilt auch für das Schien- und Wadenbein. *Eohippus* gehört zur gleichen Unterfamilie und ist etwas primitiver; denn die Hinterpfoten haben ein Rudiment des I. Fingers. *Orohippus* ist den Pferden etwas näher, da die Backenzähne etwas weiter in Richtung des Pferdetyps fortgeschritten sind. Anstatt dass die Zahnhöcker größtenteils getrennt bleiben, sind sie zu einer Reihe von Leisten verwachsen, deren Muster jedoch weniger komplex ist als bei modernen Pferden. Ansonsten _ *Orohippus* ist *Hyracotherium sehr ähnlich* . *Pachynolophus* scheint nur ein Synonym zu sein.

Die nächste Stufe wird von *Mesohippus gezeigt* , einer Form aus dem Untermiozän, die üblicherweise auf die Umgebung von *Palaeotherium bezogen wird* . Es hat fast eine der Zehen des Vorderfußes verloren, es ist nur noch ein Rudiment übrig; Die Metapodien scheinen, jedenfalls an den Vorderfüßen, etwas länger zu sein. Die Augenhöhle ist nicht von Knochen umgeben, aber es gibt einen kräftigen Fortsatz von der Vorderseite, der fast den Jochbogen erreicht.

Anchitherium aus dem Obermiozän ist in seiner Struktur nicht weit von der letztgenannten Form entfernt; In mehreren Punkten kommt es dem vorhandenen Pferd etwas näher. Die Elle ist weiter reduziert und mit dem

Radius darunter verschmolzen: Das Rudiment des Fingers V ist noch rudimentärer; die beiden seitlichen Finger sind im Verhältnis zum mittleren kleiner als bei *Mesohippus* ; das Wadenbein ist unten mit dem Schienbein verwachsen. Von dieser Form bis zum *Equus* erfolgt eine kleine Reihe von Schritten, die durch die noch weitere Reduzierung aller Finger außer III, durch die noch weitere Reduzierung der bereits rudimentären Ulna und Fibula und durch die zunehmende Tiefe der Backenzähne gekennzeichnet sind natürlich in *Equus* , hypselodont.

Eine weitere interessante Schlussfolgerung scheint sich zu ergeben, wenn wir die geografische Verbreitung der Vorfahren der Pferde betrachten. *Hyracotherium* und *Pachynolophus* kam sowohl in der Alten als auch in der Neuen Welt vor. Aus ihnen könnten die Pferde beider Hemisphären hervorgegangen sein. Danach kommt es zu einer Spaltung. *Mesohippus ist amerikanisch, und* auf diesem Kontinent gelangen wir durch *Desmatippus* und *Protohippus zu Equus* . Andererseits sind in Europa keine Überreste von *Mesohippus bekannt;* und sofern spätere Forschungen nicht die Existenz von *Mesohippus beweisen* , müssen wir uns auf Formen verlassen, die *Anchitherium* und *Hipparion zugeordnet werden* .

Miohippus die nächste Gattung in der direkten Linie der Pferdeabstammung zu *Mesohippus* ist . Es ist kleiner als *Anchitherium* und sollte sofort in Betracht gezogen werden. Der Zahnfortsatz des Axis nimmt gerade erst die charakteristische tüllenartige Form des heutigen Pferdes und vieler moderner Huftiere an. Der Mittelfinger der Vorder- und Hinterbeine ist im Vergleich zum entsprechenden Finger früherer Formen stark vergrößert.

Man geht jedoch davon aus, dass *Anchitherium* weder in Amerika noch in Europa, wo es vorkommt, in direkter Abstammungslinie steht. Seine Zähne sind in mancher Hinsicht weniger pferdeähnlich als bei einigen der älteren Gattungen, bei denen nach der Abstammungstheorie das Gegenteil zu erwarten wäre. Seine Hufe sind stark verlängert und abgeflacht, ein Zeichen der Spezialisierung und nicht angemessen für ein Geschöpf, das eine mittlere Stellung in der Pferdereihe einnimmt. Sowohl die amerikanische (*A. equinum*) als auch die europäische Art (*A. aureliense*) sind sehr groß, größer als ihre Nachfolger, und solche „Veränderungen in der Masse sind unwahrscheinlich".

Die Gattung *Desmatippus* von Professor Scott [155] füllt die Lücke zwischen *Miohippus* und *Protohippus* . Die Molaren und Prämolaren sind brachyodont , aber in den Zahntälern befindet sich eine dünne Zementablagerung, die zu einer vollständigeren Füllung dieser Täler mit Zement führt, wie er bei *Protohippus vorkommt* . Diese Pferdegattung, von der es gegenwärtig nur eine Art, *D. crenidens* , gibt, hatte drei Zehen, und „die seitlichen Zehen waren, soweit anhand fragmentarischer Überreste beurteilt werden kann, noch einigermaßen entwickelt, wenn auch viel stärker reduziert." als bei *Miohippus* , scheinen etwas weniger ausgeprägt zu sein als bei *Protohippus* ."

Um es zusammenzufassen: Das Folgende ist die wahrscheinliche Reihe von Pferden in Amerika: *Mesohippus* , *Miohippus* , *Desmatippus* , *Protohippus* .

Die Entwicklung der Gliedmaßen des Pferdes zeigt eine äußerst interessante Reihe von Stadien, die teilweise den Vorfahrenformen entsprechen, die die Paläontologie als Abstammungslinie unserer heutigen Equiden zu erweisen scheint. Diese Angelegenheit wurde kürzlich von Professor Ewart erläutert, der die folgenden Fakten und Vergleiche detailliert darlegt :

Beim jüngsten Embryo (ungefähr 20 mm lang) ist der Humerus etwas gebogen und erheblich länger als Radius und Handwurzel zusammengenommen. Der erstgenannte Knochen ist beim Erwachsenen kürzer, und die Proportionen dieses Knochens bei den Jungen sowie seine Krümmung lassen auf den alten Huftier *Phenacodus schließen* (siehe S. 202). Im nächsten Stadium (ein Embryo von 25 mm) hat die proportionale Länge des Humerus leicht abgenommen und ähnelt eher der von *Hipparion* . Bei beiden Embryonen ist zu beachten, dass die Elle vollständig und vom Radius getrennt ist. Im zweiten der beiden hat es deutlicher die Form angenommen, die es beim Erwachsenen haben wird. Der zweite Mittelhandknochen – einer der Schienenknochen des Erwachsenen – ist an der Spitze mit einem kleinen Knorpelknötchen versehen, das eindeutig ein oder mehrere der zu diesem Finger gehörenden Fingerglieder darstellt.

Fam. 2. Tapiridae . – Die Tapire können vom Pferde- und Nashornstamm durch einige Merkmale unterschieden werden, die wie folgt sind : –

Das Gebiss besteht im Allgemeinen aus 44 Zähnen. Die Prämolaren in den älteren Formen unterscheiden sich von den Backenzähnen, ähneln ihnen aber in neueren Formen. Die Backenzähne des Oberkiefers haben zwei parallele Kämme, die durch einen äußeren Kamm verbunden sind. Die Vorderpfoten haben vier, die Hinterpfoten drei Zehen.

Die Familie ist genauso alt wie die der Equiden, aber die Spezialisierung der Zehen schreitet nie so weit voran. Die modernen Vertreter des Ordens befinden sich, was die Füße betrifft, in der Verfassung sehr früher Vertreter des Pferdebestandes. Auch die Zähne der Tapire erreichen nie das komplizierte Muster, das zumindest die modernen Pferde oder sogar die Palaeotheres aufweisen . Abgesehen davon ist es nicht einfach, genau zwischen diesen verschiedenen Familien zu unterscheiden, einschließlich der Lophiodontidae , die, wie bereits erwähnt, den Tapiridae näher steht als den Palaeotheriidae . Tatsächlich scheint die Unterscheidung dieser beiden Familien, der Tapiridae und der Lophiodontidae , äußerst schwierig zu sein. Die Schwierigkeit wird deutlich durch die Tatsache, dass Naturforscher über die Verwandtschaft verschiedener Gattungen ausgestorbener Tapir-ähnlicher Tiere sehr unterschiedlicher Meinung sind. Für Herrn Lydekker umfasst die Gattung *Lophiodon* auch die amerikanischen Gattungen *Isectolophus* und *Systemodon*, die von Zittel in die Unterfamilie Tapirinae eingeordnet werden, im Gegensatz zu Lophiodontinae, die *Lophiodon* und *Helaletes* enthält. Die existierenden Tapire lassen sich sehr leicht von den existierenden Pferden unterscheiden, wie die folgende Darstellung der bestehenden Gattungen zeigen wird.

FEIGE. 128. – Amerikanischer Tapir. *Tapirus Terrestris*. × 1 / 10 .

Die Gattung *Tapirus* kommt heute nur noch in Süd- und Mittelamerika sowie auf der Malaiischen Halbinsel und den Inseln Java und Sumatra vor. Dieses Tier ist in vielerlei Hinsicht die älteste existierende Form der Perissodactyle -Ordnung. Es hat vier Zehen an den Vorderpfoten, jedoch nur drei an den Hinterpfoten. Die Anzahl der Zähne beträgt 42 – fast die typische Zahl der Eutherianer. Bei den Tapiren handelt es sich stets um mittelgroße Tiere, die vollständig mit Haaren bedeckt sind und meist eine bräunlich-schwarze Farbe haben . Der Schabrackentapir ist jedoch breit und weiß gebändert – ein einzelnes Band; Die Jungen des Tapirs sind gefleckt und weiß gestreift. Nase und Oberlippe bilden zusammen einen kurzen Rüssel, der genau mit dem des Elefanten vergleichbar ist. Wie beim Nashorn – und hier stehen beide im Gegensatz zur anderen existierenden Perissodactyle -Gattung *Equus* – ist die Schläfengrube nicht durch Knochen von der Augenhöhle getrennt. Von den existierenden Tapiren gibt es auf jeden Fall *T. terrestris*, [156] *T. roulini* (der „Tapir Pinchaque " von Cuvier), *T. dowi* und *T. bairdi* in Amerika (die letzten beiden werden aufgrund der Verlängerung des verknöcherten Mesethmoids manchmal in eine eigene Gattung, *Elasmognathus*, *aufgeteilt*) und

T. indicus im Osten. Der Tapir, wahrscheinlich *T. terrestris* , wird von Buffon als „ein langweiliges und düsteres Tier" beschrieben. Es ist sicherlich hauptsächlich nachtaktiv. Der Name *Terrestris* wurde von Linnaeus gegeben, der es derselben Gattung wie *Hippopotamus amphibius zuordnete* ; daher der Beiname für den Tapir. Aber tatsächlich liebt es sumpfige Gegenden und ist in gewisser Weise amphibisch. Dies gilt natürlich nicht für die Andesien *T. roulini* , der in den Kordilleren von Ecuador und Kolumbien lebt. Die Verbreitung der heute lebenden Tapire ist, wie so oft, im Vergleich zu ihren ausgestorbenen Artgenossen und Verbündeten eingeschränkt. In Europa sind die Überreste der Gattung *Tapirus* in pliozänen Schichten reichlich vorhanden, und ihre Überreste sind dort bereits aus dem Miozän bekannt. Die Gattung ist somit eine der ältesten Mammalia-Formen, die derzeit auf der Erde leben.

FEIGE. 129. – Schabrackentapir. *Tapirus indicus* , jung. × 1 / 10 . (Aus *der Natur* .)

Der Schabrackentapir unterscheidet sich vom Amerikanischen Tapir (*T. terrestris* – die anderen Arten wurden nicht seziert) durch die stärkere Entwicklung der Klappenklappen im Darm, das Fehlen eines Moderatorbandes im Herzen und den weniger verlängerten Blinddarm , das nur von drei Bändern umhüllt ist, bei *T. terrestris sind es vier* . [157] Das Tier hält sich an den entlegensten Orten in den Hügelwäldern auf und scheint aufgrund dieser Angewohnheit dem Tiger, seinem furchtbarsten Feind in diesen Regionen der Welt, weitgehend zu entkommen. Seine Schnelligkeit der Sinne ermöglicht es ihm auch, schnell davonzuschlüpfen. Wenn es gestört wird, kann es sich sehr schnell fortbewegen und Hindernisse problemlos überwinden. Das Jungtier ist wie das der amerikanischen Art dunkelbraun mit gelblichen Flecken. Herr HN Ridley gibt an, dass das junge Tier während der heißen Tageszeit unter Büschen liege, wobei „sein Fell so genau wie ein mit Sonnenlicht gesprenkeltes Stück Erde ist, dass es völlig unsichtbar ist". Interessant ist, dass hier, wie bei einigen anderen Tieren auch, die Jungen durch solche Mechanismen besonders geschützt werden. Darüber hinaus sind einige der Flecken rund und andere eher länglich, so dass die Ähnlichkeit mit direkt und schräg einfallenden Sonnenflecken stark erhöht wird. Sogar die Farben des erwachsenen Tieres sind in seinen heimischen Aufenthaltsräumen nicht so auffällig, wie man annehmen könnte. Durch die Aufteilung der Grundfarbe in Streifen zweier verschiedener Farben fällt sie nicht so deutlich ins Auge, als ob sie durchgehend eine Farbe hätte. „Wenn es tagsüber liegt, ähnelt es genau einem grauen Felsbrocken, und da es oft in der Nähe der felsigen Bäche des Hügeldschungels lebt, ist es dann tatsächlich fast so unsichtbar wie damals, als es gesprenkelt war." [158]

Fam. 3. Rhinocerotidae . – Diese Familie unterscheidet sich von der vorhergehenden durch eine Reihe von Merkmalen, die zwar nicht universell, aber allgemein sind. Erstens gibt es häufig Hörner oder ein Horn, das aus scheinbar einer Ansammlung haarähnlicher Strukturen besteht, die auf einem aufgerauten Knochenfleck auf der Oberfläche der Nasenflügel befestigt sind. Die Schneidezähne sind vermindert oder defekt und die oberen Eckzähne fehlen oft. Die Molaren und Prämolaren sind gleich. Die Vorderfüße sind vier- oder dreizehig, funktionell aber tridaktyl ; die Hinterpfoten sind dreizehig. Das Skelett dieser Familie ist massiv und die Gliedmaßen relativ kurz. Der Schädel hat, wie bei den Tapiren, eine zusammenfließende Orbita und Schläfengrube. Die Oberlippe ist im Allgemeinen mehr oder weniger greifbar; Der Körper ist in der Regel – wovon das pleistozäne Haarnashorn natürlich eine Ausnahme darstellt – eher spärlich mit Haaren bedeckt. In dieser Hinsicht stehen die Rhinocerotidae im Gegensatz zu den Tapiridae und den Equiden. Die Familie enthält in Wirklichkeit nur eine existierende Gattung, obwohl drei eingeführt wurden, nämlich. *Nashorn* , *Ceratorhinus* und *Atelodus* . Da es so wenige existierende Arten gibt, scheint die Unterteilung von Tieren, die in so vielen und so sehr charakteristischen Merkmalen übereinstimmen, ein unnötiges Verfahren zu sein. Die existierenden Nashörner sind nur ein Bruchteil der Gesamtzahl der bekannten Formen vergangener Epochen. Die Familie ist deutlich im Niedergang begriffen.

Die Gattung *Rhinoceros* zeichnet sich durch ihren kräftigen Körperbau und ihre dicke, fast glatte Haut aus – glatt, das heißt, was die leichte Entwicklung der Haare betrifft –, die oft in Falten gelegt ist. Auf dem Vorderteil des Kopfes befinden sich ein oder zwei Hörner, bei denen es sich, wie bereits erwähnt, um Strukturen sui generis handelt *und* die nicht genau mit den Hörnern anderer lebender Huftiere vergleichbar sind. An den Vorder- und Hinterbeinen befinden sich jeweils drei nahezu gleich große Zehen. Die Eckzähne existierender Arten sind verschwunden; die Schneidezähne sind vorhanden oder nicht; die Backenzähne und Prämolaren sind drei bzw. vier in jeder Kieferhälfte.

Die viszerale Anatomie des Nashorns wurde im Hinblick auf die asiatischen Formen ausführlich untersucht. Ein merkwürdiges Merkmal, das dazu dient, einige asiatische Arten von anderen zu unterscheiden, ist im Dünndarm zu sehen. Im *Rh. indicus* [159] Dieser Darm ist mit zahlreichen langen, zylindrischen, schmalen Auswüchsen ausgestattet, „wie Kammgarnstreifen"; im alliierten *Rh. sondaicus* sind diese Schildchen vorhanden, aber flacher und breiter; während im zweihörnigen *Rh. sumatrensis* gibt es überhaupt keine Zungen, sondern nur glatte, ventilartige Falten. Ein weiteres Merkmal, anhand dessen diese Arten unterschieden werden können, hängt vom unterschiedlichen Vorhandensein oder Fehlen bestimmter Drüsen ab, die in der Fußhaut eingebettet sind – den sogenannten „Hufdrüsen". Diese kommen in *Rh vor. indicus* und *Rh. sondaicus* , fehlen aber in *Rh. sumatrensis* .

Sir W. Flower [160] untersuchte seit einigen Jahren die Schädelmerkmale, die zur Unterscheidung der bestehenden Formen dienen.

Im *Rh. sumatrensis:* Die beiden langen, nach unten gerichteten Fortsätze des Plattenepithelknochens, die als Post-Glenoid bzw. Post-Tympanicus bezeichnet werden, vereinigen sich nicht unterhalb des Gehörgangs. Darin stimmt die betreffende Art mit den afrikanischen Formen überein, nicht jedoch mit der einhörnigen asiatischen Art, bei der die beiden Fortsätze völlig verschmelzen. Ein weiteres, wenn auch vielleicht weniger wichtiges Merkmal ist die Neigung des Hinterhauptkamms nach hinten statt nach vorne bei allen Arten mit zwei Hörnern, ob afrikanisch oder asiatisch.

Die Asiatischen Nashörner verfügen im Gegensatz zu den afrikanischen Tieren lebenslang über funktionsfähige Schneidezähne. Aus diesen und anderen Gründen wurde vorgeschlagen, die afrikanische und die asiatische Form generisch zu trennen.

FEIGE. 130.— Indisches Nashorn. *Nashorn indicus.* × 1 / 40 .

Zu den Asiatischen Nashörnern gehören drei gut differenzierte Arten, bei denen die Haut stark in Falten gelegt ist. *Rh. indicus* ist die größte Form. Es ist einhörnig und hat riesige Hautfalten am Hals und über den Gliedmaßen. Diese dicke Panzerung erinnert so sehr an eine künstliche Rüstung, dass es Albrecht Dürer verziehen werden kann, dem Tier in einer Skizze, die er von einem Exemplar anfertigte, das er 1513 an den König von Portugal geschickt hatte, den Anschein zu geben, als sei es tatsächlich mit einem Panzer versehen. Dieses besondere Tier , eines der ersten, wenn nicht das erste, das nach Europa geschickt wurde, erwies sich als so widerspenstig, dass der König es dem Papst als Geschenk schickte. Aber „in einem Anflug von Wut versenkte es das Schiff auf seiner Fahrt"! Dem Horn dieser und anderer Arten wurde bis fast in unsere Zeit nachgesagt, dass es medizinische und andere merkwürdigere Werte habe. Noch im Jahr 1763 wurde ernsthaft behauptet, dass ein Becher aus Horn zerfallen würde, wenn Gift hineingegossen würde. „Wenn Wein hineingegossen wird", schrieb Dr. Brookes in dem genannten Jahr, „geht er auf, gärt und scheint zu kochen; aber wenn er mit Gift vermischt wird, spaltet er sich in zwei Teile, ein Experiment, das Tausende von Menschen beobachtet haben." " John Evelyn schrieb auch über einen Brunnen in Italien, der durch ein Nashornhorn mit Wasser versorgt wurde. Diese Art scheint selbst in Gefangenschaft langlebig zu sein; Ein Exemplar, das jetzt in den Gärten der Zoologischen Gesellschaft zu sehen ist, befindet sich dort seit dem Jahr 1864.

Rhinoceros sondaicus , das Nashorn der Sunderbunds , hat ein viel größeres Verbreitungsgebiet als die letzte Art oder das Panzernashorn. Dies ist außerhalb Indiens selbst unbekannt und dort auf eine kleine Region beschränkt; die sondaische Form kommt in Bengalen und auf den malaiischen Inseln vor. Es handelt sich um eine kleinere Art und die Rüstung hat ein mosaikartiges Aussehen. Das Weibchen ist im Allgemeinen, wenn nicht immer, hornlos.

FEIGE. 131. – Sumatra-Nashorn. *Nashorn sumatrensis* . × 1 / 15 . (Aus *der Natur* .)

Die Sumatra-Art *Rhinoceros sumatrensis* unterscheidet sich von den letzten beiden durch ihre beiden Hörner. Außerdem ist es von einer viel dickeren Haarschicht bedeckt, die mal schwärzer und mal rötlicher ist. Aufgrund seiner zwei Hörner wurde vorgeschlagen, ihn von den anderen orientalischen Arten in eine eigene Gattung, *Ceratorhinus* , *zu trennen* . Das Tier hat ungefähr das gleiche Verbreitungsgebiet wie die letzte Art, erstreckt sich jedoch bis nach Borneo. Eine Varietät dieser Art mit behaarten Ohren aus Assam wurde als eigenständige Form unter dem Namen *Rh abgetrennt. lasiotis* , von Herrn Sclater . Das Tier, auf dem diese Art gegründet wurde, lebte bis vor kurzem in den Gärten der Zoologischen Gesellschaft.

FEIGE. 132. – Haarohrnashorn. *Nashorn lasiotis* . × 1 / 30 .

In Afrika gibt es nur zwei sicher bekannte Nashornarten. Dies sind das Breitmaulnashorn (*Rh. simus*) und das Spitzmaulnashorn (*Rh. bicornis*). Die Herkunft der Namen ist nicht leicht zu verstehen, da das „weiße" Tier eher eine dunklere Farbe hat als das Spitzmaulnashorn. Es wird jedoch angegeben, dass in den vergangenen Jahren die Exemplare von *Rh. Simus,* die im Südwesten der Kapkolonie gefunden wurden, waren „blasser und weißer in der Farbe als die im Nordosten". Derzeit gibt es keinen Grund, die Arten anhand ihrer Farbmerkmale zu unterscheiden . Sie sind aber auch aus anderen Gründen deutlich unterscheidbar. *Rhinoceros simus* hat eine quadratische Oberlippe und erntet in diesem Zusammenhang das Gras auf dem Boden. *Rh. bicornis* hat eine Greifoberlippe, die über die Unterlippe hinausragt, und ernährt sich in entsprechender Weise hauptsächlich von den Zweigen von Sträuchern. Herr Coryndon [161] hat darauf hingewiesen, dass das Kalb von *Rh. bicornis. simus* „läuft immer vor der Kuh, während das Kalb von *Rh. bicornis* stets seiner Mutter folgt." Beide Tiere haben natürlich zwei Hörner, und aufgrund der unterschiedlichen Proportionen der Hörner wurden in der Vergangenheit zahlreiche „Arten" geschaffen. Es wird angegeben, dass das längste bekannte Horn des „Weißen Nashorns" 56½ Zoll misst; während die von *R. bicornis* kürzer ist, wobei 40 Zoll offenbar das Maximum sind. Aber das Tier ist kleiner.

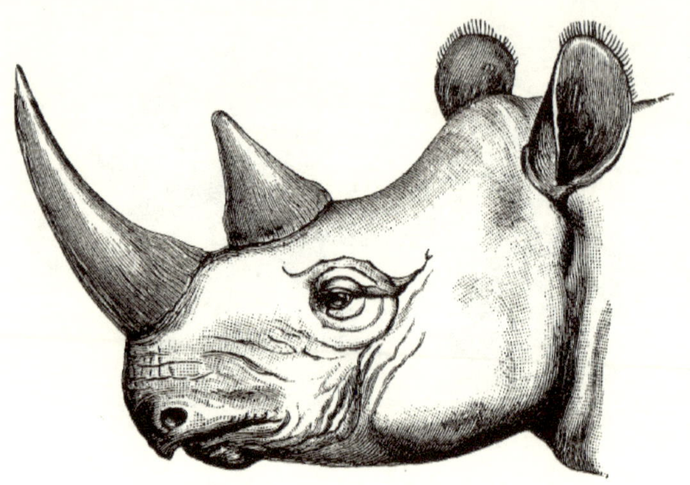

FEIGE. 133. – Kopf von *Rhinoceros bicornis* .

Die mögliche dritte afrikanische Nashornart [162] wurde vorläufig nach Mr. Holmwood benannt und basiert auf zwei Hörnern von 41 und 42 Zoll Länge, bei denen es sich möglicherweise um abnormale Hörner von *Rhinozeros handelt. Zweispitz* ; aber sie sind dünner und haben einen kleineren Stiel.

Ausgestorbene Rhinocerotidae . – Die vorhandenen Nashörner sind somit auf Afrika, auf bestimmte Teile des asiatischen Kontinents und auf einige der großen Inseln südlich dieses Kontinents beschränkt. Aber früher hatten die Gattung und verwandte Gattungen ein größeres Verbreitungsgebiet. Bereits im Miozän finden wir Überreste von Nashörnern, die eng mit bestehenden Formen verwandt sind. Die älteren Formen haben, wie es natürlich ist, ältere Charaktere. So in *Rh. schleiermacheri* des Miozäns scheinen Eckzähne vorhanden gewesen zu sein. Das miozäne *Aceratherium* , das, wie der Name schon sagt, primitiv war, da es keine Hörner mehr gab , [163] hatte auch Eckzähne und bei einer Art sechs Schneidezähne im Unterkiefer. Dieses *Aceratherium* hatte außerdem vier Zehen an den Vorderfüßen. Im Miozän und später kam das Nashorn in Europa und Amerika vor. Es gab sogar eine rein nördliche Form, die *Rh. tichorhinus* , der eine wollige Hülle besaß und das gleiche Verbreitungsgebiet wie das Mammut hatte. Dieses Nashorn hatte zwei Hörner.

Das postpliozäne und europäische *Elasmotherium* war ein kolossales Nashornwesen. Dieses große Tier hatte zwei Hörner und einen 15 Fuß langen Körper. Seine Gliedmaßen sind nicht bekannt, und da sich die Zähne von denen von Nashörnern im Allgemeinen unterscheiden, gehörte es möglicherweise überhaupt nicht zu dieser Gruppe, obwohl Osborn dazu neigt, es von *Aceratherium* abzuleiten, und gleichzeitig zugibt, dass die Beweise

„ ausgesprochen schlank." Die Zähne ähneln tatsächlich denen eines
Pferdes, da sie hypselodontisch und prismatisch geformt sind. Was die
beiden Hörner betrifft, so waren sie offenbar nicht genau denen typischer
Nashörner ähnlich; Hinten befand sich ein riesiges Horn, das auf einem
riesigen Knochenwulst ruhte, und davor deutet eine aufgeraute Stelle auf ein
kleineres oder zumindest viel schlankeres Horn hin.

Es ist wichtig zu beachten, dass fossile Nashörner, die zur eingeschränkten
Gattung *Rhinoceros gehören* , in Europa ausnahmslos zweihörnig waren; Nur in
Indien, wo es sie noch gibt, trifft man auf einhörnige Formen in fossilem
Zustand.

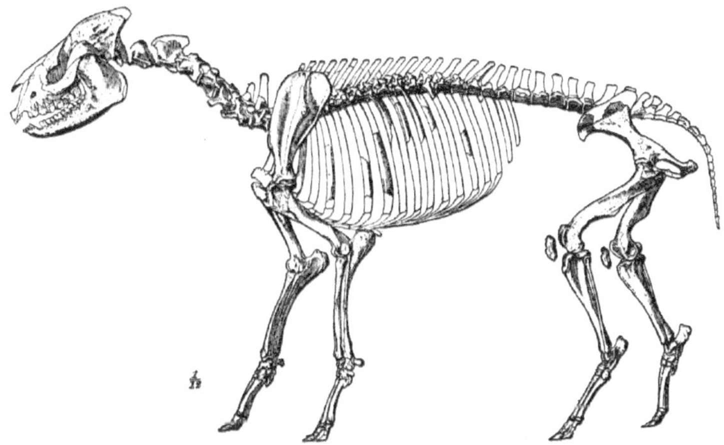

FEIGE. 134. – Skelett von *Hyracodon Nebrascensis* . × 1 / 12 (Nach Scott.)

Die Nashörner Amerikas waren größtenteils hornlos. Eine Ausnahme bildet
Diceratherium ; aber in vielen Fällen hatte es zwei parallele, nicht
aufeinanderfolgende Hörner, und diese waren, den leichten Vorsprüngen
nach zu urteilen, aber schwach entwickelt und vielleicht kaum genau mit den
beeindruckenden Waffen der Formen der Alten Welt vergleichbar.
Aceratherium tridactylum mit Anzeichen von gepaarten Hörnern könnte ein
Vorfahre von *Diceratherium sein* . Die amerikanischen Formen haben
schwache und schlanke Nasenflügel, die dem Fehlen von Hörnern
entsprechen; Der Sagittalkamm bleibt im Gegensatz zur großen abgeflachten
Oberfläche des Schädels bei den gehörnten Nashörnern erhalten.
Aceratherium beider Erdteile repräsentiert wahrscheinlich die Stammgruppe
der gehörnten und hornlosen Formen. In diesem Fall ist es äußerst
interessant, eine deutliche Konvergenz der recht unterschiedlichen
amerikanischen Gattungen hin zu den europäischen Horngattungen zu
beobachten. Eine Gattung, die manchmal mit *Aceratherium vereint ist* , sich
aber dennoch in einigen Punkten von ihr unterscheidet, ist *Aphelops* (

Teleoceras). [164] Dieses Tier kommt dem „modernen Standard" der Nashörner näher als sein möglicher Vorfahre *Aceratherium* . Das Skelett ist im Allgemeinen robuster, übertrifft sogar das moderner Formen und nähert sich dem *Nilpferd* . Es kommt zu einer Verkleinerung der oberen Schneidezähne, die auf zwei Paare beschränkt sind, und der unteren Backenzähne werden auf fünf reduziert. Die unteren Schneidezähne sind nur zwei. Der Sagittalkamm ist weniger ausgeprägt; Die fünfte Ziffer ist auf einen winzigen Knoten reduziert, der den Mittelhandknochen darstellt. Es hatte ein kleines Nasenhorn. Es gibt zahlreiche weitere Details, die den modernen Nashörnern bei diesem Lebewesen ähneln, das nur eine gemeinsame Abstammung mit ihnen von den älteren hornlosen Formen wie *Aceratherium* und *Caenopus hat* . Bei der Gattung *Peraceras* sind die oberen Schneidezähne ebenso vollständig verschwunden wie bei den lebenden Afrikanischen Nashörnern.

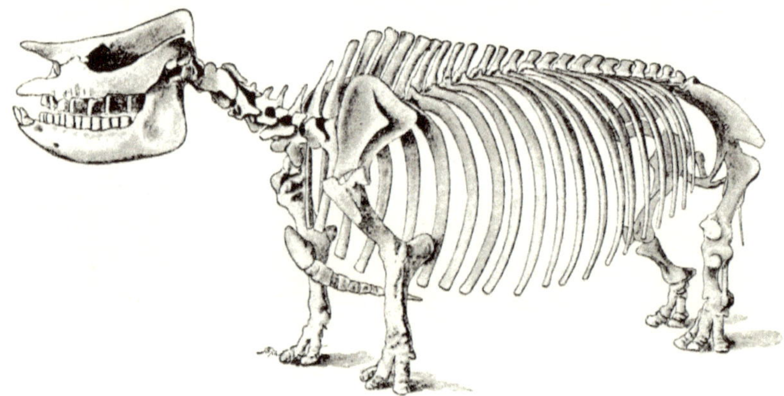

FEIGE. 135.— Skelett des *Aphelops (Teleoceras) fossiger* . × 1 / 15 . (Nach Osborn.)

Die ältesten Nashornarten [165] sind die Hyracodonten und die Amynodonten . Sie stammen beide aus dem Eozän und starben im darauffolgenden Oligozän aus. *Hyracodon* [166] (Abb. 134) war „ein agiler, leichtbrüstiger und ziemlich langhalsiger" Typ, der im Körperbau einem Pferd ähnelte. Es waren keine Hörner vorhanden, aber die Hufe ähnelten eher denen der Pferde als denen der vorhandenen Nashörner. Bei diesen Tieren handelte es sich offenbar um einfache und wehrlose Bewohner , was auf ihre kompakten Hufe und die äußerliche Ähnlichkeit mit einem Pferd zurückzuführen ist. Die Gattung ist Oligozän. Die Zahnformel lautet I 3/3 C 1/1 Pm 4/3 M 3/3.

Professor Scott vermutet, dass die Anzahl der dorso -lumbalen Wirbel dreiundzwanzig oder vierundzwanzig betrug. Speiche und Elle sind vollständige und getrennte Knochen, letztere ist jedoch etwas reduziert. Es gibt vier Mittelhandknochen, von denen jedoch der fünfte stark reduziert ist. Das Tier hat nur drei Finger. Die Tibia und die Fibula sind deutlich erkennbar und zeigen keine Tendenz zur Verschmelzung; aber das Wadenbein ist stark reduziert. Es gibt nur drei Mittelfußknochen und drei Zehen. Wäre diese Linie, die als Seitenzweig des Rhinoceros-Stamms anzusehen ist, nicht ausgestorben, hätte sie, meint Professor Scott, wahrscheinlich zu Monodaktylen geführt – sehr pferdeähnlichen Typen. Sie ist später als die nächste zu beschreibende Gattung, *Hyrachyus* , von der sie möglicherweise ein Nachkomme ist. Ein Zwischentyp, *Triplopus* , *scheint Hyracodon* und *Hyrachyus* miteinander zu verbinden .

In *Hyrachyus agrarius* Der Schädel ist lang und schmal, wobei die Gesichtsregion deutlich länger ist als bei vorhandenen Nashörnern. Der mastoide Teil des Periotknochens liegt weithin auf der Außenseite des Schädels frei, was, wie gesagt, bei der bestehenden Gattung *Rhinoceros nicht der Fall ist* . Das Gebiss ist das vollständige eutherische Gebiss mit vierundvierzig Zähnen. Die oberen Backenzähne ähneln auffallend denen der Gattung *Rhinoceros* . Die Vorderfüße sind Pentadaktyle , funktionell jedoch Tetradaktyle ; der Hinterfuß- Tridaktylus . Die Elle ist weniger reduziert als bei *Hyracodon* und die dorso -lumbalen Wirbel sind fünfundzwanzig.

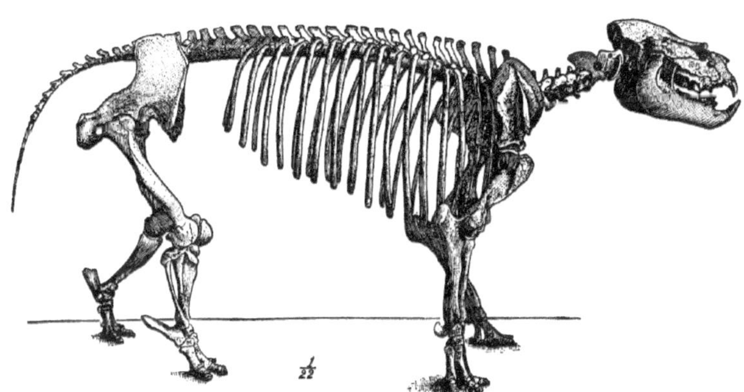

FEIGE. 136.— Skelett von *Metamynodon Planifrons* . × 1 / 22 . (Nach Osborn und Wortman.)

Bei den Amynodonten handelte es sich um kleine, schwere Arten, die wahrscheinlich von einem sumpfigen Habitus lebten und möglicherweise einen Rüssel hatten, der dem des Tapirs ähnelte. Die Umlaufbahn ist höher als bei den rein terrestrischen Hyracodonten , und es wird vermutet, dass sie beim Schwimmen wie beim Nilpferd über die Oberfläche angehoben wurde. „Dieses Merkmal", bemerkt Professor Osborn, „mit den langen gebogenen Stoßzähnen, die zweifellos beim Entwurzeln verwendet werden, legt die

Ähnlichkeit zwischen den Gewohnheiten dieser Tiere und denen der Flusspferde nahe." Bei den Amynodonten gab es keine Hörner. Das Gesicht ist kürzer als bei den Hyracodonten und das Mastoid ist bedeckt wie bei rezenten Nashörnern. Die Eckzähne sind sehr stark zu Stoßzähnen entwickelt, die Schneidezähne zeigen jedoch Anzeichen des Verschwindens. Wir kennen die Gattungen *Amynodon*, *Metamynodon* und *Cadurcotherium*. Alle außer der letzten, die europäisch ist, stammen aus amerikanischer Verbreitung.

Fam. 4. Titanotheriidae . – Diese oligozänen Huftiere, die oft große Ausmaße erreichen, sind, soweit man derzeit weiß, nahezu einzigartig auf dem nordamerikanischen Kontinent und kommen dort zumindest am häufigsten vor. [167] Ihnen wurden viele Gattungsnamen wie *Titanotherium* , *Brontotherium* , *Brontops* , *Titanops* und *Menodus* gegeben; aber eine neuere Untersuchung des gesamten zur Beschreibung zugänglichen oder bereits beschriebenen Materials hat Professor Osborn zu der Meinung geführt, dass es nur eine einzige Gattung gibt, auf die der Name *Titanotherium* angewendet werden muss. Von dieser Gattung gibt es etwa dreißig gut charakterisierte Arten, deren allmähliche Entwicklung von den untersten Schichten des White River-Bettes aus verfolgt werden kann, wo ihre Überreste vorkommen. Ein vollständiges Skelett von *T. robustum* ermöglicht es uns, die Osteologie dieser Formen zu verstehen und sie mit anderen Perissodactyles zu vergleichen . Dieses Tier war mehr als 13 Fuß lang und etwa 7 Fuß 7 Zoll groß. Es scheint zu Lebzeiten das Aussehen eines Nashorns mit vielleicht einem Hauch von Elefant gezeigt zu haben. Der Schädel ist in seinen allgemeinen Abmessungen und seiner Form dem eines Nashorns nicht unähnlich; aber es gibt vorne ein Paar scheinbarer Hornkerne, die bei den älteren Formen kleiner sind und eine große Größe annehmen, eine Vorwärtsrichtung mit einer Divergenz der beiden bei den späteren Formen. Ein Blick auf die begleitenden Schädelfiguren (Abb. 137) früher und späterer Titanotheres zeigt die Veränderungen, die die Schädel im Laufe der Zeit, die mit der Ablagerung dieser oligozänen Schichten einherging, in dieser Hinsicht durchgemacht haben. Die Nasenflügel sind bei den späteren Arten kurz, bei den früheren Arten länger , etwa bei *T. heloceras* und *T. coloradense* . Der Jochbogen ragt weit hervor und ist bei den späteren Formen „schelfartig", wodurch der Schädel eine immense Breite erhält, die, zusammen mit den langen und divergierenden Hornkernen müssen dem lebenden Tier ein äußerst bizarres Aussehen verliehen haben. Es ist eine interessante Tatsache, dass dieses Tier, obwohl es ein Perissodactyle ist, mit den Artiodactyla in den neunzehn Rücken- und Lendenwirbeln übereinstimmt, von denen siebzehn Rippen tragen.

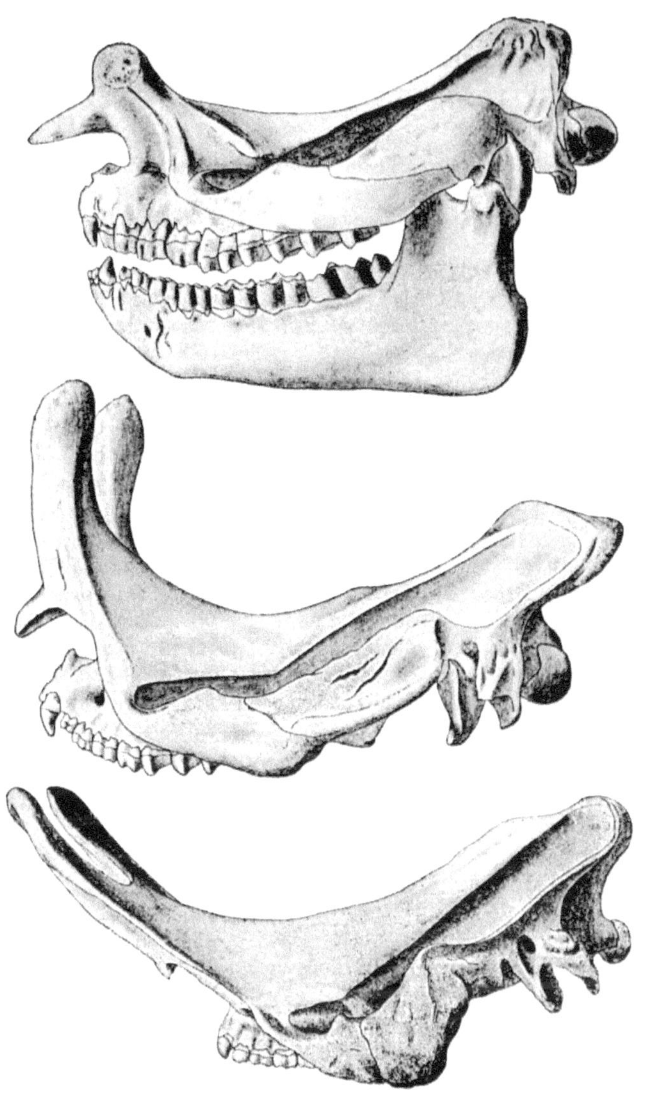

FEIGE. 137. – Drei Figuren, die die kraniale Entwicklung von *Titanotherium* zeigen . Obere Figur, *T. trigonoceras* ; mittlere Figur, *T. elatum* ; untere Figur, *T. platyceras* . (Nach Osborn.)

Die Gattung stimmt außerdem mit den Artiodactyles in der Struktur der Handwurzel überein. Die Zehen der Vorderbeine sind vier, die der Hinterbeine drei; aber während das Hinterbein in der Anordnung seiner Bestandteile zweifellos Perissodactyle ist , weist das Vorderbein einen Hinweis auf eine Artiodactyle- Strukturweise auf. Dieses Glied ist paraaxonisch , die Achse des Gliedes verläuft zwischen den beiden mittleren

Fingern. Es kann sein, dass diese Gattung mehr als alle anderen Perissodactyle oder Artiodactyle den ursprünglichen Stamm darstellt, von dem beide abgegangen sind, obwohl sie natürlich nicht alt genug ist, um dem tatsächlichen Vorfahren sehr nahe zu sein. Typisch ist das Backenzahngebiss; Die Schneidezähne scheinen hinsichtlich ihrer Anwesenheit oder Abwesenheit und, falls vorhanden, in ihrer Anzahl zu variieren. Beim Vergleich der älteren mit den neueren Formen fällt auf, dass es zu einer Größenzunahme kam, genau wie während der Evolution der Kamele und einiger anderer Huftiergruppen. Wie bereits erwähnt, nimmt auch die Größe der Hornkerne zu, bis sie in den außergewöhnlichen Arten *T. platyceras* und *T. ramosum gipfelt* , bei denen diese halb so lang wie der Schädel sind, eine abgeflachte Form haben und an ihren Basen durch eine Verbindung miteinander verbunden sind „Netz" aus Knochen. Bei diesem Grad der Spezialisierung erschöpfte die Gattung *Titanotherium* offenbar ihre Fähigkeit zur Modifikation und hörte auf zu existieren. Die vielen Gattungsnamen lassen sich einerseits durch Geschlechtsunterschiede und andererseits durch eine unvollständige Kenntnis der Zusammenhänge erklären. [168]

Palaeosyops ähnelt im Körperbau etwas einem Tapir, wobei der Schädel dem des Tapirs besonders ähnelt. Wie bei *Titanotherium* haben die Backenzähne statt einer Außenwand, die aus zusammengewachsenen Höckern besteht, eine w-förmige Außenwand auf einer Seite und zwei oder einen Höcker auf der gegenüberliegenden Seite. Darüber hinaus handelt es sich um eine eozäne Form, und entsprechend ihrem höheren Alter ist sie in einigen Punkten der Struktur primitiver, beispielsweise im Fehlen von Hörnern und in der vollständigen Zahnformel. Die Vorderbeine sind vierzehig, die Hinterbeine dreizehig. Die Größe lag zwischen einem Tapir und einem Nashorn. Anhand von Abgüssen des Schädelinneren wurde außerdem gezeigt, dass die Gehirnhälften viel weniger gewunden sind als bei *Titanotherium* .

Mit *Palaeosyops verwandt* ist ein weiteres primitives Titanothere, die Gattung *Telmatotherium* . Dies ist ebenfalls Eozän und stammt aus dem Uinta-Becken, der obersten Schicht des Eozäns. Der Schädel dieser Kreaturen war ziemlich langgestreckt und im allgemeinen dem eines Titanothere nicht unähnlich. Das Gebiss war vollständig und die Eckzähne nicht sehr groß. Die Hörner, die bei den späteren Titanotheres eine so erstaunliche Entwicklung erfahren, sind jedenfalls bei vielen Arten dieser Gattung *Telmatotherium gerade noch* erkennbar , weshalb der Name keineswegs passend ist. Besser war der von Dr. Wortman vorgeschlagene *Manteoceras* oder „Gehörnter Prophet". Die Hörner sind kleine Erhebungen auf den Vorderbeinen, genau an deren Verbindungsstelle mit den Nasenbeinen, und liegen tatsächlich teilweise auf den letzteren Knochen. Bei *T. cornutum* sitzen die Hörner hauptsächlich auf den sehr langen Nasenflügeln, deren Größe im Gegensatz zu den gleichen Knochen beim höher entwickelten *Titanotherium steht* . Es scheint durchaus

möglich, dass *Titanotherium* aus der Gattung *Telmatotherium hervorgegangen ist* .
[169]

UNTERORDNUNG 9. LITOPTERNA.

Ob die **Macraucheniidae** als eigenständige Gruppe der Ungulata betrachtet werden sollten , ist umstritten. Cope ordnete sie einer besonderen Ordnung der Huftiere zu, die er Litopterna nannte . Zittel hingegen betrachtet sie eindeutig als Perissodactyles . Es zeigt sich ein merkwürdiger Punkt der Ähnlichkeit mit bestehenden Pferden: das Vorhandensein einer Grube in den Schneidezähnen. Diese Angelegenheit scheint so wichtig zu sein, dass es erforderlich ist, diese Formen in die Nähe der Perissodactyles , sogar der Equiden, zu stellen; Es handelt sich um einen so eigenartigen Charakter, der offenbar so wenig mit einer offensichtlichen Ähnlichkeit in der Lebensweise zu tun hat, dass er eine besondere Affinität zu kennzeichnen scheint. Nicht so die Tatsache, dass bei *Macrauchenia* jedenfalls die Augenhöhle vollständig von Knochen umgeben war wie beim Pferd. Wir finden, dass dieser Zustand in vielen Gruppen so häufig erworben wird – eine Entwicklung aus einem früheren Zustand, bei dem die Augenhöhle in Kontinuität mit der Schläfengrube steht –, dass er nicht mehr als ein Zeichen der Spezialisierung angesehen werden kann . Tatsächlich sind die Macraucheniidae in vielen Punkten spezialisiert , behalten aber viele primitive Strukturmerkmale bei.

Die wichtigsten primitiven Merkmale sind: die nicht alternierende Position der Hand- und Knöchelknochen; diese greifen natürlich in den heutigen Perissodactyles und in vielen ausgestorbenen Familien ineinander. Dann das Fehlen eines Diastemas in der Zahnreihe, verbunden mit dem Vorhandensein eines vollständigen Gebisses bei *Macrauchenia* . Das kleine Gehirn kann derselben Kategorie zugeordnet werden. *Macrauchenia* muss ein seltsam aussehendes Tier gewesen sein. Es ging auf drei Zehen an jedem Glied; Der Schädel war im Allgemeinen pferdeähnlich, aber die Nasenlöcher sind bis zu einem Punkt entfernt, der etwa so weit oder fast so weit nach hinten entfernt ist wie bei den Walen, und die Nasenknochen sind entsprechend reduziert. Es wird angenommen, dass dies ein Rüssel ist. Der Humerus wird von Burmeister [170] insbesondere mit dem eines Pferdes verglichen. Der Radius und die Elle sind zwar gut entwickelt, aber miteinander verwachsen. Der Hals ist lang und wie beim Kamel verlaufen die Wirbelarterien innerhalb der Neuralbögen. Da die Vorderbeine offenbar etwas länger als die Hinterbeine waren, wenn auch nur geringfügig, und der Hals lang war, könnte das Tier eine gewisse Ähnlichkeit mit der Giraffe gehabt haben. Es ist interessant festzustellen, dass dieses Tier im Verhältnis von Oberarm zu Elle eher einem Lama als einem Pferd ähnelt. Andererseits sind die Proportionen von Femur und Tibia eher pferdeähnlich. Die Überreste der Kreatur sind auf Südamerika und auf recht oberflächliche Ablagerungen beschränkt. Es handelt sich offensichtlich um einen Spezialtyp

- 259 -

, der einen parallelen Verlauf wie das Pferd eingeschlagen hat. Dem Pferd jedoch viel näher, aber offenbar nur durch Konvergenz, ist die Gattung *Thaatherium* , die normalerweise einer separaten Familie, den **Protorotheriidae , zugeordnet wird** . Bei diesem Geschöpf mit vielen archaischen Charakteren sind die Zehen an jedem Fuß auf eine reduziert. Bei einer verwandten Form, *Protorotherium* , verjüngen sich die beiden seitlichen Zehen genau wie bei *Anchitherium* .

KAPITEL XI

UNGULATA (*Fortsetzung*) – ARTIODACTYLA (Paarhufer) – SIRENIA

UNTERORDNUNG 10. ARTIODACTYLA.

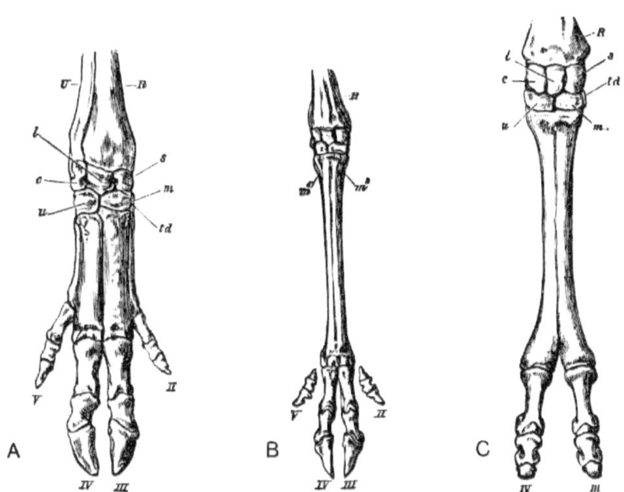

FEIGE. 138. – Knochen des Manus – **A** , vom Schwein (*Sus scrofa*). × ⅓ . **B** , vom Rothirsch (*Cervus elaphus*). × ½. **C** , von Kamel (*Camelus bactrianus*). × ⅛. *c* , Keilschrift; *l* , Mond; *m* , Magnum; m^2 , m^5 , zweiter und fünfter Mittelhandknochen; *R* , Radius; *s* , Skaphoid; *td* , Trapez; *u* , unziform; *U* , Ulna; *II-V* , zweiter bis fünfter Finger. (Aus Flower's *Osteology* .)

Die Artiodactyle oder Paarhufer unterscheiden sich von den Perissodactyla und anderen Huftiergruppen durch eine Reihe prägnanter Merkmale. Das hervorstechendste davon und das, was der Gruppe ihren Namen gegeben hat, betrifft die Anordnung der Ziffern. Statt nur einer vorherrschenden Ziffer – der dritten an Hand und Fuß, durch die die Achse des Fußes verläuft – gibt es zwei, die Zahlen drei und vier, zwischen denen dieselbe Achse verläuft und die zueinander vollkommen symmetrisch sind andere. Dieser Fußtyp wurde als „ paraxonischer " Fuß bezeichnet, im Gegensatz zum „mesaxonischen" Perissodaktylusfuß (siehe Abb. 121 B, S. 235). Es wurde versucht zu beweisen, dass der einzige vorherrschende Finger des Pferdefußes ein verschmolzenes Fingerpaar ist, und es wurde der Sachverhalt vertreten, der das Kamel charakterisiert , wo die beiden Mittelhandknochen oder Mittelfußknochen fast vollständig vereint sind nachweisen; Dasselbe gilt auch für bestimmte Anomalien, wie zum Beispiel die sogenannten

„Festhufenschweine". [171] Bei letzteren handelt es sich einfach um Schweine, bei denen die beiden mittleren Mittelhandknochen und die Endhufe vollständig miteinander verwachsen sind. In einigen dieser Fälle gibt es nicht die geringste Spur einer Verbindung der einzelnen Mittelhandknochen und Phalangen. Sogar die Sesambeinknochen, die hinten an den Zehen befestigt sind, sind zwei statt vier. Und außerdem ist die Sehne, die die Knochen versorgt, einfach, obwohl sie Spuren ihres doppelten Ursprungs aufweist. Solche Schweine zeigen oft von Generation zu Generation die Abnormität, und sie erwiesen sich als praktisch für diejenigen, deren Skrupel es ihnen nicht erlaubten, das Fleisch eines Tieres zu essen, das „die Hufe teilte" und nicht wiederkäute. Noch einzigartiger ist ein Kalb, dessen Fuß in drei gleichgroßen Zehen endete, von denen der mittlere in der Längsachse der Gliedmaße lag und einen pathologischen Zugang von einer anderen Seite zum Perissodactyle- Zustand bei einem Artiodactyle zeigt. Von der anderen Seite sind Fälle eines Pferdes mit gespaltenem Huf und gespaltenen Fingergliedern bekannt, die somit die auffälligste Ähnlichkeit mit einem Kamel aufweisen.

Darüber hinaus besteht bei bestimmten Gruppen von Artiodactyles (z. B. den Tragulidae) eine Tendenz zur Vereinigung der beiden mittleren Mittelhandknochen, ganz abgesehen von solchen „Sportarten", wie sie in den gerade dargelegten Fällen veranschaulicht werden. Und wie bereits erwähnt, gipfelt die Vereinigung der beiden mittleren Mittelhandknochen im Kamel, Ochsen usw. In der uns bekannten Reihe der Perissodactyle- Tiere findet sich jedoch keinerlei Spur einer solchen Verschmelzung; und wie es in dieser Theorie den Anschein hat, ist der moderne Huftierfuß durch Verschmelzung und nicht durch Zerstückelung entstanden. Natürlich Die Tatsachen der Abstammung von Huftieren sind für solche Vergleiche absolut destruktiv.

Wie bei den Perissodactyles zeigen die Artiodactyles eine historische Reihe, wobei der ursprüngliche Zustand der Fünfzehen bei *Oreodon fast erhalten bleibt* , bis hin zur modernsten Modifikation, die durch Ochse, Schaf usw. veranschaulicht wird, bei denen es keine Tiere gibt Überreste der vierten und fünften Zehe. Es wurde jedoch festgestellt, dass das fötale Schaf Spuren dieser Rudimente aufweist. Das sogenannte Röhrbein (die verschmolzenen dritten und vierten Metapodien) geht mit seiner Verschmelzung mit einer Längenzunahme einher. Gleichzeitig schieben die funktionellen mittleren Mittelhandknochen die Rudimente beiseite und bilden zu diesem Zweck eine breite Oberfläche und artikulieren mit dem Magnum und dem Os unciformis unter Ausschluss der Rudimente. Dies wurde als „adaptive Reduzierung" bezeichnet. Bei der „ inadaptiven Reduktion" erfolgt die gleiche Reduktion der Mittelhandknochen, aber die Rudimente artikulieren immer noch wie beim primitiven Artiodactyle- Fuß, *also* Mc II mit Trapezium, Trapezoid und

Magnum; Mc III mit Magnum und Unciform; Mc IV und V mit Unciform. Dies scheint dem Fuß eine größere Festigkeit und damit auch eine größere Festigkeit zu verleihen.

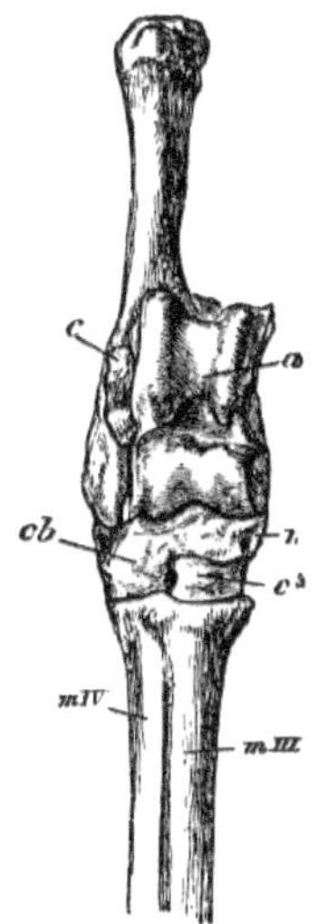

FEIGE. 139. – Rückenfläche des rechten Tarsus des Rothirsches (*Cervus elaphus*). × ⅓ . *a* , Astragalus; *c* , Kalkaneum; *c*³ , Keilschrift; *cb* , quaderförmig; *mIII* , *mIV* , Mittelfußknochen; *n* , Navikular. (Aus Flower's *Osteology* .)

Die Handwurzelknochen der Artiodactyla wechseln sich in ihrer Artikulation ab; der primitive Zustand [172] bleibt auch in den frühesten Typen nicht erhalten. Der Femur hat keinen dritten Trochanter, was bei den Perissodactyles weit verbreitet ist . Im Hinterfuß weist das Calcaneum eine Gelenkfläche für das Wadenbein auf, was für die Perissodactyla nicht charakteristisch ist . Bei den moderneren Formen, z. B. den Cervidae, verschmelzen Kahnbein und Quader zu einem Knochen; und es gibt noch weitere Verschmelzungen, die später als charakteristische Merkmale verschiedener Gruppen bezeichnet werden. Interessant ist, dass die Reduktion früher einsetzt und am Hinterfuß deutlicher ist als am Vorderfuß. Man kann sehen, dass dies rein adaptiv sein kann, da der Stoß der Hinterbeine beim Laufen eine festere Unterstützung benötigt. Bei *Hyomoschus* ist dies der Fall. Die Hinterbeine sind mit einem Röhrbein versehen, während die Mittelhandknochen der Vorderpfoten noch frei sind.

Die Anzahl der Rücken- und Lendenwirbel ist beim Artiodactyle geringer als bei den Perissodactyle Huftieren. Während die ersteren nur neunzehn haben, haben die letzteren in der Regel dreiundzwanzig solcher Wirbel. [173] Die Anzahl der Rippen variiert von zwölf (*Camelus* , *Hydropotes*) über dreizehn (*Cervus* , *Gazella*) bis zu vierzehn bei *Dicotyles* , *Giraffa* usw.

Die merkwürdige Form der Zähne, die als „Selenodont" bekannt ist, ist charakteristisch für die Artiodactyla , findet sich jedoch nur bei den modernen Formen gut entwickelt und bei diesen nur bei den Pecora. Die primitiveren Formen hatten „Bunodont"-Zähne mit typischerweise vier Tuberkeln (wenn wir von den Tritubercularis und den wenig bekannten *Pantolestes absehen*); und der Zwischentyp „ buno -selenodont" charakterisiert Gruppen wie die Anthracotheriidae .

Während der Magen der Perissodactyles immer ein einfacher Sack ist, ist er bei den Artiodactyles kompliziert oder weist Anzeichen einer Komplikation auf . Die des Nilpferdes ist in zwei Kammern unterteilt; es gibt drei bei *Tragulus* und vier bei den typischen Wiederkäuern wie *Cervus* , *Ovis* usw.

Hätten wir es nur mit den noch lebenden Gattungen der Artiodactyles zu tun , wäre es einfach, sie nach den Merkmalen der Zähne in zwei Gruppen einzuteilen; denn die Schweine und Nilpferde sind mit tuberkulösen Backenzähnen versehen; Sie sind Bunodont. Hirsche, Kamele, Ochsen, Giraffen usw. haben selenodontische Backenzähne. Letztere sind außerdem „Wiederkäuer" und haben einen komplizierteren Magen. Die bestehenden Chevrotains verbieten eine strengere Aufteilung, da sie, wie zu gegebener Zeit hervorgehoben wird, eine eher mittlere Struktur haben; Die Füße ähneln eher Schweinen und der Bauch ist nicht so typisch für Wiederkäuer. Auf jeden Fall wird eine solche Spaltung durch bestimmte ausgestorbene Familien verhindert, die möglicherweise Vorfahren beider sind. Sie haben Zähne, die nicht ganz bunodontisch und nicht ganz selenodontisch sind. Diese Zähne wurden Buno -selenodont oder Buno -lophodont genannt.

Die Verbreitung der lebenden Artiodactyles liefert uns einige interessante Fakten. Die überwiegende Zahl der Arten kommt in der Alten Welt vor – 34 in Amerika gegenüber über 250 Arten in Europa, Asien und Afrika. In der neotropischen Region gibt es weder Ochsen noch Schafe noch Antilopen. Letztere sind auf Afrika, Asien und bestimmte Teile der paläarktischen Region beschränkt; Sie sind in Afrika weitaus häufiger anzutreffen, wo sie die völlig fehlenden Hirsche ersetzen. Der Schweinestamm ist fast ausschließlich orientalisch und äthiopisch verbreitet, nur eine Form, das Europäische Wildschwein, kommt bis in die paläarktische Region vor; und die beiden Arten von Pekari kommen sowohl in Nord- als auch in Südamerika vor. Im Großen und Ganzen ist die äthiopische Region das Hauptquartier der Artiodactyla . Aber auf der großen Insel Madagaskar gibt es nur eine Artiodactyle -Form , ein Schwein der Gattung *Potamochoerus* . [174]

GRUPPE I. – SUINA.

Fam. 1. Hippopotamidae . — Die Familie Hippopotamidae enthält von den bestehenden Gattungen nur *Hippopotamus* , denn der liberianische Zwerg Hippopotamus wird heute nicht wie früher als Typus einer anderen Gattung,

- 264 -

Choeropsis, *angesehen*. Die Gründe für die frühere Trennung waren der Verlust des äußeren Schneidezahnpaares und die unterschiedlichen Proportionen verschiedener Schädelteile. Sir W. Flower [175] hat jedoch gezeigt, dass dieses kleine liberianische Tier gelegentlich die fehlenden Schneidezähne besitzt; und was die Proportionen des Schädels betrifft, so kommt es bei kleinen Tieren äußerst häufig vor, dass sie sich auf diese Weise von größeren Verwandten unterscheiden. Angesichts der charakteristischen Merkmale des Nilpferds und der geringen Artenzahl erscheint es daher unnötig, es weiter zu unterteilen. Wir werden daher nur eine Gattung anerkennen.

Das Nilpferd kommt derzeit in Afrika vor und ist auf diesen Kontinent beschränkt. Aber erst vor kurzem bewohnte es Madagaskar; und noch weiter zurück in der Zeit gelangte die existierende afrikanische Art, *H. amphibius*, bis nach Europa; es gab auch indianische Formen, die zeitgenössisch mit dem Steinzeitmenschen waren. Das Flusspferd ist ein großes, dickhäutiges Tier mit nur wenigen Haaren. Es hat vier Zehen an jedem Fuß, einen komplexen Magen, aber keinen Blinddarm. Die starken Schneidezähne wachsen im Laufe des Lebens weiter, ebenso wie die großen Eckzähne. Die Anzahl der Schneidezähne beträgt zwei auf jeder Seite jedes Kiefers. Einige der ausgestorbenen Arten hatten sechs in jedem Kiefer und wurden als Gattung *Hexaprotodon* im Gegensatz zu *Tetraprotodon unterschieden*, bis Zwischenbedingungen beobachtet wurden. *Choeropsis* war, wie bereits beobachtet, eine noch weitere Reduktion des Tetraprotodont- Typs. Die Backenzähne (die Formel lautet Pm 4/4 M 3/3) zeigen beim Tragen ein doppeltes Kleeblattmuster. Die Augenhöhle ist von Knochen umgeben. Wie bei vielen anderen Wassersäugetieren sind die Nieren gelappt.

FEIGE. 140.— Nilpferd. *Hippopotamus amphibius*. × 1 / 40 .

Eine sehr einzigartige Tatsache beim Nilpferd ist die Produktion von „blutigem Schweiß", einem karminfarbenen Sekret , das kleine Kristalle und Blutkörperchen enthält, aus der Haut. Diese farbige Flüssigkeit hat natürlich nichts mit Blut zu tun. [176]

Das Tier wird immerhin 14 Fuß lang. Die Gliedmaßen und der Schwanz sind kurz. Wie bei anderen Wassertieren befinden sich die Nasenlöcher auf der Oberfläche des Kopfes und können geschlossen werden, wenn das Tier unter Wasser ist. Wenn es nach längerem Eintauchen die Wasseroberfläche erreicht, spritzt es wie ein Wal. Sir Samuel Baker sagt, dass zehn Minuten die längste Zeit sind, die das Nilpferd unter Wasser bleiben kann. Es ist häufig ein gefährliches Tier, da es Boote zum Kentern bringt und ihnen sogar große Stücke aus dem Boden beißt. Mit seinen riesigen Zähnen kann er Menschen angreifen und zerstören. Das Nilpferd schwimmt nicht nur, sondern kann auch mit großer Geschwindigkeit am Grund eines Flusses entlanglaufen. Gelegentlich sticht er von den Mündungen der von ihm befahrenen Flüsse ins Meer hinaus; und es wird angenommen, dass Madagaskar auf diese Weise mit Flusspferden bevölkert wurde, deren Überreste heute in Sümpfen auf dieser Insel gefunden werden.

FEIGE. 141.— Wildschwein. *Sus scrofa.* × 1 / 12 .

Fam. 2. Suidae. – Die Familie der Schweine, Suidae, unterscheidet sich von der letzten durch ihre kleinere Größe, durch die Endnasenlöcher und die bewegliche Schnauze, die nicht gefurcht ist, außer schwach wie bei *Babirusa* . Sie sind im Allgemeinen behaart, aber Babyroussa ist eine Ausnahme, während *Phacochoerus* nur leicht behaart ist. Obwohl es vier Finger gibt, wie beim Nilpferd, erreichen beim Gehen nur zwei den Boden. Darüber hinaus ist der Magen einfach und (außer bei *Dicotyles*) gibt es einen Blinddarm. Die

Nieren sind glatt und die Leber ist gelappter als bei *Hippopotamus* . Die Augenhöhle mündet in die Fossa temporalis. Die typische Gattung *Sus* ist über Europa, Asien und die Inseln des Malaiischen Archipels verbreitet und reicht bis nach Borneo und Celebes. Das Gebiss [177] ist vollständig. Eine einzige Art, die sogenannte *S. sennaariensis* , stammt aus dem äthiopischen Afrika, es ist jedoch nicht sicher, inwieweit es sich bei diesem Tier um eine vom Menschen eingeschleppte, entkommene Art handelt. Es wurde eine sehr große Anzahl von „Arten" von *Sus* beschrieben, aber Dr. Forsyth Major ist geneigt, sie auf vier, wenn nicht sogar weniger Arten zu reduzieren. Er lässt die weit verbreiteten *S. scrofa* , *S. vittatus* und die ostmalaiischen *S. verrucosus* und *S. barbatus zu* .

FEIGE. 142. – Zwergschwein (aus *der Natur*). *Sus salvania* . × 1 / 6 .

Das Zwergschwein der Bhotaner scheint keinen Anspruch auf einen bestimmten Rang zu haben, schon gar nicht auf einen generischen Rang (nach Meinung einiger), obwohl es *Porcula genannt wurde Salvanien* . [178] Das Wildschwein Europas ist *Sus scrofa* . Früher war es in diesem Land recht reichlich vorhanden; Seine Überreste wurden nicht nur aus Mooren, Höhlen und Torfmooren exhumiert, sondern es gibt auch zahlreiche Beweise für seinen Fortbestand bis in eine vergleichsweise späte historische Periode. Es gibt aktenkundige Gesetze über die Jagd auf diese Tiere; Es gibt Orte wie

Boarstall , deren Namen eindeutig vom Namen des Tieres abgeleitet sind, das vermutlich einst in der Gegend heimisch war. und verschiedene Dokumente belegen die Anwesenheit des Wildschweins in diesem Land bis zum Ende des 16. Jahrhunderts.

FEIGE. 143.- Warzenschwein. *Phacochoerus aethiopicus* . × 1 / 6 .

Das Afrikanische Warzenschwein, Gattung *Phacochoerus* , wird üblicherweise als Art einer eigenständigen Schweinegattung angesehen. Dieses mit seinen riesigen Stoßzähnen und den großen Vorsprüngen im Gesicht „überaus hässliche" Tier unterscheidet sich von der Gattung *Sus hauptsächlich* durch diese Merkmale und durch die Komplexität des letzten Backenzahns, der zusammen mit den Stoßzähnen manchmal älter ist Tiere sind die einzigen Zähne, die noch übrig sind. Die vollständige Formel lautet Pm 2/2 M 3/3. Es gibt zwei Arten dieser Gattung, *P. aethiopicus* und *P. africanus* . Wenn das Warzenschwein wütend ist, soll es seinen Schwanz direkt nach oben strecken und ein ebenso lächerliches wie wildes Aussehen abgeben.

FEIGE. 144. – Kopf des Warzenschweins.

Der Celebesianer Babyroussa , Gattung *Babirusa* , ist ein fast haarloses Schwein mit enorm nach oben gerichteten Stoßzähnen in beiden Kiefern des Männchens. Beim Wildschwein gibt es einen Hinweis darauf, der bei *Phacochoerus noch weitergeführt wird* ; aber bei *Babirusa* drehen sich die oberen Stoßzähne nach oben, bevor sie die Substanz des Kiefers verlassen, weshalb sie anscheinend auf der Rückseite des Kiefers auftauchen; die unteren Stoßzähne sind fast genauso lang. Es wurde festgestellt, dass die Jungen dieses Schweins nicht gestreift sind wie die anderer Schweine. Alten Schriftstellern zufolge hing dieses Tier mit seinen gebogenen oberen Stoßzähnen an Ästen von Bäumen, so wie es auch der männliche Chevrotain mit seinen nach unten ragenden Stoßzähnen tut! Es gibt nur eine Art, *B. alfurus* .

Vom eigentlichen *Sus sind* der afrikanische und der madagassische *Potamochoerus* , einschließlich des Red River Hog, kaum generisch zu trennen. Ihr Hauptanspruch auf eine generische Unterscheidung liegt in der Existenz eines Hornauswuchses, der aus einer knöchernen Apophyse oberhalb des Eckzahns beim Männchen entsteht. Diese wurden mit den knöchernen „Hornkernen" der ausgestorbenen Dinocerata verglichen . Aber der javanische *Sus verrucosus* zeigt zumindest den Anfang einer ähnlichen Modifikation. Der populäre Name des Tieres leitet sich von der feinen rötlichen Farbe seines Fells ab, die jedoch nicht bei allen Arten vorkommt. Dr. Forsyth Major [179] erkennt fünf Arten, von denen nur eine aus Madagaskar stammt.

FEIGE. 145.- Pekari. Dikotyle Tajaçu . × 1 / 6 .

Fam. 3. Dicotylidae . — Die Pekari werden im Allgemeinen einer anderen Familie zugeordnet als die anderen Schweine. Diese Familie, Dicotylidae , enthält nur eine Gattung, *Dicotyles* , mit höchstens zwei Arten. Der Name des Tieres ist mit der Rückendrüse verbunden; Das Tier schien also zwei Nabel zu besitzen. Die ausschließlich in der Neuen Welt vorkommenden Pekari unterscheiden sich von den Altweltschweinen in einem oder mehreren wichtigen Merkmalen. Sie haben nur drei Zehen an den Hinterfüßen und der Magen ist kompliziert. Obwohl die Pekari nur kleine Stoßzähne haben, jagen sie in Rudeln und sind sehr gefährliche Tiere, denen man begegnen kann. Ihre Sicherheit vor vielen Feinden verdanken sie auch ihren geselligen Gewohnheiten. Als nachtaktive Tiere sind sie den Angriffen des Jaguars ausgesetzt, der einen Pekari, der sich von seiner Herde entfernt hat, schnell überwältigt und verschlingt.

Fossiles Schwein. — Auch die existierenden Gattungen des Schweinestammes sind in fossilem Zustand bekannt. *Sus* selbst reicht bis ins Obere Miozän zurück. *Sus erymanthius* , der Erymanthin- Eber, ist aus Beständen dieser Zeit in Griechenland, England und Deutschland bekannt. Es ist nicht bekannt, dass diese Gattung in der Vergangenheit eine größere Verbreitung hatte als heute. *Dikotyle* kommen im Pleistozän sowohl in Nord- als auch in Südamerika vor, den Regionen, in denen sie heute beheimatet sind. Die Gattung *Listriodon* , ebenfalls aus dem Miozän, zeichnet sich dadurch aus, dass sie lophodontische statt bunodontische Zähne aufweist, was die Backenzähne betrifft, die denen des Tapirs ähneln. Es war europäisch und indisch verbreitet. Eine Reihe von Gattungen, die weiter von den existierenden Schweinen entfernt sind als die gerade behandelten, werden in einer besonderen Unterfamilie, Achaenodontinae , zusammengefasst . Die Typusgattung *Achaenodon* hatte für ein Schwein einen etwas kurzen Schädel;

und es ist im allgemeinen Aussehen und in den Charakteren der Eckzähne, die stark an das eines Fleischfressers erinnern. Die bunodontischen Backenzähne sind jedoch Suine , ebenso wie die Form des Unterkiefers mit abgerundetem Winkel. Dies ist ein eozänes Tier, das in Wyoming gefunden wurde.

Elotherium [180] kommt hauptsächlich im Miozän sowohl in Nordamerika als auch in Europa vor; aber *E. uintense* ist Eozän. Bei den moderneren Formen sind die Augenhöhlen vollständig von Knochen umgeben; Dies ist bei der zuletzt beschriebenen Gattung nicht der Fall, womit *E. uintense* einverstanden ist. Auch der Schädel ist länger und erinnert eher an ein Schwein. Der Jochbogen ist kräftig, mit manchmal einem großen absteigenden Fortsatz, wie er bei *Diprotodon zu finden ist* , schwächer bei Kängurus und bei Faultieren und bestimmten ausgestorbenen Edentaten. Der Unterkiefer hat ein Paar abhängiger Fortsätze in der Nähe der Symphyse, was darauf hindeutet, dass Fortsätze eine entsprechende Position bei *Dinoceras einnehmen* . Der Schädel und der Körper sind schwer, aber die Gliedmaßen mit zwei Zehen sind schlank. Dahinter befindet sich ein kleineres Zehenpaar. Das Gebiss ist vollständig und die Eckzähne sind nicht übermäßig entwickelt. Das Gehirn ist sehr klein. Vielleicht sollte *E. uintense* als eigene Gattung, *Protelotherium* , *getrennt werden* . [181]

Hyotherium (das als identisch mit *Palaeochoerus angesehen wird*) hat einen scharfen Sagittalkamm; Die Umlaufbahn ist fast, aber noch nicht ganz geschlossen. Die Eckzähne sind nicht stark entwickelt. Die oberen Eckzähne haben doppelte Reißzähne wie bei *Triconodon* bei ausgestorbenen Säugetieren und wie beim Igel und anderen Formen bei lebenden Säugetieren. Die Prämolaren haben die schneidende und gezackte Kante einiger anderer Schweine, ein Merkmal, das ihnen eine merkwürdige Ähnlichkeit mit den „knirschenden" Zähnen von Robben verleiht. Die Backenzähne sind tuberkulös und ähneln denen lebender Schweine. Ihr Verbreitungsgebiet ist europäisch, indisch und miozän.

Die Gattung *Choeropotamus* verfügt bis auf den Verlust eines Prämolaren im Unterkiefer über eine vollständige Zahnformel. Obwohl dieser Zahn verloren gegangen ist, stammt er aus einer älteren Schicht als einige der Formen, die diesen Prämolaren behalten haben; Es wurde im oberen Eozän der Isle of Wight und in der Umgebung von Paris gefunden.

Der amerikanische und miozäne *Chaenohyus* hat die entsprechenden Zähne des Oberkiefers verloren.

Homacodon [182] ist eine aus mehreren Arten bestehende Gattung mit Bunodont und vollständigem Gebiss. Die Backenzähne sind im Oberkiefer sextuberkulär . *H. vagans* hatte etwa die Größe eines Kaninchens und schien einen gebogenen Hals gehabt zu haben. Die Gliedmaßen hatten fünf Zehen, wie es bei Huftieren aus dem Eozän allgemein der Fall ist. Es ist aus dem mittleren Eozän von Wyoming bekannt.

GRUPPE II. — RUMINANTIA.

Die Selenodontia oder Ruminantia bilden die zweite Abteilung der existierenden Artiodactyles . Auf die namensgebenden Merkmale der Zähne wurde bereits hingewiesen. Sie unterscheiden sich auch dadurch, dass es im Oberkiefer nie mehr als ein einzelnes Paar Schneidezähne gibt , und in der Regel gibt es auch keine. In der Regel vereinen sich der dritte und vierte Mittelhandknochen und Mittelfußknochen zu einem Röhrbein. Davon gibt es nur eine Ausnahme, den afrikanischen *Hyomoschus* . Darüber hinaus sind die zweite und fünfte Ziffer fast immer rudimentär und können praktisch ganz verschwinden. Auch hier bilden die Tragulidae eine Ausnahme. Die Ruminantia werden so genannt, weil sie „wiederkäuen", das heißt, nachdem die Nahrung schnell geschluckt wurde, wird sie in die Speiseröhre zurückgedrängt und gründlicher gekaut. Damit verbunden ist ein komplexer Magen, der in mehrere Kompartimente unterteilt ist. Dieser Magen hat mindestens drei Kompartimente, wie bei den Tragulidae ; aber normalerweise sind es vier. Seine Merkmale sind in Abb. 146 dargestellt. Die meisten Selenodontia besitzen Hörner, die teilweise aus massiven Ausstülpungen der Stirnknochen bestehen. Bei der Giraffe sind sie etwas anders.

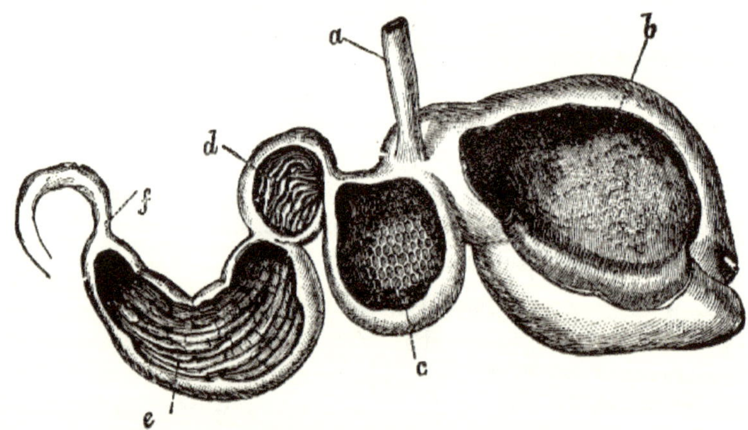

FEIGE. 146. – Der Magen eines Wiederkäuers wurde geöffnet, um die innere Struktur zu zeigen. *a* , Speiseröhre ; *b* , Pansen; *c* , Retikulum; *d* , Psalterium; *e* , Labmagen; *f* , Zwölffingerdarm. (Nach Flower und Lydekker .)

Diese Gruppe kann unterteilt werden in: A. TRAGULINA , Chevrolet; B. TYLOPODA , Kamele, Lamas; und C. PECORA , Hirsche, Antilopen, Ochsen, Giraffen, Ziegen, Schafe.

A. **TRAGULINA.**

Da die Tragulina zweifellos die ältesten Vertreter der Selenodontia sind , ist es logisch, mit einer Darstellung über sie zu beginnen.

Fam. 4. Tragulidae . — Diese Familie umfasst eine Reihe kleiner hirschähnlicher Tiere, die in vielen Punkten tatsächlich eher mit den Schweinen als mit den echten Hirschen verwandt sind. Sie sind als Chevrolets bekannt; und der von Professor Garrod eingeführte Begriff „ Deerlet " ist sicherlich angemessen, da sie das Aussehen sehr kleiner und hornloser Hirsche haben. Ohne ihre Artiodactyle- Füße könnte man diese Kreaturen auf den ersten Blick mit einem Beuteltiertyp verwechseln. Die Familie ist orientalisch und westafrikanisch verbreitet. Die beiden Gattungen (auf deren individuelle Besonderheiten später noch eingegangen wird) unterscheiden sich von anderen Artiodactylen in einer Reihe recht wichtiger Merkmale.

FEIGE. 147.— Indischer Chevrolet. *Tragulus meminna* . × ¼.

Sie sind bei beiden Geschlechtern absolut hornlos. Die Eckzähne sind in beiden Kiefern vorhanden und im Oberkiefer besonders gut entwickelt. Die Zahnformel lautet I 0/3 C 1/1 Pm 3/3 M 3/3. Im Schädel ist die Bulla tympanica meist, wie bei den nicht wiederkäuenden Artiodactyles , mit lockerem Knochengewebe gefüllt. Die Füße haben (normalerweise) die vier Zehen der Suina und sind daher in einem primitiveren Zustand als bei Hirschen und Antilopen. Aber da die mittleren Mittelhandknochen bei *Tragulus verwachsen sind* (obwohl sie bei *Hyomoschus getrennt* sind), sind sie eine Stufe weiter als die Schweine, in Richtung der typischen Wiederkäuer.

Der Magen ist verhältnismäßig einfach und weist somit Zwischenmerkmale zwischen Schweinen und Wiederkäuern auf; es gibt nur drei separate Fächer. Einen hochinteressanten Charakter hat die Plazenta. Dies ist in der vorliegenden Familie die diffuse Art, die nicht die getrennten und büscheligen Keimblätter der Plazenta der Wiederkäuer aufweist. Wir können durchaus davon ausgehen, dass dies ein weiterer Beweis für die weniger spezialisierten Charaktere dieser Gruppe [183] im Vergleich zu den Ruminantia ist , eine Ansicht, die jedoch nicht allgemein akzeptiert wird. Während die Backenzähne den selenodontischen Charakter anderer Pecora haben, sind die Prämolaren mit scharfen Kanten eher zum Schneiden geeignet.

Die Gattung *Tragulus* besteht aus mehreren Arten (z *T. stanleyanus* , *T. napu* usw.), deren äußeres Erscheinungsbild treffend mit bestimmten Nagetieren wie den Agoutis verglichen wurde. Die Beine sind zart und schlank, kaum „dicker als ein gewöhnlicher Zedernholzstift". Diese Kreaturen genießen bei den Malaysiern einen beachtlichen Ruf für ihre Scharfsinnigkeit, was im Sprichwort „List wie ein *Kanchil*" zum Ausdruck kommt. Das Männchen hat Stoßzähne, was wesentlich zur Verwechslung dieser Kreatur mit dem völlig anderen Moschushirsch, *Moschus moschiferus, beitrug* . Es wird sogar gesagt, dass es sich mit ihrer Hilfe an den Ästen von Bäumen aufhängt und so Gefahren aus dem Weg geht.

Hyomoschus (oder *Dorcatherium* , wie es eigentlich heißen sollte) stammt aus Westafrika. Seine satte braune Farbe mit Flecken und Streifen ähnelt stark der des Chevrotains, hat aber kürzere Gliedmaßen. Die einzige Art ist *D. aquaticum* , die aufgrund ihres häufigen Vorkommens an Flussufern manchmal auch Wasser-Chevrotain genannt wird. Überreste dieser Gattung kommen in miozänen und pliozänen Schichten Europas vor.

Die getrennten Mittelhandknochen, der vergleichsweise einfache Magen, das Fehlen von Hörnern, die diffuse Plazenta und das gefleckte Fell sind Merkmale, die die primitive Stellung dieser Tiere unter den existierenden Artiodactyles belegen .

Außer den beiden existierenden Gattungen, die gerade behandelt wurden, gibt es eine Reihe ausgestorbener Gattungen, die zweifellos zu derselben Gruppe gehören.

Gelocus (Eozän und Oligozän im Verbreitungsgebiet) ist eine europäische Gattung, die aus Frankreich bekannt ist. Es unterscheidet sich von den lebenden Mitgliedern der Gruppe dadurch, dass die zweite und fünfte Zehe an beiden Hinter- und Vorderfüßen, wie bei bestimmten Hirschen, nur durch Rudimente am oberen und unteren Ende dargestellt sind ; sie sind in der Mitte mangelhaft. Die mittelgroßen Mittelhandknochen sind zwar eng anliegend, aber nicht verwachsen. Die Mittelfußknochen hingegen sind je nach Art verwachsen oder nicht verwachsen. Eine spätere Form ist die Gattung *Leptomeryx* aus dem Miozän Nordamerikas. Diese Gattung weicht in mehr als einem Punkt von der typischen Tragulinenstruktur ab. Die Bulla tympanicus ist hohl, anstatt mit abgebrochenem Knochen gefüllt zu sein. das

Keilbein ist nicht mit dem Quader und dem Strahlbein verschmolzen, obwohl letztere miteinander verbunden sind; Die seitlichen Zehen der Hinterpfoten sind rudimentär. Magnum und Trapez sind jedoch verschmolzen. An den Vorderfüßen sind die mittleren Mittelhandknochen getrennt und die seitlichen, weniger perfekten Mittelhandknochen haben Zehen. Die Mittelfußknochen sind verwachsen.

Tragulidae zuzuordnen , ihnen aber nahekommend sind die **Protoceratidae** . Von dieser Familie gibt es nur eine bekannte Gattung, *Protoceras* , [184] aus dem Miozän Nordamerikas.

Der Schädel erinnert auf einzigartige Weise an *Dinoceras* , womit diese recht artiodactyle Gattung natürlich nichts zu tun hat. Es veranschaulicht lediglich das Phänomen der „Parallelität". Im Allgemeinen ist es besonders lang und niedrig. Es gibt drei Paare knöcherner Vorsprünge: Das größte Paar befindet sich im Oberkiefer und erhebt sich direkt hinter der Implantation der Eckzähne. die Parietalblätter haben ein zweites Paar; und ein drittes, viel kleineres Bossenpaar befindet sich auf den Stirnseiten, nahe ihrer Verbindung mit den Nasenflügeln. Diese Beschreibung bezieht sich auf das Männchen; Beim Weibchen sind nur noch Spuren der Parietalbosse vorhanden. Diese waren möglicherweise alle mit Horn oder aufgerauter Haut bestückt oder ummantelt. Das Gebiss dieser Gattung ist genau das der Tragulidae , *also* I 0/3 C 1/1 Pm 4/4 M 3/3. Die Augenhöhle ist vollständig von Knochen umgeben; die Gehörblase ist nicht geschwollen; die Prämaxillen sind klein.

Die Nasenhöhle ist sehr groß und offen, das vordere Ende der Nasenknochen liegt etwa in der Mitte des Schädels; Dies deutet zumindest auf eine flexible und lange Nase wie die der Saiga-Antilope hin, wenn nicht sogar auf einen Rüssel.

Das Gehirn hatte eine gute Größe und war recht gut gewunden.

Die Gliedmaßen sind nach dem Tragulinenplan aufgebaut; An den Vorderbeinen sind die mittleren Mittelhandknochen völlig frei voneinander und die kleineren seitlichen Finger sind vollständig. Die Mittelfußknochen sind frei, neigen jedoch zur Verschmelzung; die seitlichen Zehen sind nur an der oberen Extremität vertreten. Die Handwurzelknochen werden abgetrennt.

Dieses Tier, das etwa die Größe eines Schafes hatte, allerdings von zarteren Proportionen, war nicht nur mit den Tragulidae , sondern auch mit den Giraffidae verwandt ; es ist unmöglich, es definitiv einer der beiden Familien zuzuordnen.

B. TYLOPODA.

Fam. 5. Kameliden. — Zu dieser kleinen Gruppe von Selenodonten gehören nur die Kamele und Lamas. Die Gliedmaßen sind lang und weisen keine Spuren der zweiten und fünften Zehe auf. Die verwachsenen Mittelhandknochen und Mittelfußknochen gehen an ihren distalen Enden etwas auseinander. Im Oberkiefer befindet sich ein einzelnes Paar Schneidezähne. Der Magen unterscheidet sich von dem typischer Wiederkäuer. Der Pansen hat glatte und nicht papilläre Wände, und aus ihm entwickeln sich die „Wasserzellen", Divertikel mit schmalen Mündungen, die mit einem schließenden Schließmuskel versehen sind. Das Psalterium ist auf ein bloßes Überbleibsel reduziert, und so hat der Magen, wie bei der Tragulina , nur drei Kammern. Dieser bisher alte Charakter in der Struktur des Kamelstammes ist mit einem anderen Charakter verbunden, der auch bei den primitiveren Huftieren zu finden ist, nämlich. der diffuse Charakter der Plazenta. Eine ganz besondere Besonderheit dieser Gruppe ist die Tatsache, dass die Blutkörperchen nicht die bei Säugetieren übliche runde Kontur aufweisen, sondern elliptisch sind.

FEIGE. 148. – Trampeltier. *Camelus bactrianus* . × 1 / 30 .

Die auf die Alte Welt beschränkte Gattung *Camelus* besteht aus zwei recht unterschiedlichen Arten: dem Trampeltier *C. bactrianus* mit zwei Höckern und dem Dromedar *C. dromedarius* mit nur einem Höcker. Die erstere Art ist asiatisch. Es ist eine einzigartige Tatsache, dass keine der Arten bekanntermaßen in einem wirklich wilden Zustand vorkommt. Die sogenannten „wilden" Kamele scheinen ausnahmslos wild zu sein. Die beiden Arten werden sich kreuzen; und in den Gärten der Zoologischen Gesellschaft gibt es eine solche Hybride, die das allgemeine Aussehen und das struppige braune Haar [185] des baktrischen Tieres, aber den einen Höcker des Dromedars hat. Es kann sein, dass die baktrischen Kamele von Lob-nor wirklich wild sind; aber die Wüste enthält so viele Überreste von Städten, die durch Sandstürme zerstört wurden, dass diese angeblich wilden Kamele die Nachkommen von Tieren sein könnten, die den Bewohnern dieser Städte gehörten. Eine verirrte Kamelherde hat sich in einem wilden Staat in Spanien niedergelassen. Ansonsten kommt die Gattung in Europa nicht vor. Auch in der Neuen Welt sind die Kamele vertreten. Die Gattung *Lama* (von vielen Autoren *Auchenia*) gehört zu dieser Familie. Diese Kamele unterscheiden sich von ihren Verbündeten in der Alten Welt durch ihre geringere Größe, durch das Fehlen des charakteristischen Höckers und durch das Fehlen eines Prämolaren, wobei die Zahnformel ansonsten ähnlich ist. Für diese Tiere wurden verschiedene Namen verwendet: Lama, Alpaka, Huanaco , Vicuña; aber es scheint, dass die Anzahl der Namen die Zahl der Arten übersteigt. Herr Thomas, der sich kürzlich mit der Angelegenheit befasst hat, wird nur zwei zulassen, den Huanaco , *Lama huanacos* , von denen es zwei einheimische Rassen gibt, das Lama und das Alpaka, und den Vicuña, *Lama vicugna* . Sie stammen beide aus Südamerika. In Spanien gibt es nicht nur eine Herde entkommener Kamele, sondern die Spanier versuchten auch, den nützlichen Lama einzuführen und zu akklimatisieren . Der erste Lama, der jemals in Europa gesehen wurde, wurde im Jahr 1558 in die Stadt Middelburg in Holland gebracht ; es wurde gekauft und dem Kaiser von Deutschland geschenkt. Gesner gibt eine merkwürdige Figur davon und stellt das Tier als ein vergleichsweise kolossales Tier dar, das sich der Führung eines zwergenhaften Menschen unterwirft. Die Angewohnheit des Lama, zu „spucken“, ist bekannt. Augustin de Zarate und Buffon sprechen davon, dass der Lama keinen Schutz außer dieser Gewohnheit habe, die mehr ist als bloßer Speichelauswurf: Der Mageninhalt wird gewaltsam auf das Objekt seiner Belästigung geschossen. Es kann auch treten und beißen. Im Darm (wie auch bei einigen anderen Säugetieren) findet man Bezoar-Steine oder Bezards , wie sie unterschiedlich geschrieben werden. Diese wurden einst in der Medizin geschätzt und waren laut Gay, dem Historiker von Chile, sogar noch in jüngster Zeit, im Jahr 1847, in Mode; Diese Konkremente, vergleichbar mit dem Ambra der Wale, sollten ein Gegengift gegen Gift sein.

FEIGE. 149.- Lama. *Lama Huanakos* . × 1 / 12 .

Ausgestorbene Kamele. – Der früheste Kameloidtyp ist die Gattung *Protylopus* , [186] von der wir einen unvollkommenen Schädel und den größten Teil einer Speiche und Elle kennen, die einem Individuum gehören, und die meisten Teile der Hinterbeine bei anderen Exemplaren. Die eine Art, *P. petersoni* , war etwa so groß wie ein „Jack Rabbit", stammt aus dem späten Eozän (Uinta-Formation) und ist amerikanisch verbreitet. Die Zähne dieses Säugetiers sind die typischen vierundvierzig, und die Eckzähne sind nicht ausgeprägt und haben eine schneideförmige Form. Im Schädel hängen die Nasenflügel über, wie bei der Gattung *Poebrotherium* . Die Augenhöhle ist nicht durch Knochen verschlossen. In diesem alten Kamel ist eine Spur der supraorbitalen Kerbe zu erkennen, die so charakteristisch für den Stamm der Kamele ist. „Die Wirbel ähneln in ihren allgemeinen Proportionen stark denen der modernen Lamas." Die Lendenwirbel haben die normalerweise kameloide Formel 7. Diese Gattung hat nur zwei funktionsfähige Zehen an den Hinterfüßen, wobei die zweite und die fünfte auf Überreste reduziert sind. Es ist interessant festzustellen, dass Speiche und Elle scheinbar getrennt bleiben, außer bei sehr alten Tieren, bei denen sie nur in der Mitte verknöchert sind, was ihre vollständige Vereinigung in der nächsten Gattung, Poebrotherium, *vorwegnimmt* . Darüber hinaus war die vorliegende Gattung ebenso wie *Poebrotherium* deutlich unguligrad; Es hat nicht die charakteristische phalangigrade Progression der modernen Kameltypen angenommen .

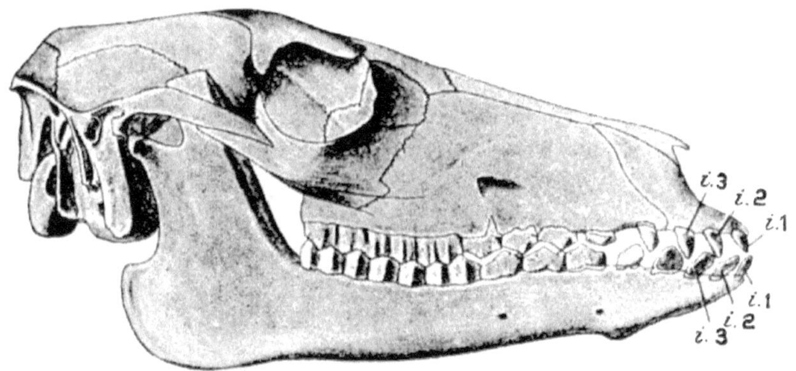

FEIGE. 150. – Schädel von *Poebrotherium Wilsoni*. i^1, i^2, i^3, Schneidezähne 1-3. × ½. (Nach Wortman.)

Das amerikanische und oligozäne *Poebrotherium* wurde kürzlich von Professor Scott eingehend untersucht. [187] Es war erheblich kleiner als ein Lama. Sein Hals war im Vergleich zu anderen Artiodactyles lang , aber immer noch kürzer als der des Lama. Es war ein leicht gebautes, anmutiges Geschöpf, das äußerlich offenbar eine gewisse Ähnlichkeit mit einem Lama hatte. Es ist eine wichtige Tatsache, dass es zu dieser Zeit und noch lange danach in der Alten Welt keine Arten gab, die sich auf die Camelidae beziehen ließen. Obwohl *Poebrotherium* in vielen Merkmalen seiner Organisation ein Kamel war , wurde es in vielerlei Hinsicht „ verallgemeinert ". Somit waren die Mittelhandknochen und Mittelfußknochen nicht zu einem Röhrbein verschmolzen, und die beiden seitlichen Finger wurden durch Schienenrudimente der Mittelhandknochen und Mittelfußknochen dargestellt. Das Gebiss war fertig. Der Schädel ist zwar deutlich tylopodanisch , weist aber auch allgemeinere Merkmale auf. Daher ist die Augenhöhle nicht ganz, wenn auch annähernd, durch Knochen vervollständigt. Im Camel ist es recht geschlossen. Die Nasenknochen sind viel länger und reichen fast bis zum Ende der Schnauze. Der Zahnfortsatz des Axiswirbels ist nicht wie bei bestehenden Formen schnabelförmig, sondern zylindrisch, wenn auch auf der Oberseite leicht abgeflacht. Es wird beschrieben, dass das Schulterblatt eher dem des Lama als dem des Kamels ähnelt, obwohl es Abweichungen gibt, die dem Kamel ähneln. Das Gehirn weist, natürlich anhand von Abgüssen zu urteilen, jene Sulci auf, „die allen Huftieren gemeinsam sind und denen eines fötalen Schafes sehr ähneln".

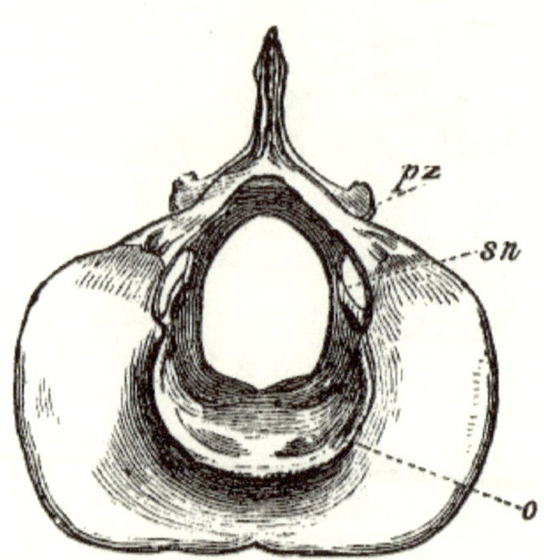

FEIGE. 151. – Vorderfläche der Achse des Rothirsches, × ⅔ . *o* , Zahnfortsatz; *pz* , hintere Zygapophyse; *sn* , Foramen für den zweiten Spinalnerv. (Aus Flower's *Osteology* .)

Später in der historischen Abfolge als *Poebrotherium* und strukturell zwischen ihr und *Protolabis* liegt die miozäne Gattung *Gomphotherium* . Es zeigt einen Fortschritt in der Struktur gegenüber *Poebrotherium* , da die Augenhöhle vollständig von Knochen umgeben ist, obwohl die hintere Wand dünn ist; Die unteren Eckzähne sind nicht schneideförmig , sondern wie bei späteren Kamelen nach hinten gebogen und durch ein breites Diastema von den vorhergehenden und nachfolgenden Zähnen getrennt.

Später als *Poebrotherium* ist *Protolabis* , ein *Tylopod* , bei dem noch die volle Anzahl an Zähnen erhalten ist; sein Schädel weist keine besonderen Veränderungen gegenüber dem Poebrotherine- Typ auf; die Nasenflügel sind allerdings etwas verkürzt.

Noch später ist *Procamelus* . In dieser Form haben wir offenbar einen Stammbaum, von dem sowohl Kamele als auch Lamas abstammen. Die oberen Schneidezähne sind wie bei bestehenden Formen, der erste und der zweite bestehen jedoch etwas länger. Der Schädel weist zwei deutlich ausgeprägte Strukturtypen auf; in *P. occidentalis* es gibt weitere Ähnlichkeiten mit dem Lama, bei *P. angustidens* mit dem Kamel. Bei beiden sind die Augenhöhlen vollständig von Knochen umgeben. Die Nasenflügel sind stark verkürzt. Der Zahnfortsatz des Axis ist noch konkaver als bei *Poebrotherium* , aber nicht schnabelförmig wie bei bestehenden Formen. Diese Tatsache zeigt , dass der schnabelartige Charakter des Zahnfortsatzes der Kamele kein Bezugspunkt zu anderen Artiodactyles ist – tatsächlich ist das Vorkommen der gleichen Form des Zahnfortsatzes bei Perissodactyles ein ausreichender Beweis dafür. Wir müssen zu dem Schluss kommen, dass die Form in allen Fällen adaptiv ist. Wenn wir nicht auf paläontologische Beweise angewiesen wären, um zu diesem Schluss zu kommen, wäre die fragliche Struktur nur eine, die als Beweis für genetische Verwandtschaft herangezogen werden würde; denn es handelt sich um eine Ähnlichkeit in einem kleinen, aber markanten Punkt der Struktur, der keinen offensichtlichen Bezug zum Nutzen hat. Die Mittelhandknochen und Mittelfußknochen haben sich zu den Kanonenknochen zusammengeschlossen, obwohl ein Rudiment eines Mittelhandknochens übrig geblieben zu sein scheint. Die genannten Gattungen scheinen in der direkten Abstammungslinie der modernen Vertreter der Familie zu stehen. Es gibt aber auch andere Formen, die Ableger des Hauptstammes sind. Dazu gehören *Homocamelus* , *Eschatia* und *Holomeniscus* . Die letzten beiden sind Pliozän und Amerikanisch; die Zähne sind stark reduziert.

C. **PECORA.**

Die Pecora sind eine Gruppe, die so viele gemeinsame Charaktere besitzt, dass es keine leichte Aufgabe ist, sie weiter zu unterteilen.

Insgesamt gibt es an den Füßen nur zwei funktionelle Zehen, deren Mittelhandknochen und Mittelfußknochen miteinander verwachsen sind. Es gibt keine oberen Schneidezähne und die Eckzähne im Oberkiefer sind nicht universell und im Allgemeinen klein. Hörner sind auf diese Gruppe der Selenodontia beschränkt . [188] Die Prämolaren haben eine einfachere Form als die Backenzähne. Der Magen hat vier Kammern, von denen zwei seiner Herzhälfte und zwei dem Pylorus zugerechnet werden können. Bei den ersteren handelt es sich in erster Linie um einen großen Bauch oder Pansen, gefolgt von einem kleineren Retikulum, das aufgrund der Netzwerkanordnung der Falten seiner Auskleidungsmembran so genannt wird. Mit letzterem verbunden und den ersten Teil der Pylorushälfte des Magens bildend, ist das Psalterium oder „ Manyplies ", so genannt wegen der Längsfalten, die den Blättern eines Buches ähneln und in die die Auskleidungsmembran hineinragt. Schließlich gibt es noch den Labmagen, von dem der Dünndarm ausgeht. Garrod hat beobachtet, dass die Magenkammer, die bei den Pecora am unterschiedlichsten ist, das Psalterium ist. Diese Kammer ist bei *Bos* besonders groß und bei den Antilopen *Nannotragus* und *Cephalophus besonders klein* . Seine Variation bezieht sich jedoch insbesondere auf die Falten seiner Schleimhaut. Diese Falten sind unterschiedlich lang und haben eine bestimmte Anordnung. Es können bis zu fünf Schichten regelmäßiger Schichten vorhanden sein. Das einfachste Psalterium ist das von *Cephalophus* , wo es nur zwei Sätze unterschiedlich großer Laminae gibt, einen tieferen Satz und einen sehr viel flacheren Satz; Diese Form wird von Garrod als „Duplikat" bezeichnet. Am gebräuchlichsten ist die „Vierfach"-Anordnung mit vier Lamellensätzen unterschiedlicher Tiefe. Bei allen Pecora ist die Leber nur wenig durch Risse geteilt.

Fam. 6. Cervidae. — Der Hirschstamm ist sehr groß und mit Ausnahme von Afrika und Australien weltweit verbreitet. [189]

Die Hirsche unterscheiden sich von allen anderen wiederkäuenden Tieren absolut durch das Vorhandensein von Geweihen, die beim männlichen Geschlecht ausnahmslos vorhanden sind, mit Ausnahme der abweichenden Gattungen *Moschus* und *Hydropotes* ; Allein beim Rentier sind Geweihe bei beiden Geschlechtern vorhanden. Die allgemeinen Merkmale dieser Anhängsel wurden auf einer früheren Seite (S. 200) behandelt, wo sie mit den Hörnern der Bovidae verglichen oder vielmehr diesen gegenübergestellt werden. Dieses für die Cervidae so charakteristische Geweih ist bei den Familienmitgliedern sehr unterschiedlich entwickelt. So ist bei *Elaphodus* das Geweih sehr klein und völlig unverzweigt. Bei den Muntjacs, *Cervulus* , ist das Geweih kaum größer, aber es hat einen kleinen vorderen Zweig, der in der Nähe des Stiels entspringt, den „Brauenzinken“. In *Cariacus antisiensis* Es gibt nur einen Zweig, den Stirnzinken, der jedoch fast so lang ist wie der Hauptstamm des Geweihs, der „Balken“. Bei *Capreolus capraea* trägt der Balken zwei Zinken; bei *Cervus sika* drei; Bei *C. duvauceli* tragen zwei der drei vorhandenen Zinken Nebenäste. Es gibt weitere Komplikationen (von denen einige in den Abb. 152-157 dargestellt sind) des einfachen Geweihs, die in den komplexen Geweihen mit ihren ausgedehnten „Handflächen“ des Elchs und des Damhirsches gipfeln.

Eine weitere hochinteressante Tatsache in Bezug auf dieselben Geweihe ist ihre allmähliche Zunahme der Komplexität der Zinken und der Handfläche vom miozänen *Cervus matheroni* bis zum großen irischen Elch aus der Zeit nach dem Tertiär.

Über das Geweih hinaus scheint es kein universell anwendbares Merkmal zu geben, das die Cervidae von den nahezu verwandten Antilopen unterscheidet. Es gibt jedoch eine Reihe von Strukturmerkmalen, die *nahezu* universell charakteristisch sind. Mit Ausnahme von *Moschus* (den Professor Garrod nicht als „Hirsch“ bezeichnen würde) hat kein Cervine eine Gallenblase [190] an der Leber. Alle Horntiere (einschließlich Antilopen) haben, mit Ausnahme von *Cephalophus* .

Ein kleines, aber beständiges Merkmal des Hirsches ist das Vorhandensein von zwei Öffnungen zum Tränenkanal. Die einzige Antilopengattung *Tragelaphus* weist diesen Charakter auf.

Soweit bekannt ist, hat die Plazenta der Hirsche nur wenige Keimblätter, die der Rinder viele. Es sind jedoch nicht viele Arten bekannt.

Navikular, Quader und Ektokuneiform sind oft vereint. Dies ist bei den Bovidae nie der Fall.

Die ersten und zweiten Fingerglieder der seitlichen (unvollkommen entwickelten) Finger sind immer vorhanden, außer bei den Muntjacs; Sie werden nie bei Bovidae gefunden. Der Hirsch weist stets eine hellbraune bis dunkelbraune Färbung auf. *Elaphodus michianus* ist fast schwarz. Die Unterseite und der kurze Schwanz sind meist weiß. Einige Hirsche, wie zum Beispiel der Damhirsch, werden gesichtet; und die Jungen anderer Arten, die im erwachsenen Zustand einheitlich gefärbt sind, werden gefleckt. In einigen Fällen entwickelt sich ein Winterfell, das dunkler als das Sommerfell ist.

Insgesamt sind etwa sechzig Hirscharten bekannt, von denen es sich überwiegend um altweltliche Hirscharten handelt. Die Hirsche der Alten Welt verteilen sich auf die Gattungen [191] *Cervus* (ganz Europa und Asien); *Cervulus* , die Muntjacs (Indien, Burma , China usw.); *Hydropotes* (Ostchina); *Capreolus* (Europa und Zentralasien); *Elaphodus* (Ostchina); Es gibt einen amerikanischen *Cervus* , den Wapiti. Die amerikanischen Gattungen sind *Cariacus* und *Pudua* . Der Elch (*Alces*) und das Rentier (*Rangifer*) leben zirkumpolar. Die wichtigste strukturelle Veränderung, die innerhalb der Familie Cervidae auftritt, betrifft die rudimentäre fünfte und zweite Zehe. Bei *Capreolus* , *Hydropotes* , *Moschus* , *Alces* , *Rangifer* und *Pudua* finden sich beträchtliche Reste der unteren Teile der Mittelhandknochen II. und V.; in den anderen Gattungen kleinere Spuren der oberen Enden derselben Knochen.

Die beiden ungewöhnlichsten Gattungen sind *Moschus* und *Hydropotes* , insbesondere die erstere, die weder Sir V. Brooke noch Professor Garrod überhaupt als Mitglieder der Familie zulassen. *Moschus* wird normalerweise in eine eigene Unterfamilie, Moschinae , eingeordnet , während der verbleibende Hirsch einer anderen Unterfamilie, Cervinae , zugeordnet wird .

Unterfamilie 1. Cervinae . — Die Gattung *Cervus* umfasst etwas mehr als zwanzig existierende Arten, die mit Ausnahme des Wapiti (*C. canadensis*) ausschließlich in der Alten Welt verbreitet sind. Die Hauptvariationsmerkmale der Gattung, nach denen sie in Untergattungen eingeteilt wurde, sind (1) handgelenkige (Damhirsch, *Dama*) oder nicht handgelenkige Geweihe; (2) Erwachsene, die in jedem Alter und zu jeder Jahreszeit weiß gefleckt sind (*Achse*), oder nur im Sommer (*Pseudaxis*) oder überhaupt nicht; (3) gefleckte oder ungefleckte Jungtiere; (4) Vorhandensein oder Fehlen rudimentärer Eckzähne im Oberkiefer.

Unter den Mitgliedern dieser Gattung ist *Cervus (Elaphurus) davidianus* interessant, da er erstmals vom Missionar Père David in einem Park des Kaisers von China in der Nähe von Peking beobachtet wurde. Seine Hörner zeichnen sich dadurch aus, dass sie sich früh in zwei gleich lange Äste teilen, von denen sich der vordere wiederum in zwei verzweigt. Exemplare dieses

Hirsches wurden schließlich für die Gärten der Zoologischen Gesellschaft beschafft.

Cervus -Arten sind gleichmäßig zwischen der Paläarktis und den indischen Regionen verbreitet . Die paläarktischen Arten wie der Lühdorff- Hirsch (Abb. 152) sind überwiegend asiatisch. Nur *Cervus elaphus* und *Cervus dama sind europäisch und britisch.* Ersterer ist natürlich der Rothirsch, letzterer der Damhirsch. Der Rothirsch ist im Sommer rotbraun und im Winter graubraun, mit dem weißen Fleck auf dem Hinterteil, der beim Hirschstamm so häufig vorkommt. Der Rothirsch ist in Schottland, in bestimmten Teilen von Devonshire und Westmoreland sowie im New Forest wirklich wild. Zu Beginn des letzten Jahrhunderts gab es laut Gilbert White im Wolmer Forest 500 Hirsche , die von Königin Anne inspiziert wurden. Das Geweih kann bis zu achtundvierzig Spitzen haben; und ein Hirsch mit mehr als den drei Vorderzinken wird „Royal Hirsch" genannt. Der Damhirsch hat ein handförmiges Geweih und wird normalerweise gefleckt. Es scheint sich um eine eingeführte Art zu handeln, ein allgemeiner Bericht weist auf die Römer als Einführer hin. Es wäre richtiger zu sagen „wieder eingeführt", da man auf fossile Überreste dieses Hirsches gestoßen ist.

Elaphodus [192] enthält wahrscheinlich zwei Arten, *E. cephalophus* von Milne-Edwards und *E michianus* von Swinhoe , beide aus China. Das Geweih ist klein und unverzweigt; die Eckzähne des Männchens sind massiv; Es unterscheidet sich von *Cervulus* , mit dem es eng verwandt ist, hauptsächlich durch das Fehlen von Stirndrüsen. Die zweite Art hat ein dunkles eisengraues Fell, und der verstorbene Konsul Swinhoe beschrieb es als sehr ziegenähnliches Aussehen.

Capreolus. — Das Reh hat ein ziemlich komplexes Geweih. Es ist ein kleines Reh und hat Junge entdeckt. Das gemeine Reh, *C. capraea* , ist in diesem Land heimisch. Es ist das kleinste unserer Hirsche und sein Geweih hat nur bei Hirschen im dritten Jahr drei Zinken . Es ist eine einzigartige Tatsache bei diesem Hirsch, dass die Paarungszeit zwar im Juli und August liegt, die Jungen jedoch erst im darauffolgenden Mai oder Juni geboren werden, einem Zeitraum, der nicht den Zeitraum der Trächtigkeit darstellt. Der Keim bleibt einige Zeit inaktiv, bevor er sich entwickelt.

FEIGE. 153. – Maultierhirsch. *Cariacus Makrotis* . × 1 / 15 . (Aus *der Natur* .)

Die Muntjaks, *Cervulus* , bilden einen eigenständigen Gattungstyp, der auf den indischen Raum und die südöstliche Paläarktis beschränkt ist . Es handelt sich um kleine Hirsche mit gefleckten Jungen und kurzen, einarmigen Geweihen, die auf Stielen sitzen, die so lang sind wie sie selbst. Die Eckzähne sind bei den Männchen stark entwickelt. Es gibt etwa ein halbes Dutzend Arten.

Cariacus ist ein ausschließlich amerikanisches Verbreitungsgebiet und umfasst etwa zwanzig Arten. Es gibt oder nicht obere Eckzähne. Die Jungen sind gefleckt. Das Geweih ist gelegentlich sehr einfach; bei *C. rufus* und einigen Verbündeten (in eine spezielle Untergattung *Coassus eingeordnet*) sind es einfache Ähren ohne Zweige. Bei dieser Gattung und bei den fast verwandten und auch neuweltlichen *Pudua* ist der Vomer nach hinten verlängert und teilt die hinteren Nasenlöcher in zwei Teile. Der Großteil der Arten ist südamerikanisch.

FEIGE. 154.- Chilenischer Hirsch. *Cariacus chilensis.* × 1 / 12 . (Aus *der Natur* .)

gerade erwähnte *Pudua stammt aus den chilenischen Anden.* Es ist ein kleiner Hirsch ohne Eckzähne und mit winzigem Geweih. Für verschiedene Arten amerikanischer Hirsche wurden andere Gattungsnamen vorgeschlagen.

Hydropoten inermis ist ein kleiner, vollkommen hornloser Hirsch, der auf den Inseln des Yang- tse -kiang lebt. Das Männchen hat Stoßzähne; die Jungen sind gefleckt. Obwohl *Hydropotes* wie andere Hirsche keine Gallenblase hat, fanden sowohl Herr Garrod [193] als auch Herr Forbes [194] die Rudimente einer Gallenblase in Form eines weißen Bandstrangs. Herr Forbes hat sich besonders mit der Ähnlichkeit des Gehirns mit dem von *Capreolus beschäftigt*. Das Weibchen hat vier Zitzen und bringt jeweils drei bis sechs Junge zur Welt.

FEIGE. 155.- Wasserhirsch. *Hydropoten inermis* . × 1 / 10 . (Aus *der Natur*.)

Alces machlis, der Elch oder Elch, ist eine zirkumpolare Art mit handförmigen Geweihen und großer Größe. Die Jungen sind unbefleckt. Dieses Tier ist das größte des Hirschstammes. Das Aussehen dieser Kreatur ist keineswegs das eines Hirsches; die lange, dicke und eher greifbare Oberlippe lässt keineswegs auf die Familie schließen, zu der sie gehört; Auch die Beine wirken durch ihre ungewöhnliche Länge unförmig. Der Elch hat eine merkwürdige Methode, sich vor Wölfen zu schützen. Anstatt sich bei heftigen Schneestürmen zu bewegen und so auf dem schweren Boden eine leichte Beute für diese flinken Feinde zu sein, bildet das Tier einen sogenannten „Elchhof". Eine Bodenfläche wird gut zertreten, und das Tier begnügt sich damit, die angrenzenden Stängel abzufressen. Der gut ausgetretene Boden erleichtert den Halt, und mit seinen kräftigen Hörnern kann der große Hirsch seine Feinde in Schach halten.

FEIGE. 156.- Elch. *Alces machlis* . × 1 / 20 .

Rangifer tarandus , das Rentier, ist unter den Hirschen einzigartig, da beide Geschlechter ein Geweih tragen. Dieses Geweih ist handförmig . Der Stirnzinken und der nächste oder Bez-Zink sind ebenfalls handförmig und nach vorne und etwas nach unten gerichtet. Die Jungen sind unbefleckt. Im Winter verändert sich das Fell. Wie der Elch ist das Rentier zirkumpolar. Bekanntlich dehnte das Rentier im Pleistozän sein Verbreitungsgebiet bis nach Südfrankreich aus. Schon in der historischen Periode soll es in Caithness gejagt worden sein .

Rentiere unterliegen, wie viele andere Tiere vor allem der Arktis, regelmäßigen Wanderungen. In Spitzbergen beispielsweise wandert das Tier im Sommer ins Landesinnere der Insel und im Herbst wieder zurück an die Meeresküste, um dort Algen zu fressen. Es wurde angegeben, dass diese wandernden Herden von einem großen Weibchen angeführt werden.

FEIGE. 157.— Rentier. *Rangifer tarandus.* × 1 / 15 .

Unterfamilie 2. Moschinae . — *Moschus moschiferus* [195] stammt aus dem asiatischen Hochland. Es ist etwa 3 Fuß hoch, vollkommen hornlos und hat beim Männchen sehr große Eckzähne. Bemerkenswert ist, dass bei *Hydropotes* , wo die Eckzähne ebenfalls sehr groß sind, Hörner fehlen. Dies sind vielleicht Beispiele für Korrelationen. Der Moschussack (daher der Name) befindet sich nur am Hinterleib des Männchens. Es gibt kein Krumen oder eine suborbitale Drüse, die bei Cervidae so häufig (wenn auch keineswegs überall) vorhanden ist. Aber das Männchen hat zusätzlich zu den Moschusdrüsen Drüsen in der Nähe des Schwanzes und an der Außenseite des Oberschenkels. Im Gegensatz zu anderen Hirschen hat der Tränenknochen von *Moschus* nur eine Öffnung. Die Füße sind, soweit es die Erhaltung der äußeren rudimentären Mittelhandknochen betrifft, vom älteren Typ, der bei *Alces* , *Hydropotes* usw. vertreten ist. Eine Gallenblase ist vorhanden. Die Jungen sind, wie bei so vielen Cervidae, gefleckt; aber der Erwachsene hat eine graubraune Farbe .

FEIGE. 158.- Moschushirsch. *Moschus moschiferus* . × 1 / 6 . (Aus *der Natur* .)

Es besteht kein Zweifel, dass *Moschus* näher mit den Cervidae verwandt ist als mit allen anderen Wiederkäuern. Sir W. Flower betrachtet es als „einen unentwickelten Hirsch – ein Tier, das in den meisten Punkten (Fehlen von Hörnern, glattem Gehirn, Zurückhaltung der Gallenblase usw.) aufgehört hat, sich mit dem Rest der Gruppe fortzuentwickeln, während es sich darin befindet." Bei einigen wenigen (Moschusdrüse, bewegliche Füße) hat es eine besondere eigene Entwicklungslinie eingeschlagen.

Der Moschus selbst, der dem Lebewesen seinen Namen gibt, befindet sich in einer Drüse am Bauch, etwa so groß wie ein Hühnerei. Die komplette Drüse wird ausgeschnitten und in diesem Zustand verkauft. Zu diesem Zweck wurden und werden so große Mengen Moschusrotwild getötet, dass die Seltenheit des Tieres zunimmt. Im 17. Jahrhundert war es so üblich, dass der Reisende Tavernier auf einer Reise 7673 Moschuskapseln kaufte, oder laut Buffon 1663. Die Stoßzähne erinnern an die von *Hydropotes* , mit denen *Moschus* nicht annähernd verwandt ist, und von *Tragulus* , womit es natürlich noch weniger zu tun hat , sollen zum Ausgraben von Wurzeln verwendet werden. Seine Füße sind im Verhältnis zu seinen Gebirgsgewohnheiten sehr beweglich.

Ausgestorbene Hirscharten . – Es wurde bereits erwähnt, dass die primitivsten Hirscharten überhaupt keine Hörner hatten und darin den modernen *Moschus-* und *Hydropotes- Hirschen ähnelten* , und dass mit der Zeit eine zunehmende Komplexität des Geweihs einherging; die Fakten der Paläontologie in auffälligster Weise mit den Tatsachen der individuellen Entwicklung von Jahr zu Jahr harmonieren . Die ältesten Formen scheinen eher mit den lebenden Muntjaks verwandt zu sein, und ihre Überreste kommen in den untersten miozänen Schichten Europas und Amerikas vor. Derzeit ist die Gruppe auf die wärmeren Teile Asiens und einige der zu diesem Kontinent gehörenden Inseln beschränkt.

Eine der ältesten Arten ist *Amphitragulus* . Diese aus mehreren Arten bestehende Gattung bewohnte Europa und unterschied sich von lebenden Muntjaks dadurch, dass sie bei beiden Geschlechtern völlig hornlos waren; Der Schädel wies keine Tränengrube oder eine mangelhafte seitliche Verknöcherung auf.

Nahezu verwandt ist *Dremotherium* ähnlichen Alters und Verbreitungsgebiets.

Das mittlere Miozän hat die Überreste der Gattung *Dicroceras geliefert* . Dies ist der früheste Hirsch, bei dem Hörner gefunden wurden. Die Hörner sind, wie der Name der Gattung andeutet, zweigeteilt und haben, wie die des lebenden Muntjaks, einen sehr langen Stiel. Auch hier handelt es sich um eine europäische Gattung wie die letzte. Aus dieser Zeit stammen echte Hirsche, die ihren Ursprung im Obermiozän haben und verzweigte Hörner haben. Darüber hinaus gehören sie zumindest größtenteils zu den bestehenden Gattungen. Eine der bemerkenswertesten Formen ist *Cervus sedgwicki* (manchmal in eine eigene Gattung, *Polycladus eingeordnet*) aus dem Waldbett von Norfolk und aus dem oberen Pliozän des Val d'Arno . Dieses Geschöpf zeichnete sich durch sein vielfach verzweigtes Geweih aus. Diese enden mit nicht weniger als zwölf Punkten. Kein Hirsch existiert oder hat existiert, dessen Hörner so vollständig verzweigt sind. Sie ähneln denen eines Rothirsches, übertrieben.

Fam. 7. Giraffidae . — Zweifellos ist die Art einer eigenständigen Familie, Giraffidae , die Gattung *Giraffa* . Charakteristisch für ihn sind der lange Hals, der allerdings nur aus den normalen sieben Wirbeln besteht, und die „Hörner", die sich von denen aller anderen Wiederkäuer unterscheiden; Dabei handelt es sich um kleine knöcherne Vorsprünge der Stirnbeine, die mit dem Schädel verwachsen und mit unveränderter Haut bedeckt sind. Sie werden nicht vergossen. Zwischen ihnen befindet sich ein mittlerer Vorsprung. Diese Schädelarmatur ist sowohl beim Weibchen als auch beim Männchen vorhanden und auch bei Neugeborenen gut entwickelt. Die Augenhöhlen sind vollständig von Knochen umgeben und es gibt keine Tränengrube, wie sie bei Hirschen und Antilopen häufig vorkommt. Oben sind keine Eckzähne zu sehen; aber diese sind im Unterkiefer vorhanden. Die rudimentären Finger anderer Wiederkäuer sind in dieser Gattung

verschwunden. Wie bei vielen anderen Artiodactyla gibt es vierzehn Rippenpaare . Die Leber der Giraffe [196] ist, wie bei vielen, aber nicht allen Wiederkäuern, ohne Gallenblase; es hat weder einen Schwanzlappen noch einen Spigelschen Lappen. Der Blinddarm ist tatsächlich größer (2½ Fuß lang), aber vergleichsweise sehr klein, da der Dünn- und der Dickdarm jeweils 196 bzw. 75 Fuß lang sind. Die Giraffe hat eine gut ausgeprägte „Ileozäkaldrüse " , die bei vielen Wiederkäuern zu finden ist; sein Auftreten in *Giraffa* wird von Garrod insbesondere mit seinem Auftreten in *Alces* *verglichen* .

Für sich genommen bildet *die Giraffa* eine sehr isolierte Art der Wiederkäuer. Aber nachdem wir uns mit bestimmten Fakten über ausgestorbene Formen befasst haben, die eindeutig mit der *Giraffa verwandt sind* , werden wir feststellen, dass die Isolation der Familie weniger ausgeprägt ist.

Die Giraffe („jemand, der schnell geht", bedeutet das Wort auf Arabisch) ist, wie jeder weiß, in ihrem Verbreitungsgebiet auf den afrikanischen Kontinent beschränkt. Es ist jedoch keine so bekannte Tatsache, dass es zwei völlig unterschiedliche Giraffenarten gibt, eine nördliche Form aus Somaliland und die andere südafrikanische. Die Unterscheidbarkeit dieser beiden, *G. camelopardalis* und *G. australis* , wurde kürzlich von Herrn de Winton ausführlicher herausgearbeitet. [197] Der Hauptunterschied zwischen ihnen besteht in der großen Größe des Mittelhorns bei den Kaparten, die bei den anderen Arten durch den geringsten Auswuchs dargestellt wird. Es wird angenommen, dass sich die Giraffe Westafrikas von den nördlichen und südlichen Arten unterscheidet und eher ersteren ähnelt. Erstens scheint es sich um ein größeres Tier zu handeln, und es wurden leichte Unterschiede im Schädel festgestellt. Diese Reihe von Besonderheiten kann für diejenigen, die keine Einwände gegen die trinomiale Nomenklatur haben, dadurch ausgedrückt werden, dass diese neuartige westliche Form *Giraffa camelopardalis peralta genannt wird* . Das Hauptmerkmal dieses Huftiers ist das Vorhandensein der drei mit unveränderter Haut bedeckten Hörner. Aber die Giraffe unterscheidet sich von anderen Artiodactyles auch durch ihren enorm langen Hals, der es ihr ermöglicht, Bäume zu fressen, die für die gewöhnliche Wiederkäuerherde unzugänglich sind. Der Hals wird oft mit dieser Fütterungsmethode in Zusammenhang gebracht. Aber eine genialere Erklärung für seine übermäßige Länge ist, dass er als Wachturm dient. Im hohen Gras der von den Tieren bewohnten Gebiete wimmelt es von Löwen und Leoparden, die Feinde sein müssen. Der lange Hals ermöglicht einen weiten Blick nach draußen, und es ist bemerkenswert, dass der Strauß, der unter ähnlichen Bedingungen lebt, auch für seinen langen Hals bekannt ist. Es sind die Flecken auf der Giraffe, die ihr den Namen Cameleopard gegeben haben ; Diese im Süden vorhandenen Flecken bilden eine Reihe schokoladenfarbener Bereiche , die durch weiße Zwischenräume scharf abgegrenzt sind. Von diesen Flecken wird behauptet, dass sie dazu dienten, ihren Besitzer zu verbergen. Sir Samuel Baker [198] schrieb darüber mit folgenden Worten: „Die rotrindige Mimose, die ihr Lieblingsessen ist , wächst selten höher als 14 oder 15 Fuß. Viele Wälder bestehen fast ausschließlich aus diesen Bäumen mit ihren flachen Köpfen." Davon kann die Giraffe fressen, wenn sie nach unten schaut. Ich habe mich oft geirrt, als ich in einiger Entfernung einen bestimmten toten Baumstamm bemerkte, der wie ein verfallenes Relikt des Waldes aussah, bis mir bei näherer Annäherung die eigentümliche Neigung des Baumstamms auffiel Stamm; plötzlich hat er sich in Bewegung gesetzt und ist verschwunden.

Die Giraffe, bemerkte Plinius, „ist so still wie ein Schaf." Das römische Publikum, dem die erste Giraffe, die jemals nach Europa gebracht wurde, gezeigt wurde, erwartete von ihrem Namen, „in ihr eine Kombination aus der Größe eines Kamels und der Wildheit eines Panthers zu finden". Tatsächlich haben Giraffen in Gefangenschaft nicht immer ein schafartiges Temperament. Sie treten heftig und energisch zu und starten sogar einen Angriff auf ihren Torhüter. Gleichzeitig sind sie äußerst nervöse Wesen und es ist bekannt, dass sie an einem Schock sterben . Bei der Bewegung nutzt die Giraffe die Vorder- und Hinterbeine beider Seiten gleichzeitig; Dies verleiht seinem Gang eine eigentümliche Schaukelbewegung, deren Einzigartigkeit durch die geschwungenen Bewegungen des langen Halses noch verstärkt wird, der ab und zu sogar eine Acht in der Luft beschreibt. *Giraffa camelopardalis* und die bereits erwähnte Art (?) sind die einzigen existierenden Giraffen (der Gattung *Giraffa*) und kommen außerhalb Afrikas nicht vor. Sir Harry Johnston hat kürzlich einen kurzen Bericht über eine größere und leuchtender gefärbte Art aus Uganda gegeben , die sich wahrscheinlich als zu einer bestimmten Gattung gehörend erweisen wird. Es hat fünf Hörner, wobei das zusätzliche Paar über den Ohren angebracht ist.

Giraffidae bekannt gemacht, die im Semliki-Wald im Distrikt Belgisch-Kongo lebt. Die Haut und zwei Schädel sowie die Knochen der Füße sind aus Exemplaren bekannt, die Sir Harry Johnston an das Natural History Museum geschickt und die der Zoological Society von Professor Ray Lankester kurz beschrieben wurden . [199] Es wird vorgeschlagen, dass diese Kreatur, deren einheimischer Name „Okapi" ist, *Ocapia johnstoni* genannt wird . Die ersten echten Exemplare, die dieses Land erreichten, waren zwei aus der Haut der Flanken gefertigte Bandelier, die schwarz und weiß gestreift waren und nicht unnatürlicherweise für Teile der Haut einer neuen Zebraart gehalten wurden. Das Tier ist etwa so groß wie eine Rappenantilope und der Rücken und die Seiten sind von kräftiger brauner Farbe ; Nur die Vorder- und Hinterbeine sind gestreift, wobei die Streifen längs verlaufen, *also* parallel zur Längsachse des Körpers. Der Kopf ähnelt einer Giraffe, aber es gibt keine äußeren Hörner; Büschel gekräuselter Haare scheinen die Überreste der Hörner anderer Giraffen darzustellen. Der Schwanz ist eher kurz und der Hals ist eher dick und kurz. Der Schädel ist eindeutig eine Giraffe. Die Grundachse ist gerade und die Fontanelle im Tränenbereich ist sehr groß. Auf den Stirnknochen in der Nähe ihrer Scheitelgrenze befindet sich auf beiden Seiten ein großer Vorsprung, der vermutlich den Hornkern oder das Os darstellt cornu ." Am Unterkiefer ist die große Länge des Diastemas zwischen den Schneidezähnen und Prämolaren ein charakteristisches Merkmal der Giraffe. Der Okapi lebt paarweise in den tiefsten Winkeln des Waldes.

Wir kennen einige ausgestorbene Formen der *Giraffa* , deren Verbreitungsgebiet außerafrikanisch ist. *G. sivalensis* stammt aus dem Pliozän der Siwalik-Hügel in Indien, *G. attica* aus Griechenland. Zu diesen Überresten gehört jedoch nicht die Schädeldecke, so dass es zweifelhaft ist, ob ihre Hörner denen von *G. camelopardalis entsprachen* .

Eine eng verwandte Gattung ist das ausgestorbene *Samotherium* . Diese blühte im Miozän auf und ihre Überreste wurden auf der griechischen Insel Samos gefunden. Der Hals und die Gliedmaßen sind kürzer als bei der Giraffe, und die Hörner sind länger als bei der *Giraffe* und sitzen knapp über der Augenhöhle allein auf den Stirnbeinen und nicht wie bei der *Giraffe auf der Grenzlinie zwischen Stirn- und Scheitelknochen* . Daher ist die heutige Giraffe in mehrfacher Hinsicht ein modifizierteres oder spezialisierteres Tier als ihr Vorläufer aus dem Miozän. Bei letzteren trug nur das Männchen Hörner, und bei keinem der beiden Geschlechter tritt der unpaarige mittlere Knochenauswuchs auf. Die Überreste dieser Gattung (wahrscheinlich sogar derselben Art, *S. boissieri*) kommen auch in Persien vor.

Bei Helladotherium (es gibt nur eine Art, *H. duvernoyi*) sind die vier Gliedmaßen nahezu gleich lang; der Schädel des einzigen bekannten Exemplars ist hornlos; Der Hals ist kürzer als bei *der Giraffe* . Es ist aus den miozänen Lagerstätten von Pikermi in Griechenland bekannt.

Palaeotragus ist eine Gattung, die nicht von allen Systematikern den Giraffidae zugeordnet wird . Schon der Name, den ihm der bedeutende französische Paläontologe M. Gaudry gab , verdeutlicht seine Meinung über seine Antilopen- Verwandtschaft. Der wichtigste und tatsächlich (nach Forsyth Major [200]) einzige Grund, diesen Wiederkäuer den Antilopen zuzuordnen, ist die Größe der Hörner. Sie deuten zweifellos auf die Hornkerne von Antilopen hin. Sie sind jedoch weiter voneinander entfernt als bei diesen Tieren. Es wird angenommen, dass der hornlose *Camelopardalis parva* das Weibchen dieser aus Pikermi stammenden Art ist .

Etwas mehr von *Giraffa unterscheidet* sich die ausgestorbene Gattung *Sivatherium* aus den Siwalik-Lagerstätten in Indien. Auch hier gab es einige Diskussionen über seine Verwandtschaft. Einige vermuten, dass sie in der

Nähe von *Antilocapra liegt* , aber die meisten Paläontologen betrachten sie heute als Giraffe. Die Haupteigenschaft dieses großen Tieres war die Existenz von zwei Hornkernpaaren; Die größeren sitzen auf den Scheitelknochen und haben eine handförmige Form mit einigen kurzen Zinken, die stark an die des Elchs (*Alces*) erinnern. Das kürzere vordere Paar befindet sich auf den Stirnknochen. Der Hals ist kurz, die Gliedmaßen gleich lang und es gibt keine zusätzlichen Zehen an den Gliedmaßen. *Sivatherium* war fast so groß wie ein Elefant, und in Restaurierungen wird es mit einer fleischigen, erweiterten Nase wie die Saiga-Antilope dargestellt; Diese Ansicht basiert auf der Position und Größe der Nasenknochen. Hornlose Schädel wurden als Weibchen von *Sivatherium identifiziert* .

Vishnutherium , *Hydraspotherium* und *Bramatherium* sind verwandte Gattungen.

Fam. 8. Antilocapridae . — Diese Familie enthält nur eine Gattung und Art, das nordamerikanische „Pronghorn", *Antilocapra americana* . Dieses Tier verdient aufgrund der einzigartigen Struktur der Hörner, die in ihrem Charakter zwischen denen des Hirsches und denen der Antilopen liegen, eine eigene Familie. Es handelt sich zweifellos um Wiederkäuer mit Hohlhörnern, da sie über einen knöchernen Hornkern verfügen, auf dem das eigentliche Horn liegt. Dieses ist jedoch weicher als bei Bovidae und halbkornförmig . Es ähnelt tatsächlich eher dem Samt des Hirschhorns. Darüber hinaus ist das Horn verzweigt und manchmal sogar dreizackig. Darüber hinaus ist mittlerweile mit Sicherheit bekannt, dass das Gabelbock seine Hörner nicht nur gelegentlich, sondern in bestimmten jährlichen Abständen abwirft. Es ähnelt bisher dem Hirsch. Es muss jedoch berücksichtigt werden, dass der Hornabwurf beim Hirsch ein zweifacher Prozess ist. Zunächst erfolgt das Abstreifen des Samts und anschließend das Ablösen eines Teils des Hornkerns bis zum Grat. Was beim Prongbock geschieht, ist nur die Ablösung des echten Horns (= die Ablösung des Samts), *nicht* des Hornkerns. Es scheint jedoch, dass bestimmte Antilopen gelegentlich (einmal in ihrem Leben?) ihre Hörner abwerfen. [201] Ein weiteres äußeres Merkmal dieses Tieres ist das völlige Fehlen von „falschen Hufen", den letzten Überresten der zweiten und fünften Zehen. Das Gabelbock ist ein geselliges Geschöpf, das in Gruppen von sechs bis Hunderten von Hunden lebt.

Fam. 9. Rinder. – Diese Familie, die umfangreicher ist als die der Cervidae, enthält nicht nur die Ochsen, Schafe und Ziegen, sondern auch die Antilopen, mit Ausnahme von *Antilocapra* , die in eine eigene Familie eingeordnet werden müssen. Die einzigen zwei Punkte, die alle Bovidae von allen Cervidae unterscheiden [202], sind die Natur der bereits beschriebenen Hörner und der polykotyledone Zustand der Plazenta. Darüber hinaus sind die Hörner normalerweise bei beiden Geschlechtern vorhanden, obwohl es Ausnahmen gibt, wie bei Schafen und Ziegen sowie bei verschiedenen

Antilopengattungen (*Tragelaphus* , *Tetraceros* usw.). Es gibt nie die ersten beiden Phalangen, die zu den rudimentären Fingern II., V. gehören, wie es bei allen Hirschen mit Ausnahme von *Cervulus der Fall ist* . In der Regel gibt es nur eine Öffnung zum Tränenkanal. Bei beiden Geschlechtern gibt es nie bleibende obere Eckzähne.

Es ist äußerst schwierig, die Antilopen von den Schafen, Ochsen und Ziegen zu trennen. Ihre Eingliederung zusammen mit diesen Lebewesen in eine Familie, die Bovidae, zeigt, dass es keine wesentlichen Unterschiede gibt. Der Begriff „Antilope" ist eher populär als von zoologischer Bedeutung. In der Regel gibt es bei beiden Geschlechtern Hörner; aber diese Regel gilt nicht ohne Ausnahmen, von denen eine die Gattung *Strepsiceros* , die Koodoo, ist. Viele andere Hornträger tragen nur bei den Männchen Hörner, z *Saiga* , *Tragelaphus* . Die Antilopen unterscheiden sich außerdem von den echten Ochsen durch ihren anmutigeren Körperbau und durch die Tatsache, dass die Hörner, wenn sie überhaupt gebogen sind, im Allgemeinen nach hinten zum Hals hin gebogen sind. Bei den Ochsen hingegen ist der Körperbau kräftiger und die Hörner sind meist nach außen gebogen. Die gleichen Bemerkungen gelten für die Schafe. Eine solche Antilope jedoch, wie die Elenantilopen (*Orias*), hat einen sehr ochsenähnlichen Habitus. Ein weiteres Merkmal, das erwähnt werden kann, wenn auch nicht von absolutem Differenzwert, ist, dass die Haut der Antilopen in der Regel glatt und glatt ist, die der Ochsen jedoch eher rau und struppig ist. Der Zebu ist jedoch darin, in seinem Buckel und im allgemeinen Aussehen keineswegs unähnlich zu einem Elenantilopen. Aber andererseits ist der Zebu eine heimische Rasse, und wir wissen nicht, wie der wilde Bestand aussah. Vielleicht haben die Antilopen die engste Verwandtschaft mit den Ziegen, und es ist schwierig, eine solche Form wie *Nemorrhaedus* und tatsächlich einige andere zuzuordnen . Bei den Antilopen sind in der Regel die mittleren unteren Schneidezähne größer als die seitlichen; Bei Schafen und Ziegen sind sie gleich groß. Auch die Scheitelknochen sind bei den Antilopen mäßig groß und bei den übrigen Cavicornia , besonders bei den Ochsen, stark verkürzt. Da die Antilopen unseres Wissens die ältesten aller Rinder sind, würde man erwarten, dass sie die Eigenschaften der übrigen Tiere in sich vereinen. Aber sie tun dies so effektiv, dass eine Entflechtung eigentlich unmöglich ist. Sie stammen aus dem Miozän. Antilopen sind heute auf Europa, Asien und Afrika beschränkt; Sie hatten immer das gleiche Verbreitungsgebiet, waren jedoch früher in Europa häufiger anzutreffen. Sie überwiegen heute im tropischen Afrika und sind in zahlreichen Gattungen und Arten vertreten. Die Herren Sclater und Thomas [203] erlauben insgesamt fünfunddreißig Gattungen, von denen vierundzwanzig ausschließlich äthiopischen Verbreitungsgebieten haben.

In der folgenden Zusammenfassung der Gruppe wird die Arbeit der Herren Sclater und Thomas verfolgt. Sie beginnen mit einer Sektion oder Unterfamilie, deren Art der Hartebeest ist.

Bubalis , oder *Alcelaphus* , wie es manchmal genannt wird, ist eine afrikanische Gattung, die jedoch bis nach Arabien reicht. Diese Antilopen zeichnen sich durch den langen Schädel und die doppelt gebogenen Hörner aus. Es gibt acht Arten der Gattung, von denen *B. caama die* bekannteste ist ; Dies ist das Tier, das als Hartebeest bekannt ist. Der Bontebok und der Blessbock gehören zu einer eng verwandten Gattung, *Damaliscus* , die sich vor allem dadurch auszeichnet, dass die knöcherne Basis der Hornkerne nicht nach oben verlängert ist und daher die Scheitelknochen sichtbar sind, wenn man den Schädel von vorne betrachtet nicht der Fall in *Bubalis* .

FEIGE. 160.- Gestromtes Gnu. *Connochaetes Taurinus* . × 1 / 20 .

Die Gnus *Connochaetes* sind aufgrund ihres neugierigen Aussehens bekannt. Sehr charakteristisch sind das haarige Gesicht sowie der Rumpf und der Schwanz, die denen eines Ponys ähneln. Die Hörner sehen rinderartig aus, stehen nach außen und krümmen sich dann nach oben. [204] Es gibt drei Gnu-Arten, alle aus Südafrika. Es handelt sich um *C. gnu* , *C. taurinus* und *C. albogulatus* .

Von der Cephalophin- Sektion gibt es zwei Gattungen :

Cephalophus ist eine afrikanische Gattung. Diese Tiere sind als Duikerboks bekannt ; Sie sind klein und haben nur beim männlichen Geschlecht kurze, nicht gebogene Hörner. Ihr allgemeines Aussehen ist dem bestimmter Hirsche mit einfachen Hörnern, wie z. B. *Cervulus*, *nicht unähnlich*. Die Herren Sclater und Thomas erlauben 38 Arten. Die kleinsten Arten überschreiten nicht die Größe eines Hasen. Keiner ist wirklich groß.

Tetraceros ist eine indische Gattung, die sich, wie der Name schon sagt, dadurch auszeichnet, dass sie vier Hörner besitzt. Es ist das hintere Paar, das dem einzelnen Paar von *Cephalophus entspricht*. Das vordere Paar, das viel kleiner ist und manchmal fehlt, ist ein neues Paar. Das Weibchen dieser Antilope ist hornlos. Schafe haben gelegentlich vier Hörner, und in Kaschmir gibt es tatsächlich eine solche Rasse. Eine vierhörnige Gämse wurde vom verstorbenen Mr. Alston beschrieben.

Der Klippspringer, *Oreotragus saltator*, ist die erste Art einer dritten Sektion; Wie der Name schon sagt, handelt es sich um eine Antilope mit ziegenähnlichen Gewohnheiten, die vor allem zwischen Felsen zu finden ist. Die Hörner sind kurz und gerade. Dies ist die einzige Art der Gattung, deren Verbreitungsgebiet afrikanisch ist, wovon der niederländische Name zeugt. Ein Exemplar in den Gärten der Zoological Society hatte (wie mir Herr Mercer gezeigt hat) die Angewohnheit, das Sekret der Tränendrüse auf einer Betonmasse in seinem Gehäuse abzulagern, wobei das so ausgeschiedene Sekret einen spitzen Häufchen harter Substanz bildete Gegenstand. Möglicherweise besteht das Ziel darin, seine Mitmenschen zu seinem Aufenthaltsort zu führen.

Ourebia ist eine weniger bekannte Gattung, größer, aber mit Hörnern der gleichen Art, allerdings länger.

Der Grysbock und der Steinbock, Gattung *Raphiceros*, haben ähnliche Hörner. Sowohl diese als auch die letzten beiden Gattungen haben nur beim Männchen Hörner.

Eine der kleinsten Antilopen gehört zu einer verwandten Gattung; das ist *Neotragus pygmaeus*. Sie ist als „Königliche Antilope" bekannt, ein Name, der offenbar von Bosmans Aussage abgeleitet ist, dass die Neger sie „den König der Hirsche" nannten. Seine Hörner sind sehr klein. Die Höhe des Tieres beträgt nur 10 Zoll. Hörner sind nur beim Männchen vorhanden. Die letzten drei Gattungen sind afrikanisch.

Zu der ebenfalls afrikanischen Cervicaprine- Reihe gehören die Wasserböcke und Riedböcke, die wegen ihrer wasserliebenden Neigung so genannt werden. Wie in der letzten Serie, von der sie durch Sclater und Thomas getrennt, mit der sie aber durch Flower vereint werden, gibt es nur beim Männchen Hörner. Diese Hörner sind zwar nicht verdreht, aber lang. Die typische Gattung ist *Cobus*, von der es elf Arten gibt. Der Wasserbock, *C. ellipsiprymnus*, und der Sing-sing, *C. unctuosus*, sind vielleicht die bekanntesten

Arten; Ersteres ist schwarzgrau, letzteres brauner . Bei *C. maria* und einer oder zwei anderen Arten sind die Hörner stärker nach hinten und wieder nach vorne gebogen als bei einigen anderen Arten, bei denen ihre Form subtiler ist .

Die Riedböcke *Cervicapra sind eng mit Cobus* verwandt ; sie sind jedoch kleiner. Hier wie auch bei dieser Gattung sind die Weibchen hornlos und die Hörner der Männchen sind mittelgroß. Der Gattung werden fünf Arten zugeordnet. Sie haben alle eine bräunliche Rehfarbe . Eine Gattung *Pelea* mit nur einer Art, *P. capreolus* , wurde aufgrund der Tatsache abgetrennt, dass die Hörner fast gerade sind und sich unter den Ohren kein nackter Hautfleck befindet. Dieses Tier erhielt seinen Namen aufgrund seiner Ähnlichkeit mit dem Rehbock.

Die Antilopinen- Sektion umfasst eine Reihe von Gattungen.

Die Gattung *Antilope* ist indisch verbreitet. Es umfasst nur eine Art, *A. cervicapra* . Diese Antilope ist mittelgroß und hat ein braunes Fell, das mit den Jahren immer schwärzer wird. Daher ist er als Schwarzbock bekannt. Das hornlose Weibchen ist hellbraun. Die Hörner sind lang, spiralförmig gedreht und eng beringt.

Aepyceros ist mit zwei Arten afrikanisch. Die Palla (*Ae. melampus*) ist eine große Antilope, bei der das Männchen längliche Leierhörner hat, die halbringig sind.

Die Saiga-Antilope, Gattung *Saiga* , ist in ihrem äußeren Erscheinungsbild eine der bemerkenswertesten Antilopenarten. Seine Nase ist sehr groß und aufgeblasen, wobei die beiden Nasenlöcher ziemlich weit voneinander entfernt sind und tatsächlich eine Vertiefung zwischen ihnen liegt. Die Hörner sind beim Männchen lyrat, beim Weibchen fehlen sie. Der „ovine Ausdruck" dieses Rindes ist beim Weibchen stärker ausgeprägt. Der dicken Nase entsprechen sehr kurze Nasenlöcher, weshalb der Beginn der Nasenöffnung sehr weit hinten liegt. In dieser Hinsicht erinnert es fast an *Macrauchenia* . Das Vlies ist auch schafsartig. Die Gattung kam hierzulande im Pleistozän vor. Es ist heute ein Bewohner Osteuropas und Westasiens. Die einzige Art ist *S. tartarica* .

Der Chiru, *Pantholops* , ist mit den Saiga verbündet. Die Hörner des Männchens sind lang und fast gerade; Sie sind vorne beringt. Beim Männchen ist die Schnauze geschwollen; Die Nasenlöcher sind groß und innen mit ausgedehnten Säcken versehen. Die Farbe dieses Tieres, dessen Verbreitungsgebiet ausschließlich aus Thibeta besteht, ist ein blasses Rehbraun. Das Haar ist, seinem Lebensraum entsprechend, sehr wollig. Es wurden noch nie lebende Exemplare nach Europa gebracht. Über diese Kreatur ranken sich viele Legenden. Die Mongolen glauben, dass sein Blut

Tugenden besitzt, und anhand der Ringe an den Hörnern werden Wahrsagereien erzählt. Naturgemäß ist das Tier in diesem Gelände nur schwer anzupirschen und zu erschießen.

FEIGE. 161. – Loders Gazelle. *Gazella loderi* . × 1 / 10 .

Die Gazellen, Gattung *Gazella* , sind ziemlich zahlreich an Arten, die sowohl in der Paläarktis als auch in Äthiopien vorkommen. Insgesamt sind es fünfundzwanzig. Die Gattung als Ganzes zeichnet sich durch die geringe bis mittlere Größe, die sandige Färbung mit weißem Bauch und das Vorhandensein dunkler und heller Streifen im Gesicht und an den Flanken aus. Diese Streifen sind jedoch nicht immer vorhanden und ihr Vorhandensein oder Fehlen dient der Unterscheidung einiger Arten. Die Hörner sind meist bei beiden Geschlechtern vorhanden. Die Hörner sind recht lang, beringt und haben die Form einer Lyra.

Der Springbock wird von den übrigen Gazellen, mit deren Gattung er eindeutig am nächsten verwandt ist, als Gattung *Antidorcas abgetrennt* . Diese Gattung unterscheidet sich von *Gazella dadurch, dass sie wie bei Saiga* nur zwei untere Prämolaren hat . Ansonsten ähnelt es den Gazellen; Es gibt nur eine einzige Art, *A. euchore* , die afrikanisch ist.

Ammodorcas ist eng mit den Gazellen verwandt, unterscheidet sich jedoch von ihnen durch einen verlängerten Hals und einen langen Schwanz. *A. clarkei* , die einzige Art, ist auf Somaliland beschränkt.

Lithocranius hat, dem letzteren nicht unähnlich, einen noch längeren Hals, der ihn fast wie eine Giraffe aussehen lässt; sein Schwanz ist jedoch kurz. Der wissenschaftliche Name leitet sich vom „festen, steinigen Charakter des Schädels" ab. Beim Laufen trägt diese Gazelle den Kopf in einer geraden Linie mit dem Körper nach vorne. Es ist afrikanisch.

Dorcotragus mit einer Art, *D. megalotis* , ist eine auf Somaliland beschränkte Zwerggazelle. Seine Ähnlichkeit mit dem Klippspringer aufgrund seiner Größe und in einigen anderen oberflächlichen Merkmalen führte zu seiner ursprünglichen Verwechslung mit dieser Gattung (*Oreotragus*).

FEIGE. 162.- Rappenantilope. *Hippotragus niger* . × 1 / 20 . Die Hörner des abgebildeten Exemplars haben noch nicht annähernd ihre volle Größe erreicht.

Eine Unterfamilie der Hippotraginae oder Hippotragine- Sektion umfasst eine Reihe von Antilopen, die sich im Besitz von vier Milchzähnen und Backenzähnen, die eher denen der echten Ochsen ähneln, von Hörnern von einiger Länge, die bei beiden Geschlechtern vorhanden sind, und einer länglichen Form einig sind Schwanz. Sie sind alle afrikanischer Herkunft.

Bei der Typusgattung *Hippotragus* sind die Hörner oberhalb der Augenhöhlen angebracht; sie sind nicht verdreht, sondern nach hinten gebogen. Es gibt drei Arten in der Gattung. Die bekannteste davon ist *H. niger* , die wunderschöne Rappenantilope. Seine allgemeine Farbe ist ein sattes, dunkles, glänzendes Braun mit weißen Streifen im Gesicht und einem weißen Bauch. Die anderen Arten sind die Pferdeantilope, *H. equinus* , und der Blaaubok , *H. leucophaeus* , von denen das letzte Exemplar wahrscheinlich 1799 getötet wurde. [205]

FEIGE. 163.— Beatrix Antilope. *Oryx- Beatrix* . × 1 / 16 . (Aus *der Natur* .)

Die Gattung *Oryx* (hauptsächlich afrikanisch, aber auch arabische und syrische) enthält auch eine Reihe von Arten, die aufgrund der Tatsache, dass einige von ihnen immer in den Gärten der Zoologischen Gesellschaft zu sehen sind, ziemlich bekannt sind. Die Gattung unterscheidet sich von *Hippotragus* dadurch, dass die Hörner, die bei beiden Geschlechtern vorhanden sind, hinter den Augenhöhlen platziert sind und in einer Linie mit dem Gesicht nach hinten geneigt sind. Sie sind ringförmig. Der Leucoryx (*O. leucoryx*) ist von blasser Farbe , diese ist jedoch nicht so ausgeprägt wie bei *O. beatrix* , der größtenteils weiß ist, allerdings braune Beine hat. Der Spießbock ist ein hübsches Geschöpf mit graubrauner Farbe , viel dunkleren Beinen und einem Gazellen-ähnlichen, dunklen Seitenstreifen. Seinen umgangssprachlichen Namen erhielt es aufgrund seiner angeblichen Ähnlichkeit mit der Gämse („ Gemse "), so wie der Rehbok seinen Namen aufgrund seiner angeblichen Ähnlichkeit mit dem Reh und die Elenantilope mit dem Elch erhielt. Die Beisa (*O. beisa*) hat eine ähnliche gelbbraune Farbe wie die Letztere und auch dunklere Streifen.

Die Addax (*Addax*) Nordafrikas, Arabiens und Syriens hat nur eine Art (*A. nasomaculatus*). Die Hörner sind spiralförmig gedreht.

FEIGE. 164. – Speke-Antilope. *Tragelaphus spekii* (♀). × 1 / 16 .

Die Tragelaphine- Sektion umfasst die Kudus, Elands, Nilgais und Geschirrantilopen. Sie sind alle langhörnig (wenn die Hörner bei beiden Geschlechtern vorhanden sind), wobei die Hörner gedreht sind; Die Nase ist nackt mit einer leichten Mittelrille und alle sind äthiopischer oder orientalischer Herkunft.

Zur Gattung *Tragelaphus* gehören die Geschirrantilopen, die wegen der Richtung der Streifen, die an ein Geschirr erinnern, so genannt werden. Die Weibchen sind hornlos und die Farben der beiden Geschlechter sind unterschiedlich. Die Hufe sind lang und die Zehen eher ungewöhnlich getrennt, was mit dem sumpfigen Land, in dem viele Tiere leben, vereinbar ist. *T. gratus* und *T. spekei* sind größere Formen; der Boschbock , *T. sylvaticus* , ist kleiner.

Die Kudus, Gattung *Strepsiceros* , haben stärker gedrehte Hörner, die beim Weibchen fehlen. Der Körper ist vertikal weiß gestreift. Die größte Art ist *S. kudu* ; eine kleinere Form, *S. imberbis* , stammt aus Somaliland.

FEIGE. 165.- Elenantilopen. *Orias canna.* × 1 / 25 .

Die letzte Gattung dieser Sektion bzw. Unterfamilie ist die Afrikanische Elenantilopen-Eland-Gattung, Gattung *Oreas* [206] (die anscheinend *Orias* *geschrieben werden sollte*). Die Elenantilopen ähneln in ihrem Aussehen vielleicht eher einem Ochsen als die anderen Mitglieder dieser Gruppe und haben bei beiden Geschlechtern Hörner, bei denen die Spiralverdrehung enger ist . *Orias canna* ist der Name der Elandart. *O. Livingstonii* wurde auf eine ostafrikanische Sorte angewendet, die wie die anderen Mitglieder der Gruppe, zu der sie gehört, dünne und schwache Seitenstreifen aufweist.

Die Gattung *Boselaphus* umfasst nur *B. tragocamelus* , den Nilgai, der in seinem Verbreitungsgebiet rein indianisch ist. Das Weibchen ist hornlos und die Hörner des Männchens sind glatt und nicht lang.

Die Mitglieder der Rindergruppe oder Ochsen unterscheiden sich von anderen hohlhörnigen Wiederkäuern durch ihren kräftigeren Körperbau und durch die Tatsache, dass die Hörner seitlich vom Schädel abstehen und einfach gebogen und nicht verdreht sind; und glatt, nicht ringförmig wie bei anderen Wiederkäuern. Die Muffel ist nackt, breit und feucht. Die Ochsen sind weit verbreitet; Sie kommen jedoch in der australischen Region sowie in Südamerika und Madagaskar überhaupt nicht vor.

Bos , bilden . Sie wurden jedoch in eine Reihe von Gattungen unterteilt. Sogar die vermeintlich abweichende *Anoa depressicornis* von Celebes unterscheidet sich kaum ausreichend, um ihre Trennung zu rechtfertigen. Für diese Ansicht spricht auch die außerordentliche Leichtigkeit, mit der sich verschiedene „Gattungen" miteinander kreuzen und fruchtbare Nachkommen hervorbringen. Das Folgende ist der Stammbaum eines Tieres, das kürzlich in den Gärten der Zoological Society lebte. Der weibliche Nachwuchs eines Zebu-Männchens und eines Gayal-Weibchens wurde mit einem Bison-Männchen gepaart. Das weibliche Kalb wurde erneut mit einem Bison gepaart und brachte ein ebenfalls weibliches Kalb hervor, das somit die drei Arten *Bos indicus*, *Bibos frontalis* und *Bison americanus* enthielt. Angesichts dieser Tatsache ist es eindeutig unklug, zu sehr auf generischen Unterscheidungen bei einem dieser Typen zu beharren. [207]

Von dieser Gattung bilden der Orientalische Gaur (*Bos gaurus*), der Gayal (*B. frontalis*) und der Banteng (*B. sondaicus*) eine gut ausgeprägte Sektion, die durch ihre dunkle Färbung und die etwas abgeflachten Hörner gekennzeichnet ist.

Der Gaur, *Bos gaurus*, hat eine konkave Stirn als seine Verbündeten; Die Hörner sind weniger gebogen als die des Banteng und weniger stark als die Hörner des Gayal (*Bos frontalis*). Es bewohnt die Indische Halbinsel; und erstreckt sich über Burma bis zum äußersten Ende der Malaiischen Halbinsel. Der malaiische Name dieses Tieres ist Sakiutan, was einfach Wildvieh bedeutet. Er hält sich hauptsächlich auf bewaldeten Hügeln auf und ist ein ausgezeichneter Bergsteiger.

Bos frontalis, der indische Gayal, hat wie die letzte Art eine weiße Schwanzscheibe, aber die Stirn ist flach und die Hörner sind nur wenig gebogen. Es ist hauptsächlich als zahmes Tier bekannt, und sein Vorkommen in freier Wildbahn wurde bezweifelt. Darüber hinaus wurde vermutet, dass es sich lediglich um eine zahme Rasse der Gaur handelt, die durch Domestizierung leicht verändert wurde. Es wird jedoch gesagt, dass es sich im Naturzustand nicht mit den Gaur kreuzen soll. [208]

FEIGE. 166.- Gayal . *Bos frontalis.* × 1 / 20 .

Der Banteng , *B. sondaicus* , ist über Chittagong, Tenasserim und die malaiische Halbinsel bis nach Java und Borneo verbreitet. Es gibt offenbar zwei Rassen dieses Tieres. Die Art unterscheidet sich von den anderen dadurch, dass die Hörner kleiner und stärker gebogen sind; es gibt eine weiße Schwanzscheibe; die Stirn ist schmaler und der Schädel länger als bei den anderen.

Eine weitere Sektion bilden der amerikanische Bison und der europäische Auerochse; Sie sind sich in der Tat äußerst ähnlich, wobei spezifische Unterschiede kaum erkennbar sind . Der amerikanische Bison, der früher in so großer Zahl vorkam, dass die Prärien von unzähligen Herden schwarz waren, ist heute auf etwa tausend Stück geschrumpft.

Eines der größten existierenden Horntiere ist der Auerochse, Wisent oder Europäischer Bison, *Bos bonasus* (oder *Bison europaeus*). Es ist seinem amerikanischen Verwandten sehr ähnlich. Früher war das Tier viel weiter verbreitet als heute und dehnte sein Verbreitungsgebiet von Europa bis nach Nordamerika aus. Heutzutage ist es auf bestimmte Gebiete am Ural im Kaukasus beschränkt, und eine Herde davon wird durch die Pflege des Kaisers von Russland im Wald von Bielovege in Litauen gehalten. Der Begriff „Auerochse" sollte eigentlich nicht auf diese Art angewendet werden, sondern auf das Wildrind, *Bos taurus* . Es wird jedoch so allgemein für Wisent (das ist der deutsche Name) verwendet, dass es nicht notwendig ist, es zu ändern. Der sklavenische Name ist Zubr oder Suber . Es ist ein großartiges Tier mit einer Schulterhöhe von etwa 1,80 m. Es erstreckte sich weit über Europa hinaus in der historischen Periode. Zur Zeit Karls des Großen verbreitete es sich über ganz Deutschland und war ein Jagdtier. Im Jahr 1848 schenkte der Kaiser von Russland der Zoological Society of London ein Paar dieser Ochsen. Zum Zeitpunkt ihrer Präsentation übermittelte M. Dolmatoff der Gesellschaft eine interessante Mitteilung über die Methode zur Erfassung dieser beiden Exemplare. Die Kreatur ist nicht leicht zu fangen und die Konfrontation ist beängstigend. „Die Augen", sagt ein alter Schriftsteller, „sind rot und feurig; die Blicke sind wütend und gebieterisch." Es hat natürlich die struppige Mähne und den Buckel des amerikanischen Tieres. Die Herde in Litauen soll im Jahr 1856 1900 betragen haben. Herr EN Buxton, [209] der kürzlich den Wald besucht hat, zitiert M. Neverli mit dem Hinweis, dass die Zahl derzeit nicht mehr als 700 beträgt.

FEIGE. 167.- Bison. *Bison americanus.* × 1 / 25 .

Mit diesem Tier verwandt und offenbar noch näher am amerikanischen Bison, ist der ausgestorbene *B. priscus* Europas. Die pleistozänen Bisons Nordamerikas, *B. antiquus* und *B. latifrons* , sind den lebenden Formen nicht weit entfernt. Schließlich führen die miozänen *B. sivalensis* aus Indien und die pliozänen *B. ferox* und *B. alleni* aus Nordamerika diese Gruppe auf eine ebenso lange Zeit zurück wie jede andere Ochsengattung.

FEIGE. 168.— Yak. *Bos grunniens* . × 1 / 15 .

FEIGE. 169. – Britischer Wildochse. *Bos Taurus*. Aus Vaynol Park, Bangor.
× 1 / 20 .

Der Yak, *Bos grunniens* , ist eine langhaarige, eigenartige Art, die auf der tibetanischen Hochebene heimisch ist. *B. (Anoa) depressicornis* von Celebes zeichnet sich durch seine geraden Hörner aus; mit ihr verwandt ist *B. mindorensis* (Philippinische Inseln), es wird jedoch angenommen, dass es sich um eine Hybride zwischen ihr und einigen anderen Arten handelt. In Afrika gibt es mindestens zwei Büffel. Abschließend möchten wir noch den wilden Ochsen Europas erwähnen, *B. primigenius* , den angeblichen Vorfahren unseres Hausviehs, von dem man annimmt, dass er noch immer in den Herden von Chillingham, Chartley und anderswo überlebt. Dieses Tier wird manchmal Auerochse genannt. Die Römer nannten ihn Urus, und er scheint früher gigantischere Ausmaße angenommen zu haben als heute. Es ist die geringe Größe der heutigen Rasse, die den Haupteinwand dagegen darstellt, sie auf die großen Ochsen zurückzuführen, die 1174 in der Nähe von London existierten und in den Mooren von Cambridgeshire subfossil gefunden wurden.

FEIGE. 170.— Punjab-Wildschafe. *Ovis Vignei* . × 1 / 10 .

Von den echten Schafen, der Gattung *Ovis* , gibt es eine beträchtliche Artenzahl. Die Schafe unterscheiden sich von den Ziegen durch ihren etwas kräftigeren Körperbau und das Fehlen eines Bartes beim Männchen. Die Hörner sind bei beiden Geschlechtern entwickelt, meist gedreht und oft groß.

Die Schafe kommen fast ausschließlich aus der Paläarktis und der Nearktis vor. Sie gelangen gerade erst in die orientalische Region. Eine der schönsten Arten ist das große Pamir-Schaf, *O. poli* , *dessen Länge 6 Fuß* 7 Zoll und eine Höhe von 3 Fuß 10 Zoll erreicht . Die Hörner dieses schönen Schafes können rundum mehr als fünf Fuß lang sein. Das Rocky Mountain Bighorn (*O. montana*) ist ein Schaf, das entlang der Rocky Mountains bis nach New Mexico und auch bis in den hohen Norden vorkommt; Sie sind nicht auf die erwähnte Gebirgskette beschränkt, sondern kommen auch auf den Bergen von British Columbia bis hinunter zu denen von Kalifornien vor. Die Hörner sind nicht ganz so groß wie die der letzten Art, aber Messungen ergeben eine Länge (entlang der Kurve) von 32 bis 40 Zoll.

FEIGE. 171. – Himalaya- Burrhel- Schaf. *Ovis Burrhel* . × 1 / 12 . (Aus *der Natur* .)

FEIGE. 172. – Blanfords Schafe. *Ovis Blanfordi* . × 1 / 10 . (Aus *der Natur* .)

So wie die Ziegen oft auf Inseln und kleine Landstriche beschränkt sind, so sind es auch die Schafe. Daher hat Zypern eine Art, *O. ophion* , die ihm eigen ist. Dieser sogenannte Zypern-Mufflon ist auf eine Gebirgskette, den Troodos, auf dieser Insel beschränkt. Im Jahr 1878 ging man davon aus, dass das Tier nahezu ausgerottet war und nur eine Herde von 25 Mitgliedern überlebte. Seitdem haben sie jedoch zugenommen. Auf das tibetanische Plateau beschränkt sind *O. hodgsoni* und *O. nahura* . Korsika hat den Mufflon, *O. musimon* ; und das Berberschaf oder Arui, *O. tragelaphus* , kommt nur in Nordafrika vor. *Ovis burrhel* und *O. blanfordi* sind indische Formen.

FEIGE. 173. – Berberschafe. *Ovis tragelaphus* . × 1 / 10 .

FEIGE. 174.- Thar. *Capra jemlaica* . × 1 / 10 . (Aus *der Natur* .)

Ovis nahura ist hauptsächlich dafür verantwortlich, dass eine strikte Trennung von Schafen und Ziegen nicht möglich ist. Es hat keine suborbitalen Drüsen oder Tränengruben, die bei Schafen in der Regel vorhanden sind, bei Ziegen jedoch fehlen. Andererseits sind Interdigitaldrüsen vorhanden, was bei Schafen der Fall ist . Auch seine Gewohnheiten sind eine Mischung aus denen der Schafe und der Ziegen. Es lebt wie Schafe größtenteils auf hügeligem Boden und legt sich tagsüber häufig auf seinen Futterplatz. Andererseits ist es, wie die Ziegen, ein hervorragender Kletterer .

Die Ziegen, Gattung *Capra* , unterscheiden sich von den Schafen durch ihren schlankeren Körperbau und dadurch, dass die Hörner nicht spiralförmig gebogen, sondern über dem Rücken gewölbt sind. Es gibt auch den charakteristischen Bart und das Männchen ist duftend. Die echten Ziegen kommen fast ausschließlich in der Paläarktis vor. Sie zeigen die begrenzte Verbreitung der Schafe, eine Verbreitung, die sich aus ihrer Bergliebe ergibt.

FEIGE. 175.- Sinaitischer Steinbock. *Capra sinaitica* . × 1 / 10 .

So haben wir den Spanischen Steinbock (*C. pyrenaica*), der auf die Pyrenäen und andere Gebirgszüge der Halbinsel beschränkt ist; *C. ibex* , der Steinbock der Alpen und Tirols; der Markhoor , *C. falconeri* , bestimmter Gebirgszüge Afghanistans; die kaukasischen, sinaitischen und kretischen Steinböcke und die Thar.

Capra aegagrus , die persische Wildziege, kommt vom Kaukasus bis nach Sind vor. Es ist dieses Tier, das den wahren „Bezoar-Stein" hervorbringt. Bei der

Substanz handelt es sich um ein offenbar im Magen vorkommendes Sekret. Laut Herrn Blanford gilt es in Persien immer noch als Gegenmittel gegen Gift. Buffon nannte diese Ziege „ Pasan ", was offensichtlich eine Verfälschung des Wortes Bezoar ist. Als die Substanz als Arzneimittel der „alexipharmischen" Art galt, entsprach natürlich das Angebot der Nachfrage. So erlangten die Bezoarsteine des Lama in Südamerika Ansehen, und es gab „orientalischen Bezoar, Kuh- Bezoar, Schweine-Bezoar und Affen-Bezoar"! Da Konkremente der einen oder anderen Art keine Seltenheit im Verdauungstrakt von Säugetieren sind, war es leicht, eine angemessene Menge einer Substanz zu erhalten, die sich mit Sicherheit gut verkaufen ließ. Es heißt, dass ein Stein mit einem Gewicht von vier Unzen einst hierzulande (oder zumindest in Europa) für 200 Pfund verkauft wurde.

„Es kann kein Zweifel bestehen", bemerkt Herr Blanford , „dass *C. aegagrus* eine der Arten und wahrscheinlich die Hauptart ist, von der zahme Ziegen abstammen."

FEIGE. 176.— Japanische Ziegenantilope. *Nemorrhaedus Crispus.* × 1 / 12 .
(Aus *der Natur* .)

Die Gämse (*Rupricapra*) und der Goral (*Nemorrhaedus*) lassen sich am besten als ziegenähnliche Antilopen beschreiben; aber wie bereits gesagt, ist es schwierig, die Bovidae zufriedenstellend aufzuteilen. Die Rocky Mountain

Ziege, *Haploceros montanus* ist ein großes, ziegenartiges Geschöpf, das die Besonderheit hat, dass es die kürzesten Kanonenknochen aller Wiederkäuer hat. Sein Name bezeichnet sein Verbreitungsgebiet.

FEIGE. 177.- Goral. *Nemorrhaedus goral.* × 1 / 12 . (Aus *der Natur*.)

Der Moschusochse, *Ovibos man vermutet, dass sich moschatus* im Grenzgebiet zwischen Schafen und Ochsen befindet, was auch in seinem wissenschaftlichen Namen zum Ausdruck kommt. Es handelt sich um ein rein arktisches Lebewesen, das heute nur noch in der Nearktisregion vorkommt. aber es existierte früher in den arktischen Regionen Europas.

Die Anatomie der „Weichteile" dieser Gattung wurde kürzlich von Dr. Lönnberg untersucht . [210] Das Tier hat keine Fußdrüsen, wie sie bei *Ovis vorkommen* . Seine Nieren sind jedoch nicht gelappt und er hat Augenhöhlendrüsen. Die Keimblätter der Plazenta sind ungewöhnlich groß und die Kuh hat die „primären vier" Zitzen. Sie kann in der Tat weder definitiv dem Ziegen- noch dem Rinderteil der Cavicornia zugeordnet werden , und obwohl sie möglicherweise am stärksten mit *Budorcas verwandt* ist, kann sie, zumindest vorerst, als berechtigt angesehen werden, eine eigene Unterfamilie zu bilden sein eigenes. Die Schnauze weist wie beim Schaf einen leichten nackten Streifen über den Nasenlöchern auf, die Oberlippe weist jedoch keinen Spalt auf.

Ausgestorbene Familien von Artiodactyla .

Der Ursprung der Artiodactyla wird von Cope in die Familie **Pantolestidae** [211] eingeordnet , die mit der Gattung *Protogonodon* der Condylarthra verwandt ist . Da diese Familie jedoch nur durch wenige Backenzähne und ein Fragment des Hinterfußes vertreten ist, erscheint es verfrüht, sie als notwendigen Ausgangspunkt der Bunodont- und Wiederkäuergruppen zu betrachten.

Fam. Anthracotheriidae . — Diese bekannte und alte Familie besteht aus Lebewesen mit größtenteils schweineähnlicher Form, mit Zähnen, die der Selenodontenform nahekommen, und einem vollständigen Gebiss. Die Handwurzelknochen, Fußwurzelknochen, Mittelhandknochen und Mittelfußknochen sind alle frei. An jedem Fuß sind vier (oder fünf) Zehen vorhanden, wobei die äußerste beginnend reduziert wird. Dies sind natürlich alles verallgemeinerte und primitive Merkmale, die auf nichts Besonderes hinweisen, außer natürlich auf einen Artiodactyle- Bestand aufgrund der Zähne und der beiden vorherrschenden Zehen.

Die Typusgattung der Familie, *Anthracotherium* , ist nicht, wie der Name vermuten lässt, ein Relikt aus der Karbonzeit; Seine Überreste wurden in Braunkohle gefunden, was auch darauf hindeuten könnte, dass er zumindest einen semi-aquatischen Lebensstil hatte. Seine Form muss jedoch schweineähnlich gewesen sein, wie man aufgrund des länglichen Schädels und der kurzen Beine zumindest vermuten könnte. Es gab Arten, die so groß waren wie ein Nashorn, und kleinere Formen. Die Gattung begann im Oligozän und setzte sich bis ins Pliozän fort. Es ist aus Europa, Asien und Amerika bekannt.

Der Schädel ist lang und weist einen markanten Sagittalkamm auf. Auch der Gesichtsteil ist sehr lang und die Augenhöhlen sind nicht durch einen knöchernen Ring verschlossen. Die Prämolaren sind einfache Zähne; Die Molaren sind deutlich bunodontisch und neigen in ein oder zwei Fällen zum selenodontischen Zustand. Die Eckzähne sind kräftig, ebenso wie die Schneidezähne. Das Schulterblatt wurde speziell mit dem des Kamels verglichen. Es hat kein Akromion, das bei Huftieren normalerweise, aber nicht immer, fehlt. Ein Verbündeter des vorliegenden Tieres, zum Beispiel das Nilpferd, hat das Schulterdach entwickelt. Speiche und Elle, Schien- und Wadenbein sind alle voll entwickelt.

Ancodus (oder *Hyopotamus* , wie es genannt wurde) stammt ebenfalls aus dem Oligozän und seine Überreste wurden in denselben Ländern gefunden wie die von *Anthracotherium* . Beide Gattungen sind tatsächlich eng verwandt. *Ancodus* scheint eine etwas schlankere Kreatur zu sein. Der Schädel sieht schwächer aus, weist aber weitgehend die gleichen Organisationsmerkmale auf . Bei *A. velaunus* , einer Art, die in französischen Gesteinen vorkommt, war ein Mittelhandknochen des Fingers I. im Manus vorhanden, während *A. brachyrhynchus* einen komplett fünffingrigen Manus hatte.

Die miozäne Gattung *Merycopotamus* (aus den unteren Schichten der Siwalik-Formation in Indien) ist deutlicher selenodont als die bereits diskutierten Formen. Aus diesem Grund wurde es in eine separate Unterfamilie eingeordnet. Da sie aber im Übrigen nicht vom anthracotherischen Strukturtypus abweicht, scheint dieses Vorgehen kaum notwendig zu sein. Es sind zwei Arten bekannt, von denen eine, *M. nanus*, wie der Name schon sagt, eine Zwergform ist.

Fam. Caenotheriidae . — Während die letzte Familie aus Tieren bestand, die den Schweinen eher ähnelten, ist die heutige Familie in ihren Charakteren eher von Pecorine geprägt. Die Backenzähne sind Selenodonten; aber wie bei den Tragulidae haben die Prämolaren eher den Charakter von Schneidezähnen. Das Gebiss ist, wie bei so vielen dieser frühen Huftiere, vollständig und die Eckzähne sind nicht hervorstehend. Die Füße sind vierzehig, die seitlichen Zehen reichen nicht bis zum Boden.

Die Hauptgattung ist das Eozän und Miozän *Caenotherium* . Von dieser Gattung gab es eine beträchtliche Anzahl von Arten, die alle in Europa vorkommen und von geringer Größe waren – nicht länger als etwa einen Fuß. Ihre geringe Größe erinnert an die Chevrotains. Im Schädel ist die Augenhöhle fast oder vollständig von Knochen umgeben und die Bulla tympanicus ist groß und aufgeblasen. Ein gemeinsames Merkmal der Artiodactyles ist das Versagen der Nasen- und Oberkieferzähne, sich an der Seite des Gesichts zu treffen, ist bei diesem alten Vorläufer der Pecora zu sehen.

Plesiomeryx , ebenfalls europäisch und aus demselben geologischen Horizont, ist eine sehr eng verwandte Form.

Fam. Xiphodontidae . — Diese Familie besteht aus schlanken, kleinen Artiodactyles , die wie die Caenotheriidae mit den Pecora verwandt sind. Ihr Verbreitungsgebiet ist auf Europa beschränkt.

Die Typusgattung *Xiphodon* hat selenodontische Backenzähne und längliche, schlanke, schneidende Prämolaren. Das Gebiss war vollständig und die Eckzähne nicht hoch entwickelt. Wie *Caenotherium war Xiphodon* ein hornloses Geschöpf, hatte aber nur zwei Zehen, wobei die beiden seitlichen Finger durch die geringsten Ansätze von Mittelhandknochen dargestellt wurden . Die anderen Mittelhandknochen waren ungewöhnlich lang.

Amphimeryx (auch *Xiphodontotherium genannt*) ist weitaus unvollständiger bekannt, gehört aber zu dieser Familie bzw. zu der der Caenotheriidae . *Dichodon* ist ein weiteres Mitglied derselben Familie.

Fam. Oreodontidae . — Diese aus zahlreichen Gattungen bestehende Familie ist auf den nordamerikanischen Kontinent beschränkt. Sein zeitliches Spektrum reicht vom Eozän bis zum Unteren Pliozän. Die Familie als

Ganzes zeichnet sich durch eine Reihe primitiver Charaktere aus. Das Gebiss ist vollständig; die Füße sind vier- oder sogar fünfzehig; Die Umlaufbahn ist manchmal hinten offen. Die Eckzähne des Unterkiefers sind nicht stärker ausgeprägt als die Schneidezähne. Die Merkmale der Gruppe werden durch Betrachtung einiger der Hauptgattungen, die zu dieser Familie gehören, weiter entwickelt.

Oreodon ist eine miozäne Form, etwa so groß wie ein Pekari. Der Schädel hat ein kurzes Gesicht mit einer vollständig geschlossenen Augenhöhle. Vor der Augenhöhle befindet sich eine tiefe Grube, nicht nur ein Mangel an Verknöcherung, wie er bei vielen Artiodactyles auftritt . Diese liegt auf dem Tränenbein und ist tatsächlich eine Tränengrube, wie sie auch bei anderen Formen vorkommt. Der Zahnfortsatz des Achsenwirbels ist wie bei den neueren Artiodactyles etwas käsetasterförmig . Es gibt vierzehn Rückenwirbel und eine sehr große Anzahl von Schwanzwirbeln . Der Radius und die Elle sind ebenso wie die Handwurzeln vollständig getrennt. Die Vorderbeine bestehen aus fünf Fingern. Die Fibel ist vollständig und unabhängig. Der Hinterfuß ist vierzehig. Es sind mehrere Arten der Gattung bekannt.

Merycochoerus ist eine verwandte Gattung aus dem Miozän. Es hat eine massivere Form als das letzte, weist aber ansonsten keine wesentlichen Unterschiede auf.

Mesoreodon ist eine weitere Gattung dieser Familie, die einige merkwürdige Organisationsmerkmale aufweist . Am Schädel und an den Zähnen gibt es nichts besonders Bemerkenswertes, aber das Zungenbein ist bemerkenswert. Dieses Schädelanhängsel ist keineswegs immer erhalten, und wenn es so ist, könnte man bestreiten, dass es zu einem bestimmten Schädel gehörte. Im vorliegenden Fall scheint es keinen Zweifel an der Identität der Knochen zu geben, die den entsprechenden Knochen der Perissodactyla viel mehr ähneln als denen anderer Artiodactyles . In Verbindung mit den Knochen wurde ein verknöcherter Schildknorpel des Kehlkopfes gefunden. Da es sich bei dem Schädel um den eines Mannes handelte, könnte es sich bei diesem Charakter um einen sexuellen Charakter handeln. Es ist durchaus vergleichbar mit der Verknöcherung desselben Knorpels beim amerikanischen Affen *Callithrix* . „Die Funktion des Knochens", bemerkt Professor Scott, [212] „war wahrscheinlich ähnlich der des enorm aufgeblasenen Basihyal der Brüllaffen und muss diesen Tieren äußerst ungewöhnliche Stimmkräfte verliehen haben." Eine weitere wichtige anatomische Tatsache über *Mesoreodon* ist die offensichtliche Existenz eines Schlüsselbeins. Es ist natürlich denkbar, dass die Überreste eines anderen Tieres mit denen der Individuen vermischt wurden, auf denen die vorliegende Gattung basiert; aber falls das nicht gelingt, hier ist ein Schlüsselbein eines Huftiers. Die Wirbelsäule des Schulterblatts besitzt ein Metacromion . Es wird vermutet , dass diese stärkere Entwicklung der Wirbelsäule des Schulterblatts bei Artiodactyles als bei Perissodactyles mit dem früheren Verlust des Schlüsselbeins bei der letztgenannten Gruppe von Huftieren zusammenhängt.

Cyclopidius (Synonym zu *Brachymeryx*) ist eine Art Mopsform von *Oreodon* . Der Schädel ist kurz und breit und das Ende der Schnauze ist etwas nach oben gerichtet. Die oberen Schneidezähne sind klein und fallen früh aus. Auf jeder Seite der Nasenflügel befindet sich ein großer ovaler Hohlraum, der vielleicht mit dem seitlichen Mangel zu vergleichen ist, der bei anderen Artiodactyles zu finden ist . Eine Art dieser einzigartig aussehenden Form wird passenderweise *C. simus genannt* .

Weitere verwandte Gattungen sind *Merychyus* und *Leptauchenia* . Erstere reicht bis ins untere Pliozän und ist damit eine der neuesten Formen der Oreodontidae .

Agriochoerus [213] (Abb. 178) wird in eine von den gerade betrachteten Arten getrennte Unterfamilie eingeordnet. Das Verbreitungsgebiet liegt im Miozän. Er unterscheidet sich von *Oreodon* und seinen näheren Verwandten dadurch, dass die Umlaufbahn hinten offen und nicht geschlossen ist. Das Bemerkenswerteste an diesem Geschöpf ist, dass die Endphalangen der Zehen (fünf an den Vorder- und vier an den Hinterpfoten) spitz zulaufen, was darauf hindeutet, dass sie eher von Krallen als von Hufen umgeben sind. Obwohl der Pollex klein ist, scheint er opponierbar gewesen zu sein. Wie bei anderen Oreodonten sind die Backenzähne Selenodonten. Die Prämaxillen sind zahnlos – zumindest bei Erwachsenen, denn bei jungen Menschen sind zwei Zähne vorhanden. Es gibt mehrere Arten. *Agriochoerus hatte* wie *Oreodon* und primitive Huftiere im Allgemeinen einen langen Schwanz. Die Gattung weist somit eine Mischung aus antiken und spezialisierten Merkmalen auf.

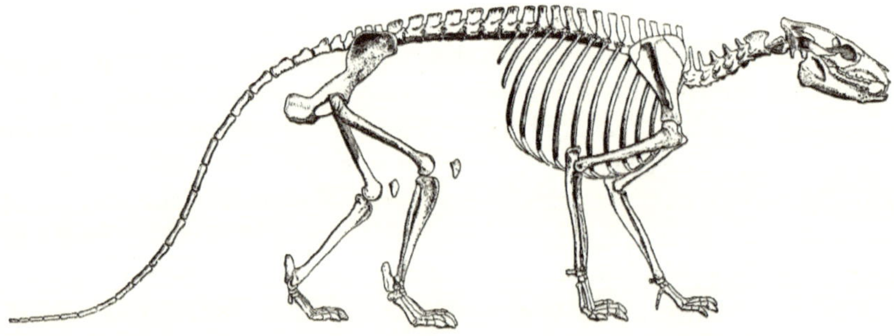

FEIGE. 178. – Skelett von *Agriochoerus latifrons* . × ⅛. (Nach Wortman.)

Die älteste Form von Oreodont ist *Protoreodon* . Dies ist das Eozän und ist in dieser Zeit ausgestorben. Es hatte ein vollständiges Gebiss, eine offene

Augenhöhle und keine Tränengrube. Die Vorderpfoten waren fünfzehig, die Hinterpfoten waren vierzehig.

Fam. Anoplotheriidae . — Diese Familie stammt zeitlich vollständig aus dem Eozän und ist außerhalb Europas unbekannt. Das Gebiss der Gruppe ist vollständig; Die Backenzähne sind wie die der Anthracotheriidae seleno - bunodontisch . Die Knochen von Handwurzel, Fußwurzel, Mittelhand und Mittelfuß sind alle frei; Die Zahl der Zehen an jedem Fuß beträgt vier bis zwei. Die Umlaufbahn ist hinten weit offen. Der Schwanz ist lang, wie bei *Xiphodon* usw.

Diese allgemeinen Charaktere dienen nur dazu, die Familie zu differenzieren; aber sie veranschaulichen seinen archaischen Charakter, in dem er den Xiphodontidae und noch mehr den Anthracotheriidae ähnelt . Eine Untersuchung einiger Gattungen, die der Familie zugeordnet wurden, wird weitere Merkmale in der Organisation dieser sehr alten Artiodactyles hervorbringen .

Anoplotherium wird so genannt, weil es, wie alle antiken Artiodactyles , weder Hörner noch Krallen hat. Stoßzähne hätte es vielleicht, aber tatsächlich nicht. Es gibt, wie bei Artiodactyles allgemein, neunzehn dorso -lumbale Wirbel; Der lange Schwanz hat zahlreiche Chevrons. Das Schulterblatt hat ein gut ausgeprägtes Akromion und einen ausgeprägten Processus coracoideus; es ist proximal breit. Die Knochen des Unterarms und des Vorderbeins sind, wie bei primitiven Artiodactyles üblich , getrennt.

Im Schädel sind die Hauptmerkmale, zusätzlich zu den in der Definition der Familie erwähnten, die große Größe der Paroccipitalfortsätze ; Es gibt keine Fossa lachrymalis oder einen Mangel an der Seite des Gesichts. Das Tier hat drei Zehen, sowohl an den Vorder- als auch an den Hinterbeinen. Der zweite Zeh ist fast so groß wie der dritte und vierte Artiodactyle . Von den beiden verbleibenden Fingern sind winzige Rudimente vorhanden. Der Hinterfuß ist ebenfalls dreizehig und es gibt eine Spur des Hallux. Die Finger sind so weit voneinander entfernt und weichen voneinander ab, dass vermutet wird, dass das Tier Schwimmfüße hatte und Sümpfe bewohnte, in denen es mit Hilfe seines langen Schwanzes schwamm. Die Kreatur hatte die Größe eines Tapirs.

Anoplotherium sind eine Reihe anderer Gattungen sehr ähnlich .

Diplobune (= *Hyracodontotherium* war dem letzten Tier sehr ähnlich, hatte aber eine zartere Gestalt. Die Finger und Zehen (jeweils drei) enden in so spitzen Fingergliedern, dass sie fast wie Krallen aussehen. Es gibt mehrere Arten dieser Gattung. *Dacrytherium* unterscheidet sich durch das Vorhandensein einer Tränengrube.

Dichobune hat vierzehige Extremitäten, von denen die seitlichen schlanker und kürzer sind als die beiden mittleren. Wie bei anderen Anoplotheriidae sind die vorderen Prämolaren mit einer scharfen Schneide versehen.

Bestellen Sie V. SIRENIA.

Wassersäugetiere mit nur wenigen verstreuten Haaren; Hinterbeine fehlen; Vorderbeine paddelförmig; Der Schwanz ist abgeflacht und entweder walförmig oder rhomboidförmig bis kreisförmig. Nasenlöcher auf der Oberseite der nicht besonders verlängerten Schnauze. Schlüsselbeine fehlen. Das Schulterblatt hat die normale Säugetierform mit einer gut entwickelten und etwa mittleren Wirbelsäule. Die Knochen von Arm und Hand sind wie bei Landtieren miteinander verbunden; Die Phalangen zeigen höchstens Spuren einer über das Normale hinausgehenden Zahlzunahme. Das Becken wird durch einen Überrest dargestellt, der bei manchen Fossilien höher entwickelt ist als bei rezenten Formen. Magenkomplex, bestehend aus mehreren Kammern. Einfache, nicht gelappte Lunge. Zwerchfell schräg und sehr muskulös. Das Gehirn hat eine eigentümliche Form und ist leicht gewunden. Hoden Bauch. Zitzen zwei und Brust in Position. Plazenta nicht laubabwerfend und zonär. [214]

Diese begrenzte Gruppe besteht aus rein aquatischen Formen, die in ihren Neigungen sowohl Meer- als auch Süßwasserarten sind. Sie wurden in unmittelbarer Nähe der Wale platziert; aber die meisten Zoologen glauben heute, dass die Ähnlichkeiten, die sie zweifellos mit den Walen zeigen, adaptiver Art sind und mit ihrer ähnlichen Lebensweise zusammenhängen. Die Gruppe ist leicht definierbar. Äußerlich zeichnen sie sich durch ihre dunkle, etwas walartige, wenn auch ungeschicktere Statur und das völlige Fehlen äußerer Ohren und Hinterbeine aus; die letzteren sind jedoch, wie gleich gezeigt wird, durch bestimmte rudimentäre Knochen gekennzeichnet. Es gibt einen abgeflachten Schwanz, der bei Dugong und *Rhytina* genau dem eines Wals ähnelt. Es ist interessant festzustellen, dass die frühere Gattung, deren Schwanz, zumindest nach den Maßstäben der Wale, vollständiger für das Leben im Wasser modifiziert ist, auch andere Merkmale aufweisen sollte, die auf ihr längeres Leben als Meereslebewesen hinweisen. Denn die Flossen ähneln insofern eher einem Wal, als der Unterarm ganz oder fast vollständig vom Körper umschlossen ist und die Nasenlöcher deutlich höher positioniert sind als bei der Seekuh. Die Vorderbeine dieser Gruppe sind, wie aus dem eben Gesagten hervorgeht, flossenähnlich; aber im Gegensatz zu dem, was wir bei Walen finden, weisen die Fingerglieder in der Regel keine Spuren der Vermehrung auf, ein so charakteristisches Merkmal der Walhand, und die einzelnen Knochen sind durch wohlgeformte Gelenke verbunden. Unter der dicken Haut, die beim Dugong nur spärlich mit kräftigen Haaren versehen ist, befindet sich eine Speckschicht. Dr. Murie hat darauf aufmerksam gemacht, dass sich diese Schicht der Seekuh [215] vom Speck des Wals dadurch unterscheidet, dass es nirgends freies Öl gibt. [216]

Das Skelett der Sirenia ist stark und massiv und steht somit im Kontrast zu den locker strukturierten Knochen der Cetacea. Die Halswirbel sind in der Regel frei, bei *Manatus* und dem ausgestorbenen *Halitherium sind der zweite und dritte jedoch verwachsen* . Bemerkenswert ist, dass bei *Rhytina* die Halswirbel die überaus dünnen Zentren aufweisen, die für die Halswirbel bei Walen charakteristisch sind . Die Rippen sind meist durch zwei Köpfe fest miteinander verbunden. Das Brustbein ist im Allgemeinen reduziert, wie bei Walen; und es sind nur wenige Rippen daran befestigt. Darüber hinaus sind die Wirbel durch Zygapophysen gut miteinander verbunden und nicht lose befestigt wie bei Walen.

Das Schulterblatt ist lang und schmal und dem der Robben nicht unähnlich. Es unterscheidet sich völlig vom eigenartig modifizierten Schulterblatt des Walstamms. Aber wie bei letzterem gibt es keine Schlüsselbeine.

Die Hinterbeine werden nur durch das Becken repräsentiert; und dies ist eine rudimentäre Struktur, die jedoch im Grad ihrer Degeneration variiert. Das des ausgestorbenen *Halitherium* erinnert an das Becken des Rorqual. Es gibt einen einzelnen dreistrahligen Knochen mit einer Hüftpfanne für das Rudiment des Femurs in der Mitte ; es deutet darauf hin, dass hier die drei normalen Elemente des Beckens zu einem einzigen Knochen verschmolzen sind. Beim Dugong befinden sich auf jeder Seite zwei kleine Knochen.

Die Seekühe (*Manatus*) [217] kommen in den Süßwasser- und Atlantikküsten Südamerikas und Afrikas vor. Es scheint, dass es vier Arten gibt, von denen nur eine afrikanisch und die anderen amerikanisch sind. Berichten zufolge kam diese Gattung früher an der Küste von St. Helena vor.

Die Seekuh besitzt nur sechs Halswirbel, was sie von den anderen existierenden Gattungen ihrer Gruppe unterscheidet. Ein bemerkenswertes Merkmal ist die große Anzahl an Backenzähnen. Diese vermehren sich offenbar im Laufe seines Lebens auf unbestimmte Zeit, was darauf hindeutet, dass sie durch die Art der Nahrung – Algen mit viel Sand beigemischt – abgetragen werden. In einer Kieferhälfte wurden bis zu zwanzig Backenzähne gezählt, und es gibt keinen Grund, die Annahme zu verbieten, dass es noch zahlreicher werden könnte. Diese große Anzahl knirschender Zähne deutet offensichtlich auf die Wale hin, mit denen die Sirenia von manchen als Verbündete angesehen werden. Es ist zumindest ein bemerkenswerter Zufall, dass diese beiden Wassersäugetiergruppen beide die gleiche unbestimmte Zahnformel angenommen haben. Es ist richtig, davon auszugehen, da ausgestorbene Formen der Seekühe wie *Halitherium* und *Prorastoma* keine kontinuierliche Abfolge von Backenzähnen aufweisen. Das

Gehirn der Seekuh ist, im Gegensatz zur üblichen Anordnung bei Wassersäugetieren, glatt und nur durch ein oder zwei Risse gekennzeichnet.

Die Seekuh [218] hat eine schwarze Farbe und ihre dicke Haut ist faltig. Das Tier wird bei der Nahrungsaufnahme durch einen merkwürdigen Mechanismus der Oberlippe unterstützt; Dieses ist zweigeteilt, und die beiden mit starken Borsten versehenen Hälften können wie die Spitzen einer Pinzette aneinander spielen. Die Flossen sind mit Nägeln versehen, außer bei *M. inunguis* , aber bei den genagelten Formen ist nicht jeder Finger so bewaffnet.

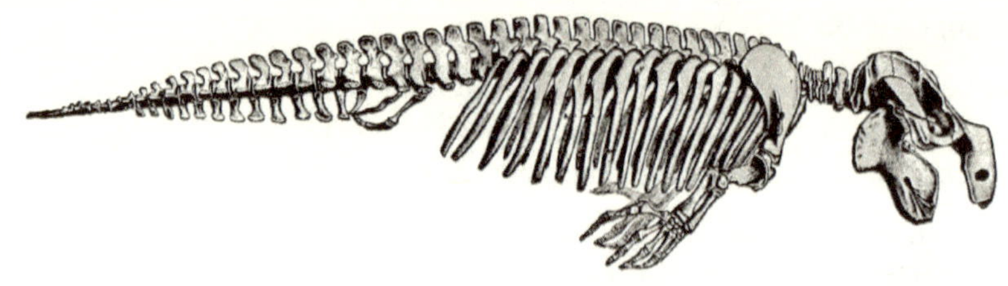

FEIGE. 179.— Skelett von Dugong. *Halicore australis*. (Nach de Blainville.)

Halicore , [219] der Dugong, ist eine völlig orientalische und australische Form; Es scheint nur eine einzige Art zu geben, obwohl vermeintlich unterschiedlichen Arten mehr als ein Name gegeben wurde. Wie bereits erwähnt, unterscheidet es sich von der Seekuh durch den Besitz eines walähnlichen Schwanzes; Auch die Nasenlöcher befinden sich mehr auf der Oberseite des Kopfes und es gibt keine Nägel auf der Flosse. Die eigentümliche Lippenspalte der Seekuh ist beim Dugong nicht so stark ausgeprägt, aber es gibt Spuren davon; und beim Fötus ist die Ähnlichkeit mit der Seekuh in dieser Hinsicht sehr auffallend. Es scheint daher, dass *Halicore Manatus* eine Etappe voraus ist ; dass der bemerkenswerte Mechanismus der Lippe des letzteren vom Dugong besessen, aber verloren gegangen ist. Der Schädel des Dugong zeichnet sich durch die kräftigen Oberkieferknochen aus, die beim Männchen einen Stoßzahn tragen. Bei der Frau ist der Zahn vorhanden, sitzt aber im Knochen fest. Dieser Schneidezahn hat einen Milchvorläufer. Die Anzahl der Hinterzähne des Dugong (es gibt keine Eckzähne) ist gering (vier oder fünf, sogar sechs), was im Vergleich zum *Manatus eine allmähliche Verringerung zeigt* ; und dies gipfelt in der zahnlosen *Rhytina* . Interessant ist auch, dass im massiven Unterkiefer Spuren eines Schneidezahns vorhanden sind. Würde man daraus einen Stoßzahn entwickeln, würde der Kiefer eine merkwürdige Ähnlichkeit mit dem von *Dinotherium aufweisen* .

Der Dugong, *H. dugong* , hat den Ruf, das Original der Meerjungfrauenlegende zu sein, da das Junge mit einer Flosse an der

Brustbrust gehalten wird . „Aber es sollte beachtet werden", bemerkt Dr. Blanford zu Recht , „ dass Geschichten über Wesen, die halb Mann oder Frau, halb Fisch sind, in gemäßigten Meeren ebenso häufig vorkommen wie in tropischen Meeren, und dass einige von ihnen älter sind als alle europäischen Erkenntnisse darüber." der Dugong.

Ausgestorbene Sirenen. — Die früheste Gattung, die mit Sicherheit dieser Ordnung zugeordnet werden kann, ist das Oligozän *Prorastoma* . Obwohl diese Gattung keine besonderen Schädelmerkmale bietet, die bei der Bestimmung der viel diskutierten Verwandtschaft der Sirenia helfen könnten, weist sie einen bemerkenswerten Zustand der Zähne auf, der einen Hinweis geben könnte. Die kürzlich von Herrn Lydekker beschriebene Art *P. veronense* [220] basiert auf einem Schädelfragment, das zwei Zähne enthält, die offenbar den dritten und vierten oberen Milchmolaren darstellen . Das Interesse an diesen Zähnen liegt in der Tatsache, dass sie eindeutig den für bestimmte frühe Artiodactyles charakteristischen Buno -Selenodont-Zustand aufweisen , z *Merycopotamus* .

Halitherium ist eine spätere Gattung, die durch das nahezu vollständige Skelett bekannt ist. Der Schädel ähnelt dem anderer Sirenien, mit der nach unten gerichteten Prämaxillarregion. Aber die Nasenknochen, die bei neueren Formen verloren gegangen oder zumindest rudimentär sind, sind gut entwickelt; Die Ähnlichkeit der alten mit den lebenden Formen wird in dieser Hinsicht von den Zeuglodonten im Vergleich zu den rezenten Walen genau erreicht. Die Wirbelzentren weisen ausgeprägte Epiphysen auf, die bei lebenden Sirenen verschwunden sind. Es gibt sieben Halswirbel, von denen der zweite und der dritte gelegentlich verwachsen sind. Es gibt neunzehn Rippenpaare und drei Lendenwirbel. Das Brustbein besteht aus drei separaten Teilen. Es gibt einen rudimentären Femur.

Die kürzlich ausgestorbene Steller-Seekuh, die zur Gattung *Rhytina gehört* , war ein riesiges Tier, das bis fast zum Ende des letzten Jahrhunderts im Fleisch gesehen wurde. Es kam häufig an den Ufern der Beringstraße vor. Seine Überreste finden sich im Torf an den Küsten dieser Meere. Er erreicht eine Länge von etwa 20 bis 30 Fuß. Die äußeren Charaktere ähnelten denen anderer neuerer Sirenen. Die Nasenlöcher befanden sich über dem vorderen Teil der Schnauze, wobei letzterer stumpf und stumpf war. Der Schwanz hatte das Muster eines Wals und ähnelte somit dem von *Halicore* . Der Kopf dieses Sirenen war klein, und die Zähne waren vollständig verschwunden, abgesehen von der offensichtlichen Existenz zweier kleiner Schneidezähne als vorübergehende Strukturen im Oberkiefer. Das Fehlen von Zähnen wurde durch das Vorhandensein eines Horngaumens zum Zerreiben der Algen kompensiert, die die Nahrung der Stellerschen Seekuh darstellten. Die Vorderbeine besaßen offenbar keine Nägel, waren aber an den Enden mit kurzen, borstigen Haaren bedeckt, was zweifellos dazu diente, das Tier sicher an den rutschigen Fucus-Beeten festzumachen, auf denen es weidete.

Es gibt neunzehn Rippenpaare. Die Wirbel der Halsregion sind die üblichen sieben, und die Wirbel sind dünn und plattenförmig wie bei den Cetacea, weshalb das Tier wie diese Meerestiere einen kurzen Hals hat.

KAPITEL XII

CETACEA – WALE UND DELFINE

Anordnung VI. CETACEA. [221]

Wassersäugetiere von fischähnlicher Form; Schwanz zu horizontalen Schwanzflosse ausgeweitet; eine fette Rückenflosse, die bei den meisten Arten vorhanden ist; vordere Gliedmaßen in flossenartige Paddel umgewandelt; hintere Gliedmaßen nur durch Skelettrudimente dargestellt. Die Behaarung ist in der Nähe der Schnauze auf wenige einzelne Haare reduziert . Nasenlöcher, dargestellt durch ein einzelnes oder doppeltes Blasloch, das fast immer weit hinten am Schädel liegt. Knochen von lockerer Beschaffenheit und stark mit Öl imprägniert. Der Schädel hat einen stark entwickelten Gesichtsteil; supraokzipitale Knochen treffen auf die Stirnbeine, indem sie überwachsen oder zwischen den Scheitelbeinen wachsen; Knochen, die das Hörorgan umgeben und locker mit dem Schädel verbunden sind, das Trommelfell von eigentümlicher Kaurimuschelform. Coronoidfortsatz des Unterkiefers fehlt oder ist nur sehr schwach entwickelt. Zähne, wenn vorhanden, wenige oder zahlreich, immer von einfacher konischer Form, höchstens mit Spuren zusätzlicher Höcker (*Inia*); Bei Abwesenheit wird ihr Platz durch Fischbein eingenommen. Halswirbel mit kurzem antero-posteriorem Durchmesser, oft mehr oder weniger vollständig zu einer einzigen Masse verschweißt. Die Gelenke zwischen Rücken- und anderen Wirbeln sind schwach. Schulterblatt besonders abgeflacht; Akromion ist in der Regel stark entwickelt, geht aber aus einer leicht ausgeprägten Wirbelsäule hervor; Processus coracoideus im Allgemeinen stark entwickelt. Die Fingerglieder sind stets zahlreicher als bei anderen Säugetieren. Schlüsselbeine fehlen. Magenkomplex, bestehend aus mindestens vier und oft mehr Kammern. Einfache, nicht gelappte Lunge. Das Zwerchfell ist schräg gestellt und sehr muskulös. Das Gehirn ist quer stark ausgedehnt und gut gewunden. Hoden Bauch. Zwei Zitzen, Leistenstellung. Plazenta diffus und nicht dezidativ.

Die Wale und Delfine, aus denen diese Ordnung besteht, bilden eine Ansammlung, die sich leicht dadurch charakterisieren lässt, dass ihre Verwandtschaft zu anderen Säugetiergruppen so zweifelhaft ist, dass sie eher Anlass für Spekulationen als für verbindliche Aussagen liefern. Einige meinen, dass sie in bestimmten Punkten den Ungulata ähneln ; während andere in ihnen wiederum den Höhepunkt einer Reihe sehen, die mit einer Form wie dem Otter beginnt und von der die Robben und Seelöwen Zwischenstufen sind. Eine dritte Meinung ist, dass die Wale aus einem kleinen Säugetierbestand hervorgegangen sind, der zu primitiv ist, um einer bestehenden Säugetierordnung zugeordnet zu werden. Die Paläontologie gibt , wie wir später sehen werden, keinerlei Aufschluss über ihren Ursprung. Auf diese Angelegenheit wurde bereits bei der Betrachtung der Stellung der Cetacea hingewiesen (siehe S. 120).

Die Wale sind die gigantischste aller Wirbeltierarten. Kein lebendes oder ausgestorbenes Lebewesen ist so groß wie der Sibbald- Rorqual, der eine Länge von etwa 85 Fuß oder vielleicht sogar noch mehr erreicht. Auf der anderen Seite haben wir vergleichsweise winzige Formen. Abgesehen von dem möglicherweise problematischen *Delphinus minutus* , der angeblich nur 2 Fuß lang ist, haben wir mindestens 3 oder 4 Fuß. Die Größe der Cetacea wurde stark übertrieben. Die erste Pflicht eines Wals, bemerkte der verstorbene Sir William Flower, besteht darin, groß zu sein; und Naturhistoriker haben sowohl in der jüngeren als auch in der fernen Vergangenheit nicht gezögert, die Größe der größeren Mitglieder des Ordens mit sehr runden Zahlen zu belegen. Wir können vielleicht Plinius' „Fisch namens Balaena oder Strudel, der so lang und breit ist, dass er mehr als zwei Hektar Land in Länge und Breite einnimmt" und eine Reihe analoger Übertreibungen übergehen, die sich allmählich auf die geraden Dimensionen reduzierten sagte der große Rorqual. M. Pouchet hat den genialen Vorschlag gemacht, dass die Aussagen der Alten möglicherweise näher an der Wahrheit waren, als Beobachtungen von heute uns glauben machen würden; Er wies zu Recht darauf hin, dass Wale früher nicht so unerbittlich verfolgt wurden wie im letzten Jahrhundert; Die Schlussfolgerung ist, dass sie möglicherweise ein höheres Alter erreicht und eine kolossale Masse erreicht haben. Die moderneren Übertreibungen bei den Abmessungen der größeren Wale sind wahrscheinlich auf die Tatsache zurückzuführen, dass die Messungen nicht in einer geraden Linie von der Schnauze bis zum Schwanz vorgenommen wurden, sondern entlang der hervorstehenden Seiten des Wals, die dadurch sogar noch konvexer als in der Natur sind Zersetzung und durch Druck aufgrund der immensen Masse des Lebewesens.

Die Cetacea sind die am besten im Wasser lebenden Säugetiere; Sie verlassen niemals die Gewässer, in denen sie leben. Es ist wahr, dass Legenden sie als Weidegänger am Ufer dargestellt haben – Aelian sprach von Delfinen, die sich im Sand in den Sonnenstrahlen sonnten; und der „Teufelsfisch" Kaliforniens, *Rhachianectes* (siehe S. 357), hat zu unwahrscheinlichen Geschichten geführt – aber es sind offenbar nur Legenden. Tatsächlich kann ein gestrandeter Wal nicht lange leben, da er nicht atmen kann und die vergleichsweise schwache Brust von seinem eigenen Gewicht zerquetscht wird. In Übereinstimmung mit der rein aquatischen Lebensweise finden wir eine Modifikation der äußeren Form des Körpers (und, wie wir später sehen werden, vieler innerer Organe), die die Cetacea äußerlich von allen anderen Säugetieren unterscheidet. Die Form ist fischähnlich, die Vorderbeine sind

Paddel, der Schwanz ist in zwei horizontale Schwanzflosse ausgeweitet, die dazu dienen, das Lebewesen durch das Wasser voranzutreiben.

FEIGE. 180.— Killer. *Orca-Gladiator.* × 1 / 40 (Nach True.)

Die Haut ist glatt und glänzend, so glatt und glänzend, dass sie oft mit Kutschenleder verglichen wird. Dennoch sind sie nicht ganz ohne das wichtigste Merkmal der Klasse Mammalia , eine Haarschicht. Die Haarbedeckung ist jedoch auf kleinste Proportionen reduziert; es wird nur durch wenige Haare – so wenige, dass man sie leicht zählen kann – in der Nähe der Schnauze dargestellt. Diese Haare sind nicht bei allen Walen vorhanden; sie fehlen beispielsweise beim Weißwal oder Beluga. Wenn sie vorhanden sind, sind sie weder mit Talgdrüsen noch mit Muskelfasern ausgestattet , die bei den Säugetieren im Allgemeinen so universelle Begleiterscheinungen der Haarfollikel sind. Dies scheint ein schlüssiger Beweis dafür zu sein, dass die Haare, so wenige sie auch sind, immer noch einer Degeneration unterliegen. Durch das Vorhandensein einer dicken Fettschicht direkt unter der Haut entfällt die Notwendigkeit eines pelzigen Fells. Dies wird als Speck bezeichnet und ist der Hauptanreiz für die Jagd auf Wale. Es darf jedoch nicht ohne weiteres angenommen werden, dass das Haar fehlt, weil an seine Stelle der Speck als Mechanismus zur Wärmespeicherung getreten ist; denn der Robbenstamm besitzt sowohl Fell als auch Speck. Eine andere denkbare Erklärung steht im Widerspruch zu einer solchen Wirtschaftsauffassung. Es kann festgestellt werden, dass bei Huftieren die Tendenz besteht, Haare zu verlieren, insbesondere bei mehr oder weniger aquatischen Formen. So ist das Nilpferd fast nackt (ebenso wie das Walross); Auch das Nashorn, das sich oft in sumpfigen Böden aufhält, ist fast ebenso kahl wie das Nilpferd. Es ist jedoch nicht geklärt, dass die Wale irgendetwas mit den Ungulata zu tun haben ; andernfalls könnte ein zusätzliches Argument herangezogen werden, nämlich der säkulare Haarausfall bei einigen Mitgliedern dieser Gruppe. Das haarige Nashorn, *Rh. Tichorhinus* war, wie der Name schon sagt, ein haariges Tier; das Mammut war genauso. Die Nachkommen oder zumindest die modernen Vertreter dieser beiden Lebewesen sind nur spärlich mit Haaren bekleidet.

Ein letzter Grund für den nackten Charakter der Haut bei existierenden Cetaceen hängt eng mit einem Merkmal in der Organisation von drei oder vier lebenden Arten zusammen, das zunächst beschrieben werden muss.

Vor einigen Jahren beschrieb der verstorbene Dr. JE Gray vom British Museum vom Meer aus vor Margate, was seiner Meinung nach eine neue Schweinswalart war, die durch das Vorhandensein einer Reihe steiniger Tuberkel auf der Rückenflosse gekennzeichnet war . Tatsächlich wurde später gezeigt, dass der Schweinswal die gleichen Strukturen aufweist, so dass kein Bedarf für eine Margate-Art, *Phocaena, bestand Tuberkulose* . Darüber hinaus ist beim indischen *Neomeris* , einem engen Verwandten des Schweinswals, eine häufigere verkalkte Schuppenschicht entlang des gesamten Rückens des Tieres vorhanden. Es wurde festgestellt , dass diese Platten beim Fötus größer sind , eine Tatsache, die natürlich darauf hindeutet, dass es sich um ein Erbe aus der Vergangenheit handelt, das nun rückläufige Veränderungen durchmacht. Eine solche Betrachtungsweise der Tatsachen wird durch die Entdeckung von Knochenplatten durch den Naturforscher und Physiologen Johannes Müller vor vielen Jahren im Zusammenhang mit den Überresten eines Zeuglodont-Cetaceen bestätigt. Es sieht daher sehr danach aus, als hätten die eozänen Vorfahren der modernen Cetacea eine mit Knochenplatten besetzte Haut gehabt, ebenso wie die Gürteltiere. In diesem Fall ist das Verschwinden der Haare nicht überraschend. Der Raum würde von den verkalkten Platten eingenommen, und wenn diese verschwinden, wie es bei der überwiegenden Mehrheit der existierenden Wale der Fall ist, würde nur noch die nackte Haut übrig bleiben.

Wale besitzen keine äußerlich sichtbaren Hinterbeine; Es sind Rudimente dieser Anhängsel vorhanden, auf die im Rahmen der Beschreibung der Hauptmerkmale des Skeletts eingegangen wird. Es wurde jedoch entdeckt, dass beim Schweinswal äußere Überreste der Hinterbeine beim Fötus auftauchen , eine Tatsache, die, wenn man es beachtet, die alte Ansicht widerlegt, dass die Schwanzflosse des Wals das letzte Glied in der Reihe der Wale sei verschwindende Hinterbeine, von denen die Robben mit zusammengebundenen Hinterbeinen und Schwanz einen Zwischenschritt darstellen.

Der Schwanz hat eine fischartige Form, aber die Schwanzflosse ist horizontal statt vertikal wie bei Fischen und *Ichthyosaurus* . Diese Anordnung ist zweifellos mit der Notwendigkeit einer schnellen Rückkehr in die Oberflächengewässer nach einem längeren Untertauchen auf der Suche nach Nahrung verbunden. Ein Abwärtsschlag, wie er durch die kräftigen und großen Schwanzflosse erzeugt wird, würde dieses Ergebnis natürlich schnell herbeiführen. Der Schwanz ist übrigens in jedem Fall das Schwimmorgan. Es wurde festgestellt, dass seine Bewegung leicht rotatorisch ist, wie die einer Schraube, und es ist so, dass die beiden Fluken oft abwechselnd in der Form sind, wie die Flansche einer Schraube; einer ist nach oben konvex, der andere nach unten konvex.

Die Vorderbeine haben die Form von Paddeln, aber sie dienen offenbar nicht so sehr als Fortbewegungsorgane, sondern vielmehr als Gleichgewichtsorgane. Wenn ein Wal getötet wird, fällt er auf die Seite. Die Aufgabe der Flossen besteht darin, die richtige Position beizubehalten. Aufgrund der Tatsache, dass der Embryo häufig eine relativ größere Brustflosse als die des Erwachsenen aufweist – der Unterschied ist auf eine Verringerung der Anzahl der Phalangen beim Erwachsenen zurückzuführen – wird jedoch angenommen, dass die Flosse einst ein Fortpflanzungsorgan war .

Die Brustflosse von Walen gibt es in zwei Formen. Bei den Zahnwalen ist es kürzer und runder; bei den Walknochenwalen länger und schmaler. Strukturelle Unterschiede begleiten diese äußerlichen Unterschiede. Bei der erstgenannten Gruppe liegen der Humerus und der Anfang von Speiche und Elle im Körper und bilden keinen Teil der Flosse. Bei den Walknochenwalen hingegen enthält die Flosse alle Knochen der Vorderextremität. Ein weiterer bemerkenswerter Unterschied zwischen der Hand in den beiden Walgruppen besteht darin, dass die Zahnwale zwar fünf Finger haben, was die vorherrschende Meinung rechtfertigt, sie seien die primitivere der beiden Gruppen, die Walknochenwale jedoch nur vier Finger haben. Tatsächlich scheint der Glattwal *Balaena fünf Finger zu haben;* und in der Tat wird die Tatsache, dass dies der Fall ist, oft verwendet, um ihn vom Buckelwal zu unterscheiden, der zweifellos nur vier Exemplare hat. Aber eine sorgfältige Betrachtung der Sachlage, die beim Fötus von *Balaenoptera vorherrscht* , widerlegt diese Vorstellung. Zwischen scheinbar dem zweiten und dritten Finger erscheint ein rudimentärer Finger, der aus vier Fingergliedern besteht. Dieser entsteht nicht, wie ein zusätzlicher Finger beim Weißwal oder Beluga, durch Spaltung eines Fingers. Dementsprechend wird der vierfingrige Zustand der Walknochenwale dadurch hervorgerufen, dass in der Mitte der Reihe ein Finger herausfällt – eine sehr bemerkenswerte Tatsache. Wenn Finger verschwinden, wie zum Beispiel beim Pferd usw., verschwinden die Ziffern an den beiden Enden der Reihe. Wenn diese Ansicht von Professor Kükenthal [222] akzeptiert wird, folgt daraus, dass der vermutete Daumen des Glattwals das ist, was als Präpollex bezeichnet wurde .

Die Hand der Wale hat wie die einiger anderer Wasserlebewesen, *z. B.* des Reptils *Ichthyosaurus* , eine größere Anzahl von Fingergliedern als die Hand der Landtiere. Dies hat natürlich zur Folge, dass die Flosse länger wird und sich auch als Paddel eignet. Normalerweise sind nicht alle Finger mit dieser großen Anzahl an Hilfsphalangen ausgestattet. An der Hand von Walen wurden rudimentäre Nägel gefunden; aber in keinem Fall sind sie funktionell entwickelt. Bei den Seekühen ist das Verschwinden der Krallen noch nicht ganz gelungen. Bei *M. latirostris* gibt es Nägel; diese sind bei *M. inunguis* , abgesehen von möglichen mikroskopisch erkennbaren Spuren, verschwunden .

Ein sehr charakteristisches Merkmal bestimmter Wale sind die Furchen am Hals. Dies ist insbesondere bei den Walwalen der Fall, zu deren Gruppe auch der Buckelwal *Megaptera* gehört. Die Wale dieser beiden Gattungen (*Balaenoptera* und *Megaptera*) haben eine große Anzahl von Kehlfurchen – es wurden bis zu sechzig gezählt. Bei einigen anderen Walen ist die Anzahl geringer; daher *Rhachianectes* hat nur zwei auf jeder Seite, und die Physeteridae haben nicht viele mehr. Bei sehr jungen Embryonen fehlen diese Furchen. Professor Kükenthal geht davon aus, dass sie eine weite Öffnung des Mundes ermöglichen.

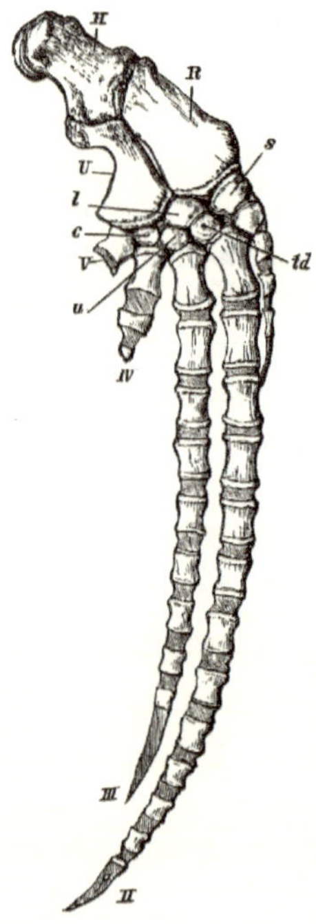

FEIGE. 181. – Rückenfläche der Knochen des rechten Vordergliedmaßes des Rundkopfdelfins (*Globicephalus melas*). × 1 / 10 . Die schattierten Teile der Finger sind knorpelig. *c* , Keilschrift; *H* , Humerus; *l* , Mond; *R* , Radius; *s* , Skaphoid; *td* , trapezförmig oder magnum; *U* , Ulna; *u* , unziform; *II-V* , Ziffern. (Aus Flower's *Osteology* .)

Das Blasloch der Wale ist natürlich die Öffnung der Nasenlöcher, die beim Fötus nicht so weit hinten liegen wie beim Erwachsenen. Durch die Merkmale der Nasenlöcher können die Zahnwale von den Bartenwalen unterschieden werden; bei letzterem ist die Öffnung doppelt, bei ersterem einfach. Bei Delphinembryonen sind die beiden Öffnungen jedoch völlig unabhängig. Das Phänomen des Spuckens wurde oft falsch interpretiert. [223] Wenn der Wal atmet, strömt die ausgeatmete Luft durch die Nasenlöcher aus. Der Wasserdampf im Atem kondensiert in den kalten arktischen Regionen, in denen das Phänomen hauptsächlich beobachtet wurde, zu Wassertropfen. Daher die Idee, dass das Wasser, das durch den Mund aufgenommen wird, durch das Blasloch wieder ausgestoßen wird. Wenn sich der Wal zum Atmen der Oberfläche nähert, kann es sein, dass ein Teil des Meereswassers durch das gewaltsame Ausstoßen der Luft aus der Lunge nach oben getrieben wird. Aber zum größten Teil handelt es sich bei dem ausgestoßenen Wasser lediglich um kondensierten Atem.

Wie einige, aber nicht alle anderen Wassersäugetiere haben die Wale offenbar kein äußeres Ohr. Tatsächlich ist die Ohröffnung übermäßig klein. In einem riesigen Rorqual wird es „eine Feder zulassen"; und obwohl „eine Feder" eher vage ist, können wir jede beliebige Federkielgröße durchaus zulassen, ohne zu beweisen, dass die Öffnung des Gehörgangs alles andere als außerordentlich klein ist. Als weiteren Beweis dafür, dass die Wale die Nachkommen terrestrischer Lebewesen sind, finden wir gelegentlich Spuren von Außenohren. [224]

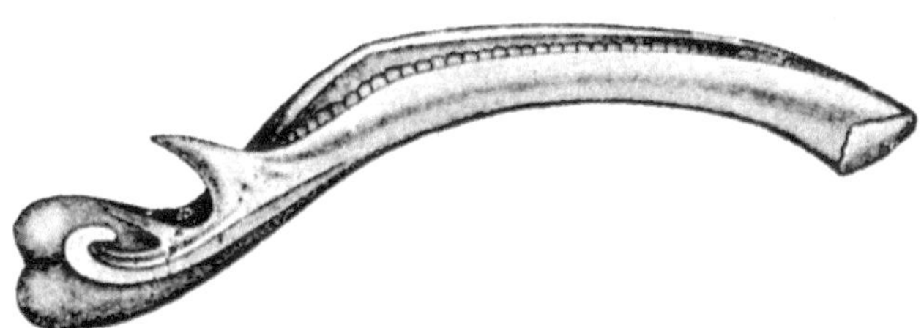

FEIGE. 182. – Linker Unterkiefer des Fötus von *Balaenoptera rostrata* . Innenansicht, natürliche Größe, Zähne sichtbar. (Nach Julin .)

Walknochenwale besitzen nie so viele bleibende Zähne wie die Barten; aber im Fötus gibt es mehr als nur Spuren echter Zähne, die jedoch nie zur Reife gelangen. Das Fischbein selbst wird später beschrieben (S. 354). Dass die Walknochenwale im fötalen Zustand Zähne besitzen, wurde bereits 1807 entdeckt. Dies wurde seitdem von vielen Beobachtern bestätigt. Beim Fötus ist nicht nur ein Gebiss entwickelt Es gibt nur zwei *Balaenoptera* , von denen einer eine größere Reife erreicht; der andere befindet sich tatsächlich noch in einem sehr frühen Entwicklungsstadium. Das vollständigere Gebiss gehört wie bei den Zahnwalen zur Milchreihe. Eine sehr interessante

Schlussfolgerung hinsichtlich der Ableitung der einfachen konischen Zähne der Wale scheint sich aus der Entwicklung dieser Strukturen bei Balaenoptera zu ergeben. Beim jungen Fötus gibt es weniger Zähne als beim fortgeschritteneren Embryo. Nun sind beim jüngeren Embryo einige Zähne mit mehr als einem Höcker versehen; Sie sind bi- oder sogar triconodontisch. Wie Sir R. Owen feststellte, sind die Zähne – einige davon – im wahrsten Sinne des Wortes Doppelzähne. Dies ist ein Hinweis auf die komplizierteren Zähne der Zeuglodonten und zeigt bisher, dass die einfachen konischen Zähne der existierenden Wale (vgl. jedoch die Platanistidae) keineswegs so primitiv sind, wie ihre tatsächliche Struktur zweifellos vermuten lässt glauben. Darüber hinaus fiel die größere Anzahl von Zähnen beim älteren Embryo mit dem Verschwinden dieser Doppelzähne zusammen, die sich in einfache konische Zähne aufzuspalten scheinen.

Die Zahnwale sind nicht mit Barten, sondern nur mit Zähnen ausgestattet. Diese Zähne sind mehr oder weniger zahlreich, ihre Anordnung ist für die Klassifizierung der Gruppe von Bedeutung; Eine Angelegenheit, die später behandelt wird.

Beim Narwal, dessen Gebiss beim Erwachsenen auf den oder die bekannten Stoßzähne reduziert ist (die nur beim Männchen richtig entwickelt sind), gibt es ein vollständiges Fötusgebiss . Professor Kükenthal hat eine sehr merkwürdige Tatsache über das Gebiss des Schweinswals aufgeklärt . Es scheint, dass bei diesem Wal die beiden einander entsprechenden Zähne der beiden Gebisse zu einem einzigen Zahn verschmelzen können, was zur Folge hat, dass eine Doppelkrone entsteht. Es kann sein, dass dies bei den Platanistiden der Fall ist *Inia* , und dass seine diconodonten Zähne daher keine Reminiszenz an die vergleichsweise komplizierten Zähne der alten Zeuglodonten sind.

Die inneren Organe der Wale, die im Vergleich zu anderen Säugetieren die größten Besonderheiten aufweisen, sind der Magen, die Lunge und das Zwerchfell. Wale besitzen immer einen komplizierten Magen, der in viele, aber unterschiedlich viele Kammern unterteilt ist: Bei manchen sind es nur vier, bei Ziphioiden sogar vierzehn .

Aufgrund seiner Komplikationen wurde der Magen [225] mit dem Magen von Wiederkäuern verglichen – es wurde sogar behauptet, dass Wale „wiederkäuen" –, aber der Vergleich ist nicht haltbar. Andererseits gibt es auch keine große Ähnlichkeit mit dem ebenso komplizierten Magen der Sirenen.

Der Rorqual hat einen Magen mit so wenigen Fächern wie jeder andere. Der einzige Wal, der weniger zu haben scheint, ist *Balaena mysticetus* , wo es nur drei gibt. Beim Rorqual öffnet sich die Speiseröhre in einen mehr oder weniger kugeligen Sack; Von dessen oberem Ende, *also* nahe dem Eingang der Speiseröhre , entspringt die zweite, lange und schmale Kammer ; dann folgt ein extrem kurzer dritter Sack, dann ein größerer vierter, danach kommt der erweiterte Anfang des Dünndarms. Letztere könnte man als eine Kammer des Magens betrachten, wenn da nicht die Gänge der Leber und der Bauchspeicheldrüse münden würden. Dies stellt eine Art des Walmagens dar, der offenbar bei allen Walen außer den Ziphioiden vorkommt . Bei letzterem mündet die Speiseröhre wie üblich in das erste Kompartiment; aber der zweite Teil des Magens entsteht nicht in der Nähe des Eingangs der Speiseröhre , sondern am gegenüberliegenden Ende. Es scheint daher, als ob der erste Abschnitt des Magens, der bei den meisten Walen zu finden ist, bei den Ziphioiden fehlte . Diese Betrachtungsweise wird durch die Tatsache bestätigt, dass bei *Hyperoodon* ein Rest des fehlenden ersten Magens in Form eines kleinen Divertikel der Speiseröhre kurz vor dessen Eintritt in den Magen gefunden wird.

Der wesentliche Unterschied zwischen dem Magen des Wals und des Wiederkäuers besteht darin, dass der Magen des Wals hauptsächlich in zwei Teile unterteilt ist, von denen der erste nicht verdauungsfördernd ist und mit Speiseröhrenepithel bedeckt ist . Der zweite Teil, der Labmagen, ist die Verdauungsregion. Der erste Teil ist wiederum in drei Abschnitte unterteilt. Bei den Walen hingegen ist der Verdauungsteil wiederum unterteilt, während der erste Teil nicht so deutlich unterteilt ist wie bei den Wiederkäuern.

Die Lunge zeichnet sich durch ihren ungelappten Charakter aus; darin stimmen sic mit der Lunge der Sirenia überein. Die Brusthöhle, in der sie liegen, ist fassförmig und nicht, wie bei Landsäugetieren üblich, bootförmig, *also* sternal schmaler als oben. Die Veränderung der Form der Brusthöhle ist mit dem Leben im Wasser verbunden; so scheint zumindest die Tatsache, dass es auch bei Robben und sogar beim Otter markiert ist, darauf hinzuweisen. Charakteristisch für die Wale ist auch die große Schrägstellung des Zwerchfells, das äußerst muskulös ist. Auch in diesem Charakter finden wir eine Übereinstimmung mit den Sirenia und auch mit anderen Wassersäugetieren; Es handelt sich daher weniger um ein Merkmal der Wale als vielmehr um einen Beweis für eine Anpassung an das Leben im Wasser. Der Vorteil liegt offenbar in der größeren Kapazität der Brusthöhle und den daraus resultierenden größeren Expansionsmöglichkeiten der Lungen, die sowohl als hydrostatische Organe als auch als Atmungsorgane dienen.

Einige der inneren Arterien der Wale zerfallen in die Retia mirabilia. Ihre Nieren sind gelappt; Ob dies etwas mit dem Wasserleben zu tun hat, ist nicht so klar. Es charakterisiert mehr oder weniger auch die Sirenia und die Otter; aber andererseits zeigen die Landbären den gleichen Bau wie auch einige Huftiere. Es muss auch berücksichtigt werden, dass die Nieren des fötalen Menschen gelappt sind.

Die Leber ist ein kompaktes Organ, das nicht die bei Säugetieren übliche, aber nicht universelle Lobulation aufweist.

Die Knochen der Wale haben eine etwas lockere Struktur und sind stark mit Öl imprägniert. Das Skelett der Wale weist in vielen Merkmalen ein deutliches Unterscheidungsmerkmal auf.

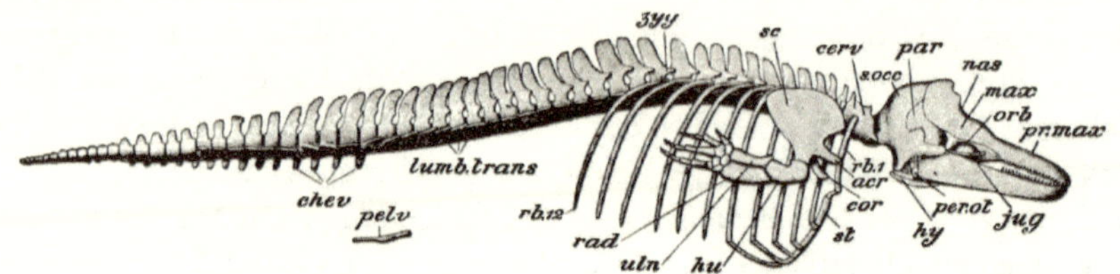

ABB. 183. – Skelett des Schweinswals (*Phocoena communis*), *Acr* , Acromion-Prozess des Schulterblatts; *cerv* , vereinigte Halswirbel; *Chev* , Chevron-Knochen; *cor* , Processus coracoideus; *hu* , Humerus; *hy* , Zungenbein; *Krug* , Jugal; *lumb.trans* , lumbale Querfortsätze; *max* , Oberkiefer; *nas* , nasal; *Orb* , Umlaufbahn; *par* , parietal; *Becken* , Überbleibsel des Beckens; *per.ot* , periotisch; *pr.max* , Prämaxillare; *rad* , Radius; *rb* 1 , erste Rippe; *rb* 12 , zwölfte Rippe; *sc* , Schulterblatt; *s.occ* , supraokzipital; *st* , Brustbein; *ulna* , Elle; *zyg* , Präzygapophyse . (Aus Parker und Haswells *Zoologie* .)

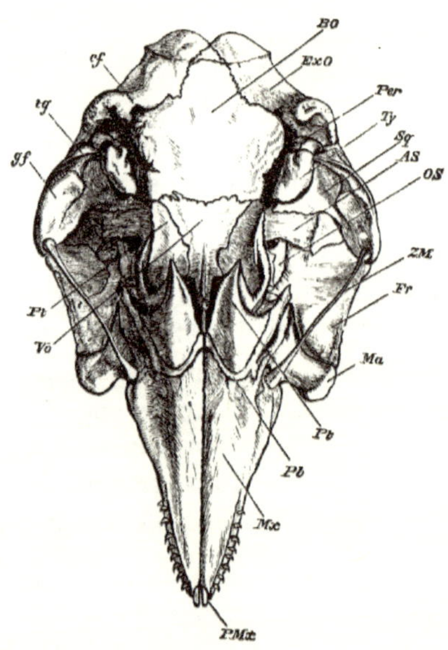

FEIGE. 184. – Unter der Schädeloberfläche eines jungen Caa'ing- Wals (*Globicephalus melas*). × 1 / 5 . *AS* , Alisphenoid; *BO* , basioccipital; *vgl* . Foramen condylaris; *ExO* , exokzipital; *Fr* , supraorbitaler Frontalfortsatz; *gf* , Fossa glenoidalis der Plattenepithelkarzinome; *Ma* , Körper aus Malar; *Mx* , Oberkiefer; *OS* , Orbitosphenoid ; *Per* , hinterer (mastoider) Prozess des

Periotikums; *Pl* , Palatin; *PMx* , Prämaxillare; *Pt* , Pterygoideus; *Sq* , Plattenepithelkarzinom; *tg* , tiefe Furche am Squamosum für den Gehörgangskanal , die zur Paukenhöhle führt; *Ty* , Trommelfell; *Vo* , Vomer; *ZM* , Jochbeinfortsatz. (Aus Flower's *Osteology* .)

Die Gehirnhülle ist im Verhältnis klein und rundlich. Das „Gesicht" ist daher lang, und in einigen Fällen, insbesondere bei den fossilen Formen der Platanistidae , ist das Rostrum außerordentlich verlängert. Die Asymmetrie des Walschädels ist eines seiner bemerkenswertesten Merkmale; Dies ist jedoch ausschließlich auf die Zahnwale beschränkt und ist bei einigen Formen stärker ausgeprägt als bei anderen. Daher sind die Platanistidae und viele Ziphioiden bei weitem nicht so asymmetrisch wie die Delfine und insbesondere *Physeter* . Diese Asymmetrie betrifft insbesondere die Prämaxillae, die Maxillae und die Nasalis. Die Schädelbasis ist symmetrisch. Der Schädel des Wals hat sehr lange Prämaxillen, die jedoch, außer bei den ausgestorbenen Zeuglodonten, keine Zähne tragen . Die Nasenknochen, ob symmetrisch oder umgekehrt, sind bei den existierenden Walen sehr klein, und diese Anordnung entfernt zusammen mit den langen und breiten Oberkieferknochen die vorderen Nasenlöcher, das Blasloch, weit nach hinten. Das Dach des Schädels wird äußerlich überhaupt nicht durch die Scheitelbeine gebildet. Diese Knochen bilden einen Teil der Seite des Schädels, werden jedoch beim Erwachsenen durch das enorm entwickelte Supraokzipital ersetzt oder bedeckt. Auch hier sind die Zeuglodonten typischer für Säugetiere, denn bei ihnen haben die Scheitelbeine eine normale Entwicklung und Stellung und steigen sogar zu einem Mittelkamm an, wie bei so vielen Vierbeinern. Die mit dem Hörorgan verbundenen Knochen, das Trommelfell und das Felsenbein, sind sehr solide und dicht aufgebaut. Darüber hinaus sind sie nur lose mit den umgebenden Knochen verbunden und gehen daher leicht und häufig verloren. Fast die einzigen Säugetiere, die den Walen dadurch ähneln, dass die Pterygoiden manchmal in der Mittellinie darunter zusammentreffen, sind die Edentata (Ameisenbär und Gürteltier, siehe S. 167). Aber in beiden Gruppen ist diese Besonderheit nicht universell.

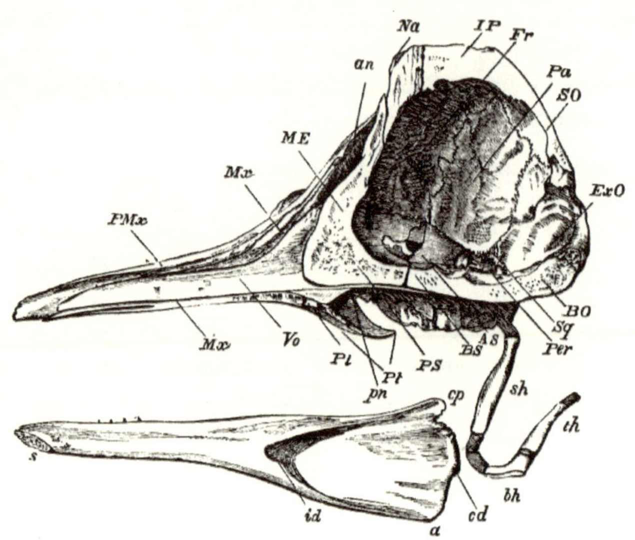

FEIGE. 185. – Ein Abschnitt eines Schädels eines jungen Caa'ing- Wals (
Globicephalus melas). × 1 / 5 . *a* , Winkel; *ein* , vordere Nasenlöcher; *AS* ,
Alisphenoid; *bh* , basihyal ; *BO* , basioccipital; *BS* , Basispnenoid ; *cd* ,
Kondylus; *cp* , Processus coronoideus; *ExO* , exokzipital; *Fr* , frontal; *id* ,
unterer Zahnkanal; *IP* , interparietal; *ME* , verknöcherter Teil des
Mesethmoids ; *Mx* , Oberkiefer; *Na* , nasal; *Pa* , parietal; *Per* , periotisch; *Pl* ,
Palatin; *PMx* , Prämaxillare; *pn* , hintere Nasenlöcher; *PS* , Presphenoid; *Pt* ,
Pterygoideus; *s* , Symphyse des Unterkiefers; *sh* , stylohyal ; *SO* ,
supraokzipital; *Sq* , Plattenepithelkarzinom; *th* , thyrohyal ; *Vo* , Vomer. (Aus
Flower's *Osteology* .)

Die Wirbelsäule zeichnet sich dadurch aus, dass mehr oder weniger
Halswirbel zu einer kurzen und kompakten Masse verwachsen sein können.
Am stärksten ist dies bei den Gattungen *Balaena* und *Neobalaena zu beobachten*
. Der Zahnfortsatz des zweiten Wirbels ist zwar kaum ausgeprägt, aber
dennoch vorhanden und hat sich wie bei anderen Säugetieren aus einem
eigenen knöchernen Zentrum entwickelt. Die Rücken- und Lendenwirbel
sind natürlich durch das Vorhandensein von Rippen zu unterscheiden, die
an ersteren befestigt sind; da aber nur ein rudimentäres Becken vorhanden
ist, das nicht an der Wirbelsäule befestigt ist, kann keine Sakralregion
nachgewiesen werden. Die Schwanzwirbel sind an den vunten liegenden
Chevron-Knochen zu erkennen .

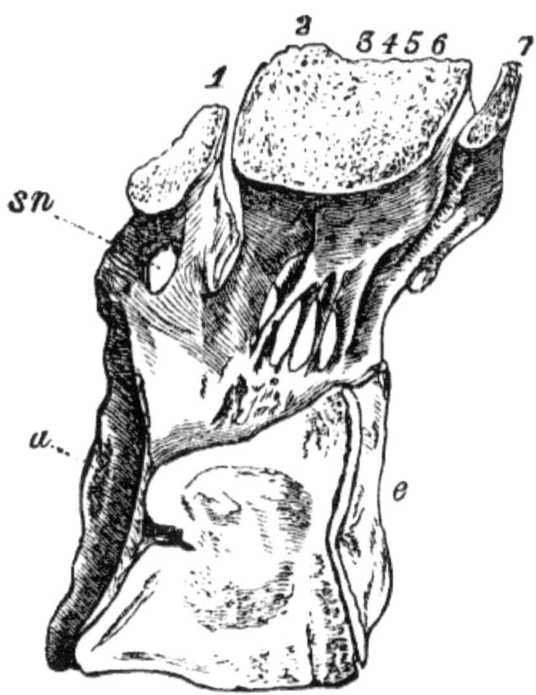

FEIGE. 186. – Schnitt durch die Mittellinie der vereinigten Halswirbel des Grönland-Glattwals (*Balaena mysticetus*). × 1 / 9 . *a* , Gelenkfläche für den Hinterhauptskondylus; *e* , Epiphyse am hinteren Ende des Körpers des siebten Halswirbels; *sn* , Foramen im Atlasbogen für den ersten Spinalnerv; 1, Atlasbogen; 2, 3, 4, 5, 6 verbundene Bögen der Achse und vier folgende Wirbel; 7, Bogen des siebten Wirbels. (Aus Flower's *Osteology* .)

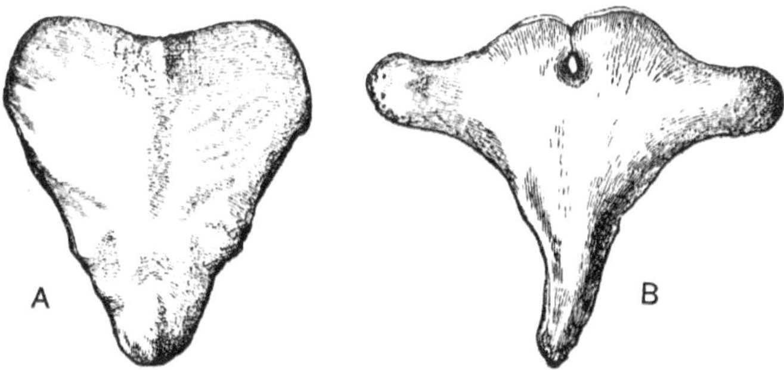

FEIGE. 187. – **A** , Brustbein des Grönlandkaper (*Balaena mysticetus*). × 1 / 15 . **B** , Sternum des Gewöhnlichen Rotwals oder Finnwals (*Balaenoptera musculus*). × 1 / 10 . (Aus Flower's *Osteology* .)

Das Brustbein des Walstamms ist bei den Walknochenwalen viel stärker verändert als bei den Zahnwalen. Bei letzteren besteht es wie bei anderen Säugetieren aus mehreren Teilen, die jedoch oft zusammenwachsen. Bei den Mystacoceti ist dieser Knochen ein einzelnes Stück, an dem nur ein Rippenpaar befestigt ist, und seine Form ist charakteristisch für die Gattung. Bei *Balaena* ist es mehr oder weniger herzförmig und Tbei der Gattung *Balaenoptera etwas kreuz- oder kreuzförmig* . Bei den Odontocetes haben die Rippen teilweise die normale Befestigung durch Capitulum und Tuberculum. Bei den Mystacocetes ist die Befestigung dort, wo sie vorhanden ist, sehr locker, und nur das Tuberculum ist an ihrem Wirbel befestigt. Dadurch können die Rippen beim Atmen freier spielen. Das Schulterblatt hat bei diesen Tieren eine sehr charakteristische Form. Das Akromion, sofern vorhanden, befindet sich in der Nähe des vorderen Randes des Schulterblatts und überlappt den im Allgemeinen langen Processus coracoideus. Schlüsselbeine fehlen völlig. Das Becken ist sehr rudimentär und besteht lediglich aus einem einzigen Knochenstück, an dem (in einigen Fällen) die Rudimente eines Oberschenkelknochens und bei *Balaena* (Abb. 188) auch eines Schienbeins befestigt sind.

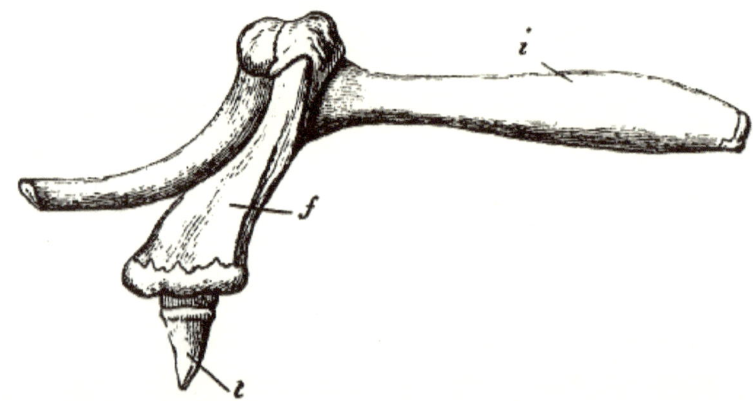

FEIGE. 188. — Seitenansicht der Knochen der hinteren Extremität des Grönlandkaper (*Balaena mysticetus*). × ⅛. *ich* , Sitzbein; *f* , Femur; *t* , akzessorisches Gehörknöchelchen, das die Tibia darstellt. (Nach Eschricht und Reinhardt) (aus Flower's *Osteology* .)

Wale lassen sich in drei große Gruppen einteilen : (1) die Walknochenwale oder Mystacoceti ; (2) die Zahnwale oder Odontoceti; und (3) die vollständig ausgestorbenen Archaeoceti oder Zeuglodonten.

UNTERORDNUNG 1. MYSTACOCETI.

Diese Unterteilung ist folgendermaßen gekennzeichnet : – Zähne sind nie funktionell entwickelt; sie sind bei den Jungen vorhanden, werden aber beim Erwachsenen durch Barten oder Fischbein ersetzt; die äußere Atemöffnung ist doppelt; der Schädel ist vollkommen symmetrisch; die Äste des Unterkiefers sind nach außen gewölbt und bilden keine echte Symphyse; das Brustbein besteht immer aus einem einzigen Knochenstück; Die Rippen artikulieren nur mit den Querfortsätzen der Wirbel.

Bei den Mystacoceti handelt es sich fast ausnahmslos um riesige Lebewesen, die einzigen Ausnahmen sind der Zwergkaper, *Neobalaena* und ein kleiner Rorqual. Aber selbst diese sind größer als die meisten Zahnwale.

Das charakteristischste Merkmal, durch das sich die Fischbeinwale von anderen Walen unterscheiden, ist das, das ihnen ihren Namen gibt: das Vorhandensein von Fischbeinen. Fischbein ist ein Hornprodukt des Epithels, das den Mund auskleidet, und ist vergleichbar mit einer Überhöhung der Querwülste, die im Mund aller Säugetiere am Gaumen zu finden sind. Bei Säugetieren, die keine Wale sind, variieren diese Grate in der Tiefe und sind in der Regel quer, aber mit einer schrägen Neigung angeordnet. Genau auf diese Weise werden die Bartenplatten im Maul eines Wals angeordnet. Jedes Stück „Knochen" hat eine dreieckige Form, wobei das breitere Ende der Befestigung dient, während es sich allmählich verjüngt; Die Innenseite der Klingen ist in eine Reihe von Fäden ausgefranst, die den Siebapparat bilden. Die Länge der Platten variiert bis zu einer Extremlänge von 13 Fuß, was bei Glattwalen zeitweise vorkommt. Die Farbe ist schwarz oder blasser, sogar weiß. Die Anzahl dieser Platten im Mund ist sehr groß. Es wurden bis zu 370 Klingen gezählt. Ihre Länge nimmt zu beiden Enden der Serie hin ab. Obwohl Fischbein schon seit langem verwendet wird, war früher nicht allgemein bekannt, woher das Fischbein stammt.

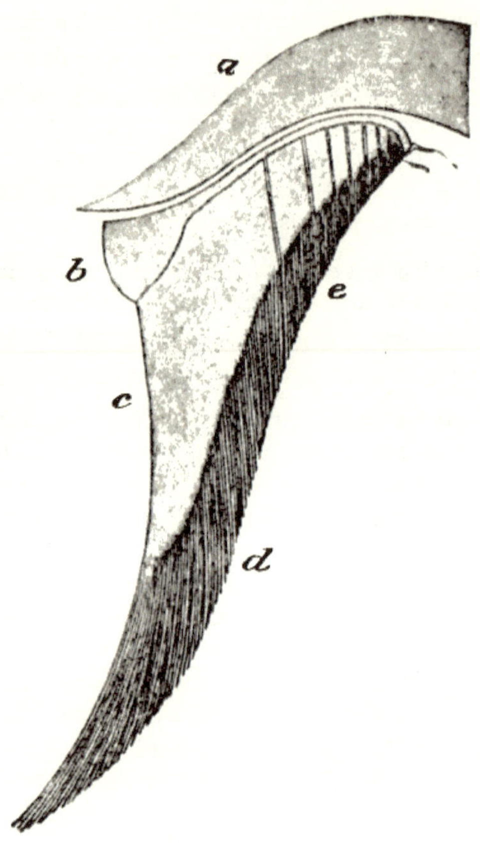

FEIGE. 189. – Abschnitt des Oberkiefers mit Bartenplatten von *Balaenoptera*
. *a* , Kieferknochen; *b* , Gummi; *c* , gerade Kante der Bartenplatte; *d* , *e* ,
ausgefranste Oberfläche der Bartenplatten. (Nach Owen.)

Eine weit verbreitete Vorstellung war, dass das Fischbein die Augenlider oder
vielleicht die Wimpern des Tieres bildete. Scaliger meinte in seinem
Kommentar zu Aristoteles, dass der Wal „Lamellen an den Augenbrauen
hatte, die, wenn der Kopf unter die Oberfläche tauchte, vom Wasser
angehoben wurden; aber als das Tier seinen Kopf über die Wellen hob, fielen
die Lamellen herunter und bedeckten die. " Augen." Auch Walknochen wird
oft als „die Flosse eines Wals" bezeichnet, „die Flossen , die aus ihrem Maul
hervorstehen". Der Wert des Fischbeins ist immer noch hoch, obwohl
mittlerweile verschiedene Ersatzstoffe an seiner Stelle verwendet werden. Im
Jahr 1897 betrug der Wert dieses Artikels beispielsweise 2000 £ pro Tonne.
Da ein einzelner Wal mehrere Tonnen dieses Materials produzieren kann,
überrascht es nicht, dass die Ergebnisse einer Walfangreise sehr profitabel
sein können.

Fam. 1. Balaenopteridae. — Zu dieser Gattung *Balaenoptera* gehören die Rorquals, große Walknochenwale, die sich von den Glattwalen in drei wichtigen äußeren Merkmalen unterscheiden: Der Kopf ist vergleichsweise klein; es gibt eine Rückenflosse; Die Kehle ist durch zahlreiche Längsfurchen gekennzeichnet. Die Schädelknochen sind nicht so gewölbt wie bei den Glattwalen, weshalb die Bartenplatten kürzer sind. Die Hand hat nur vier Finger. Die Halswirbel sind größtenteils alle frei. Eine der frühesten Aufzeichnungen über einen in der Themse gestrandeten Wal stammt wahrscheinlich aus dem Jahr 1658 und wird von John Evelyn wie folgt beschrieben : „Ein großer Wal wurde zwischen meinem Land an der Themse und Greenewich gefangen . Das lockte eine unendliche Menschenmenge an, um es zu sehen, zu Wasser, zu Pferd, mit der Kutsche und zu Fuß aus London und allen anderen Teilen ... Es wurde mit einem harschenden Eisen getötet , in den Kopf geschlagen, aus dem Blut und Wasser spritzten Zwei Tunnels , und nach einem schrecklichen Kampf lief es ganz ans Ufer und starb. Es war 58 Fuß lang, 16 Fuß hoch , schwarzhäutig wie Kutschenleder, sehr kleine Augen, groß Schwanz , nur zwei kleine Flossen , eine spitze Schnauze und ein Maul, das so breit war, dass mehrere Taucher darin aufrecht gestanden hätten; Keine Zähne, sondern ein einziger Schleim , der durch ein Gitter des Knochens gesaugt wurde, den wir Fischbein nennen, und dessen Kehle doch so schmal war, dass er nicht den geringsten Fisch aufgenommen hätte ... alles wunderbar, aber nichts Wundervolleres als das Ein so großes Tier sollte sich allein durch den Schleim durch diese Gitter crnährcn .

Professor Collett hat kürzlich [226] einen ausführlichen Bericht über die Charaktere und Gewohnheiten dieses großen Wals (*Balaenoptera musculus*) gegeben. Obwohl es ein großes Tier ist (44 bis 67 Fuß lang), wird es von anderen Rorquals übertroffen; Oben ist es dunkelgraublau , unten größtenteils weiß . Die Rückenflosse ist groß und hoch; die Flossen relativ schlank und klein. Der gesamte Hals von der Kieferfuge bis zur Mitte des Bauches ist, wie bei anderen Arten, durch 40 bis 58 Furchen gekennzeichnet. Die Haarbedeckung ist (bei einer erwachsenen Frau) auf dreizehn Haare auf jeder Seite des Unterkiefers reduziert; Bei einem Fötus gab es außerdem sieben Haare auf jeder Seite des Oberkiefers und noch mehr am Unterkiefer — insgesamt achtundvierzig. Dieser Wal scheint sich hauptsächlich von kleinen Krebstieren zu ernähren, insbesondere vom Ruderfußkrebs (*Calanus finmarchicus)* . Die Anzahl der Bartenplatten beträgt etwa 330 auf jeder Seite des Kiefers. Dieser Wal schwimmt manchmal einzeln, aber normalerweise in Schwärmen von bis zu fünfzig.

Rudolphis Rorqual (*B. borealis*) scheint ein vollkommen harmloses Tier zu sein; Es wird gesagt, dass er bis zu zwölf Stunden unter Wasser bleiben kann.

Eine kleinere Art als die letzte ist *B. rostrata* – außen 33 Fuß lang. Hier ist die Haarbedeckung [227] auf „zwei kleine Haare auf der Haut, die die Spitze des Unterkiefers bedecken" reduziert. Die Farbe ist oben grauschwarz, die Unterseite weiß. Andererseits ist *B. sibbaldii* , der Blauwal, der Riese seiner Art und erreicht eine Länge von 85 Fuß. Seine Farbe ist ein dunkles Blaugrau mit kleinen weißlichen Flecken auf der Brust. Die Rückenflosse ist klein und niedrig mit geraden Rändern.

B. musculus , der Finner , ist mittelgroß – nicht mehr als 70 Fuß. Es scheint zweifelhaft, ob sich der „ Schwefelboden " *B. australis* der Antarktis und *B. patachonica* spezifisch davon unterscheiden. [228]

Die Gattung *Megaptera steht Balaenoptera* sehr nahe , unterscheidet sich von dieser jedoch vor allem durch die folgenden äußeren und inneren Merkmale. Die Rückenflosse ist nicht sehr hervorstehend und an ihre Stelle tritt ein niedriger Buckel, woher tatsächlich der gebräuchliche Name dieses Wals „Buckel" stammt. Die Brustflosse ist ungewöhnlich lang und das Lebewesen nutzt sie, um sich selbst, das umgebende Wasser und, was noch spielerischer ist, seine Artgenossen zu schlagen. Der allgemeine Umriss dieses Wals ist ungeschickter als der der *Balaenoptera* . Der wichtigste innere Unterschied besteht in der Form des Schulterblatts, das höchstens einen leichten Akromion- und Korakoidfortsatz aufweist. Diese sind laut den Herren van Beneden und Gervais etwas ausgeprägter, [229] in der südlichen Form der Gattung, die als *M. lalandii bekannt ist* . Es sollte auch bemerkt werden, dass der Kopf mit großen Tuberkeln von der Größe einer Orange übersät ist, die wie hypertrophierte Rudimente der Haare aussehen, die in dieser Körperregion vorhanden sein sollten. Wie bei anderen Walen wurden zahlreiche Arten aus Individuen von *Megaptera gebildet* . Kapitän Scammon, der viele „Gams" oder Herden dieser Wale beobachtete, bemerkte [230] , dass er äußerste Schwierigkeiten hatte, zwei genau gleiche Individuen zu finden! Die bekannteste Art ist auf jeden Fall der nördliche *M. longimana* , der an unseren Küsten vorkommt. Die Gattung ist, wie so viele Wale, weltweit verbreitet; und es ist möglich, dass der bereits erwähnte Unterschied im Schulterblatt die Trennung eines südlichen *M. lalandii* rechtfertigt (mit dem in diesem Fall möglicherweise *M. capensis* und *M. novae zelandiae* synonym sind). Vor kurzem hat M. Gervais auf einer *Megaptera indica* aus dem Persischen Golf bestanden . *Megaptera* wird 50 bis 60 Fuß lang. Es wurden 75 Fuß angegeben, aber Messungen von Walen sind normalerweise mit Vorsicht zu genießen.

Rhachianectes ist mit nur einer Art, *R. glaucus* , [231] dem „kalifornischen Grauwal", die letzte Gattung der Familie Balaenopteridae. Dieser Wal ist anatomisch nur unvollständig bekannt; aber es wurde völlig ausreichend festgestellt, um seine große Abweichung von *Balaenoptera* oder *Megaptera zu zeigen* . Die Rückenflosse fehlt vollständig und die für die typischen

Balaenopteridae so charakteristischen Kehlfalten sind auf zwei reduziert. Es hat jedoch den allgemeinen Umriss eines Rorquals mit einem relativ kleinen Kopf. In osteologischer Hinsicht tendiert es dazu, die beiden Familien Balaenopteridae und Balaenidae zu vereinen (sofern es sich wirklich um notwendige Unterteilungen handelt). Der Schädel ähnelt im Großen und Ganzen Rorqual; aber sein Vorderteil ist schmal wie beim Grönlandwal, und die Prämaxillaren sind in der Mittellinie eingeklemmt, so dass sie von der Seite sichtbar sind; Dies ist wiederum ein balenidischer Charakter. Die Halswirbel sind frei wie bei Rorquals, und das Brustbein ist ganz wie bei dieser Gruppe. Das Schulterblatt ähnelt eher dem von *Balaena* .

Rhachianectes glaucus ist auf den Pazifik beschränkt und wurde von der Küste aus ausgiebig gejagt. Es ist jedoch kein sehr wertvoller Wal, da die Barten kurz sind wie bei Rorquals und das Tier außerdem wild zu sein scheint, eine eher seltene Eigenschaft von Walen. Es wurde tatsächlich von einem „listigen, mutigen und bösartigen" Tier gesprochen. *Rhachianectes* ist im Wesentlichen ein Küstenwal und liebt es, in der Brandung in recht flachem Wasser zu liegen und darauf zu warten, dass die Flut ihn wegtreibt. Die Farbe dieses Wals variiert stark von schwarz bis grau gesprenkelt und schwarz und erreicht eine Länge von etwa 40 Fuß.

Fam. 2. Balaenidae . – Die Glattwale der Gattung *Balaena sind von Neobalaena* und von den Rorquals durch folgende Merkmale zu unterscheiden : –

Die Größe ist groß, 50 bis 60 Fuß. Es gibt keine Rückenflosse. Der Kopf macht mehr als oder fast ein Viertel der Gesamtlänge des Tieres aus. Der Barten ist sehr lang. Der Hals ist nicht gerillt. Der Orbitalfortsatz des Frontalis ist nicht breiter als der Abwärtsfortsatz des Oberkiefers. Die Halswirbel sind alle verwachsen. Das Schulterblatt ist ziemlich hoch. Das Hinterbein hat das Rudiment eines Schienbeins. Der Darm hat keinen Blinddarm.

Eine große Anzahl verschiedener Gattungen wurde auf abgetrennten Knochen, Fischbeinstücken und mehr oder weniger vollständigen Skeletten von Glattwalen aus verschiedenen Teilen der Welt gegründet. In den Katalogen von Dr. Gray finden wir Folgendes zulässig, nämlich: *Balaena* , *Eubalaena* , *Hunterius* , *Caperea* , *Macleayius* . Die Zahl der auf die Gattungen verteilten „Arten" beträgt etwa dreizehn oder mehr, mit deren Namen wir den Leser nicht belästigen wollen. Tatsächlich gibt es nicht mehr als zwei Arten, die mit Sicherheit identifiziert und unterschieden werden können, und beide sind so nah beieinander, dass sie unmöglich anders als in die gleiche Gattung, Balaena, eingeordnet werden *können* . Bei keiner Gruppe von Walen – vermutlich bei keiner Gruppe von Tieren – ist die Fantasie bei der Bildung von Gattungen und Arten so stark in Mitleidenschaft gezogen worden wie bei diesen Glattwalen. Diese Vervielfachung oder besser gesagt Aufteilung der Gattungen ist aus einer alten Vorstellung entstanden, dass Wale, die aus verschiedenen Meeren kommen, von unterschiedlicher Art sein müssten, eine Vorstellung, die mittlerweile völlig widerlegt wurde.

Der Begriff „Glattwal" bedeutet einfach, dass die Wale dieser Gattung die richtige Walart für den Walfänger sind. Ihr Fischbein ist länger und wertvoller, während das Öl nicht nur reichlicher, sondern auch von besserer Qualität ist. Die beiden Arten erfordern eine separate Abrechnung.

Der Grönlandwal, *Balaena mysticetus*, ist eines der seltenen Exemplare eines Wals, der im Weltraum nur eine äußerst begrenzte Reichweite hat. Es ist absolut auf den Arktischen Ozean beschränkt, und gemeldete Vorkommen an unseren Küsten sind auf eine Verwechslung mit *B. australis zurückzuführen*, die gleich beschrieben wird. Am „Devil's Dyke" in der Nähe von Brighton befindet oder befand sich der Schädel eines äußerst auffälligen Rorquals, der sorgfältig als „Grönlandwal" bezeichnet wird. Dieser Wal wird 50, 60, selten 70 Fuß lang . Die Farbe ist schwarz , abgesehen von einem weißen Fleck auf der Unterseite des Kiefers. Der Kopf ist etwa ein Drittel des Körpers lang. An den Enden der Kiefer befinden sich vereinzelte Haare. Es wurde verschiedentlich angegeben, wie lange dieser Wal das Eintauchen überstehen kann. Die höchste Ausdauergrenze wird von Scammon mit einer Stunde und zwanzig Minuten angegeben. Die Verfolgung dieses Wals birgt Gefahren, nicht zuletzt weil das Tier selbst wild und zum Angriff bereit ist, sondern einfach wegen der Geschwindigkeit, mit der es taucht, und der großen Tiefe, in die es taucht, und auch wegen der enorme Muskelkraft, die er aufwendet, um sich von den Harpunen zu befreien. Es ist in der Tat ein äußerst schüchternes Tier. Es wurde bemerkt, dass „ein Vogel, der sich auf den Rücken setzt, ihn manchmal in große Aufregung und Angst versetzt." Mit dieser Schüchternheit des Wesens geht eine intensive Zuneigung zu seinen Jungen einher, „die der überlegenen Intelligenz der Menschen Ehre machen würde", bemerkte Scoresby. Doch dieser Händler und Beobachter bemerkt weiter, dass „der Wert des Preises ... nicht dem Gefühl des Mitgefühls geopfert werden darf"! Die Tatsache, dass dieser Wal und sein Verwandter, *B. australis* , sich zwischen Schwärmen winziger pelagischer Kreaturen ernähren, die sie in ihren riesigen Mäulern verschlingen, veranlasste die Alten zu der Annahme und Behauptung, dass sie sich ausschließlich von Wasser ernährten. Wenn der Wal frisst, bewegt er sich mit einiger Geschwindigkeit fort und nimmt große Schlucke Meerwasser mit den darin enthaltenen Organismen auf, die dann vom Fischbein abgesaugt werden und auf der Zunge hängen bleiben.

Im Gegensatz zu seinem Verwandten, dem Südlichen Glattwal, *B. australis* , [232] ist er weltweit verbreitet und meidet nur die arktischen Regionen. Wo der Grönlandwal vorkommt, kommt *B. australis* nicht vor. Die

Hauptunterschiede zu *B. mysticetus* bestehen zunächst im relativ kürzeren Kopf und im kürzeren und gröberen Fischbein. Zweitens hat es mehr Rippen, fünfzehn statt dreizehn; aber in Sachen Rippen herrscht offenbar ein wenig Verwirrung. Eine weitere Rippe am Ende der Serie geht leicht verloren, und im Skelett eines so riesigen und unkontrollierbaren Tieres gibt es nichts Unklügeres, als auf bestimmten Charakteren zu beharren, was möglicherweise nur auf mangelhafte Vorbereitung zurückzuführen ist. Dieser Wal und auch der Grönlandwal haben oft einen rauen, hornigen Vorsprung auf der Schnauze, der als „Haube" bekannt ist. Die Ursache hierfür ist nicht klar. Es wurde als „rudimentäres Fronthorn" bezeichnet. Dieser Hinweis auf eine Verwandtschaft mit Huftieren kann jedoch kaum akzeptiert werden. Es scheint eher eine Art Mais zu sein.

Dieser Wal war einst an den Küsten Europas häufiger anzutreffen als heute; Früher wurde es von den Basken stark gejagt. Der Wal, der sich häufig im Golf von Biskaya aufhielt, wurde gewöhnlich als Biscaya-Wal oder *B. biscayensis bezeichnet* ; aber es gibt wahrscheinlich keinen spezifischen Unterschied. In den Kleinstädten am Rande der Bucht findet man häufig den Wal, der in die Wappen eingraviert ist. „Über dem Portal des ersten alten Hauses in der steilen Straße von Guetaria ", schreibt Sir Clements Markham, [233] „Es gibt einen Wappenschild, der aus Walen inmitten der Wellen des Meeres besteht. In Motrico besteht das Stadtwappen aus einem Wal, der im Meer harpuniert wurde, und einem Boot mit Männern, die die Leine halten." Zahlreiche weitere Beispiele dieser Art zeugen von der Verbreitung der Walfangindustrie an diesen angrenzenden Küsten Spaniens und Frankreichs. Es scheint, dass, obwohl die Fischerei viel früher begann – sogar im neunten Jahrhundert – das erste tatsächliche Dokument, das sich darauf bezieht, aus dem Jahr 1150 stammt. Dabei handelt es sich um Privilegien, die Sancho der Weise der Stadt San Sebastian gewährte. Noch im 16. Jahrhundert florierte der Handel. Rondeletius, der Naturforscher, beschrieb Bayonne als das Zentrum des Handels und erzählte uns, dass das Fleisch, insbesondere die Zunge, auf den Märkten als Nahrungsmittel zum Verkauf angeboten wurde.

M. Fischer [234] , der ebenso wie Sir Clements Markham einen wichtigen Bericht über die Walfangindustrie an den baskischen Küsten gegeben hat, zitiert einen Bericht über die im 16. Jahrhundert angewandten Methoden. In Biarritz – oder wie Ambroise Pare, von Fischer zitiert, Biaris – buchstabierte , wurde die Hauptfischerei betrieben. Die Bewohner stellten auf einem Hügel einen Turm auf, von dem aus sie „die vorbeiziehenden Balaines " sehen konnten und sie teils an dem lauten Lärm, den sie machten, teils an dem Wasser wahrnahmen, das sie durch eine Leitung, die sie in der Mitte besaßen, ausschütteten die Stirn." Anschließend machten sich mehrere Boote auf die Verfolgung, von denen einige für Männer reserviert waren, deren einzige Aufgabe darin bestand, ihre Kameraden aus dem Wasser zu holen, die vor

Aufregung das Gleichgewicht verloren hatten. Die Harpunen trugen ein Zeichen, an dem ihre jeweiligen Besitzer sie erkennen konnten , und der Kadaver des Tieres wurde entsprechend der Anzahl und Besitzern der Harpunen aufgeteilt, die im toten Körper des Wals steckten. Zu dieser Zeit befand sich die Fischerei auf ihrem Höhepunkt. Doch bis zum Beginn des 18. Jahrhunderts blieb die Beschäftigung an diesen Küsten bestehen, danach ging sie allmählich zurück. Der Walfang begann sich über die Küste hinaus auszudehnen, und lange Zeit stellten die Basken erfahrene Harpuniere für Walfangschiffe zur Verfügung, die in die arktischen Meere fuhren. Ein merkwürdiges Beispiel für die Fortführung der Fischerei bis mindestens 1712 liefert Sir C. Markham. In den Kirchenbüchern von Lequeito für dieses Jahr ist vermerkt, dass ein Paar geheiratet hatte, das über die gesamte notwendige Ausrüstung für eine Walfangkreuzfahrt verfügte.

Die Gattung *Neobalaena* ist aus mehr als einem Blickwinkel interessant. Seine Größe ist im Vergleich zu seinen gigantischen Verwandten gering, etwa 16 oder 17 Fuß. Die Gattung steht im gleichen Verhältnis zu *Balaena* wie *Kogia* zu *Physeter* unter den Physeteridae. Er gehört zu den Walen, deren Lebensraum sehr eingeschränkt ist. Bisher ist es nur aus der antarktischen Region in der Nähe von Neuseeland und Südaustralien bekannt. Strukturell liegt er in einigen Punkten zwischen den Glattwalen und den Rorquals. Der Kopf ist verhältnismäßig (und natürlich auch tatsächlich) nicht so groß wie bei *Balaena* . Es gibt eine sichelförmige Rückenflosse; aber der Kopf ähnelt in seinen Umrissen trotz seiner ähnlichen Proportionen nicht Rorqual . Das Fischbein ist lang. Der Hals ist nicht gerillt. *Neobalaena* hat 43 Wirbel, von denen die Halswirbel alle verwachsen sind. Es gibt bis zu siebzehn oder achtzehn Rückenwirbel, die größte Zahl aller bekannten Wale. Mit diesen sind nicht achtzehn, sondern nur siebzehn Rippen verbunden. Der erste Rückenwirbel scheint keine Rippe zu haben. Die Rippen sind sehr breit und flach. Der Körper erhält dadurch das Aussehen eines Sirenen. Die Lendenwirbel sind mit nur zwei weniger als bei jedem anderen Wal. Das Schulterblatt ähnelt eher dem der Rorquals als dem der Glattwale; das heißt, es ist lang und nicht sehr hoch. Der Schädel ähnelt am meisten dem von *Balaena* , aber der Fortsatz der Stirnwölbung über dem Auge ist im Vergleich zu *Balaena breiter* und nähert sich somit *Balaenoptera an* . Über die Eingeweide dieses Wals ist nichts bekannt. Das Fischbein ist weiß und das Tier wurde erstmals von Dr. Gray anhand von „Knochenstücken“ beschrieben. Es ist nicht immer so glücklich, dass die Diagnose eines spezifischen oder generischen Unterschieds auf der Grundlage einer Struktur gestellt wurde, die offenbar so wenig Hilfe bei der Diskriminierung bietet.

Es gibt nur eine einzige Art der Gattung, die den Namen *Neobalaena marginata* trägt . [235]

UNTERORDNUNG 2. ODONTOCETI.

Die *Odontoceti* haben Zähne, aber kein Fischbein; das Blasloch ist einzeln; der Schädel ist nicht symmetrisch; einige der Rippen sind zweiköpfig.

Fam. 1. Physeteridae. – Diese Familie der Odontocetes kann folgendermaßen definiert werden : – Alle oder die meisten Halswirbel sind miteinander verwachsen. Die Rippenknorpel sind nicht verknöchert. Im Schädel sind die Pterygoidea dick und treffen sich in der Mittellinie; Die Symphyse des Unterkiefers ist lang. Zähne, mehr oder weniger, sind in beiden Kiefern zu finden, aber die des Unterkiefers sind nur funktionsfähig (? exkl. *Kogia*). Das Brustbein ist eher klein. Die Kehle ist durch zwei oder vier Furchen gefurcht.

Auch diese Walfamilie kann in zwei Unterfamilien unterteilt werden: Physeterinae oder Pottwale und Ziphiinae oder Schnabelwale. Professor PJ van Beneden war strikt gegen jede Unterteilung einer hier als völlig natürlich angesehenen Familie, zu der die Physeterwale und die Schnabelwale gehören. Es gibt jedoch einige Gründe für die Unterteilung. Die Ziphiinae haben eine reduzierte Reihe von Zähnen, die nie mehr als zwei an jedem Unterkiefer umfassen, was im Gegensatz zu den vollständig bezahnten Unterkiefern von *Physeter* und *Kogia steht* . Der Magen der Ziphioiden ist selbst für einen Wal außerordentlich kompliziert. Der kleine Kopf der letztgenannten Gruppe, der auf merkwürdige Weise an den von Mosasaurus- Reptilien und einigen Dinosauriern erinnert, steht im Gegensatz zum riesigen Kopf des Cachalots und dem sehr gut entwickelten Schädel des „Zwergpottwals". Beide liefern jedoch Spermaceti und kommen in verschiedenen osteologischen Details nahe beieinander. Im Großen und Ganzen neigen wir dazu, die Cachalots von den Ziphioiden zu trennen , und werden daher mit den ersteren beginnen, da sie in mancher Hinsicht die primitiveren Mitglieder der Familie Physeteridae sind.

Unterfamilie 1. Physeterinae . — Diese Unterfamilie kann wie folgt definiert werden : — Zähne im Unterkiefer zahlreich. Kein ausgeprägter Tränenknochen. Magen mit nur vier Fächern (? wie bei *Kogia*).

Physeter die bekannteste Gattung , zu der auch der Pottwal oder Cachalot gehört. Von anderen angeblichen Arten werden wir später sprechen. Die Gattung zeichnet sich in erster Linie durch ihre große Größe aus – bis zu 82 Fuß Länge wurden *Physeter Macrocephalus* zugeordnet ; aber Sir William Flower meinte, dass 55 oder möglicherweise 60 Fuß eine bessere Annäherung an die größte Länge des Cachalot sein könnten. Der Kopf ist riesig, ein Drittel der Körperlänge und endet in einer massiven und stumpfen Schnauze. Allerdings ist dies nicht so abrupt abgeschnitten, wie es oft in Zahlen dargestellt wird. Laut den Herren Pouchet und Chaves [236] neigt es sich zwei Meter über das Ende des Unterkiefers hinaus nach vorne; Das Maul ist somit ventral und fast haifischartig positioniert, wie es auch beim Zwergpottwal der Fall ist, auf den später eingegangen wird. Im Zusammenhang mit dieser besonderen Stellung des Mundes wurde behauptet – Mr. FT Bullen vermutet , dass sich der ᴾᵒᵗᵗʷᵃˡ auf den Rücken dreht, um zu beißen. Das Blasloch ist einzeln und hat die Form des Schalllochs einer Geige; es liegt auf einer Seite und hat keine mittlere Position. Die Kehle ist wie bei den Ziphioiden durch zwei Rillen gefurcht. Die Rückenflosse wird durch eine ganze Reihe niedriger Höcker dargestellt, deren Höhe von vorne nach hinten abnimmt. Die Brustflossen sind relativ gesehen nicht groß. Der große quadratische Kopf wird nicht vollständig vom Schädel eingenommen; Der darüber liegende Hohlraum, der natürlich von der im Blasloch endenden Röhre durchquert wird, ist mit Walrat gefüllt, das während des Lebens des Tieres flüssiges Fett ist. Walratten kommen auch bei anderen Walen vor; und das von *Hyperoodon* , aus dem es zu kommerziellen Zwecken gewonnen wurde, soll keine nennenswerten Unterschiede zu den Walratten des Pottwals aufweisen. Walrat als Arzneimittel scheint erstmals im Jahr 1100 in den Arzneibüchern der berühmten medizinischen Fakultät von Salerno erwähnt worden zu sein. Allerdings wurde es mit einer völlig anderen Substanz verwechselt, nämlich. Ambra. Für die Verwirrung sorgten auch der berühmte Alchemist Albertus Magnus und der gläubige Erzbischof von Upsala, Olaus Magnus, in seinem Werk *De gentibus septentriionalibus* . Diese Autoren vermuteten tatsächlich, dass es sich um das freigesetzte Sperma des Wals handelte, daher offensichtlich der Name. Später, und zwar noch in der Mitte des 18. Jahrhunderts, galt die betreffende Substanz als das Gehirn des Cachalot. Es waren Hunter und Camper, die wirklich die wahre Natur der Substanz, natürlich Öl, in den Schädelhöhlen entdeckten. [238] Der riesige Schädel von *Physeter* „ist vielleicht der am stärksten vom gewöhnlichen Schädeltyp abweichende" Schädel in der gesamten Säugetierklasse.

Die Oberseite des Schädels erhebt sich zu einem riesigen, quer liegenden Kamm, und von ihm fallen zwei seitliche Kämme nach vorne ab, die aus den Oberkieferknochen gebildet werden; In diesem großen Becken liegen die bereits erwähnten Walratten. Der Schädel ist, wie bei Zahnwalen allgemein, äußerst asymmetrisch. Das rechte Prämaxillare und das linke Nasenbein sind viel größer als ihre Artgenossen; Tatsächlich ist der rechte Nasenknochen kaum als separater Knochen vorhanden. Das Parietal (falls vorhanden) ist mit dem Supraoccipitalis verwachsen. Der Jugal ist groß und nicht wie bei den Ziphioiden in zwei Teile geteilt . Die Pterygoidea treffen unten über eine beträchtliche Entfernung hinweg zusammen, wie bei vielen Delfinen und bei den Edentata und anderen Säugetieren. Die Symphyse des Unterkiefers ist sehr lang, aber die Knochen scheinen nicht ankylosiert zu sein. Die Länge der Symphyse erinnert an die des Gangesdelfins *Platanista* .

In der Wirbelsäule ist nur der Atlas frei, die übrigen Halswirbelsäulen sind verwachsen. Es gibt nur elf Rückenwirbel, acht Lendenwirbel und vierundzwanzig Schwanzwirbel . Das Brustbein dieses Wals ist ein etwa dreieckiger Knochen, der aus drei Teilen besteht. An diesem Knochen sind vier knorpelige Brustbeinrippen befestigt. Das Schulterblatt zeichnet sich dadurch aus, dass es an der Außenseite konkav und an der Innenseite konvex ist; Ansonsten ist die Form recht typisch für Wale. Die Kürze des Brustbeins wird durch die Phalangealformel angezeigt, die wie folgt lautet : I 1, II 5, III 5, IV 4, V 3.

Einer der Gründe für die Jagd nach Pottwalen ist der Wunsch, dieses äußerst wertvolle Produkt, Ambra, zu erhalten. Dieser Stoff ist seit langem bekannt; aber seine wahre Natur war jahrhundertelang umstritten. Im Dr. Johnson's *Dictionary* (erst in der Ausgabe von 1818!) werden für Ambergris alternative Definitionen angegeben; Es handelt sich entweder um die Exkremente von Vögeln, die von Felsen abgewaschen wurden, oder um Bienenwaben, die ins Meer gefallen sind!

Ein alter Schriftsteller behauptete über Ambergris, dass es „nicht der Abschaum oder die Exkremente des Wals sei, sondern aus der Wurzel eines Baumes hervorkäme, und dieser Baum, egal wie er auf dem Land steht, schießt seine Wurzeln immer in Richtung Meer und versenkt das Meer . " Wärme davon, um so den fettesten Gummi zu liefern, der aus ihm herauskommt , der sonst aufgrund seiner reichlichen Fettigkeit verbrannt und zerstört werden könnte." Diese „Erklärungen" wurden durch die Tatsache verursacht, dass Ambra manchmal im Meer schwimmend gefunden wird. Ambra ist natürlich ein Produkt des Darmkanals des Pottwals; Es scheint von der Natur des Cholesterins zu sein , und sein Ursprungsort wurde schlüssig nachgewiesen, indem darin eingebettete Schnäbel von Tintenfischen gefunden wurden. Wenn es zum ersten Mal aus dem Verdauungskanal entnommen wird, fühlt es sich fettig an und hat eine fettige Konsistenz; Später wird es hart und erhält seinen charakteristischen süßen, erdigen Geruch . Ambergris wird hauptsächlich als Duftstoff verwendet und ist eine kostspielige Substanz. Ein Stück mit einem Gewicht von 130 Pfund. hatte einen Wert von 500 £. Obwohl es heute ausschließlich im Zusammenhang mit der Parfümerie verwendet wird, wurde es von den Alten als Heilmittel für bestimmte Krankheiten als sehr wertvoll angesehen.

Der Pottwal ist hauptsächlich ein tropisches Tier. Beispiele, die an unsere Küsten gespült wurden, sind verirrte Individuen. Es kommt oft in Herden vor, die scheinbar aus Weibchen bestehen. Seine Nahrung besteht hauptsächlich aus Tintenfischen, und es wird gesagt, dass er eine Vorliebe für jene riesigen Tintenfische hat, deren Existenz bis vor Kurzem angezweifelt wurde. Herr Bullen hat einen Konflikt zwischen diesen beiden Giganten der Tiefe skizziert. Andererseits wird gesagt, dass seine große Kehle, mehr als groß genug, um einen Menschen zu verschlingen (dem Wal wird zugeschrieben, dass er derjenige war, der Jona verschluckt hat), normalerweise keine größeren Fische als Bonitos und Albacores aufnimmt .

Die Wildheit des Cachalot wurde geleugnet und bestätigt. Es hat sicherlich eine große Kraft, denn es kann sich vollständig aus dem Wasser werfen. Kapitän Scammon glaubt, dass Schiffe, die auf mysteriöse Weise ohne ersichtlichen Grund auf See verloren gehen, manchmal Opfer der wilden Anstürme eines Pottwalbullen werden . Marco Polo vertrat im Großen und Ganzen die gleiche Ansicht, vermutete jedoch, dass der Wal das Schiff nicht absichtlich angegriffen habe, sondern durch den Schaum, der ihm folgte, zu der Annahme verleitet wurde, dass es auf dem Wasser etwas zu fressen gäbe, und dass er vorwärts stürmt, wobei er dies oft tun wird Daube in einem Teil des Schiffes. [239]

Sir W. Flower und viele andere sind der Meinung, dass es nur eine Art von Cachalot gibt. Aber auch vermeintlich anderen Formen wurden viele Namen gegeben. Die Gattung selbst wurde sogar geteilt, und Dr. Gray gab einer Reihe von Wirbeln aus dem Süden den völlig überflüssigen Namen *Meganeuron kreffti* . Der „Hochflossen-Cachalot" beruht hauptsächlich auf den Vorschlägen von Sir Robert Sibbald . Es soll eine hohe Rückenflosse und Zähne im Ober- und Unterkiefer haben. Auch wenn es von seinem Beschreiber so häufig behauptet wurde, gibt es in keinem Museum der Welt einen Knochen, nicht einmal ein Knochenfragment, das angeblich dem *Physeter tursio* gehört hätte ! Es scheint daher verfrüht, dieses mysteriöse Geschöpf in eine Liste der Wale aufzunehmen, obwohl dies von keinem geringeren Naturforscher als dem verstorbenen Herrn Thomas Bell getan wurde. Es ist dieses Geschöpf, um das sich die meisten Geschichten über Wildheit drehen. Es wird angenommen, dass es sich um das Ungeheuer handelte, von dem Perseus Andromeda befreite und das gerade dabei war, Angelica an der Küste der Bretagne zu verschlingen. Tatsache ist, dass der Pottwal wie so viele andere Wale weltweit verbreitet ist; und diejenigen Naturforscher, die nicht an eine so weite Verbreitung glaubten, sahen sich gezwungen, neue Arten für diejenigen entfernter Orte zu schaffen, um ihren eigenen Ansichten gerecht zu werden. Daher das etwa Dutzend Synonyme, die sich auf das beziehen, was *Physeter Macrocephalus genannt wird* .

Die Gattung *Kogia (manchmal auch Cogia* geschrieben), der sogenannte „Zwergpottwal", ist eine südliche Form von viel kleineren Ausmaßen als ihr gerade beschriebener gigantischer Verbündeter. *Kogia* ist nicht länger als etwa 15 Fuß. Er unterscheidet sich von *Physeter* auch durch die gut ausgeprägte und sichelförmige Rückenflosse, seine im Allgemeinen delphinoide Form, die kurze Schnauze und die (für einen Wal) normalere Form des Blaslochs, das halbmondförmig ist.

Es gibt auch eine Reihe osteologischer Merkmale, in denen sich die beiden Physeterinen voneinander unterscheiden. Bei *Kogia* sind alle Halswirbel ankylosiert; der Schädel ist kurz, aber ebenso asymmetrisch; die Rippen sind bis zu zwölf oder vierzehn; Das Schulterblatt hat nicht die konkave Fläche wie bei *Physeter* . Die funktionellen Zähne des Unterkiefers scheinen durch zwei auf jeder Seite des Oberkiefers verstärkt zu sein. Darüber hinaus zeigt die Artikulation der Rippen mit den Wirbeln nicht den sehr anomalen Zustand, der charakteristisch ist *Physeter* , wo sich die beiden Köpfe einer Rippe auf einem Wirbel befinden können.

Während es keinen Zweifel an der generischen Unterscheidbarkeit von *Kogia* gibt, gibt es auch hier die gleiche Schwierigkeit, die in der gesamten Ordnung auftritt, wenn es darum geht, festzulegen, in wie viele Arten die Gattung unterteilt werden muss.

Wir können zusätzliche Gattungsnamen (*Euphysetes* , *Callignathus*) als unnötig abtun, aber es scheint Gründe dafür zu geben, zwei Arten zuzulassen, wenn man sich auf die Berichte über ihre Osteologie verlassen kann. Einer davon ist *K. breviceps* mit dreizehn Rippenpaaren, ohne Zähne im Oberkiefer, vierzehn oder fünfzehn auf jeder Seite des Unterkiefers, den Wirbelformeln C 7, D 13, L 9, Ca 25 und der Phalangealformel I 2, II 8, III 8, IV 8, V 7.

Der andere wird dann *K. simus* sein, mit vierzehn Rippenpaaren, zwei Zähnen im Oberkiefer, neun in jedem Ast des Unterkiefers, der Wirbelformel C 7, D 14, L 5, Ca 24 und der Phalangealformel I 2 , II 5, III 4, IV 4, V 2.

Eine kalifornische Art wurde *K. floweri genannt* , deren Zähne besonders lang und zurückgebogen zu sein scheinen. Auch der neuseeländische *K. pottsi* gilt als eigenständige Form. Über die Lebensweise dieser Wale, die nur unvollständig bekannt ist, scheint es nichts Besonderes zu berichten.

Unterfamilie 2. Ziphiinae . — Zähne im Unterkiefer, nicht mehr als zwei auf jeder Seite. Ein ausgeprägter Tränenknochen. Magen mit sehr zahlreichen Fächern.

Diese Wale sind alle mittelgroß und nicht länger als etwa 30 Fuß. Sie haben eine sichelförmige Rückenflosse eher nahe am Ende des Körpers; Die Schnauze ist verlängert, daher wird ihnen oft der Name „Schnabelwale" gegeben. Der Hals ist gefurcht; Das Blasloch ist einzeln und mittelförmig, halbmondförmig, wobei die Konkavität nach vorne zeigt. Ein Merkmal, das die Ziphioiden möglicherweise von anderen Walen unterscheidet, ist die Tatsache, dass der Körper in einem abgerundeten Vorsprung zwischen den Schwanzflocken endet. Dies wurde jedenfalls bei *Mesoplodon* , *Ziphius* und *Hyperoodon festgestellt* . Die Ziphioidwale sind keineswegs häufig; tatsächlich von *Berardius* , aber vier oder fünf Exemplare wurden jemals gefunden. Die meisten von ihnen liegen im südlichen Verbreitungsgebiet, und die riesigen, einsamen Küstenabschnitte , die in diesen Regionen der Welt vorkommen, sind möglicherweise der Grund für die Seltenheit ihrer Überreste. Diese Wale haben der „Seeschlange" mehr als einmal ihren Dienst erwiesen. Erst kürzlich stellte sich heraus, dass es sich bei einer angeblichen Seeschlange um ein Kopf an Schwanz liegendes *Mesoplodon- Pärchen handelte* ! Der Kopf dieser Wale ist im Vergleich zum Körper klein. Der Schädel zeichnet sich durch die starken Oberkieferkämme aus, die beim männlichen *Hyperoodon enorm entwickelt sind* . Auch der Scheitel des Schädels ist angehoben und bildet einen ausgeprägten Vorsprung hinter der Nasenöffnung (Blasloch); In vielen Formen besteht das Rostrum aus sehr dichtem Knochen und kommt daher relativ häufig in Gesteinsschichten vor. Die Pterygoidea treffen sich wie beim Cachalot in der Mittellinie. Zusätzlich zu den wenigen funktionsfähigen Zähnen im Unterkiefer gibt es im Oberkiefer zahlreichere, aber kleine Zähne. Diese sind nicht immer zu erkennen , da sie nicht am Knochen befestigt, sondern lediglich im Zahnfleisch eingebettet sind, so dass sie sich bei der Präparation des Schädels lösen.

Die Gattung *Berardius* [240] unterscheidet sich von *Mesoplodon* durch ihren etwas symmetrischeren Schädel, dessen Spitze die Nasenflügel bilden. Das Mesethmoid ist nur teilweise verknöchert. Auf jeder Seite des Unterkiefers befinden sich zwei Zähne, deren Spitzen nach vorne gerichtet sind. Die Wirbelformel lautet C 7, D 10, L 12, Ca 19.

B. arnouxi aus den Meeren Neuseelands ist die einzige bekannte Art dieser Gattung. Es ist 30 bis 32 Fuß lang und hat eine samtige schwarze Farbe mit einem gräulichen Bauch. Anstatt wie eine Kuh zu brüllen, wurde dieser Wal als „brüllend wie ein Stier" beschrieben! Über diese Art wurde eine einzigartige und etwas unerklärliche Tatsache festgestellt. Die Zähne galten als hervorstehend, und Sir James Hector gab an, dass die Zähne „in einem zähen Knorpelsack eingebettet waren, der locker in der Kieferhöhle haftet und durch eine Reihe von Muskelbündeln bewegt wird, die ihn anheben oder absenken". Sir William Flower bemerkte zu Recht, dass diese Aussagen „so wenig mit allem übereinstimmen, was bisher über die Anatomie von Säugetieren bekannt war, dass weitere Beobachtungen zu diesem Thema äußerst wünschenswert sind". Wie andere Ziphioiden ernährt sich *Berardius* hauptsächlich, wenn nicht sogar ausschließlich, von Tintenfischen, einer Beute, die sich hervorragend für ihr fast zahnloses Maul eignet . Es ist nicht bekannt, ob *Berardius* die Ziphioid- Furchen am Hals hat. Über die Struktur der inneren Eingeweide dieses Wals ist nichts bekannt. Es scheint nicht wirklich auf die Region Neuseeland beschränkt zu sein, wie oft behauptet wird, denn Malm hat kürzlich einen Schädel (*Berardius)* beschrieben *vegae*) aus der Beringstraße. [241]

Mesoplodon [242] ist eine weltweit verbreitete Gattung, die eine Reihe von Arten umfasst; Nach der niedrigsten Schätzung können sieben Arten unterschieden werden, und Sir W. Flower würde zwei weitere hinzufügen. Dies sind mittelgroße Wale mit einer Länge von 15 bis 17 Fuß. Im Schädel ist das Mesethmoid verknöchert; Die Nasenflügel liegen zwischen den oberen Enden der Prämaxillen. Es gibt nur ein einziges Zähnepaar im Unterkiefer, das fast in der Mitte seiner Länge befestigt ist (daher der Gattungsname). Die Wirbelformel ist C 7, D 9 oder 10, L 10 oder 11, Ca 19 oder 20. Das Brustbein besteht aus vier oder fünf Teilen. Der Grad der Verschmelzung der Halswirbel variiert; aber einige sind immer verschmolzen.

Die einzige Art, die jemals an den Küsten dieses Landes gestrandet ist, ist *M. bidens* , ein Beispiel dafür wurde vor vielen Jahren als „Zahnloser Wal von Havre" beschrieben; Es war ein altes Tier, das wahrscheinlich seine Zähne verloren hatte. Dennoch erhielt es den separaten generischen und spezifischen Namen *Aodon dalei* . Das Tier lebte zwei Tage außerhalb des Wassers und gab ein Geräusch von sich, das dem „Brühen einer Kuh" ähnelte. Ein Beispiel für die Seltenheit der Wale dieser Gattung ist *M. europaeus* , von dem nur ein einziger Schädel bekannt ist; Dies wurde etwa im Jahr 1840 aus einer schwimmend aufgefundenen Leiche entnommen. Seitdem ist es nie wieder aufgetaucht. *M. layardi* zeichnet sich durch die sehr große Größe seiner riemenförmigen Zähne aus; Diese krümmen sich über den Oberkiefer und verhindern so, dass das Tier seinen Kiefer vollständig öffnen kann. Der Fall weist seltsamerweise eine Parallele zum Säbelzahntiger auf. Diese Art kommt in der Antarktis vor. Vom anderen Ende des Erdballs stammt *M. stejnegeri* , wiederum nur durch einen einzigen Schädel bekannt. Es ist aufgrund der Größe des Gehirngehäuses einzigartig und stammt aus der Beringstraße. *M. hectori* hat seine beiden Zähne ganz am Ende des Unterkiefers und kommt in dieser Hinsicht der Gattung *Berardius nahe* . Tatsächlich wurde sie von einem Naturforscher mit dieser Gattung verwechselt.

Ziphius ist eine Gattung, die ebenfalls weltweit verbreitet ist. Auch hier ist die Artenzahl derzeit lediglich Ansichtssache. Der vorherrschende Eindruck ist jedoch, dass es nur eine einzige Art gibt, die daher den Namen *Z. cavirostris tragen wird* . Die Gattung (und übrigens auch die Art) kann so im Vergleich zu ihren Verbündeten charakterisiert werden. Das Mesethmoid ist wie bei *Mesoplodon* verknöchert , aber die miteinander verbundenen Nasenflügel bilden den Scheitelpunkt des Schädels. Neben den üblichen kleinen und „funktionslosen" Zähnen im Oberkiefer befinden sich in der Nähe der Symphyse des Unterkiefers zwei Zähne. Die Wirbelformel lautet C 7, D 9 oder 10, L 11, Ca 21.

[243] beschrieben, dass der Hals eines *Ziphius aus Neuseeland* auf jeder Seite drei Rillen aufweist. Ob diese Form mit der von Haast identisch ist *Z. novae zelandiae* ist zweifelhaft; aber das Individuum, auf das sein Name angewendet wurde, war 26 Fuß lang und hatte nur eine einzige Furche auf jeder Seite.

Selbst in den äußeren Charakteren vieler Wale müssen viele Punkte geklärt werden. Unser Wissen über *Ziphius* reicht bis ins Jahr 1804 zurück, als an der Mittelmeerküste Frankreichs ein Schädel „von völlig versteinertem Aussehen" gefunden und vom großen Cuvier beschrieben wurde. Es dauerte vierzig Jahre, bis ein weiteres Exemplar gefunden wurde. Bei dem bereits erwähnten neuseeländischen Exemplar von von Haast wies der Körper zahlreiche Schnittwunden auf. Diese Wunden könnten auf Kämpfe zwischen den Walen selbst zurückzuführen sein; Die nach vorne stehenden Zähne wären in der Lage, solche Wunden zu verursachen. Es wurde aber auch festgestellt, dass die bewaffneten Saugnäpfe riesiger Tintenfische für diese Kratzer verantwortlich sind.

Hyperoodon ist die am leichtesten zu unterscheidende Gattung der Ziphioidwale . Seine Merkmale sind die folgenden : - Der Schädel hat beim erwachsenen Mann enorm entwickelte Oberkieferkämme; das Mesethmoid ist nicht vollständig verknöchert. An jedem Zweig des Unterkiefers gibt es nur einen einzigen Zahn, abgesehen natürlich von den üblichen kleinen Zähnen im Oberkiefer. Die Wirbelformel ist C 7, D 9, L 9, Ca 18. Die Halswirbel sind zu einer Masse verschmolzen, bei anderen Ziphioiden sind sie mehr oder weniger frei . Das Brustbein besteht nur aus drei Teilen, von denen der letzte nach hinten gespalten ist.

Der Name *Hyperoodon* wurde diesem Wal von Oberst Lacepède wegen der rauen Papillen am Gaumen gegeben, die dieser Beobachter fälschlicherweise für Zähne hielt. Es ist merkwürdig, dass der Name trotz dieses Fehlers wirklich passend ist, obwohl dies natürlich für alle Ziphioiden der Fall wäre . In mehr *als* einem Merkmal kommt diese Gattung von allen Ziphiinae *Physeter* am nächsten . Seine enormen Oberkieferkämme verlaufen bei diesem Wal parallel; aber bei *Hyperoodon* steht ihre große Dicke im Gegensatz zu der Dünnheit derjenigen des Cachalot. Bemerkenswert ist die Übereinstimmung bei der Befestigung einer Rippe an ihrem Wirbel durch beide Köpfe. Es ist bemerkenswert, dass *Hyperoodon* in diesem speziellen Fall eher *Physeter* ähnelt als dessen angeblich nächster Verbündeter – *Kogia* .

Von dieser Gattung sind zwei Arten bekannt. Am bekanntesten ist der nördliche *H. rostratum* (mit vielen Decknamen); Die zweite Art aus der südlichen Hemisphäre, *H. planifrons* , ist nur aus einem einzigen wasser- und kieselbedeckten Schädel bekannt. Seine Identifizierung hängt jedoch von der bekannten Genauigkeit des verstorbenen Sir William Flower ab.

Die nördliche Art (*Hyperoodon rostratum*) wurde oft an unseren Küsten nachgewiesen; Die erste Aufzeichnung über die Strandung dieses Wals stammt aus dem Jahr 1717. In diesem Jahr wurde ein Exemplar in Maldon in Essex gefunden. Wie der Beluga wird auch *Hyperoodon rostratum mit zunehmendem Alter* heller . Die Jungen sind schwarz; Die alten Tiere sind blassbraun mit etwas Weiß um sie herum. Die Unterseite ist jedoch immer grauweiß. Die Länge dieses Wals beträgt immerhin 30 Fuß. Aber John Hunter hatte ein Exemplar, von dem er glaubte, dass es 40 Fuß lang war. Allerdings bestand das Exemplar nur aus einem Schädel, so dass sich ein Irrtum eingeschlichen haben könnte. Es wurde bereits erwähnt, dass die alten Männchen enorme Oberkieferkämme haben. Gemäß M. Bouvier, der kürzlich eine ausführliche Untersuchung der Anatomie dieses Wals durchgeführt hat, [244] zeigen die Weibchen gelegentlich die gleichen Kämme, die daher vermutlich von der Natur von Sporen sind, die man manchmal bei alten Weibchen unter den Hühnervögeln sieht. Die Anzahl der Rillen an der Kehle ist sowohl bei diesem Wal als auch bei *Ziphius* umstritten . Ein Paar ist die übliche Zulage; aber Kükenthal fand vier in einigen von ihm untersuchten Embryonen. Auf die Stimme der Ziphioidwale wurde bereits aufmerksam gemacht . *Hyperoodon* „seufzt“ noch „brüllt“, sondern „schluchzt“! *Hyperoodon rostratum* ist ein geselliger Wal, der in Herden von vier bis zehn oder sogar fünfzehn Walen umherzieht, oder „Gams“, wie man sie technisch nennen sollte. Dieser Wal kann direkt aus dem Wasser springen und in der Luft seinen Kopf von einer Seite zur anderen drehen, eine Fähigkeit, die bei keinem anderen Wal erwähnt wurde. Es kann auch ungewöhnlich lange unter Wasser bleiben. Kapitän Gray [245] , der diese Art genau studiert hat, gibt an, dass ein Zeitraum von nur zwei Stunden die Grenze der Ausdauer darstellt; Dieses Ereignis ereignete sich im Fall eines harpunierten Wals.

Fam. 2. Delphinidae. — Diese Familie, zu der die größte Zahl der Wale gehört, kann wie folgt charakterisiert werden : — Wale kleiner bis mittlerer Größe. Zähne in der Regel zahlreich und sowohl im Ober- als auch im Unterkiefer vorhanden. Oberkiefer ohne große Kämme; Die Pterygoidea, die sich oft in der Mittellinie treffen, umschließen einen dahinter offenen Luftraum. Die vorderen (fünf bis acht) Rippen sind zweiköpfig, die hinteren haben nur einen tuberkulösen Kopf. Die Brustbeinrippen sind verknöchert.

Die Delfine und Schweinswale umfassen, wie bereits erwähnt, die größere Anzahl der existierenden Walarten. Sir W. Flower und andere, die ihm folgten, erlauben neunzehn Gattungen. Über die genaue Zahl der bekannten Arten besteht jedoch große Unsicherheit. Dieser sehr aufmerksame Beobachter, Herr True, ist der Ansicht, dass es fünfzig gibt, die Anerkennung verlangen. Bis zu einhundert haben Namen erhalten. Es handelt sich um eine Angelegenheit, die vielleicht noch nicht entscheidungsreif ist. Alle Delfine sind im Vergleich zu Walen kleinere Tiere. Der Killerwal, *Orca* , ist die einzige Gattung (oder Art?), die normalerweise eine mehr als mäßige Masse erreicht. Der ziemlich geheimnisvolle *Delphinus coronatus* , 36 Fuß lang, von M. de Fréminville , scheint ein Ziphioid zu sein ; Es wurde beschrieben, dass es einen sehr spitzen Schnabel und eine Rückenflosse in der Nähe des Schwanzes hatte; Solche Zeichen deuten auf ein *Mesoplodon* hin .

Die Gattung *Delphinapterus*, der Beluga oder Weißwal, besteht aus nur einer einzigen Art, obwohl vermeintlich unterschiedlichen Arten wie üblich mehr als ein Name gegeben wurde. Sie wird als Gattung durch die folgende Zusammenstellung struktureller Merkmale charakterisiert: Sie hat nur acht bis zehn Zähne, die nur den vorderen Teil des Kiefers besetzen. Alle Halswirbel sind frei und unverbunden. Die Wirbelformel ist C 7, D 11 (oder 12), L 9, Ca 23. Die Pterygoidea sind weit auseinander, obwohl sie konvergieren, als ob sie sich an ihren hinteren Enden treffen würden. Es gibt keine Rückenflosse. Die Farbe ist weiß.

Der Beluga ist eine rein nordische Art. Die angebliche Form, *D. kingii*, soll aus australischen Meeren stammen; aber es scheint ein Fehler in dieser Aussage gewesen zu sein. Es ist interessant festzustellen, dass die für die Gattung und Art so charakteristische weiße Farbe bei den Jungen nicht zu finden ist, die schwärzlich sind. Mit fortschreitender Reife verblassen sie allmählich. *Delphinapterus leucas* erreicht eine Länge von 10 Fuß und steigt wie andere Schweinswale auf der Suche nach Nahrung Flüsse hinauf. Es soll besonders süchtig nach Lachs sein. Im Mageninhalt wurden große Mengen Sand gefunden. Aber diese Angewohnheit, Sand oder Kieselsteine zu verschlucken, wurde auch bei anderen Walen beobachtet. Ob es zufällig geschieht oder nicht (Aufnahme mit bodenlebender Nahrung), es ist kaum wahrscheinlich, dass es als Ballaststoff verwendet wird! Der Beluga hat eine Stimme; aber der Name „Seekanarienvogel" passt kaum dazu. Ein kürzlich von den Küsten Schottlands beschriebenes Exemplar dieser Art (es wird oft an unsere Küsten geworfen), das sich in den Pfählen eines neuen Netzes verfangen hatte, wurde von den Eingeborenen wegen seiner weißen Farbe als … angesehen ein Geist. Äußerlich zeichnet sich der Beluga neben seiner Farbe durch einen ausgeprägten Hals aus, der natürlich mit der Freiheit der Halswirbel zusammenhängt und auch bei Platanistidae zu finden ist.

Der Narwal (*Monodon*) ist strukturell eng mit der letzten Gattung verwandt. Es hat die folgenden anatomischen Merkmale: Die Zähne sind auf ein einziges „Horn" im Oberkiefer reduziert, das beim Weibchen rudimentär ist. Die Halswirbel sind frei. Die Wirbelformel lautet C 7, D 11, L 6, Ca 26. Die Pterygoidea sind wie bei *Delphinapterus*, und wie bei dieser Gattung gibt es keine Haare im Gesicht oder auf der Rückenflosse.

Am offensichtlichsten ist diese Gattung natürlich durch den verdrehten Stoßzahn des Männchens gekennzeichnet, der gelegentlich doppelt ist. Dieser Stoßzahn hat der einzigen Art der Gattung, *M. monoceros*, sowohl ihren generischen als auch ihren spezifischen Namen gegeben. Das Tier hat eine gefleckte Farbe; aber wie beim Beluga neigen alte Tiere dazu, weiß zu werden. Die Verwendung seines Horns für *Monodon* wurde diskutiert. Erstens handelt es sich eindeutig um einen sekundären Sexualcharakter. Es wurde beobachtet, dass die Männchen ihre Hörner wie Degen in einem

Fechtkampf kreuzten. Es kann sein, dass sie in ernsteren Kämpfen eingesetzt werden. Ein genialer Vorschlag ist, dass der lange und starke Stoßzahn es seinem Besitzer ermöglicht, das dicke Eis zu durchbrechen und ein Atemloch zu bohren. Ein dritter Vorschlag geht auf Scoresby zurück, der dazu gelangte, einen großen Rochen aus dem Magen eines Narwals zu entnehmen. Er behauptete, dass der Wal mit seinem Stoßzahn den Fisch aufgespießt und ihn dann verschluckt habe. Der Narwal ist nicht groß, etwa 15 Fuß lang. Aber Lacepède , der dazu neigte, ohne Unterscheidungsvermögen zu kompilieren, spricht von 60 Fuß langen Narwalen. *Monodon* ist rein arktisch, und an unseren Küsten wurden bisher nur drei oder vier Exemplare ausgeworfen.

Von echten Schweinswalen, Gattung *Phocaena* , gibt es offenbar mehrere Arten. Die Gattung selbst weist die folgenden Merkmale auf : Die Zähne sind auf jeder Kieferhälfte sechzehn bis sechsundzwanzig; Ihre Kronen sind zusammengedrückt und gelappt. Die Pterygoidea treffen sich nicht. Die Rückenflosse hat entlang ihres Randes eine Reihe von Tuberkeln.

Der Schweinswal unserer Küsten, *P. communis* , ist eine kleinere Art mit einer Länge von 6 bis 8 Fuß. Bei den Jungtieren sind zwei bis vier Haare vorhanden; Seine Farbe ist schwarz, am Bauch im Allgemeinen heller. Die ersten sechs Halswirbel sind verwachsen. Die Anzahl der Rippen variiert zwischen zwölf und vierzehn Paaren. Es ist ein geselliger Wal und wird Flüsse hinaufsteigen; es wurde zum Beispiel in der Seine in Paris gesehen. Der Name Schweinswal wird oft Porkpisce geschrieben , was natürlich seine Herkunft zeigt. Praktischerweise galt er als Fisch und durfte daher in der Fastenzeit gegessen werden. Der gefeierte Dr. Caius, ein Feinschmecker und Arzt sowie Gründer einer Hochschule, erfand eine besondere Soße, mit der er dieses königliche Gericht würzen konnte. Vor einiger Zeit beschrieb Dr. Gray einen Schweinswal aus Margate als eigenständige Art (siehe S. 342) aufgrund der Tuberkel, von denen man heute weiß, dass sie ein Gattungsmerkmal sind.

Dr. Burmeisters *P. spinipennis* scheint jedoch wirklich eindeutig zu sein. Es wurde nahe der Mündung des Rio de la Plata gefangen. Die Flosse und der Rücken sind stärker gehöckert und sie haben weniger Zähne (sechzehn statt sechsundzwanzig).

Mr. True's *P. dallii* des Pazifiks (wo auch der Schweinswal vorkommt) zeichnet sich hauptsächlich durch seine sehr lange Wirbelsäule aus, die aus achtundneunzig Wirbeln besteht; Bei den anderen Arten sind es nur 68. Die östliche Gattung *Neomeris wird* von Dr. Blanford zu *Phocaena* gestellt . Es unterscheidet sich praktisch nur durch das Fehlen einer Rückenflosse. Es ist nur etwa 4 Fuß lang und bewohnt die Meere Indiens, des Kaps der Guten Hoffnung und Japans. Die eine Art heißt *N. phocaenoides* .

Die Gattung *Globicephalus ist* wie folgt zu definieren : Zähne sieben bis zwölf auf jeder Seite, beschränkt auf das vordere Ende des Kiefers. Hinter dem Blasloch hervorstehender Schädel; Flügelmuskeln groß und in Kontakt. Brustflosse lang und sichelförmig; Rückenflosse vorhanden. Kein Schnabel. Wirbelformel C 7, D 11, L 11 bis 14, Ca 27 bis 29. Sechs Rippenpaare sind zweiköpfig.

Die bekannteste Art der Gattung ist der Ca'ing -Wal, *G. melas* . [247] Dieses Tier erreicht eine Länge von 20 Fuß und ist damit eines der größten Delphinidae. Er lebt gesellig und wird auf den Färöer-Inseln auch heute noch häufig gejagt. Seine schafähnlichen Gewohnheiten (die in einem wissenschaftlichen Namensdeduktor zum Ausdruck kommen) ermöglichen es, ihn in Herden leicht an Land zu treiben, die dann harpuniert werden. Der Fötus dieses Wals hat ein paar Haare; Die Anzahl der Fingerglieder in den beiden Mittelfingern ist sehr groß und beträgt elf bis vierzehn. *G. scammoni* , *G. brachypterus* und *G. indicus* sind weitere angebliche Arten der von True und Blanford zugelassenen Gattung .

Grampus ist eine bis zuletzt verwandte Gattung. Es hat keine Zähne im Oberkiefer und nur drei bis sieben im Unterkiefer, nahe der Symphyse des Unterkiefers. Die Pterygoidea stehen in Kontakt. Es gibt keinen Schnabel und die Brustflosse ist lang. Es gibt zwölf Rippenpaare, von denen sechs zweiköpfig sind. Anscheinend gibt es nur eine Art, *G. griseus* , bekannt als „ Rundkopfdelfin ". Es handelt sich um eine mediterrane und atlantische Form, die nicht häufig vorkommt.

Die Gattung *Orca* hat folgende Merkmale : Zähne zehn bis dreizehn, lang und kräftig. Pterygoideus trifft nicht ganz aufeinander. Wirbel C 7, D 11 bis 12, L 10, Ca 23. Die ersten zwei oder drei sind verschmolzen. Die Rückenflosse ist lang und spitz.

Von dieser Gattung kann es mehr als eine Art geben; Am bekanntesten ist jedoch der Killerwal, *O. Gladiator* (Abb. 180, S. 341), der oft als „Grampus" bezeichnet wird. [248] Es ist mit kontrastierenden weißen oder gelben Streifen auf einer schwarzen Körperfarbe gekennzeichnet . Das Tier erreicht eine beträchtliche Länge von bis zu 30 Fuß. *Orca* ist ein mächtiger und räuberischer Wal; und Eschricht hat angegeben, dass aus dem Magen eines einzigen Schweinswals und vierzehn Seehunden entnommen wurden. Sie werden auch gemeinsam größere Wale angreifen, und Scammon hat erzählt, wie er einen solchen Angriff auf einen kalifornischen Grauwal miterlebt hat. „ Belua Truculenta dentibus ", bemerkte Olaus Magnus über diesen Wal. Die hohe Rückenflosse wurde in alten Zeichnungen stark übertrieben; sie wurde sogar als stark und am Ende zugespitzt dargestellt, so dass sie in der Lage wäre, den Bauch eines Wals aufzureißen. Die Die Tatsache, dass er manchmal etwas abseits liegt, ist für eine weitere Anekdote verantwortlich:

dass man ein Beispiel dieses Wals gesehen hat, wie er sich zurückzog, mit ein paar Robben unter den Flossen versteckt, einem anderen an der Rückenflosse gepackt und einem vierten im Rücken Mund! „Wenn ein Orca einen Wal verfolgt", schrieb Dr marinus" der Alten, bestimmte weiße Streifen auf dem Kopf, die den Eindruck geschwungener Hörner erwecken. Es könnte sich auch um den „schrecklichen Seesatiren " von Edmund Spencer handeln.

Pseudorca ist mit Orca verwandt , unterscheidet sich jedoch durch einige geringfügige Besonderheiten von ihm . Es kann folgendermaßen definiert werden : – Zähne acht bis zehn, ähnlich denen von *Orca* . Rückenflosse eher klein, sichelförmig. Wirbelformel C 7, D 10, L 9, Ca 24. Sechs oder alle Halswirbel vereint . Das Merkwürdige an diesem Wal, der nur eine einzige Art, *P. crassidens* , umfasst, ist, dass er erstmals in fossilem Zustand aus Überresten bekannt war, die in den Mooren von Lincolnshire entdeckt wurden. Ein wichtiger Tag für Ketologen war der, an dem eine ganze Herde in die Ostsee eindrang und Material für eine bessere Untersuchung dieses Wals lieferte. Ebenso wenig wie sein enger Verbündeter *Orca ist er* auf die nördlichen Meere beschränkt; mehrere Beispiele, die zunächst einer bestimmten Art (*P. meridionalis*) zugeordnet wurden, wurden aus den Meeren rund um Tasmanien gefunden.

Orcella (auch Orcaella genannt) hat in jeder Kieferhälfte vierzehn bis neunzehn kleine scharfe Zähne. Die Pterygoidea sind weit voneinander entfernt. Die Rückenflosse ist klein und sichelförmig. Die Wirbelformel lautet C 7, D 14, L 14, Ca 26. Sieben Rippen sind zweiköpfig und fünf davon reichen bis zum Brustbein.

Diese Gattung enthält nur eine einzige Art, *O. brevirostris* , die sowohl im Meer als auch im Süßwasser lebt; Es kommt in den Indischen Meeren und im Irrawaddy sogar bis zu 900 Meilen vom Meer entfernt vor. Einige betrachten die Süßwasser-Individuen als eigenständige Form, *O. fluminalis* .

Sagmatias ist eine Gattung, die nur anhand eines Schädels bekannt ist, der sich durch die Erhebung der Prämaxillen zu einem Kamm auszeichnet; Die Flügelmuskeln sind kurz und in jeder Kieferhälfte befinden sich zweiunddreißig Zähne.

Feresia ist aus zwei Schädeln bekannt, die in jeder Kieferhälfte mit zehn bis zwölf Zähnen versehen sind. Laut Sir W. Flower liegt sie zwischen *Globicephalus* , *Grampus* und *Lagenorhynchus* .

Die Gattung *Delphinus* enthält den Delphin *D. delphis* . [249] Die Gattung kann wie folgt charakterisiert werden : – Zähne klein und zahlreich, siebenundvierzig bis fünfundsechzig. Wirbelformel C 7, D 14 oder 15, L 21 oder 22, Ca 30 bis 32. Atlas und Axis sind verwachsen, der Rest frei. Der

Gaumenrand der Oberkiefer ist tief gefurcht. Die Flossen sind falzförmig; Der Schnabel ist lang und deutlich.

Der Gemeine Delphin des Mittelmeers weist so viele Farbvariationen , geringfügige Unterschiede in den Proportionen der Schädelknochen und in der Anzahl der Zähne auf, dass er in mindestens siebzehn „Arten" eingeteilt wurde. Aber M. Fischer, der viele dieser Formen studiert hat, lässt sie nicht zu, und die meisten Forscher dieser Säugetiergruppe folgen ihm in dieser Angelegenheit. Der Delphin ist und bleibt der bekannteste Wal; Infolgedessen hat es viele Anekdoten mythischen Charakters angesammelt. Die extreme Intelligenz und das Wohlwollen gegenüber dem Menschen, die dieser Kreatur von den Alten zugeschrieben wurden, sind möglicherweise auf die Anomalie einer Kreatur zurückzuführen, bei der es sich angeblich um einen Fisch handelt, der viele Merkmale höherer Tiere aufweist. Seine unfischartige Intelligenz verblüffte die frühen Beobachter, die ihm sofort besonders fortschrittliche Eigenschaften verliehen. Daher die Geschichten von Arion und anderen. Der Sprung des Delphins aus dem Wasser ist auf vielen Münzen und Wappen des Mittelmeerraums dargestellt. Der Wappendelfin wird mit gewölbtem Rücken wie im Sprung dargestellt. Der Delphin erreicht eine Länge von etwa 7 Fuß und scheint weltweit verbreitet zu sein. Möglicherweise deutlich zu erkennen ist *D. longirostris* , der, wie der Name schon sagt, durch den sehr langen Schnabel gekennzeichnet ist; Es hat auch mehr Zähne und stammt aus Malabar. *D. roseiventris* wiederum könnte eine dritte Art von *Delphinus sein* . Es stammt aus der Torres Straits und hat eine rosafarbene Unterseite .

Die Gattung *Prodelphinus* hat wie *Delphinus* einen ausgeprägten Schnabel; aber es hat nicht die gerillten Oberkieferknochen. Kein anderer wichtiger Charakter scheint ihn von *Delphinus zu trennen* .

Die Gattung besteht aus etwa acht weit verbreiteten Arten, von denen keine große Delfine sind.

Lagenorhynchus hat die folgende Zusammenstellung von Charakteren : – Kopf mit kurzem, nicht sehr ausgeprägtem Schnabel. Rücken- und Brustflossen sind gefalzt. Zähne klein, zweiundzwanzig bis fünfundvierzig in jeder Kieferhälfte. Die Anzahl der Wirbel liegt zwischen dreiundsiebzig und zweiundneunzig. Pterygoideusknochen entweder in Kontakt oder getrennt. Es gibt fünfzehn oder sechzehn Rippenpaare, von denen sechs zweiköpfig sind. Von dieser Gattung erlaubt Herr True acht Arten, die seit der Veröffentlichung seiner „Revision" um ein Neuntel vermehrt wurden. [250]

zwei Arten von *Lagenorhynchus* bekannt; Der Rest liegt hauptsächlich im südlichen Verbreitungsgebiet. Bei den britischen Arten handelt es sich zum einen um *L. albirostris* , einen etwa 9 Fuß langen Delphin. Es hat eine große Anzahl von Wirbeln, zweiundneunzig an der Zahl. *L. albirostris* ist eine seltene

Art, deren Vorkommen an diesen Küsten erstmals im Jahr 1834 dokumentiert wurde. Seitdem wurden etwa achtzehn Individuen an den Küsten der Britischen Inseln erschossen oder sind dort gestrandet. Die zweite britische Art, *L. acutus*, unterscheidet sich in der Farbe von der ersten. Wie beim letzten sind die oberen Teile schwarz und die unteren Teile weiß; aber bei *L. acutus* gibt es auch einen Streifen auf den Flanken, bräunlich gefärbt. Es hat weniger Wirbel, nicht mehr als zweiundachtzig.

Die nächste Delfingattung, *Sotalia*, zeichnet sich durch folgende Merkmale aus: Die Zähne sind ziemlich groß, 26 bis 35. Die Wirbelformel ist C 7, D 11 oder 12, L 10 bis 14, Ca 22. Die Pterygoidea haben in der Mittellinie keinen Kontakt. Es hat einen ausgeprägten Schnabel.

Von dieser Gattung gibt es etwa sechs Arten (die genaue Zahl kann, wie bei so vielen anderen Gattungen, nicht mit Sicherheit festgestellt werden), von denen die meisten fluviatil oder flussmündend leben. Sie zeichnen sich auch insgesamt durch ihre blasse, wenn nicht sogar weiße Färbung aus. *S. sinensis* der Amoy ist weiß mit rosafarbenen Flossen. *Sotalia guianensis* ist amerikanisch, wie der Name schon sagt. Es wird von van Beneden als blassbraun dargestellt. Er kommt in der Bucht von Rio de Janeiro sehr häufig vor und genießt wie einige andere Delfine den Ruf, ein Freund des Menschen zu sein. Die Eingeborenen gehen davon aus, dass dadurch die Leichen ertrunkener Personen an Land gebracht werden. Die einzigartigste Art der Gattung ist die kürzlich von Professor Kükenthal als *S. teüszii beschriebene*. [251] Dieses Tier ist ein reines Süßwassertier und kommt im Fluss Camaroon vor , wo es äußerst selten ist. Die Nasenlöcher (Blasloch) sind zu einem schnauzenähnlichen Fortsatz verlängert, eine Tatsache, die im Zusammenhang mit der Behauptung von Interesse ist, dass bei *Balaenoptera* das Blasloch beim Spucken aufgeblasen wird. Was im Rorqual vorübergehend ist, scheint im *Sotalia dauerhaft zu sein*. Noch bemerkenswerter ist vielleicht die Behauptung, dass es sich um einen Delphin handelt, der sich von Gemüse ernährt. Dies ist keine bloße Behauptung, außer dass sie möglicherweise nicht universell gilt; denn im Magen eines Exemplars wurden nichts als Pflanzenreste gefunden. Aber in den Mägen anderer Wale (z Es wurden auch pflanzliche Bestandteile *von Rhachianectes* gefunden, die möglicherweise versehentlich mit der Nahrung aufgenommen wurden.

Steno kommt in die Nähe *von Sotalia*, und Dr. Blanford hat die beiden Arten *Sotalia (unter dem einen Namen Steno perniger)* dorthin übertragen *Gadamu* und *Sotalia lentiginosa*. Es unterscheidet sich jedoch von *Sotalia* durch die folgenden Merkmale : Große und wenige Zähne, zwanzig bis siebenundzwanzig auf jeder Seite jedes Kiefers, mit gefurchten Oberflächen bis zu den Kronen. Wirbel C 7, D 12 oder 13, L 15, Ca 30 bis 32. Pterygoideus in Kontakt. Offensichtlich gibt es nur zwei Arten (Dr. Blanfords nicht mitgerechnet).

Tursiops ist keine sehr leicht zu definierende Gattung. Dies sind seine Hauptmerkmale : – Zähne groß, 22 bis 26 an der Zahl in jeder Hälfte jedes Kiefers. Wirbelformel C 7, D 12 oder 13, L 16 oder 17, Ca 27. Pterygoideus in Kontakt. Schnabel deutlich. Etwa fünf Arten sind erlaubt; aber es scheint schwierig zu sein, die anderen von *Tursiops tursio zu unterscheiden* . Diese bekannteste Form ist nahezu weltweit verbreitet und kommt, wenn auch nicht häufig, an unseren Küsten vor. Herr True hat beobachtet, dass die Augenlider dieses Wals, der an der amerikanischen Küste größtenteils gejagt wird, ebenso beweglich sind wie die eines Landsäugetiers. Der Name „ Tursio " leitet sich von Plinius ab. Belon würde von diesem Wort auch den französischen Volksmund „ Marsouin " ableiten . Letzterer Begriff wird manchmal als Verballhornung von „ Meerschwein " angesehen, lässt sich aber wahrscheinlicher von „ marinum" ableiten suem ," vom lateinischen Wort „direct". *T. tursio* hat den Rücken schwarz bis bleifarben , die Unterseite weiß. Bei der angeblichen Art, *T. abusalam* , aus dem Roten Meer, ist der Rücken dunkel meergrün. *T. tursio* erreicht eine Länge von 12 Fuß, ist aber meist kleiner.

Die Gattung *Tursio* muss sorgfältig von *Tursiops unterschieden werden* . Es hat keine Rückenflosse, die Zähne sind klein und zahlreich (vierundvierzig) und die Flügelflügel sind getrennt. Es gibt zwei Arten, *T. borealis* und *T. peronii* , wobei die erstere nördlicher und die letztere weiter verbreitet ist.

Die Gattung *Cephalorhynchus weist* folgende Hauptmerkmale auf : Zähne 25 bis 31, klein und scharf. Pterygoideus weit auseinander. Die Rückenflosse ist nicht spitz zulaufend, sondern dreieckig oder eiförmig. Der Schnabel ist nicht gut vom Kopf abgegrenzt. Die Arten dieser Gattung kommen alle im südlichen Verbreitungsgebiet vor; vier dürften vielleicht erlaubt sein.

Fam. 3. Platanistidae . – Diese Familie der Odontocetes kann von den Delfinen durch die folgende Zusammenstellung von Strukturmerkmalen unterschieden werden : – Halswirbel, alle frei und jeder von einiger Länge (für einen Wal). Lange und schmale Kiefer mit einer beträchtlichen Länge der Symphyse. Zähne sehr zahlreich.

Diese sehr dürftige Reihe unterschiedlicher Merkmale ist größtenteils auf *Pontoporia* auf der Seite der Platanisten und auf *Monodon* und *Delphinapterus* auf der Seite der Delphiniden zurückzuführen. Andernfalls wäre die Familie Platanistidae äußerst unterschiedlich. Die beiden letztgenannten Gattungen haben getrennte Halswirbel, was sich jedenfalls beim Beluga äußerlich durch einen ganz ausgeprägten Hals äußert. Darüber hinaus haben die Pterygoideusknochen, wie Mr. True betont hat, nicht die eingerollte Höhle unterhalb, die für andere Delfine charakteristisch ist ; und sie haben, was andere Delfine nicht haben, eine nach außen gerichtete Verbindung mit den Dachknochen des Schädels. Sir W. Flower beschrieb die Tatsache, dass in

Inia (und dasselbe kommt in Pontoporia vor) die Palatinen durch das Eingreifen des Vomer voneinander getrennt werden . In diesem Merkmal ähneln sie bestimmten Ziphioiden , *Berardius* , *Oulodon* (= *Mesoplodon*) *greyi* und *Hyperoodon* . Auch die echten Delfine scheinen in einigen Fällen den gleichen Eingriff des Vomer zu zeigen. Daher unterscheidet sich dieses Merkmal nicht von den Delphinidae.

Das Vorhandensein knorpeliger Sternalrippen bei *Inia* und *Platanista* zeigt eine Verwandtschaft zwischen diesen beiden Gattungen und den Physeteridae. *Pontoporia* ähnelt in dieser Hinsicht einem Delphin, ebenso wie in der Art der Artikulation der Rippen mit der Wirbelsäule. Aber diese letzte Angelegenheit wurde bereits geklärt. Der Hauptgrund für die Einordnung *von Pontoporia* in die beiden anderen Gattungen ist die große Ähnlichkeit seines Schädels mit dem von *Inia* .

Die erste Gattung dieser Familie, die erwähnt werden wird, ist *Platanista* . Die folgenden sind seine Hauptcharaktere : – Rückenflosse fehlt. Augen rudimentär. Brustflossen groß und am Ende abgeschnitten. Zähne, etwa neunundzwanzig in jeder Kieferhälfte. Schulterblatt, wobei das Schulterdach mit seiner Vorderkante zusammenfällt. Schädel mit enormen Oberkieferkämmen und mit vollständig von den Pterygoiden verdeckten Gaumen. Die Länge der obigen Definition soll zeigen, wie ungewöhnlich die Struktur dieses „Delfins" in vielen Einzelheiten ist.

Es gibt offenbar nur eine Art, *P. gangetica* , die „Susu". Der indianische Volksname leitet sich von dem Geräusch ab, das das Tier beim Ausstoßen von sich gibt. Es ist ein Bewohner des Ganges und des Indus sowie ihrer Nebenflüsse und steigt sehr hoch in dessen Bäche auf. Es wird auch davon ausgegangen, dass es rein fluviatil ist und die Flüsse niemals zugunsten des Meeres aufgegeben werden dürfen. *Platanista* lebt hauptsächlich von der Suche nach Garnelen und Fisch im Schlamm. Es wurden auch Reiskörner im Magen gefunden, aber das scheint ein Zufall zu sein. Die lange Schnauze des Susu wurde mit der langen Schnauze des Gavials verglichen, der in derselben Region heimisch ist. Dieser Wal wird über 9 Fuß lang, aber diese Länge ist außergewöhnlich. Seine Anatomie wurde von Dr. Anderson ausführlich beschrieben. [252]

Die nächste Gattung, *Inia* , ist folgendermaßen zu charakterisieren : – Rückenflosse rudimentär; Brustmuskeln groß und eiförmig. Bis zu zweiunddreißig Zähne auf jeder Seite, oft mit einem zusätzlichen Tuberkel. Schädel ohne große Oberkieferkämme; Palatinen nicht durch Pterygoiden verdeckt, sondern durch Vomer geteilt. Die Anzahl der Wirbel dieser Gattung ist gering, insgesamt nur einundvierzig, die wie folgt verteilt sind: C 7, D 13, L 3, Ca 18. Die Besonderheiten der Wirbelsäule sind vielfältig. Erstens sind, wie bereits in der Definition der Familie erwähnt, alle

Halswirbel einzeln und einzeln von einiger Länge. Zweitens weist die Achse eine bessere Spur eines Zahnfortsatzes auf als bei jedem anderen Wal außer *Platanista* , wo sie noch deutlicher zu erkennen ist. Bemerkenswert ist die Lendenwirbelsäule durch ihre Beschränkung auf drei Wirbel. Das Brustbein ähnelt, was wir als Konvergenz betrachten müssen, in gewisser Weise dem der Wale. Es besteht nur aus einem Stück und hat eine ungefähr ovale Form, an der offenbar nur zwei Paar (knorpelige) Brustbeinrippen befestigt sind. An den Vorderbeinen ähneln die Proportionen zwischen Humerus und Radius eher denen von Landsäugetieren; *Das heißt*, der Oberarmknochen ist deutlich länger, was bei Walen normalerweise umgekehrt der Fall ist. Aber *Platanista stimmt Inia* erneut zu . Die Zähne zeichnen sich dadurch aus, dass die hintersten Zähne der Reihe einen zusätzlichen Lappen haben; Sie sind nicht rein konisch, wie es bei Walen im Allgemeinen der Fall ist.

Es gibt nur eine Art, *Inia geoffrensis* , die im Amazonasgebiet vorkommt und eine Länge von 8 Fuß erreicht. Seine Farbvariationen sind ziemlich außergewöhnlich, es sei denn, sie lassen sich auf das Geschlecht zurückführen, was bestritten wurde. Einige Individuen sind ganz rosa; andere sind oben schwarz und unten rosa. Die Indianer glauben, dass dieser Wal einen Mann im Wasser angreift, und es wird hinzugefügt, dass die *Sotalia* derselben Bäche ihn vor diesen Angriffen verteidigen werden! Natürlich wird diesem Delphin eine abergläubische Verehrung entgegengebracht, was für den Naturforscher, der Exemplare haben möchte, ermüdend ist, wie Professor Louis Agassiz feststellte.

Bei der Gattung *Pontoporia* [253] ist die Rückenflosse gut entwickelt und sichelförmig. Die Zähne sind sehr zahlreich, insgesamt 200. Die Rippen sind wie bei Delfinen gegliedert. Der Schädel ähnelt stark dem von Inia und das Schulterblatt ist, wie bei dieser Gattung, „normal".

Der eigentliche Name für *Pontoporia* ist in Wirklichkeit *Stenodelphis* . Dieser Name wurde erstmals von Gervais ein oder zwei Monate vor Gray verwendet, der ihn vom vagen *Delphinus* seines ursprünglichen Entdeckers, Gervais selbst, trennte. Es hat eine längere Schnauze als *Inia* , die, da sie zum Ende hin nach unten gebogen ist, seltsamerweise an den Schädel eines Brachvogels erinnert. Im Detail ähnelt der Schädel jedoch sehr dem von *Inia* . Es ist nahezu symmetrisch. Die Wirbelformel scheint die folgende zu sein : C 7, D 10, L 5, Ca 20 = 42, nur eins über der Anzahl der Wirbel in *Inia* . Das Brustbein ist zweiteilig. Von den zehn Rippenpaaren sind die ersten drei doppelköpfig. Diese und die nächsten haben Sternalanteile, die mit dem Brustbein verbunden sind, von denen die ersten drei verknöchert sind, während der letzte offenbar lediglich ein Band ist.

Es gibt eine einzige Art der Gattung, *P. blainvillii* . Dieser Wal wird von Herrn Lydekker als von klarer brauner Farbe beschrieben , die mit den Gewässern der Mündung des Amazonas und des La Plata, in dem er lebt, harmoniert . Die gleiche Farbe charakterisiert *Sotalia pallida* stammt aus diesen Teilen der Welt und könnte eine Farbadaption sein . Aber die erhaltenen Berichte über die Farbe dieses Delphins variieren — möglicherweise im Einklang mit realen Variationen, wie sie von *Inia* bereits erwähnt wurden. *Pontoporia blainvillii* ist ein kleiner, etwa 1,20 m langer Delfin.

Fossile Odontoceten. — Mehrere der existierenden Delfingattungen sind ebenfalls in fossilem Zustand bekannt, ebenso wie Ziphioidwale , die eng mit bestehenden Formen verwandt sind. Wir werden uns hier nur mit einigen Gattungen fossiler Odontoceten befassen, die in ihrer Struktur von bestehenden Formen abweichen.

Die Gattung *Physodon* stammt aus dem Miozän und wurde in Patagonien gefunden. Sie scheint mit den Physeteridae am ehesten verwandt zu sein, dürfte aber wahrscheinlich eine eigenständige Familie bilden. *Physodon* war nicht so groß wie *Physeter*, der Schädel maß nur etwa 10 Fuß. Damit nähert er sich in seiner Größe eher *Kogia an* , und es ist interessant festzustellen, dass seine relativ kürzere Schnauze auch an den Zwerg-Cachalot erinnert. Der allgemeine Umriss des Schädels ähnelt jedoch eher dem von *Physeter* , und es gibt die gleiche tiefe Höhle für die Unterbringung von Walrat. Das Hauptmerkmal des Schädels ist das Vorhandensein von Zähnen in beiden Kiefern und die Tatsache, dass zwei oder drei in den Prämaxillen stecken. Genau das findet man bei den ältesten Walen, den Zeuglodonten.

Ausgestorbene Delfine, die offenbar zu den Platanistidae gehören , sind die zahlreichsten unter den früheren Walformen, und es ist bezeichnend, dass die frühesten bekannten Formen dieser Delfine bis ins Eozän zurückreichen.

Die Gattung *Iniopsis* von Herrn Lydekker [254] mit einer Art, *I. caucasica* , stammt aus Gesteinen, die aus diesem Alter zu stammen scheinen . Der hintere Teil des Schädels dieses Tieres, der einzige bekannte Teil des Schädels, weist die gleiche quadratische Aushöhlung der Oberkiefer auf, die charakteristisch ist *Inia* und *Pontoporia* . Sein Unterkiefer war schlank und besaß zahlreiche Zähne.

Die lange Schnauze und Kiefer der Platanistiden , die in *Pontoporia* unter den lebenden Formen besonders ausgeprägt sind , sind bei diesen tertiären Platanistiden ständig zu finden .

Eurhinodelphis hatte einen Schnabel, der dreieinhalbmal so lang war wie der Schädel, während bei *Pontoporia* die Proportionen 2:1 betrugen. Auch die Zähne waren sehr zahlreich.

Die Gattung *Argyrocetus* stammte aus den tertiären Schichten Patagoniens und war ein Tier, das etwa so groß war wie der existierende Delphin. Es hatte das schlanke Rostrum und die zahlreichen Zähne der Platanistiden und die quadratischen Aushöhlungen der Oberkiefer. *Argyrocetus Patagonicus* besaß ebenfalls archaische Charaktere, was auf noch frühere Verwandtschaften schließen lässt. Die beiden Kondylen des Schädels waren nicht eng am Schädel anliegend, sondern eher auf eine Art und Weise hervorstehend, wie man sie bei Landsäugetieren findet. Die Nasenknochen sind keine abgekürzten Rudimente, sondern gut entwickelt wie bei den archaischen Zeuglodonten. Die Halswirbel dieses Wals sind alle völlig frei voneinander und einzeln lang. Der Schädel ist im Großen und Ganzen beidseitig symmetrisch; Dies ist wiederum ein Merkmal, das bei den Platanistidae stärker ausgeprägt ist als bei anderen Odontocetes. Begleitend zu diesen verallgemeinerten Cetaceen-Charakteren gibt es einige, die zeigen, dass das Tier zu spezialisiert war , um der direkte Vorfahre existierender Formen zu sein. Das Ende des Unterkiefers war nach oben gerichtet und ohne Zähne, seine Form war bei Walen ziemlich einzigartig. Andere verwandte Formen, wie *Zarrhachis* und *Priskodelphinus* , zeigten die gleiche Länge der Halswirbel.

Eine ganz besondere Familie ausgestorbener Wale ist die der **Squalodontidae** . Sie überbrücken gewissermaßen die Lücke zwischen den vorhandenen Odontoceti und den eozänen Archaeoceti (Zeuglodonten).

Der Schädel dieser Wale ähnelte im Großen und Ganzen einem Delphin. Aber sie besaßen Zähne, die deutlich auf Schneidezähne, Eckzähne und Backenzähne spezialisiert waren. Die Backenzähne haben wie bei den Zeuglodonten eine grob gezahnte Schneide und sind teilweise auch zweiwurzelig. Sie sind jedoch zahlreicher und entsprechen bisher annähernd den Bedingungen, die die typischeren modernen Odontoceten charakterisieren . *Squalodon* war eine langschnabelige Form und *Prosqualodon hatte einen Schädel, dessen Proportionen eher denen von Kogia* ähneln .

UNTERORDNUNG 3. ARCHAEOCETI.

Diese Unterteilung des Walstammes umfasst nur eine einzige Familie, **Zeuglodontidae** , von der nur eine einzige Gattung, *Zeuglodon* , mit Sicherheit unterschieden werden kann.

Zeuglodon ist eine eozäne Form von großer Größe mit Zähnen, deren Anzahl begrenzt ist und die in drei Reihen als Schneidezähne, Eckzähne und Backenzähne angeordnet sind. Die Backenzähne sind doppelwurzelig, eine Tatsache, die der Gattung ihren Namen gegeben hat. Die Nasenknochen sind lang und nicht rudimentär wie bei anderen Walen, das Blasloch liegt eher in der Mitte des Gesichts. Auch der Schädel ähnelt in einigen anderen Punkten nicht dem Wal. Somit nehmen die Prämaxillarien ihren gerechten Anteil an der Kontur des Oberkiefers ein; und darüber hinaus die Schneidezähne tragen. Die Scheitelbeine treffen oben in einem Kamm zusammen und sind nicht vom Schädeldach ausgeschlossen. Die Halswirbel werden in keiner Weise verkürzt; Sie sind auch nicht miteinander verschmolzen. Die Rippen sind doppelköpfig und das Brustbein besteht aus mehreren Teilen. Einige Naturforscher, insbesondere Professor D'Arcy Thompson, [255] haben diesen alten Walen eine Beziehung zu den Robben zugeschrieben; aber andere [256] haben diese Ansicht hauptsächlich mit der Begründung bestritten, dass die Charaktere, die robbenähnlich zu sein scheinen, einfach Charaktere seien, die verallgemeinert und bisher allenfalls nicht walähnlich seien. So können einerseits der lange Hals und die gezackte Beschaffenheit der Zähne als siegelähnlich angesehen werden; Andererseits sind ein einfacher gezackter Zahn und ein langer Hals keineswegs Organisationsmerkmale, die wir bei einer alten Walform, die wahrscheinlich Fische jagte, als aus dem Weg räumen sollten. Der Humerus von *Zeuglodon stellt* laut Herrn Lydekker jede mögliche enge Beziehung zu den Siegeln außergerichtlich. Der Streitgegenstand kann jedoch anhand der drei unten zitierten Memoiren weiter untersucht werden.

KAPITEL XIII

CARNIVORA [257] – FISSIPEDIA

Befehl VII. Fleischfresser

Diese Ordnung kann wie folgt definiert werden : Kleine bis große Vierbeiner, Land-, Baum- oder Wassertiere, die normalerweise fleischfressende Gewohnheiten haben. Die Zähne haben im Allgemeinen scharfe und schneidende Kanten und die Eckzähne sind gut entwickelt; Die Schneidezähne sind klein und vier bis sechs an der Zahl. Die Anzahl der Zehen beträgt nie weniger als vier. Normalerweise sind die Krallen stark und scharf. Die Schlüsselbeine sind unvollständig oder fehlen. In der Hand sind Kahnbein und Mondknochen immer vereint. Das Gehirn ist gut entwickelt und die Hemisphären sind gut gewunden. Der Magen ist immer einfach, während der Blinddarm, falls vorhanden, immer klein ist. Die Mitglieder dieser Gruppe haben eine deziduate und zonäre Plazenta.

Die geringe Anzahl der in der obigen Definition verwendeten Zeichen ist hauptsächlich auf die Tatsache zurückzuführen, dass die Robben und Seelöwen, obwohl sie ohne Zweifel dieser Ordnung zuzuordnen sind, bei ihrer Metamorphose in Wassertiere so viele Veränderungen erfahren haben, dass einige der Hauptmerkmale in der Struktur ihrer terrestrischen Verwandten sind verloren gegangen. Diese Gruppe wird jedoch noch einmal charakterisiert . Wir werden uns jetzt mit der Landaufteilung der Carnivora befassen, der CARNIVORA FISSIPEDIA, wie sie allgemein genannt wird. Der Name wird ihnen natürlich gegeben, um sie von der entsprechenden Abteilung der PINNIPEDIA ZU UNTERSCHEIDEN . In der letzteren Gruppe sind die Füße und Hände in „Flossen" umgewandelt; beim anderen sind die Finger und Zehen gespalten, wie es bei Landtieren allgemein der Fall ist.

UNTERORDNUNG 1. FISSIPEDIA.

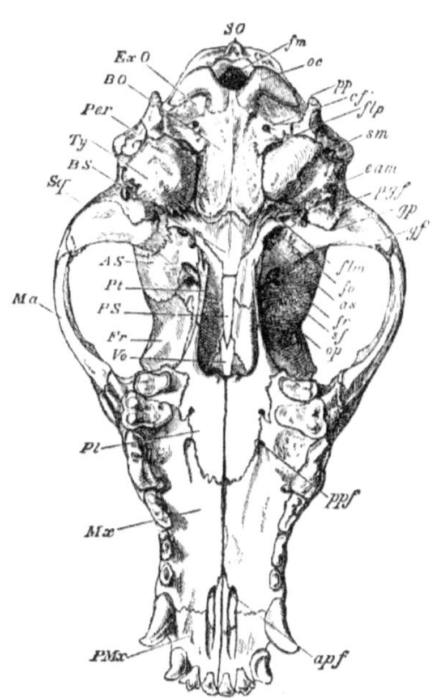

FEIGE. 190. – Unter der Oberfläche des Schädels eines Hundes. × ½. *apf*, Vorderes Gaumenforamen; *AS* , Alisphenoid; *als* hintere Öffnung des Alisphenoidkanals; *BO* , basioccipital; *BS* , Basisphenoid; *vgl* . Foramen condylaris; *Eam* , äußerer Gehörgang; *ExO* , exokzipital; *flm* , *flp* , Foramen lacerum medium und posterius ; *fm* , Foramen magnum; *fo* , Foramen ovale ; *Fr*, frontal; *fr*, Foramen rotundum; *gf*, Fossa glenoidalis; *GP*, Post-Glenoid-Prozess; *Ma* , malar; *Mx* , Oberkiefer; *oc* , Hinterhauptskondylus; *op* , Foramen opticum; *Per*, mastoider Teil des Periotikums; *pgf*, Post-Glenoid-Foramen; *Pl* , Palatin; *PMx* , Prämaxillare; *pp* , Parokzipitalfortsatz ; *ppf* , hinteres Gaumenforamen; *PS* , Presphenoid; *Pt* , Pterygoideus; *sf* , Keilbeinspalte oder Foramen lacerum anterius ; *sm* , Foramen stylomastoideus; *SO* , supraokzipital; *Sq* , Jochbeinfortsatz des Squamosal; *Ty* , Bulla tympanicus; *Vo* , Vomer. (Aus Flower's *Osteology* .)

Ein sehr markantes Merkmal des Landraubtiers ist die Struktur der Zähne. Die Schneidezähne sind fast immer sechs und in vielen Fällen etwas schwach entwickelt. Die Eckzähne sind fast immer sehr große, kräftige Zähne und immer vorhanden. Bei einigen ausgestorbenen Katzen erreichten sie enorme Ausmaße. Die Anzahl der Backenzähne ist nicht immer gleich; aber der letzte Prämolar im Oberkiefer und der erste echte Molar im Unterkiefer, bekannt als „Fleischzähne" oder „Sektorzähne", kennzeichnen einen Unterschied in der Struktur zwischen den vorderen und hinteren Brechzähnen; diejenigen vor dem Fleischzahn haben Schneidkanten und sind oft nur kleine, konische Zähne; die dahinterliegenden haben breitere Kronen und sind tuberkulös; diejenigen einfacherer Formen sind oft trituberkulär ; die anderer mit zahlreichen Tuberkeln. Der Fleischzahn ist oft, aber keineswegs immer, sehr viel größer und vor allem länger als der Rest der Molaren- und Prämolarenreihe. Bei einigen Allesfressern der Arctoidea ist sie weniger ausgeprägt. Der Schädel der Carnivora ist bei den primitiveren Arten, wie den Canidae, länger und bei den spezialisierteren Felidae kürzer. Die Orbita ist kaum jemals vollständig durch Knochen verschlossen, obwohl der Postorbitalfortsatz des Stirnbeins sich manchmal dem entsprechenden Aufwärtsfortsatz des Jochbogens annähert. Der vollständig verknöcherte Gaumen reicht manchmal weit hinter die Zähne zurück; es reicht immer bis zum letzten Backenzahn. Die Bulla tympanicus ist oft stark aufgebläht, und wenn sie flacher ist, wie bei den Bären, ist sie auf jeden Fall groß und auffällig. Der Unterkiefer hat einen hohen Coronoidfortsatz und der Kondylus ist quer verlängert, wobei dieser Teil des Knochens in eine fast zylindrische Form gerollt ist; Es passt sehr genau in die Glenoidhöhle und die Artikulation ist dadurch sehr streng – ein offensichtlicher Vorteil bei einem Lebewesen, das so viel Kraft im Kiefer benötigt.

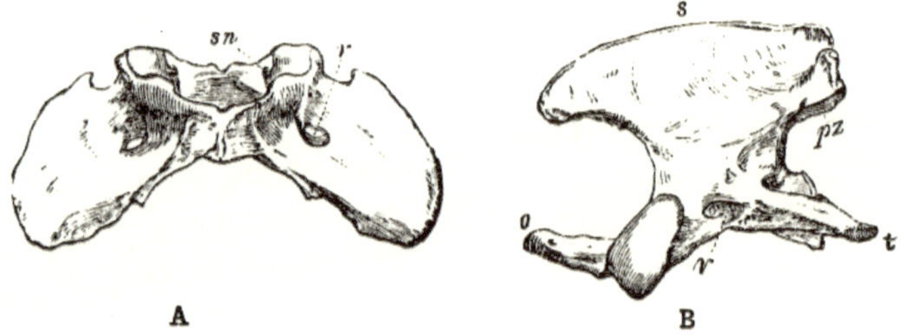

FEIGE. 191. – **A** , Atlas des Hundes. Ventrale Ansicht, × ½. **B** , Achse des Hundes. Seitenansicht, × ⅔ . *o* , Zahnfortsatz; *pz* , hintere Zygapophyse; *s* , Dornfortsatz; *sn* , Foramen für den ersten Spinalnerv; *t* , Querfortsatz; *v* , vertebrarterieller Kanal. (Aus Flower's *Osteology* .)

In der Wirbelsäule weist der Atlas immer große flügelartige Fortsätze auf; Die Wirbelsäule des Axiswirbels hat eine lange, von vorne nach hinten verlängerte Form. Die Querfortsätze des vierten bis sechsten Halses sind in der Regel doppelt. Diese Merkmale sind zwar charakteristisch für die Carnivora, aber keineswegs charakteristisch. Das wahre Kreuzbein besteht nur aus einem einzigen Wirbel, an dem die Darmbeine befestigt sind; aber höchstens zwei weitere Wirbel sind mit diesem verwachsen. Das Schlüsselbein ist immer klein und manchmal sehr rudimentär oder fehlt sogar. Die Wirbelsäule des Schulterblatts ist gut entwickelt und teilt die Oberfläche dieses Knochens fast gleichmäßig. Die Finger der Fleischfresser sind meist fünf und nie weniger als vier. Der Progressionsmodus kann digitaligrad oder plantigrad sein, und es kommt auch der intermediäre semidigitigrade Gangmodus vor. Das Gehirn aller Fleischfresser ist groß und gut gewunden. Charakteristisch ist die Anordnung der Windungen. Es gibt drei oder vier Gyri, die umeinander angeordnet sind, von denen der unterste die Sylvian-Spalte umgibt. Der Magen dieser Kreaturen hat immer eine einfache Form, ohne Unterteilungen. Der Blinddarm ist nie groß und kann, wie beim Bärenstamm, völlig fehlen.

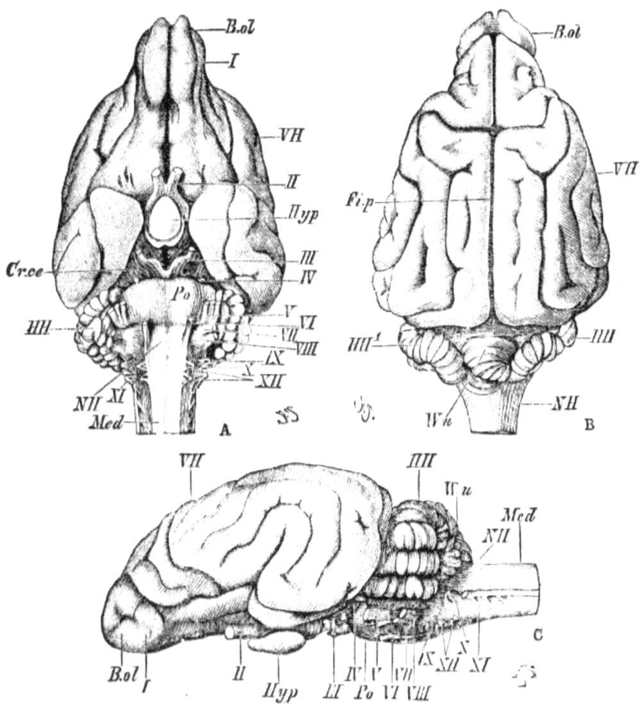

FEIGE. 192. – Gehirn des Hundes. **A** , ventral; **B** , dorsal; **C** , seitlicher Aspekt. *B.ol* , Riechlappen; *Cr.ce* , crura cerebri; *Fi.p* , großer Längsriss; *HH* , *HH* [1] , Seitenlappen des Kleinhirns; *Hyp* , Hypophyse; *Med* , Rückenmark; *NH* , Medulla oblongata; *Po* , pons Varolii; *VH* , Großhirnhemisphären; *Wu* , Mittellappen (Wurm) des Kleinhirns; *I-XII* , Hirnnerven. (Aus Wiedersheims *Vergleichende Anatomie* .)

Die Verbreitung der Carnivora erfolgt weltweit, mit Ausnahme der australischen Region, sofern der Dingo dieser Region, was wahrscheinlich erscheint, eine eingeführte Art ist. Die auffälligsten Merkmale ihrer Verbreitung sind vielleicht die folgenden : Es gibt keine Bären in der äthiopischen Region oder auf Madagaskar und nur eine einzige Art im Neotropikum. Die einzigen Fleischfresser in Madagaskar sind die Viverridae, und von den sieben dort vorkommenden Gattungen sind sechs eigenartig. Die Procyonidae kommen fast ausschließlich in der Neuen Welt vor; Von den sechzehn Mustelidae-Gattungen stammen nur fünf aus der Neuen Welt, und nur zwei davon sind auf dem amerikanischen Kontinent heimisch. Die Hyaenidae sind auf die Alte Welt beschränkt.

Die Klassifizierung der Fleischfresser ist eine schwierige Angelegenheit und wurde daher sehr unterschiedlich durchgeführt . Es ist bedauerlich, dass die Klassifizierung der Blume (basierend auf den Forschungen von HN Turner und seinen eigenen und von Mivart akzeptiert) bei der Anwendung auf fossile Formen fehlschlägt. Denn es unterteilt die bestehenden Gattungen mit großer Klarheit in drei große Abteilungen, die Cynoidea , Aeluroidea und Arctoidea, die sowohl durch viszerale als auch durch osteologische Merkmale definierbar sind. Auch die offensichtliche Anomalie einer einzigen angeblichen Viverrine-Gattung, nämlich *Bassariscus* , die in Amerika existiert, während alle anderen ihrer Verwandten altweltliche Formen sind, wurde von seinen Charakteren weder als Anomalie noch als Tatsache dargestellt. Es wäre daher besser, die Carnivora in die Familien Felidae, Machaerodontidae , Viverridae, Hyaenidae, Canidae, Ursidae, Procyonidae und Mustelidae zu unterteilen und gleichzeitig die Gründe für und gegen die Beibehaltung der drei Unterteilungen von Sir W. anzugeben. Blume.

Fam. 1. Felidae. [258] – Diese Familie umfasst nur die Katzen (*dh* Löwen, Tiger, „Katzen", Jagdleoparden usw.) und ist durch die folgenden Merkmale zu unterscheiden : – Im Schädel ist die Gehörblase stark aufgeblasen, und zwar dort ist ein inneres Septum; Die Parokzipitalfortsätze sind gegen die Bullae abgeflacht. Es gibt keinen Alisphenoidalkanal . Die Zahnformel lautet I 3, C 1, Pm 3 bis 2, M 1. Der Fleischzahn des Oberkiefers hat drei Lappen zur Klinge; der Unterkiefer hat keinen inneren Höcker. An den Vorderpfoten sind es fünf, an den Hinterpfoten vier. Der Blinddarm ist vorhanden und klein. Diese Familie enthält nur zwei Gattungen, *Felis* und *Cynaelurus* .

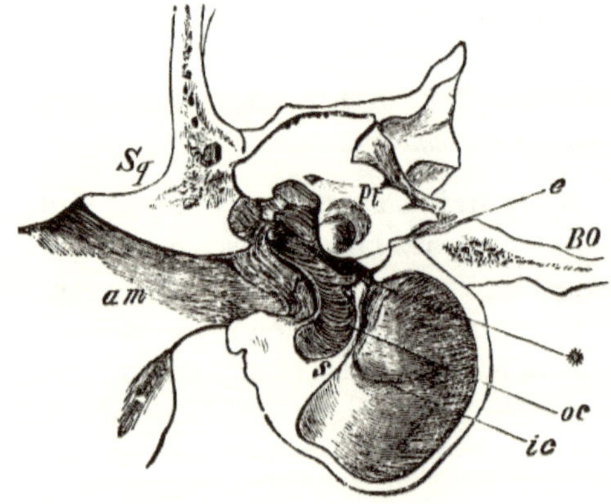

FEIGE. 193. – Abschnitt der auditorischen Bulla des Tigers. *bin* , Gehörgang; *BO* , basioccipital; *e* , Eustachischer Kanal; *ic* , *oc* , zwei Kammern der Bulla,

geteilt durch *s* , Septum; *, ihre Kommunikationsöffnung; *Pt* , periotisch; *Sq* , Plattenepithelkarzinom; *t* , Trommelfell. (Aus Flower's *Osteology* .)

Die Gattung *Felis* ist sehr weit verbreitet und kommt sowohl in der Alten als auch in der Neuen Welt vor. Seine besonderen Merkmale im Gegensatz zu *Cynaelurus* sind hauptsächlich die folgenden : Die Krallen sind einziehbar, und die Einziehbarkeit ist deutlicher entwickelt als beim Geparden. Der Backenzahn steht nicht annähernd in einer Linie mit den anderen Zähnen; Das obere Carnassial hat außerdem einen inneren Tuberkel. Die Beine sind relativ kürzer.

Die vollständige Einziehbarkeit der Krallen ist ein charakteristisches Merkmal echter Katzen. Dies geschieht auf folgende Weise: Das Endgelenk der Zehe, das mit der Kralle bedeckt ist, faltet sich an der Außenseite oder oberhalb der Mittelphalanx in eine Hülle zurück. In dieser Position wird es durch ein starkes Band gehalten. Die Beugemuskeln strecken die Phalanx, die die Klaue trägt, so dass die natürliche Haltung des Tieres darin besteht, dass die Krallen eingezogen sind, was sie natürlich vor Reibung schützt; Wenn sie zu aggressiven Zwecken benötigt werden, werden sie durch die Wirkung der bereits erwähnten Muskeln ins Blickfeld gezogen.

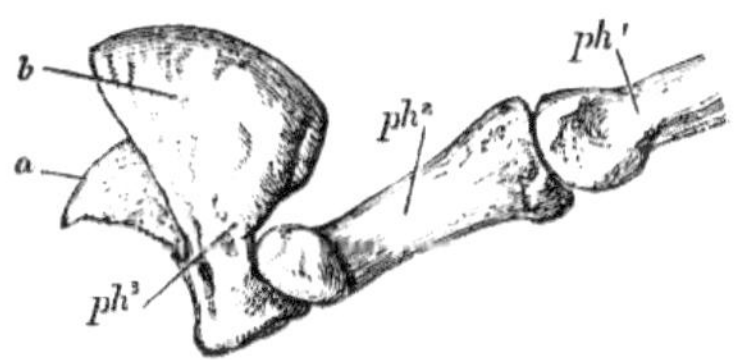

FEIGE. 194. – Die Phalangen des Mittelfingers des Manus des Löwen (*Felis leo*). × ½. *a* , Der zentrale Teil bildet die innere Stütze für die Hornklaue; *b* : die knöcherne Lamina, die um die Basis der Klaue reflektiert wird; *pH* ^{1} , Grundphalanx; *pH* ^{2} , Mittelphalanx; *pH* ^{3} , Ungualphalanx. (Aus Flower's *Osteology* .)

Über die Form der Pupille des Katzenauges ist viel geschrieben worden. Einige sorgfältige Beobachtungen zu diesem Thema wurden von Dr. Lindsay Johnson gemacht [259], der herausfand, dass von 180 Hauskatzen 111 runde Pupillen hatten und dass bei 19 die Form ein spitzes Oval war, während die übrigen mittlere Bedingungen boten. Diese 180 bestanden aus Männchen und Weibchen verschiedenster Art. Wenn sich die Pupille des Katzenauges zusammenzieht, bildet sie einen vertikalen Schlitz mit zwei kleinen Löchern, eines an jedem Ende, durch die scheinbar nur Licht eindringt. Bei der Ginsterkatze und der Zibetkatze ist die Kontraktion der Pupille wie bei der Katze. Beim Löwen und Tiger – eigentlich offenbar bei allen Großkatzen – behält die Pupille ihre kreisförmige Form, selbst wenn die Kontraktion vollständig erfolgt ist . Dr. Johnson hat außerdem [260] einige interessante

Experimente mit dem Auge des Siegels durchgeführt – einem Geschöpf, das seine Sehfähigkeit natürlich in zwei Medien und von einem zum anderen ausüben muss. Dies geschieht durch eine Erweiterung der Pupille im Wasser und durch ihre Kontraktion zu einem vertikalen Schlitz mit parallelen Rändern und abgerundeten Enden in der Luft, wobei die Kontraktion zumindest bis zu einem gewissen Grad unter dem Einfluss des Willens des Tieres steht.

Die Färbung dieser Tiere ist sehr vielfältig: Das vorherrschende Muster sind schwarze Flecken oder schwarz umrandete Flecken auf einer mehr oder weniger gelbbraunen Grundfarbe . Man findet auch Streifen, wie beim Tiger, aber diese sind meist Querstreifen, [261] während es bei den verwandten Viverridae viele Beispiele für Längsstreifen gibt. Schließlich sind viele Katzen, wie zum Beispiel der Puma und die Eyra , „ selbstfarbig " – haben also eine einheitliche Färbung . So wie das ungestreifte Pferd manchmal Spuren früherer Streifen aufweist, so werden die einfarbigen Katzen gelegentlich in jungen Jahren gefleckt; Dies ist insbesondere beim Puma der Fall; Während der Löwe bereits als Jungtier gefleckt ist, gibt es auch bei erwachsenen Tieren – insbesondere bei der Löwin – deutliche Hinweise auf diese Flecken. Es ist daher offensichtlich, dass es Gründe gibt, anzunehmen, dass ein fleckiger Zustand zumindest in einigen Fällen einer einheitlichen Farbe vorausgeht . Es gibt verschiedene Erklärungen für diese Farbtöne und diese Veränderungen. Viele sind der Meinung, dass die Färbung einen Zusammenhang mit den Gewohnheiten der Kreatur hat: Die gefleckten Katzen leben, so wird betont, größtenteils auf Bäumen; Dies trifft jedenfalls beim Jaguar ganz besonders zu; und bei einem baumlebenden Lebewesen erwecken die Flecken, so heißt es, den Eindruck von durch Blätterwerk gebrochenen Sonnenlichtflecken. Die einfarbigen Katzen mit einem sandigen bis erdigen Farbton harmonieren dagegen farblich mit einem sandigen oder steinigen Boden. Es wird angenommen, dass die Streifen des Tigers den hohen parallelen Stängeln von Gräsern und anderen Pflanzen in der dichten Vegetation, in der er lebt, ähneln. Für diese Ansichten spricht zweifellos die Tatsache, dass bei anderen Säugetieren und anderen Tieren, die ganz anderen Gruppen angehören, dieselben vier Farbschemata anzutreffen sind. Bei den Beuteltieren kommen Flecken und Querstreifen vor; Der junge Tapir ist gefleckt, während der erwachsene Tapir einfarbig ist und so weiter. Diese letzte Tatsache dient jedoch dazu, eine andere Ansicht zu veranschaulichen, die zur Erklärung dieser charakteristischen Markierungen der Felidae vertreten wurde. Eimer ist zu dem Schluss gekommen, dass es in der Entwicklung dieser Markierungen eine regelmäßige Reihe von Schritten gibt und gegeben hat. Der ursprüngliche Zustand war seiner Meinung nach ein längsgestreifter Zustand; die Streifen lösten sich dann in Flecken auf, und die Flecken ordneten sich zu Querstreifen neu; Der gleichfarbige Puma und der Löwe sind eine letzte

Stufe in dieser schrittweisen Entwicklung. Dies wird durch die Tatsache gestützt, dass im individuellen Wachstum dieser Tiere Flecken der Selbstfärbung vorausgehen. Die genaue Reihenfolge dieser Markierungen wird jedoch durch Dr. Haackes Beobachtungen an einem bestimmten australischen Fisch widerlegt, der im jungen Zustand kreuzgestreift und im erwachsenen Zustand längsgestreift ist, eine genaue Umkehrung dessen, was nach Eimers Ansicht passieren sollte.

Die Felidae sind fast überall verbreitet, mit Ausnahme natürlich Australiens und eines großen Teils der australischen Region; Der Hauptsitz der Gruppe liegt zweifellos in den Tropen der Alten Welt.

Nun werden die Merkmale einiger Arten des Katzenstammes angegeben. Da es immerhin fünfundvierzig Arten gibt, wird diese Übersicht etwas unvollständig sein müssen.

Der Löwe, *F. leo* , unterscheidet sich von allen anderen Arten durch die Mähne des Männchens. Es ist ein Bewohner Afrikas, Indiens und bestimmter Teile Westasiens. Innerhalb der historischen Periode reichte es bis nach Europa. Laut Sir Samuel Baker haben diejenigen von uns, die den Löwen nicht in seinen Heimatgebieten gesehen haben, noch nie ein wirklich prächtiges Exemplar des Tieres gesehen; andere Reisende sind jedoch anderer Meinung und behaupten, dass ein gefangener Löwe oft ein schöneres Tier sei – natürlich aufgrund der guten Ernährung. Im Gegensatz zu den meisten Katzen kann der Löwe nicht klettern. Sein Gebrüll (das gegen Ende so sehr an das Tier erinnert, das sich einst in seine Haut gehüllt hat) ist buchstäblich *hinter* seiner Beute her. Es heißt, der Löwe brülle nur mit vollem Magen. Der Löwe ist in seinen Gewohnheiten hauptsächlich nachtaktiv und soll nicht im Geringsten gefährlich sein, wenn er tagsüber nicht provoziert wird; Aber auch hier gehen die Meinungen auseinander. Der Schwanz des Tieres ist am Ende mit einer leichten Kralle versehen, die jedoch kaum ausreichen kann, damit sich das Tier damit in Furcht peitscht. Ein Löwe wird dreißig oder vierzig Jahre alt und kann sich in Gefangenschaft frei fortpflanzen. Die Gärten der Zoological Society of Dublin sind für ihren Erfolg bei der Löwenzucht bekannt. aber noch überraschender ist, dass dies in reisenden Menagerien erfolgreich erreicht wurde. Die „Wüsten" -Farbe des Löwen ist jedem bekannt. Es wird behauptet, dass die Ähnlichkeit mit dem ausgetrockneten Boden bestimmter Teile Afrikas durch schwarze Flecken in der Mähne stark verstärkt wird, denn in bestimmten Regionen dieses Kontinents wird das trockene Gelb der allgemeinen Umgebung durch Stücke schwarzer Lava abwechslungsreich gestaltet. Es ist offenbar eine weitverbreitete Täuschung, vom Mähnenlosen Löwen von Guzerat zu sprechen . Zweifellos kommen mähnenlose Löwen von dort, aber auch junge und mähnenlose Löwen von anderswo; Kurz gesagt, es ist einfach eine Frage des Alters, und alte Löwen aus dem asiatischen Kontinent haben eine ebenso vollständige Mähne wie solche aus Afrika.

Der Tiger, *F. tigris* , ist ein Tier von etwa der gleichen Größe wie der Löwe, das sich natürlich durch die Streifen unterscheidet. Die Skelette ähneln denen anderer Katzen. aber der Schädel des Tigers kann von dem des Löwen dadurch unterschieden werden, dass die Nasenknochen über die Stirnfortsätze der Oberkieferknochen hinausreichen. Der Tiger ist ein ausschließlich asiatisches Tier, das nördlich bis ins eisige Sibirien vordringt. Die nördlichen Individuen haben ein dichteres Fell und wurden unnötigerweise als eigenständige Varietät abgetrennt. 9 Fuß und 6 Zoll ist die durchschnittliche Größe eines ausgewachsenen Tigers; aber die Felle dehnen sich, was der Sportler manchmal ausnutzt. Ein „Menschenfresser" ist ein Tiger, der herausgefunden hat, „dass es weitaus einfacher ist, einen Eingeborenen zu töten, als nach dem seltenen Dschungelwild zu jagen". Wie beim Löwen gehen die Berichte von Reisenden enorm auseinander, insbesondere was die Stärke des Tieres betrifft. Einige haben gesagt, dass ein Tiger leicht einen ausgewachsenen Ochsen hochheben und mit ihm im Maul über ein beträchtliches Hindernis springen kann, eine Aussage, die von Sir Samuel Baker lächerlich gemacht wird. Im Gegensatz zum Löwen kann der Tiger auf Bäume klettern; Es geht auch freiwillig ins Wasser und kann beträchtliche Flüsse durchschwimmen.

Herr HN Ridley [262] beobachtet, dass Tiger „gewöhnlich über die Johore-Straße nach Singapur schwimmen, normalerweise über die Zwischeninseln Pulau Ubin und Pulau." Tekong . Sie machen die Überfahrt nachts und landen am frühen Morgen. Da ein großer Teil der Küste aus Mangrovensümpfen besteht und die Tiere nicht riskieren, durch den Schlamm zu gehen, können sie nur dorthin gelangen, wo die Ufer sandig sind, und haben daher regelmäßige Start- und Landeplätze."

Der Tiger ist hauptsächlich nachtaktiv, beginnt aber gegen fünf Uhr nachmittags mit seinen Raubzügen, bevor er im schattigen Dickicht schläft. Bei regnerischem und windigem Wetter wird es unruhig und wandert früher umher. Bei starkem Hunger jagt es tagsüber. Auch Hunger erzeugt natürlich extreme Kühnheit. Mr. Ridley erzählt die Geschichte von vier Tigern, die auf der Suche nach dem Hausherrn oder seinem Hund die Stufen eines Hauses hinaufstiegen und dort einbrachen, woraufhin sich die Bewohner zu ihren Gunsten zurückzogen . Die Malaien haben einen Aberglauben über Tiger, der genau mit den Menschen-und-Wolf-Geschichten Europas übereinstimmt. „Bestimmte Menschen sollen die Macht haben, sich für kurze Zeit in Tiger zu verwandeln und nach Belieben ihre menschliche Gestalt wieder anzunehmen. Die Verwandlung beginnt mit dem Schwanz zuerst, und der menschliche Tiger ist so völlig verändert, dass er nicht nur alle Handlungen und sein Aussehen hat des Tigers, aber wenn er seine

menschliche Form wieder annimmt, ist er sich überhaupt nicht bewusst, was
er im Tigerzustand getan hat. Herr Ridley bestreitet die gängigen
Geschichten über Menschenfresser. Wenn ein Tiger einmal Menschenfleisch
gekostet hat, beschränkt er sich danach nicht immer auf diesen
Nahrungsartikel, und es sind auch nicht nur alte und vergleichsweise
zahnlose Tiere, die Menschen jagen. Dass sie einen großen Tribut an Kulis
fordern, ist eine unbestrittene Tatsache, und es gibt viele Kunstgriffe, um die
übrigen daran zu hindern, das Schicksal eines ihrer Arbeitskollegen zu
erfahren oder Kenntnis von der Anwesenheit eines der Gefürchteten in der
Nähe zu bekommen Biester.

Der Leopard oder Panther, *F. pardus*, kommt wie der Löwe in afrikanischer
und asiatischer Verbreitung vor. Das Tier ist mit Rosetten aus schwarzen
Flecken gefleckt, die ein zentrales Feld von allgemein gelbbrauner
Körperfarbe umgeben. Einige der Flecken sind einfarbig und schwarz. „Der
Pantere gleicht dem Smaragd " scheint eine unpassende Beschreibung dieser
Katze zu sein, es sei denn, man bezieht sich tatsächlich auf die Augen. Die
Alten schrieben ihm einen überaus wohlriechenden Geruch zu. Wie beim
Tiger hat eine nördliche Variante dieses Fleischfressers ein dichteres und
längeres Fell. Bei diesem Tier besteht eine Tendenz zum Melanismus, da der
schwarze Leopard vergleichsweise häufig vorkommt, insbesondere offenbar
in Hochlandgebieten. Es sind mehrere weitere Farbvarianten bekannt. Diese
haben unterschiedliche spezifische Namen erhalten; aber es scheint, dass es
in Wirklichkeit nur eine Leopardenart gibt. Der Leopard kann mit der
Beweglichkeit jeder Katze klettern. Sir S. Baker reserviert den Namen
Panther für große Leoparden, die eine Länge von 7 Fuß 6 Zoll erreichen. Es
gibt jedoch keine gültige Unterscheidung zwischen zwei solchen Sorten. Der
Leopard ist genauso wild wie der Tiger; und Sir Samuel Baker rät, nicht mit
der Kraft des menschlichen Auges zu experimentieren, wenn man einem
unbewaffneten dieser Tiere begegnet.

FEIGE. 195.— Schneeleopard. *Felis uncia.* × 1 / 20 .

Der Schneeleopard oder Schneeleopard, *F. uncia* , ist ein wunderschönes Geschöpf, das nur im Hochland Zentralasiens vorkommt. Die Grundfarbe ist weiß und die Flecken sind größer als beim gewöhnlichen Leoparden. Zwei Exemplare dieses eher seltenen Fleischfressers wurden kürzlich in den Gärten der Zoological Society in London ausgestellt. Der Nebelparder, *F. nebulosa* , ist ein Tier von beträchtlicher Größe (6 Fuß Gesamtlänge).

Die in Indien und China beheimatete Fischerkatze *F. viverrina* ist inklusive Schwanz etwa 90 cm groß. Seine schwarzen Flecken auf graubraunem Grund neigen dazu, Längslinien zu bilden. Tatsächlich handelt es sich nach Eimers Theorie um einen Fall von Längsstreifen, die sich in Flecken auflösen. Sie unterscheidet sich von der Masse der Katzen dadurch, dass sie Fische jagt, obwohl nicht bekannt ist, wie sie diese fängt. Sie ernährt sich auch von der großen Schnecke *Ampullaria* . Darüber hinaus gibt es in der Alten Welt, hauptsächlich im orientalischen Raum, vierundzwanzig Katzenarten von kleiner bis mittlerer Größe.

FEIGE. 196. – Europäischer Luchs. *Felis Luchs.* × 1 / 12 .

Der Europäische Luchs, *F. lynx* , hat ziemlich lange Beine, einen kurzen Schwanz und büschelige, spitze Ohren. Es hat nur zwei Prämolaren im Oberkiefer statt der üblichen drei. Es scheint zweifelhaft, ob der Asiatische Luchs vom Europäischen unterschieden werden kann, aber die spanische Form, *F. pardina* , scheint sich deutlich zu unterscheiden. Der Gemeine Luchs, manchmal auch *F. canadensis genannt* , kommt auch in Amerika vor, wo es einige andere Formen gibt, die unter den spezifischen Namen *F. rufa* und *F. baileyi bekannt sind* .

In Amerika gibt es insgesamt sechzehn Arten von Katzen, wenn wir drei Luchsarten zulassen, von denen sich Dr. Mivart jedoch nicht vom Europäischen und Asiatischen Luchs (*F. lynx*) unterscheiden lässt .

Die größte amerikanische Katze ist der Jaguar, *F. onca* . Dies ist ein Baumgeschöpf mit einem langen, schweren Körper und kurzen Gliedmaßen. Sein Fell ähnelt stark dem des Leoparden, die Flecken sind jedoch größer und deutlicher in Gruppen angeordnet. Es gibt eine Reihe unterschiedlicher Fleckenreihen. Allein die Körperlänge beträgt nicht mehr als 4 Fuß. Sie jagen hauptsächlich Wasserschweine und Schildkröten, die sie im Sand überraschen, wenn sie ihre Eier legen wollen. Die Reptilien werden auf den Rücken gedreht, so dass sie nicht entkommen können, und der Jaguar verschlingt sie dann leicht. Der Jaguar verfolgt die Schildkröte sogar bis ins Wasser und verschlingt ihre Eier und die frisch geschlüpften Jungen.

FEIGE. 197.- Jaguar. *Felis onca.* × 1 / 15 .

Der Ozelot ist eine weitere gefleckte amerikanische Katze. *F. pardalis* [263] kommt von Arkansas in Nordamerika nach Süden vor und entspricht in seinem Verbreitungsgebiet dem des Jaguars. Obwohl für eine der „größeren Katzen" klein, erweckte der Ozelot großen Respekt bei Kapitän Dampier, der über ihn bemerkte: „Die Tigre-Katze ist ungefähr so groß wie eine Bulldogge, mit kurzem Oberkörper und einem Körper, der stark an eine Dogge erinnert." , aber in allem anderen, seinem Kopf, der Farbe seiner Haare, der Art seiner Beute, ähnelt er dem Tiger sehr , nur etwas weniger ... Aber ich habe sie mir weiter weg gewünscht, als ich sie im Wald getroffen habe; weil ihr Aussehen so sehr stattlich und wild erscheint.

FEIGE. 198.— Ozelot. *Felis pardalis.* × 1 / 10 .

Der Puma, *F. concolor* , der amerikanische Löwe, wie er im Norden genannt wird, ist ein etwas kleineres Tier als das letzte Tier und von einheitlicher gelbbrauner Farbe , die auf dem Bauch zu Weiß und auf dem Rücken zu einem dunklen Streifen tendiert. Die Jungen sind, wie bereits erwähnt, sehr deutlich gefleckt. Wie der Tiger kann der Puma extreme Hitze und Kälte aushalten; Es ist im Schnee Nordamerikas ebenso zu Hause wie in den tropischen Wäldern und Sümpfen des Südens. Es ist ein wildes Geschöpf, was Hirsche, Lamas, Waschbären und sogar Stinktiere und Nandus betrifft, aber laut Herrn WH Hudson wird es den Menschen nicht angreifen und ihn sogar gegen den Jaguar verteidigen. [264] In Gefangenschaft schnurrt der Puma wie eine Katze.

Die Eyra , *F. eyra* , ist eine weitere einfarbige amerikanische Katze, die eine merkwürdige Ähnlichkeit mit der völlig unterschiedlichen *Cryptoprocta* von Madagaskar aufweist.

Die Wildkatze Europas, *F. catus* , kommt im größten Teil Europas und auch in Nordasien vor. Zweifellos war die Art einst in diesem Land weit verbreitet, doch scheint sie ihr Verbreitungsgebiet nie bis nach Irland ausgeweitet zu haben. Aber die echte Wildkatze ist auf dieser Insel mittlerweile selten und auf bestimmte Gebiete Schottlands beschränkt . Viele angebliche Wildkatzen wurden gesehen und sogar erschossen; Aber allzu häufig handelt es sich dabei nur um Wildkatzen, *also* um Hauskatzen, die zu einem Jagdleben zurückgekehrt sind. Die echte Wildkatze unterscheidet sich von den Hausrassen durch den verhältnismäßig längeren Körper und die längeren Gliedmaßen, den kürzeren und dickeren Schwanz; Die Zehenballen sind nicht ganz schwarz. Die Tragzeit der Wildkatze ist laut Herrn Cocks etwa eine Woche länger als die einer Hauskatze.

Die Hauskatze wird tatsächlich als Nachkomme der östlichen *F. caffra* oder (vielleicht *auch*) der eng verwandten *F. maniculata angesehen* . Es ist jedoch sehr wahrscheinlich, dass sie sich nach ihrer Einführung als Haustier in diesem Land mit der Wildkatze gekreuzt hat. Viele verwandte Katzenarten kreuzen sich, sogar zwei, die so weit voneinander entfernt sind wie der Löwe und der Tiger. Es gibt interessante archäologische und sprachliche Gründe dafür, die Hauskatze als Import zu betrachten. Die Legende von Dick Whittingtons Katze weist darauf hin, dass es sich um ein seltenes und wertvolles Tier handelt, was ein gezähmter *F. catus* zu dieser Zeit nicht gewesen wäre. In Wales wurde eine Strafe gegen denjenigen erlassen, der die Katze des Königs töten sollte, was wiederum auf ihre Seltenheit und ihren daraus resultierenden Wert schließen lässt. Schon der Name „Puss" weist auf eine ausländische Herkunft hin. Manche würden es von Persisch ableiten, und darauf basiert die Vorstellung, dass die Katze aus Persien stammt. Aber es scheint, dass Puss dasselbe ist wie Pasht und Bubastis, was bisher auf einen ägyptischen Ursprung des Tieres schließen lässt. Die oben genannten Stammkatzen stammen aus Ägypten. [265]

Die Gattung *Cynaelurus*, zu der nur eine einzige Art gehört, *C. jubatus*, der Gepard oder Jagdleopard, wird durch eine Reihe von Merkmalen von *Felis* getrennt. Erstens sind die Krallen nicht einziehbar oder zumindest weniger einziehbar als die der echten Katzen. Außerdem ist es längerbeinig. Der Backenzahn steht eher in einer Linie mit den anderen Zähnen des Kiefers und der obere Zahn hat keinen inneren Tuberkel. Die Herren Windle und Parsons haben kürzlich auf viele hundeähnliche Merkmale in den Muskeln hingewiesen. Dieses Tier ist etwa so groß wie ein Leopard, hat aber schlichte schwarze Flecken. Wie der umgangssprachliche Name schon sagt, wird er zum Sport genutzt und ist recht leicht zu zähmen. Es wird wie der Puma schnurren. Der Gepard kommt in Indien, Persien, Turkestan und auch in Afrika vor; die letztere Form wird manchmal, wenn auch völlig unnötig, als *C. lanigera abgetrennt*. Die Gattung kommt fossil in den Siwalik-Lagerstätten Indiens vor, die Art ist als *C. brachygnatha bekannt*.

Fam. 2. Machaerodontidae. — Hierbei handelt es sich um eine Familie völlig ausgestorbener Katzen, die vom Eozän bis zum Pleistozän reicht. Ihre allgemeine Struktur ähnelt der der Felidae; Sie unterscheiden sich jedoch in einer Reihe von Skelettmerkmalen. Es gibt also einen Alisphenoidkanal und, wie beim Bären, ein Foramen postglenoidale. Es gibt auch ein ausgeprägtes Foramen carotis, das bei echten Katzen nicht vorkommt. Die Zähne zeichnen sich oft durch die enorme Größe der oberen Eckzähne aus, die „Waffen zum Durchdringen von Wunden sind, die unter fleischfressenden Tieren ihresgleichen suchen". Diese müssen an den Seiten des Kinns sichtbar gewesen sein, als das Maul geschlossen war, und es wurde sogar vermutet, dass das Tier, das diese übertriebenen Eckzähne besaß, sein Maul kaum richtig schließen konnte. Die unteren Eckzähne waren dagegen oft stark reduziert und ähnelten sogar einem Schneidezahn. Wenn wir die Reihe dieser Katzen verfolgen, stellen wir eine allmähliche Reduzierung der Zähne von einer nahezu vollständigen Zahl bis hin zum Spezialgebiss der vorhandenen Katzen fest. Die Gattung *Proaelurus*, deren Verbreitungsgebiet im Miozän liegt, hatte vier Prämolaren in jedem Kiefer sowie zwei Molaren im Unterkiefer und einen im Oberkiefer. Dies ist die größte Anzahl an Zähnen, die bei einem Mitglied der Gruppe gefunden wurde.

Die Ähnlichkeit dieser Gattung mit *Cryptoprocta* wurde betont. *Archaelurus* hat eine Verkleinerung erlitten, da ein Prämolar im Unterkiefer verschwunden ist, seine Formel lautet also I 3/3 C 1/1 Pm 4/3 M 1/2. Das nächste Stadium zeigt *Dinictis* mit drei Prämolaren in beiden Kiefern. Es gibt viele Arten dieser Gattung, die alle amerikanisch und miozän sind. Diese Gattung hat fünf Zehen an den Hinterfüßen und war wahrscheinlich plantigrad. Es hatte einziehbare Krallen.

In der Gattung *Nimravus* ist die Zahnformel noch weiter reduziert. Ein weiterer Prämolar des Unterkiefers ist verschwunden, die Formel lautet also

I 3/3 C 1/1 Pm 3/2 M 1/2. *Nimravus gomphodus* war ein Fleischfresser von der Größe eines Panthers. Es hat keinen dritten Trochanter am Femur, dieser Fortsatz ist im entsprechenden Knochen von *Dinictis vorhanden* . *Pogonodon* war ein ebenso großes Tier, bei dem es in jedem Kiefer drei Prämolaren gab, die Backenzähne jedoch im Unterkiefer auf einen reduziert waren, wie dies bei dieser und anderen Gattungen im Oberkiefer der Fall war . Schließlich hat *Hoplophoneus* das Gebiss vorhandener Katzen übernommen.

Die Machaerodons zeigen jedoch Beispiele mit einem noch stärker reduzierten Gebiss als das der am stärksten reduzierten existierenden Katze, nämlich. der Luchs, der in jedem Kiefer nur zwei Prämolaren und einen Backenzahn hat. Bei *Eusmilus* ist der Backenzahn in beiden Kiefern einzeln, und im Unterkiefer gibt es nur einen Prämolaren.

Die Gattung *Machaerodus selbst, zu der offenbar auch Smilodon* gehört , wird von Cope auf die echten Katzen bezogen und nicht auf die Nimravidae , wie er die Familie nennt, die wir hier Machaerodontidae genannt haben . Diese als „Säbelzahntiger" bekannten Tiere waren weit verbreitet und kamen sowohl in Südamerika als auch in Europa und Nordamerika vor. „Da nichts", bemerkt Professor Cope, „aber die Eigenschaften der Eckzähne diese von typischen Katzen unterschieden, müssen wir bei ihnen nach der Ursache für ihr Scheitern suchen. Der Vorschlag von Professor Flower scheint gut zu sein, nämlich, dass die Länge dieser Zähne zu einer Unannehmlichkeit und einem Hindernis für ihre Besitzer wurde. Ich denke, es kann keinen Zweifel daran geben, dass die riesigen Eckzähne bei den Smilodons das Abbeißen von Fleisch aus großen Stücken verhindert haben müssen, was sie sehr störte Füttern und um die Tiere in einem schlechten Zustand zu halten. Die Größe der Eckzähne ist so groß, dass sie nur bei geschlossenem Maul als Schneidinstrument verwendet werden können; denn das Maul konnte nicht so weit geöffnet werden, dass irgendein Gegenstand von dort eindringen konnte selbst wenn es sich so weit öffnet, dass der Unterkiefer hinter die Spitzen der Eckzähne gelangen kann, scheint ein gewisses Risiko zu bestehen, dass letztere an der Spitze des einen oder anderen Eckzahns hängen bleiben und gezwungen werden, offen zu bleiben. was zu einem frühen Hungertod führt. Dies könnte das Schicksal des schönen Individuums von *S. neogaeus* , Lund, gewesen sein, dessen Schädel von Lund in Brasilien gefunden wurde und der uns durch die Figuren von de Blainville bekannt ist.

Machaerodus wird aufgrund der Tatsache, dass sich die Foramen condyloideus und carotis mit dem Foramen lacerum posterius vereinigen, zu den Felidae gezählt . Da jedoch in mindestens einer Art, *M. palmidens* , ein Alisphenoidkanal vorhanden ist, der jedoch in den neueren amerikanischen Formen verschwunden ist, scheint es zulässig, die Gattung in der Familie Machaerodontidae zu belassen, obwohl ihre Existenz den

Differenzierungscharakter von reduziert diese Familie auf ein Minimum. Die Gattung reicht bis ins Eozän zurück.

Fam. 3. Viverridae. — Die Zibetkatzen, Ginsterkatzen und ihre Art unterscheiden sich in einigen Punkten von den Katzen. Sie bilden jedoch keineswegs eine so einheitliche Ansammlung wie die Katzen; Die Schwierigkeit besteht also, wie Dr. Mivart bemerkt hat, nicht darin, sie in Unterfamilien zu unterteilen, sondern darin, zu vermeiden, zu viele zu bilden. Aber bevor wir mit der Unterteilung der Familie fortfahren, werden wir die Charaktere der Familie beschreiben und sie denen der Felidae gegenüberstellen.

Alle Viverridae sind vergleichsweise kleine Lebewesen. Kopf und Körper sind länglicher als bei den Katzen. Die Finger und Zehen sind im Allgemeinen fünf; aber es gibt einige (zB *Cynictis*), wo die Zehenformel wie bei den Katzen ist, *also* vier am Hinterfuß. Beim Suricate sind die Finger ebenfalls auf vier reduziert. Die Krallen sind möglicherweise nie vollständig zurückziehbar, [266] und oft ist dies überhaupt nicht der Fall. Die Zahnformeln der Gattungen unterscheiden sich erheblich; aber in der Mehrzahl sind mehr Zähne vorhanden als bei den Felidae. Die bekannten spitz zulaufenden, konischen Papillen der Katzenzunge sind nicht vorhanden. Die meisten haben eine Duftdrüse unter dem Schwanz, aus der die Duftzibetkatze stammt. Es gibt eine Reihe osteologischer Merkmale, die die beiden Familien unterscheiden; Daher ist manchmal der Alisphenoidkanal vorhanden. Die Bulla ist wie bei den Katzen geteilt, aber äußerlich verengt.

Aus einigen Charakteren (z. B. dem vollständigeren Gebiss, den fünffingrigen Händen und Füßen, den nicht einziehbaren Krallen usw.) scheint jedenfalls klar zu sein, *dass* die Zibetkatzen auf einem niedrigeren Spezialisierungsniveau sind als die Katzen.

Unterfamilie 1. Euplerinae . — Die Gattung *Eupleres* ist in vielerlei Hinsicht die am stärksten abweichende Art von Viverrid und wird in eine Unterfamilie, Euplerinae, eingeordnet . Sein herausragendes Merkmal ist das sehr eigenartige Gebiss: Es zeichnet sich durch die geringe Größe der Eckzähne, den eckzahnähnlichen Charakter der vorderen Prämolaren und die Ähnlichkeit der Prämolaren mit Molaren aus. In einigen Merkmalen der Zähne ähnelt *Eupleres* Insektenfressern und wurde früher dieser Familie zugeordnet. In jedem Kiefer befinden sich auf jeder Seite vier Prämolaren und zwei Molaren. Es hat fünf Zehen an den Vorder- und Hinterbeinen; Der Schädel ist sehr schlank. Es hat keinen Alisphenoidkanal. Die einzige Art, *E. goudotii* , hat eine olivgraue Farbe mit dunklen Streifen über den Schultern der Jungen. Nase und Oberlippe sind gefurcht. Es gibt keine Duftdrüsen. Es scheint sich im Boden zu graben und begnügt sich möglicherweise mit einer

Nahrung aus Würmern. *Eupleres* stammt aus Madagaskar, wo die eigenartigsten Viverridae leben.

Unterfamilie 2. Galidictiinae . — Mivart hat dieser Unterfamilie die drei Mascarene-Gattungen *Galidia* , *Hemigalidia* und *Galidictis zugeordnet* . Bei ihnen ist die Augenhöhle nicht von Knochen umschlossen; Es gibt keinen Alisphenoidkanal und es gibt fünf Zehen und Finger.

Galidia besteht aus nur einer Art, *G. elegans* , von kastanienbrauner Farbe und einem schwarz umrandeten Schwanz. Die Krallen sind nicht einziehbar. Die Duftdrüse fehlt. Es gibt fünf Finger an Hand und Fuß. Auf jeder Seite jedes Kiefers befinden sich drei Prämolaren und zwei Molaren. Der Blinddarm ist (für einen Aeluroid) lang und an der Spitze spitz; es ist ziemlich doppelt so lang wie das von *Genetta* .

Galidia verwandt ist die Gattung *Hemigalidia* , von der es zwei Arten gibt. Sie unterscheidet sich von der letzten Gattung durch den nicht ringelförmigen Schwanz. Es unterscheidet sich auch in der Zahnformel, die für die Backenzähne Pm 4/3 M 2/1 lautet. Dieses Tier wird von Buffon der Vansire genannt . Er zählt seine Mühlen richtig auf und unterscheidet es vom Frettchen!

Galictictis ist eine dritte Gattung aus Madagaskar, die zwei Arten enthält, von denen eine leider G. vittata genannt wurde , was möglicherweise zu einer gewissen Verwechslung mit der völlig unterschiedlichen *Galictis führt vittata* . Wie in den letzten beiden Gattungen sind die Ziffern fünf. Die Zahnformel ist die von *Galidia* . Sie unterscheidet sich von den beiden anderen Gattungen ihrer Unterfamilie durch die braunen Längsstreifen auf dem oberen Teil des grauen Körpers.

Unterfamilie 3. Cryptoproctinae . — *Cryptoprocta* [267] stellt eine besondere Unterfamilie, Cryptoproctinae , dar und umfasst nur eine einzige Art, die Fossa (*C. ferox*) von Madagaskar. Es ist der größte Fleischfresser Madagaskars, etwa doppelt so groß wie eine Katze, aber mit einem länglichen Körper; Die Farbe ist ein gelbbraunes Braun ohne Streifen. Das Tier ist aktiv und geschmeidig in seinen Bewegungen und soll eine fast beispiellose Wildheit in seinem Wesen haben. Seine genaue systematische Position wurde viel diskutiert. Durch Zittel wird sie in eine Unterfamilie (einschließlich der ausgestorbenen *Proaelurus* und *Pseudaelurus*) der Felidae gestellt. Mivart und Lydekker hingegen betrachten sie als eine Gattung der Viverridae. Die Zahnformel der Backenzähne, Pm 3/3 M 1/1, ähnelt eher der der *Felidae* als der der *Viverridae* , und die Zähne haben eine eher katzenartige Struktur. Die Krallen der Füße sind einziehbar. Hinsichtlich der inneren Struktur stimmt die Fossa weitgehend mit den Viverridae überein, aber diese Familie unterscheidet sich in keinen besonders deutlichen Punkten von den Felidae;

aber dort, wo die Anatomie von der der Felidae abweicht, nähert sie sich den Viverridae an, insbesondere im Muskelsystem.

FEIGE. 199.- Fossa. *Cryptoprocta ferox.* × 1 / 6 .

Die übrigen und weitaus größeren Zibetgattungen werden von Professor Mivart in zwei Unterfamilien eingeteilt: die VIVERRINAE , einschließlich der Gattungen *Viverra* , *Viverricula* , *Fossa* , *Genetta* , *Prionodon* , *Poiana* , *Paradoxurus* , *Arctogale* , *Hemigale* , *Arctictis* und *Nandinia* , und *Cynogale* ; und die HERPESTINAE , einschließlich der Gattungen *Herpestes* , *Helogale* , *Cynictis* und wahrscheinlich *Bdeogale* und *Rhynchogale* . Bei den Viverrinae sind die Finger immer fünf, die Krallen sind mehr oder weniger einziehbar, die präskrotalen Duftdrüsen sind normalerweise vorhanden und der Anus öffnet sich nicht in einen Sack. Andererseits zeichnen sich die Herpestinae dadurch aus , dass sich die Krallen nicht zurückziehen lassen, dass die betreffenden Drüsen fehlen und dass der Anus in einen Endsack mündet.

Unterfamilie 4. Viverrinae . — Zu *Viverra* gehören die echten Zibetkatzen. Die Gattung ist bis auf eine afrikanische Art orientalisch verbreitet. Die molare Formel ist die vollständige für die Viverridae, nämlich. Uhr 4/4 M 2/2. Das Sekret der Präskrotaldrüse von *V. civetta* ergibt die Zibetkatze.

Die „ Rasse ", Gattung *Viverricula* , wurde generisch von den echten Zibetkatzen abgegrenzt. Bemerkenswerterweise kommt es sowohl auf Madagaskar [268] als auch in vielen Teilen der orientalischen Region vor. Darüber hinaus ist er in der Lage, auf Bäume zu klettern, was seine Verwandten nicht können. Sie hat keine Mähne wie *Viverra* und ist schlanker gebaut.

FEIGE. 200.— Zibetkatze. *Viverra Civetta* . × 1 / 6 .

Prionodon oder *Linsang* unterscheidet sich von den letzten beiden Gattungen durch den Verlust eines oberen Backenzahns. Damit nähert es sich den Katzen an, mit denen es auch in den pelzigen Füßen übereinstimmt. Es handelt sich um eine rein orientalische Gattung. Es ähnelt den Katzen auch darin, dass die Krallen offenbar ziemlich einziehbar sind, ein Merkmal, das bei der Gruppe nicht üblich ist. Es gibt drei Arten der Gattung. *P. pardicolor* hat große schwarze Flecken und einen beringten Schwanz. Sein Körper ist etwa 15 Zoll lang. Dr. Mivart hat sich zum besonders kleinen Blinddarm geäußert, der, wie der von *Arctictis* , vom Aussterben bedroht zu sein scheint.

Genetta , einschließlich der Ginsterkatzen, ist fast rein afrikanisch. Es verfügt über die vollständige Zahnformel von *Viverra* ; Es zeichnet sich jedoch durch das Fehlen eines Duftbeutels und durch einen nackten Hautstreifen aus, der bis zum Mittelfuß verläuft. Diese Tiere sind alle bräunlich-gelblich bis gräulich mit dunkleren Flecken. Die Ginsterkatze, *G. vulgaris* , ist südeuropäisch und gelangt gerade nach Asien; es ist auch nordafrikanisch. Die Ginsterkatze, ein Tier „mit einem Appetit auf kleines Blutbad", gehört zu den kleineren Fleischfressern, die möglicherweise mit dem Wort γα λ ῆ gemeint sind und bei den Griechen offenbar als Katzen „funktioniert" haben. Noch vor kurzem, zu Zeiten Belons, wird uns (von ihm) erzählt, dass Ginsterkatzen in Konstantinopel weit verbreitet und zahm seien.

Poiana , die eine einzige afrikanische Art enthält, ein geflecktes und völlig Ginsterkatzen-ähnliches Tier, wurde als eigenständige Gattung abgetrennt. Dr. Mivart hält es jedoch für einen *Prionodon* , der einen Ginsterkatzen-ähnlichen Tarsus erworben hat.

Arctictis , die nur eine Art, *A. binturong* , den Binturong, enthält, ist in mancher Hinsicht eine Ausnahmeform. Es handelt sich um ein schwarzes Baumgeschöpf, das in der orientalischen Region nicht sehr weit verbreitet ist und über einen vollständig greifbaren Schwanz verfügt. Dieses Merkmal und sein plantigrader Fuß mit nackter Sohle haben dazu geführt, dass er als eher mit den Arctoidea verwandt angesehen wird. Es ist jedoch zweifellos ein Verbündeter von *Paradoxurus* . Der Blinddarm ist klein oder kann ganz fehlen. Das Gebiss ist I 3/3 C 1/1 Pm 4/3 M 2/2. Die Struktur des Tieres wurde von Garrod untersucht. [269]

Die Gattung *Fossa* ist eine auf Madagaskar beschränkte Viverrine. Es gibt nur eine Art, *F. daubentoni* , die „ Fossane ". Sie unterscheidet sich von *Viverra* durch das Vorhandensein zweier kahler Flecken auf der Unterseite des Mittelfußes der Hinterbeine und durch das Fehlen eines Duftbeutels. Das Tier ist nicht stark gefleckt und gestreift, aber die Streifenbildung bei den Jungen ist viel ausgeprägter.

Von der Gattung *Paradoxurus* gibt es etwa zehn bis ein Dutzend Arten, die ausschließlich zur orientalischen Region gehören. Die Zähne sind wie bei *Viverra* , jedoch sind gelegentlich die Backenzähne auf einen reduziert. Die Pupillen stehen vertikal. Obwohl der Schwanz lang ist, ist er nicht zum Greifen geeignet, „aber das Tier scheint die Fähigkeit zu haben, ihn bis zu einem gewissen Grad einzurollen, und bei in Käfigen gehaltenen Exemplaren wird der zusammengerollte Zustand nicht selten bestätigt und dauerhaft" (Blanford) . Diese Tatsache erklärt den Namen *Paradoxurus* ; denn ein Greifschwanz ist bei einem Tier von der zoologischen Stellung der Palmzibetkatzen kaum zu erwarten, und doch führte sein gelegentliches Drehen ursprünglich zu der Annahme, dass dies der Fall sei. Die Gattung besitzt Duftdrüsen. Das Gebiss ist I 3/3 C 1/1 Pm 4/4 M 2/2. *P. niger* , die Indische Palmzibetkatze, kommt, wie andere Arten auch, nicht oft in freier Wildbahn vor. Es lebt auf Bäumen und ernährt sich wie andere Mitglieder der Gattung von einer gemischten Nahrung, die aus allen Arten kleiner Wirbeltiere und Insekten besteht, die je nach Frucht variiert. Eine andere Art, *P. greyi* , ist in ihren Lebensgewohnheiten so ausgeprägt vegetarisch, dass sie in Ananasbeeten auf den Andamanen erhebliche Schäden anrichtet.

Arctogale ist eine weitere orientalische Gattung mit sehr kleinen Zähnen, wobei die Zähne der Backenzähne sich kaum berühren. Die Fußsohlen sind nackter als bei der letzten Gattung und die Duftdrüsen, falls vorhanden, scheinen klein und schlecht entwickelt zu sein. Es hat auch einen langen Schwanz und lebt baumartig. Über seine Gewohnheiten sei „nichts Besonderes dokumentiert". Die Arten sind *A. leucotis* und *A. stigmatica* .

FEIGE. 201. – Hardwickes Zibetkatze. *Hemigale Hardwicki* . × 1 / 5 . (Aus. *der Natur* .)

Mit den beiden letzten Gattungen eng verwandt ist *Hemigale* , ebenfalls eine orientalische Gattung. Es unterscheidet sich von *Paradoxurus* dadurch, dass die Fußsohlen viel weniger nackt sind, obwohl sie nackter sind als bei *Viverra* oder *Prionodon* . Die Färbung der Art *H. hardwicki* (ein malaiisches Tier) ist sehr eigenartig. Der Körper ist mit fünf oder sechs breiten Querstreifen gebändert, und der basale Teil des Schwanzes ist ebenfalls beringt, ein ungewöhnliches Merkmal in der Gruppe. Eine zweite Art dieser Gattung ist *H. hosei* aus Borneo. Es hat eine schwärzliche Farbe , ist aber keine melanfarbene Variante davon.

Nandinia scheint nie einen Blinddarm zu besitzen. [270] Eine Besonderheit bei Carnivora besteht auch darin, dass der hintere Teil der Bulla nicht verknöchert ist. Es handelt sich um eine afrikanische Gattung, die zwei Arten enthält, die gefleckt sind. Der Schwanz ist beringt.

Cynogale ist auf jeden Fall eine teilweise im Wasser lebende, kurzschwänzige, schwimmhäutige, rotbraun gefärbte Zibetkatze, die sich von Fischen und Krebstieren ernährt und auf der Malaiischen Halbinsel, auf Sumatra und Borneo lebt. Es hat lange „Schnurrbärte" und soll einen Kopf haben, der eine einzigartige Ähnlichkeit mit dem Kopf des insektenfressenden „Otters" *Potamogale aufweist* . Der Mittelfuß ist kahl, Pollex und Hallux sind sehr gut entwickelt

Unterfamilie 5. Herpestinae . — Es gibt über zwanzig Arten von *Herpestes* (Mungos), die auf die äthiopische und orientalische Region verteilt sind, wobei eine Art, *H. ichneumon* , auch in Europa vorkommt. Das Fell sieht aus wie „Pfeffer und Salz". Die Füße sind plantigrad. Es gibt fünf Finger und Zehen. Pollex und Hallux sind klein; der Schwanz ist lang. Der Tarsus und der Metatarsus sind normalerweise nackt. Die ägyptische Art „wurde fälschlicherweise als Katze des Pharaos bezeichnet." Sie ist vielleicht besser als Pharao-Maus bekannt. Das Biest ähnelt insofern einer Katze, dass es Ratten und Mäuse vernichten wird; und genau zu diesem Zweck wurde es auf Zuckerplantagen exportiert. Bekannter sind die Kämpfe mit giftigen Schlangen. Laut Aristoteles und Plinius überzieht das Ichneumon seinen Körper zunächst mit einer Schlammschicht, in der es sich suhlt, und kann dann mit dieser Rüstung der Schlange trotzen. Topsell erzählt die Geschichte besser. Das Ichneumon gräbt sich im Sand ein, und „wenn die Aspe Sie erspürt ihre drohende Wut, dreht sich sofort um und provoziert den Schlupfwurm zum Kampf , und mit offenem Mund und hohem Kopf betritt sie die Liste, zu ihrem eigenen Verderben. Denn der Schlupfvogel hat keine Angst vor dieser großen Tapferkeit, nimmt die Begegnung auf und nimmt den Kopf der Aspe in den Mund , um ihn abzubeißen , um zu verhindern, dass ihr Gift ausgestoßen wird." Auf den Westindischen Inseln wurde das Tier als furchtlos angreifend beschrieben das tödliche Fer de Lance und das Erhalten seiner Bisse ungestraft; es wird auch hinzugefügt, dass es als Gegenmittel die Blätter einer bestimmten Pflanze frisst! Die eigentliche Erklärung für das Ergebnis dieser Begegnungen ist natürlich die Beweglichkeit des Ichneumon [271]— *Fort Cauteleuse am besten* , wie Belon sagt.

Eine andere Art, *H. albicauda* , zeichnet sich, wie der Name schon sagt, durch ihren weißen Schwanz aus. Eine Art dieser Gattung, *H. urva* , die manchmal als *Urva* in den Gattungsrang erhoben wird , lebt teilweise im Wasser; Es ernährt sich von Krabben und Fröschen, frisst aber auch gerne Geflügel und deren Eier.

Helogale ist eine Gattung, deren Gültigkeit (für Dr. Mivart) zweifelhaft erscheint. Es ist afrikanisch und enthält zwei Arten.

FEIGE. 202. – Weißschwanz-Ichneumon. *Herpestes Albicauda* . × 1 / 5 .

Cynictis ist eine afrikanische Gattung mit fünf Fingern an den Vorderbeinen und vier an den Hinterbeinen. Wie bei *Herpestes* ist die Augenhöhle vollständig von Knochen umgeben. Es gibt nur eine einzige Art, *C. penicillata* , die eine rötliche Farbe und einen buschigen Schwanz hat.

Bei Bdeogale , ebenfalls Afrikaner, sind die Zehen noch weiter reduziert; es gibt nur vier an beiden Gliedmaßen. Der Tarsus ist behaart und der Schwanz buschig. Es seien „sehr seltene Tiere, und über ihre Gewohnheiten ist nichts bekannt." Es ist jedoch bekannt, dass sie giftige Schlangen töten, denn Dr. Peters nahm einer Nashornotter eine Nashornotter aus dem Magen.

Rhynchogale [272] unterscheidet sich von allen anderen Gattungen der Viverridae, außer *Crossarchus* und *Suricata* , dadurch, dass sie keine Rille an der Schnauze haben. Es gibt fünf Ziffern. Es gibt das vollständige Viverrine-Gebiss mit fünf Prämolaren im Oberkiefer; aber das kann eine Anomalie sein. [273]

Crossarchus unterscheidet sich vom letzten dadurch, dass er nur drei Prämolaren auf jeder Seite jedes Kiefers hat. Es ist auch afrikanisch und es gibt mehrere Arten.

Suricata ist die letzte Gattung der Viverridae; es ist ebenfalls afrikanisch und enthält eine einzige Art, *Suricata tetradactyla* , das „Erdmännchen" des Kaps. Der Suricate hat an jedem Fuß nur vier Zehen; der Tarsus und der Metatarsus sind unten nackt. Der Körper ist hinten gebändert. Es gibt fünfzehn Rückenwirbel und die Augenhöhle ist durch Knochen verschlossen. Der Suricate lebt in Höhlen und Felsspalten und gräbt Höhlen. Es handelt sich eindeutig um ein tagaktives Tier, das wie ein Murmeltier auf seinen Hinterbeinen sitzt. Wie Buffon an einem zahmen Exemplar (von dem er annahm, dass es aus Surinam stammte) bemerkte, bellte das Tier wie ein Hund. Der Suricate ernährt sich größtenteils vegetarisch und ernährt sich von Wurzeln.

FEIGE. 203. – Suricate. *Suricata tetradactyla.* × ¼.

Fam. 4. Hyänen. – Obwohl die Hyänen – vielleicht hauptsächlich aufgrund ihrer Größe – zur letzten Familie zu gehören scheinen, sind sie ihnen dennoch sehr nahe verwandt, mehr noch als dem Stamm der Katzen. Man wird sich erinnern, dass die Streifen- und Fleckenzeichnung der Hyänen sehr an Ginsterkatzen und Surikaten erinnert.

Es gibt zwar zwei Gattungen unter den Hyaenidae, *Hyaena* selbst mit drei Arten [274] und der Erdwolf , *Proteles* , mit nur einer. Aber Dr. Mivart ist der Ansicht, dass die Tüpfelhyänen eine eigene Gattung, *Crocuta , bilden sollten* – ein Verfahren, das vom verstorbenen Dr. Gray vom British Museum initiiert wurde. Die Hyaenidae sind durch folgende Merkmale zu unterscheiden : – Sie haben im Allgemeinen vier Zehen, immer am Hinterfuß. Die Krallen sind nicht einziehbar. Nase und Oberlippe sind gefurcht. Die Molformel lautet Pm 4/3 M 1/1. Die Fußsohlen sind an Fußwurzel und Mittelfuß mit Haaren bedeckt. Keine Duftdrüsen. Schwanz kurz. Rückenwirbel zahlreicher als bei anderen Aeluroiden , *nämlich* fünfzehn. Die Bulla ist nur durch ein rudimentäres Septum geteilt.

FEIGE. 204. – Tüpfelhyäne. *Crocuta maculata* . × 1 / 12 .

Die Gattungen *Hyaena* und *Crocuta* , die Streifen- bzw. Tüpfelhyäne, kommen in Afrika und Asien vor, wobei *Crocuta* auf Südafrika beschränkt ist. Es gibt weder Hallux noch Pollex.

FEIGE. 205. – Gestreifte Hyäne. *Hyaena striata.* × 1 / 12 .

Die Hyänen, die von Sir Samuel Baker als „Geschöpfe niedriger Kaste" stigmatisiert wurden , sind hauptsächlich Aasfresser. Mit ihnen ist viel arabischer Aberglaube verbunden. Bestimmte Besonderheiten im Aufbau der Fortpflanzungsorgane haben zu der Annahme geführt, dass eine Hyäne jedes Jahr ihr Geschlecht wechselt. Sein fast menschlich klingendes Geheul soll eine absichtliche Falle für den unvorsichtigen Reisenden sein . Es gibt auch eine Legende, dass sich im Auge der Hyäne ein Stein befindet, der einem Mann die Gabe der Prophezeiung verleiht, wenn er unter die Zunge gelegt wird.

Proteles weist viele Ähnlichkeiten mit den Hyänen auf, weist aber auch gewisse Unterschiede auf; von vielen wird es einer eigenen Familie zugeordnet. Es gibt nur eine Art, *P. cristata*, den Erdwolf Südafrikas. Äußerlich ähnelt es sehr einer Hyäne, das Fell ist gestreift und die Ohren, wenn auch länger, ähneln denen einer Hyäne. Es gibt auch eine Mähne. An den Vorderfüßen befinden sich jedoch fünf Zehen. Die Zähne sind schwächer, insbesondere die Backenzähne, deren Anzahl ebenfalls zurückgegangen ist. Der Schädel hat wie bei *Hyaena* keinen Alisphenoidkanal, sondern die Bulla tympani ist durch ein Septum geteilt. Das Tier scheint sich hauptsächlich von Insekten, insbesondere Termiten, und auch von Aas zu ernähren. [275]

Von ausgestorbenen Hyänoiden *Ictitherium* scheint eine Übergangsform zwischen ihnen und den Viverridae zu sein. Sein Gebiss (3/3, 1/1, 4/3, 2/1) ist das eines Viverriden, und die Füße sind fünfzehig. Der obere Fleischzahn ähnelt jedoch dem von *Hyaena* , da er einen starken inneren Höcker hat. Weitere ausgestorbene Gattungen der Hyänen sind *Lycyaena* und *Hyaenictis* . Die Gattung *Hyaena* selbst reicht bis ins Miozän zurück und kam in Europa bis zum Pleistozän vor. Die Höhlenhyäne dieses Landes scheint nicht von *Crocuta maculata zu unterscheiden zu sein* , obwohl sie den Namen *H. spelaea erhalten hat* .

Fam. 5. Canidae. [276] – Diese Familie kann nicht in mehr als fünf Gattungen eingeteilt werden und ist mit Ausnahme von Neuseeland weltweit verbreitet. Die Bulla auditory ist glatt und gerundet und hat innen ein sehr unvollständiges Septum, das sich über etwa ein Viertel oder ein Drittel der Höhle erstreckt. Der Gehörgang hat eine ziemlich hervorstehende Unterlippe. Der Processus paroccipitalis ist lang und prominent. Das Warzenfortsatz ist deutlich, aber leicht entwickelt. Das Foramen glenoidale ist groß; Das Foramen condyloideus ist auffällig und der Karotiskanal liegt tief im Foramen lacerum posterius . Die letzten drei Charaktere sind bärenartig; Die Form der Bulla ist Aeluroid . Die Anzahl der Zähne schwankt etwas, und die folgende Tabelle soll die allmähliche Verringerung der Zahl der Backenzähne verdeutlichen :

Otocyon	I 3/3 C 1/1 Pm 4/4 M (3 oder 4)/4
Canis im Allgemeinen	I 3/3 C 1/1 Pm 4/4 M (3 oder 2) /(4 oder 3)
Cyon	I 3/3 C 1/1 Pm 4/4 M 2/2
Icticyon	I 3/3 C 1/1 Pm 4/4 M (2 oder 1)/2

Alle Hunde haben einen Blinddarm [277] von einfacher zylindrischer Form. In *C. cancrivorus* , *C. jubatus* und *Nyctereutes procyonides* dieses Organ ist gerade oder nur sehr schwach gebogen; Bei anderen Hunden ist es zu einer s-ähnlichen Form zusammengerollt, manchmal mit einer zusätzlichen Drehung. Die Hunde haben in der Regel fünf Zehen, von denen in *Lycaon eine weggelassen wurde* . Der Schwanz ist ziemlich lang und deutlich buschig. Bei einer Reihe von Arten befindet sich an der Schwanzwurzel eine Drüse, deren Anwesenheit häufig an der feuchten Erscheinung aufgrund des austretenden Sekrets zu erkennen ist. Die große Mehrheit der existierenden Canidae gehört zur Gattung *Canis* . Aber sicherlich können drei, und noch zweifelhafter vier, andere Gattungen unterschieden werden.

Die Gattung *Icticyon* enthält nur eine rezente Art, den Buschhund (*I. venaticus* , Lund) aus Britisch-Guayana. Das Tier hat ein etwas paradoxartiges, auf jeden Fall deutlich unhundeartiges Aussehen: Der Körper ist länglich (ungefähr 2 Fuß lang), die Beine sind kurz und der Kopf ist groß. Die Farbe ist schwärzlich und geht auf Kopf und Rücken ins Goldbraun über. Sir W. Flower, dem wir unser größtes Wissen über seine Struktur verdanken, charakterisiert ihn als einen jungen Fuchs mit den verspielten Manieren eines Welpen. Das Tier scheint in Rudeln und nach Geruchssinn zu jagen und ist für seine Wildheit bekannt. *Icticyon* unterscheidet sich von *Canis* und stimmt mit dem indischen *Cuon* darin überein, dass er nur vierzig Zähne hat und der letzte Backenzahn aus dem Ober- und Unterkiefer verschwunden ist. Der Blinddarm ist, anders als bei den meisten Canidae, nur leicht gebogen. Das Gehirn weist seltsamerweise eine katzenartige Besonderheit auf. Es wurde darauf hingewiesen, dass die Gattungen *Cuon* und *Icticyon in ihren langen Körpern und kurzen Beinen* den Urhunden ähneln. [278]

Eine Gattung *Nyctereutes wird normalerweise nur* wegen der Einbeziehung von *N. procyonides von Canis* getrennt . Die Unterscheidung basiert auf der auffallend ungewöhnlichen Färbung dieses Hundes. Es ist ein kleines Tier mit zahlreichen langen weißen Haaren auf dem Rücken. Gesicht, Brust und ein Großteil des Bauches sind schwarz. Sein Aussehen erinnert deutlich an das eines Waschbären , [279] vor allem in den schwarzen Flecken unter den Augen, woher natürlich der wissenschaftliche Name und der pseudo-umgangssprachliche „Waschbär-ähnlicher Hund" stammen. Es lebt in China und Japan. Strukturell gibt es kaum etwas, das den Ausschluss aus der Gattung *Canis rechtfertigt* . Garrod erwähnt jedoch die ungewöhnlich große Größe des Spigelschen Leberlappens.

FEIGE. 206. – Waschbärartiger Hund. *Nyctereutes Procyonide* . × 1 / 6 .

Wortman und Malkens [280] haben für Dr. Mivarts Arten *C. urostictus* [281] und *C. parvidens* , die beide südamerikanische Formen sind, eine Gattung *Nothocyon* eingeführt .

Die Gattung *Otocyon* enthält nur eine Art, *O. megalotis* , eine afrikanische Art, die auf diesem Kontinent ziemlich weit verbreitet ist (vom Kap bis Somaliland, in sandigen Gebieten) und wegen ihrer langen Ohren manchmal mit dem Fennek verwechselt wird. Der wesentliche strukturelle Unterschied zu anderen Hunden besteht darin, dass in jedem Kiefer ein zusätzlicher Backenzahn vorhanden ist. Die Molarenformel lautet also M 3/4 oder sogar 4/4. Darüber hinaus sind die Fleischzähne nicht so ausgeprägt, und Professor Huxley legte besonderen Wert auf die Ähnlichkeit einiger Backenzähne mit denen der primitiveren Arctoiden . Der Winkel des Unterkiefers ist gebogen, ein Merkmal, das jedoch allgemeiner zu sein scheint, als es bei Tieren, die nicht den Beuteltieren zuzuordnen sind, normalerweise zulässig ist. Es ist möglich, dass es sich *bei Otocyon* um eine persistierende Creodont-ähnliche Form handelt, die sich auf seltsame und detaillierte Weise in eine Richtung entwickelt hat, die den Hunden parallel verläuft. Wenn wir jedoch die Hinzufügung des Backenzahns annehmen dürfen, ist diese anomale, aber nicht unbedingt unhaltbare Schlussfolgerung umgangen.

Die Gattung *Cuon* oder *Cyon* wurde für die zwei oder drei Arten östlicher Hunde (*C. primaevus* , *C. dukkunensis* usw.) eingerichtet, die sich darin einig sind, dass sie ständig einen Backenzahn im Unterkiefer verlieren, oder Es sollte gesagt werden, dass der Verlust fast konstant ist, da der fehlende Zahn gelegentlich vertreten ist. Die letztere der beiden genannten Arten, der Dhole, ist wie seine Artgenossen ein in Rudeln jagendes Tier; Es wird gesagt, dass es sogar den wilden Tiger jagt und somit eines der wenigen Tiere ist, das es mit den größten und wildesten Fleischfressern aufnehmen kann.

Die Gattung *Lycaon* ist ein sehr eigenständiger Typ, der sich von anderen Hunden durch den Besitz von nur vier Zehen an den Vorder- und Hinterbeinen und durch die Zahnformel Pm 4/4 M 2/3 unterscheidet. Die einzige Art ist *L. pictus* , der Kapjagdhund. Im allgemeinen Erscheinungsbild ähnelt es auf einzigartige Weise einer Hyäne [282] ; Die ockergraue Grundfarbe mit schwarzen Abzeichen und die langen Ohren ergeben diese Ähnlichkeit. Seinen umgangssprachlichen Namen verdankt das Tier der Gewohnheit, im Rudel zu jagen. Sein Verbreitungsgebiet erstreckt sich über einen Großteil Afrikas. Das Vorkommen dieser Art (oder zumindest der Gattung, für die der Name *L. anglicus* verwendet wurde) in Höhlen in Glamorganshire scheint zu zeigen, dass es sich um einen vergleichsweise neuen Einwanderer nach Afrika handelt. Was seine viszeralen Strukturen betrifft, unterscheidet sich *Lycaon* [283] nicht wesentlich von anderen Hunden. Es hat jedoch kein Lytta unter der Zunge. Die Eingeweide sind folgendermaßen unterteilt: groß, 9 Fuß 1 Zoll; klein, 1 Fuß 3 Zoll. Dies steht im Gegensatz zu den Proportionen , die bei einigen anderen Hunden beobachtet werden können. Während andere Hunde nur ein knorpeliges Rudiment des Schlüsselbeins haben, besitzt *Lycaon* einen wesentlich größeren Vertreter dieses Knochens.

FEIGE. 207.- Fennek-Fuchs. *Canis zerda* . × 1 / 5 .

FEIGE. 208. – Präriewolf oder Kojote. *Canis latrans.* × ¹/₈.

Der Großteil der Hunde, Wölfe, Füchse und Schakale bleibt somit für die Aufnahme in die Gattung *Canis übrig*. Aber die zahlreichen Mitglieder dieser Gattung können laut Professor Huxley nach bestimmten Schädelmerkmalen in zwei Serien eingeteilt werden. Die beiden Serien nannte er „Alopecoid" oder „Fuchsartig" und „ Thooid " oder „Wolfsartig". Es wurde vorgeschlagen, für Ersteres den Gattungsnamen *Vulpes und* für Letzteres *Canis zu verwenden.* Die Merkmale, auf die gleich eingegangen wird, sind auch bei den Hunden zu beachten, die zu bereits abgetrennten Gattungen gehören. Daher *Lycaon* ist eindeutig Thooid . Die fraglichen Charaktere sind diese : – In der Fox-Serie fehlt der frontale Luftsinus der Thooiden ; Die Schädelhöhle ist birnenförmig, ohne einen abrupten Winkel, der mit dem Sulcus supraorbitalis zusammenfällt, wie es bei der anderen Gruppe der Fall ist. Der Processus coronoideus des Unterkiefers ist bei den Füchsen etwas höher und stärker zurückgebogen, während die Tiefe des Unterkiefers auf der Höhe des ersten Backenzahns größer ist.

Zur Fuchsserie gehören unter anderem die Arten *C. lagopus* (Polarfuchs), *C. zerda* (der Fennek), *C. chama* (der Silberrückenfuchs Afrikas), *C. virginianus* (der Virginiafuchs) *und C. velox* (der Kit Fox) und natürlich der Common Fox dieses Landes. Andererseits die eigentlichen Hunde (wie *C. dingo*), die Wölfe (*C. lupus* , *C. pallipes* , *C. niger*), der Japanische Wolf (*C. hodophylax*) und der Rote Wolf von Amerika (*C. jubatus)* .), die Schakale (*C. aureus* , *C. anthus* usw.), der Präriewolf (*C. latrans*) und eine Reihe amerikanischer Formen, wie *C. azarae* , sein enger Verbündeter *C. cancrivorus* (= *C. rudis*), *C. antarcticus* , *C. magellanicus* usw. sind eindeutig eher Wölfe als Füchse.

Der Polarfuchs, *Canis lagopus* , ist aufgrund seines bläulichen Sommerkleides und seines reinweißen Winterkleides als „Blue Fox" bzw. „White Fox" bekannt. Es ist ein Bewohner des arktischen Nordens; aber früher gelangte es , wie seine Überreste zeigen, in südliche Breitengrade wie Deutschland und dieses Land. Der südlichste Punkt, an dem es heute lebt, ist Island. Dieser kleine Fuchs gilt als eines der wenigen Tiere, die im Winter ihr Kleid komplett weiß wechseln. Diese Änderung ist jedoch nicht absolut universell; und M. Trouessart hat sogar festgestellt, dass die angebliche Veränderung nicht existiert, sondern dass die Farben eine Frage des Alters und Geschlechts sind. Dieser Fuchs ernährt sich von Vögeln und ausgeschlachteten Wal- und Robbenkadavern ; Es wird auch gesagt, dass es Schalentiere verschlingt und tatsächlich Nahrung für Zeiten der Knappheit anlegt, wenn sie reichlich vorhanden ist. Es wurde beobachtet, dass ein Fuchs

„ein Ei nach dem anderen in seinem Maul aus dem Nest einer Eiderente wegtrug, bis das Ganze entfernt war "; und im Winter, um „ein Loch durch sehr tiefen Schnee zu graben, um darunter einen *Eiervorrat zu finden* ". Diese Anekdoten werden von Sir Leopold M'Clintock erzählt ; andere haben aber auch die Lagergewohnheiten dieses Fuchses behauptet, der tatsächlich nur eine kurze Zeit im Jahr hat, in der er geeignete lebende Nahrung fangen kann.

Canis vulpes , der Fuchs, stammt nicht nur aus England, sondern kommt auch im Osten bis nach Ägypten vor, wobei der sogenannte *C. aegyptiacus* höchstens eine bloße Varietät ist. Auf diesen Inseln kommen tatsächlich Sorten vor; der englische Fuchs ist röter, der schottische Fuchs grauer. Der Fuchs ist nicht nur ein echtes einheimisches englisches Tier, seine Überreste reichen auch sehr weit in die Vergangenheit zurück. Seine Knochen befinden sich im Red Crag, einer Ablagerung aus dem Pliozän. Seine heutige Verbreitung ist zweifellos auf seine Erhaltung als Jagdtier zurückzuführen. Es lebt in Höhlen, die es entweder selbst ausgräbt oder die eines anderen Tieres in Besitz nimmt; Der Dachs leidet auf diese Weise und soll nicht durch die Zähne des einbrecherischen Fuchses besiegt werden, sondern durch seine weitaus übleren Gewohnheiten! Es ist merkwürdig, dass der Ausdruck „Füchse" für dieses Tier nicht so passend ist wie für viele andere. Die Angewohnheit, den Tod vorzutäuschen, ist in der Tierwelt weit verbreitet, zumindest bei unserem Fuchs jedoch nicht üblich. Die Scharfsinnigkeit des Fuchses scheint etwas sprichwörtlicher als tatsächlich zu sein; Die Literatur wimmelt von ihren Errungenschaften. Der würdige Erzbischof von Upsala, Olaus Magnus, stellte sich vor, dass Füchse ihre Schwänze in die Bäche tauchen und dann neugierige Krebse herausziehen, die sie ergriffen hatten. „Es ist ein schlaues, lebhaftes und lüsternes Geschöpf", bemerkte ein Schriftsteller des letzten Jahrhunderts.

Von den Schakalen gibt es viele Arten, sowohl afrikanische als auch orientalische. Herr de Winton erlaubt die folgende Liste afrikanischer Arten [284] : – *C. anthus* , *C. variegatus* , *C. mesomelas* , *C. lateralis* . *C. mesomelas* zeichnet sich durch den breiten schwarzen Fleck in der Mitte des Rückens aus. Diese Tiere scheinen nicht in Rudeln zu leben, wie es bei vielen Canidae der Fall ist; Sie ernähren sich von Aas, rauben aber auch Hühnerställe aus und verüben andere Plünderungen am Viehbestand der Bauern. Der „ Quaha ", *C. lateralis* , unterscheidet sich vom letzteren durch seine scharfe Rinde und durch den deutlichen Seitenstreifen, der ihm seinen Namen gegeben hat. Es ist merkwürdig, dass es in scheinbarer Freundschaft mit *C. mesomelas* lebt , da die Gewohnheiten der beiden identisch sind und, so könnte man annehmen, zu einem schweren Kampf ums Dasein führen würde, in dem einer der beiden verschwinden würde. Von den Indischen Schakalen ist *C. aureus* die bekannteste Art.

FEIGE. 210.— Wolf. *Wolf.* × ⅛.

Der europäische Wolf, *Canis lupus* , war einst ein Bewohner der britischen Inseln, ist aber heute nicht mehr dort. Ihre frühere Verbreitung wird durch viele Namen von Städten und Dörfern angezeigt, beispielsweise Ulceby und Usselby in Lincolnshire, die Stadt Wolverton und Woolmer Forest. Zur sächsischen Zeit gab es sehr viele Wölfe; und noch vor kurzem, während der Regierungszeit Elisabeths, waren sie auf Dartmoor und im Forest of Dean zu sehen. Im New Forest wurden sie im zwölften Jahrhundert gejagt. Es scheint, dass der letzte englische Wolf irgendwann während der Herrschaft Heinrichs VII. getötet wurde. In Schottland hielten sie jedoch sehr viel länger an. Erst 1743 wurde der letzte getötet. Doch schon vor dieser Zeit wurden sie außerordentlich knapp, denn der Preis für ein Fell im Jahr 1620 wird mit 6:13:4 £ angegeben. In Irland hielten sich Wölfe noch länger auf; Es wird angenommen, dass etwa 1770 das Datum ihres endgültigen Aussterbens auf dieser Insel ist. Heutzutage ist der Wolf im größten Teil Europas, Nordasiens und Nordamerikas verbreitet, wobei die amerikanische Form nicht als von ihrem europäischen Verbündeten verschieden angesehen wird. Um diesen wilden Fleischfresser ranken sich viele Legenden. Aristoteles, der normalerweise im Wesentlichen zutreffend ist, sagt immer noch „mehr über Wölfe, als die Erfahrung rechtfertigt". Plinius, der nicht in der Lage war, Wahrheit von Falschheit zu unterscheiden, war in dieser Angelegenheit „ein eifriger Zuhörer aller alten Frauenmärchen". Aelian fügte seinen Wundern hinzu und behauptete, dass der Wolf seinen Kopf nicht nach hinten neigen könne; Wenn es auf die Blüte des Meerzwiebels tritt, wird es sofort träge. Aus Angst vor seinem mächtigeren Feind streut der schlaue Fuchs seinen Weg mit Blausternen! Die Verwandlung von Menschen in Wölfe war ein bekannter Aberglaube aus der griechischen und römischen Zeit; Es bildete die Grundlage für viele Hexenverfolgungen ab dem Mittelalter und hat seine Spuren in der Folklore hinterlassen, *z. B.* den Wolf in „Rotkäppchen".

Die Indischen Wölfe *C. pallipes* , *C. chanco* und *C. laniger* unterscheiden sich kaum oder gar nicht von *C. lupus* . Professor Huxley hat auf die Ähnlichkeit von *C. pallipes* mit einem Schakal hingewiesen und damit die sehr unbedeutende Kluft überbrückt, die möglicherweise zwischen Schakalen und Wölfen besteht.

Der Dingo, *Canis dingo* , ist eine interessante und etwas mysteriöse Hunde- oder Wolfsart. Es handelt sich bekanntlich um eine australische Art; aber es scheint nicht sicher zu sein, ob es von den einheimischen Rassen gezähmt und nach Australien gebracht wurde oder ob es sich um eine echte und einheimische australische Art handelt.

Die Farbe dieser Art variiert, ist aber meist rotbraun; es ist jedoch oft grau und sogar fast schwarz. Ob einheimisch oder eingeschleppt, der Dingo ist eine Plage für australische Siedler, da er Schafe verschlingt, die er im Allgemeinen zerstört, indem er ihnen den Bauch herausreißt. Die Jagd im Rudel erfolgt in der Regel nicht. Es wird gesagt, dass der Dingo den Tod so hartnäckig vortäuscht, dass ein Individuum teilweise gehäutet wurde, bevor er sich bewegte. Dingo-Überreste wurden in Flusskiesen in Australien gefunden, wo keine menschlichen Überreste entdeckt wurden. Dies spricht für seine Indigenität; Andererseits wurde jedoch darauf hingewiesen, dass der Mensch auf dem australischen Kontinent selbst eine sehr lange Zeit zurückreicht und diesen Begleiter daher möglicherweise immer noch mitgebracht hat. Jedenfalls ist es jetzt ein ziemlich wildes Geschöpf. Dr. Nehring , ein Experte auf dem Gebiet der Haustiere, hat festgestellt, dass das Skelett des Dingo überhaupt nicht auf ein wildes Tier, sondern auf eine rein wilde Rasse hindeutet.

FEIGE. 211.— Dingo. *Canis Dingo.* × ⅛.

Der Haushund wird üblicherweise als *Canis Familiaris bezeichnet* ; aber den Überresten in Knochenhöhlen wurde der Name *C. ferus* oder *C. mikii* gegeben. Es scheint keinen Zweifel zu geben, dass der Hund in sehr frühen Zeiten der „Freund des Menschen" war. Seine Überreste wurden in dänischen Küchenhaufen, in den Pfahlbauten der Schweizer Seen und während der Bronzezeit in Europa im Allgemeinen gefunden. Aber „es gibt kaum eine heiklere Frage in der Archäologie der Naturgeschichte als die Herkunft des Hundes." Die bereits erwähnten Überreste könnten in vielen Fällen auf eine Verwendung als Nahrungsmittel schließen lassen. Aber in einem neolithischen Hügelgrab wurde ein Hund zusammen mit einer Frau begraben gefunden, wobei die Skelette beider *an Ort und Stelle lagen* ; Dieses Tier hatte etwa die Größe eines Schäferhundes. Der heutige Hund lässt sich in mehr als 180 verschiedene Rassen unterteilen; aber in einer Arbeit über „Naturgeschichte" wäre es unangebracht, diese künstlichen Produkte aufzuzählen und zu charakterisieren . Die Autoren sind unterschiedlicher Meinung darüber, aus welchem Stamm die einheimischen Rassen der Vergangenheit und der Gegenwart entstanden sind. Als wahrscheinliche Vorfahren wurden der Schakal, der Bunasu (*C. primaevus*) und der Indische Wolf (*C. pallipes*) *vorgeschlagen.* Es ist wahrscheinlicher, dass es viele Beimischungen gibt und dass verschiedene Wildtypen vom Menschen in verschiedenen Ländern ausgewählt wurden.

Ausgestorbene Canidae. — Viele der existierenden Canidae-Arten kommen auch in pleistozänen Ablagerungen der Länder vor, in denen sie heute leben. Einige zeigen in der unmittelbaren Vergangenheit eine größere

Bandbreite als in der Gegenwart. So wurde *Lycaon* (*L. anglicus*) in Höhlen in Glamorganshire angetroffen, während *Icticyon* aus Südamerika mit *Speothos* aus den brasilianischen Höhlen verwandt zu sein scheint. Das Afrikanische *Otocyon* scheint in Vorkommen in Indien vorzukommen. Außerdem gibt es zahlreiche ausgestorbene Arten der Gattung *Canis* , die bis ins Pliozän zurückreichen.

Die früheren Hundearten wurden verschiedenen Gattungen zugeordnet. *Cynodictis* ist eine eozäne Form aus europäischen Schichten. Der Schädel ähnelt eindeutig einer Zibetkatze und hat eine kurze Schnauze. Die Vorder- und Hinterpfoten waren fünfzehig mit gut entwickeltem Pollex und Hallux. Das Gebiss entsprach dem moderner Hunde, die Backenzähne waren zwei im Oberkiefer und drei im Unterkiefer. Das allgemeine Erscheinungsbild der Kreatur und die Form des Skeletts ähnelten stark dem der Viverrine-Gattung *Paradoxurus* , *deren Vorfahre Cynodictis* ebenso wie die Hunde gewesen sein könnte.

Simocyon aus dem Obermiozän dient als Typ einer separaten Unterfamilie der Hunde, Simocyoninae . Der Schädel ist kurz, breit und hoch; Die Verkürzung des Schädels, die sich auf die Kiefer auswirkt, hat die Zähne stark reduziert; Die ersten drei Prämolaren sind sehr klein, fallen schnell aus und sind daher oft mangelhaft. In jedem Kiefer gibt es nur zwei Backenzähne. Dieser Typ kommt natürlich nicht annähernd an den Urhund heran. Es handelt sich um einen stark spezialisierten Zweig eines frühen Typs. *Cephalogale* ist weniger spezialisiert ; es gibt die üblichen vier Prämolaren. *Enhydrocyon* ist eine Zwischenform; es hat in jedem Kiefer einen Prämolaren verloren.

Amphicyon bildet den Typus einer anderen Unterfamilie, der Amphicyoninae , obwohl sie normalerweise zu den Hunden gezählt wird, weist sie in ihrer Organisation viele bärenähnliche Merkmale auf . Die Füße waren zum Beispiel plantigrad und hatten fünf Zehen. Die Elle und der Radius werden speziell mit den gleichen Knochen beim Bärenstamm verglichen. Der Schädel hingegen hat eine deutlich hundeartige Form. Die Backenzähne sind groß, breit und bärenartig. Die größte bekannte Art, *A. giganteus* , ist etwa so groß wie der Braunbär. *Amphicyon* ist eine miozäne Gattung. Eozän und damit verwandt ist *Pseudamphicyon* . Diese Gattung hat, wie *Amphicyon* , das vollständige Gebiss von vierundvierzig Zähnen. Bei den Amphicyoninae sind die Füße im Allgemeinen fünfzehig, der Humerus hat ein Foramen entepicondylaris und der Femur einen dritten Trochanter. Die oberen Backenzähne sind groß.

Die eng verwandte und amerikanische Gattung *Daphaenus* hat ebenfalls plantigrade Füße und weist in ihrer Struktur viele Reminiszenzen an die Creodonten auf. Das gilt auch für das Eozän *Uintacyon* .

Cynodesmus ist eng mit Cynodictis verwandt . Es verfügt über antike Elemente, kombiniert mit recht modernen. Der Schädel wird als Creodont-ähnlich beschrieben, das Gebiss ist jedoch das der mikrodontischen modernen Hunde. Dem Alter entsprechend sind die Gehirnwindungen dieses Hundes viel einfacher als bei heutigen Hunden, und die Hemisphären bedecken das Kleinhirn nicht so sehr.

Die bärenähnliche Carnivora oder Arctoidea. – Die Abteilung der Fleischfresser, die typischerweise durch die Bären repräsentiert wird, umfasst drei junge Familien, die durch eine Reihe von Charakteren verbunden sind. Diese Fleischfresser sind immer plantigrad oder fast plantigrad. Sie haben fast immer fünf Zehen. Die Krallen sind nicht einziehbar oder höchstens halb einziehbar wie beim Panda. Im Schädel ist die Bulla tympanicus häufig eingedrückt und nicht so kugelförmig und deutlich sichtbar wie bei den Katzen. Sein Hohlraum ist nicht durch ein Septum unterteilt. Die parokzipitalen Prozesse werden darauf nicht angewendet. Der Fleischzahn wird bei dieser Gruppe weniger betont als bei den Katzen.

Allerdings sind diese Zeichen mit Vorsicht zu verwenden, da sie kaum allgemeingültig sind. Eine recht typische Bulla arctoideus kommt in einer Form wie *Cercoleptes vor* . Die Bulla selbst ist etwas stärker angeschwollen als bei *Ursus* , wird aber zum knöchernen Gehörgang hin in gleicher Weise abgeflacht. Die Parokzipitalfortsätze sind leicht entwickelt und haben einen Abstand von ¼ Zoll vom hinteren Rand der Bulla. Beim Waschbären sind die Bullae viel stärker geschwollen und die Paroccipitalfortsätze liegen näher an ihnen. Beim Marmoriltis, *Putorius sarmaticus* , sind die Bullae ziemlich geschwollen und es gibt nur eine geringe Abflachung zum Gehörgang hin: Die Processus paroccipitalis sind, wenn auch geringfügig, basal mit den Bullae in Kontakt, obwohl ihre freien Spitzen von ihnen abgewandt sind. Endlich sind bei *Ictonyx* die Bullae stark geschwollen; Die Abflachung zum Gehörgang hin ist nur gering, und die Processus paroccipitalis , die selbst stark geschwollen sind, werden eng an die Bullae gedrückt. Die Mustelidae nähern sich daher in diesem wie auch in anderen Merkmalen den Aeluroiden an .

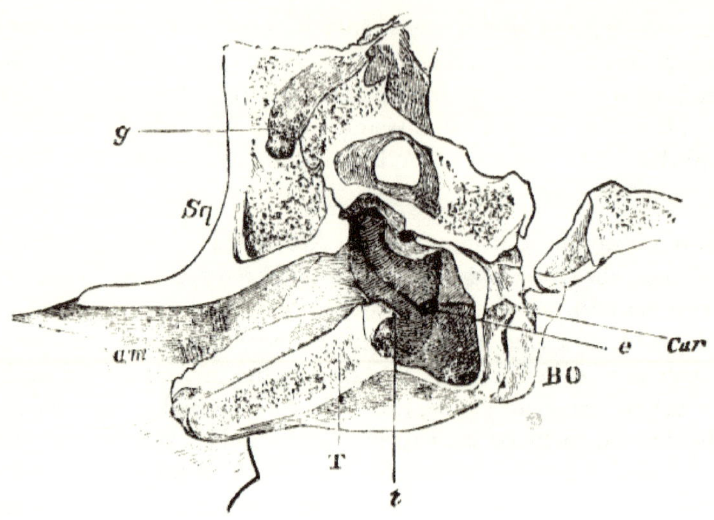

FEIGE. 212. – Abschnitt der linken Bulla auditory und der umgebenden Knochen eines Bären (*Ursus ferox*). *am* , Äußerer Gehörgang; *BO* , basioccipital; *Auto* , Karotiskanal; *e* , Eustachischer Kanal; *g* , Glenoidkanal; *Sq* , Plattenepithelkarzinom; *T* , Trommelfell; *t* , Trommelfell. (Aus Flower, *Proc. Zool. Soc.* 1869.)

Es gibt keinen Blinddarm, ein Merkmal, das die Arctoidea von allen Carnivora unterscheidet, mit Ausnahme der Viverriden *Nandinia* und *Arctictis* (gelegentlich). Das Gehirn zeichnet sich dadurch aus, dass es das besitzt, was Dr. Mivart als „Bärchenraute" beschrieben hat, einen Trakt in der Mitte der Hemisphären, der hinten durch den Sulcus cricuti begrenzt wird und durch das Vorkommen an der Oberfläche des Gehirns gebildet wird der Gyrus hippocampus.

Die Arctoidea sind sehr weit verbreitet. Aber es gibt einige merkwürdige Ausnahmen. Daher gibt es (wie zu erwarten) keine Vertreter der Gruppe in der australischen Region; sie kommen auf Madagaskar überhaupt nicht vor; während die echten Bären (Familie Ursidae) im äthiopischen Afrika völlig fehlen und in der neotropischen Region nur durch eine einzige Art, *Ursus ornatus , vertreten sind.*

Bemerkenswert ist, dass die Arctoidea niemals Flecken oder Querstreifen aufweisen (mit Ausnahme der Ringe am Schwanz), die ein so häufiges Merkmal der Färbung der katzenartigen Formen sind.

Bei der Zusammenfassung der drei Familien, die auf den folgenden Seiten beschrieben werden, wird der Schwerpunkt auf eine Reihe zweifellos gemeinsamer Merkmale gelegt. Die Paläontologie scheint jedoch darauf hinzuweisen, dass die Mustelidae den Viverridae näher kommen. Dass die

Bären und Hunde durch ausgestorbene benachbarte Gattungen verbunden sind, beeinträchtigt ihre gegenwärtige Unterscheidbarkeit nicht.

Die systematische Anordnung dieser Raubtiere ist nicht einfach. Es kann jedoch nützlich sein, eine Anordnungsmethode für die bequeme Platzierung der Gattungen anzugeben.

Die primitivste Gruppe ist vielleicht die der echten Bären, Familie Ursidae; denn bei ihnen sind die Backenzähne zwei oben und drei unten und haben sich daher nicht wie bei einigen anderen Mitgliedern des Ordens in ihrer Zahl verringert. Darüber hinaus haben die Bären gelappte Nieren, ein Merkmal, das häufig bei jungen Tieren vorkommt, die im Erwachsenenalter glatte Nieren haben, und als primitives Merkmal angesehen werden kann. Darüber hinaus sind die Füße vollständig plantigrad. Diese Familie wird nur drei Gattungen enthalten: *Ursus*, *Melursus* und *Aeluropus*.

Als nächstes kommt die Familie Procyonidae, bei der bei einigen Mitgliedern ein Backenzahn unten verloren geht, während bei anderen die archaischere Formel beibehalten wird. Die Nieren sind einfach. Zu dieser Familie gehören die amerikanischen Gattungen *Procyon*, *Nasua*, *Bassariscus*, *Bassaricyon*, *Cercoleptes* und die altweltliche Form *Aelurus*.

Bei der dritten Familie, den Mustelidae, ist die Molenformel auf 1/2 oder 1/1 reduziert. Die Nieren sind einfach, außer bei den Ottern. Dieser Familie werden die folgenden Gattungen zugeordnet : *Arctonyx*, *Conepatus*, *Meles*, *Mephitis*, *Taxidea*, *Mydaus*, *Mellivora*, *Helictis*, *Ictonyx*, *Mustela*, *Galictis*, *Grisonia*, *Putorius*, *Gulo* sowie die aquatischen *Lutra*, *Enhydris* und *Aonyx*.

Fam. 6. Procyonidae. — Diese Familie ist hauptsächlich amerikanisch verbreitet, die Gattung *Aelurus* stammt allein aus der Alten Welt. Aber Zittel würde zu den Gattungen dieser Familie auch die Gattungen Viverrine und Oriental *Arctictis einschließen*, ein Vorgehen, das vielleicht kaum zulässig ist, obwohl das gelegentliche Fehlen eines Blinddarms bei diesem Tier bisher für eine solche Allianz spricht. Der weitgehend pflanzliche Charakter seiner Nahrung und seine Baumgewohnheiten lassen eine gewisse Ähnlichkeit mit einigen Mitgliedern der heutigen Gruppe der Fleischfresser entstehen. Die Procyonidae haben zwei Backenzähne in jeder Kieferhälfte. Die Fleischzähne sind typischerweise nicht entwickelt und die Backenzähne sind breit und höckerig. Der Schwanz ist lang, oft greifbar und in der Anordnung seines Farbmusters oft beringt . Der Alisphenoidkanal fehlt außer beim aberranten *Aelurus* . Es sind sowohl Foramina condyloideus als auch Foramina postglenoidale vorhanden. Die Mitglieder dieser Familie sind Plantigraden.

FEIGE. 213.- Waschbär. *Procyon Lotor.* × 1 / 5 .

Die Gattung *Procyon* umfasst mindestens zwei Waschbärarten, die nördliche Form, *P. lotor* , und die südamerikanische Form, *P. cancrivorus* . Zu diesen kommt möglicherweise noch ein dritter hinzu, *P. nigripes* . Diese Gattung zeichnet sich durch die Länge und Beweglichkeit der Finger aus und nutzt ihre Hände tatsächlich intensiv. Es hat keine mittlere Furche an der Schnauze, die bei vielen anderen Arctoiden zu finden ist ; die Ohren sind mäßig groß; Der Schwanz ist nicht lang und macht etwa ein Drittel der Gesamtlänge des Tieres einschließlich Schwanz aus. Die Fußsohlen sind nackt. Seine Gliedmaßen sind sehr lang (für einen Arctoid), was dem Tier beim Gehen ein zusammengeballtes Aussehen verleiht. Auf jeder Seite jedes Kiefers befinden sich vier Prämolaren und zwei Molaren. Es gibt vierzehn Rippenpaare, von denen zehn Paare bis zum Brustbein reichen. Letzteres besteht aus neun Teilen.

Die erstgenannte Art hat ihren Namen aufgrund der Tatsache erhalten, dass sie ihre Nahrung ins Wasser taucht, wofür es zahlreiche Beweise gibt. Tatsächlich hält sich das Tier häufig an Bachrändern auf, jagt im seichten Wasser unter Steinen nach Krebsen und fängt auch Fische. Dieses Tier lebt nicht nur teilweise im Wasser, sondern kann auch gut klettern – „sie bauen ihr Zuhause in Bäumen, gehen ihrem Geschäft aber woanders nach." Das Tier kann leicht gezähmt werden, ist jedoch aufgrund seiner unstillbaren Neugier und seiner Geschicklichkeit im Gebrauch seiner Hände, die es ihm ermöglicht, Türen zu entriegeln und generell überall herumzuschnüffeln, ein lästiges Haustier. Die Waschbären sind überwiegend nachtaktive Tiere.

Die Gattung *Bassaricyon* [285] umfasst zwei amerikanische Arten, *B. alleni* aus Ecuador und *B. gabbii* aus Costa Rica. Sie haben so sehr das Aussehen eines Kinkajou, dass ein Exemplar, das im Zoologischen Garten ankam, als eines dieser Tiere vorgestellt und eingetragen wurde. Dennoch gibt es viele

Unterschiede zwischen den beiden Gattungen. Der Schwanz von *Bassaricyon* ist nicht greifbar, und das Tier hat, wie aus Abb. 214 hervorgeht, eine spitzere Schnauze; das Gehirn ähnelt eher dem von *Bassariscus* . Die Ähnlichkeit mit *Cercoleptes* kann vielleicht kaum als Beispiel für „Mimikry" angesehen werden, da die Formen so nah verwandt sind und der Vorteil einer solchen Nachahmung noch zu beweisen ist. Die Schnauze von *Bassaricyon* ist gefurcht; die Ohren sind ziemlich groß; die Fußsohlen sind nackt; es gibt nur ein einziges Zitzenpaar. Zu jeder Kieferhälfte gehören zwei Backenzähne und vier Prämolaren.

FEIGE. 214.- Bassaricyon . *Bassaricyon Alleni* . × 1 / 5 .

Die Zahl der Rückenwirbel beträgt dreizehn; Neun der Rippen reichen bis zum Brustbein. Die Schlankheit und Konvexität des unteren Randes des Unterkiefers sowie der schwache Winkelfortsatz unterscheiden diese Gattung von ihrem zweifellos nahen Verbündeten *Cercoleptes* . Auch die Zahnformel ist unterschiedlich.

Bassariscus hat einen beringten Schwanz wie ein Waschbär und kommt ebenfalls in amerikanischer Verbreitung vor; Darüber hinaus stimmt er mit dem Waschbären darin überein, dass er nachtaktiv ist und hauptsächlich auf Bäumen lebt. Offenbar gibt es drei Arten, von denen B. *astutus* die bekannteste ist und mehrfach in den Gärten der Zoological Society ausgestellt wurde, die letzten Exemplare erst im Jahr 1900. Lange Zeit glaubte man, das Tier sei mit dem Orientalen verwandt Paradoxien und ihr Vorkommen in Amerika waren daher rätselhaft. Die wahren Verwandtschaften der Kreatur wurden jedoch von Sir W. Flower definitiv widerlegt, und spätere Berichte über ihre Anatomie haben diese Meinung bestätigt. [286] Die Wirbel sind zahlreicher als bei *Procyon* und die Zähne sind etwas anders; Ansonsten weist es viele Ähnlichkeiten mit seinem nächsten Verbündeten auf. Die Ohren sind lang; die Nase ist gerillt; und die Handflächen und Fußsohlen sind nackt.

FEIGE. 215. – Listiger Bassarisc . *Bassariscus astutus.* × 1 / 5 . (Aus *der Natur* .)

Der Kinkajou, *Cercoleptes* , ist ebenfalls ein amerikanischer Arctoid. Es reicht von Zentralmexiko bis zum Rio Negro in Brasilien. Es wurde einst mit den Lemuren verwechselt, was angesichts seines äußeren Erscheinungsbildes nicht unnatürlich war. Sir R. Owen widerlegte diese Ansicht, indem er die Kreatur sorgfältig sezierte. Dennoch gibt es bestimmte anatomische Merkmale, in denen es sich vom Fleischfresser unterscheidet und Lemuroiden ähnelt. [287] Es wurde darauf hingewiesen, dass die Form des Unterkiefers „der des Lemuroid *Microrhynchus sehr ähnelt* ". Es besteht jedoch kein Zweifel daran, dass es zu Recht in die vorliegende Gruppe eingeordnet wird. Der Schwanz ist sehr greifbar, und das Tier ist daher, wie dieser Umstand vermuten lässt, rein baumartig. Es hat etwa achtundzwanzig Wirbel. Diese Gattung hat eine mittlere Furche auf der Nase. Die Krallen sind lang und spitz, die Handflächen und Fußsohlen sind nackt. Es gibt drei Prämolaren, zwei Molaren. Es gibt vierzehn Rückenwirbel, von denen neun durch Rippen mit dem neungelenkigen Brustbein verbunden sind. Es gibt nur eine Art, *C. caudivolvulus* , mit einer einheitlichen gelblich-braunen Farbe

.

FEIGE. 216.- Kinkajou. *Cercoleptes caudivolvulus*. × 1 / 6 .

FEIGE. 217.- Nasenbär. *Nasua Rufa* . × 1 / 6 .

Nasua , der Nasenbär, kommt von Texas bis Paraguay vor und besteht aus zwei Arten. In Guatemala erreicht er in den Bergen eine Höhe von 9000 Fuß. Die Nase geht in einen kurzen und sehr beweglichen Rüssel über, daher der Name. Der einheimische mexikanische Name für die Kreatur ist „ Quanhpecotl ".

Der Nasenbär lebt größtenteils auf Bäumen und jagt Leguane in großen Gruppen, von denen sich einige auf den Bäumen und andere auf dem Boden darunter aufhalten. Außerdem frisst er Würmer und Larven, wozu sich seine lange Schnauze eignet. Die Backenzähne der Gattung ähneln denen von *Procyon* .

Es gibt keine mittlere Furche auf der Nase. Die Handflächen und Fußsohlen sind nackt. Es kommen sechs Zitzen vor. Es gibt dreizehn Rückenwirbel. *Nasua nasica* [288] und *N. rufa* sind die bekanntesten und vielleicht einzigen Arten. Die Farbe des Fells variiert stark und hat zur Verwendung anderer Namen für vermeintliche Arten geführt.

Aelurus , der Panda, ist ein großes Tier, das im südöstlichen Himalaya bis zu einer Höhe von 12.000 Fuß vorkommt. Es hat ein glänzendes Fell von rötlicher Farbe und ein „weißes, etwas katzenartiges Gesicht". Die molare Formel, die es von den zu den Procyonidae gehörenden Neuwelt- Arktoiden sowie von seinem möglichen Verbündeten *Aeluropus unterscheidet*, ist Pm 3/4 M 2/2. Die Anatomie des Tieres wurde von Sir W. Flower beschrieben. [289] Dr. Mivart hat darauf hingewiesen, dass die Schnauze, obwohl sie kurz ist, in einer Weise nach oben gebogen ist, die deutlich an die von *Nasua erinnert*. Das Tier lebt in Wäldern und ernährt sich fast ausschließlich von pflanzlicher Nahrung. Es frisst jedoch Eier und Insekten. Obwohl er größtenteils auf dem Boden lebt, lebt er auch auf Bäumen und hat scharfe, halb einziehbare Krallen. Es wird gesagt, dass es stumpf im Sehen, Hören und Riechen ist, und doch ist es mit diesen Nachteilen auch nicht mit Gerissenheit oder Wildheit ausgestattet. Seine Gewohnheiten wurden mit denen eines Kinkajou verglichen.

Fossile Procyonidae. — Zusätzlich zu mehreren der bestehenden Gattungen sind Überreste verschiedener ausgestorbener Formen von Procyonidae bekannt. *Leptarctus* mit einer Art, *L. primaevus*, stammt aus dem Pliozän, ist aber nur von einem Ast des Unterkiefers bekannt. Es scheint „eine Reihe von Übergangsmerkmalen zwischen den typischeren Procyonidae und den abweichenden *Cercoleptes zu bieten*". [290]

Fam. 7. Mustelidae. — Im Gegensatz zu dem, was über die Lebensgewohnheiten der Procyonidae gesagt wurde, sind die Mustelidae größtenteils „blutrünstige Räuber" und über die gesamte Erdoberfläche mit Ausnahme von Australien und Madagaskar verbreitet. Die Backenzähne sind im Allgemeinen auf einen im Oberkiefer und manchmal auf einen im Unterkiefer reduziert, was somit „eine Art auf den *ersten Blick* Ähnlichkeit mit dem Katzengebiss" ergibt. Es gibt keinen Alisphenoidkanal; Postglenoidale und Foramina condyloideus werden gefunden.

Unterfamilie 1. Melinae . — Von dieser Unterfamilie gibt es Vertreter sowohl in der Alten als auch in der Neuen Welt.

FEIGE. 218.- Dachs. *Meles taxus.* × 1 / 6 .

Meles , der Dachs, kommt ausschließlich in der Paläarktis vor. [291] Dr. Mivart sagt, dass *Meles* eine relativ längere Rückenregion als alle anderen Fleischfresser hat und dass ihm seine Verbündeten *Ictonyx* und *Conepatus am nächsten kommen* . Die Molformel lautet wie bei *Arctonyx* , *Mydaus* und *Helictis* Pm 4/4 M 1/2. Die Backenzähne unterscheiden sich von denen aller anderen Fleischfresser dadurch, dass die ersten Backenzähne viel größer sind als die letzten Prämolaren. Die Nase ist nicht gerillt; die Fußsohlen sind nackt. Die Krallen der Vorderpfoten sind viel länger als die der Hinterpfoten.

Die Gattung *Arctonyx* ist ein „schweineähnlicher Dachs" aus Hindustan , Assam und Nordchina. Der Beiname „schweineartig" leitet sich von der langen und beweglichen Schnauze ab, die gestutzt ist und endständige Nasenlöcher hat. Es ist bemerkenswert, dass ein Teil des Gaumens von den Pterygoiden gebildet wird, wie bei Walen und bestimmten Edentata (z. B *Myrmecophaga*). Es gibt sechzehn Rückenwirbel. *A. Collaris* lebt in Felsspalten oder in selbst gegrabenen Löchern. Es ist ein rein nachtaktives Tier.

Die einzigartige Gattung *Mydaus* , die die Art *M. meliceps* , das Teledu oder javanische Stinktier, enthält, ist ein Bewohner von Java und Sumatra. Er hält sich häufig in den Bergen dieser Inseln auf, in deren Boden er sich auf der Suche nach Würmern und Larven eingräbt. Es gibt nur eine Art, die „wie ein Miniaturdachs mit eher exzentrischen Farben " ist. Es ist schwarzbraun, mit einer gelblich-weißen Oberseite am Kopf und einem Streifen derselben Farbe auf dem Rücken. Es kann durch seine verlängerte, schräg abgeschnittene Schnauze und die nach unten gerichteten Nasenlöcher unterschieden werden. Was die osteologischen Merkmale angeht, weist er eine schrägere Symphyse des Unterkiefers auf als bei jedem anderen Fleischfresser. Das Sekret der Analdrüsen soll dem des Stinktiers in puncto Offensivität und der Entfernung, auf die es getrieben werden kann, Konkurrenz machen.

Unterfamilie 2. Mustelinae . — Vertreter kommen sowohl in der Alten als auch in der Neuen Welt vor; aber die Gattungen und sogar die Arten sind in einem oder zwei Fällen beiden gemeinsam.

FEIGE. 219.— Tayra. Galiktis Barbara . × 1 / 7 .

Galiktis Barbara , [292] die Tayra, ist ein braunes, längliches und wieselartiges Tier aus Mexiko und Südamerika. Wie das Wiesel ist es manchmal gesellig, es wurde eine Herde von zwanzig Tieren beobachtet. Die Fußsohlen sind nackt und die Molformel lautet Pm 3/3 M 1/2. In diesen Charakteren stimmt der Bündner (*G. vittata*) mit *G. barbara überein* ; aber es wurde einer anderen Gattung zugeordnet, *Grisonia* .

Der Grison, „dieses wilde und teuflisch aussehende Wiesel", wie Herr Aplin es nennt, [293] ist auch als „ Hurón " bekannt. Es konkurriert fast mit dem Stinktier in der Kraft des Geruchs , den es ausstoßen kann, wenn es wütend ist. Ein gefangenes Exemplar wurde etwa 50 Meter vom Haus entfernt in einen Käfig gesetzt, und selbst aus dieser Entfernung war es unangenehm leicht zu erkennen, wann jemand das Tier besuchte – zumindest wenn der Wind in die richtige Richtung wehte. Es ist oben graugelb und unten schwärzlich und weist, wie bereits erwähnt, eine merkwürdige Ähnlichkeit mit dem Ratel auf. Der Nase dieses Tieres fehlt eine mittlere Furche, die im Tayra vorhanden ist; Die Fußsohlen sind jedoch wie bei diesem Tier nackt und der Gang ist nahezu plantigrad. Es unterscheidet sich auch von *Galictis* dadurch, dass es sechzehn [294] statt vierzehn Rückenwirbel hat. Elf der Rippen reichen bis zum Brustbein. In Anbetracht der Unterschiede, die zwischen einigen anderen Arctoids- Gattungen bestehen , kann durchaus davon ausgegangen werden, dass eine Gattung *Grisonia* haltbar ist.

FEIGE. 220.— Graubünden. *Graubünden vittata* . × 1 / 7 .

G. allamandi ist dunkler gefärbt als der Grison, mit einem weißen Band von der Stirn bis zum Hals. Herr T. Bell beschrieb ein zahmes Individuum, das Eier, Frösche und sogar einen jungen Alligator aß.

Eine dritte Gattung dieser Gruppe wurde kürzlich von Herrn Oldfield Thomas [295] für ein kleines afrikanisches Tier gegründet, das in seiner Färbung an Graubünden erinnert. Der Name der Gattung, *Galeriscus* , soll auf eine Ähnlichkeit mit der Bündnerart (*Galera* oder *Grisonia*) hinweisen. Das Hauptmerkmal dieser Gattung, deren Skelett noch nicht bekannt ist, ist das Vorhandensein von nur vier Fingern an jedem Glied; der Pollex und der Hallux fehlen völlig. Die Ohren dieses Bündners sind kurz.

Die Gattung *Mustela* umfasst die Marder und Zobel, die sich von der folgenden Gattung durch die Molformel Pm 4/4 M 1/2 unterscheiden. Derselbe Charakter unterscheidet sie von *Galictis* und auch die meist behaarte Unterseite der Füße. In südlicheren Breitengraden sind die Palmen jedoch manchmal kahl. Die Nase ist gefurcht und die Ohren sind kurz und breit. Die Gattung ist weit verbreitet und kommt sowohl in der Alten als auch in der Neuen Welt vor. In der Alten Welt erstreckt es sich von Europa bis Java, Sumatra und Borneo. Die größte Art der Gattung ist der Amerikanische Pekan, ein Tier, das einschließlich Schwanz bis zu 46 Zoll lang sein kann. Es gibt zwei Zobelarten, eine europäische (*M. zibellina*) und eine amerikanische.

Die einzige britische Art der Gattung ist der Baummarder, *M. martes* . Es ist dunkelbraun, hat einen bräunlich-gelben Hals und erreicht eine Länge von etwa 17 Zoll mit einem 20 cm langen Schwanz. Es wird immer seltener, kommt aber im Seenland immer noch recht häufig vor. Das Tier lebt größtenteils baumartig, daher der umgangssprachliche Name. Sie wird auch Marderkatze genannt. Der verwandte *M. foina* , der Steinmarder, soll ein Bewohner dieser Inseln gewesen sein, ist es aber offenbar nicht. Die Farbe des Tieres ist ein sattes Braun. Es hat kleine Augen und Ohren und einen kurzen Schwanz. Die Handflächen und Fußsohlen sind behaart; Die Schnauze ist nackt und hat eine Furche wie bei *Cercoleptes* usw.

Der Vielfraß, *Gulo* , ist eine gut ausgeprägte Gattung, die nur eine Art enthält, deren Verbreitungsgebiet zirkumpolar ist. Das Gebiss ist Pm 4/4 M 1/2. Die Wildheit, aber nicht die Gefräßigkeit dieses Tieres scheint übertrieben worden zu sein. Er ernährt sich hauptsächlich von Kadavern und ist kein wirklich erfolgreicher Jäger. Was die Kadaver angeht , erzählt Olaus Magnus in direkter Sprache, wie sich das Tier während einer Mahlzeit vergrößert, und kehrt anschließend, der Praxis der alten Römer folgend, zum Bankett zurück: „Creditur a natura creatum ." Anzeige ruborem hominum qui vorando bibendoque Erbrechen redeuntque Anzeige mensam "!

Dies ist eines der wenigen Landtiere, das den Pol vollständig umkreist. Es gibt keinen Unterschied zwischen den Exemplaren der Alten Welt und den Exemplaren der Neuen Welt. Heute handelt es sich um eine vollständig nördliche Form, doch im Pleistozän reichte sie bis in den Süden dieses Landes. Die fossile Art scheint *Gulo luscus* zu sein und von den lebenden Formen kaum zu unterscheiden zu sein.

Putorius, die Gattung, die den Stamm der Wiesel umfasst, enthält viele Arten, die im Volksmund als Wiesel, Hermelin, Hermelin, Frettchen, Iltisse, Nerze und Vison bekannt sind. Nicht nur, dass die Gattung sowohl in der Alten als auch in der Neuen Welt verbreitet ist, sondern in einigen Fällen auch die Art (z *P. erminea*) kommt von Asien bis Amerika vor. Die Molformel lautet Pm 3/3 M 1/2. Die Körperform ist übertrieben, die Länge vom Rumpf bis zu den Gliedmaßen ist sehr groß. Die Füße sind an der Unterseite mehr oder weniger behaart und die Tiere sind digitalisiert. Die Nase ist gerillt. Die Rückenwirbel variieren zwischen dreizehn und sechzehn.

FEIGE. 221.- Iltis. *Mustela putorius.* × 1 / 6 .

Es gibt vier britische Vertreter dieser Gattung :

Der Iltis, *P. foetidus* , ist ein dunkelbraun gefärbtes Tier. Seine Gesamtlänge beträgt etwa 2 Fuß, wovon der Schwanz etwa 7 Zoll einnimmt. Es handelt sich um eine Art, die vom Wildhüter verboten wurde und daher in diesem Land vom Aussterben bedroht ist. Er ist, wie offenbar alle Mitglieder dieser Gattung, übermäßig blutrünstig und tötet aus reiner Frevelhaftigkeit. Das Frettchen ist einfach eine domestizierte Variante des Iltis.

Der Hermelin oder Hermelin, *P. erminea* , ist oben rotbraun, unten weiß. Im Winter wird es an bestimmten Orten weiß, mit Ausnahme der schwarzen Schwanzspitze. Dieser Farbwechsel steht in gewissem Zusammenhang mit dem Breitengrad. Im Norden Schottlands kommt sie häufig vor, im Süden Englands ist sie selten. Wie es bei einigen anderen Tieren der Fall ist, die im Winter im Allgemeinen ihre Farbe ändern, gibt es Individuen, die die Fähigkeit zur Veränderung verloren zu haben scheinen, und andere, die sich auf scheinbar launische Weise verändern, unabhängig von der Jahreszeit oder der Kälte . Wie so viele andere Tiere scheint auch das Hermelin zeitweise zu wandern, und zwar in großen Gruppen. Solche Gruppen gelten als gefährlich und greifen jeden an, der ihnen in den Weg kommt.

Das Wiesel, *P. vulgaris* , hat fast die gleiche Farbe wie das Hermelin, ist aber ein kleineres Tier; Es unterscheidet sich auch dadurch, dass es keinen jahreszeitlichen Wechsel erfährt. Es ist gleichermaßen wendig und wild und sollte gefördert werden, da es seine Wildheit größtenteils an Wühlmäusen und Maulwürfen auslässt, die es unter der Erde verfolgen kann. Wie andere *Putorius* -Arten scheint es seine Beute zu töten, indem es durch die Gehirnhülle beißt.

Die vierte britische Art ist das kürzlich beschriebene Irische Hermelin, *P. hibernicus* . Es liegt etwas zwischen den letzten beiden.

Poecilogale ist eine kürzlich von Herrn Thomas eingeführte Gattung für ein kleines südafrikanisches Wiesel, *P. albinucha* , das wie das Zorilla gefärbt ist , *d* . h. mit weißlichen Streifen auf Schwarz, sich aber in seiner reduzierten Molformel unterscheidet, die Pm 2/2 M 1/ ist 1 oder 1/2.

Lyncodon [296] gilt als zweifelhafter; es ist südamerikanisch (patagonisch) und hat die gleiche molare Formel wie die am stärksten reduzierten Formen der letzten Gattung, *also* Pm 2/2 M 1/1. Die Ohren sind kurz und fast unsichtbar; Die Krallen der Vorderbeine sind lang, die der Hinterbeine kurz. Es ist nicht ganz sicher, dass es sich nicht um „eine abweichende südliche Form von *Putorius brasiliensis* " handelt. Dass ihre Unterscheidung gerechtfertigt ist, scheint durch die Entdeckung einer fossilen Art, *L. luganensis* , in derselben Region gezeigt zu werden . Matschie platziert es in der Nähe *von Galictis* .

Der Ratel, *Mellivora* , ist in Indien sowie in West- und Südafrika verbreitet. Es handelt sich um ein schwarzes Tier mit grauem Rücken und grauem Oberkopf, wobei der Farbkontrast auf einen Rückenpanzer schließen lässt. Es läuft im schnellen Trab. Das Tier lebt viel am Boden, kann aber auf Bäume klettern. In seinen Gewohnheiten ist er ausschließlich nachtaktiv. In Indien hat es den Ruf, sich von Leichen zu ernähren, eine Ansicht, die wahrscheinlich keine andere Grundlage hat als die Tatsache, dass es sich eingraben kann. Die Molformel lautet Pm 3/3 M 1/1. Es gibt vierzehn Rückenwirbel. Die afrikanischen und indischen Arten sind kaum voneinander zu unterscheiden. Die Ohren sind sehr klein. Der Schwanz ist kurz. Die Schnauze ist eher spitz und die Fußsohlen und Handflächen sind nackt.

FEIGE. 222.- Ratel. *Mellivora capensis*. × ⅛.

Die Struktur von *Helictis* wurde vom verstorbenen Professor Garrod [297] sowie von Sir W. Flower in seinem allgemeinen Bericht über das fleischfressende Skelett beschrieben. Das in Ostasien beheimatete Tier ist manchmal bunt gefärbt . *H. subaurantiaca* , die von Garrod sezierte und dargestellte Art, ist ein abwechslungsreiches Schwarz und Orange. Die Gattung ist baumartig und der Schwanz kann mäßig lang und buschig sein. Die Ohren sind klein; die Nase ist gerillt; Die Handflächen sind nackt, aber die Fußsohlen sind behaart. Es gibt vierzehn Rückenwirbel. Die Molformel lautet Pm 4/4 M 1/2.

Der Zorilla , *Ictonyx* , ist die letzte der altweltlichen Gattung der Melinae . Es ist afrikanisch und erstreckt sich von den tropischen Teilen des Kontinents bis zum Kap. „In Farbe und Zeichnung", bemerkt Dr. Mivart , „sowie im Geruch des Sekrets seiner Analdrüsen ähneln die eine oder zwei Arten, die diese Gattung bilden, den Stinktieren; so sehr, dass sie dieselbe Region bewohnten." , und wenn sie kein anstößiges Sekret hätten, würde man sicherlich sagen, dass sie die Stinktiere imitieren." Die Molformel der Gattung lautet Pm 3/3 M 1/2. Es gibt fünfzehn Rückenwirbel. Die Nase ist gefurcht und die Sohlen teilweise behaart.

Der Amerikanische Dachs, *Taxidea* , ist ein Gräber mit Allesfresser-Geschmack, und mit der früheren Gewohnheit korrelieren die riesigen Krallen der Vorderpfoten. Es ist nordamerikanisch, gelangt aber nach Mexiko. Die Molenformel ist wie bei den amerikanischen Gattungen *Mephitis* und *Conepatus* und wie bei der altweltlichen *Ictonyx* und unterscheidet sich somit von der von *Meles* . Neben der großen Größe der Krallen an der Hand, die im Vergleich zu denen aller anderen Fleischfresser größer sind, unterscheidet sich die Gattung *Taxidea von allen* Arctoiden (in der Tat von allen Fleischfressern) mit Ausnahme von *Mydaus* dadurch, dass das Beckenglied vorhanden ist von der gleichen Länge wie der Brustmuskel. Die Schnauze ist außer am äußersten Ende pelzig; das ist gerillt. Das Tier ist ein Fleischfresser und ernährt sich von den folgenden sehr unterschiedlichen Arten von Nahrung: „Spermophile, Arvicolas , Vogeleier und Schnecken, außerdem Bienenwaben, Wachs und Bienen.“

Das Stinktier, *Mephitis* , ist ein amerikanisches Tier mit mehreren Arten, die von Nord- bis Mittelamerika vorkommen. Die schwarz-weiße Farbe zeichnet die Gattung aus, die darüber hinaus dadurch gekennzeichnet ist, dass der dritte Finger der Hand relativ länger ist als bei allen anderen Fleischfressern außer *Taxidea* . Die Sohlen sind teilweise behaart. Es handelt sich um ein terrestrisches Fossilientier mit bekannten Fähigkeiten, sich vor Aggressionen zu schützen. Dennoch hat das Stinktier seine Feinde und ist nicht ganz so unbehelligt, wie manchmal im Volksmund angenommen wird . Der Puma, der Harpyienadler und die Virginia-Uhu greifen ihn zumindest gelegentlich an und verschlingen ihn. Die Molformel lautet Pm 3/3 M 1/2. Es gibt sechzehn Rückenwirbel.

Conepatus ist eine südlichere Form von Skunk, die bis nach Südamerika vordringt. Sein Gebiss ähnelt dem von *Mephitis* , abgesehen vom Verlust eines oberen Prämolaren. Diese weiter unterteilte Gattung unterscheidet sich von *Mephitis* dadurch, dass die Fußsohlen völlig nackt sind, während bei Mephitis die der Hinterbeine teilweise behaart sind. Es hat keine Rille an der Nase. Sein Schwanz ist kürzer als der von *Mephitis* . Dieses Skunk hat die gleichen Gewohnheiten wie das letzte. In bestimmten Teilen Südamerikas gibt es so viele Tiere und ihr Geruch ist so stark, dass man abends im Allgemeinen einen erkennbaren Geruch wahrnimmt. Das soll angeblich gut gegen Kopfschmerzen sein!

Unterfamilie 3. Lutrinae . — Von dieser Unterfamilie gibt es mindestens zwei Gattungen. *Enhydris* (*Latax*), [298] der Seeotter, ist auf die Küsten des Nordpazifiks beschränkt. Im Vergleich zu anderen Ottern lebt er eher im Wasser . Es wurden Exemplare gesehen, die fünfzehn Meilen vom Land entfernt schwammen. Der Gang der Kreatur an Land erinnert an ein Meerestier; Die mit Schwimmhäuten versehenen Hinterfüße werden beim Fortschreiten an Land auf die Knöchel zurückgelegt, und die Fortbewegung erfolgt durch eine Reihe kurzer Federn dieser Füße. Der Otter handelt nicht „in der üblichen Akzeptanz dieses Begriffs“. Der Schwanz ist abgeflacht, doppelt so breit wie dick und endet in einer stumpfen Spitze. *Enhydris* ernährt sich hauptsächlich von Krabben und Seeigeln, aber auch von Fischen. Seine Zahnformel zeichnet sich vor allem durch die Reduzierung der unteren Schneidezähne aus. Die Formel lautet wie folgt: I 3/2 C 1/1 Pm 3/3 M 1/2.

Die Backenzähne dieser Kreatur haben, ihrer Ernährung entsprechend, die scharfen Spitzen der Mustelidae im Allgemeinen verloren; Die Kronen sind abgeflacht und die Tuberkel sehr stumpf. Darin steht es im Gegensatz zu *Lutra* und weist eine gewisse Ähnlichkeit mit dem krabbenfressenden Waschbären *Procyon cancrivorus auf* ; aber die Zähne sind noch weiter abgestumpft. *Enhydris* ernährt sich hauptsächlich von Seeigeln und Schalentieren und benötigt stumpfe Zähne, um die harten Schalen seiner Beute zu zerkleinern. Es ist interessant festzustellen, dass die Gewohnheiten dieses Tieres durch den Eingriff des Menschen verändert wurden. Wegen seines wertvollen Fells wurde das Tier schon lange heiß begehrt. Anstatt am Ufer an Orten zu fressen und zu brüten, die für seine Verfolger leicht zugänglich sind, hat sich der Seeotter nun in größerem Maße auf das offene Meer begeben. Zu diesem Zweck nutzt es große Mengen schwimmender Algen und sucht seine Nahrung im tieferen Wasser in größerer Entfernung vom Ufer. Im Zusammenhang mit der zunehmenden Seltenheit des Seeotters ist auch der Preis seines Fells enorm gestiegen: Während im Jahr 1888 der durchschnittliche Preis pro Fell 21:10 £ betrug, liegt der Wert eines feinen Fells heute bei mindestens 100 £, und so weiter Es wurden bis zu 200 £ und sogar 250 £ gespendet. Das Tier wird mit Netzen, Keulen und Speeren gefangen. [299] Aus den miozänen Siwalik-Schichten wurden Überreste einer verwandten Form, *Enhydridon* , erhalten, deren Zähne in ihren Kronen etwas zwischen *Lutra* und *Enhydris liegen* .

Lutra , einschließlich der Otter, ist weit verbreitet. Sowohl Manus als auch Pes sind mit Schwimmhäuten versehen. Die Ohren sind klein und behaart. Die Nase ist nicht gefurcht und der nackte Teil ist stark begrenzt; Die Krallen an den Hinterpfoten sind abgeflacht und etwas nagelartig. Es gibt etwa zehn Arten, aber natürlich wurden, wie so allgemein üblich, noch viel mehr Namen vergeben. Die Molarenformel ähnelt der von *Enhydris* , außer dass es im Oberkiefer einen zusätzlichen Prämolaren gibt. Es gibt vierzehn Rippenpaare, von denen elf Paare das zehngliedrige Brustbein erreichen. Die Schwanzflossen sind dreiundzwanzig. Der Kapotter, der „klauenlose" Otter, wurde als Gattung *Aonyx abgetrennt* . Das gilt auch für den südamerikanischen *Pteronura brasiliensis* . Aber in keinem Fall wird die Trennung von Herrn Thomas in einer kürzlich durchgeführten Überarbeitung der Gattung zugelassen. [300] Die letztere Art gilt als sehr wild und ist in Uruguay unter dem Namen „Lobo de pecho" bekannt blanco ." Die britische Art, *L. vulgaris* , erreicht eine Länge von etwa 2 Fuß und einen Schwanz von 16 Zoll; sie kommt in ganz Europa und einem großen Teil Asiens vor. Dieser Otter gräbt sich häufig an den Ufern des Flusses ein Bäche, die es häufig besucht; und im Bau bringt das Weibchen im März oder April ihre Jungen zur Welt, drei bis fünf an der Zahl. Es wird auch die Meeresküste häufig besuchen.

FEIGE. 223.- Otter. *Lutra vulgaris.* × 1 / 6 .

Fossile Mustelidae. — Neben einer Reihe der bestehenden Gattungen gibt es fossile Mitglieder dieser Familie, die nicht den bestehenden Gattungen zugeordnet werden können. Letztere reichen bis ins Eozän zurück. *Stenoplesictis* , eine dieser eozänen Formen der Unterfamilie Mustelinae , unterscheidet sich von lebenden Mustelines durch ihre vergleichsweise langen Beine. In dieser Gattung gibt es wie in mehreren anderen zwei obere Backenzähne.

Fam. 8. Ursidae. — Diese Familie ist nahezu universell verbreitet und besteht nur aus drei Gattungen: *Ursus* , *Melursus* und *Aeluropus* .

Ursus hat die Handflächen und Fußsohlen nackt, außer beim Eisbären, der eine pelzige Sohle benötigt, um problemlos auf Eisflächen laufen zu können. Die Ohren sind ziemlich groß und die Nase kann von einer Mittelfurche durchzogen sein oder auch nicht. [301] Die Molformel [302] lautet Pm 4/4 M 2/3. Das Gehirn ist von Natur aus (aufgrund der Größe der Tiere dieser Gattung) reich gewunden. Die gelappten Nieren wurden bereits bei der Definition dieser Familie erwähnt (siehe S. 426).

FEIGE. 224.- Himalaya-Bär. *Ursus tibetanus* . × 1 / 15 .

Es wurde eine sehr große Anzahl von Bärenarten beschrieben. Aber es ist die Meinung von Herrn Lydekker [303] und anderen, dass viele davon in Wirklichkeit auf den Europäischen Braunbären zurückzuführen sind; in diesem Fall sind der Grizzly von Nordamerika, der Isabelline-Bär, der Syrische Bär, ein Bär aus Algerien, der Kamschatkan und der Japanische Bär neben dem ausgestorbenen *Ursus fossilis aus pleistozänen Höhlen als geringfügige Modifikationen von Ursus arctos* anzusehen . Andererseits sind der Große Höhlenbär *U. spelaeus* und der Thibetische Blaubär (*U. pruinosus*) eigenständige Arten, die nicht mit U. arctos verwechselt werden *dürfen* . Natürlich auch nicht der peruanische *U. ornatus* und der Sonnenbär *U. malayanus* .

Der Eisbär wurde sogar in eine eigene Gattung, *Thalassarctos* , *eingeordnet* , eine Vorgehensweise, die völlig unnötig ist. Die weiße Farbe dieses Bären neigt dazu, mit zunehmendem Alter brauner zu werden. Es ist eines der wenigen Säugetiere, die den Pol vollständig umrunden; Der Eisbär ist natürlich ein rein arktisches Tier. Die Hauptnahrung des Eisbären ist Robbe. Von dreißig untersuchten Bären stellte Herr Koettlitz fest, dass nur fünfzehn Tierreste in ihren Mägen hatten, und diese Überreste waren ausnahmslos Robben. Das Tier jagt offenbar eher nach dem Geruchssinn als nach dem Sehen oder Hören, wobei beide Sinne etwas abgestumpft zu sein scheinen. Die Männchen und Weibchen wandern getrennt, außer natürlich während der Brutzeit. Die Bären graben Löcher, in denen sie einige Zeit bleiben können, aber es gibt keinen Winterschlaf. Im Pleistozän verbreitete sich der Eisbär bis nach Hamburg. Das Weibchen hat vier Brustwarzen.

Zu Melursus gehört nur *M. labiatus* , der Lippenbär Indiens. Dieses Tier hat eine nach oben gerichtete Schnauze, die der von *Mydaus* , *dem Teledu* , sehr ähnlich ist . Die Schnauze hat keine Rille. Alle Bären ernähren sich größtenteils vegetarisch und fressen Insekten; aber dieser Bär ist es ganz besonders. Es erfreut sich an den Nestern der Termiten, und seine Energie bei der Zerstörung dieser Hügel zum Wohle ihrer Bewohner ist so groß, dass der Name „Faultier" Sir Samuel Baker als völlige Fehlbezeichnung erschien.

Aeluropus , ein seltener Fleischfresser mit nur einer Art, *A. melanoleucus* , ist dem Braunbären in seiner Größe nicht unterlegen und zeichnet sich durch seine überwiegend weiße Färbung aus. Sie wurde in den Bergen Osttibets von Père David entdeckt und von Milne-Edwards [304] als eigenständige und neue Gattung beschrieben, wobei der Entdecker sie selbst als Art von *Ursus* bezeichnete . Es handelt sich um ein sich von Gemüse ernährendes Wesen mit massiger Gestalt, einem rudimentären Schwanz und einem kurzen, breiten Kopf; Tatsächlich ähnelt es eher einem Bären als einem Prokyoniden (zu welcher Gruppe es von manchen gehört). Die Breite des Kopfes ist jedoch größer als bei jedem anderen Fleischfresser; *Aelurus* und *Hyaena* kommen ihm dabei am nächsten . Die Molformel lautet Pm 4/3 M 2/3. Die Sohlen sind behaart. Es gibt keinen Alisphenoidkanal. Die Backenzähne sind besonders groß und mehrspitzig .

FEIGE. 226.- *Aeluropus Melanoleucus* . × 1 / 12 .

Fossile Ursidae. — Die Gattung *Ursus* selbst reicht bis in die Zeit des Pliozäns zurück. Der bekannte Höhlenbär *Ursus spelaeus* aus dem Pleistozän war eines der häufigsten fleischfressenden Lebewesen in der Frühzeit unserer Zeitrechnung. Es war so groß wie ein Eisbär oder ein Grizzly. Das Besondere am Schädel ist die Tatsache, dass die ersten drei Prämolaren, die bei allen Bären klein sind, schon früh im Leben ausfielen. Es wurden unzählige Namen für die Art vergeben, die aller Wahrscheinlichkeit nach mit diesem Höhlenbären aus der Antike identisch ist.

Hyaenarctos ist die älteste Gattung echter Ursidae. Es reicht bis in die Zeit des mittleren Miozäns zurück und verbreitete sich über Europa und Nordafrika.

Arctotherium ist eine amerikanische Gattung aus dem Pleistozän. Die Ähnlichkeit einiger ausgestorbener Canidae mit Bären wurde bereits erwähnt.

KAPITEL XIV

CARNIVORA (*FORTSETZUNG*) – PINNIPEDIA (ROBEN UND WALROSSE) – CREODONTA

UNTERORDNUNG 2. PINNIPEDIA

Zu dieser Gruppe gehören Robben, Seelöwen und Walrosse [305] , allesamt Wasser- und zum größten Teil Meereslebewesen. Da sie im Wasser leben, haben sie bis zu einem gewissen Grad eine fischähnliche Form angenommen, wenn auch nicht so vollständig wie die Wale und sogar die Sirenia. Am vollständigsten ist dies für die Gruppe bei den Robben, bei denen die Hinterbeine mit dem Schwanz verlötet sind und als Laufbeine unbrauchbar sind, bei denen die äußeren Ohren verschwunden sind und bei denen die allgemeine Form des Körpers sich verjüngt und somit fischähnlich. Die Walrosse und Seelöwen sind in dieser Richtung weniger verändert; bei letzterem (nicht bei ersterem) ist das Außenohr zwar klein, aber hartnäckig, und die Hinterbeine können als Fortbewegungsorgane auf dem Trockenen verwendet werden. Die auf einer vorherigen Seite angegebenen allgemeinen Zeichen für die Carnivora gelten auch für die Pinnipedia .

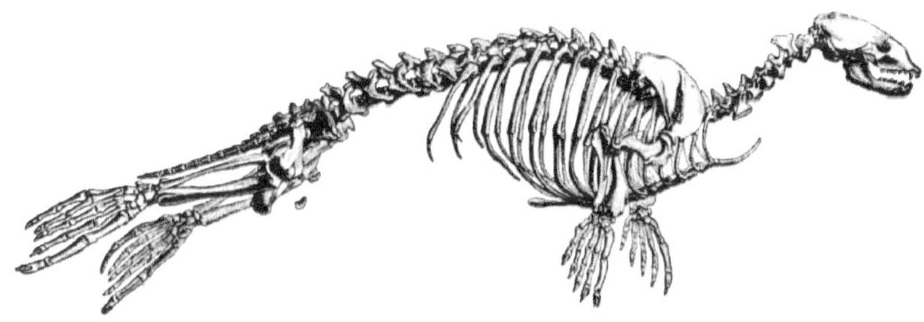

FEIGE. 227.- Siegelskelett. *Phoka Vitulina* . (Nach de Blainville.)

Die auf die Pinnipedia als Ganzes beschränkten Merkmale sind hauptsächlich folgende : Der größte Teil der Gliedmaßen ist von der Haut umgeben, die Hände und Füße sind vollständig mit Schwimmhäuten versehen und es besteht die Tendenz, dass die Nägel und die Fingerglieder verschwinden Zunahme der Anzahl – Zeichen, die eindeutig nicht diagnostisch für die Ordnung sind, aber mit einem Wasserleben in Zusammenhang stehen, da sie bei den Cetacea wieder auftauchen und tatsächlich übertrieben sind. Die Besonderheit der Zähne besteht darin, dass das Milchgebiss schwach ist und früh abfällt. Diese sozusagen unangemessene Betonung eines der beiden Gebissreihen ist eine weitere Ähnlichkeit mit den Walen, bei denen jedoch das Milchgebiss am stärksten ausgeprägt ist, während das „permanente" schwach ist und sehr früh abfällt.

Aber das Gebiss der Pinnipedes weist auch andere Ähnlichkeiten mit denen der Cetacea auf, die von einigen, wie man bedenken muss, als Modifikation des fleischfressenden Stammes angesehen werden. In diesem Fall können die Ähnlichkeiten natürlich eher genetischer Natur sein als auf Anpassung zurückzuführen sein die beiden Fälle. Es besteht eine deutliche Tendenz zur Homodontenreihe, wobei die Mahlzähne oft sehr einfach sind und der sehr ausgeprägte Fleischfresserzahn vieler terrestrischer Fleischfresser fehlt. Schließlich zeigt die Zahl der Backenzähne Anzeichen einer Zunahme; und Professor Kükenthal hat herausgefunden, dass dieser Anstieg auf die Teilung bestehender Zähne zurückzuführen ist. Hier besteht eine Ähnlichkeit mit den vielen Zähnen der typischen Zahnwale. Dr. Nehring stellte fest, dass in mehreren Exemplaren von *Halichoerus grypus* die normalen fünf Backenzähne auf sechs vergrößert waren und dass sich der zusätzliche Backenzahn am Ende der Reihe befand, was auf eine Verlängerung des Kiefers in Verbindung mit einer Zunahme der Zähnezahl hindeutet.

Die Schneidezähne der Pinnipedia unterscheiden sich von denen des Landraubtiers dadurch, dass sie zumindest beim erwachsenen Tier fast immer weniger als drei Drittel haben. Durch den Besitz gelappter Nieren unterscheiden sich die Pinnipedia von allen terrestrischen Fleischfressern mit Ausnahme der Otter und Bären – eine bedeutsame Tatsache.

In den Charakteren des Skeletts weisen die Pinnipedia viele Besonderheiten auf. Der kraniale Teil des Schädels ist im Verhältnis zum Gesichtsteil größer als bei Landraubtieren; Es gibt keinen Tränenknochen und die Augenhöhle weist in gewissem Maße eine Verknöcherungsstörung auf. Der Alisphenoidkanal, ein so wichtiges Merkmal bei Carnivora, kann vorhanden sein oder fehlen. Es kommt beispielsweise in *Otaria jubata vor* . [306] Diese Gattung hat auch die primitiveren kleinen und rauen Trommelfellblasen, die bei anderen aufgeblasen und eher katzenartig sind. Die Wirbel zeigen eine interessante Creodont-Besonderheit in der komplexen ineinandergreifenden Anordnung der Zygapophysen der Rückenwirbel. Die Ossicula auditus unterscheiden sich von denen ihrer terrestrischen Verbündeten durch ihre Größe und ihr massives Wachstum. Darin ähneln sie denen der Wale und Sirenen.

FEIGE. 228. – Patagonischer Seelöwe. *Otaria jubata.* × 1 / 20 .

Es besteht kein Zweifel an ihrer großen Ähnlichkeit mit den terrestrischen Fleischfressern, aber die Frage ist, mit welcher Gruppe von Fleischfressern sie die größte Ähnlichkeit haben. Der semiaquatische Otter und der noch gründlicher im Wasser lebende (marine) *Enhydris* deuten auf eine Verwandtschaft in dieser Richtung hin. Der lange Körper und die kurzen Beine des Fischotters, der besser darin ist, Fische in den Bächen zu jagen, als ungeschickt an den Ufern der Bäche zu watscheln, scheinen nur wenig äußere Veränderung zu erfordern, um ihn in einen kleinen Seehund zu verwandeln, während der lange und die vollständig mit Schwimmhäuten versehenen Hinterfinger von *Enhydris* ähneln noch mehr denen eines Flossenfüßers. Die Seelöwen, bei denen das äußere Ohr erhalten geblieben ist und bei denen die Gliedmaßen für den Fortschritt an Land nicht so völlig unbrauchbar geworden sind wie bei den Robben, scheinen der Zwischenschritt in der Entwicklung der letzteren zu sein. Dies ist jedoch nicht die Meinung von Dr. Mivart , der, ohne sich auf diesen Punkt definitiv festzulegen, einige Beweise für die Annahme vorlegt, dass die marinen Fleischfresser diphyletisch sind . Dieser doppelte Ursprung stammt jedoch nicht aus zwei Gruppen der terrestrischen Raubtiere. Dr. Mivart ist wie viele andere der Ansicht, dass die Pinnipedia als Ganzes zweifellos näher an den Arctoidea liegt als an einem der beiden verbleibenden Abschnitte der Unterordnung. Eines der auffälligsten strukturellen Merkmale, bei dem diese Ähnlichkeit auftritt, ist das Gehirn; Die eigentümliche Bärenraute, die bereits als so charakteristisches Merkmal der Arctoidea behandelt wurde, wird in der Pinnipedia wiederholt .

Es gibt jedoch auch andere Ähnlichkeiten, die eher auf einen Creodont-Ursprung hinweisen. *Patriofelis* ist eine Gattung, die von mehr als einer Seite als möglicher Vorfahre dieser Tiere angesehen werden kann. Auf die Creodont-Besonderheit der Wirbel wurde bereits hingewiesen. Es kann hinzugefügt werden, dass der Gesichtsteil des Schädels bei *Patriofelis klein ist* , der darüber hinaus offenbar einen Alisphenoidkanal besaß. Eine sehr bemerkenswerte Ähnlichkeit besteht in der Struktur des Astragalus. Diese ist auf der Tibiaseite nicht tief gefurcht wie bei Fissiped Carnivora. Dies könnte als ein Beispiel für eine Degeneration der Wasserrobben angesehen werden, die ihre Gliedmaßen nicht als Lauforgane nutzen. Aber Professor Wortman [307] hat darauf hingewiesen, dass beim Seeotter, der ausschließlich im Wasser lebt, die Rinne vorhanden und schlicht ist. Die Ähnlichkeit mit den Robben durch die ausgebreiteten Füße von *Patriofelis* wird bei der Beschreibung dieser Gattung erwähnt. [308]

FEIGE. 229.- Kap-Seelöwe. *Otaria Pusilla* . × 1 / 16 .

Fam. 1. Otariidae. – Die Familie Otariidae [309] ist zweifellos die am wenigsten veränderte Familie der aquatischen Fleischfresser. Es ist daher sinnvoll, die Befragung der Gruppe mit dieser Familie zu beginnen. Sie haben, wie bereits erwähnt, die Unabhängigkeit der Hinterbeine bewahrt; das äußere Ohr ist vorhanden, wenn auch klein; Es gibt einen offensichtlichen Hals und die Nasenlöcher befinden sich am Ende der Schnauze, wie bei

Landlebewesen im Allgemeinen. Die Nägel sind klein und rudimentär, mit Ausnahme derjenigen an den drei mittleren Zehen des Fußes. Es ist eine einzigartige Tatsache, dass bei den Otariern der Winkel des Unterkiefers „so stark gebogen ist wie bei jedem Beuteltier". Die Literatur zu dieser Familie ist umfangreich und es scheint schwierig, die sehr unterschiedlichen Meinungen darüber, wie viele Gattungen zugelassen werden sollten, in Einklang zu bringen. Herr Allen ordnete die neun von ihm zugelassenen Arten in sechs Gattungen ein; Es wurden jedoch allgemeinere Namen vorgeschlagen. Im anderen Extrem steht Dr. Mivart , der nur von einer Gattung spricht, *Otaria* ; Bei dieser Gattung besteht keine Einigkeit über die Anzahl der Arten. Es besteht jedoch kein Zweifel an der Unterscheidbarkeit des Nördlichen Seebären *O. ursina* (dem „Siegel" des Handels und der Ursache internationaler Komplikationen) und des Patagonischen Mähnenseelöwen *O. jubata* [310]. von *O. pusilla* vom Kap, von der kalifornischen *O. gillespiei* , von *O. Hookeri* von den Auckland-Inseln und von vier oder fünf anderen. Das Verbreitungsgebiet der Gattung ist groß, kommt aber hauptsächlich in der Antarktis vor. Gewöhnlich spricht man von „Haarrobben" und „Pelzrobben", wobei es sich bei letzteren um die Arten handelt, die das „Robbenfell" des Handels herstellen. Der Unterschied besteht darin, dass die Pelzrobben ein dichtes, weiches Unterfell haben, das bei der anderen Gruppe fehlt. Es ist jedoch unmöglich, dieses Zeichen zur Grundlage einer generischen Unterteilung zu machen. In Südamerika gibt es einen Seebären, *O. nigrescens* , sowie die bekanntere nördliche Form.

Fam. 2. Trichechidae. — Diese Familie enthält nur eine Gattung, *Trichechus* , das Walross oder Morse oder *Odobaenus* , wie der korrektere Begriff zu sein scheint. Es ist ein lästiges Ergebnis der genauen Einhaltung der Prioritätsregeln in der Nomenklatur, dass der Name *Trichechus* auf die Seekuh angewendet werden sollte. Es gibt nur eine Walrossart, obwohl versucht wurde zu zeigen, dass die pazifische und die östliche Form unterschiedlich sind. Das Tier ist arktisch und zirkumpolar. Charakteristisch für das Walross sind die riesigen Eckzähne seines Oberkiefers, die die bekannten Stoßzähne bilden und eine Länge von bis zu 30 Zoll erreichen. Das Tier kann sich wie die Seelöwen an Land fortbewegen; aber wie bei den Siegeln gibt es keine äußeren Ohren, obwohl es einen leichten Vorsprung über dem Gehörgang gibt . Die starken Borsten auf der Oberlippe sind so dick wie Krähenfedern. Die Brustbeine haben Nägel, diese sind jedoch klein, wie bei den Seelöwen. Die Unterseite des Manus weist eine warzige Polsterung auf, die nur dazu beitragen kann, auf rutschigem Eis Halt zu finden. Die Hinterbeine haben längere Nägel, die immer noch klein und nicht gleich groß sind. Es gibt keinen freien Schwanz. Die Leber dieses Tieres ist stark gefurcht, aber nicht so stark wie bei *Otaria* , jedoch stärker als bei *Phoca* . Die Nieren sind natürlich gelappt, wie bei den anderen aquatischen Fleischfressern. Die Zahnmilchformel scheint I 3/3 C 1/1 Pm + M 5/4 zu sein. Beim Erwachsenen lautet die Formel [312] I 1/0 C 1/1 M 3/3.

FEIGE. 230.- Seehund. *Phoka Vitulina*. × ⅛. (Aus Parker und Haswells *Zoologie*.)

Fam. 3. Phocidae. — Die echten Robben haben keine Außenohren, und die Nasenlöcher liegen ganz dorsal wie bei anderen Wassertieren, wie zum Beispiel dem Krokodil. Es gibt offensichtlich eine Annäherung an die für die Wale charakteristischen Bedingungen . Die Hinterbeine sind für die Fortbewegung an Land unbrauchbar. Sie sind mit dem Schwanz verbunden und bilden funktionell lediglich einen Teil des Schwanzes. In dieser Familie gibt es jedenfalls acht Gattungen.

Phoca und *Halichoerus* sind nicht sehr weit voneinander entfernt. Bei beiden gibt es fünf gut entwickelte Krallen an Füßen und Händen. Sie sind britisch und kommen im Allgemeinen in den arktischen und gemäßigten Breiten vor. Aus irgendeinem Grund ordnete der verstorbene Dr. Gray *Halichoerus* der gleichen Unterfamilie wie das Walross zu! *Phoca* kommt nicht nur im Meer vor, sondern kommt auch im Kaspischen Meer und im Baikalsee vor. Es wird angenommen, dass ihre Existenz in diesen Binnenmeeren ein Überbleibsel einer früheren Verbindung mit dem Meer ist. *Halichoerus grypus* ist eine große Robbe, die im ausgewachsenen Zustand 8 Fuß lang ist. Seine Farbe ist gelbgrau mit dunkleren grauen Flecken und Flecken. An den Küsten unserer Inseln, insbesondere der Hebriden und Argyllshire , ist dies keine Seltenheit . Das häufigste Siegel ist *Phoca Vitulina* , nicht länger als 4 bis 5 Fuß und von der gleichen gefleckten Färbung wie die letzte. Dieses Siegel ist jedoch viel weiter verbreitet und erstreckt sich sowohl über die Arktis als auch über Großbritannien, Amerika und den Nordpazifik. Eine merkwürdige Tatsache an diesem Seehund ist, dass er gegenüber Süßwasser nicht ungeduldig ist; Es wird nicht nur Flüsse hinaufsteigen, sondern auch in Binnenseen leben. Es soll besonders empfindlich auf musikalische Klänge reagieren. *P. hispida* ist britisch, aber ein seltener Besucher unserer Inseln. Es handelt sich im Wesentlichen um eine arktische Art. Der Name der Sattelrobbe *P. groenlandica* geht auf einen harfenförmigen schwarzen Balken bei den Männchen zurück, der an den Schultern beginnt und bis zu den Oberschenkeln reicht. Wie bei den anderen erwähnten Robben sind die Jungen bei der Geburt weiß. Wie aus dem wissenschaftlichen Namen hervorgeht, kommt diese Art auch in der Arktis vor. Es ist auch ein seltener Besucher dieser Küsten.

Die Gattung *Cystophora* ist die einzige andere Gattung, von der es einen britischen Vertreter gibt. Der Name „Kapuzenrobbe" geht auf den aufblasbaren Beutel auf dem Gesicht zurück, mit dem er angeblich versucht, seine Feinde zu erschrecken. Die Gattung hat in jeder Kieferhälfte einen Schneidezahn weniger als *Phoca* und *Halichoerus* . Seine Formel ist I 2/1, während diese Gattungen beide 3/2 sind. *C. cristata* ist eine große Art, die eine Länge von 10 Fuß erreicht. Die Farbe des Rückens ist dunkelgrau mit dunkleren Flecken . An unseren Küsten wurden nur wenige Individuen nachgewiesen.

Stenorhynchus (= *Ogmorhinus*) ist eine antarktische Gattung. Die Hinterpfoten sind klauenlos. Die Schneidezähne sind 2/2. Die Backenzähne haben einen zusätzlichen Höcker, *also* insgesamt drei.

Die Gattung *Leptonyx* hat mit nur einer Art, *L. weddelli* , ein rein antarktisches Verbreitungsgebiet. Wie die letzte Gattung hat sie zwei Schneidezähne und nur rudimentäre Krallen an den Hinterfüßen; Die erste und fünfte Zehe sind außerdem die längsten. Die Gattung unterscheidet sich von der letzten hauptsächlich durch die einfachen konischen Kronen der Backenzähne, die nicht die zusätzlichen Höcker von *Stenorhynchus haben* .

Ommatophoca ist eine weitere antarktische Gattung mit nur einer einzigen Art, *O. rossi* . Bei dieser Gattung haben die Hinterfüße keine Krallen und die erste und fünfte Zehe sind länger als die anderen. Die Krallen der Vorderfüße sind rudimentär. Die immense Größe der Umlaufbahnen gibt der Gattung ihren Namen. Es gibt zwei Schneidezähne und die Backenzähne sind alle sehr klein.

Monachus ist eine nördliche Gattung, die im Mittelmeerraum und im Atlantik in der Nähe von Madeira und den Kanarischen Inseln vorkommt. Es hat rudimentäre Nägel an beiden Fußpaaren. Die erste und fünfte Zehe der Hinterpfoten sind länger als die anderen. Wie bei den vorhergehenden Gattungen gibt es in jedem Kiefer zwei Schneidezähne. Die Arten sind *M. albiventer* , die Mönchsrobbe, und *M. Tropicalis* , die Jamaika-Robbe.

Cystophora verwandt ist die Gattung *Macrorhinus* mit (möglicherweise) zwei Arten, von denen eine in der Antarktis heimisch ist, die andere häufig an der Küste Kaliforniens vorkommt oder dort häufig vorkam. Im Oberkiefer gibt es zwei Schneidezähne, im Unterkiefer nur einen. Es gibt vier Prämolaren und einen Molaren; Alle Zähne sind klein und einfach, haben aber lange Wurzeln. Die Nase des Männchens hat einen dehnbaren Rüssel. Der südliche See-Elefant ist *M. leoninus* und erreicht eine Länge von etwa 20 Fuß. Sie kommt an den Küsten von Kerguelen und einigen anderen mehr oder weniger abgelegenen Inseln vor. Seine Gewohnheiten wurden von mehreren Beobachtern untersucht und beschrieben, beginnend mit Anson im letzten Jahrhundert. Der verstorbene Professor Moseley hat in seinem Buch über die Reise der „Challenger" einen guten Bericht über dieses Meeresungeheuer gegeben. Wenn das Tier wütend ist, wird das Ende der Schnauze geweitet; aber wenn dies geschieht, gibt es keinen langen und hängenden Rüssel, wie er manchmal beschrieben wurde. Durch das Aufblasen wird die Haut auf der Oberseite der Schnauze beeinträchtigt, die sich beim Aufblasen somit eher nach oben hebt. Laut Herrn Vallentin , zitiert von Herrn JT Cunningham, ist die aufgeblasene Region bei einem 17 Fuß großen Individuum etwa 1 Fuß lang. Es wurde festgestellt, dass es sich bei diesem Rüssel um eine vorübergehende Struktur handelt, die nur in der Brutzeit erscheint; aber neuere Beobachtungen haben gezeigt, dass diese Aussage unzutreffend ist; es bleibt das ganze Jahr über bestehen. Die Männchen kämpfen während der Brutzeit heftig und erzeugen ein Brüllen, das mit dem „Geräusch, das ein Mann beim Gurgeln macht" verglichen wird. Die Weibchen und die jungen Männchen brüllen wie ein Stier. Die Männchen kämpfen natürlich mit den Zähnen und fallen buchstäblich mit ihrem ganzen Gewicht aufeinander. Herr Cunningham glaubt, dass der Rüssel dazu dient, die Nase vor Verletzungen zu schützen; oder dass es lediglich das Ergebnis „emotionaler Erregung" sein könnte. Auf jeden Fall ist die Blasennasenrobbe *Cystophora* durch den Besitz einer entsprechenden Haube zweifellos vor Verletzungen geschützt. Die Nase ist die verletzlichste Stelle, und das Vorhandensein dieser Haube würde die Auswirkungen eines Schlags in dieser Region abwehren. Moseley hat jedoch über *Macrorhinus* gesagt , dass er nicht wie andere Robben durch Schläge auf die Nase betäubt werden kann; aber er führt dies nicht auf die erweiterte Schnauze zurück, sondern auf den knöchernen Kamm auf dem Schädel und auf die Stärke der Knochen um die Nase herum. Dieser Seehund kriecht mit Mühe über das Land, und während sich die Tiere bewegen, „zittert der riesige Körper wie ein großer Beutel Gelee, aufgrund der Masse an Speck, von der das ganze Tier umhüllt ist und die so dick ist wie in einem. " Wal." [313] Wenn diese Tiere am Ufer liegen, kratzen sie Sand ab und bewerfen sich damit, offenbar um sich nicht durch die direkten Sonnenstrahlen, für deren Wirkungen sie sehr anfällig sind, zu beeinträchtigen. Der See-Elefant ist sanft und harmlos, es sei denn, er wird wütend und natürlich während der Brutzeit.

Orden VIII. CREODONTA.

Diese völlig ausgestorbene Gruppe von Mammalia kann wie folgt charakterisiert werden : – Kleine bis große fleischfressende Säugetiere, deren Schädel im Großen und Ganzen dem der Carnivora ähnelt und mit scharfen Zähnen; Ziffern mit unguiculierten Phalangen; Schwanz lang; Extremitäten meist mit fünf, manchmal mit vier Fingern. Im Carpus ist ein Centrale vorhanden, und Skaphoid und Mondbein sind getrennt. Sehr perfekte Verzahnung der hinteren dorsalen und lumbalen Zygapophysen. Gehirn klein, aber verschachtelt.

CARNIVORA PRIMIGENIA von Herrn Lydekker entspricht , ist nicht leicht absolut von den bestehenden und insbesondere von einigen der ausgestorbenen Vertretern der CARNIVORA VERA ZU TRENNEN . Sie kommen auch den Condylarthra , den vermuteten Vorfahren der Ungulata , außerordentlich nahe und beginnen wie diese in den frühesten tertiären Ablagerungen. Auch ihre Ähnlichkeit mit den fleischfressenden Beuteltieren wurde betont; aber es scheint, dass die Zahnfolge in der Creodonta typisch eutherisch ist.

Die Merkmale der Gruppe können durch einen Bericht über die Gattung *Hyaenodon veranschaulicht werden* . Anschließend wird auf einige der wichtigeren Abweichungen in der Struktur verwiesen, die bei anderen Gattungen auftreten.

Hyaenodon ist sowohl amerikanisch als auch europäisch und erstreckt sich über das Eozän und das Obere Miozän. Es handelt sich um einen stark spezialisierten Creodonten, der daher die charakteristischen Merkmale der Gruppe gut aufweist. Etwa ein Dutzend Arten wurden beschrieben. Einer der bekanntesten ist der amerikanische *H. cruentus* , auf den sich die folgende Beschreibung bezieht. Der hintere Teil des Schädels ist niedrig und breit und wird von Professor Scott (der diese und andere Arten beschrieben hat) als „etwas wie der eines Opossums" verglichen. [314] Der gesamte Schädel ist lang und die Oberseite hat einen großen Sagittalkamm. Die Processus paroccipitalis sind kurz und liegen eng an den Processus mastoideus an. Das Mesethmoid ist größer als bei den fleischfressenden Beuteltieren und die Stirnbeine sind sehr groß. Der Gaumen hat eine besondere Struktur; Bei den meisten Arten sind die hinteren Enden der Gaumenflügel durch einen schmalen Spalt getrennt, der sich allmählich erweitert und so die hinteren Nasenlöcher bildet. Bei *H. leptocephalus* werden die hinteren Nasenlöcher durch das Zusammentreffen der Alisphenoiden sehr weit nach hinten gebracht . Das Presphenoid wird im Gegensatz zu dem, was wir beispielsweise beim Hund finden, hauptsächlich vom Vomer verdeckt, der es bedeckt. Der Unterkiefer hat eine lange und starke Symphyse und sein Winkel ist nicht gebogen. Das Vorderbein wird als „schwach im Vergleich zum modernen Fleischfresser" beschrieben. Das Kahnbein und das Mondbein sind getrennt und es gibt ein Zentralbein. Die Zähne präsentieren uns nahezu die typische Formel. Im Oberkiefer fehlt nur ein Backenzahn. Die Eckzähne sind vergrößert. Aufgrund einer Betrachtung seines Gaumens wurde vermutet, dass *Hyaenodon* ein semiaquatisches Tier war; die tiefe Spaltung an den Enden der Phalangen scheint in die gleiche Richtung zu weisen, da sie darin der Gattung *Patriofelis ähneln* , die aus anderen Gründen als aquatisch angesehen werden kann. Diese letztere Gattung hat ein Vorderbein , das dem der Pinnipedia sehr ähnlich ist , die Finger sind stark ausgebreitet und scheinen eine Art Paddel getragen zu haben. Auf jeden Fall ernährte es sich sicherlich von Wasserschildkröten, denn deren Überreste wurden in seinen Koprolithen gefunden. Der Name *Limnofelis* , der auch auf scheinbar Mitglieder dieser Gattung angewendet wird, deutet auf ihre Gewohnheiten hin. *Patriofelis* , zumindest eine Art, scheint etwa die Größe eines Löwen gehabt zu haben.

Mesonyx hat ein Gehirngehäuse, das tatsächlich kleiner ist als das des Beuteltiers *Thylacinus* . Das Tränenbein ist sehr groß und erstreckt sich ein wenig über das Gesicht, wie es auch bei *Hyaenodon der Fall ist* ; Dieser Zustand kommt auch bei Insectivora und *Thylacinus vor* . Der Axiswirbel hat eine seltsam geformte Wirbelsäule, die sich stark von dem beilförmigen Fortsatz dieses Wirbels unterscheidet, der bei den Fleischfressern üblich ist, aber nicht unähnlich dem ist, was in den Arctoid-Gattungen Meles *und* Mydaus *vorkommt* . Die Gliedmaßen weisen große Unterschiede in der Länge auf und scheinen auf einen stark gewölbten Rücken hinzuweisen, als die Kreatur sich weiterentwickelte. Der Karpus soll dem der Insectivora auffallend ähnlich sein . Es gibt wie bei anderen Creodonten eine Trennung zwischen Skaphoid und Mond; das Centrale scheint vorhanden zu sein. Das Becken „ist dem des Bären am ähnlichsten", die Mittelhandknochen und das Schienbein sowie einige andere Knochen ähneln denen der Hyäne. Tatsächlich weist dieses Tier jene kombinierten Merkmale auf , die bei archaischen Formen üblich sind.

Kapitel XV

RODENTIA – TILLODONTIA

Bestellen Sie IX. RODENTIA [315]

Kleine bis mittelgroße Tiere, pelzig, manchmal mit Stacheln. Zehen mit Krallen von klauenartigem Charakter, manchmal auch Hufartige. Normalerweise plantigrad und nur gelegentlich und teilweise fleischfressend. Eckzähne fehlen; Schneidezähne sind lang und kräftig, wachsen aus hartnäckigem Zahnfleisch und sind nur oder hauptsächlich auf der Vorderseite mit Zahnschmelz versehen, wodurch eine meißelförmige Schneide entsteht; Wenige Backenzähne (zwei bis sechs), durch ein breites Diastema von den Schneidezähnen getrennt. Blinddarm (fast immer vorhanden) sehr groß und oft kompliziert aufgebaut. Gehirn, wenn nicht glatt, mit wenigen Furchen, wobei die Hemisphären das Kleinhirn nicht überlappen. Schädeloberfläche eher flach; Bahnen nicht von Schläfengruben getrennt; Backenknochen in der Mitte des Jochbogens; Gaumen sehr schmal, mit verlängerten prägnanten Foramina; Gelenkfläche für den Unterkiefer antero-posterior verlängert. Schlüsselbeine im Allgemeinen vorhanden. Hoden im Allgemeinen abdominal. Die Plazenta ist zweigeteilt und hat eine scheibenförmige Form.

Die Nagetiere sind eine sehr große Ansammlung von meist kleinen, manchmal recht winzigen Lebewesen, die eine enorme Anzahl lebender Gattungstypen umfassen. Sie sind auf der ganzen Welt verbreitet, auch im australischen Raum, und da sie klein und oft nachtaktiv sind und sich keineswegs besonders ernähren, haben sie es geschafft, in größerem Ausmaß zu gedeihen und sich zu vermehren als jede andere Gruppe lebender Säugetiere. Sie sind überwiegend Landbewohner und graben sich oft in bereits angelegten Höhlen ein oder leben darin. Einige jedoch, wie zum Beispiel die Wühlmäuse, leben im Wasser; andere, *z. B.* die Eichhörnchen, leben auf Bäumen, und es gibt „fliegende" Nagetiere, beispielhaft dargestellt durch die Gattung *Anomalurus* . Ihr Lebensraum ist tatsächlich so groß wie der aller anderen Säugetierordnungen und größer als der der meisten anderen.

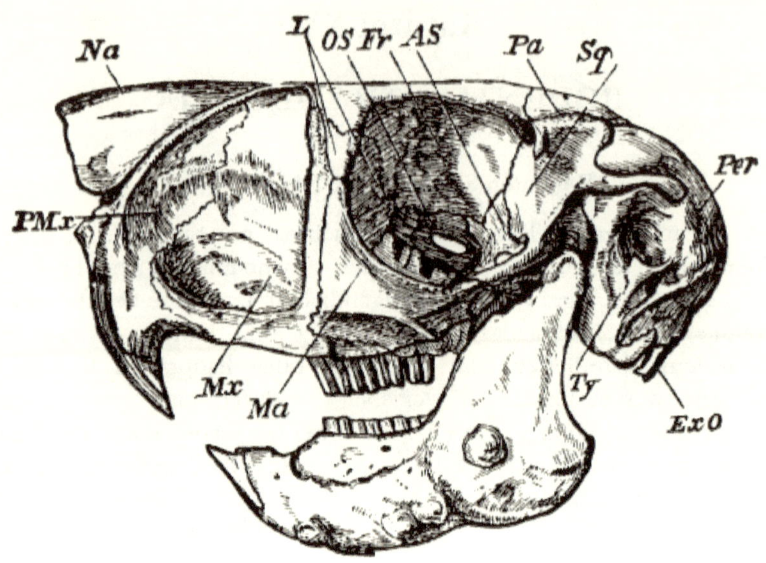

FEIGE. 231. – Seitenansicht des Schädels des Cape Jumping Hare (*Pedetes Kaffer*). × 3/5 . *AS* , Alisphenoid; *Ex.O* , exokzipital; *Fr*, frontal; *L*, Tränen; *Ma* , malar; *Mx* , Oberkiefer; *Na* , nasal; *OS* , Orbitosphenoid; *Pa* , parietal; *Per* zeigt auf die große Bulla supratympanica oder mastoidea; *PMx* , Prämaxillare; *Sq* , Plattenepithelkarzinom; *Ty* , Trommelfell. (Aus Flower's *Osteology* .)

Das deutlichste anatomische Merkmal der Nagetiere betrifft die Zähne. Sie haben ausnahmslos keine Eckzähne. Daher besteht zwischen den Schneidezähnen und den Backenzähnen ein langes Diastema. Eine weitere Besonderheit besteht darin, dass das Gebiss in vielen Fällen absolut monophyodontisch ist. Bei Formen wie den Muridae scheint es überhaupt kein Milchgebiss zu geben. In dieser Familie gibt es nur drei Backenzähne; aber bei anderen Typen, bei denen es vier, fünf oder sechs Molaren gibt, haben die ersten, zwei oder drei, je nach Fall, Milchvorgänger und können daher als Prämolaren bezeichnet werden. Dies ist eindeutig beim Kaninchen der Fall, das im ausgewachsenen Zustand ungewöhnlich viele sechs Zähne in jeder Oberkieferhälfte aufweist. Die ersten drei davon haben Milchvorläufer. Andererseits spricht die Existenz von vier Molaren offenbar nicht immer dafür, dass der erste ein Prämolar ist; denn Sir W. Flower fand heraus , dass bei *Hydrochoerus* [316] keiner der Zähne irgendwelche Vorläufer hatte, jedenfalls soweit dies bei der Untersuchung eines sehr jungen Tieres festgestellt werden konnte. Das Kaninchen scheint auch insofern eine Ausnahme zu sein, als der zweite Schneidezahn des Oberkiefers und der Schneidezahn des Unterkiefers Milchvorläufer haben. Auf jeden Fall ist die Tendenz zum Monophyodontismus bei dieser Säugetiergruppe besonders ausgeprägt. Die Schneidezähne von Nagetieren sind in der Regel in jedem Kiefer ein einzelnes Paar langer und starker Zähne, die aus hartnäckigen Pulpen wachsen und eine sehr große Länge erreichen, die sich im Kiefer bis in die Nähe des hinteren Teils des Schädels erstreckt. Nur bei den Lagomorpha sind diese Zähne im Oberkiefer durch ein kleines zweites Paar verstärkt. Die Schneidezähne sind meißelförmig und auf der Außenseite oft braun oder gelb, wie es auch bei einigen Insektenfressern der Fall ist. Diese besondere Form und ihre Stärke machen sie besonders fähig zu der für Nagetiere typischen Nagwirkung. Es wurde darauf hingewiesen, dass dort, wo die Schneidezähne breiter als dick sind, die Kaukraft schwach entwickelt ist; und dass die Tiere im Gegenteil gute Nager sind, wenn diese Zähne dicker als breit sind. Die Schneidezähne haben oft eine vordere Furche, oder es können Rillen sein.

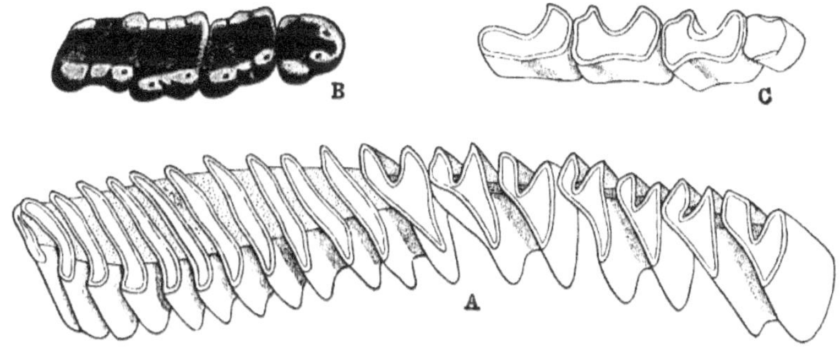

FEIGE. 232.- Backenzähne von Nagetieren. **A** , von Capybara (*Hydrochoerus*); **B** , von Eichhörnchen (*Sciurus*); **C** , von *Ctenodactylus* . (Nach Tullberg .)

Die Anzahl der Backenzähne variiert zwischen zwei (*Hydromys*) und sechs (Kaninchen) auf jeder Seite der beiden Kiefer. Vier ist die vorherrschende Zahl außerhalb der großen Abteilung der rattenähnlichen Nagetiere. Sie stehen oft in einem Winkel zur horizontalen Ebene des Kiefers und blicken nach außen und schräg zu seiner Längsachse; Auch die einzelnen Zähne weisen nicht selten eine gebogene Form auf, die an die von *Toxodon* erinnert . Dies kommt natürlich nur bei den Gattungen vor, die hypselodonte Zähne haben. Das Muster der Zähne ist sehr unterschiedlich und die verschiedenen Formen erinnern an die Zähne von mehr als einer anderen Säugetiergruppe. Sie sind entweder Bunodont oder Lophodont. In vielen Fällen ist der Zahn von einem Zahnschmelzwall umgeben, der entweder fast einfach ist oder eine kompliziertere Kontur aufweist; Solche Zähne sind für die Toxodonten keineswegs unschlagbar . Einige der Backenzähne der Lophodonten sind denen der Rüsseltiere keineswegs unähnlich. Bei *Sciurus vulgaris ist* der umlaufende Grat in Höcker zerbrochen, was dem Zahn eine auffallende Ähnlichkeit mit denen von *Ornithorhynchus verleiht* . Andere Gattungen haben Zähne wie viele Huftiere. Sir J. Tomes [317] hat gezeigt , dass die winzige

Struktur des Zahnschmelzes bei verschiedenen Nagetiergruppen unterschiedlich ist.

Der Schädel weist bestimmte primitive Merkmale auf. Erstens gibt es keinen Unterschied zwischen der Augenhöhlen- und der Schläfengrube. [318] Die Nähte zwischen den Knochen behalten sehr lange ihre Deutlichkeit. Weitere charakteristische Merkmale sind die folgenden : Die Nasenflügel sind groß, ebenso die Parokzipitalfortsätze . Der Gaumen vor den Backenzähnen unterscheidet sich nicht von den Seiten des Schädels, seine Kante wird oben allmählich abgerundet. Es ist auch sehr schmal. Die Prämaxillen sind im Verhältnis zu den großen Schneidezähnen groß. Oft gibt es ein stark vergrößertes Foramen infraorbitale, durch das ein Teil des Kaumuskels verläuft. Der Jugalknochen liegt in der Mitte des Jochbogens, der beim Gefleckten Meerschweinchen (*Coelogenys) vollständig und enorm vergrößert ist Paca*). Wie bei vielen Beuteltieren erstreckt sich der Jugalknochen manchmal nach hinten bis zur Gelenkpfanne, wo der Unterkiefer artikuliert. Gewöhnlich wird mit absoluter Ungenauigkeit gesagt, dass die Gehirnhälften der Nagetiere glatt und ohne Windungen seien. Dieser Fehler wurde in Lehrbüchern immer wieder wiederholt. Tatsächlich sind die Gehirnhälften vieler Formen ziemlich gut gewunden, [319] wobei der Grad der Furchung, wie bei so vielen Säugetiergruppen, mit der Größe des Tieres korrespondiert. Dies trifft jedenfalls im Allgemeinen zu, wobei der große Biber mit seinen spärlichen Windungen eine Ausnahme darstellt. Die kleineren Formen wie *Mus* , *Sciurus* , *Dipus* und *Cricetus* sind ziemlich glatthirnig. Das am besten gefurchte Gehirn aller untersuchten Nagetiere ist das des riesigen *Hydrochoerus* . Die Sylvian-Spalte ist im Allgemeinen nicht ausgeprägt; ist aber besonders gut in *Lagostomus* ausgeprägt . Bei allen oder den meisten Nagetieren sind die Hemisphären durch einen Abstand vom Kleinhirn getrennt, wobei die Sehlappen zwischen beiden sichtbar sind.

Die Mundhöhle dieser Säugetiergruppe ist durch einen haarigen Einwuchs hinter den Schneidezähnen in zwei Kammern unterteilt; Diese Anordnung ist für Tiere nützlich, die ihre starken Schneidezähne als Nager- und Grabwerkzeuge sowie zu Ernährungszwecken verwenden. denn es ermöglicht das Abnagen von Substanzen, ohne dass die Produkte der meißelartigen Wirkung in die hintere Mundhöhle gelangen. Die Nagetiere haben größtenteils einen einfachen Magen normaler Form; aber bei einigen wenigen wird dies durch eine deutliche Verengung erschwert, die den Herzabschnitt vom Pylorus trennt. So wird beispielsweise der Hamster charakterisiert . Bei allen Mitgliedern des Ordens, mit Ausnahme der Siebenschläfer und einiger verwandter Formen, ist der Blinddarm groß und oft ausgesackt. In einigen Formen (z *(Arvicola* , *Myodes* , *Cuniculus*) ist der Dickdarm spiralförmig aufgerollt – ein Zustand, der stark an Wiederkäuer erinnert.

Die Nagetiere lassen sich hauptsächlich in zwei große Gruppen einteilen, die Simplicidentata und die Duplicidentata , die hauptsächlich durch die oberen Schneidezähne gekennzeichnet sind . Im ersteren gibt es nur ein Paar dieser Zähne; in letzterem liegt ein zweites kleineres Paar hinter dem ersteren.

UNTERORDNUNG 1. SIMPLICIDENTATA.

ABSCHNITT 1. SCIUROMORPHA .

Die Anomaluri werden von Thomas und anderen aus diesem Abschnitt als gleichwertiger Abschnitt abgetrennt, während sie von Tullberg mit *Pedetes* gruppiert werden .

Fam. 1. Anomaluridae . — Die Gattung *Anomalurus* erinnert auf den ersten Blick an die Gleithörnchen Asiens, *Pteromys* . Es handelt sich jedoch um eine rein afrikanische Gattung, die sich von den asiatischen Nagetieren durch eine Reihe schuppenförmiger Schuppen an der Schwanzwurzel unterscheidet, die möglicherweise ein „Kletterorgan" bilden. Dieses Merkmal dient auch zur Unterscheidung der vorliegenden Gattung von *Sciuropterus* . Der Knorpel, der das Patagium stützt, entspringt außerdem dem Ellenbogen. In jeder Kieferhälfte befinden sich vier Backenzähne. Die Augen und Ohren sind groß. Es gibt fünf Finger und Zehen, aber der Daumen ist klein, aber mit einem Nagel versehen. Das Brustbein hat sieben Gelenke und wird von neun Rippen erreicht. Das Schlüsselbein ist stark. Huet , der die Gattung kürzlich monographiert hat, [320] lässt sechs Arten zu. Die Arten variieren in der Größe.

Anomalurus Peli scheint laut Herrn WH Adams [321] eine häufige Art an der Goldküste zu sein; Es ist schwarz und weiß gefärbt , wird aber trotz der Warnung, die diese Farbe vermitteln sollte, von den vielleicht eher Allesfresser-Eingeborenen als „die größte Delikatesse" angesehen. Das Tier ist nachtaktiv, betrifft aber nur helle Mondnächte. Ihr „Fliegen" besteht darin, von einem hohen Ast auf einen niedrigeren zu springen und anschließend den Baum wieder an einen Aussichtspunkt zu erklimmen, um dort einen weiteren Sprung zu machen. Sie sollen sich von Nüssen ernähren; Tullberg fand jedoch nur Blattreste im Magen.

Idiurus ist eine kürzlich beschriebene Gattung, die mit *Anomalurus verwandt ist* . Es gibt jedenfalls zwei Arten, *I. zenkeri* und *I. Macrotis* . Der Daumen ist stärker reduziert als bei *Anomalurus* , und das Wadenbein ist im Gegensatz zu dem, was bei dieser Gattung und den meisten Sciuromorphen zu finden ist , mit dem Schienbein unten verwachsen.

Eine dritte Gattung, die erst kürzlich beschrieben wurde und mit den beiden oben genannten verwandt ist, ist *Aëthurus* . Es stammt aus dem Französisch-Kongo [322] und zeichnet sich durch das Fehlen fliegender Membranen aus. Es verfügt jedoch über das Polster großer Schuppen. Es gibt nur eine Art,

A. glirinus . Es hat einen schwarzen, buschigen Schwanz. Die postorbitalen Fortsätze der Frontale fehlen völlig – bei *Anomalurus sind nicht einmal die Spuren zu sehen* . Der Daumen ist verschwunden. Wenn wir *Anomalurus* mit den Eichhörnchen vergleichen wollen, denkt Herr de Winton, ist die vorliegende Gattung wahrscheinlich tagaktiv, weil es an fliegenden Membranen mangelt.

Fam. 2. Sciuridae. — Die Eichhörnchen der Gattung *Sciurus* sind weltweit verbreitet, mit Ausnahme der australischen Region und der Insel Madagaskar.

Die Augen und Ohren sind groß; Der Schwanz ist natürlich lang und buschig. Die Vorderfüße haben einen unauffälligen Daumen; die Hinterpfoten haben vier Zehen. Die Fußsohlen der Vorderfüße sind nackt oder behaart, die der Hinterfüße sind behaart. Es gibt zwölf oder dreizehn Rückenwirbel und entsprechend sieben oder sechs Lendenwirbel . Die Schwanzwirbel können bis zu fünfundzwanzig betragen. Im Schädel sind die Stirnseiten breit und es gibt lange Postorbitalfortsätze. Das Foramen infraorbitale ist in der Regel nicht groß, in einigen Formen jedoch vergrößert. Die Anzahl der einzelnen Knochenstücke im Brustbein beträgt fünf. Es gibt fünf Backenzähne im Oberkiefer, der erste ist jedoch sehr klein und fällt bald aus.

Die Eichhörnchen sind oft recht leuchtend gefärbt . Der chinesische *Sc. castaneiventris* hat graues Fell mit einer satten kastanienbraunen Unterseite . Das Malabar-Eichhörnchen, *Sc. Maximus ist* , wie der Name schon sagt, ein großes Tier, das oben ein tief rötliches oder kastanienbraunes Fell hat, das unten gelb wird . Das „Gemeine Eichhörnchen", „der Lytill ". „Squerell full of besynesse ", das Eichhörnchen dieses Landes, ist an der Oberseite bräunlichrot und an der Unterseite weiß. Es kommt von diesem Land bis nach Japan im Osten vor. Wie viele andere Nagetiere mag das Eichhörnchen tierische Nahrung und frisst beide Eier und junge Vögel. Aus diesem Tier werden „Kamelhaar"-Bürsten hergestellt. Die fast ausschließlich nordamerikanische Gattung *Tamias wurde von Dr. Forsyth Major* [323] in diese Gattung aufgenommen, die dann aus deutlich über hundert Arten besteht.

Die äthiopischen Erdhörnchen der Gattung *Xerus* haben einen längeren Schädel als *Sciurus* und die Postorbitalfortsätze sind kürzer. Die Füße sind nicht behaart.

Nannosciurus bildet eine völlig eigenständige Eichhörnchengattung. Diese „Zwerghörnchen" zeichnen sich durch ein sehr längliches „Gesicht" und einen sehr breiten Stirnbereich aus. Die Zähne unterscheiden sich in bestimmten Merkmalen von denen des *Sciurus* und wurden von Forsyth Major insbesondere mit denen der Siebenschläfer verglichen . Vier Arten dieser Gattung sind malaiisch; einer ist Westafrikaner.

Der Borneaner *Rheithrosciurus Macrotis* ist die einzige Art ihrer Gattung. Die Gattung kann durch die äußerst brachyodonten Backenzähne unterschieden werden, wobei dieses Merkmal bei dieser Gattung ausgeprägter ist als bei allen anderen Eichhörnchen. Aufgrund der „sieben bis zehn Minuten langen parallelen vertikalen Rillen, die an der Vorderseite seiner Schneidezähne verlaufen" wird es „Rillenzahn-Eichhörnchen" genannt. [324]

Die Gattung *Spermophilus* umfasst eine große Anzahl (ungefähr vierzig) paläarktischer und nearktischer Tiere, die als Sousliks bekannt sind. Die Ohren sind klein; es gibt Backentaschen wie bei *Tamias* . Das allgemeine Aussehen des Tieres ähnelt dem eines Murmeltiers, und sie überbrücken die äußerst schmale Lücke, die die Murmeltiere von den echten Eichhörnchen trennt. Anatomisch ähnelt der Schädel dem von *Arctomys* ; Die Backenzähne sind fünf im Oberkiefer und vier im Unterkiefer. Der Blinddarm ist relativ gesehen sehr klein; Die Maße in einem von Dr. Tullberg präparierten Exemplar von *S. tredecimlineatus* waren: Dünndarm, 580 mm; Dickdarm, 170 mm.; und Blinddarm, 27 mm. Auch in *Tamias* ist der Caecum nicht stark entwickelt. Diese Tiere graben sich aus Gewohnheit ein.

Die Präriehunde der Gattung *Cynomys* , deren bekannteste Art vielleicht *C. ludovicianus ist*., sind den Eichhörnchen sehr ähnlich, aber sie sind keine Baumbewohner; Sie leben in Erdhöhlen, wie ihr umgangssprachlicher Name schon sagt. Die Gattung ist vollständig nordamerikanisch und es wurden vier Arten unterschieden.

Der Präriehund oder Präriemurmeltier ist etwa 25 bis 30 Zentimeter lang. Der Schwanz ist nicht länger als 2 Zoll. Die Ohren sind sehr klein; Der Daumen ist voll entwickelt und trägt eine Kralle. Die Maße der verschiedenen Darmabschnitte sind folgende : Dünndarm 860 mm; Dickdarm, 690 mm.; Blinddarm, 75 mm. Daher ist der Blinddarm vergleichsweise nicht groß. Diese Tiere graben Höhlen auf grasbewachsenen Ebenen, die sie mit der Bodeneule (*Speotyto) teilen cunicularis*) und mit Klapperschlangen scheinen alle drei Arten in vollkommener Freundschaft zu leben. Wahrscheinlich nutzen die Eulen die praktisch angelegten Höhlen, und die Klapperschlangen kommen dorthin, um sich um die Jungen beider zu kümmern.

FEIGE. 233. – Langschwanzmurmeltier. *Arctomys caudatus* . × 1 / 7 .

Bis zuletzt eng verwandt sind die Murmeltiere, Gattung *Arctomys* . Sie unterscheiden sich durch die rudimentäre Beschaffenheit des Daumens und durch den längeren Schwanz. Die Augen und Ohren sind klein. Die Verbreitung der Gattung ist Nearktis und Paläarktis . Es gibt zehn Arten der Gattung. Das Alpenmurmeltier, *A. marmotta* , ist den meisten Menschen bekannt. Das Tier lebt hoch oben in den Alpen und gibt bei Gefahr einen schrillen Pfiff von sich. Im Winter hält es Winterschlaf, und in einem einzigen, sorgfältig ausgekleideten Bau kann man bis zu zehn bis fünfzehn Tiere dicht zusammengedrängt finden.

Die einzige andere europäische Art ist *A. bobac* , das Sibirische Murmeltier, das im äußersten Osten Europas vorkommt und ebenfalls asiatisch ist. Es gibt vier nordamerikanische Arten, darunter das Quebecer Murmeltier, *A. monax* .

FEIGE. 234.— Flughörnchen. *Pteromys Alborufus* . × 1 / 5 .

Die Gattung *Pteromys* (deren Eigenname, der fünf Jahre älter als *Pteromys ist, Petaurista* zu lauten scheint) ist auf die orientalische Region beschränkt, wo es etwa ein Dutzend Arten gibt. Die Gliedmaßen sind durch einen Fallschirm verbunden, der bis zu den Zehen reicht, und werden vorne durch einen an den Handgelenken befestigten Knorpel gestützt. Es gibt auch Membranen, die vorne die Vorderbeine mit dem Hals verbinden und hinten die Hinterbeine mit der Schwanzwurzel und etwas darüber hinaus. Der Schädel und die Zahnformel sind wie bei Sciurus, aber das Muster der Backenzähne, das viel komplizierter ist, scheint auf eine andere Ernährungsweise hinzuweisen. Es gibt zwölf Rippenpaare. Der Dickdarm (bei *P. petaurista*) ist fast so lang wie der Dünndarm, und der Blinddarm ist ebenfalls „kolossal"; Die Maße bei einem Individuum der genannten Art waren: Dünndarm: 670 mm; Blinddarm, 320 mm.; Dickdarm, 650 mm. Der Blinddarm ist spiralförmig angeordnet. Die Zitzen sind dreipaarig und liegen nicht inguinal.

Die Größe dieser Eichhörnchen beträgt 16 bis 18 Zoll, mit Ausnahme des Schwanzes, der länger ist. Diese Tiere können mit Hilfe ihrer Flugmembran außerordentlich weite Sprünge machen. Fast achtzig Meter ist die längste Distanz, die für diese Flugausflüge angegeben wird. Es wird angegeben, dass sie sich in der Luft einigermaßen selbst steuern können. Wie es bei so vielen Nagetieren der Fall zu sein scheint, ernähren sich diese Tiere neben Rinde, Nüssen usw. hauptsächlich von Käfern und anderen Insekten.

Die verwandte Gattung *Sciuropterus* hat ein viel größeres Verbreitungsgebiet. Es erstreckt sich bis in die Paläarktis und nach Nordamerika und kommt außerdem in Indien vor. Es gibt hier keine Membran, die bis zum Schwanz reicht. Die Handflächen und Fußsohlen sind pelzig. Der Blinddarm ist sehr viel kürzer, ebenso der Dickdarm. Letzterer beträgt bei *S. volucella* nicht mehr als ein Drittel der Länge des Dünndarms . In anderen Merkmalen gibt es keine bemerkenswerten Unterschiede in der Struktur, außer dass die Brustwarzen, immer drei Paare, inguinal sein können.

Von der Gattung *Eupetaurus* [325] ist nur eine einzige Art bekannt, die auf große Höhen bei Gilgit und vielleicht in Thibet beschränkt ist. Der Hauptunterschied zu den anderen Flughörnchengattungen besteht darin, dass die Backenzähne hypselodont statt brachyodont sind . Die interfemorale Membran ist rudimentär oder fehlt. Die einzige Art ist *E. cinereus* . Es wird angenommen, dass es „auf Felsen, vielleicht zwischen Abgründen" lebt. Dr. Tullberg führt die Hypselodont-Zähne auf die Tatsache zurück, dass die Moose, von denen sie sich vermutlich ernähren, möglicherweise viel Sand und Erde vermischen, was natürlich zu einem schnelleren Verschleiß der Zähne führen würde und daher eine gute Versorgung erforderlich machen würde von Zahngewebe, um dieser Zerstörung zu begegnen.

Fam. 3. Castoridae . – Diese dritte Familie der Sciuromorpha enthält nur eine Gattung, *Castor* , den Biber, mit höchstens zwei Arten, einer nordamerikanischen und einer europäischen. Dieses große Nagetier hat kleine Augen und Ohren, wie es sich für ein Wassertier gehört, und der Schwanz ist außerordentlich breit und mit Schuppen bedeckt; Die Querfortsätze der Schwanzwirbel sind, um das außerhalb derselben liegende dicke Gewebe besser zu stützen, in der Mitte der Reihe zweigeteilt. Die Hinterpfoten sind viel größer als die Vorderpfoten und haben mehr Schwimmhäute als bei jedem anderen Wassernagetier.

Im Schädel ist das Foramen infraorbitale klein wie beim Eichhörnchen. Der postorbitale Prozess ist praktisch verschwunden. Die vier Backenzähne ragen seitlich vom Kiefer ab. Die Schneidezähne sind, wie aus den Gewohnheiten hervorgeht, besonders stark. Der Magen hat nahe dem Eingang der Speiseröhre einen Drüsenfleck, der dem des Wombat zu ähneln scheint (siehe S. 144). Bei beiden Geschlechtern ist die Kloake sehr ausgeprägt und vergleichsweise tief.

Die beiden Arten der Gattung sind *C. canadensis* und *C. Fiber* . Letztere ist natürlich die europäische Art, die heute in mehreren großen Flüssen Europas, wie der Donau und der Rhone, vorkommt. Aber es wird überall knapp und ist auf recht kleine und isolierte Kolonien beschränkt.

In diesem Land ist es völlig ausgestorben und das bereits vor der historischen Periode. Es gibt offenbar keine dokumentarischen Beweise dafür, dass es bis zu diesem Zeitpunkt erhalten geblieben ist. Aber die zahlreichen Ortsnamen, die nach diesem Tier benannt sind, veranschaulichen seine frühere Verbreitung. Beispiele für solche Namen sind Beverley in Yorkshire und Barbourne oder Beaverbourne in Worcestershire. In Wales scheinen Biber jedoch länger überlebt zu haben. Aber etwa hundert Jahre vor der normannischen Eroberung waren sie im Fürstentum selten. Der König Howel Dda , der 948 n. Chr. starb , legte den Preis für ein Biberfell auf 120 Pence fest, während die Felle von Hirsch, Wolf und Fuchs nur 8 Pence pro Stück wert waren. Der Biber wurde von den Walisern „ Llost-llyddan " genannt, was „Breitschwanz" bedeutet. Seine Existenz im Land wird im Namen Llyn-ar-afange überliefert , was Bibersee bedeutet . Der letzte positive Nachweis des Bibers in Wales scheint die Aussage von Giraldus zu sein Cambrensis , dass das Tier 1188 noch im Fluss Teivy in Cardiganshire gefunden wurde . In Schottland soll es den Biber bis zu einem späteren Zeitpunkt gegeben haben. Irland erreichte es nie. Die Überreste dieses Tieres zeigen durch ihre Häufigkeit die frühere Verbreitung von *C. fibre* in diesem Land. Es ist aus den Mooren von Cambridgeshire und aus oberflächlichen Ablagerungen anderswo bekannt. Früher gab es an der Themse Biber, und offenbar waren sie im ganzen Land weit verbreitet.

Der Biber liefert nicht nur Kragen und Manschetten für Mäntel; Wie jeder weiß, wurde es zur Herstellung von Hüten verwendet. Doch damit endete der Nutzen des Tieres in den Augen unserer Vorfahren noch lange nicht. Rev. Edward Topsell bemerkte, dass „die Häute der Biber mit Trockenheit verbrannt wurden, um dem Gewand große Leichtigkeit zu verleihen." Oynionen sind ausgezeichnet. Castorein ist als Medikament, wenn es nicht tatsächlich verwendet wird, erst seit kurzem Teil des Arzneibuchs. Es wird aus den Analdrüsen gewonnen, die bei diesem und anderen Nagetieren und in der Tat bei vielen anderen Säugetieren vorkommen.

Eine große ausgestorbene Form des Bibers ist *Trogontherium* , [326] gefunden im „Waldbett" von Cromer. Der Schädel ist etwa ein Viertel länger als der von *Castor*. Es hat eine weniger aufgeblasene Bulla und etwas ausgeprägtere Postorbitalfortsätze als *Castor*. Der dritte Backenzahn (vierter Mahlzahn) ist relativ größer als bei *Castor* und hat eine etwas stärker gefaltete Krone. Das Foramen magnum ist eher dreieckig.

Fam. 4. Haplodontidae . — Für die Gattung *Haplodon* scheint eine eigene Familie erforderlich zu sein , deren Merkmale daher mit denen ihrer Familie verschmolzen werden. Es unterscheidet sich von den meisten anderen eichhörnchenähnlichen Lebewesen dadurch, dass es keinen postorbitalen Fortsatz zur Stirnseite gibt. Die Backenzähne sind fünf im Oberkiefer und vier im Unterkiefer. Der Sewellel , *H. rufus* , kommt wie die anderen Arten der Gattung (*H. major*) in Nordamerika westlich der Rocky Mountains vor. Es hat den Wuchs des Präriemurmeltiers und einen kurzen Schwanz, nur mäßig lange Ohren und fünfzehige Füße. Tullberg ist der Meinung, dass dieses Tier nahezu die Urform des Eichhörnchenstamms darstellt.

ABSCHNITT 2. MYOMORPHA .

Diese Unterabteilung der Nagetiere enthält nach der jüngsten Schätzung von Herrn Thomas [327] nicht weniger als 102 Gattungen. Es ist daher offensichtlich unmöglich, mehr zu tun, als auf einige der interessanteren davon hinzuweisen. Diese Gruppe ist wiederum in die folgenden Familien unterteilt :

(1) Gliridae , einschließlich Siebenschläfer .

(2) Muridae, Ratten, Mäuse, Rennmäuse, australische Wasserratten, Hamster.

(3) Bathyergidae, Kapmaulwurf usw.

(4) Spalacidae , Bambusratten.

(5) Geomyidae , Beutelratten.

(6) Heteromyidae , Känguru-Ratten.

(7) Dipodidae , Springmäuse.

(8) Pedetidae .

Die Gliridae haben keinen Blinddarm, wie es bei den Rodentia üblich ist. Es ist wahr, dass nicht alle Gattungen seziert wurden, aber es ist bekannt, dass sowohl bei den echten Siebenschläfern als auch bei der Gattung *Platacanthomys* ein Blinddarm fehlt.

Abgesehen von diesen wenigen Ausnahmen besitzen alle mausähnlichen Nagetiere einen Blinddarm, der jedoch oft nicht sehr groß ist. Sie sind alle kleine Tiere und haben sich an eine große Vielfalt an Gewohnheiten und Lebensräumen angepasst. Es gibt Grab-, Schwimm- und Kletterformen. Das Verbreitungsgebiet der Gruppe ist universell und umfasst sogar die australische Region, in der sie die einzigen Nagetiere sind.

Fam. 1. Gliridae . – Diese Familie, auch Myoxidae genannt , [328] umfasst die Siebenschläfer und ist vollständig eine Familie der Alten Welt, die nur in der madagassischen Region vorkommt. Sein wichtigstes Unterscheidungsmerkmal ist das völlige Fehlen des Blinddarms und einer scharfen Grenze zwischen Dünn- und Dickdarm. Die Backenzähne sind normalerweise vier. Die Augen und Ohren sind gut entwickelt.

Die Gattung *Muscardinus* umfasst nur den Siebenschläfer *M. arellanarius* . Dieses kleine Geschöpf, 3 Zoll lang und mit einem Schwanz von 2½ Zoll, ist natürlich ein bekannter Bewohner dieses Landes. Es kommt auch in ganz Europa vor. Es kommt hierzulande nicht besonders häufig vor und ein gutes Exemplar soll eine halbe Guinea wert sein. Wie der spezifische Name schon sagt, ernährt es sich hauptsächlich von Haselnüssen; Es saugt aber auch Eier und frisst Insekten. Das Tier baut ein „Nest" in Form einer hohlen Kugel. Sein Winterschlaf ist allgemein bekannt und hat der Gruppe auch den deutschen Namen („ Schläfer ") eingebracht . Es war Aristoteles wohlbekannt, der dem Tier den Namen ’E λει ò ς gab oder annahm. Sein Winterschlaf – ein Hinweis auf den Tod – und seine Wiederbelebung im Frühling lieferten dem Bischof von Salamis, Epiphanius, ein Argument für die Auferstehung des Menschen. Das Fell galt zu Plinius' Zeiten als Heilmittel gegen Lähmungen und auch gegen Ohrenkrankheiten.

Zur Gattung *Myoxus* gehört auch nur eine einzige Art, *M. glis* , der sogenannte „Fettschläfer" des Kontinents. Es weist keine Drüsenschwellung an der Basis der Speiseröhre auf, wie sie bei der letzten Gattung und bei *Graphiurus auftritt* . Von *Graphiurus* gibt es dreizehn Arten, die alle in Afrika vorkommen. Die Gattung unterscheidet sich nicht wesentlich von der letzten. Es gibt jedoch einen Drüsenbereich der Speiseröhre . *Eliomys* ist die letzte Gattung typischer Siebenschläfer. Das Verbreitungsgebiet liegt in der Paläarktis .

Platacanthomys , von einer Siebenschläferform, hat wie andere Siebenschläfer einen langen Schwanz, an dem die langen groben Haare in zwei Reihen auf gegenüberliegenden Seiten zur Spitze hin angeordnet sind; es wird durch eine einzige Art, *P. lasiurus* , von der Malabarküste vertreten. Es hat einen baumartigen Wuchs. Das Fell ist mit abgeflachten Stacheln durchsetzt. Die Backenzähne sind auf jeder Seite jedes Kiefers auf drei reduziert. Diese Form wurde zwischen den „Mäusen" und den „Siebenschläfern" verbreitet; aber die Entdeckung des Herrn Thomas über das Fehlen des Blinddarms spricht stark für seine korrekte Lage unter den Gliridae . *Typhlomys* ist eine verwandte Gattung, ebenfalls aus dem orientalischen Raum. Diese und die letzte werden von Herrn Thomas in eine spezielle Unterfamilie der Gliridae , Platacanthomyinae , eingeordnet.

Fam. 2. Muridae. — Diese Familie, die im weitesten Sinne die der Ratten und Mäuse ist, ist die umfangreichste Familie der Nagetiere. Darin umfasst Herr Thomas nicht weniger als sechsundsiebzig Gattungen. Die Backenzähne sind im Allgemeinen drei. Der Schwanz ist ziemlich lang oder sehr lang und die Fußsohlen sind nackt.

Unterfamilie 1. Murinae . — Die echten Ratten und Mäuse können als eine Unterfamilie, Murinae , betrachtet werden . Die Gattung *Mus* , einschließlich der Ratten und Mäuse im engeren Sinne des Wortes, umfasst etwa 130 Arten. Sie kommen ausschließlich in der Alten Welt vor und kommen nur auf der Insel Madagaskar nicht vor. In der Neuen Welt gibt es keine Arten der eingeschränkten Gattung *Mus* . Die Augen und Ohren sind groß; Der Pollex ist rudimentär und trägt einen Nagel anstelle einer Klaue. Der Schwanz ist größtenteils schuppig. Alle Mitglieder der Gattung sind kleine Tiere, einige davon recht klein. In diesem Land gibt es fünf Arten [329] der Gattung, nämlich. die Zwergmaus, *M. minutus* , die einen Körper von nur 2½ Zoll Länge und einen ebenso langen Schwanz hat. Mit Ausnahme der Zwergspitzmaus ist er der kleinste britische Vierbeiner. Die Waldmaus, *M. sylvaticus* , ist etwa doppelt so groß; Sie unterscheidet sich von der letztgenannten Art auch dadurch, dass sie häufig in Scheunen lebt, und wird daher manchmal mit der Gemeinen Maus verwechselt, von der sie sich jedoch durch ihre Färbung und die längeren Ohren unterscheidet. Letzterer, *M. musculus* , ist zu bekannt, als dass er einer ausführlichen Beschreibung bedarf. Eine merkwürdige Variante davon ist vorgekommen. Diese hat eine verdickte und gefaltete Haut wie die eines Nashorns und die Haare sind verschwunden. Die Schwarze Ratte, *M. rattus* , ähnelt einer großen Maus und ist kleiner und schwärzer in der Farbe als die „Hannoversche Ratte". Sie wird manchmal als „Alte Englische Ratte" bezeichnet, scheint aber dennoch kein wirklich heimisches Nagetier zu sein. Durch die Konkurrenz zur Hannoveraner Ratte wurde sie so stark unterlegen, dass sie hierzulande keine häufige Art mehr ist.

Die Hannoveraner oder Wanderratte, *M. decumanus* , ist ein größeres und brauneres Tier als das letzte. Es ist auf der ganzen Welt weit verbreitet, was zweifellos vor allem darauf zurückzuführen ist, dass es vom Menschen leicht transportiert werden kann. Das Gleiche gilt für die Gemeine Maus, deren tatsächliche Herkunft zweifelhaft sein muss. Dr. Blanford geht davon aus, dass die ursprüngliche Heimat des Brown Eat die Mongolei ist. Bisher gibt es eine Rechtfertigung für den Namen „Hannoversche Ratte", da das Tier dieses Land offenbar um das Jahr 1728 erreicht hat. Es gibt jedoch keinen Grund, es, wie es manchmal üblich ist, „Norwegenratte" zu nennen.

Einige Mitglieder dieser Gattung, deren Fell mit Stacheln durchsetzt ist oder die ziemlich stachelig sind, wurden als Gattung *Leggada abgetrennt*, was jedoch nicht allgemein erlaubt ist.

Eng verwandt ist wiederum *Chiruromys*, das einen stark greifbaren Schwanz hat, ein Merkmal, das bei den Myomorpha nicht üblich ist, obwohl *Dendromys*, eine baumfreudige Form, und *Mus minutus*, von dem bereits gesprochen wurde, den gleichen Charakter zeigen. Viele Mäuse scheinen Greifschwänze zu haben, mit denen sie Äste umwickeln können; aber es ist nicht so vollständig entwickelt wie bei den eben genannten Arten.

Eine Reihe anderer Gattungen lassen sich den echten Mäusen zuordnen, der Unterfamilie Murinae der Thomas-Klassifikation. Der syrische und afrikanische *Acomys* hat ein sehr stacheliges Fell, so dass er „mit aufgestellten Stacheln auf den ersten Blick kaum von einem winzigen Igel zu unterscheiden ist." Die Gattungen *Cricetomys*, *Malacomys*, *Lophuromys*, *Saccostomus*, *Dasymys* sind auf den äthiopischen Raum beschränkt. *Nesokia* ist orientalisch und reicht auch bis in die paläarktische Region. *Vandeleuria*, *Chiropodomys*, *Batomys* und *Carpomys* sind orientalische Arten, wobei die letzten beiden auf die Philippinen beschränkt sind.

Eine weitere eigenartige philippinische Gattung ist *Phlaeomys*, eine große Gattung, und mit ihr verwandt ist *Crateromys*, die ursprünglich damit verwechselt wurde. *Batomys granti* ist ebenfalls auf Luzon beschränkt. Seine Backenzähne sind drei, wie die der ebenfalls eingeschränkten und philippinischen *Carpomys melanurus*, eine Baumform. Es gibt eine zweite Art, *C. phaeurus*.

Phlaeomys wird jedoch von Herrn Thomas in eine eigenständige Unterfamilie, **Phlaeomyinae, eingeordnet und von der** Murinae entfernt.

Hapalomys ist mit nur einer Art burmesisch. *Pithecochirus* stammt aus Java und Sumatra. *Conilurus* (auch bekannt als *Hapalotis*) ist eine Gattung, die Arten enthält, die aufgrund ihrer Fortpflanzungsart als Springmäuse bezeichnet werden. Es handelt sich um Wüsten- und australische Formen. Es gibt sechzehn Arten.

FEIGE. 235.— Stachelmaus. *Acomys Cahirinus* . × ½.

Mastacomys ist mit einer Art auf Tasmanien beschränkt. *Uromys* stammt mit etwa acht Arten aus Queensland und bewohnt auch die Aru-Inseln und die Salomonen. Der Celebesianer *Echiothrix* oder *Craurothrix* , wie es eigentlich eigentlich heißen sollte, ist eine weitere Gattung, die nur eine einzige Art enthält. *Golunda* ist sowohl orientalisch als auch äthiopisch, wobei in jeder Region eine Art vorkommt. Die schönen kleinen gestreiften Berbermäuse, *Arviacanthis* (oder *Isomys*), kommen sowohl in Afrika als auch im Norden und in den Tropen vor.

Die Gattung *Saccostomus* ähnelt den Hamstern in Bezug auf das Vorhandensein von Backentaschen. Seine Zähne sind jedoch murin. Es stimmt mit *Steatomys* im vergleichsweise kurzen Schwanz überein. Der Blinddarm ist ziemlich lang.

Unterfamilie 2. Hydromyinae . — Die Gattung *Hydromys* [330] , von der es mehrere Arten gibt, von denen *H. chrysogaster* die bekannteste ist , ist eine ausschließlich australische Form und hat einen aquatischen Wuchs. Es ist etwa einen Fuß lang und hat einen ziemlich langen Schwanz. Die Vorder- und Hinterbeine sind entsprechend seinen Gewohnheiten mit Schwimmhäuten versehen. Die Australische Wasserratte ist schwarz, mit einer Mischung aus goldfarbenen Haaren am Rücken und goldener Farbe an der Unterseite, mit einem helleren Mittelstreifen. Der Daumen ist klein und die Schwimmhäute an den Händen sind nicht so ausgeprägt wie an den Füßen. In jeder Kieferhälfte gibt es nur zwei Backenzähne. Der Blinddarm ist ziemlich klein, die Maße des Verdauungskanals betragen: Dünndarm 895 mm; Dickdarm, 278 mm.; Blinddarm, 70 mm. Mit letzterem verbündet ist *Xeromys* , eine Gattung, die ebenfalls australisch, aber auf Queensland beschränkt ist. Es wurde von Herrn Thomas [331] festgestellt, der entdeckte, dass es die gleiche reduzierte Formel wie *Hydromys hat* . *Xeromys* ist jedoch kein Wassertier und hat keine Schwimmhäute an den Füßen.

Im Hochland von Luzon hat Herr Whitehead eine Reihe eigenartiger Nagetiere entdeckt und Herr Thomas erst kürzlich beschrieben [332] . Von diesen sind die Gattungen *Chrotomys* , *Celaenomys* und *Crunomys* mit den australischen und neuguineischen *Hydromys verwandt* .

Chrotomys whiteheadi ist unter Muridae ungewöhnlich, da seine Färbung durch einen hellen Streifen auf dem Rücken gekennzeichnet ist. Die Kreatur hat die Größe der Schwarzen Ratte (*Mus rattus*). Trotz seiner Ähnlichkeit mit *Hydromys ist es ein terrestrischer und kein aquatischer Wuchs* . Die Backenzähne sind jedoch zu 3/3 vorhanden.

Crunomys Fallax ähnelt eher *Hydromys* . Sie besitzt jedoch, wie bei der letzten Gattung, drei Backenzähne. Aber der Schädel hat die abgeflachte Form, die für *Hydromys* im Gegensatz zu *Mus charakteristisch ist* .

Wie *Batomys* , *Celaenomys silaceus* liegt auch etwas zwischen *Hydromys* und *Mus* . Es wird als sehr spitzmausartiges Aussehen beschrieben und hat eine sehr spitze Schnauze. Seine Gewohnheiten kann Mr. Whitehead „nicht einmal ahnen". Wie *Hydromys* und *Xeromys* hat dieses Nagetier nur zwei Backenzähne.

Unterfamilie 3. Rhynchomyinae . — Die Gattung *Rhynchomys* , die nur eine Art enthält, *Rh. soricioides* (von Thomas) ist auch, wie sowohl der generische als auch der spezifische Name andeutet, äußerlich eine etwas Spitzmaus-ähnliche Form. Auch der Schädel ähnelt in seiner Länge einem Insektenfresser, und die unteren Schneidezähne sind nadelförmig abgenutzt. Die beiden Backenzähne sind übermäßig klein, wodurch die immer große Lücke im Kiefer stark vergrößert wird. Es wird vermutet, dass diese Ratte ein Insektenfresser ist, es ist jedoch nichts Positives bekannt.

Unterfamilie 4. Gerbillinae . — Die Gerbillinae bilden eine weitere Unterfamilie, Gerbillinae , der Muridae, oder laut einigen eine Familie. Die bekannteste Gattung ist *Gerbillus* , einschließlich der eigentlichen Gerbilles. Diese Tiere stammen aus der Alten Welt und gehören zu den drei Regionen dieses Teils der Welt. Es gibt eine große Anzahl von Arten in der Gattung, über dreißig. Sie haben eine Springmaus-ähnliche Form mit ziemlich langen Hinterbeinen und einem langen, haarigen Schwanz. Aber sowohl die Hinter- als auch die Vorderpfoten sind fünfzehig. Die Backenzähne haben keine Spur von Tuberkeln, sondern nur quer verlaufende Schmelzlamellen. Die Schneidezähne sind orange; Bei *Dipus* sind sie weiß . *Gerbillus Pyramidum* beträgt 90 mm. lang, mit einem Schwanz von 125 mm. Die Ohren sind lang, 13 mm. Der Schwanz hat an der Spitze längere Haare.

FEIGE. 236.- Gerbille. *Gerbillus Ägyptius* . × ½.

Psammomys ist in mancher Hinsicht anders. Der Schwanz ist kürzer als bei *Gerbillus* ; seine Länge in einem Individuum von 165 mm. betrug 130 mm. Wie bei *Gerbillus* gibt es vier Zitzenpaare, zwei Brust- und zwei Leistenpaare. Diese Gattung kommt ausschließlich in der Paläarktis vor. *Meriones* hat ein Verbreitungsgebiet, das mit dem von *Gerbillus vergleichbar ist* .

Pachyuromys ist eine äthiopische Gattung mit einem kurzen Schwanz. Wie der Gattungsname schon sagt, ist der Schwanz nicht nur kurz, sondern auch dick und fleischig.

Unterfamilie 5. Otomyinae . — Die verwandten Gattungen *Otomys* und *Oreinomys* sind äthiopisch. *Otomys unisulcatus* hat einen Schwanz, der kürzer als der Körper ist, wobei die Maße eines Weibchens dieser Art 137 mm betragen. mit einem Schwanz von 87 mm. Das Ohr ist lang, daher der Name; sie maß bei diesem Exemplar 20 mm.

Unterfamilie 6. Dendromyinae . — Die Gattung *Dèomys* ist eine afrikanische Form, die nur aus einer Art aus der Kongo-Region besteht. *D. ferrugineus hat* , wie der Name schon sagt, eine rötliche Farbe ; Die Sohlen sind ziemlich nackt und der Schwanz ist lang und schlank. Es ist erheblich länger als der Körper und misst (abzüglich eines Teils der Spitze) 172 mm, während der Körper 125 mm misst. lang. Die Merkmale der Backenzähne, von denen es drei gibt, liegen in ihrer Form zwischen denen der echten Ratten und denen der Hamster.

Dendromys kommt auch in Äthiopien vor. Es gibt mehrere Arten. *D. mesomelas* ist ein kleines Lebewesen, 60 mm. lang, mit einem Schwanz von 90 mm.

Steatomys ist eine weitere afrikanische Gattung, die mit letzterem verwandt ist. Sein Schwanz ist jedoch nur halb so lang wie der Körper. Die beiden verbleibenden Gattungen sind *Malacothrix* und *Limacomys* . Ihr Verbreitungsgebiet ist afrikanisch.

Unterfamilie 7. Lophiomyinae . – Mit den Hamstern verbündet ist die einzigartige ostafrikanische Gattung *Lophiomys* mit nur einer Art, *L. imhausi* , von Milne-Edwards. [333] Die Größe liegt zwischen der eines Kaninchens und eines Meerschweinchens. Der Magen ist gebogen und etwas darmförmig . Wegen des „markanten Kamms aus steifem Haar, der über den Rücken verläuft" wurde sie auch Haubenratte genannt. Die Finger und Zehen sind fünf, und der sehr lange Schwanz ist mit Haaren bedeckt, die länger sind als die des Körpers im Allgemeinen. Der Pollex ist rudimentär und der Hallux ist opponierbar.

Das bemerkenswerteste Strukturmerkmal dieser Gattung betrifft den Schädel, und aus diesem Grund wurde sie als Typus einer eigenen Familie angesehen. Die Schläfengrube hinter dem Auge ist von einer vollständigen Knochenplatte bedeckt, die durch eine Auswüchse des Scheitelbeins gebildet wird und auf eine Auswüchse des Backenzahns trifft; Diese einzigartige Anordnung der Knochen erinnert an die Bedingungen, die bei Schildkröten herrschen. Darüber hinaus ist der ganze Schädel mit symmetrisch angeordneten Granulationen bedeckt, wie sie bei keinem anderen Säugetier vorkommen; es deutet eher auf den Schädel bestimmter Fische hin. Es wird angenommen, dass die bereits erwähnte Knochenplatte nicht wirklich ein Teil der Knochen ist, deren Verlängerung sie zu sein scheint, sondern lediglich eine Verknöcherung von Faszien in diesem Bereich. Der Atlas ist wie der Schädel granuliert; es gibt sechzehn Rippenpaare und ein schwaches Schlüsselbein. Die Backenzähne sind drei und von besonderer Form. Im Fall der ersten drei haben sie Querrippen, von denen zwei scharfe und lange Tuberkel abstehen. Die anderen Zähne haben zwei Leisten. Die Schneidezähne sind hellgelb. Die Form der Zähne und die Kleinheit des Blinddarms lassen darauf schließen, dass dieses Nagetier nicht so rein vegetarisch lebt wie andere und dass es sich hauptsächlich von Insekten ernährt.

Unterfamilie 8. Mikrotinae . — Die Wühlmäuse oder Wasserratten bilden eine eigenständige Gruppe muriner Tiere, auf die der Unterfamilienname Microtinae aus der Gattung *Microtus* (allgemeiner bekannt als *Arvicola*) angewendet wurde , eine Gattung, zu der die Wasserratte und die Feldratte gehören. Wühlmäuse dieses Landes. Diese Gattung hat kurze Ohren und einen kurzen, haarigen Schwanz. Sein Körperbau ist kräftiger und ungeschickter als der der Ratten. Die Gattung ist auf die Paläarktis und die Nearktis beschränkt . Hierzulande gibt es drei Arten. Am bekanntesten ist die Wassermaus oder Wasserratte, *M. amphibius* , die von den meisten Menschen gesehen wurde und sich häufig in Bächen, Teichen und Kanälen aufhält. Kurioserweise sind die Füße nicht mit Schwimmhäuten versehen, was ein Argument dafür zu sein scheint, dass es sich erst kürzlich um ein Wasserlebewesen handelte. Herr Trevor- Battye hat bemerkt, dass dieses Tier, wenn es in Ruhe schwimmt, nur seine Hinterbeine benutzt und das Vorderpaar wie ein Seehund an den Seiten trägt. Die Rötelmaus, *M. glareolus* , ist hierzulande eher eine heimische Art. Es handelt sich um eine

Landwühlmaus, die Höhlen gräbt. Die Feldmaus, *M. agrestis* , ist wegen der „Plagen", zu denen ihre große Zahl gelegentlich Anlass gab, berüchtigt geworden. Sie ist die kleinste Art und hat ein graubraunes Fell wie die Wassermaus, während die Rötelmaus röter ist. Um einen Eindruck von den Kosten der Raubzüge dieses Tieres zu vermitteln, zitiert Herr Scherren [334] einen Landwirt, der vor der Landwirtschaftskommission aussagte, dass die Höhe des erlittenen Verlusts ausschlaggebend sei, wenn man den Schaden einer Wühlmaus auf zwei Pence bezifferte auf einer Farm von 6500 Acres in zwei Jahren 50.000 Pfund kosten!

Die Gattung *Fiber* kommt der letzten sehr nahe. Es handelt sich um eine nordamerikanische Gattung. Die Hinterpfoten sind leicht mit Schwimmhäuten versehen; Der Schwanz ist etwas kürzer als der Körper, zusammengedrückt und schuppig mit vereinzelten Haaren. Der Daumen ist kurz, aber mit einer voll entwickelten Kralle. Wie bei der letzten Gattung sind Dünn- und Dickdarm ungefähr gleich lang, und der Blinddarm ist etwa ein Viertel der Länge beider. Es ist als „Musquash" bekannt.

Von *Fiber zibethicus* , oder besser gesagt einer eng verwandten Form, *F. osoyoosensis* , aus dem Lake Osoyoos in der Nähe der Rocky Mountains, schreibt Herr Lord [335] , dass er sich ein Haus aus Binsen baut, das vom Boden aus in 3 oder 4 Fuß Höhe aufgebaut ist Wasser. Es ist kuppelförmig und ragt etwa einen Fuß aus dem Wasser. „Wenn eine tote oder schwer verwundete Ente im Teich zurückgelassen wird, wird sie sofort ergriffen, ins Haus geschleppt und ist dem Untergang geweiht." Es scheint also , dass dieses Nagetier, wie so viele andere auch, größtenteils Fleischfresser ist. Es wurde auch behauptet, dass es Fisch frisst.

Neofiber ist eine verwandte Gattung mit nordamerikanischem Verbreitungsgebiet. Die Art *N. alleni* wird hinsichtlich der äußeren Form mit der Schermaus *M. amphibius verglichen* . Es hat jedoch einen kürzeren Schwanz.

Ein weiteres sehr bekanntes Mitglied dieser Unterfamilie ist der Lemming. Der Name bezieht sich jedoch auf zwei recht unterschiedliche Gattungen. Die Gattung *Cuniculus* , einschließlich des Bänderlemmings *C. torquatus* , kommt in Nordamerika, Sibirien und Grönland vor. Der Schwanz ist kurz und beträgt 12 mm. im Vergleich zu einer Körperlänge von 101 mm. Die Füße sind an der Unterseite mit Fell bedeckt, was bei arktischen Säugetieren nicht ungewöhnlich ist. Die Ohren sind sehr schmal. Der Daumen ist gut entwickelt und trägt eine Kralle.

Bei *Myodes* hingegen, das nicht so eindeutig zu den arktischen Tieren gehört, obwohl es sowohl in der Paläarktis als auch in der Nearktis vorkommt, sind die Ohren etwas größer, wenn auch immer noch kleiner als die von *Microtus* . Die Unterseite der Füße ist ebenfalls pelzig. Auch der Schwanz ist kurz. Es wird allgemein gesagt, dass sich die beiden Gattungen durch die pelzigen

Füße von *Cuniculus* und durch das Fehlen von Fell in der vorliegenden Gattung unterscheiden . Dies scheint laut Tullberg nicht der Fall zu sein. Die Unterschiede werden dadurch so stark reduziert, dass es fast unnötig erscheint, die beiden Gattungen beizubehalten. Die bekannteste *Myodes* -Art ist natürlich der Skandinavische Lemming, *M. lemmus* . Dieses Tier kam in diesem Land bereits im Pleistozän vor (wie auch *C. torquatus*), und kürzlich hat Dr. Gadow in Höhlen in Portugal Überreste mit daran befestigter Haut gefunden. Es könnte noch in den Bergen der Halbinsel überleben.

Der eigentliche Lebensraum des Lemmings in Skandinavien sind die großen Hochebenen, die in der Mitte 3000 Fuß hoch sind . Die Migrationen finden nicht regelmäßig statt; Es können sogar zwanzig Jahre vergehen, bis diese zahllosen Horden, die (soweit es ihre Beschreibung betrifft) jedem so vertraut sind, in kultivierten Ländern auftauchen . Die Lemminge kehren von ihrem Exodus nicht zurück. Sie sterben aus verschiedenen Gründen, unter anderem durch Kämpfe untereinander. Ihre Hauptfeinde sind jedoch Wölfe und Vielfraße, Bussarde und Raben, Eulen und Raubmöwen, die den Wanderhorden den Garaus machen. Ihr plötzlicher Anstieg der Zahlen erinnert an den ähnlichen Anstieg zu Zeiten der Feldmaus, auf den bereits hingewiesen wurde.

Ellobius ist eine altweltliche Gattung, die ein „ Talpinen "-Leben führt und daher rudimentäre äußere Ohren und sehr kleine Augen hat. Der Schwanz ist kurz. Im Gegensatz zu dem, was man aufgrund seiner Lebensweise erwarten könnte, sind die Krallen an den Fingern nicht stark.

Die übrigen Gattungen wühlmausartiger Murinen sind *Phenacomys* und *Synaptomys* aus Nordamerika sowie Sipneus aus dem paläarktischen Asien. *Evotomys* gehört zu den Gattungen, die sowohl in der Paläarktis als auch in der Nearktis verbreitet sind, der Großteil der Arten ist jedoch nordamerikanisch.

Unterfamilie 9. Sigmodontinae . – Dies ist der Name einer weiteren Unterfamilie der Mäusenagetiere, zu der die Hamster der Alten Welt sowie eine große Anzahl südamerikanischer Gattungen rattenähnlicher Tiere gehören. Von diesen letzteren gibt es eine sehr große Zahl, wobei der Großteil der Gruppe Amerikaner sind.

Die Hamster, Gattung *Cricetus* , wie sie üblicherweise genannt werden, obwohl der korrekte Name offenbar Hamster lautet, sind altweltliche Formen von Beutelratten. Der Feldhamster *C. frumentarius* ist etwa 210 mm groß. lang, mit einem Schwanz von 58 mm. Es hat Backentaschen. Der Dünndarm und der Dickdarm sind nicht sehr unterschiedlich lang, und der Blinddarm ist ziemlich groß und beträgt etwa ein Sechstel bis ein Siebtel der Länge beider. Es handelt sich um ein rein pflanzlich ernährendes Geschöpf, und in Deutschland, wo es vorkommt (und aus der Sprache, aus der sich sein volkstümlicher Name ableitet), überwintert es den Winter in seinem Bau, nachdem es sich zuvor mit einer großen Ansammlung von dorthin gebrachter Nahrung umgeben hat.

In Nordamerika sind die Gattungen *Onychomys* , *Sigmodon* und *Peromyscus* *einzigartig* . Die Gattung *Sigmodon* , die Baumwollratten, erreicht Mittelamerika und gelangt sogar noch etwas weiter nach Süden. Die anderen beiden Gattungen, obwohl hauptsächlich nordamerikanisch, dehnen ihr Verbreitungsgebiet ebenfalls nach Süden aus. *Onychomys* hat haarige Fußballen, ein Zustand, der für viele dieser Nagetiere charakteristisch ist .

Die Gattungen *Megalomys* , *Chilomys* , *Reithrodontomys* , *Eligmodontia* , *Nectomys* , *Rhipidomys* , *Tylomys* , *Holochilus* , *Reithrodon* , *Phyllotis* , *Scapteromys* , *Acodon* , *Oxymycterus* , *Ichthyomys* , *Blarinomys* , *Notiomys* sind südamerikanische Formen. *Oryzomys* und *Rheithrodontomys* sind in beiden Teilen der Neuen Welt verbreitet.

Die Gattung *Ichthyomys* zeichnet sich durch ihre unnagetierähnlichen Lebensgewohnheiten und bestimmte damit verbundene Strukturveränderungen aus. *I. stolzmanni wurde vom Berg* Chanchamays in Peru in einer Höhe von 3000 Fuß gewonnen ; Es ist ein gewohnheitsmäßiger Fischfresser und lebt in Bächen. Eine andere Art, *I. hydrobates* , wurde früher als *Habrothrix bezeichnet* . Der Schädel weist Ähnlichkeiten mit dem der australischen *Hydromys auf* ; aber die ausgeprägtesten Merkmale der Anpassung sind die der Zähne und des Blinddarms. Die Schneidkanten der oberen Schneidezähne bilden eine Umkehrung v, die offensichtlich dazu dient, einen glitschigen Fisch zu halten. Der Blinddarm ist stark reduziert, kurz und schmal. Die allgemeine Otter-ähnliche Form der Kreatur ist größtenteils auf ihren abgeflachten Kopf zurückzuführen, obwohl ihre „Größe und allgemeinen Proportionen denen der gewöhnlichen Schwarzen Ratte ähneln". [336]

Diese Unterfamilie enthält eine Reihe von Gattungen aus Madagaskar, nämlich. *Brachytarsomys* , *Nesomys* , *Hallomys* , *Brachyuromys* , *Hypogeomys* , *Gymnuromys* und *Eliurus* .

Unterfamilie 10. Neotominae . — Die letzte Unterfamilie der Muridae ist die der Neotominae , die die nordamerikanischen Gattungen *Neotoma* , *Xenomys* , *Hodomys* und *Nelsonia enthält* .

Fam. 3. Bathyergidae. — Diese Familie enthält mehrere Gattungen, die aus unterirdischen Formen bestehen. Alle diese Nagetiere stimmen in einer Reihe von Charakteren überein, von denen die wichtigsten wie folgt sind :

Die Augen sind sehr klein und die äußeren Ohren sind auf einen winzigen Hautstreifen rund um die Ohröffnung reduziert. Die Beine sind kurz, ebenso der Schwanz; die Haarbedeckung ist reduziert – eine Reduzierung, die im fast nackten *Heterocephalus ihren Höhepunkt findet* . Da es sich um grabende Lebewesen handelt, sind in ihrer Struktur noch eine Reihe weiterer, dieser Lebensweise entsprechender Modifikationen zu erkennen. Die oberen Schneidezähne stehen vor den geschlossenen Lippen hervor und verhindern das Eindringen von Erde. Aus dem gleichen Grund sind die Nasenlöcher klein und die Stirn zwischen ihnen nur wenig ausgedehnt.

Die Gattung *Bathyergus* enthält nur eine einzige Art, die Kap-Maulwurfsratte, die im südlichen Afrika vorkommt; Es ist mittelgroß und hat nicht die Ausmaße eines kleinen Kaninchens. An den Vorderbeinen befinden sich außerordentlich lange Krallen, von denen die vom zweiten Finger getragene die längste und die Daumenkralle die kürzeste ist. Die Hinterpfoten haben keineswegs so lange Krallen. Das Kratzen und Graben wird natürlicherweise hauptsächlich durch die Vorderbeine bewirkt. Der Dünn- und Dickdarm sind gleich lang und jeweils etwas mehr als sechsmal so lang wie der Blinddarm; in diesen Maßen unterscheidet sich die gegenwärtige Gattung von der nächsten.

Georhychos . — Von dieser afrikanischen Gattung gibt es etwa zehn Arten. Die Krallen sind nicht so lang wie bei der letzten Gattung, aber es gibt, wie bei *Bathyergus* , vier Backenzähne auf jeder Kieferhälfte. Die Darmmaße in einem Beispiel von *G. capensis* waren: Dünndarm, 25 Zoll; Blinddarm, 4 Zoll; Dickdarm, 15 Zoll.

Die Gattung *Myoscalops* oder *Heliphohius* (ebenfalls mit afrikanischem Verbreitungsgebiet) hat sechs Backenzähne auf jeder Seite. Eine Reihe von Arten, die manchmal der letzten Gattung zugeordnet werden, werden hier von Herrn Thomas aufgeführt. Die Krallen sind klein.

Eine der bemerkenswertesten Gattungen dieser Familie ist der kleine *Heterocephalus* aus Abessinien und Somaliland. Wie Herr Thomas zu Recht anmerkt, [337] handelt es sich um „ein eigenartig aussehendes kleines Geschöpf, etwa so groß wie die Gemeine Maus, das aber aufgrund seiner fast nackten Haut, der kleinen Augen und der Eigenartigkeit fast eher wie ein winziger haarloser Welpe aussieht." Physiognomie." Obwohl es scheinbar nackt ist, sind am ganzen Körper zahlreiche Haare verteilt, und die Zehen sind mit steifen Haaren gesäumt, was für ein grabendes Tier von Vorteil sein muss. Es gibt zwei Arten, *H. glaber (ursprünglich von* Rüppell beschrieben) und *H. phillipsii* , deren Kenntnis wir Herrn Thomas zu verdanken haben. Die Länge des gesamten Lebewesens einschließlich Schwanz beträgt nicht mehr als 134 mm, wobei beide Arten ungefähr die gleichen Abmessungen haben. Herr Lort Phillips, der Entdecker der Art, die seinen Namen trägt, schreibt, „dass dieses kleine Geschöpf, von den Somali ‚ Farumfer ' genannt, stellenweise Gruppen von Miniaturkratern auswirft, die genau wie Vulkane in aktiver Eruption aussehen. Wenn die kleinen." Tiere waren am Werk, ich beobachtete sie oft und stellte fest, dass die lose Erde aus ihren Ausgrabungen auf den Grund des Kraters gebracht und mit großer Kraft in einer Reihe schneller Stöße in die Luft geschleudert wurde, und dass sie selbst nie wagte sich aus dem Schutz der Höhlen hervor. [338]

Fam. 4. Spalacidae . – „Die Spalacidae ", bemerkt Dr. Blanford , „werden manchmal Nagetiermaulwürfe genannt und ähneln im allgemeinen einem Maulwurf, mit zylindrischen Körpern, kurzen Gliedmaßen, kleinen Augen und Ohren, großen Krallen und einem kurzen oder rudimentären Schwanz." Das Vorhandensein einer Spiralklappe im Blinddarm könnte diese Familie vielleicht charakterisieren ; es wurde jedoch bisher nur in den beiden Gattungen *Spalax* und *Rhizomys gefunden* .

Spalax hat unauffällige Augen und Außenohren. Der Schwanz fehlt völlig. Die unteren Schneidezähne sind stärker entwickelt als bei anderen Nagetieren; Sie ragen in einer knöchernen Hülle über das hintere Ende des Ramus des Unterkiefers hinaus. Das Schulterblatt ist lang und schmal. Der Dickdarm ist halb so lang wie der Dünndarm. Das Tier scheint nur zwei Zitzenpaare zu haben, ein Brust- und ein Leistenpaar.

Der ägyptische *Spalax typhlus , der sich wahrscheinlich nicht von der europäischen Form unterscheidet, baut ausgedehnte Höhlen, wobei die Zweige teilweise sogar 30 bis 40 Meter lang sind.* In einer „Wohnkammer", die sich entlang einer dieser Höhlen befand, fand Dr. Anderson nicht weniger als 68 eingelagerte Blumenzwiebeln. Seine Augen sind nur schwarze Flecken zwischen den Muskeln, aber sie scheinen eine ordnungsgemäße Organisation zu haben . Insgesamt gibt es acht Arten der Gattung, die in ihrem Verbreitungsgebiet ausschließlich paläarktisch ist .

Die Gattung *Rhizomys* , einschließlich einer Reihe von Arten, die als Bambusratten bekannt sind, ist in ihrem Verbreitungsgebiet rein orientalisch. *Rh. sumatrensis* erreicht eine Länge von 19 Zoll; die bekanntere Art *Rh. badius* ist höchstens 9 Zoll lang – in beiden Fällen beziehen sich die Maße auf den Schwanz, der ein Viertel bis ein Drittel der Körperlänge ausmacht und nicht schuppig, sondern fast nackt ist, mit ein paar vereinzelten Haaren . Die Backenzähne sind drei und die Schneidezähne sind meist orange gefärbt ; aber manchmal sind die oberen Schneidezähne weiß wie bei *Rh. Badius* . Es gibt dreizehn Rückenwirbel. Im *Rh. Pruinosus:* Der Dickdarm ist deutlich länger als der Dünndarm; Die Länge der beiden Darmabschnitte beträgt 42 bzw. 30 Zoll. Bei einer anderen Art ist der Dickdarm etwas kürzer als der Dünndarm. Im *Rh. badius* sind die beiden Teile des Darms fast genau gleich lang. Es gibt drei Paar Leisten- und zwei Paar Brustzitzen. Der Name *Rhizomys* scheint den Tieren dieser Gattung deshalb gegeben worden zu sein, weil sie sich hauptsächlich von Wurzeln ernähren. Sie graben und fressen, wie viele andere grabende Tiere, abends. Wie bei anderen Formen soll

Rhizomys sowohl mit Hilfe seiner Zähne als auch seiner Krallen Gräben durchführen.

FEIGE. 237.- Bambusratte. *Rhizomys badius.* × ¼.

Tachyoryctes ist eine mit letzterem eng verwandte afrikanische Gattung. Es gibt drei äthiopische Arten. Es ist vor allem durch das unterschiedliche Muster auf der Schleiffläche der Backenzähne zu unterscheiden.

Fam. 5. Geomyidae . — Diese Familie grabender Nagetiere ist auf Nord- und Mittelamerika beschränkt. Die Tiere haben entsprechend ihrer Lebensweise Backentaschen sowie kleine Augen und Ohren. Die Krallen der Vorderbeine sind sehr stark entwickelt.

Die Gattung *Geomys* umfasst etwa acht Arten, die mittel- und nordamerikanisch sind, sich jedoch nicht weit nach Norden erstrecken. Die Schneidezähne des Oberkiefers sind mit zwei Rillen versehen. Es gibt drei Zitzenpaare – ein axilläres und die beiden verbleibenden inguinalen.

Thomomys , ohne Rillen an den Schneidezähnen, reicht im Norden bis nach Kanada und erstreckt sich nicht so weit nach Süden wie die letzte Gattung.

Tullberg mit ihr vereint , aber von Thomas getrennt gehalten, ist die

Fam. 6. Heteromyidae . — Die Mitglieder dieser Familie sind ebenfalls Amerikaner, sind aber nicht auf die nördlich-zentralen Regionen dieses Kontinents beschränkt, denn die Gattung *Heteromys* erstreckt sich bis nach Südamerika.

Die Gattung *Dipodomys* weist mit zwölf Arten eine Jerboa-ähnliche Form auf, wie die folgenden Messungen an einem Beispiel von *D. merriami* zeigen werden. Die Länge von Kopf und Körper betrug 85 mm.; des Schwanzes 127 mm.; Der Hinterfuß ist 32 mm groß. Es hat nur vier Zehen. Die Hinterbeine sind länger als die Vorderbeine.

Bei *Perodipus* wird die gleiche Form gezeigt. Es gibt jedoch fünf Zehen und die Fußsohle ist behaart. Der Achsenwirbel und die beiden folgenden Wirbel sind miteinander verwachsen.

Perognathus ist eine dritte Gattung. Es hat die gleiche allgemeine schlanke Form, aber der Schwanz ist nicht so lang, er ist nur wenig länger als der Körper. Auch die Hinterbeine sind kürzer. Die Zitzen dieses und des *Perodipus* sind wie bei *Geomys* . Die beiden verbleibenden Gattungen der Familie sind *Heteromys* und *Microdipodops* .

FEIGE. 238.- Jerboa. *Dipus hirtipes* . × ⅓ . Osteuropa.

Fam. 7. Dipodidae . — Diese Familie besteht aus kleinen, einfach lebenden und springenden oder baumbewohnenden Lebewesen, die allgemein als Springmäuse bekannt sind. Die wichtigsten anatomischen Merkmale der Familie sind die folgenden : – Es gibt ein großes Foramen infraorbitale. Die Backenzähne sind immer reduziert, wobei der Prämolar entweder nur im Unterkiefer oder in beiden Kiefern fehlt. Diese Familie weist eine offensichtliche Ähnlichkeit mit *Dipodomys* (daher der Name der letzteren) und einigen anderen Mitgliedern der amerikanischen Familie Heteromyidae auf Es gibt sogar die gleiche Ankylose der Halswirbel. Darüber hinaus finden wir die gleiche Assoziation von langbeinigen und kürzerbeinigen Formen, die die Heteromyidae charakterisiert .

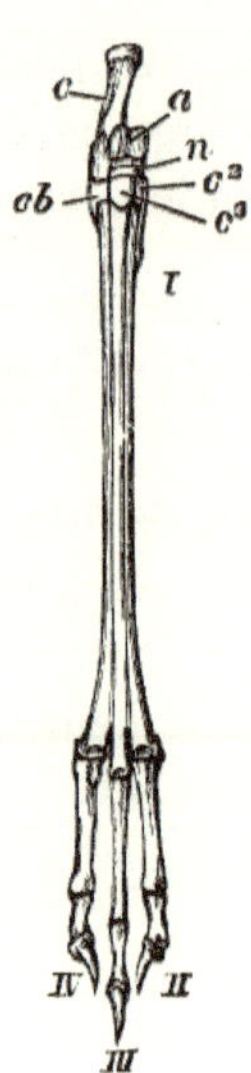

FEIGE. 239. – Knochen des rechten Pes von Jerboa, *Dipus aegyptius* . × ¾. *a* , Astragalus; *c* , Kalkaneum; *c²* , mittlere Keilschrift; *c3* , äußere Keilschrift; *cb* , quaderförmig; *n* , Navikular; I-IV, erste bis vierte Zehe. (Aus Flower's *Osteology* .)

Die typische Gattung *Dipus* ist ein kleiner Vierbeiner mit langen nackten Ohren und einem langen Schwanz. Die zehn Arten kommen alle in der Paläarktis vor. Die Vorderbeine sind kurz und fünffingrig, und der kurze Pollex hat keine Krallen; Die Hinterbeine sind übermäßig lang und haben nur drei Zehen. Bemerkenswert ist die knöcherne Struktur dieser Gliedmaßen. Die drei Mittelfußknochen sind fast wie die eines Vogels verlängert und ankylosiert. Die Finger haben lange Fingerglieder, die allein beim Hüpfen des Tieres den Boden erreichen. Es ist eine merkwürdige und nicht so leicht mit der Lebensweise identifizierbare Tatsache, dass die Halswirbel dieser Gattung mit Ausnahme des Atlas, der frei ist, ankylosiert sind; die Anordnung ist genau wie beim Pottwal. Der letzte Wirbel ist jedoch manchmal frei. Die Springmäuse springen nicht nur, sie graben sich auch ein, und ihre starken Schneidezähne werden angeblich dazu verwendet, sich durch steinigen Boden zu graben. Sie werden von den Arabern gegessen und werden oder wurden „Daman Israel", also „ *Lamm* Israels", genannt. Bei *D. hirtipes* messen Körper und Schwanz 4½ bzw. 7 Zoll. Die Hinterpfoten tragen unten ein Büschel langer Haare. Die von Herrn WL Sclater neu gegründete Gattung *Euchoreutes* [339] ist in ihren Charakteren etwas primitiver als *Dipus* . Die allgemeine Form ist dieselbe, mit langen Ohren und einem langen Schwanz. Die Hinterbeine haben jedoch fünf Zehen, wobei die beiden seitlichen, allerdings mit Nägeln versehen, viel kürzer sind als die mittleren drei. Es hat eine „lange schweineartige Schnauze" und der Schwanz ist wie bei den meisten anderen Springmäusen zylindrisch, mit einem Büschel längerer Haare am Ende. Die bei *Dipus* gefurchten Schneidezähne sind hier glatt, wie bei *Alactaga* . Die Art wurde wahrscheinlich „in den Sandebenen rund um die Stadt Yarkand " gewonnen.

Alactaga ist Euchoreutes sehr ähnlich ; Es hat fünf Zehen, einen zylindrischen, büscheligen Schwanz, zweizeilige Haare am Ende, glatte Schneidezähne und einen Prämolaren im Oberkiefer. Es unterscheidet sich von *Euchoreutes* auch durch die viel kleinere auditorische Bulla sowie durch die Tatsache, dass das Foramen infraorbitale keinen separaten Durchgang für den Nerv aufweist, wobei dieser Durchgang sowohl bei *Dipus* als auch bei *Euchoreutes zu unterscheiden ist* . Die bekannteste Art ist das Sibirische Springkaninchen, *A. jaculus* . Unter den Enden der drei Hauptzehen der Füße befinden sich bemerkenswerte fächerförmige Polster. Bei *A. decumana* messen Körper und Schwanz 7 bzw. 10 Zoll, die Ohren 2 Zoll. *Platycercomys* , eine vierte Gattung der Familie, ist viel weniger bekannt und unterscheidet sich von den letzten drei Gattungen dadurch, dass sie überhaupt keine Prämolaren hat, weshalb die Schleifzahnformel somit 3/3 beträgt. Auch der Schwanz ist abgeflacht und „lanzettenförmig". Es erstreckt sich von Sibirien bis Nubien und dringt somit gerade in die äthiopische Region ein.

Die oben genannten sind die typischeren Springmäuse. Es gibt noch einige Formen, die in ihrer Lebensweise keineswegs der Springmaus ähneln, aber dennoch aus anatomischen Gründen diesen zugeordnet werden. *Zapus* , eine amerikanische Gattung, ist mit Ausnahme einer paläarktischen Art eine Übergangsgattung, da ihre Hinterbeine ziemlich lang sind, aber es gibt nicht so große Unterschiede zwischen ihnen wie bei den typischen Dipodidae . *Sminthus* ist das entgegengesetzte Extrem zu *Dipus* . Seine Füße sind kurz und gleich lang; Sie klettert auf Bäumen und kann vielleicht als die der Stammform der Gruppe am nächsten stehende aller Dipodidae angesehen werden .

Fam. 8. Pedetidae . — Die Gattung *Pedetes* enthält nur eine Art, *P. caffer* , den Kap-Springenden Hasen. Das Tier erinnert aufgrund seiner Sprunggewohnheiten, der langen Hinterbeine und des langen Schwanzes optisch an eine große Springmaus. Die Länge eines mittelgroßen Exemplars beträgt etwa 17 Zoll, mit einem Schwanz von gleicher Länge. Die Augen und Ohren sind groß. Die Hände haben fünf Finger und die Füße nur vier Zehen, wobei der Hallux natürlich der fehlende Finger ist. Beim Skelett ist es interessant festzustellen, dass der zweite und dritte Halswirbel so nahe beieinander liegen, dass keine freie Bewegung möglich ist; interessant, weil bei *Dipus* die Halswirbelsäule tatsächlich ankylosiert ist. Die Rückenwirbel sind zwölf. Der Dünndarm ist lang und misst 7 Fuß 4 Zoll, während der Blinddarm kurz ist und nur 8 Zoll lang ist. Der Dickdarm ist 3 Fuß 10 Zoll lang. Die Gallenblase scheint zu fehlen, [340] ein außergewöhnlicher Zustand bei Nagetieren. Eine einzigartige Tatsache in der Anatomie dieses Tieres ist die Existenz eines Septums, das den unteren Teil der Luftröhre teilt. Dies kommt manchmal bei Vögeln vor. Wie seine großen Augen vermuten lassen, ist der Spring Haas, wie das Tier manchmal genannt wird, nachtaktiv. Seine langen Hinterbeine ermöglichen ihm enorme Sprünge. Es ist ein grabendes Nagetier.

ABSCHNITT 3. HYSTRICOMORPHA .

Fam. 1. Octodontidae . — Die Nagetiere dieser Familie sind von kleiner bis mittlerer Größe, der einzige, relativ gesehen, Riese in der Familie ist die „Wasserratte" *Myocastor* . Die Zehen sind bis auf eine Ausnahme nicht reduziert; Der Schwanz ist bei den meisten Gattungen lang. Die Zitzen sind hoch oben an den Körperseiten angebracht. Das Schlüsselbein ist vollständig verknöchert. Mit Ausnahme von *Petromys* sind alle Gattungen süd- oder mittelamerikanisch verbreitet . [341]

Unterfamilie 1. Octodontinae . — *Octodon* hat vier Arten, die alle chilenischen, peruanischen und bolivianischen Verbreitungsgebieten haben. Der Degu, *O. degus* , hat eine Länge von 160 mm und einen Schwanz von 105 mm. lang. Die Ohren sind 18 mm groß. lang. An den Wurzeln der Krallen befinden sich lange und steife Haare, die als „Kämme" zu dienen scheinen. Der Schwanz hat lange, aber spärlich verteilte Haare. Es gibt zwölf Rippenpaare. Die Längen der verschiedenen Darmabschnitte sind wie folgt: Dünndarm 680 mm; Blinddarm, 90 mm.; Dickdarm, 390 mm. Diese Tiere leben in großen Betrieben. Eng verwandt ist die Gattung *Habrocoma* (richtiger, wie es scheint, *Abrocoma zu schreiben*) mit zwei Arten. *H. bennetti* ist 204 mm. lang, mit einem Schwanz von 103 mm. Die Ohren sind lang, 22 mm. An den Vorderfüßen ist kein Daumen erkennbar. Steife Haare wie die, die sie charakterisieren *Octodon* kommen auch in dieser Gattung vor. Das Fell ist sehr weich. Die Schwanzbehaarung ist viel dicker als bei *Octodon* .

Spalacopus mit nur einer einzigen Art, *S. poeppigi* , ist ein grabendes Tier, von dem es tatsächlich und aufgrund seiner Ähnlichkeit mit *Spalax* seinen Namen erhalten hat. Die Ohren sind entsprechend dem Untergrundleben kurz, nur 5 mm. in der Länge in einem Beispiel von 120 mm. Auch das Heck ist reduziert und beträgt im gleichen Beispiel nur 42 mm. in der Länge. Wie bei den letzten beiden Gattungen ist der Dickdarm etwa halb so lang wie der Dünndarm.

Der „Tuco-tuco", Gattung *Ctenomys* , hat ebenfalls kurze Ohren und einen kurzen Schwanz. Die Krallen der Vorderpfoten sind länger als die der Hinterpfoten.

Eine verwandte Form ist *Aconaemys* (besser bekannt als *Schizodon*) mit ähnlichen äußeren Merkmalen; Es bewohnt hochgelegene Gebiete in den Anden.

Petromys ist die einzige Gattung der Unterfamilie, deren Lebensraum nicht amerikanisch ist. Es ist eine afrikanische Form und es gibt nur eine Art. Seine Anatomie entspricht der der bereits betrachteten Gattungen. Der Hauptunterschied in der Struktur zeigt sich an den Zähnen. Ihre Oberfläche ist uneben und unterscheidet sich von der anderer Hystricomorphen dadurch, dass der Zahnschmelz an der Innenseite jedes Oberkieferzahns und an der Außenseite jedes Unterkieferzahns zwei Höcker bildet, denen Rillen in der umgekehrten Position der angebrachten Zähne entsprechen ."

Unterfamilie 2. Loncherinae . — Die Gattung *Echinomys* gehört mit dreizehn Arten zur neotropischen Region. Die Mitglieder der Gattung werden „Stachelratten" genannt, da ihre Stacheln mit dem Fell vermischt sind. Der Schwanz ist lang und die Ohren sind sehr gut entwickelt. Beide Füße sind fünfzehig. Der Schwanz ist sowohl schuppig als auch behaart. *Trichomys* (auch *Nelomys genannt*) kommt dem oben genannten sehr nahe und stammt ebenfalls aus demselben Teil der Welt.

Die Gattung *Cannabateomys* enthält nur eine Art, *C. amblyonyx* , die früher zur Gattung *Dactylomys gehörte* , aber kürzlich von Dr. Jentink getrennt wurde. [342] Das Tier ist Brasilianer und hat eine Gesamtlänge von 520 mm, davon 320 mm. gehören zum Schwanz. Es handelt sich um eine Kletterratte, die entsprechend dieser Lebensweise einige Veränderungen erfahren hat. Die Vorderfüße sind vierzehig, wobei die beiden mittleren Zehen deutlich länger sind als die äußeren. Die Hinterpfoten sind fünfzehig, wobei die beiden Mittelzehen ebenso stärker entwickelt sind. Die Krallen sind klein und etwas nagelartig.

Dactylomys , ebenfalls brasilianisch, und mit nur einer Art, *D. dactylinus* , unterscheidet sich von letzterer dadurch, dass die Backenzähne eine einfachere Form haben; Sie sind in zwei Lappen unterteilt, von denen jeder nur eine einzige Schmelzfalte aufweist, während diese Zähne bei *Cannabateomys* mehrere Schmelzfalten aufweisen. Der Schwanz ist außerdem nur leicht behaart.

Loncheres ist mit achtzehn Arten eine weitere neotropische Gattung, die mit der oben genannten Gattung verwandt ist. Kleine Stacheln sind, wie bei vielen dieser Gattungen, mit dem Fell vermischt. Diese Gattung hat bis zu siebzehn Rückenwirbel, was eine ungewöhnlich große Zahl ist. *L. guianae* ist als „Stachelschweinratte" bekannt. Verwandte Gattungen, ebenfalls südamerikanisch und ohne Stacheln im Fell, sind *Mesomys* , *Cercomys* und *Carterodon* .

Der südamerikanische *Thrinacodus* ist auch durch eine Art bekannt, [343] *T. albicauda* , bei dem etwas mehr als die distale Hälfte des langen Schwanzes weiß gefärbt ist . Die Vorderfüße haben vier Zehen. Die Ohren sind breit und kurz.

Unterfamilie 3. Capromyinae . — Eine dritte Unterfamilie der Octodontidae wird von den Gattungen *Myocastor* , *Capromys* , *Plagiodontia* und *Thrynomys gebildet* , die alle neotropische Formen sind, mit Ausnahme der letzten, die afrikanisch ist.

Thrynomys (vielleicht besser bekannt als *Aulacodus*) ist eine Gattung afrikanischer Nagetiere, die etwa vier Arten umfasst. Die bekannteste davon ist *T. swindernianus* , die Erdratte West- und Südafrikas. Seine Struktur wurde von Garrod, [344] von Tullberg , [345] und von mir untersucht. [346] Das Fell ist mit flachen Borsten durchsetzt; Der Schwanz ist mäßig lang, etwa halb so lang wie der Körper. Die Vorderfüße sind fünfzehig, die beiden Zehen an beiden Enden der Reihe sind jedoch recht klein. Die Hinterpfoten haben nur vier Zehen, der Hallux fehlt. Die Krallen der Hinterpfoten sind stärker als die der Vorderpfoten. Die Ohren sind nicht lang. Die Gliedmaßen sind ausgesprochen kurz, weshalb dieses Tier manchmal auch „Merdenschwein" genannt wird. In beiden Kiefern gibt es jeweils vier Backenzähne. Die Schneidezähne des Oberkiefers sind zweifach gefurcht. Es gibt dreizehn Rückenwirbel. Die Länge des Dünndarms beträgt 60½ Zoll, die des Dickdarms 49; Der Blinddarm ist kurz und nur 20 cm lang. Bemerkenswert ist, dass das Akromion durch ein Gelenk mit der übrigen Wirbelsäule des Schulterblatts verbunden ist.

Myocastor , ein Name, der offenbar Vorrang vor dem bekannteren *Myopotamus* *hat* , bezieht sich auf ein großes südamerikanisches Wassernagetier. Das allgemeine Erscheinungsbild des Tieres lässt auf eine große Wasserratte schließen (sie wurde in Ausstellungen als phänomenales Produkt der Londoner Kanalisation gezeigt!); Der Schwanz ist fast so lang wie der Körper. Die Ohren sind klein. Die Gliedmaßen sind kurz. Der Schwanz ist nackt. Die Hinterfüße sind mit Schwimmhäuten versehen, jedoch nicht so stark wie bei *Hydromys* . Ein kleiner Daumen ist vorhanden. Das Tier hat dreizehn Rippenpaare; In jedem Kiefer gibt es vier Backenzähne. Der Dickdarm ist mehr als dreimal so lang wie der Dünndarm und der Blinddarm ist, wie bei der letzten Gattung, relativ kurz.

Capromys ist eine Gattung [347] , die sich durch ihre eingeschränkte Verbreitung auszeichnet. Es kommt nur auf den Inseln Kuba und Jamaika vor. Es gibt vier Arten, von denen *C. melanurus* ein dunkelbraunes Tier mit einem schwärzeren Schwanz ist, fast so groß wie ein Kaninchen . Der einheimische Name dieses Nagetiers ist „ *hutia* ". Bemerkenswert ist auch, dass der Magen komplizierter ist, als es bei den Säugetieren dieser Gruppe üblich ist. Die

Orgel ist durch zwei Verengungen in drei Kompartimente unterteilt. Bei *C. pilorides* ist die Leber gelegentlich auf außergewöhnliche Weise in kleine Läppchen unterteilt. *Capromys* hat die große Anzahl von sechzehn Rückenwirbeln.

Fam. 2. Ctenodactylidae . – Für diese afrikanischen Gattungen scheint es zulässig, eine eigene Familie zu bilden, obwohl Thomas, Flower und Lydekker nur den Gattungen *Ctenodactylus* , *Pectinator* und *Massoutiera* den Rang einer Unterfamilie zulassen. Andererseits entfernte Tullberg diese Gattungen vollständig aus der Hystricomorph-Sektion und ordnete sie der Untergruppe Myomorphi der Tribus Sciurognathi zu . Es war hauptsächlich die Form des Unterkiefers, die zu dieser Platzierung führte, denn bei diesen Nagetieren ist der Winkelfortsatz des Unterkiefers , wie bei allen eichhörnchen- und rattenähnlichen Nagetieren und anders als bei den Hystriciform- Gattungen , nicht seitwärts gebogen .

Die Gattung *Ctenodactylus* leitet ihren Namen von den besonders starken Borsten ab, die an den Hinterfüßen eine kammartige Struktur bilden und die Krallen verbergen; Diese sollen angeblich dazu dienen, das Fell zuzubereiten. Der Gundi Nordafrikas, *C. gundi* , hat eine Länge von 190 mm und einen kurzen Schwanz von 17 mm. Die Ohren sind nur mäßig groß. Die Zahnformel der Backenzähne ist 4/3. Die Schneidezähne sind weiß. Die Füße sind vierzehig und die Hinterbeine sind länger. Der Dickdarm ist deutlich länger als der Dünndarm.

Pektinator spekii ist der einzige Vertreter einer Gattung, die nicht weit von *Ctenodactylus entfernt ist* ; Es handelt sich um ein kleines Nagetier mit einer Länge von 6 Zoll und einem ziemlich buschigen Schwanz von fast 3 Zoll Länge. Es kommt aus Abessinien. Es hat ein wenig das Aussehen eines Eichhörnchens, was dadurch noch verstärkt wird, dass der Schwanz beim Sitzen über den Rücken gebogen ist; Beim Laufen wird der Schwanz gerade ausgeführt. An den Vorder- und Hinterbeinen sind äußerlich nur vier Zehen sichtbar, im Skelett sind jedoch Pollex und Hallux vorhanden, jeweils mit einer einzelnen Phalanx. Es gibt nur ein einziges Brustpaar, und dementsprechend werden jeweils nur zwei oder drei Junge geboren. Die Hinterfüße haben Borsten, die denen von *Ctenodactylus sehr ähnlich sind* . Die Backenzähne hingegen sind 4/4. Es gibt zwölf Rippen, von denen sechs bis zum Brustbein reichen. Letzteres besteht aus sechs Teilen, und das Manubrium erinnert in seiner Breite vorne an das der Vizcachas. Die Schlüsselbeine sind vorhanden. [348]

FEIGE. 240.— Carpincho. *Hydrochoerus Wasserschwein.* × 1 / 12 .

Fam. 3. Caviidae. — Diese Familie, zu der auch Meerschweinchen und Wasserschweine gehören, ist in ihrer Verbreitung ausschließlich südamerikanisch und westindisch. Es umfasst Tiere mittlerer bis großer Größe, wobei das Capybara (oder Carpincho) das größte der existierenden Nagetiere ist. Die Ohren sind gut entwickelt. Die Zehen sind häufig reduziert und die Mitglieder dieser Familie besitzen nur einen rudimentären Schwanz. Das Haar ist zwar rau, aber nicht stachelig. Andere Charaktere sollten am besten zurückgestellt werden, bis die verschiedenen Gattungen behandelt sind . Wir beginnen mit dem Riesen der Familie, der Gattung *Hydrochoerus* . Diese Gattung enthält nur eine einzige Art, *H. capybara* aus Südamerika. Er erreicht eine Länge von etwa 4 bis 5 Fuß. Die Ohren sind nicht groß; der Schwanz fehlt völlig. Die Vorderpfoten sind vierzehig, die Hinterpfoten dreizehig; Die Zehen sind mit Schwimmhäuten versehen, wenn auch nicht sehr stark, und die Nägel sehen aus wie Hufe. Es gibt vierzehn Rückenwirbel; das Schlüsselbein fehlt. Im Schädel sind die Processus paroccipitalis von großer Länge. Das Foramen infraorbitale ist groß. Das Bemerkenswerteste an den Zähnen ist die große Größe des hinteren Backenzahns des Oberkiefers; Es hat vierzehn Schmelzfalten, mehr als alle Frontzähne zusammen. Die Schneidezähne sind weiß und vorne gefurcht. Die von Tullberg angegebenen Maße des Verdauungstraktes sind: Dünndarm 4350 mm; Blinddarm, 450 mm.; Dickdarm, 1500 mm.

FEIGE. 241. – Patagonisches Meerschweinchen. *Dolichotis Patachonica* . × 1 /
10 .

Das Capybara oder Carpincho lebt in seinen Lebensgewohnheiten
größtenteils im Wasser. Ihr „ Lieblingsstandort ", schreibt Herr Aplin , [349]
„ist eine breite Lagune im Fluss, die mit offenem Wasser und auch mit
Kamelotenwiesen ausgestattet ist – ein abfallendes, offenes Grasufer auf
einer Seite, wo die Carpinchos leben können." tagsüber bei kühlerem Wetter
liegen, schlafen und sich in der Sonne sonnen; auf der anderen Seite eine
niedrige Bank, bedeckt mit „ Sarandi "-Gestrüpp, das in den schwarzen,
stinkenden Schlamm und das seichte Wasser dahinter hineinwächst." Wenn
sie alarmiert sind, gehen sie immer ins Wasser, mit einer Geschwindigkeit
und einem Gang, der Mr. Aplin an ein Schwein erinnert. Im Wasser
schwimmen sie langsam, wobei der obere Teil des Kopfes, einschließlich
Nase, Augen und Ohren, über der Oberfläche liegt. Aber sie können über
eine beträchtliche Zeit und Distanz tauchen und ihre Feinde verblüffen,
indem sie den Schutz einer Masse von Wasserpflanzen suchen und dort
liegen, wobei ihre Nasen nur knapp über der Oberfläche liegen.

Die Gattung *Dolichotis* [350] hat lange Ohren und ähnelt im Aussehen im
Allgemeinen einem ziemlich langbeinigen Hasen. Die Vorderpfoten sind
vierzehig, die Hinterpfoten dreizehig. Das Patagonische Meerschweinchen,
wie dieses Tier genannt wird, hat zwölf Rückenwirbel und rudimentäre
Schlüsselbeine. [351] Die Parokzipitalfortsätze sind lang; Die Schneidezähne
sind weiß und vorne nicht gefurcht. Das Brustbein besteht aus sechs Teilen
und wird von sieben Rippen erreicht.

Cavia, einschließlich der Art *C. porcellus*, das Meerschweinchen (dessen Name offenbar eine Verballhornung des Guayana-Schweins ist), hat die gleiche Anzahl Zehen an den Hinter- und Vorderfüßen wie das Wasserschwein. Der Wildbestand, aus dem unser Meerschweinchen stammt, wird „Restless Cavy" genannt. Das Fell ist gräulich; Bei den Haustieren ist die Farbe zu gut bekannt, als dass sie einer Beschreibung bedarf.

Fam. 4. Dasyproctidae . — Die Gattung *Coelogenys* umfasst nur zwei Arten. *C. paca*, bekannt als „Spotted Cavy" oder „ Paca ", hat einen braunen Körper mit weißen Flecken wie die eines Dasyure; Es ist eines der größten Nagetiere und hat einen recht kurzen Schwanz. Hand und Fuß sind jeweils mit fünf Fingern versehen; aber der Daumen ist klein, und am Fuß übertreffen die drei mittleren Zehen die anderen an Länge erheblich. Der Hinterfuß ist praktisch dreizehig. Das Wadenbein ist bei weitem nicht so reduziert wie bei *Dolichotis*. Der Schädel des Tieres zeichnet sich durch die außergewöhnliche Breitenentwicklung des Jugalbogens aus, der außen skulptural gestaltet ist. Unten, am Oberkieferende dieses riesigen Bogens, entsteht durch die Einwärtswölbung des Knochens ein großer Hohlraum, der einen mit dem Mund zusammenhängenden Hohlraum beherbergt. Der Gaumen hat *vorne* auf beiden Seiten einen Grat und ist daher von den Seiten des Gesichts auf eine Weise getrennt, die bei den Verbündeten von Coelogenys nicht zu finden ist . Schlüsselbeine sind vorhanden. Es gibt dreizehn Rückenwirbel. Die Schneidezähne sind vorne rot gefärbt . Das Tier ist südamerikanisch und auf diesem Kontinent auf die brasilianische Unterregion beschränkt. Diese bekannteste Paca- Art wird von den Ureinwohnern Ecuadors Gualilla genannt ; Im selben Bezirk trifft man auf eine andere Form, die die Eingeborenen Sachacui (Waldmeerkatze) nennen . Es kommt sehr oft vor, dass ein anderer einheimischer Name einen wirklich spezifischen Unterschied ausdrückt; und der letzteren Form hat MT Stolzmann den Namen *C. taczanowskii gegeben* . [353] Im Gegensatz zum gewöhnlichen Paca , der Wälder und tiefliegendes Gelände in der Nähe von Gewässern liebt, hat diese Art einen alpinen Lebensraum und lebt auf Bergen von 6.000 bis 10.000 Fuß Höhe. Es gräbt sich auf die gleiche Art und Weise wie sein Verwandter und ist ein begehrtes Nahrungsmittel, da sein Fleisch einen „erlesenen Geschmack" besitzt. Es wird von Hunden verfolgt, mit deren Hilfe einer der beiden Eingänge zum Bau bewacht wird, das Tier wird ausgeräuchert und mit einem Stock getötet.

Die Gattung *Dasyprocta*, die die als Agoutis bekannten Nagetiere enthält, lässt sich in mehrere Arten unterteilen, offenbar etwa zwölf, die alle, wie die Pacas , auf die neotropische Region beschränkt sind. Sie haben jedoch innerhalb dieser Region ein viel größeres Verbreitungsgebiet und kommen bis in den Norden Mittelamerikas und auf einigen der Westindischen Inseln vor. Sie sind etwas kleiner als die Paca und haben keine Flecken. Die Farbe ist bei einigen Formen goldbraun, hat aber normalerweise ein sommersprossiges, grizzled, grünliches Aussehen. Der Schwanz ist gedrungen, die Hinterbeine sind deutlich länger als beim Paca und die beiden seitlichen Zehen sind an den Füßen verschwunden – ein offensichtlicher Hinweis auf die größere Laufkraft des Agouti. Die drei Mittelfußknochen sind eng aneinander gepresst und der Fuß ist sozusagen auf dem Weg zum stark veränderten Fuß der Springmaus. Die Vorderpfoten sind jedoch fünfzehig. Das Schlüsselbein ist rudimentär, [354] während es beim Paca gut entwickelt ist . Der Schädel weist nicht die eigentümlichen Modifikationen des letztgenannten Typs auf. Das Brustbein besteht aus sieben Teilen und wird von acht Rippen erreicht. Ein merkwürdiger Unterschied zwischen dieser und der letzten Gattung besteht in den relativen Proportionen der Darmregionen. Die von Tullberg für die beiden Tiere angegebenen Zahlen lauten: für *Coelogenys* , Dünndarm, 4800 mm; Blinddarm, 230 mm.; Dickdarm, 21.000 mm; – für *Dasyprocta aguti* gibt derselbe Autor an: Dünndarm, 4200 mm; Blinddarm, 200 mm.; Dickdarm, 1000 mm. Der Agouti, sagt Mr. Rodway, [355] ist genauso schlau wie der Fuchs. „Wenn er gejagt wird, rennt er an den Untiefen eines Baches entlang, um seine Witterung vor den Hunden zu verbergen, oder schwimmt aus dem gleichen Grund mehrmals hin und her. Wenn er verfolgt wird, rennt er nie geradeaus, sondern dreht sich um und versteckt sich oft, bis ein Hund vorbei ist „Und dann macht er sich in eine andere Richtung auf den Weg. Wie der Fuchs wurde er sehr lange gejagt und ist, wie Reynard, mit jeder Generation weiser geworden.“

FEIGE. 242.— Agouti. *Dasyprocta aguti.* × 1 / 10 .

Fam. 5. Dinomyidae . – Die Gattung *Dinomys* von Dr. Peters [356] ist eine sehr wenig bekannte und bemerkenswerte Form aus Südamerika, die mit Wasserschweinen, Chinchillas und anderen südamerikanischen Nagetieren verwandt ist. Es ist nur ein einziges Exemplar bekannt, das in einem Innenhof einer peruanischen Stadt gefunden wurde. Er ähnelt äußerlich dem Paca und ist ungefähr so groß wie der Paca , hat aber einen haarigen Schwanz. Das Tier ist vierzehig und plantigrad; Die Ohren sind kurz und die Nasenlöcher sind s-förmig. Normalerweise wird es als zu einer eigenen Familie gehörend angesehen, zu der nur eine Art, *D. branickii,* gehört .

Fam. 6. Chinchillidae. – Diese ebenfalls südamerikanische Familie enthält drei Gattungen, [357] die alle darin übereinstimmen, dass sie lange Gliedmaßen, besonders die Hinterbeine, und einen buschigen und gut entwickelten Schwanz haben. Das Haar ist außerordentlich weich, daher der kommerzielle Wert von „Chinchilla".

Die Gattung *Chinchilla* , die nur eine einzige Art, *C. laniger* , *enthält* , ist ein kleines und eichhörnchenähnliches Lebewesen, das in beträchtlichen Höhen in den Anden lebt. Da es sich um ein nachtaktives Lebewesen handelt, sind die Augen von Natur aus groß; und das gilt auch für die Ohren. Die Vorderfüße haben fünf Zehen, die Hinterfüße nur vier; sie sind mit schwachen Nägeln versehen. Die innerste Zehe des Hinterfußes hat eine flache und nagelartige Kralle. Es gibt dreizehn Rückenwirbel und der lange Schwanz hat mehr als zwanzig. Das Schlüsselbein ist wie bei den anderen Gattungen dieser Familie gut entwickelt. Der Dickdarm dieses Tieres ist außerordentlich lang; Die Proportionen der verschiedenen Darmregionen werden durch die folgenden Maße dargestellt: Dünndarm, 820 mm; Blinddarm, 125 mm.; Dickdarm, 1340 mm. Ein solches Missverhältnis zwischen Dickdarm und Dünndarm zum Vorteil des ersteren ist eine sehr seltsame Tatsache in der Anatomie dieses Nagetiers.

Die Gattung *Lagidium* (auch *Lagotis genannt*), zu der auch „Cuvier-Chinchilla" gehört, ist ebenfalls ein Bergbewohner. Es gibt mehrere Arten dieser Gattung, die sich von *Chinchilla* durch das vollständige Fehlen des Daumens und der großen Zehe unterscheidet. Die Darmproportionen entsprechen denen von *Chinchilla* . Die Ohren und der Schwanz sind lang. *L. cuvieri* ist 1½ Fuß lang.

Lagostomus wiederum hat nur eine Art, *L. trichodactylus* . Das Tier hat einen Schwanz, der etwa halb so lang wie der Körper ist. Die Zehen sind im Vergleich zum *Chinchilla reduziert* , es gibt nur vier an den Vorder- und drei an den Hinterpfoten. Es gibt nur zwölf Rückenwirbel und sieben Rippen reichen bis zum Brustbein. Ein Unterscheidungsmerkmal im Schädel gegenüber den letzten beiden Gattungen ist die Trennung des Foramen infraorbitale in zwei Teile durch eine dünne Knochenlamelle. Der Dickdarm ist zwischen der Hälfte und einem Drittel so lang wie der Dünndarm und unterscheidet sich daher stark von dem der *Chinchilla* .

FEIGE. 243.— Vizcacha. *Lagostomus Trichodactylus* . × 1 / 10 .

Die Vizcacha lebt in Gesellschaften von zwanzig bis dreißig Mitgliedern, [358] in einem „Dorf" („ Vizcachera "), etwa einem Dutzend Höhlen, die untereinander kommunizieren. Sie liegen tagsüber zu Hause und kommen abends heraus. Ihre Höhlen, wie die des Präriemurmeltiers, beherbergen andere Kreaturen, die offenbar in freundschaftlichen Beziehungen mit den Vizcachas leben; Dazu gehören der Kaninchenkauz, eine kleine Schwalbe und eine *Geositta* . Der Fuchs beeinflusst auch diese Höhlen, verstößt dann aber den rechtmäßigen Besitzer der jeweiligen Höhle aus, die er auswählt. Wenn die jungen Füchse geboren werden, jagt die Füchsin die Vizcachas auf der Suche nach Nahrung. Der Vizcacha hat eine äußerst abwechslungsreiche Stimme, die „kehlige, seufzende, schrille und tiefe Töne" erzeugt, und Mr. Hudson bezweifelt, ob es „irgendein anderes vierfüßiges Tier gibt, das so redselig ist oder einen so umfangreichen Dialekt beherrscht". Diese Tiere sind sehr freundlich und statten ihnen von Dorf zu Dorf Besuche ab; Sie werden versuchen, ihre Freunde zu retten, wenn sie von einem Wiesel oder einem Pekari angegriffen werden, und diejenigen auszugraben, die von Menschen in ihren Höhlen versteckt wurden.

Fam. 7. Cercolabidae . — Eine Reihe von Merkmalen, die diese Familie von den Hystricidae oder Erdstachelschweinen der Alten Welt unterscheiden, werden unter der Beschreibung der letzteren aufgeführt. Die wichtigsten äußeren Merkmale sind der Greifschwanz, die Beimischung von Stacheln und Haaren und die Beschaffenheit der Fußsohle. In diesen Punkten unterscheiden sich die neuweltlichen Cercolabidae von den altweltlichen Hystricidae . Es ist interessant festzustellen, dass es in beiden Familien Langschwanz- und Kurzschwanzformen gibt. *Cercolabes* entspricht *Atherura* oder *Trichys* und *Erethizon* Hystrix . _

Die Gattung *Erethizon*, der „ Urson " Kanadas, hat einen kurzen, stämmigen Schwanz. Seine Stacheln werden von umhüllenden Haaren fast verdeckt. Die Vorderpfoten haben vier, die Hinterpfoten fünf Zehen. Der kurze Schwanz dieser Kreatur fällt auf, wenn wir über ihre Klettergewohnheiten nachdenken. Es scheint jedoch eine Waffe zu sein, mit der es seitwärts auf den Feind einschlägt.

FEIGE. 244.- Brasilianisches Baumstachelschwein. *Sphingurus prehensilis* . × 1 / 6 .

Von der neotropischen Gattung *Cercolabes (manchmal auch Sphingurus* , *Synetheres* oder *Coendou* genannt) gibt es etwa acht oder neun Arten, die alle in Mittel- und Südamerika vorkommen. Das Tier lebt auf Bäumen und hat entsprechend dieser Gewohnheit einen Greifschwanz. Die Stacheln sind nicht so kräftig wie bei den Erdstachelschweinen und oft gelblich oder rötlich gefärbt . Im Zusammenhang mit seinen Baumgewohnheiten weisen die Knochen von *Cercolabes* gewisse Unterschiede zu denen der Erdstachelschweine auf. Das Schulterblatt ist vorne breiter und runder als das von *Hystrix* ; Die Fingerglieder des Daumens (der rudimentär ist) sind wie beim kanadischen *Erethizon miteinander verwachsen* ; aber auch die des sehr kleinen Hallux sind verwachsen, während sie bei *Erethizon* , wie bei *Hystrix* , getrennt sind. Bei einer Art, *C. insidiosus* , gibt Sir W. Flower an, dass es bis zu siebzehn Rückenwirbel und sechsunddreißig Schwanzwirbel gibt . Der Schwanz ist daher sehr lang. Bei *C. villosus* gibt es fünfzehn Rücken- und siebenundzwanzig Schwanzflügel ; Acht Rippen erreichen das Brustbein, das aus sieben Teilen besteht, wobei das sechste sehr klein ist. Die Schlüsselbeine sind gut entwickelt. Eine merkwürdige Tatsache bei *C. villosus* ist, dass die Hüftgelenkpfannenhöhle (auf beiden Seiten) perforiert oder zumindest nur durch eine Membran verschlossen ist. Bei vielen Nagetierarten ist der Knochen in dieser Region sehr dünn. Diese Tatsache mindert möglicherweise die Bedeutung der Perforation der Hüftpfanne von *Echidna* (siehe S. 109).

Von der verwandten Gattung *Chaetomys* , ebenfalls neotropisch, gibt es nur eine einzige Art, die in Brasilien beheimatet ist. Es hat eine fast vollständig geschlossene Umlaufbahn, ein Merkmal, das es vom letzten Tier unterscheidet und das auch zeigt, dass es sich um eine modifiziertere Form handelt. Die Stachelbedeckung ist weniger ausgeprägt als bei ihren Verbündeten.

Fam. 8. Hystricidae . — Diese Familie zeichnet sich dadurch aus, dass alle ihre Mitglieder Stacheln besitzen; aber der Schwanz ist, wenn überhaupt, nicht greifbar, und die Fußsohlen sind glatt und nicht mit rauen Höckern bedeckt, wie bei den Baumstachelschweinen der nächsten Familie, den Erethizontidae . Das Schlüsselbein ist weniger entwickelt als bei den Baumformen. In den Verdauungsorganen gibt es Hinweise auf einen familiären Unterschied zwischen den beiden Gruppen stacheliger Nagetiere. Die Zunge hat in Querreihen angeordnete gezackte Schuppen, die nach hinten gerichtet sind. Manchmal findet man eine Gallenblase, auch wenn sie nicht immer vorhanden ist; es kommt offenbar nie bei den baumbewohnenden Stachelschweinen und in *Erethizon vor* . Die Lunge zeigt eine große Tendenz zur Unterteilung, die bei der Gattung *Atherura* besonders ausgeprägt zu sein scheint . Auch bei den Erdstachelschweinen scheint der Blinddarm kürzer zu sein. Bei *Hystrix cristata* misst der Dünndarm 15 Fuß 7 Zoll; der Blinddarm, 8 Zoll; der Dickdarm, 4 Fuß 4 Zoll : – in *Atherura africana* misst der Blinddarm 7½ Zoll; der Dickdarm, 1 Fuß 10 Zoll. Die entsprechenden Messungen von *Synetheren villosus* waren: Dünndarm, 7 Fuß 3 Zoll; Blinddarm, 1 Fuß 4 Zoll; Dickdarm, 2 Fuß 7 Zoll. Bei *Erethizon* ist der Blinddarm 2 Fuß 4 Zoll lang. Diese Unterschiede sind in einer Reihe vermeintlich verwandter Formen zu groß und zu konstant, als dass man sie übersehen könnte.

Herr Parsons hat die Aufmerksamkeit [359] auch auf eine Reihe von Muskelunterschieden gelenkt, wie man sie tatsächlich zwischen Tieren mit solch unterschiedlichen Lebensgewohnheiten erwarten kann.

Die Gattung *Hystrix* umfasst die bekannteren Stachelschweine. Es handelt sich um eine weit verbreitete Gattung, die von Ostindien bis Afrika reicht und sogar in Europa vorkommt. Es gibt mehrere Arten, von denen die Gewöhnliche *Hystrix cristata* die bekannteste ist und in Europa vorkommt.

FEIGE. 245. – Gewöhnliches Stachelschwein. *Hystrix cristata.* × 1 / 10 .

Die Stacheln der gewöhnlichen Form und der anderen sind in der
Körpermitte massiv, am Schwanz sind sie jedoch zu hohlen Federkielen
ausgeweitet, die viel Rasseln verursachen. Sie sind in der Regel schwarz und
weiß, wobei die Mitte der Wirbelsäule schwarz gebändert ist. Ein großer
Kamm aus groben, langen Haaren auf dem Kopf ist für den
wissenschaftlichen Namen der bekannten Form verantwortlich. Manchmal
sind bei dieser Gattung, wie bei den Baumstachelschweinen Brasiliens, die
Stacheln orange oder gelb; aber es heißt, dass die Farbe hierzulande bald
verloren geht. Tatsächlich ist es die einfachste Sache der Welt, mit
gewöhnlichem Leitungswasser einen Großteil der gelben Farbe der Stacheln
des südamerikanischen *Sphingurus auszuwaschen* . Das Gleiche gilt
möglicherweise auch für das Pigment der Stachelschweine der Alten Welt.
Es gibt vierzehn bis fünfzehn Rückenwirbel und vier oder fünf Lendenwirbel
. Der Schwanz ist unterschiedlich lang, aber kürzer als der lange Schwanz der
baumlebenden Neuweltformen. Bei der Erwähnung des Stachelschweins
scheint es unmöglich, auf einige Bemerkungen über seine angebliche
Angewohnheit, seine Federkiele zu schießen, zu verzichten. Aus irgendeinem
Grund gebührt Buffon das Verdienst, diese Legende erfunden oder
zumindest verbreitet zu haben, die sogar dadurch zugenommen hat , dass die
Federkiele in der Lage sein sollen, Holzbretter zu durchdringen. Was Buffon
zu diesem Thema sagte , ist: „Das Wunderbare wird allgemein gerne geglaubt
und wächst im Verhältnis zur Anzahl der Hände, durch die es geht." Es ist
natürlich das Klappern der Stacheln und das gelegentliche Herausfallen loser
Stacheln, die den Ursprung der Legende haben. Sie sind jedoch

ausgezeichnete Angriffswaffen, und das Tier stürmt etwas rückwärts, um sie optimal gegen den Feind einzusetzen. Die Stacheln stellen jedoch keineswegs einen absoluten Schutz dar, da, wie Mr. Ridley uns mitteilt, [360] Tiger diese Tiere töten und fressen, ebenso wie der Beutelwolf dem stacheligen Panzer des *Ameisenigels offenbar gleichgültig gegenübersteht* .

Vom Buschschwanz-Stachelschwein, *Atherura* [361], gibt es jedenfalls zwei Arten, die westafrikanische *A. africana* und die malaiische *A. fasciculata* . Interessant ist, dass die Lücke in der heutigen Verbreitung teilweise durch die Entdeckung fossiler Zähne in der Nähe von Madras geschlossen wird. Die Gattung unterscheidet sich im äußeren Erscheinungsbild nicht wesentlich von *Hystrix* ; es hat jedoch einen etwas längeren Schwanz; Es gibt weniger große Stacheln und am Ende des Schwanzes befindet sich ein Büschel davon, woher der Name der Gattung stammt. Die Stirnknochen ragen etwas über die Nasenbeine hinaus, ein Merkmal, das bei echten Stachelschweinen nicht aufzutreten scheint. Es gibt vierzehn Rückenwirbel und fünf Lendenwirbel . Die vierundzwanzig Schwanzwirbel dieses Stachelschweins zeigen, wie viel länger sein Schwanz ist als der von *Hystrix* ; denn bei den letzten zwölf geht es um die Zahl.

Eine dritte Gattung des Stachelschweins der Alten Welt ist die Singularform *Trichys* . [362] Davon gibt es nur eine Art, *T. lipura* . Es ist eine merkwürdige Tatsache, dass von drei Exemplaren, alle aus Borneo, zwei ganz ohne Schwanz waren. Dies scheint jedoch lediglich eine Verstümmelung zu sein, obwohl es seltsam ist, dass die Eingeborenen behaupten, es sei ohne Schwanz. Man muss daran denken, wie Echsen manchmal ihren Schwanz abwerfen, wenn sie angepickt werden. Der Schwanz dieser Gattung ist mehr als halb so lang wie Körper und Kopf. *Trichys* hat sechzehn Rücken- und sechs Lendenwirbel. Am Ende des Schwanzes befindet sich ein Federkielbüschel, das dünn und zusammengedrückt, am freien Ende jedoch abgestumpft und hohl ist. Sie stellen in rudimentärerer Weise das viel stärkere Büschel am Schwanzende anderer Stachelschweine dar. Es ist eine merkwürdige Tatsache, dass dieses und andere Stachelschweine einen Mechanismus zur Warnung ihrer Feinde besitzen, der genau mit dem der Klapperschlange vergleichbar ist. Es gibt sechzehn Rückenwirbel.

UNTERORDNUNG 2. DUPLICIDENTATA.

Das Hauptmerkmal dieser Gruppe ist das Vorhandensein von zwei Schneidezahnpaaren im Oberkiefer, von denen die inneren sehr klein sind und hinter den äußeren liegen. Im Schädel ist das Foramen infraorbitale klein; Die prägnanten Foramina sind sehr groß. Der Schwanz ist kurz oder fehlt.

Fam. 1. Leporidae. — Diese Familie unterscheidet sich von den Lagomyidae durch die langen Ohren, den vorhandenen, wenn auch kurzen

Schwanz und die längeren Gliedmaßen. Zur Molarenreihe gehören im Oberkiefer sechs Zähne, im Unterkiefer fünf derselben. Das Schlüsselbein ist unvollkommen.

Die am längsten bekannte Gattung dieser Familie, *Lepus* , war bis zur jüngsten Entdeckung von *Romerolagus* die einzige Gattung. Mit Ausnahme von Australasien und Madagaskar ist die Art universell verbreitet und besteht aus etwa sechzig Arten. Dies sind die Hasen und Kaninchen, wobei ersteren die längergliedrigen Formen zugeordnet werden.

Da jedes Lehrbuch der Zoologie eine mehr oder weniger ausführliche Darstellung der Struktur des Kaninchens enthält und es zwischen den Mitgliedern der Gattung kaum strukturelle Unterschiede gibt, genügt hier eine kurze Darstellung der generischen Besonderheiten von Lepus . Die Vorderpfoten sind fünfzehig, die Hinterbeine vierzehig. Die haarige Hautdecke dringt in die Mundhöhle ein und die Innenseite der Wangen ist behaart. Die Fußsohlen sind zudem behaart. Die Oberkieferknochen sind seltsam geformt.

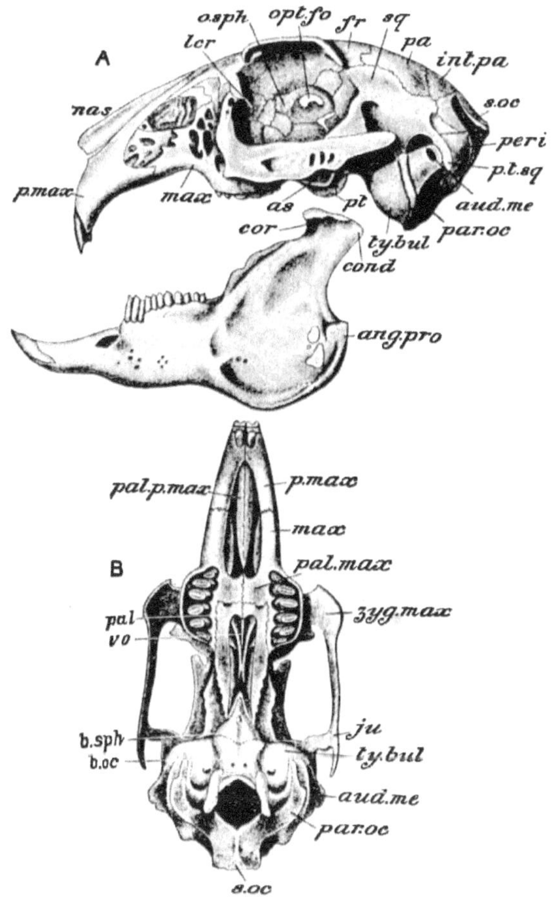

FEIGE. 246.- *Lepus cuniculus.* Schädel. **A** , Seitenansicht; **B** , ventrale Ansicht. *ang.pro* , Winkelfortsatz des Unterkiefers; *als* Alisphenoid (äußerer Pterygoidfortsatz); *aud.me* , äußerer Gehörgang; *b.oc* , basioccipital; *b.sph* , Basisphenoid; *cond* , Kondylus; *cor* , Processus coronoideus; *fr* , frontal; *int.pa* , interparietal; *ju* , jugal; *lcr* , Tränen; *max* , Oberkiefer; *nas* , nasal; *opt.fo* , Foramen opticum; *o.sph* , Orbitosphenoid ; *pa* , parietal; *Kumpel* , Palatin; *pal.max* , Gaumenplatte des Oberkiefers; *pal.p.max* , Gaumenfortsatz der Prämaxilla; *par.oc* , Parokzipitalfortsatz ; *peri* , periotisch; *p.max* , Prämaxillare; *pt* , Pterygoideus; *ptsq* , posttympanischer Prozess der Plattenepithelkarzinome; *s.oc* , supraokzipital; *sq* , Plattenepithelkarzinom; *ty.bul* , Trommelfellbulla; *vo* , vomer; *zyg.max* , Jochbeinfortsatz des Oberkiefers. (Aus Parker und Haswells *Zoologie* .)

Das Feldkaninchen, *L. cuniculus* , unterscheidet sich vom Feldhasen durch vergleichsweise kürzere Ohren und Beine. Die Ohren haben nicht so deutlich die schwarzen Spitzen der Ohren des Hasen. Darüber hinaus bringt das Tier nackte Junge zur Welt und lebt in Höhlen, die es selbst ausgegraben hat. Professor WN Parker hat auf einen Unterschied in der Struktur des Blinddarms hingewiesen , der das Kaninchen vom Hasen unterscheidet . [363] Diese Unterschiede haben einige dazu veranlasst, ihre Trennung von den Hasen in eine Gattung *Oryctolagus zu befürworten* . Es wird angenommen, dass es sich bei diesem Tier um eine eingeführte Art handelt und dass sie vom Menschen auf diese Inseln gebracht wurde. Seine ursprüngliche Heimat ist die spanische Halbinsel, Südfrankreich, Algier und einige Mittelmeerinseln. Herr Lydekker glaubt, dass die einzige andere *Lepus* -Art , die als „Kaninchen" betrachtet werden kann, der asiatische *L. hispidus ist* .

Von Hasen gibt es hierzulande zwei Arten. Der Feldhase *L. europaeus* (der Name *L. timidus* scheint tatsächlich auf eine andere Art zuzutreffen, auf die wir uns hier beziehen) kommt in ganz Europa vor, mit Ausnahme des äußersten Nordens Russlands und Skandinaviens. In Irland ist es nicht bekannt, und seltsamerweise sind Versuche, dieses Tier auf dieser Insel zu akklimatisieren , gescheitert – ein Zustand, der im Gegensatz zu der verhängnisvollen Leichtigkeit steht, mit der das Kaninchen in Australien eingeführt wurde. In Irland gibt es jedoch den Windhasen *L. timidus (auch L. variabilis* genannt), eine Art, die in anderen Teilen Europas verbreitet ist und bis nach Japan im Osten vorkommt. Diese Art unterscheidet sich von ihrem Verwandten dadurch, dass sie im Winter oft weiß wird, mit Ausnahme der schwarzen Ohrenspitzen. In Irland kommt es nicht immer zu dieser Veränderung; aber Herr Barrett-Hamilton hat die Tatsache kommentiert, dass Hasen dieser Art sich in den irischen Bergen tatsächlich verändern. Es scheint, dass bei diesem Tier der Wechsel vom Winter- zum Sommerkleid durch das tatsächliche Abwerfen der weißen Haare und deren Ersetzung durch ein neues Wachstum „blauer" Haare erreicht wird. Eine ähnliche Veränderung findet beim amerikanischen *L. americanus statt* .

Dr. Forsyth Major hat die Tatsache festgestellt, dass die verschiedenen Hasenarten durch den Zustand der Furchen auf den oberen Schneidezähnen unterschieden werden können. So sind zwei afrikanische Arten, *L. crawshayi* und *L. whytei* , dadurch zu unterscheiden , dass bei der ersteren die Schneidezähne ziemlich flach sind, während bei *L. whytei* die Furche stärker ausgeprägt ist und es eine zweite flache Furche gibt.

Die Gattung *Romerolagus* [364] ist eine recht neue Entdeckung. Sie kommt an den Hängen des Popocatepetl in Mexiko vor; Es hat den allgemeinen Aspekt der letzten Gattung und wird als „Kaninchen" bezeichnet. Er bewohnt Ausläufer im hohen Gras, das die Berghänge bedeckt . Äußerlich ähnelt es in etwa den Pikas, da kein Schwanz sichtbar ist. Auch die Ohren sind kurz und die Hinterbeine verhältnismäßig kurz. Der Schädel ist dem des Kaninchens sehr ähnlich; aber in anderen osteologischen Details ist es abweichend. Daher ist das Schlüsselbein ziemlich vollständig und nur sechs Rippen sind mit dem Brustbein verbunden, statt der sieben, die wir beim Kaninchen finden.

Fam. 2. Lagomyidae . — Die Tiere dieser Familie sind kleiner als die Hasen und Kaninchen; Sie haben kurze Wühlmaus-ähnliche Ohren und keinen äußeren Schwanz. Auch die Gliedmaßen scheinen kürzer zu sein. Da es nur eine einzige Gattung gibt, können die Merkmale der Familie in Verbindung mit denen der Gattung beschrieben werden, die als *Lagomys* (anscheinend richtiger: *Ochotona*) bekannt ist. Von dieser Gattung gibt es etwa sechzehn Arten, die überwiegend asiatisch sind; Eine Art erstreckt sich bis nach Osteuropa und drei sind nordamerikanisch.

Der Schädel hat nicht die supraorbitalen Furchen der Kaninchen und einen deutlich ausgeprägten rückwärtigen Fortsatz des Jochbogens. Es gibt achtzehn Rückenwirbel. Es gibt fünf Backenzähne und Prämolaren.

Die einheimischen Namen „Pika" und „Rohrhasen" wurden für die Mitglieder dieser Gattung verwendet, letztere aufgrund ihres besonderen Rufs. Sie leben in Gruppen zwischen Felsen und graben sich ein. Sie kommen normalerweise in beträchtlichen Höhen vor: So kommt *L. roylei* , der „Himalaya-Maushase", in Höhen von bis zu 16.000 Fuß vor; während *L. ladacensis* sogar noch höher wird, wurden 19.000 Fuß registriert. Mit den Gewohnheiten eines Murmeltiers, was das Leben in Höhlen und in großen Höhen betrifft, sind die Tiere dieser Gattung mit ihrer gedrungenen Form und den kurzen Ohren diesen Tieren nicht unähnlich. In der Vergangenheit kam diese Gattung allgemeiner in Europa vor. Arten aus miozänen Schichten wurden in England, Frankreich, Deutschland und Italien gefunden.

Fossile Nagetiere. — Eine ganze Reihe existierender Nagetiergattungen sind bereits aus den früheren Schichten des Tertiärs bekannt. Die Eichhörnchen (und sogar die Gattung *Sciurus* selbst) kommen im Oberen Eozän vor. Dies gilt auch für die Gattungen *Myoxus* und (in Südamerika) *Lagostomus* . *Spermophilus* , *Acomys* , *Hystrix* , *Lagomys* , *Lepus* und *Hesperomys* sind aus miozänen Gesteinen bekannt. *Rhizomys* , *Castor* , *Cricetus* , *Mus* , *Microtus* und einige andere scheinen unseres Wissens nach im Pliozän entstanden zu sein, während eine noch größere Reihe existierender Gattungen aus dem Pleistozän stammt. Es ist interessant festzustellen, dass einige der ausgestorbenen Gattungen viel größer waren als die neueren Formen. *Hydrochoerus ist* derzeit das größte Nagetier; aber die Gattung *Megamys* aus der Pampasformation Argentiniens war „fast so groß wie ein Ochse". Das breitere Spektrum an Gattungen in der Vergangenheit wird durch *Hystrix veranschaulicht* , die heute eine Form der Alten Welt ist und durch Überreste aus dem Miozän und Pliozän Amerikas repräsentiert wird.

Sciurus von den lebenden Gattungen die älteste ist; denn es wurde darauf hingewiesen, dass die Eichhörnchen in einer Reihe von Merkmalen zu den primitivsten Nagetieren gehören. Der Jochbogen ist schlank und hat daher nicht die Spezialisierung erreicht , die in diesem Teil des Schädels bei anderen Nagetieren zu finden ist; Darüber hinaus wird der Jugalknochen nicht genau wie beim primitiven Ungulata durch einen Fortsatz des Oberkiefers gestützt . Auch die Füße sind unspezialisiert , obwohl dies bei vielen anderen Gattungen der Fall ist. Es kann auch darauf hingewiesen werden, dass die Zähne in ihrem multituberkulösen Charakter nicht wenig Ähnlichkeit mit denen von *Ornithorhynchus haben* .

Einige wenige Fossilienformen wurden bereits auf den vorhergehenden Seiten behandelt.

Die beiden Gattungen *Castoroides* und *Amblyrhiza* aus dem Pleistozän Nordamerikas und Westindiens werden üblicherweise als eine Familie bildend angesehen. Der Schädel der früheren Gattung weist auf ein Tier von der Größe eines Bären hin. Es wird mit dem von *Castor verglichen* , hat aber ein breites Foramen infraorbitale. Die Zähne sind in jedem Kiefer vier und bestehen aus drei bis fünf Lamellen; Die Schneidezähne dieses Tieres sind kräftig, aber kurz. *Amblyrhiza* hingegen hat lange Schneidezähne, die vorne in Längsrichtung gefurcht sind. Es hat eine freie Fibel. Letzteres sowie andere Charaktere haben Tullberg dazu veranlasst , es aus der Verbindung mit *Castoroides zu entfernen* .

Bestellen Sie X. TILLODONTIA.

folgenden die wichtigsten sind : – Die Schneidezähne sind vergrößert, wachsen aus hartnäckigen Pulpen und sind nur auf der Außenfläche mit Zahnschmelz bedeckt; es handelt sich nur um die des zweiten Paares, das erste und dritte sind verschwunden oder klein geworden. Bei den späteren Formen sind die Eckzähne reduziert.

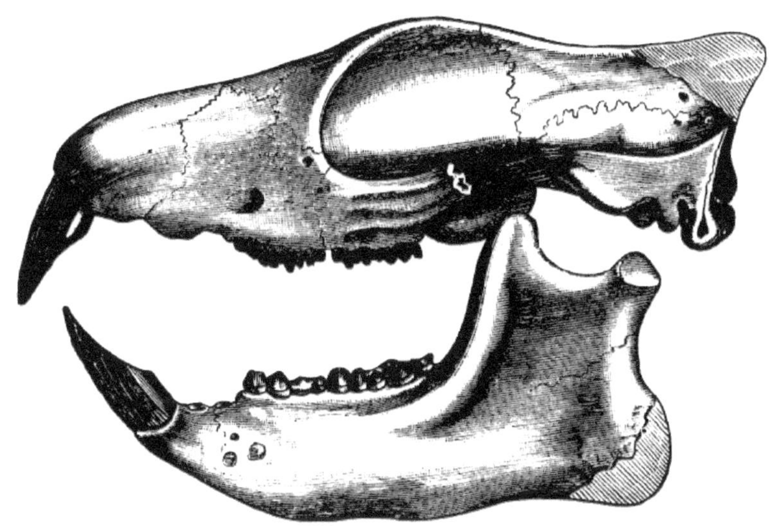

FEIGE. 247.- *Tillotherium fodiens* . Linke Seitenansicht des Schädels. (Von Flower, nach Marsh.)

Diese Tiere gelten als Urnagetiere, mit denen die gerade erwähnten Zahnfiguren deutliche Ähnlichkeiten aufweisen. Die früheste bekannte Form ist *Esthonyx* . Diese Gattung weist im Vergleich zu ihren späteren Vertretern solch primitive Merkmale auf, wie das Vorhandensein aller drei Schneidezahnpaare im Oberkiefer, aber nur zwei im Unterkiefer. Die vergrößerten Schneidezähne beider Kiefer scheinen nicht aus hartnäckiger Pulpa gewachsen zu sein.

Bei Anchippodus , einer späteren Form, ist das obere Paar erster Schneidezähne noch in Restform erhalten; Die starken zweiten Schneidezähne wuchsen aus hartnäckigen Pulpen. Die jüngste Gattung, *Tillotherium* , zeigt die Merkmale der Gruppe auf ihrem Höhepunkt. Durchhaltend sind die kräftigen nagetierähnlichen, meißelförmigen Schneidezähne, die nur im Oberkiefer durch ein kleines zusätzliches Paar verstärkt werden. Die knirschenden Zähne haben das trituberkuläre Muster; Im Oberkiefer gibt es von jeder Art drei, im Unterkiefer jedoch nur zwei Prämolaren auf jeder Seite. Bei manchen ist das jedenfalls der Fall, bei anderen sind es drei. Der Eckzahn ist zwar in beiden Kiefern vorhanden, aber unbedeutend. Wie bei vielen antiken Arten gibt es im Humerus ein Foramen entepicondylaris. Die Füße waren fünfzehig und trugen scharfe, seitlich zusammengedrückte Krallen. Der Schädel wurde im Allgemeinen mit dem eines Bären verglichen.

Kapitel XVI

INSECTIVORA – CHIROPTERA

Bestellen Sie XI. INSECTIVORA.

Die Insektenfresser [365] sind eine Ordnung von Säugetieren, für die es (um Professor Huxley zu zitieren) „äußerst schwierig ist, eine Definition zu geben". Es handelt sich jedoch nicht um große Tiere, und die meisten von ihnen sind nachtaktiv – zwei Umstände, die möglicherweise etwas mit ihrem Überleben in früheren Zeitaltern zu tun haben, aber auch mit ihrer Anpassung an so viele und unterschiedliche Lebensweisen ; denn alles deutet auf das Alter der Gruppe hin. Sie sind beispielsweise mehr oder weniger plantigrad. Die Schnauze ist im Allgemeinen lang und geht oft in einen kurzen Rüssel über. [366] Es besteht die Tendenz, dass die Zähne generalisiert sind , und ihre Anzahl beträgt oft die typischen vierundvierzig Zähne bei Säugetieren. Darüber hinaus sind trituberkulöse Zähne, bei denen es sich sicherlich um eine alte Zahnform handelt, häufig; und tatsächlich die Insektenfresser der südlichen Regionen der Erde, *z* Centetidae , Solenodontidae und Chrysochloridae weisen den häufigsten Trituberkulismus auf , eine Tatsache, die für die Betrachtung des Alters der Tierwelt in diesen Regionen der Welt von Bedeutung ist. Die Gliedmaßen sind in der Regel mit fünf Fingern versehen. Die Gehirnhälften sind normalerweise glatt und reichen nicht über das Kleinhirn hinaus. Der Gaumen ist oft gefenstert wie bei den Beuteltieren, und wie bei dieser Gruppe ist der Unterkiefer manchmal gebogen. Letzteres kommt aber auch bei den Seelöwen und anderswo vor. Schlüsselbeine sind in der Regel vorhanden, jedoch nicht bei *Potamogale* .

Darüber hinaus besteht eine deutliche Tendenz zum Verschwinden funktionsfähiger Milchzähne, was am besten bei *Sorex zu beobachten ist* , wo nur sieben Milchzähne vorhanden sind, von denen keiner jemals das Zahnfleisch durchschneidet. Diese Unterdrückung des Milchgebisses ähnelt der der Beuteltiere, Zahnlosen und Wale, die allesamt alte Formen des Säugetierlebens zu sein scheinen – die ersten sind es jedenfalls.

In vielen Gattungen gibt es auch eine ziemlich gut definierte, wenn auch flache Kloake. Schließlich sind die Hoden bei einigen rein abdominal, und bei keinem gibt es einen vollständigen Abstieg in den Hodensack, wie bei der höher entwickelten Eutheria .

UNTERORDNUNG 1. INSECTIVORA VERA.

Fam. 1. Erinaceidae . — Zu dieser Familie gehören die Gattungen *Erinaceus* , *Hylomys* und *Gymnura* .

Hylomys , das nach Dobsons Ansicht zu *Gymnura gehört* , wird von Leche getrennt gehalten. [367] *H. suillus* ist ein malaysisches Tier, klein, etwa 5 Zoll lang, mit einem kurzen Schwanz. Wie *Gymnura* ist es rückgratlos. Die Ohren sind ausgesprochen groß und nackt. Es gibt ein Paar Leisten- und ein Paar Brustzitzen. Die Farbe Die Oberseite ist rostbraun mit gelblich-weißen Unterseiten. Die Handflächen und Fußsohlen sind ziemlich nackt. In seiner allgemeinen Form erinnert es viel mehr an *Tupaia als an seine eigenen unmittelbaren Verwandten.* Es besteht jedoch kein Zweifel an seiner systematischen Stellung bei der Untersuchung von Skelett und Zähnen. Eine Art wurde in Höhen von 3000 bis 8000 Fuß auf dem Berg Kina Balu in Borneo beschrieben. Es verfügt über ein vollständiges Gebiss mit vierundvierzig Zähnen. Es gibt vierzehn Rippenpaare. Wie bei der *Gymnura* sind Schien- und Wadenbein unten vereint. Die Gattung wird von Leche als die älteste existierende Art der Erinaceidae angesehen .

Gymnura [368] ist ebenfalls eine malaiische Form mit dem vollständigen Gebiss des letzteren, aber mit fünfzehn Rippenpaaren und einem längeren Schwanz, der aus dreiundzwanzig statt vierzehn Wirbeln besteht. Es gibt, wie bei *Hylomys* , nur eine Art, *G. rafflesii* . Dieses Tier hat einen eigenartigen Geruch , der an zersetztes gekochtes Gemüse erinnert. Die Unterseite des Schwanzes ist rau, und Dr. Blanford geht davon aus , dass sie dem Tier beim Klettern von Nutzen sein könnte. Sein zusammengedrücktes Enddrittel und der Rand aus steifen Borsten an der Unterseite deuten laut Dr. Dobson auf Schwimmfähigkeiten oder zumindest auf eine nicht allzu lange Abstammung schwimmender Lebewesen hin. Die Nahrung ist rein insektenfressend.

Erinaceus , einschließlich der Igel, ist eine weit verbreitete Gattung mit paläarktischem , orientalischem und äthiopischem Verbreitungsgebiet. Es gibt etwa zwanzig Arten. Die bekannten Stacheln unterscheiden die Igel von ihren Verbündeten, ebenso wie die Tatsache, dass sie nur sechsunddreißig Zähne besitzen, die Formel lautet I 3/2 C 1/1 Pm 3/2 M 3/3. Es gibt fünfzehn oder vierzehn Rippen und der Schwanz ist sehr kurz und besteht nur aus zwölf Wirbeln. Wie in *der Gymnura* gibt es keinen Blinddarm. Der obere Eckzahn hat normalerweise, wie bei anderen Erinaceidae , zwei Wurzeln, nicht jedoch bei *E. europaeus* , einem der am stärksten veränderten Igelarten.

Der Igel ist ein Allesfresser als *Gymnura* . Es frisst nicht nur Insekten und Nacktschnecken, sondern auch Hühner und junge Wildvögel und schließlich Vipern. Bei einer Geburt werden vier, in manchen Fällen sogar fünf oder sechs Junge geboren; Sie sind blind und haben weiche und flexible weiße Stacheln. Bei heißem und trockenem Wetter verschwinden Igel; Sie kommen bei Regenwetter zum Vorschein. Der Englische Igel hält bekanntlich Winterschlaf. Bei den indischen Arten ist dies nicht der Fall. Der Igel ist gelegentlich rückgratlos, was als atavistische Umkehr angesehen werden kann. [369]

Der Igel hat sich den Ruf erworben, an seinen Stacheln befestigte Äpfel wegzutragen. Blumenbach beschreibt diese und andere Gewohnheiten des Tieres, dessen englischen Namen er als „ hedgidog “ angibt, auf witzige Weise: „Il se nourrit des Productions des deux règnes .“ organisiert , miaule Komm zu einem Chat und vielleicht Avaler une Menge énorme de mouches cantharides. Ich bin mir sicher , dass die Früchte mit ihren Stacheln und der Tür auffallen werden ainsi dans son terrier.“ [370]

Der miozäne *Palaeoerinaceus* unterscheidet sich so wenig von *Erinaceus* , dass er eigentlich kaum generisch trennbar ist. Damit gehört *Erinaceus* eindeutig zu den ältesten lebenden Säugetiergattungen.

Necrogymnura aus derselben Epoche und denselben Schichten (Quercy Phosphorites) ist zweifellos eine Vorfahrenform. Der Gaumen ist wie bei *Erinaceus perforiert (bei Gymnura* und *Hylomys* nicht), aber im Großen und Ganzen kommt er *Hylomys am nächsten* .

Fam. 2. Tupaiidae . — Zu dieser Familie gehören die Gattungen *Tupaia* und *Ptilocercus* . *Tupaia* ist ein orientalisches Verbreitungsgebiet und erstreckt sich bis nach Borneo im Osten. Es gibt etwa ein Dutzend Arten, die im Allgemeinen baumbewohnend sind und äußerlich an Eichhörnchen erinnern. Es wurde vermutet, dass es sich dabei um Mimikry handelt, bei der das Tier sich durch seine Ähnlichkeit mit dem Nagetier einen Vorteil verschafft. Der Name Tupaia, so sollte hinzugefügt werden, bedeutet Eichhörnchen, und das Langnasen-Eichhörnchen, *Sciurus laticaudatus* , ist ihm so außerordentlich ähnlich, dass „man sich die Zähne ansehen muss“, um sie zu unterscheiden. Darüber hinaus lebt dieses Eichhörnchen, wie einige Tupaias , größtenteils auf dem Boden zwischen umgestürzten Baumstämmen. *Tupaia* ähnelt im gesamten Orbit einem Lemur. Die Zahnformel lautet I 2/3 C 1/1 Pm 3/3 M 3/3 = 38. Auch die Sublingua wird von Garrod als der von *Chiromys* ähnlich bezeichnet . Es gibt einen winzigen Blinddarm bei *T. belangeri* , keinen bei *T. tana* .

Ptilocercus [371] hat einen federartigen hinteren Teil des Schwanzes, eine Modifikation, die bei anderen Tiergruppen zu finden ist. Der Schwanz bestimmter Phalanger weist beispielsweise dieselbe Modifikation auf. Der Rest des Schwanzes ist schuppig. Das Tier sieht, wie Dr. Gray betonte, [372] einem Phalanger sehr ähnlich. Die Umlaufbahn ist vollständig wie in *Tupaia* . Die Finger und Zehen sind fünf. Die einzige Art, benannt nach Sir Hugh Low, GCMG, *P. lowi* , ist ein Tier aus Borneo.

Fam. 3. Centetidae . — Diese Familie ist ausschließlich auf der Insel Madagaskar heimisch. Es umfasst etwa sieben Gattungen. Die bekannteste

Gattung ist *Centetes* . *C. ecaudatus* , der Tanrec, Tenrec oder Tendrac, ist ein etwa 30 cm langes Tier ohne Schwanz und mit vierundvierzig Zähnen. [373] Das unreife Tier unterscheidet sich so stark vom Elterntier, dass es in einer ganz anderen Form erscheint. Es hat drei schmale Reihen von Stacheln entlang des Rückens, die erst nach dem Erwerb des bleibenden Gebisses vollständig verschwinden. Selbst dann haben die Haare einen eher stacheligen Charakter, insbesondere die am Hinterkopf, die aufgerichtet werden, wenn das Tier genervt ist. Der Tanrec ernährt sich hauptsächlich von Regenwürmern. Es ist „wahrscheinlich das produktivste aller Tiere", da bei einer Geburt bis zu einundzwanzig Junge geboren worden sein sollen. Einige Opossums haben jedoch fünfundzwanzig Zitzen.

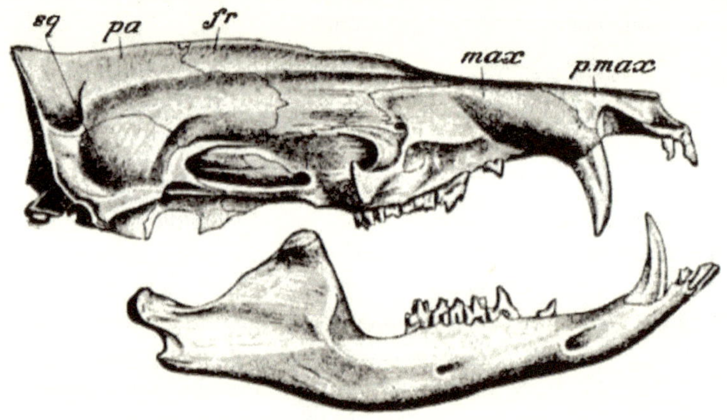

FEIGE. 248. – Schädel von Tenrec. *Centetes Ecaudatus* . *fr* , Frontal; *max* , Oberkiefer; *pa* , parietal; *p.max* , Prämaxillare; *sq* , Plattenepithelkarzinom. (Nach Dobson.)

Hemicentetes [374] ist eine Gattung mit zwei Arten. Diese haben Stacheln, die mit dem Fell auf dem Rücken vermischt sind. Es gibt weder bei dieser noch bei anderen Centetidae einen Blinddarm . Die Zahl der Zähne beträgt vierzig, es gibt nur drei Backenzähne.

Ericulus setosus ist ein kleiner Insektenfresser, der äußerlich einem kleinen Igel ähnelt. Es ist mit eng beieinander stehenden Stacheln bedeckt, die im Gegensatz zu denen von *Erinaceus* über den kurzen Schwanz hinausragen. Die Gesamtzahl der Zähne beträgt sechsunddreißig, die Formel lautet I 2/2 C 1/1 Pm 3/3 M 3/3.

Echinops [375] ist eine weitere stachelige Gattung, die *Ericulus* ein Stadium voraus ist , da noch ein Backenzahn verloren gegangen ist, wodurch sich die Gesamtzahl der Zähne auf zweiunddreißig reduziert hat. Die Zahnformel lautet somit I 2/2 C 1/1 Pm 3/3 M 2/2. Die Jochbeine sind auf bloße Fäden reduziert.

Microgale , eine kürzlich von Herrn Thomas eingeführte Gattung, ist ein kleiner pelziger Insektenfresser mit einem langen Schwanz, der mehr als doppelt so lang ist wie Kopf und Körper. Der Schwanz hat nicht weniger als 47 Wirbel und ist damit vergleichsweise länger als bei jedem anderen Säugetier.

Limnogale , entdeckt von Forsyth Major, ist eine Wassergattung, ebenfalls pelzig und nicht stachelig, die sich vom Centetid- Typ zu einem Wasserleben entwickelt hat. Die einzelne Art, *L. mergulus* , ist etwa so groß wie *Mus rattus* ; Es hat Schwimmhäute an den Zehen und einen kräftigen, seitlich zusammengedrückten Schwanz. Schlüsselbeine sind vorhanden, was bei *Potamogale nicht der Fall ist* .

Oryzoryctes ist ein maulwurfähnlicher Tausendfüßler . Es hat fossile Vorderbeine, aber einen ziemlich langen Schwanz. Diese Gattung ist wie die letzten beiden pelzig. Es heißt, dass er sich in den Reisfeldern wühlt und viel Schaden anrichtet. Die Zahl der Zähne beträgt vierzig, drei Schneidezähne und drei Backenzähne in jeder Kieferhälfte.

Fam. 4. Potamogalidae . — Diese Familie enthält zwei Gattungen, *Potamogale* und *Geogale* .

Potamogale Velox ist ein westafrikanisches Tier, das zwar ein Insektenfresser ist, aber die Gewohnheiten eines Otters hat. Es sei „etwas größer als ein Hermelin". Die Oberseite des Körpers ist dunkelbraun, der Bauch bräunlichgelb. Es hat einen flachen Kopf und einen langen Schwanz wie das Hermelin, aber der Schwanz ist seitlich zusammengedrückt und sehr dick. Die Augen sind sehr klein; Das Nasenloch hat Ventile. Die Zehen haben keine Schwimmhäute; aber die zweite und dritte Zehe sind über die gesamte Länge ihrer ersten Fingerglieder miteinander verbunden. Entlang der Außenseite des Fußes befindet sich eine dünne Verlängerung der Haut. Beim Schwimmen werden die Füße am Körper entlang gezogen, daher wären Schwimmhäute nutzlos; aber die dünne Abflachung verhindert, dass die Fußkante die Bewegung des Tieres behindert. M. du Chaillu beschreibt es als Fischfang, den es in den klaren Gebirgsbächen, die es häufig besucht, mit äußerster Geschwindigkeit jagt; aber Dr. Dobson, der bemerkt, dass keine Mägen untersucht wurden, meint, dass Wasserinsekten wahrscheinlicher seine Beute seien. Es ist nicht bekannt, ob das Tier einen Blinddarm besitzt. Die Zahnformel [376] lautet I 3/3 C 1/1 Pm 3/3 M 3/3. Das Tier zeichnet sich unter den Insektenfressern dadurch aus, dass es keine Schlüsselbeine besitzt. [377] Es gibt sechzehn Rippen; Es gibt keinen Jochbogen und die Pterygoidea laufen nach hinten zusammen.

Geogale ist mit einer Art, *G. aurita* , ein kleiner Vertreter dieser Familie aus Madagaskar. Es hat nur vierunddreißig Zähne. Wenn es besser bekannt ist, könnte es notwendig sein, denkt Herr Lydekker , dieses Tier zum Typus einer eigenen Familie zu machen. Das Schien- und Wadenbein sind deutlich ausgeprägt und nicht wie bei *Potamogale* ineinander übergehend .

Fam. 5. Solenodontidae . — Diese Familie enthält nur eine einzige Gattung.

Solenodon. Diese Gattung, die zwei Arten umfasst, eine aus Kuba, die andere aus Hayti , wurde einst als Centetidae bezeichnet . Es weist jedoch zahlreiche Unterschiede zu den Mitgliedern dieser Familie sowie einige allgemeine Übereinstimmungen auf. Möglicherweise ist seine Isolierung auf den beiden genannten westindischen Inseln vergleichbar mit der Isolierung der Centetidae auf Madagaskar; Sie sind beide Überlebende einer alten Gruppe von Insektenfressern, die anderswo ausgestorben sind. *Solenodon* hat fast das vollständige Gebiss. Es hat nur einen Prämolaren verloren und verfügt daher insgesamt über vierzig Zähne. Die Formel lautet somit I 3/3 C 1/1 Pm 3/3 M 3/3. Es unterscheidet sich auch von den Centetidae dadurch, dass es nur zwei Leistensäugetiere anstelle von Leisten- und Brustbeinen hat; Der Penis des Mannes ragt nicht aus einer Kloake hervor, sondern liegt nach vorne. Andererseits sind die Höcker der Backenzähne in der vArt der Centetidae angeordnet , eine Tatsache, die jedoch nach Ansicht einiger lediglich auf einen alten Trituberculismus hinweist, der nicht auf eine besondere Verwandtschaft hinweist. Es hat außerdem kein Jochbein im Schädel und keinen Blinddarm. Dr. Dobson hat außerdem eine Reihe von Unterschieden in der Muskelanatomie zwischen den beiden Familien tabellarisch aufgeführt. *Solenodon* hat einen langen nackten Schwanz. Die bei Insektenfressern stets entwickelte Schnauze ist bei dieser Gattung außerordentlich lang. Es ist ein pelziges, kein stacheliges Tier. *S. cubanus* neigt bei Reizung zu Wutausbrüchen, ein Merkmal, das es mit Spitzmäusen und Maulwürfen gemeinsam hat; Es wird auch behauptet, dass er die Art eines Straußes habe, seinen Kopf in einer Felsspalte zu verbergen und „anscheinend sich selbst dann sicher glaubte". Über die Gattung in freier Wildbahn ist jedoch nichts bekannt.

Fam. 6. Chrysochloridae . — Diese Familie umfasst nur die Gattung *Chrysochloris* , die etwa fünf Arten umfasst, die alle in Afrika südlich des Äquators beheimatet sind. Der wissenschaftliche Name der Gattung und auch der umgangssprachliche Name Cape Golden Mole leiten sich von den schönen schillernden Haaren ab, die mit weicherem und nicht schillerndem Fell vermischt sind. *Chrysochloris* hat spitz zulaufende Zähne, wie sie auch die vCentetidae und Solenodontidae besitzen . Im Schädel sind wie bei den Macroscelidae usw., jedoch nicht bei den Centetidae , vollständige Jochbeine vorhanden . Sie sind aus Gewohnheit Maulwürfe und die Augen sind mit Haut bedeckt; Die Ohren haben außerdem keine Muscheln. Die Anzahl der Zähne beträgt vierzig oder sechsunddreißig, wobei die Verringerung durch den Verlust eines Backenzahns bei den Formen mit der geringeren Anzahl verursacht wird. [378] Es ist interessant zu bemerken, dass die Anpassung an ein Leben als Graber auf ganz andere Weise erfolgt als bei den echten Maulwürfen (*Talpa*). Bei letzteren verändert sich die Position der Vorderbeine durch die Verlängerung des Manubrium sterni , was die außerordentlich verkürzten Schlüsselbeine mit sich bringt (Abb. 251). Bei *Chrysochloris* hingegen wird das gleiche Bedürfnis (*das heißt* , dass die Gliedmaßen so wenig wie möglich von den Seiten des Körpers hervorstehen, während die Länge der Gliedmaßen erhalten bleibt und die Hebelwirkung der Muskeln unberührt bleibt) durch a Aushöhlung der Brustkorbwände, wobei die Rippen und das Brustbein hier nach innen konvex sind. Das Brustbein und die Schlüsselbeine sind nicht verändert. Das Schien- und Wadenbein ist unten ankylosiert. Im Manus gibt es außerdem nur vier Finger, von denen die beiden mittleren stark vergrößert sind. Bei den Maulwürfen gibt es fünf Finger, und alle sind vergrößert; Es gibt auch einen großen radialen Sesambeinknochen, der so gut ist wie ein sechster Finger (von dem einige Anatomen tatsächlich annehmen, dass er mit ähnlichen Strukturen bei anderen Tieren gemeinsam ist). Der Fuß hat nur vier Zehen.

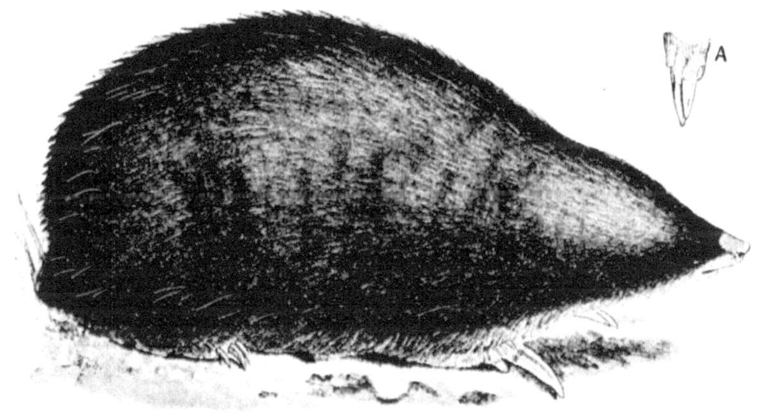

FEIGE. 249.- Goldener Maulwurf. *Chrysochloris trevelyani* . **A** , Unterseite des Vorderfußes. × ½. (Nach Günther.)

Fam. 7. Macroscelidae . [379] — Diese Familie umfasst drei Gattungen, die alle afrikanischer Herkunft und hauptsächlich äthiopischer Herkunft sind.

Macroscelides , die Elefantenspitzmäuse, sind springende Kreaturen mit spitzmausartigem Aussehen, kombiniert mit einem Beuteltier-Aussehen. Sowohl Speiche und Elle als auch Schien- und Wadenbein sind ankylosiert. Es gibt fünf Finger und Zehen. Es gibt einen Blinddarm wie bei nur wenigen Insektenfressern. Die von Thomas [380] überarbeitete Zahnformel HYPERLINK "https://gutenberg.org/files/39887/39887-h/39887-h.htm" \l "Nt_380" lautet I 3/3 C 1/1 Pm 4/4 M 2 /(2 oder 3), die Gesamtzahl beträgt also vierzig oder zweiundvierzig. Es gibt mehrere Arten dieser Gattung.

FEIGE. 250.- *Rhynchocyon Chrysopygus* . × ¼. (Nach Günther.)

Rhynchocyon und *Petrodromus* unterscheiden sich von *Macroscelides* dadurch, dass sie keine so langen Hinterbeine haben. Die Zahnformel des ersteren ist I (1 oder 0)/3 C 1/1 Pm 4/4 M 2/2 = 34 oder 36, des letzteren I 3/3 C 1/1 Pm 4/4 M 2/ 2 = 40. Bei *Petrodromus* sind die Zehen auf vier reduziert; Bei *Rhynchocyon* gibt es sowohl im Manus als auch im Pes nur vier Ziffern. Dieses Tier hat, wie der Name schon sagt, einen länglichen Rüssel, der gebogen werden kann und wirklich einem Miniaturelefantenrüssel und auch dem des Desman (Myogale) sehr *ähnelt* . Es hat dreizehn Rippenpaare und einen gut entwickelten Blinddarm. Darauf hat Dr. Günther im *Petrodromus* hingewiesen *tetradactylus* Die Haare des unteren Teils des Schwanzes bestehen aus steifen, elastischen Borsten von 5 mm. lang, mit einer Schwellung an der freien Spitze. Der Nutzen dieser singulären Modifikation ist überhaupt nicht erkennbar. Es wird angenommen, dass *Pseudorhynchocyon* aus dem europäischen Oligozän mit dieser Familie verwandt ist.

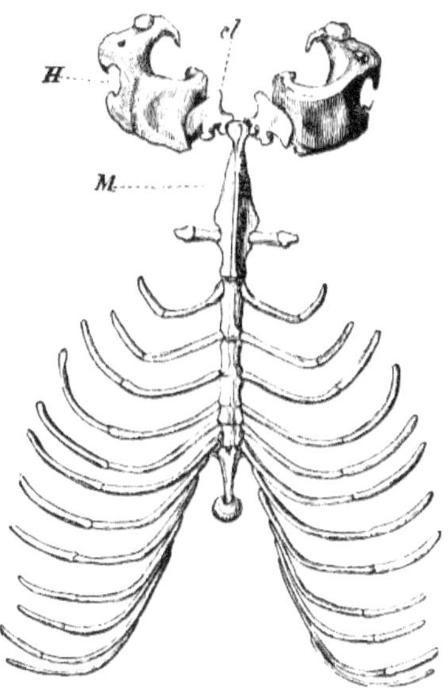
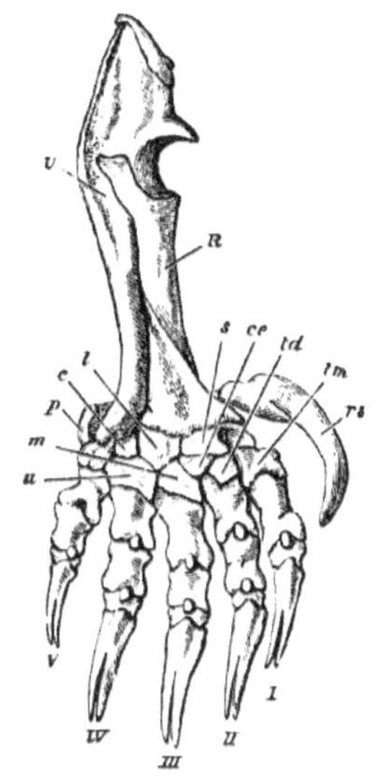

FEIGE. 251. – Sternum und Sternalrippen des Maulwurfs (*Talpa europaea*), mit den Schlüsselbeinen (*cl*) und Oberarmknochen (*H*); *M* , Manubrium sterni . Nat. Größe. (Aus Flower's *Osteology* .)

FEIGE. 252.- Knochen des Unterarms und des Handrückens des Maulwurfs (*Talpa europaea*). × 2. *C* , Keilschrift; *ce* , zentral; *l* , Mond; *m* , Magnum; *p* , pisiform; *R* , Radius; *rs* , radiales Sesambein (falciform); *s* , Skaphoid; *td* , Trapez; *tm* , Trapez; *U* , Ulna; *u* , unziform; *IV* , die Ziffern. (Aus Flower's *Osteology* .)

Fam. 8. Talpidae. — Diese Familie ist auf die Gebiete der Paläarktis und der Nearktis beschränkt, oder praktisch dort, und hinsichtlich der Gattungen ziemlich gleichmäßig verteilt; Ein Maulwurf überquert gerade die Grenze in die orientalische Region. Die Gattung *Talpa* ist ausschließlich in der Alten Welt verbreitet und umfasst mehrere Arten, von denen der Gemeine Maulwurf, *T. europaea* , die bekannteste ist. Es gibt vierzig Zähne, wobei einer der Backenzähne des vollständigen Säugetiergebisses nicht dargestellt ist. Im Milchgebiss gibt es einen zusätzlichen Prämolaren, der im bleibenden Gebiss nicht durch einen Nachfolger repräsentiert wird. Die Formel lautet somit I 3/3 C 1/1 Pm 4/4 M 3/3. Es gibt keine äußeren Ohren und die Augen sind rudimentär; Das weiche, seidige Fell ist jedem bekannt. Das Brustbein hat einen starken Kamm, der mit einer kräftigen Entwicklung der Brustmuskeln einhergeht, die für ein grabendes Tier so wichtig sind. Es ist kaum nötig, das Tier zu erwähnen, dass es unter der Erde in von ihm selbst ausgegrabenen Höhlen lebt, die, wie festgestellt wurde, nicht die kunstvolle und scheinbar phantasievolle Form haben, die ihnen von vielen Autoren zugeschrieben wird. Manchmal erscheinen Maulwürfe über der Erde. Ihre Hauptnahrung besteht aus Regenwürmern, und es ist vielleicht nicht unangebracht, Topsells urigen Bericht über ihre Jagd auf die Ringelwürmer zu zitieren: „Wenn den Würmern Schimmel folgt (denn durch Graben und Heben erkennen sie ihr eigenes Verderben), fliegen sie dorthin." Das dumme Tier weiß, dass die Schimmel , ihr Widersacher, es nicht wagen, ihnen ins Licht zu folgen , so dass ihr Verstand darin, ihren Feind zu vertreiben, größer ist, als sich wieder umzudrehen , wenn sie zertreten werden . In letzter Zeit heißt es [381] , dass Maulwürfe Regenwürmer zum Verzehr im Winter anhäufen und ihnen den Kopf abbeißen, um zu verhindern, dass sie davonkriechen.

Jakobsmuscheln , eine amerikanische Gattung, sind maulwurfartige Lebewesen mit weitgehend aquatischen Lebensgewohnheiten, wie ihre mit Schwimmhäuten versehenen Hinterfüße zeigen; es hat einen kurzen, nackten Schwanz. Anscheinend hat es wie die Spitzmäuse keine unteren Eckzähne.

Condylura , eine weitere amerikanische Gattung, wird aufgrund einer merkwürdigen strahlenden Struktur am Ende der Schnauze auch Sternnasenmaulwurf genannt.

Myogale , der Desman, hat einen noch eher aquatischen Wuchs und verbindet die Maulwürfe mit den Spitzmäusen, obwohl er, wie bei vielen der ersteren, niedrigere Eckzähne hat. Es hat Schwimmhäute an den Hinterfüßen und einen langen Schwanz. Eine Art kommt in den Pyrenäen vor, die andere in Russland. Einige andere Gattungen (*Urotrichus* , *Uropsilus* , *Scaptonyx* , *Dymecodon* , *Scapasius* , *Perascalops*) gehören zur gleichen Familie.

Fam. 9. Soricidae . — Die echten Spitzmäuse haben ein viel größeres Verbreitungsgebiet als andere Familien der gegenwärtigen Ordnung. In der paläarktischen Region kommen *Sorex* , *Crossopus* , *Crocidura* , *Nectogale* und *Chimarrogale vor* . Der erste ist ebenfalls Nearktis und erreicht Mittelamerika. In der äthiopischen Region gibt es die einzige eigentümliche Gattung *Myosorex* , aber auch *Crocidura* kommt dort vor. *Blarina* und *Notiosorex* sind in der Reichweite „Sonoraner"; *Soriculus* Oriental. *Crocidura* , *Anurosorex* und *Chimarrogale* kommen ebenfalls in diese Region vor. *Sorex* hat Zähne mit rötlicher Farbe an der Spitze , und seine Zahnformel lautet laut den jüngsten Forschungen von Herrn Woodward: I 3 /(2 oder 3) C 1/0 Pm 3/1 M 3/3 = 32 oder 34.

Im Vergleich zu anderen Insektenfressern ist daher das Fehlen der unteren Eckzähne die bemerkenswerteste Tatsache, die man in der gesamten Familie findet. Darüber hinaus ist die Gattung – und zwar die Familie –

möglicherweise an der Größe des ersten Schneidezahnpaares zu erkennen. In der obigen Formel ist es möglich, meint Herr Woodward, dass es Fehler geben könnte; Er ist sich nicht sicher, ob der vermeintliche obere Eckzahn nicht ein vierter Schneidezahn ist und ob der erste Prämolar nicht wirklich der Eckzahn ist. Eine weitere Besonderheit des Gebisses von *Sorex* ist die Unterdrückung der Zähne des Milchgebisses, die funktionslos und wahrscheinlich nicht verkalkt sind. Die Gattung *Sorex* ist terrestrisch. Der Schwanz ist lang und mit Haaren bedeckt. Hierzulande gibt es zwei Arten, *S. vulgaris* und *S. minutus* . Ersteres ist der Spitzmaus der Legende und des Aberglaubens; und es ist zweifellos die Art, die den unzähmbareren Mitgliedern des weicheren Geschlechts ihren Namen gegeben hat, obwohl es die Männchen sind, die besonders kampflustig sind. Der Legende nach hat jeder von der Spitzmaus-Esche gehört, deren Blätter, nachdem eine Spitzmaus lebend in ein Loch im Baum eingeführt wurde, ein Auslöser für Viehkrankheiten sind, die dadurch verursacht werden, dass die Spitzmaus selbst darüber kriecht.

Der Rev. Edward Topsell , Autor von „*The Historie of Four-footed Beastes* ", der seine Wahrhaftigkeit verteidigt, indem er behauptet, dass er nicht „für die unhöflichen und vulgären Leute schreibe, die, da sie von der Funktionsweise des Lernens völlig unwissend sind, derzeit alles Fremde verurteilen ." Dinge", sagt der Widerspenstige, dass „es ein gefräßiges Tier ist, das vorgibt, sanft und zahm zu sein, aber wenn es berührt wird, beißt es tief und sticht tödlich aus. Es hat einen grausamen Geist und strebt danach, irgendetwas zu verletzen, und es gibt kein Geschöpf, das das tut." es liebt, oder es liebt ihn, weil es vor allen gefürchtet ist." Es ist wahrscheinlich, dass all dieses rustikale Gefühl auf die starken Ausdünstungen zurückzuführen ist, die der Spitzmaus zweifellos abgibt.

S. minutus gilt als das kleinste britische Säugetier; es ist seltener als das letzte. Diese Form kommt in den Alpen vor, ebenso wie die eigentümliche alpine Art *S. alpinus* , die in den Alpen, Pyrenäen, Karpaten und im Hartz vorkommt.

Crossopus fodiens , die Spitzmaus, hat ebenfalls braun gefärbte Zähne. Es ist in diesem Land keine Seltenheit und lebt in Höhlen, die an den Seiten der von ihm betroffenen Bäche ausgegraben wurden.

Außer diesen beiden Gattungen haben *Soriculus* , *Blarina* und *Notiosorex* Zähne mit roter Spitze. Bei *Crocidura* , *Myosorex* , *Diplomesodon* , *Anurosorex* , *Chimarrogale* und *Nectogale* haben die Zähne eine weiße Spitze. Dies sind alle Gattungen der Familie, die der verstorbene Dr. Dobson in einer Übersicht über diese Familie zugelassen hat. [382]

Chimarrogale und *Nectogale* sind Wassergattungen. Ersteres besteht aus einer Himalaya- und einer Borneo-Art sowie einer japanischen Art, die keine

Schwimmhäute an den Füßen, sondern einen Schwanz mit einem Rand aus länglichen Haaren haben.

Nectogale elegans ist eines der charakteristischen Tiere der tibetanischen Hochebene. Es hat Schwimmhäute an den Füßen. Die Zähne sind wie bei *Chimarrogale* I 3/2 C 1/0 Pm 1/1 M 3/3.

Die anderen Gattungen leben terrestrisch.

UNTERORDNUNG 2. DERMOPTERA.

FEIGE. 253.- *Galeopithecus Volans* . × ⅓ . (Nach Vogt und Specht.)

Die Familie **Galeopithecidae** enthält nur eine Gattung, die zeitweise den Lemuren oder Fledermäusen zugeordnet oder zum Typus einer besonderen Säugetierordnung gemacht wurde. Es ist besser, ihn als einen abweichenden Insektenfresser zu betrachten — der sich in der Tat so sehr von anderen Formen unterscheidet, dass für seine Aufnahme eine spezielle Unterordnung erforderlich ist.

Galeopithecus [383] kommt im orientalischen Raum vor. Es ist ein größeres Tier als alle anderen Insektenfresser, etwa so groß wie eine Katze, und hat ein Patagium, das sich zwischen Hals und Vorderbein, zwischen Vorderbein und Hinterbein und zwischen Hinterbein und Hinterbein erstreckt Schwanz. Dieses Patagium ist reichlich mit Muskulatur ausgestattet, aber die Finger sind zu seiner Unterstützung nicht wie bei den Fledermäusen verlängert. Vom Grad seiner Entwicklung her liegt das Patagium dieser Kreatur jedoch in der Mitte zwischen dem des *Sciuropterus* einerseits und dem der Fledermäuse andererseits. Es weist viele bemerkenswerte Merkmale in seiner Organisation auf . Das Gehirn gleicht dem der Insektenfresser in der Freilegung der Corpora quadrigemina durch die leichte Rückwärtsverlängerung der Großhirnhemisphären; aber seine Oberseite ist auf jeder Seite durch zwei Längsfurchen gekennzeichnet, ein Zustand (in Kombination), der bei den Mammalia beispiellos ist. Die Zähne zeichnen sich durch die einzigartige „kammartige" Struktur der unteren Schneidezähne aus. Dies ist jedoch eine Übertreibung dessen, was bei *Rhynchocyon* und *Petrodromus* zu finden ist , während der gleiche Zahnstil, wenn auch nicht so hoch entwickelt, bestimmte Fledermäuse charakterisiert . Die Tupaiidae und bestimmte Lemuren zeigen, was Dr. Leche als den Anfang derselben Sache ansieht. Wie bei *Tupaia* gibt es auch hier einen Hinweis auf die charakteristisch lemurische Sublingua . Der Magen ist stärker spezialisiert als bei anderen Insektenfressern, wobei die Pylorusregion als schmaler Schlauch verlängert ist. Es gibt einen Blinddarm. Eine Besonderheit des Darmtraktes besteht darin, dass der Dickdarm länger ist als der Dünndarm.

Befehl XII. CHIROPTERA.

Fledermäuse folgendermaßen definieren : – Fliegende Säugetiere, bei denen die Phalangen der vier Finger der Hand dem Pollex stark verlängert folgen und zwischen sich und den Hinterbeinen und dem Schwanz eine dünne Hautmembran tragen, die den Flügel bildet. Der Radius ist lang und gebogen; die Elle rudimentär. Das Knie ist nach hinten gerichtet, da die Gliedmaße durch die Flügelmembran nach außen gedreht wird. Von der Innenseite des Sprunggelenks entspringt ein knorpeliger Fortsatz, der Calcar, der den interfemoralen Teil der Flügelmembran stützt . Die Brustwarzen sind brustförmig; die Plazenta ist scheibenförmig und deziduiert. Die glatten Großhirnhemisphären reichen nicht über das Kleinhirn hinaus.

FEIGE. 254.- Barbastelle. *Synotus Barbastellus* . × ½. (Nach Vogt und Specht.)

Diese große Säugetierordnung wurde einst den Primaten zugeordnet. Es besteht jedoch kein Zweifel, dass sie eine vollkommen unterschiedliche Ordnung bilden; Keine Kenntnis fossiler Formen überbrückt in irgendeiner Weise die Kluft, die sie von den höchsten Säugetieren unterscheidet. Das hervorstechendste Merkmal ihrer Organisation sind eindeutig die Flügel. Diese bestehen aus Membranen, einer mit Nerven, Blutgefäßen usw. versehenen Ausdehnung der Haut, die hauptsächlich zwischen den Fingern 2 bis 5 gespannt liegen. Diese Finger selbst, die enorm verlängert sind, wirken wie die Rippen eines Regenschirms. und wenn der Flügel gefaltet ist, kommen sie in Kontakt. Neben diesem Teil des Flugapparates liegt vor dem Arm ein Membranstreifen, der dem Flügelmembran des Vogels entspricht, bei den Fledermäusen jedoch eine ganz untergeordnete Stellung einnimmt. Beim Vogel hingegen gibt es ein Metapatagium , das den Hauptteil des Flügels der Fledermaus darstellt. Es scheint durchaus möglich, dass das Metapatagium bei *Archaeopteryx* eher einer Fledermaus ähnelte. Darüber hinaus liegt bei Fledermäusen eine Steuermembran, wie sie bei manchen Flugsauriern den Schwanz umsäumt , interfemoral und umfasst den gesamten oder einen Teil des Schwanzes. Der Pollex nimmt keinen Anteil am Flügel ein, sondern ragt, stark mit einer Klaue bewaffnet, aus dem oberen Rand hervor.

Die Knochen dieser Säugetierordnung sind schlank und markig; Sie sind daher leicht und erfüllen die Funktion des Fliegens. Ein bemerkenswertestes Merkmal unter den äußeren Merkmalen des Fledermausstammes sind die außergewöhnlichen und oft sehr komplizierten Membranen, die die Nasenlöcher umgeben. Diese sind bei Männern zumindest häufig stärker entwickelt als bei Frauen und können möglicherweise teilweise in die Kategorie der sekundären Geschlechtsmerkmale verbannt werden. Aber es scheint, dass sie auch eine wichtige taktile Funktion haben und es den Lebewesen ermöglichen, zu fliegen, ohne Körper zu berühren, die ihnen im Weg stehen. Auch die Ohren sind häufig sehr groß und man kann davon ausgehen, dass der Gehörsinn entsprechend ausgeprägt ist. Bei der hierzulande verbreiteten Langohrfledermaus sind die Ohren in ihrer Länge nicht wesentlich schlechter als Kopf und Körper des Tieres zusammen. Die Ohren haben die verschiedensten Formen und bieten Zeichen, die für die systematische Anordnung der Ordensmitglieder wertvoll sind.

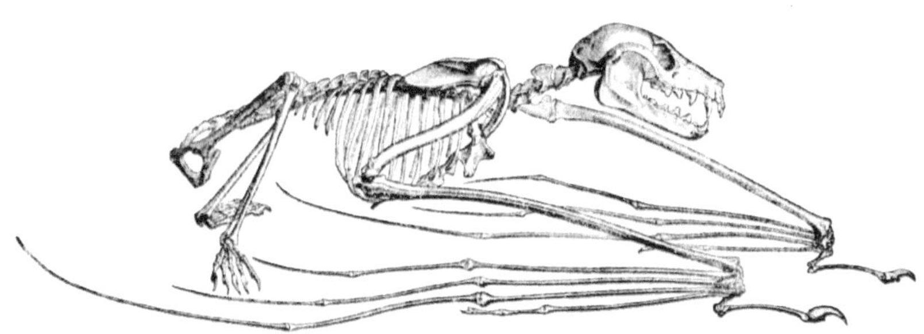

FEIGE. 255.— Skelett eines Flying Fox. *Pteropus jubatus.* × ⅛. (Nach de Blainville.)

Im Schädel von Fledermäusen gibt es sehr selten eine vollständige Trennung zwischen Augenhöhlen- und Schläfengrube; Der Tränenkanal liegt außerhalb der Augenhöhle. Die Trommelfelle sind ringförmig und in einem rudimentären Zustand. Bei alten Menschen neigen die Wirbelzentren dazu, ankylosiert zu werden; Die Schwanzflügel haben keine Fortsätze, ähneln aber denen ganz am Ende der Reihe bei Tieren mit langem Schwanz. Das Brustbein ist zur besseren Befestigung der Brustmuskeln, den Hauptmuskeln des Fluges, gekielt. Die stark abgeflachten Rippen sind gelegentlich an ihren Rändern ankylosiert. Es gibt ein gut entwickeltes Schlüsselbein. In der Handwurzel sind das Kahnbein, das Mondbein und das Keilbein miteinander verwachsen. Am Hinterbein ist das Wadenbein selten vollständig entwickelt.

Die Fledermause lassen sich in zwei Hauptgruppen einteilen, nämlich die der Megachiroptera und die der Mikrochiroptera.

UNTERORDNUNG 1. MEGACHIROPTERA.

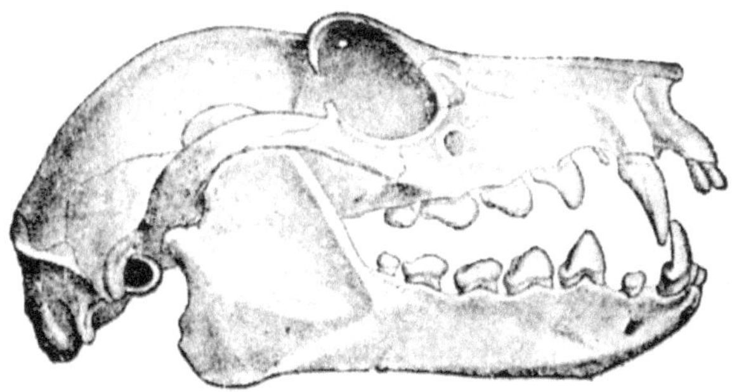

FEIGE. 256. – Schädel von *Pteropus fuscus* . × 3 / 2 . (Nach de Blainville.)

Die **Pteropodidae** sind frugivive, meist große Fledermäuse. Das Hauptunterscheidungsmerkmal ist die Tatsache, dass die Backenzähne nicht tuberkulös, sondern mit einer Längsfurche versehen sind, die jedoch bei der Gattung *Pteralopex* durch Höcker verdeckt ist. Der Gaumen setzt sich hinter den Backenzähnen fort. Der Zeigefinger hat drei Fingerglieder und ist normalerweise mit Krallen versehen. Die Ohren sind oval und die beiden Kanten berühren sich an der Ohrbasis. Der Schwanz, falls vorhanden, hat nichts mit der Interfemoralmembran zu tun. Diese Gruppe gehört vollständig zur Alten Welt. Die Gattung *Pteropus* umfasst die als Flughunde bekannten Lebewesen. Sie sind die größten Formen der Unterordnung und haben manchmal eine Flügelspannweite von 5 Fuß (dies ist bei *P. edulis der Fall*). Die Schnauze ist lang und das Gesicht daher „fuchsig". Der innere Rand der Nasenlöcher ragt hervor, eine Vorbereitung für die röhrenförmigen Nasenlöcher von *Harpyia*. Der Schwanz fehlt. Es gibt drei Prämolaren und zwei Molaren. Der Pylorusbereich des Magens ist gestreckt und in sich selbst verdreht. Von dieser Gattung gibt es fast sechzig Arten, die von Madagaskar bis Queensland reichen. Dreißig Arten kommen in der australischen, zwanzig in der orientalischen Region vor. Auf Madagaskar gibt es sieben Arten, und eine Art gelangt gerade erst in die Paläarktis. Das Vorkommen dieser Gattung in Indien und in Madagaskar ist eine jener Tatsachen, die die aus diesen und anderen Gründen von Dr. Dobson und Dr. Blanford vertretene Ansicht begünstigen, dass einst eine Verbindung zwischen Indien und Madagaskar bestanden haben muss; Man kann kaum glauben, dass diese langsam fliegenden Kreaturen in der Lage wären, weite Teile des Ozeans ohne fremde Hilfe zu überqueren. [384]

Pteropus wird im äthiopischen Raum durch die verwandte Gattung *Epomophorus vertreten* . Davon gibt es vielleicht ein Dutzend Arten. Die Zähne sind im Oberkiefer auf zwei Prämolaren reduziert, drei bleiben unten übrig; während es in jedem Oberkiefer nur einen Backenzahn und in jedem Unterkiefer zwei gibt. Dr. Dobson hat die Struktur der bemerkenswerten Rachensäcke untersucht, die im Hals des Mannes vorhanden sind und sich aufblasen können.

Der Pteralopex der Salomonen hat kürzere Ohren als viele *Pteropus* , ansonsten sind seine äußeren Merkmale gleich. Wie bei *Pteropus nicobaricus* , die Umlaufbahnen dieser Gattung sind durch einen Knochenring verschlossen, ein äußerst seltenes Phänomen bei Fledermäusen. Die Eckzähne haben zwei Höcker. Die Charaktere der knirschenden Zähne wurden bereits erwähnt. Es ist ungewiss, ob die einzige Art dieser Gattung, *P. atrata* , ein Gemüsefresser ist oder nicht. *Harpyia* hat kurze Ohren und außergewöhnlich lange und röhrenförmige Nasenlöcher. Bei *Pteralopex* gibt es einen Hinweis auf den akzessorischen Höcker zu den oben erwähnten Eckzähnen . Die Schneidezähne sind an jedem Oberkiefer auf einen reduziert, darunter auf keinen. *Cynopterus* hat auch oft bituberkulierte Eckzähne. Es handelt sich um eine orientalische Gattung mit mehreren Arten.

Nesonycteris hat mit einer Art von den Salomonen, *N. woodfordi* , die Zahnformel I 2/1 C 1/1 Pm 3/3 M 2/3. Der Zeigefinger hat keine Kralle; der Schwanz fehlt. Die Prämaxillen sind nach vorne abgetrennt.

Eonycteris , mit einer einzigen höhlenbewohnenden Art aus Burma , *E. spelaea* , hat ebenfalls keine Klaue auf dem Index; Durch das Vorhandensein eines zusätzlichen Schneidezahns unten ist die Zahnform voller. Die Zunge ist sehr lang und mit Papillen besetzt. Es gibt einen kurzen, aber ausgeprägten Schwanz.

Notopteris stammt aus Neuguinea und den Fidschi-Inseln und unterscheidet sich von den verwandten Gattungen durch seinen langen Schwanz.

Die übrigen Flughundgattungen sind *Boneia* , *Harpyionycteris* , *Cephalotes* , *Callinycteris* und *Macroglossus* aus der orientalischen Region sowie *Scotonycteris* , *Liponyx* und *Megaloglossus* aus der äthiopischen Region. schließlich gibt es noch die australische *Melonycteris* .

UNTERORDNUNG 2. MICROCHIROPTERA.

Die Mitglieder dieser Unterordnung sind meist insektenfressende Fledermäuse, gelegentlich jedoch auch „fruchtfressende oder blutfressende “ Fledermäuse. Die Backenzähne sind mehrspitzig mit scharfen Höckern. Der Gaumen wird nicht hinter dem letzten Backenzahn fortgesetzt. Der zweite Finger hat nur eine Phalanx oder keine; gelegentlich sind es zwei. Es hat keine Klaue. Die beiden Seiten des Ohrs sind von ihrem Ursprungspunkt am Kopf getrennt. Die Gruppe ist in der Alten Welt verbreitet.

Fam. 1. Rhinolophidae . — Die Fledermäuse dieser Familie besitzen Blattauswüchse rund um die Nasenlöcher. Die Ohren sind groß, haben aber keinen Tragus. Der Zeigefinger hat überhaupt keine Phalanx. Die Prämaxillarknochen sind recht rudimentär und hängen an den Nasenknorpeln. Zusätzlich zu den Brustmuskeln haben sie zwei zitzenartige Fortsätze, die sich auf der Bauchseite befinden. Der Schwanz ist lang und reicht bis zum Ende der Interfemoralmembran.

Die Gattung *Rhinolophus* hat ein großes Nasenblatt und einen Antitragus am Ohr. Der erste Zeh hat zwei Gelenke, die übrigen Zehen haben jeweils drei Gelenke. Das Gebiss ist I 1/2 C 1/1 Pm 2/3 M 3/3. Es gibt fast dreißig Arten der Gattung, die auf die Alte Welt beschränkt sind. In diesem Land kommen zwei Arten vor, nämlich *R. ferrum Equinum* , die Große Hufeisennase und die Kleine Hufeisennase, *R. hipposiderus* . Der Name leitet sich natürlich von der Form des Nasenblattes ab.

Die Gattung *Hipposiderus und einige verwandte Formen werden abseits von Rhinolophus* und seinen unmittelbaren Verbündeten in einer Unterfamilie *Hipposiderinae* eingeordnet . Die Typusgattung *Hipposiderus* , oder, wie sie offenbar heißen sollte, *Phyllorhina* , kommt wie alle anderen Mitglieder der Familie in der Alten Welt vor.

Das Nasenblatt ist kompliziert und an allen Zehen gibt es nur zwei Phalangen; Es gibt keinen Antitragus am Ohr. Ein merkwürdiges Merkmal in der Osteologie der Gattung und tatsächlich der Unterfamilie ist die Tatsache, dass der Processus ileo-pectineus durch eine knöcherne Brücke mit dem Ilium verbunden ist; Diese Anordnung ist einzigartig unter Säugetieren.

Die Gattung *Anthops* , die nur von den Salomonen bekannt ist und dort nur mit einer einzigen Art (*A. ornatus*) vertreten ist, besitzt ein außerordentlich kompliziertes Nasenblatt. Der Schwanz ist, wie bei den Orientalischen *Coelops* , die ebenfalls von einer einzigen Art (*C. frithii*) vertreten werden, rudimentär.

Triaenops , äthiopisch und madagassisch, hat wie der australische *Rhinonycteris* einen gut entwickelten Schwanz. *Triaenops* hat auch ein äußerst kompliziertes Nasenblatt.

Fam. 2. Nycteridae . — Diese Familie unterscheidet sich von den Rhinolophidae dadurch, dass das Ohr einen kleinen Tragus hat, und durch die kleinen und knorpeligen Prämaxillen. Zusätzlich zu diesen beiden Merkmalen kann hinzugefügt werden, dass das Nasenblatt gut entwickelt ist, aber nicht so kompliziert wie bei der letzten Familie. Die Typusgattung

Nycteris ist äthiopisch und orientalisch, neun Arten stammen aus Afrika und nur eine, *N. javanica* , stammt, wie der spezifische Name schon sagt, aus dem Osten. *Megaderma* zeichnet sich durch den Verlust der oberen Schneidezähne aus. Es gibt keinen Schwanz und die Ohren sind besonders groß. Sie sind fleischfressende Fledermäuse, und *M. lyra* , auch „Indische Vampirfledermaus" genannt, befällt als Nahrungsartikel hauptsächlich Frösche.

Fam. 3. Vespertilionidae . — Diese Familie hat nicht das Nasenblatt anderer Familien. Die Öffnungen der Nasenlöcher sind einfache, runde oder halbmondförmige Öffnungen. Das Ohr hat einen Tragus und der Schwanz ist nicht in nennenswertem Umfang hinter der Interfemoralmembran ausgebildet. Der Indexfinger besteht aus zwei Fingergliedern.

Die Artenzahl dieser Familie übertrifft jede andere Fledermausfamilie bei weitem. Die jüngste Schätzung, die von PL und WL Sclater , lässt 190 zu. Allerdings sind die generischen Arten bei weitem nicht so zahlreich wie bei den Phyllostomatidae . Dies ist eine wichtige Tatsache, wenn wir über die geografische Reichweite der beiden Familien nachdenken. Die Vespertilionidae kommen auf der ganzen Erde vor, während die Phyllostomatidae praktisch auf den südamerikanischen Kontinent beschränkt sind und gerade erst in die Nearktis vordringen. Sie bewohnen daher ein engeres Gebiet und haben sich infolge der Konkurrenz freier spezialisiert als die weitverbreiteten und daher nicht überfüllten Vespertilionidae .

Die Gattung *Vesperugo* ist mit nicht weniger als siebzig Arten die mit Abstand größte Gattung dieser Familie. Der Schwanz ist kürzer als Kopf und Körper zusammen; die Ohren sind getrennt und mittelgroß oder kurz; Der Tragus ist im Allgemeinen kurz und stumpf. Das Gebiss ist I 2, C 1, Pm 2 oder 1, M 3. Es ist eine bemerkenswerte Tatsache, dass diese Gattung im Gegensatz zu den meisten Fledermäusen gleichzeitig zwei Junge zur Welt bringt. Das Verbreitungsgebiet der Gattung ist universell, und eine hierzulande bekannte Art, die Breitflügelfledermaus , kommt sogar von der Neuen bis zur Alten Welt vor; Aber bei einem so kleinen Lebewesen darf die Möglichkeit eines versehentlichen Transports durch den Menschen nicht außer Acht gelassen werden. Die britischen Arten sind: *V. serotinus* , der bereits erwähnte Serotine; *V. discolor* , von dem nur ein einziges Beispiel vorkommt und möglicherweise eingeschleppt wurde; *V. noctula* , dessen Gewohnheiten von Gilbert White beschrieben wurden; *V. leisleri* ; und die Zwergfledermaus, *V. pipistrellus* , das hierzulande bekannteste Mitglied der Gattung.

Die Gattung *Vespertilio* umfasst etwa 45 Arten und ist weltweit verbreitet. Es hat einen Prämolaren mehr im Oberkiefer als *Vesperugo* . Es gibt nicht weniger als sechs britische Arten, von denen *V. murinus* die größte in diesem Land nachgewiesene Fledermausart ist, aber nicht ganz sicher heimisch ist.

Plecotus hat sehr lange Ohren. Das Gebiss ist I 2/3 C 1/1 Pm 2/3 M 3/3. Der Tragus ist sehr groß. Es gibt nur zwei oder möglicherweise drei Arten, von denen eine nordamerikanisch ist und die andere die Langohrfledermaus, *P. auritus*, aus diesem Land ist, aber bis nach Indien vorkommt. Die schrille, für manche Ohren unhörbare Stimme dieser Fledermaus hat jeder *gehört*.

Zu Synotus gehören die Britische Barbastelle, *S. barbastellus*, sowie eine östliche Form. Sie unterscheidet sich von der letzten Gattung hauptsächlich durch den Verlust eines unteren Prämolaren. Auch die Ohren sind nicht so groß. *Otonycteris*, *Nyctophilus* und *Antrozous* sind verwandte Gattungen; der letzte ist kalifornisch, die anderen altweltlichen Formen.

Kerivoula (oder *Cerivoula*) hat einen langen, spitzen, schmalen Tragus. Der Schwanz ist genauso lang oder länger als Kopf und Körper. Das Gebiss ist wie bei *Vespertilio*; aber die oberen Schneidezähne sind parallel statt auseinanderlaufend wie bei dieser Gattung. Die leuchtend farbigen Gerade deshalb ist *K. picta die bekannteste Art*. Der Name *Kerivoula* ist eine Verballhornung des singhalesischen „ Kehel". vulha bedeutet Wegerichfledermaus. Es wurde beschrieben, dass diese Fledermaus, wenn sie tagsüber gestört wird, eher wie ein riesiger Schmetterling als wie eine Fledermaus aussieht, was von Natur aus mit düsteren Farbtönen in Verbindung gebracht wird. Andere Arten kommen in den orientalischen, australischen und äthiopischen Regionen vor.

Miniopterus hat einen Prämolaren weniger im Oberkiefer; es hat einen langen Schwanz wie in der letzten Gattung. Eine Art, *M. scheibersi*, hat fast das größte Verbreitungsgebiet aller Fledermäuse und kommt von Südeuropa bis Afrika, Asien, Madagaskar und Australien vor.

Natalus ist eine verwandte Form aus dem tropischen Amerika und den Westindischen Inseln. Es ist hauptsächlich durch den kurzen Tragus zum Ohr von *Kerivoula* zu trennen.

Thyroptera ist ebenfalls südamerikanisch. Es zeichnet sich durch die merkwürdigen saugnapfartigen Scheiben an Daumen und Fuß aus. Diese „ähneln im Miniaturformat den Saugnäpfen von Tintenfischen." Die Madagaskar-Gattung *Myxopoda* hat mit nur einer Art ebenfalls einen klebrigen, aber hufeisenförmigen Ballen an Daumen und Fuß.

Scotophilus hat kurze Ohren mit einem sich verjüngenden Tragus. Der Schwanz ist kürzer als Kopf und Körper und liegt fast in der interfemoralen Membran. Das Gebiss ist I 1/3 C 1/1 Pm 1/2 M 3/3, mit einem weiteren oberen Schneidezahn im jungen Alter. Es ist afrikanisch, asiatisch und australisch.

durch die von Herrn Dobson vorgeschlagene Gattung oder Untergattung, wie sie allgemein angenommen wird, *Scotozous*, *mit Vesperugo* verbunden zu sein . [385] Die Gattung *Nycticejus*, gegründet für die Einbeziehung von *Scotozous dormeri*, eine indische Art, sollte laut Dr. Blanford aus Gründen der Priorität den Namen *Scotophilus* ersetzen . Da dieser Name (*Nycticejus*) jedoch von Rafinesque eingeführt wurde, dessen Werk so unsicher und nicht vertrauenswürdig war, scheint es vorzuziehen, den bekannteren Namen Scotophilus beizubehalten , der von William Elford Leach eingeführt wurde.

Die Gattung *Chalinolobus* [386] hat kurze, breite Ohren mit einem ausgedehnten Tragus. Von der Unterlippe ragt auf beiden Seiten des Mundes ein ausgeprägter fleischiger Läppchen hervor. Der Schwanz ist so lang wie der Kopf und der Körper. Die Zahnformel lautet I 2/3 C 1/1 Pm 2/2 oder 1/2 M 3/3. Die Gattung kommt in Afrika, Australien und Neuseeland vor; aber die afrikanischen Arten mit verminderten Prämolaren und blasser Färbung wurden als *Glauconycteris unterschieden* .

Fam. 4. Emballonuridae. — Die zu dieser Familie gehörenden Fledermäuse haben kein Nasenblatt. Der Tragus ist vorhanden, aber oft sehr klein. Die Ohren dieser Familie sind oft vereint. Im Mittelfinger befinden sich zwei Fingerglieder. Der Schwanz ist teilweise frei, entweder durchdringt er die Membrana interfemoralis und erscheint auf der Oberseite oder er erstreckt sich über sein Ende hinaus. Das Gesicht ist vorne schräg abgeschnitten, die Nasenlöcher treten über die Unterlippe hinaus.

Emballonura ist im Verbreitungsgebiet Australisch, Orientalisch und Maskarenisch. Die Ohren stehen separat ab und es gibt einen ziemlich entwickelten und schmalen Tragus. Der Schwanz perforiert die interfemorale Membran. Die Zahnformel lautet I 2/3 C 1/1 Pm 2/2 M 3/3.

Rhinopom sind die Ohren vereint; Die Schneidezähne werden auf jeder Seite jedes Kiefers um einen reduziert, und die Prämolaren werden in ähnlicher Weise reduziert, jedoch nur im Oberkiefer.

Noctilio ist eine amerikanische Gattung mit zwei oder drei Arten, die ein Paar ausgesprochen großer oberer Schneidezähne aufweist, die das äußere Paar vollständig verdecken. Aus diesen Gründen wurde diese Fledermaus von ihren Verbündeten entfernt und von Linnaeus zu den Nagetieren gezählt, ein Beispiel für den Nachteil des künstlichen Klassifikationsschemas. Die Art *N. leporinus* ernährt sich nachweislich von Fischen.

Furia, *Amorphochilus*, *Rhynchonycteris*, *Saccopteryx*, *Cormura* und *Diclidurus* sind weitere neotropische Gattungen derselben Familie.

Die Gattung *Taphozous* [387] hat einen Schwanz, der die Interfemoralmembran perforiert und auf ihrer Oberseite erscheint; es kann zurückgezogen werden. Die Prämaxillarien sind knorpelig. Das Gebiss ist I 1/2 C 1/1 Pm 2/2 M

3/3. Die oberen Schneidezähne verschwinden oft. Viele Arten der Gattung haben einen Kehlsack, der sich nach vorne zwischen den Kiefern öffnet. Dies ist bei den Männchen besser ausgeprägt. Die Gattung reicht von Afrika über Asien bis nach Neuguinea und Australien. Es gibt etwa zwölf Arten.

Die Gattung *Molossus* [388] hat kurze Beine und gut entwickelte Wadenbeine. Der Schwanz ist dick und fleischig und reicht weit über den Rand der Interfemoralmembran hinaus. Die Ohren sind über der Nase miteinander verbunden; der Tragus ist winzig. Das Gebiss ist I 1/1 oder 1/2 C 1/1 Pm 1/2 oder 2/2 M 3/3. Diese Gattung, die auf die tropischen und subtropischen Teile Amerikas beschränkt ist, hat lange und schmale Flügel. Dadurch können die Fledermäuse schnell fliegen, sich mühelos drehen und stark fliegende Insekten fangen. Es gibt eine große Artenvielfalt.

Nyctinomus ist eine verwandte Gattung und hat auch viele Arten. Diese erstrecken sich durch beide Hemisphären. Die Hauptunterschiede zum *Molossus* bestehen darin, dass die Prämaxillarknochen vorne getrennt oder durch Knorpel verbunden sind und dass es im Unterkiefer möglicherweise drei Schneidezähne gibt.

Fam. 5. Phyllostomatidae . — Die Fledermäuse dieser Familie sind äußerst zahlreich und fast ausschließlich auf Südamerika beschränkt. Keiner von ihnen kommt außerhalb der Neuen Welt vor. Es gibt etwa fünfunddreißig Gattungen. Die Mitglieder der Familie sind durch das Vorhandensein des Nasenblattes, durch die gut entwickelten Prämaxillen und durch den Besitz von drei Fingergliedern am Mittelfinger zu unterscheiden. Sie sind groß und der Tragus des Ohres ist gut entwickelt.

Vampyrus aus Südamerika enthält die große Art V. Spectrum, die, vor allem wegen ihres scheinbar „abweisenden Aspekts", als Blutsauger galt. Diese Gattung hat zwei Schneidezähne auf jeder Seite des Oberkiefers.

Die Gattung *Glossophaga* stellt einen anderen Strukturtyp in dieser Familie dar. Die Zunge ist lang und dehnbar und wird zur Spitze hin stark verjüngt, wo sie mit starken und zurückgebogenen Papillen bedeckt ist. Früher wurde angenommen, dass diese Struktur auf eine blutsaugende Angewohnheit hindeutet; Ihr Zweck scheint jedoch lediglich darin zu bestehen, das weiche Innere von Früchten herauszulöffeln, von denen die Fledermaus hauptsächlich lebt. Es gibt nur einen Schneidezahn auf jeder Seite des Oberkiefers. Die wirklich blutsaugenden Fledermäuse dieser Familie gehören zu den Gattungen *Desmodus* und *Diphylla* . Ersterer ist der Vampir, die Spezies ist als *Desmodus rufus bekannt* . Diese Fledermäuse haben keinen Schwanz; es gibt keinen echten Backenzahn; Die Eckzähne sind groß und das einzelne Paar oberer Schneidezähne ziemlich eckzahnförmig und sehr scharf und stark. Dies sind die Hauptzähne für Aggression. Entsprechend seiner Blutnahrung verfügt der Vampir über einen eigenartig veränderten Darm.

Die Speiseröhre ist mit einer Bohrung versehen, die so klein ist, dass nur flüssige Nahrung durch sie hindurch gelangen kann; Der Magen hat eine darmförmige Form.

Kapitel XVII

PRIMATEN

Orden XIII. PRIMATEN.

Die höchsten Säugetiere, die Primaten, [389] können folgendermaßen von anderen Gruppen unterschieden werden : – Völlig behaarte, im Allgemeinen baumlebende Säugetiere mit fünf Fingern an Vorder- und Hinterbeinen, versehen mit flachen Nägeln (außer im Fall bestimmter Lemuren). und die Weißbüschelaffen), wobei die Fingerglieder, die diese tragen, an den Enden abgeflacht sind und sich eher ausdehnen als verkleinern. Bei den Vorderfüßen handelt es sich in der Regel um Greifhände, bei den Hinterfüßen um Geh- und (im Allgemeinen) Greiforgane, der Progressionsmodus ist plantigrad. Die Zitzen sind, außer bei *Chiromys* , thorakal und sogar axillär angeordnet. Der Schädel zeichnet sich dadurch aus, dass die Augenhöhlen- und Schläfenhöhlen zumindest teilweise durch Knochen getrennt sind. Die Schlüsselbeine sind immer vorhanden. Die Handwurzel hat getrennte Mond- und Kahnbeinknochen, und das Mittelbein ist oft vorhanden. Es gibt selten ein Foramen entepicondylaris im Humerus, außer bei einigen archaischen Lemuren. Der Femur hat keinen dritten Trochanter. Der Magen ist normalerweise einfach und nur bei Semnopithecinae ausgesackt . Der Blinddarm ist immer vorhanden und oft groß.

Diese große Gruppe könnte leicht in zwei getrennte Ordnungen unterteilt werden, die Affen und die Lemuren, wenn es nicht bestimmte Fossilientypen gäbe. Wie aus der Beschreibung von *Nesopithecus* und *Tarsius* hervorgeht , gibt es nur sehr wenige tatsächliche feste Linien zwischen *allen* Affen und *allen* Lemuren. Andererseits ist es etwas schwierig, eine eindeutige Grenze zwischen den Primaten als Ganzes – oder zumindest zwischen der Lemurinen-Sektion – und den Creodonta zu ziehen , einer Gruppe, zu der so viele andere zu gehören scheinen. Umstritten ist beispielsweise, ob die Chriacidae zu Recht zu den ausgestorbenen Lemuren zu zählen sind, oder ob sie den Creodonta zugeordnet werden sollten . Die Zahl der primitiven Charaktere, die man bei den Primaten, sogar beim Menschen selbst, sieht, ist bemerkenswert. Von diesen sind die fünf Finger beider Gliedmaßen und der plantigrade Gang, das Vorhandensein von Schlüsselbeinen und eines Mittelfußes sowie das Fehlen eines dritten Trochanter die wichtigeren. Alle diese Merkmale zeichnen die frühe Eutheria aus .

UNTERORDNUNG 1. LEMUROIDEA. [390]

Die Tiere, die aufgrund ihrer nachtaktiven und gespenstischen Gewohnheiten als Lemuren bekannt sind, stehen auf einer niedrigeren Organisationsebene als die andere Abteilung der Primaten. Schon die äußere Form ermöglicht eine einfache Unterscheidung der Mitglieder der vorliegenden Unterordnung von den höheren Anthropoidea. Der Kopf ähnelt eher dem eines Fuchses mit einer scharfen Schnauze; Es fehlt ihm der menschliche Gesichtsausdruck selbst der niederen Affen. Der lange Schwanz ist niemals greifbar, und es gibt nie eine Spur von Backentaschen oder Hautschwielen, die für die Affen häufig so charakteristisch sind. Die Lemuren stimmen mit dem Rest der Primaten darin überein, dass sie Brustsäugetiere haben (manchmal sind zusätzlich auch Bauchmuskeln vorhanden, und bei *Hapalemur* gibt es – zumindest beim Männchen – eine Brust auf jeder Schulter), dass sie gegensätzliche Daumen und Zehen haben und dass die abgeflachten Ziffern. Der Schwanz variiert von völligem Fehlen (beim *Loris*) bis zu großer Länge und Buschigkeit beim Aye-aye. Die Brustbeine sind immer kürzer als die Hinterbeine; das Umgekehrte ist gelegentlich bei den Anthropoidea der Fall. Ein merkwürdiger Kontrast zwischen den beiden Abteilungen der Primaten betrifft die Finger der Hände und Füße. Bei den Anthropoidea ist es der Hallux oder Pollex, der einer großen Variation unterliegt. Bei den Lemuren hingegen sind Daumen und Großzehe immer gut entwickelt, der zweite oder dritte Finger weist jedoch ständig eine Abnormalität auf; daher die einzigartige Verlängerung des dritten Fingers der Hand bei *Chiromys* und das Fehlen des Indexes bei *Potto* .
[391] Bei allen Lemuren ist der zweite Zeh mit einem scharfen Nagel versehen, im Gegensatz zu den abgeflachten Nägeln der anderen Finger und Zehen, und bei *Tarsius* ist auch der dritte Zeh auf diese Weise versehen. Was die Osteologie betrifft, so weist die bereits erwähnte Kopfform auf einige der Unterschiede im Schädel hin, die die Lemuren von den Anthropoidea unterscheiden. Die Gehirnhülle ist im Verhältnis zum Gesicht klein; Die Augenhöhlen- und Schläfengrube stehen in Verbindung, obwohl die Stirn- und Jugalknochen hinter der Augenhöhle vereint sind. Die beiden Hälften des Unterkiefers sind nicht immer zu einem Stück verknöchert, wie es bei den meisten Affen der Fall ist. Das Foramen tränen liegt auf dem Gesicht vor der Augenhöhle. Die Zähne sind charakteristisch, nicht so sehr in ihrer Anzahl (die Zahnformel lautet normalerweise I 2, C 1, Pm 3, M 3 = 36), sondern vielmehr in der Anordnung der Schneidezähne. Die Schneidezähne des Unterkiefers und die Eckzähne ragen auf eine Weise nach vorne, wie man sie nur bei wenigen amerikanischen Affen findet; Wie bei den Affen gibt es in jedem Kiefer vier Schneidezähne, aber mit Ausnahme des stark abweichenden *Chiromys* gibt es im Oberkiefer zwischen den Schneidezähnen auf beiden Seiten einen Raum. Darüber hinaus sind die Eckzähne des Unterkiefers oft inzisförmig . Unter der Zunge befindet sich eine gut entwickelte Sublingua (siehe S. 61). Der Magen ist vollkommen einfach; und

der Blinddarm, immer vorhanden und unterschiedlich lang, hat nie einen Wurmfortsatz. Die Gallenblase ist immer vorhanden. Das Gehirn unterscheidet sich von dem der Anthropoidea dadurch, dass das Kleinhirn wie bei den niederen Mammalia freigelegt ist. Die Windungen auf den Gehirnhälften sind nicht stark entwickelt, ein Umstand, der jedoch (siehe S. 77) mehr mit der Größe der Tiere als mit ihrer geistigen Entwicklung zusammenhängt. Obwohl das Gehirn in seinen allgemeinen Umrissen nicht mit dem der anderen Primaten übereinstimmt, gibt es doch gewisse Ähnlichkeiten; Das auffälligste davon ist vielleicht das Vorhandensein der „Affenspalte", wenn auch in eher rudimentärem Zustand.

Das Lemurinengehirn wurde hauptsächlich von Flower, [392] von Milne-Edwards [393] und von mir selbst untersucht. [394] Es gibt auch eine Reihe vereinzelter Arbeiten, die sich mit bestimmten Typen befassen , wie etwa die Memoiren von Owen [395] und Oudemans [396] über das Gehirn (und die allgemeine Anatomie) von *Chiromys* . Ohne ins Detail zu gehen , kann allgemein gesagt werden, dass die Anatomie des Gehirns dieser Gruppe die in dieser Arbeit angenommene Klassifizierung bestätigt.

Ein merkwürdiges Merkmal in der Anatomie der Lemuren, das sie mit Tieren teilen, die im System so weit von ihnen entfernt sind wie die Edentata , ist das Aufbrechen einiger Arterien der Gliedmaßen, um Retia mirabilia zu bilden; Unter den anderen Primaten ist nichts dergleichen bekannt.

Der vielleicht bemerkenswerteste Unterschied zwischen den Lemuren und den Anthropoidea, die tatsächlich in vielerlei Hinsicht enger miteinander verwandt sind, als man aus der obigen Zusammenfassung der Unterschiede schließen könnte, liegt in der Struktur der Plazenta. Die Lemuren stimmen mit den Huftieren darin überein, dass die Plazenta nicht deziduiert ist.

Ein merkwürdiges Merkmal, das auf die Unterfamilie Lemurinae beschränkt ist , wurde von mir erstmals bei *Hapalemur griseus entdeckt* . [397] Am Unterarm (siehe Abb. 258) befindet sich ein Bereich verhärteter Haut, der sich zu wirbelsäulenartigen Fortsätzen erhebt. Dieses vollständig entwickelte Organ ist charakteristisch für das Männchen, während der Bereich beim Weibchen abgegrenzt ist, jedoch ohne die stacheligen Auswüchse. Beim Entfernen der Haut kommt eine Drüse in der Größe und Form einer Mandel zum Vorschein. Bei anderen Lemuren gibt es keine veränderte Haut, sondern ein kleines Büschel besonders langer Haare, die auch bei *Hapalemur vorhanden sind* , und eine kleine Drüse unter der Haut. Die Drüse von *Hapalemur* ist möglicherweise mit einem Abschnitt verhärteter Haut bei *Lemur catta vergleichbar* , der weit vorsteht und als „Kletterorgan" bezeichnet wird.

Galago garnetti befindet sich ein fast genau ähnliches Büschel stachelartiger Auswüchse . Die Stacheln sind schwarz und gebogen, genau wie bei *Hapalemur* . Es scheint auch eine Drüse zu geben. Diese Struktur ist in der

Gattung *Galago* ebenso wenig universell wie der Stachelfleck in der Gattung *Hapalemur* .

Zusätzlich zu dieser Drüse und dem sie bedeckenden Stachelfleck besitzen derselbe Lemur sowie *Chirogaleus* und bestimmte Lemurenarten *an* der Innenseite ein Bündel langer und steifer Borsten, die mit ungewöhnlich großen Talgdrüsen verbunden sind; Diese Strukturen sind natürlich nicht homolog mit der Armdrüse von *Hapalemur* , da sie bei derselben Art nebeneinander vorkommen. Sie sind übrigens nicht den Lemuren eigen, sondern kommen beim Eichhörnchen, bei der Hauskatze, beim Leoparden, beim *Bassaricyon* , [398] dem Otter, verschiedenen Beuteltieren und zweifellos bei vielen Säugetieren vor, die ein Tastorgan benötigen, z Diese Haare sind mit einem großen Ast des N. radialis verbunden.

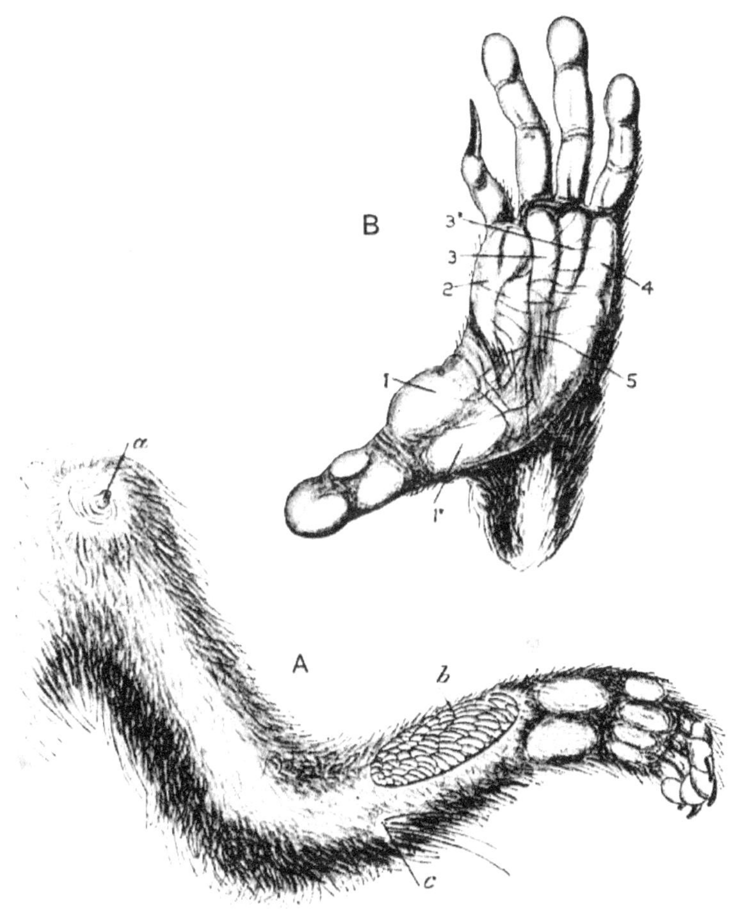

FEIGE. 258.- A, linker Arm von *Hapalemur griseus* ♂. *a* , Sauger; *b* , Stacheln an der Armdrüse; *c* , taktile Borste. B, linker Fuß von *Nycticebus Tardigradus* . 1 bis 5, Polster auf der Fußsohle. (Nach Sutton und Mivart und Murie . [399])

Die Lemuren haben derzeit eine äußerst bemerkenswerte Verbreitung. Insgesamt gibt es etwa fünfzig Arten, die sich siebzehn Gattungen zuordnen lassen. 36 Arten sind auf Madagaskar und einige kleine Nachbarinseln beschränkt . Der Rest kommt im äthiopischen und im orientalischen Raum vor. Der Rest der Welt ist derzeit völlig ohne Lemuren, obwohl die Ordnung, wie wir in der Fortsetzung sehen werden, in früheren Zeiten über den ganzen Globus verteilt war.

Fam. 1. Lemuridae. — Diese Familie kann sinnvollerweise in vier Unterfamilien unterteilt werden.

Unterfamilie 1. Indrisinae . — Diese Unterfamilie ist auf Madagaskar beschränkt und wurde von M. Grandidier und Professor Milne-Edwards in der *Histoire de Madagascar ausführlich behandelt* . Diese Lemuren unterscheiden sich von anderen durch die Größe der Hinterbeine im Vergleich zu den Vorderbeinen. Die Ohren sind kurz. Der Schwanz variiert in der Länge. Der Daumen ist nur leicht opponierbar und die Zehen sind mit Schwimmhäuten versehen. Im Zusammenhang mit den ersten beiden dieser Charaktere bewegen sich diese Lemuren auf dem Boden mit Hilfe der Hinterbeine fort und halten ihre Arme über ihren Köpfen. Die Anzahl der Zähne wird auf insgesamt dreißig reduziert. Die Formel [400] lautet I 2/2 C 1/0 Pm 2/2 M 3/3. Der Dickdarm oder Dickdarm, wie er von Milne-Edwards dargestellt wurde, hat eine bemerkenswerte uhrfederartige Spirale, die stark an Wiederkäuer und bestimmte Nagetiere erinnert. Dies ist jedoch nur in *Propithecus* und *Avahis der Fall* . Der Blinddarm dieser Unterfamilie ist besonders groß. Das Gehirn zeichnet sich durch die vergleichsweise geringe Entwicklung der Winkelspalte bei *Propithecus* und *Avahis aus* ; es ist in ihnen anterior in der Position. Bei *Indris* ist es sgeformter und größer als bei *Lemur* . Die parieto-okzipitale Fissur ist ziemlich gut entwickelt, ebenso die anterotemporale.

Die Gattung *Indris* hat ausgeprägtere Außenohren als die beiden anderen Gattungen der Unterfamilie. Der Schwanz ist rudimentär. Die Schneidezähne des Oberkiefers sind ungleich und stehen eng beieinander, die des Unterkiefers haben ausgeprägte Längsrippen auf der Außenfläche, was auf *Galeopithecus schließen lässt* (siehe S. 520). Die Backenzähne sind vierspitzig . Es gibt nur eine einzige Art, *I. brevicaudata* , *die eine schwarze* Farbe hat , die am Rumpf und an den Gliedmaßen weiß ist. Der Begriff „Indri" [401] bedeutet, ebenso wie „Aye-aye", „schauen". Einer der einheimischen Namen für das Tier, „ Amboanala ", bedeutet „Hund des Waldes" und leitet sich nicht nur vom traurigen Heulen des Tieres ab, sondern auch von der

Tatsache, dass es in bestimmten Teilen der Insel als Hund verwendet wird Hund, um Vögel zu jagen.

Dieses Heulen wird größtenteils durch einen Kehlkopfbeutel hervorgerufen , der sich angeblich von dem der Affen unterscheidet; Der Mechanismus muss sich auch von dem von *Megaladapis unterscheiden* , da der Unterkiefer nicht so tief ist wie bei diesem ausgestorbenen Lemuren. Der Indri ist mit einer Länge von etwa 60 cm der größte Lemurentyp. Es ist baumartig und gesellig und reist in großen Gesellschaften. Wie beim *Propithecus* hegen die Ureinwohner Madagaskars Ehrfurcht und Verehrung für die Indri. Es ist merkwürdig, dass der Name Lemur oder Geist in einer anderen Bedeutung als der, die zu seiner Übernahme durch Linnaeus führte, besonders auf die Indri oder Babakote anwendbar ist. Tatsächlich glauben die Eingeborenen, dass Menschen nach dem Tod zu Indris werden. Natürlich haben diese Lemuren von diesem Aberglauben profitiert und sind nahezu vollkommen immun gegen Zerstörung. Ihre „langgezogenen, melancholischen Schreie" sind wahrscheinlich die Ursache für viele der gespenstischen Schrecken, die sie hervorrufen.

Die Gattung *Avahis* [402] hat nur eine einzige Art, *A. laniger*, die kleinste dieser Unterfamilie. Ohne Schwanz ist es einen Fuß lang. Der Avahi hat einen langen Schwanz (15 Zoll lang) wie *Propithecus* . Die äußeren Schneidezähne sind größer als die inneren, wodurch sich die Gattung von *Propithecus unterscheidet* . Die Backenzähne des Oberkiefers sind vierspitzig , die des Unterkiefers fünfspitzig. Diese Gattung hat nur elf Rippenpaare statt der zwölf von *Indris* und *Propithecus* . Im Gegensatz zu den Sifakas und Indrinas führen die Avahis ein Einzelgängerleben oder ziehen zu zweit umher. Darüber hinaus sind sie völlig nachtaktiv.

Die Gattung *Propithecus* zeichnet sich dadurch aus, dass das Fell eher seidig als wollig ist, wobei letzteres die Art von Fell ist, die in den beiden anderen Gattungen der Unterfamilie vorkommt. Sie sind auch etwas größere Tiere, deren Körper eine Länge von fast 2 Fuß erreicht. Der Schwanz ist lang wie bei *Avahis* ; Die inneren Schneidezähne sind größer als die äußeren. Die „Sifakas", wie diese Lemuren genannt werden, haben den Ruf eines sanftmütigen Charakters, aber wie bei anderen Tieren kämpfen die Männchen zur Brutzeit um den Besitz der Weibchen. Sie ernähren sich überwiegend vegetarisch und reisen in großen Unternehmen. Es gibt mindestens drei Arten, mehrere Sorten sind erlaubt. Die Farben dieser Lemuren sind hell und so verteilt, dass sie kontrastierende Bänder bilden; So hat *P. coquereli* , eine Varietät von *P. verreauxi* , ein schwarzes Gesicht und einen überwiegend weißen Körper mit kräftig kastanienbraunen Spritzern auf den Gliedmaßen und auf der Brust.

Diese Lemuren sind tagaktiv und besonders in den frühen Morgen- und Abendstunden aktiv, da sie während der Hitze des Tages schlafen oder sich auf jeden Fall ruhig verhalten. Ihre Eignung für ein Baumleben wird durch das Vorhandensein einer fallschirmähnlichen Hautfalte zwischen den Armen und dem Körper gezeigt, was auf den Beginn des vollständigeren Fallschirmspringens von Flughunden usw. hindeutet. Man sagt, dass diese Lemuren verehrt und daher verehrt werden von den Ureinwohnern Madagaskars vor Verletzungen geschützt.

Unterfamilie 2. Lemurinen . — Die „Echten Lemuren" sind allesamt Bewohner Madagaskars und der Komoren. Sie haben keine so langen Hinterbeine wie die Mitglieder der letzten Unterfamilie und auch die Zehen sind nicht mit Schwimmhäuten versehen. Die Zahnformel unterscheidet sich von der der Indrisinae dadurch, dass es auf jeder Seite des Oberkiefers einen weiteren Prämolaren und im Unterkiefer häufig einen weiteren Schneidezahn gibt, sodass insgesamt sechsunddreißig Zähne vorhanden sind. Manchmal fehlen jedoch die Schneidezähne des Oberkiefers völlig.

Der Hattock , Gattung *Mixocebus* , ist ein seltenes Lebewesen, das nur von einer einzigen Art, *M. caniceps, bekannt ist* . Da es selten vorkommt, ist nichts über seine Gewohnheiten bekannt. Es hat ein Paar obere Schneidezähne. Die Kreatur ist einen Fuß und einen halben Zoll lang, mit Ausnahme des Schwanzes, der einen Zoll länger als der Körper ist.

Gattung *Lepilemur* . – Die Lemuren dieser Gattung, die wie alle Lemurinae ausschließlich auf Madagaskar beschränkt ist, haben den völlig unnötigen und pseudo-einheimischen Namen „Sportliche Lemuren" erhalten; ein ebenso unpassender und überhaupt nicht genialer Name für „sanfte Lemuren", der der verwandten Gattung *Hapalemur* verliehen wird . Bei *Lepilemur gibt es sieben Arten, die sich von Mixocebus dadurch* unterscheiden , dass der Schwanz kürzer als der Körper ist. Im Oberkiefer gibt es keine Schneidezähne. Der letzte Backenzahn ist im Oberkiefer trikuspidal; das des Unterkiefers hat fünf Höcker. Sie sind nachtaktive Tiere und über ihre Gewohnheiten ist nur wenig bekannt. Vor Dr. Forsyth Majors Besuch in Madagaskar waren nur zwei Arten der Gattung bekannt; er hat fünf weitere hinzugefügt. Die Länge des Körpers beträgt 14 Zoll und die des Schwanzes 10 Zoll bei *L. mustelinus* , der größten Art.

Die Gattung *Hapalemur* [403] hat eine kürzere Schnauze als *Lemuren* und kürzere Ohren. Es gibt zwei Brustpaare statt nur einem; diese befinden sich auf der Brust und dem Bauch. Beim Männchen sitzt ein Paar auf der Schulter. Die Schneidezähne sind klein, nicht gleich groß und hintereinander angeordnet; der letzte befindet sich an der Innenseite der Eckzähne. Die Backenzähne des Oberkiefers und der letzte Prämolar haben nur drei deutlich ausgeprägte Höcker; im Unterkiefer sind es vier. Der Blinddarm ist stumpfer und nicht so lang wie bei *Lemuren* ; Es unterscheidet sich von dem anderer Lemurinae dadurch, dass es nur zwei stützende Mesenterien hat, die beide mit Blutgefäßen ausgestattet sind. Wie bei *Lepilemur* und den Indrisinae hat die Handwurzel kein Os centrale.

Die auf die Insel Madagaskar beschränkte Gattung besteht aus zwei Arten, von denen eine, *H. simus* , die größere ist und eine breitere Schnauze hat und nicht die eigentümliche Armdrüse (Abb. 258) besitzt, die bereits in *H. beschrieben wurde . griseus* . Mr. Shaw gibt an, dass die erstgenannte Art hauptsächlich Gras frisst und Beeren und Früchte, die bei Lemuren normalerweise so beliebt sind, nicht mag. Einige glauben jedoch, dass es nur eine Art von *Hapalemur gibt* . *H. griseus* ist 15 Zoll lang und hat einen ebenso langen Schwanz. Sein einheimischer Name ist „ Bokombouli ". Es ist nachtaktiv und besonders süchtig nach Bambus, von dessen Trieben es sich ernährt und zwischen denen es lebt. Es wird oft in den Gärten der Zoologischen Gesellschaft ausgestellt; aber die Exemplare scheinen immer Männchen zu sein. Dieser Lemur hat eine dunkle eisengraue Farbe mit einem Hauch von Gelb, der bei Individuen stärker ausgeprägt ist, die den separaten spezifischen Namen *H. olivaceus erhalten haben* .

Die Gattung *Lemuren* zeichnet sich durch den langen Schwanz aus, der mindestens halb so lang ist wie der Körper, durch das längliche Gesicht und durch die fuchsartige Schnauze; Die Zähne sind in der gesamten Familie vorhanden, d. h. sechsunddreißig; Die Schneidezähne sind klein und gleich groß und durch Lücken voneinander und von den Eckzähnen getrennt. Die Backenzähne des Oberkiefers haben fünf Höcker, im Unterkiefer sind es jedoch nur vier.

Diese Gattung ist ausschließlich auf Madagaskar und die Komoren beschränkt und besteht aus mehreren Arten, deren genaue Anzahl zweifelhaft ist. Wallace erlaubt in seiner *Geographical Distribution fünfzehn;* Dr. Forbes nur acht, mit einer großen Auswahl an Sorten. Eine der bekanntesten Arten ist *Lemur catta* , der Katta oder die „Madagaskar-Katze" der Seefahrer. *Lemurenmakaken* weisen einen bemerkenswerten Geschlechtsdimorphismus auf: Das Männchen ist schwarz und das Weibchen – früher als eigene Art, *L. leucomystax beschrieben* – rotbraun mit weißen Schnurrhaaren und Ohrenbüscheln. Dies führte zu einer Verwechslung mit einer völlig unterschiedlichen Art, *L. rufipes* , deren Männchen (als eigenständig angesehen und *L. nigerrimus* genannt) vollständig schwarz ist. Diese letztere Identifizierung wird jedoch von Dr. Forsyth Major [404] derzeit als nicht ganz sicher angesehen.

Der junge Lemur wird zumindest manchmal von der Mutter auf dem Bauch getragen; Sein Schwanz verläuft um ihren Rücken und dann um seinen eigenen Hals.

FEIGE. 259. – Gerüschter Lemur. *Lemur varius* . × 1 / 9 .

Die Lemuren dieser Gattung stimmen mit denen einiger anderer Gattungen in der Lautstärke ihrer Stimme überein, die ständig geübt wird. Manche bewegen sich tagsüber, andere nachts. Sie sind Insekten- und Fleischfresser sowie Vegetarier; und Herr Lydekker schlägt vor [405], dass ihr Überfluss und ihre Widerstandsfähigkeit auf diese Vorliebe für eine gemischte Ernährung zurückzuführen sind. *Lemur catta* scheint das einzige Mitglied der Gattung zu sein, das nicht baumbewohnend ist. Er lebt zwischen Felsen, wo es nur wenige und stark verkümmerte Bäume gibt. In den Gärten der Zoologischen Gesellschaft sind immer viele Lemurenarten *zu* sehen. Vierzehn „Arten" wurden zu gegebener Zeit ausgestellt.

Unterfamilie 3. Galagininae . — Diese Unterfamilie kommt sowohl auf dem afrikanischen Kontinent als auch auf Madagaskar vor; aber die Gattungen sind in den beiden Bezirken unterschiedlich. Auf Madagaskar gibt es *Opolemur* , *Microcebus* und *Chirogale* ; auf dem Kontinent *Galago* . Die Mitglieder dieser Unterfamilie haben auffallend große Ohren, die nur wenig behaart sind; der Schwanz ist lang. Ein sehr ausgeprägter Skelettcharakter unterscheidet diese Unterfamilie von anderen Lemuridae und verbindet sie mit *Tarsius* , das heißt der Verlängerung des Fersenbeins und des Navikularums im Knöchel. Die Zahnformel ist wie bei *Lemur* . Die Stützbänder des Blinddarms sind in dieser Unterfamilie wie in der Gattung *Lemuren zu finden* . Es gibt nur zwei Falten, von denen eine median und nicht vaskulär ist; Die Seitenfalte trägt ein Blutgefäß und ist durch das mittlere Frenulum verbunden. Über das Gehirn ist noch wenig bekannt. Die einzige Figur im Gehirn von *Galago* ist eine von mir. Es gibt vier Brüste, zwei auf der Brust und zwei auf dem Bauch.

Die Gattung *Galago* umfasst immerhin sechs verschiedene Arten. Sie sind alle afrikanisch und kommen quer über den Kontinent vor, von Abessinien bis nach Natal im Süden und bis nach Senegambia im Westen. Die Schneidezähne des Oberkiefers sind klein und gleich; Zwischen dem

Eckzahn und dem ersten Prämolaren besteht eine Lücke. Die Backenzähne und der letzte Prämolar haben vier Höcker; Der letzte Backenzahn des Unterkiefers hat einen zusätzlichen fünften Höcker wie bei *Macacus* usw. Die Galagos sind hauptsächlich nachtaktiv und mehr oder weniger Allesfresser. Aufgrund ihrer langen Hinterbeine bewegen sich diese Tiere, wenn sie die Bäume verlassen, hüpfend wie ein Känguru auf dem Boden fort. *Galago senegalensis* baut ein Nest in der Gabelung zweier Zweige, wo es tagsüber schläft. Der Große Galago (*G. crassicaudatus*) wird von der portugiesischen „Ratte der Kakaonusspalme" benannt. Sir John Kirk, nach dem eine Sorte dieser Art benannt ist, berichtet, dass sie der Faszination des Palmweins nicht widerstehen kann, an dem sie sich leicht berauscht, und infolgedessen der wahrscheinlichen Gefangenschaft trotzt. Ich habe oben (S. 536) auf den Stachelfleck am Tarsus von *G. garnetti hingewiesen* .

Die Gattung *Chirogale* kommt ausschließlich auf Madagaskar vor. Der Unterschied zum *Galago* besteht darin, dass die inneren Schneidezähne größer sind als die äußeren. Es sind fünf Arten der Gattung bekannt: vier vor Dr. Forsyth Majors jüngstem Besuch in Madagaskar und eine fünfte, die er mitgebracht hat. [406] Im Zusammenhang mit dieser Gattung hat der eben erwähnte Naturforscher beobachtet, dass alle Lemuren Madagaskars, einschließlich der abweichenden *Chiromys* , sich von den afrikanischen Formen dadurch unterscheiden, dass der Paukenring „vollständig von der Bulla Ossea umschlossen ist , jedoch ohne Knochen Zusammenhang mit demselben. Er hält diesen Charakter für so wichtig, dass er die Einbeziehung aller maskarenischen Formen in eine Gruppe im Gegensatz zu einer anderen Gruppe, bestehend aus den kontinentalen Lemuren, rechtfertigt. In diesem Fall muss *Chirogale von seiner engen Verbindung mit Galago getrennt werden* . Vorerst bleibt es jedoch bei der allgemein akzeptierten Position.

FEIGE. 260.- Smiths Zwergmaki. *Microcebus smithii* . × ¾.

FEIGE. 261. – Mausmaki. *Chirogale coquereli* . × ½.

Microcebus enthält die kleinste Lemurenart. *M. smithii* hat einen Körper von nur 5 Zoll Länge, der Schwanz ist weitere 6 Zoll lang. Sie kommt auf Madagaskar vor und umfasst fünf Arten.

Opolemur , der Fettschwanzmaki, erhielt seinen Namen aufgrund einer Fettablagerung, die sich hauptsächlich an der Schwanzwurzel bildete und dazu diente, den Winterschlaf der Kreatur zu überbrücken. Aber tatsächlich gibt es diese Besonderheit auch in *Chirogale* . Von *Opolemur* sind nur zwei Arten bekannt, und von einer dieser Arten, benannt nach Herrn Thomas vom British Museum, existieren nur drei Exemplare in Museen, nämlich in einem Museum – unserem eigenen in South Kensington. Viele dieser Zwergmakis sind äußerst selten. Bei dieser und den letzten beiden Gattungen weist der Gaumen ein Paar hinterer Fenster auf, von denen es auch bei anderen Lemuren Spuren gibt, die jedoch bei Microcebus besonders groß *sind* . Dies ist natürlich ein wohlbekannter Charakterzug der Beuteltiere und auch, was in diesem Zusammenhang wichtiger ist , gewisser Insektenfresser.

Unterfamilie 4. Lorisinae . — Diese Unterfamilie ist die einzige mit einer weiten Verbreitung und enthält mit Ausnahme von *Tarsius* die einzigen asiatischen Mitglieder der Gruppe. Aufgrund der weiten Verbreitung gibt es größere Unterschiede in den anatomischen Merkmalen als bei den anderen Unterfamilien der Lemuridae. Äußerlich stimmen alle drei Gattungen dieser Unterfamilie überein in ihrer geringen Größe, ihrem kurzen oder völlig fehlenden Schwanz, ihren großen starrenden Augen und dem rudimentären Charakter oder Fehlen des Zeigefingers, der niemals mit einem Nagel versehen ist; Bei allen weicht der Daumen weit von den anderen Fingern ab, und die große Zehe ist so weit auseinander, dass sie nach hinten gerichtet ist. Im Gehirn gibt es ein gemeinsames Merkmal aller drei Gattungen, nämlich die geringe Länge der Winkelspalte. Der lange Blinddarm wird von drei Falten getragen, von denen die mittlere anangiös ist , und ist manchmal an der längeren der beiden seitlichen Falten befestigt, die vaskulär sind. Die

Mitglieder dieser Unterfamilie haben mehr Rückenwirbel als andere Lemuren; die Spanne reicht von vierzehn in *Loris* bis sechzehn in *Nycticebus*.

Die Gattung *Nycticebus* enthält nur eine einzige Art, *N. tardigradus*, obwohl vermeintlichen Sorten vier weitere Namen gegeben wurden. Darüber hinaus wurde die Gattung selbst *Stenops genannt*, ebenso wie die nächste Gattung *Loris*. Der Körper dieses Tieres ist kräftiger als der des nächsten zu beschreibenden Tieres. Professor Mivart hat darauf hingewiesen, dass er, obwohl er asiatischer Art wie der Loris ist, mehr Ähnlichkeiten mit dem afrikanischen Potto aufweist. Der Zeigefinger ist klein; Der innere der beiden Schneidezähne ist kleiner als der äußere, aber beide einer Seite liegen nahe beieinander. Sie können auf jeder Seite des Oberkiefers auf eine reduziert werden.

FEIGE. 262.— Slow Loris. *Nycticebus Tardigradus*. × ⅓.

Das Tier ist im Osten weit verbreitet und kommt in Assam und Burmah, auf der malaiischen Halbinsel, in Siam und Cochin-China, auf Sumatra, Java, Borneo und auf den Philippinen vor. Seine umgangssprachlichen Namen bedeuten „Schüchterne Katze" und „Schüchterner Affe" in Anspielung auf seine nachtaktiven und scheuen Gewohnheiten. Er lebt zwischen Bäumen, die er nicht freiwillig verlässt. Seine Bewegungen sind bewusst, wie der populäre Name Slow Loris andeutet; aber es gleicht dies durch eine kraftvolle Beharrlichkeit des Griffs aus. Die Tiere „machen ein merkwürdiges Geplapper, wenn sie wütend sind, und wenn sie nachts erfreut sind, stoßen sie einen kurzen, aber melodischen Pfiff mit einem einzigen Ton aus, von dem chinesische Seeleute glauben, dass er Wind ankündigt." Um dieses harmlose, aber eher seltsam aussehende Wesen hat sich viel Aberglaube angesammelt. Sein Einfluss auf den Menschen ist im toten Zustand ebenso aktiv wie im lebendigen Zustand. „So", schreibt Mr. Stanley Flower, [407] „kann ein Malaysier ein Verbrechen begehen, das er nicht vorsätzlich begangen hat, und dann feststellen, dass ein Feind einen bestimmten Teil eines Loris unter seiner Schwelle vergraben hatte, der, ohne dass er wusste, zwang ihn, zu seinem eigenen Nachteil zu handeln." Das Leben der Loris, fügt Mr. Flower hinzu, „ist kein glückliches, denn sie sieht ständig Geister; und deshalb verbirgt sie ihr Gesicht in ihren Händen!"

Die Gattung *Perodicticus* enthält zwei recht erkennbare Arten, die als Angwantibo bzw. Bosman's Potto bekannt sind. Ersteres wurde als auf eine eigene Gattung, *Arctocebus* , *zurückzuführen angesehen* . Ein merkwürdiger innerer Charakter des Potto, der äußerlich sichtbar oder zumindest spürbar ist, sind die langen Nervenfortsätze der Halswirbel, die über die Haut hinausragen. Der Zeigefinger ist rudimentär, ebenso der Schwanz, der beim Potto gerade noch sichtbar ist (ungefähr einen Zoll lang). Die Farbe beider Gattungen ist rötlichgrau, beim Potto rötlicher. Die Schneidezähne sind gleich und klein. Beide Arten sind in ihrem Verbreitungsgebiet auf Westafrika beschränkt und leben wie die anderen Mitglieder der Unterfamilie auf Bäumen. Der Potto scheint den gemächlichen Fortschrittsmodus seiner asiatischen Verwandten zu teilen, wenn man Bosman, seinem ursprünglichen Beschreiber, vertrauen darf. Er sagt: „Von den Negern Potto genannt, aber bei uns unter dem Namen Sluggard bekannt, zweifellos wegen seiner trägen, trägen Natur; ein ganzer Tag ist wenig genug, um zehn Schritte vorwärts zu kommen." Derselbe Autor schätzte seine Erweiterung des zoologischen Wissens überhaupt nicht, denn er bemerkte, dass der Potto „nichts sehr Besonderes hat außer seiner abscheulichen Hässlichkeit". Der Angwantibo ist selten und wenig bekannt. Unser Wissen über seine Anatomie stammt aus einer Arbeit von Huxley. [408] Es ist ein Tier mit einer Gesamtlänge von etwa 10½ Zoll bis zum Ende des Schwanzes, der nur einen Viertel Zoll lang ist. Die Hände und Füße sind kleiner als die von *Perodicticus* . Der Zeigefinger ist rudimentär und hat nur zwei Fingerglieder und keine Spur eines Nagels. Darin stimmt es mit dem Potto überein, aber „die Dornfortsätze der Halswirbel ragen nicht in der von van der Hoeven im Potto beschriebenen Weise hervor , obwohl sie leicht durch die Haut zu spüren sind." Die Zahnformel dieser Gattung lautet seit letzter Zeit I 2/2 C 1/1 Pm 3/3 M 3/3. Der letzte untere Backenzahn hat einen fünften Höcker, der im Potto fehlt. Der letzte obere Backenzahn ist der Trikuspidal. Im Potto ist es zweispitzig. Man kommt offenbar nicht umhin, Professor Huxley darin zuzustimmen, dass der Angwantibo Anspruch auf generische Trennung hat.

Die Gattung *Loris* enthält ebenfalls nur eine einzige Art, *L. gracilis* , und ist, wie der Name schon sagt, ein Tier von schlankerer Statur als der Plumploris.

Seine Augen sind sehr groß und die Gliedmaßen übermäßig schlank. Der Zeigefinger ähnelt weitgehend dem *Nycticebus*. Auch die Farbe unterscheidet sich nicht sehr, da sie gelblich-grau ist, aber ihr fehlt der Rückenstreifen, der ihren Verwandten auszeichnet. Die Schneidezähne sind gleich und sehr klein. Der letzte obere Backenzahn hat vier Höcker statt der drei von *Nycticebus*. Dieser Lemur ist auf Südindien und Ceylon beschränkt und hat weitgehend die gleichen Gewohnheiten wie der letzte. Aber es ist viel aktiver und kann kleine Vögel fangen, wenn sie auf den Bäumen schlafen; Seine Ernährung ist jedoch gemischt und sowohl vegetarisch als auch tierisch.

Ein geheimnisvoller Lemur, den wir aufgrund seiner Lokalität bequemerweise als eine Art Anhang zur vorliegenden Familie einstufen, wurde kurz von Nachtrieb aus den Philippinen beschrieben. Der Schwanz ist rudimentär; Es gibt zwei obere Schneidezähne, aber bis zu sechs untere. Es ist zweifelhaft, was das Biest wirklich ist.

FEIGE. 263.- Aye-aye. *Chiromys madagascariensis*. × 1 / 10 .

Fam. 2. Chiromyidae . — Diese Familie enthält nur eine einzige Gattung und Art, die Aye-aye, *Chiromys madagascariensis*, deren Merkmale daher vorerst diejenigen der Familie sowie der Gattung und Art sind. Die äußeren Merkmale dieses außergewöhnlichen Tieres ergeben sich aus einer Betrachtung von Abb. 263, aus der hervorgeht, dass der frühere Name *Sciurus* , der dem Geschöpf gegeben wurde, keineswegs eine Fehlbezeichnung war. Das eichhörnchenartige Aussehen ist natürlich hauptsächlich auf die kräftigen und langen Schneidezähne zurückzuführen. Was die äußeren Merkmale betrifft, die von systematischer Bedeutung sind, kann die Aufmerksamkeit auf den langen und buschigen Schwanz, auf die größere Länge der Hinterbeine, auf die Hinterleibszitzen (ein Paar) beim Weibchen und vor allem auf die Bauchzitzen gelenkt werden einzelner dritter Finger der Hand, der dünn und länglich ist. Der Daumen ist, wie bei anderen Lemuren, gegensätzlich und hat einen flachen Nagel; Die übrigen Finger haben Krallen, ebenso wie die Zehen, mit Ausnahme der großen Zehe, die wie der Daumen einen flachen Nagel hat.

Organisation lieferte . Die jüngste wichtige Arbeit stammt von Dr. Oudemans . [409] Die Zähne unterscheiden sich stark von denen anderer Lemuren. Die bemerkenswerteste Divergenz besteht bei den Schneidezähnen, von denen nur ein einziges Paar in jedem Kiefer vorhanden ist und die wie die der Rodentia geformt sind und in derselben Weise wie in dieser Gruppe aus hartnäckigen Pulpen wachsen. Ebenso wie bei den Nagetieren gibt es keine Eckzähne. Im Oberkiefer gibt es zwei Prämolaren (im Unterkiefer keinen) und insgesamt zwölf Molaren, so dass insgesamt achtzehn Zähne vorhanden sind. Der Darm hat einen mäßig langen Blinddarm. Das Gehirn wurde am ausführlichsten von Oudemans beschrieben, der über frisches Material verfügte, mit dem er arbeiten konnte. Das von Owen beschriebene Gehirn wurde aus einem mit Geistern konservierten Kadaver gewonnen . Der eckige Spalt ist wie bei den Lemuren und den Indri gut entwickelt; aber es verbindet sich nicht mit dem Infero - Frontal. Auch die anterotemporale Fissur ist gut entwickelt.

„Der Name Aye-aye", schrieb Sonnerat , der Entdecker des Tieres, „den ich für ihn behalten habe, ist ein Überraschungsschrei der Bewohner Madagaskars." Gewöhnlich wird jedoch gesagt, dass das Tier selbst einen Laut von sich gibt, der auf die gleiche Weise (oder mit dem Anfangsbuchstaben „H") geschrieben werden kann. Es handelt sich um ein baumlebendes und nachtaktives Tier, was zu seiner gleichzeitigen außerordentlichen Seltenheit erklärt. In einem seiner vielen beredten Aufsätze zur Naturgeschichte führte der verstorbene Herr PH Gosse das Aye-aye als Beispiel für eine Kreatur an, die vom Aussterben bedroht sei. Mittlerweile trifft man ihn jedoch häufiger an, obwohl der Aberglaube der Eingeborenen seinen Fang zu einer schwierigen Angelegenheit macht. Zum Zeitpunkt des Verfassens dieses Artikels befindet sich ein Exemplar in den Gärten der Zoologischen Gesellschaft. Es gab einige Diskussionen über die Verwendung des schlanken Mittelfingers: Es wird gesagt, dass er ihn in die Löcher der Larve eines bestimmten Käfers stecken kann, den der Lemur besonders liebt, und das Insekt herausziehen kann, oder überhaupt Finden Sie schnell seine Position heraus und ziehen Sie es dann mit den kräftigen, meißelförmigen Zähnen heraus. Die Voreingenommenheit des Aye-aye für Tiernahrung jeglicher Art, einschließlich Insekten, wurde sowohl bekräftigt als auch abgelehnt; und Mr. Bartlett hat gesehen, wie das Geschöpf seinen schlanken Finger zum Auskämmen seiner Haare und für andere Zwecke der „Toilette" benutzte. Dr. Oudemans hat in seiner Arbeit einen Apfel beschrieben, der größtenteils von den *Chiromys* gefressen wurde ; Das fleischige Fruchtfleisch wurde vollständig ausgegraben, nur der Kern und die Schale bleiben unberührt. Der Rev. Mr. Baron ist einer der neuesten Autoren über die Lebensweise von *Chiromys* . [410] Er gibt an, dass es die dichtesten Teile der Wälder bewohnt. Es hat die Angewohnheit, paarweise umherzustreifen, und das Weibchen bringt bei der Geburt nur ein einziges Junges zur Welt. Ein Nest mit einem Durchmesser von etwa 60 cm besteht aus Zweigen in hohen Ästen. Dieser ist tagsüber besetzt und durch ein Loch in der Seite zugänglich. In Bezug auf die abergläubische Verehrung, die dem Tier entgegengebracht wird, heißt es, dass der Aye-aye einem Menschen, der im Wald schläft, ein Kissen bringt. „Wenn ein Kissen für den Kopf ist, wird der Mensch reich; wenn es für die Füße ist, wird er bald der tödlichen Macht des Geschöpfs erliegen oder zumindest verhext werden." Aber ein Gegenzauber kann erhalten werden. Es wird gesagt, dass die Ehrfurcht vor diesem Tier die Eingeborenen dazu veranlasste, ein tot aufgefundenes Exemplar sorgfältig zu begraben.

Fam. 3. Tarsiidae. — Diese Familie besteht auch nur aus einer einzigen Gattung, *Tarsius* , zu der nach allgemeiner Meinung nur eine einzige Art gehört; Es sind jedoch mindestens vier verschiedene konkrete Namen aktenkundig. Das allgemeine Aussehen des Tieres ist dem eines Galago nicht unähnlich, mit dem es auch in der Verlängerung des Knöchels übereinstimmt; aber die Verlängerung ist in der vorliegenden Gattung stärker ausgeprägt. Die Ohren sind groß und die Augen außergewöhnlich entwickelt. Die Finger und Zehen enden in großen, ausgedehnten Scheiben und sind mit abgeflachten Nägeln versehen, außer an der zweiten und dritten Zehe, die Krallen haben. Der Schwanz ist länger als der Körper und am Ende büschelig. Der Schädel ähnelt eher dem der Anthropoidea als dem jedes anderen Lemuren. Die Ähnlichkeit beruht auf der fast vollständigen Trennung der Augenhöhle und der Schläfengrube durch Knochen; Es bleibt jedoch eine Lücke, um die lemurischen Charaktere des Tieres zu markieren. Auch die Plazenta wurde mit der der Affen verglichen. Die Zahnformel ist die der Gattung *Lemur*, mit Ausnahme des Fehlens eines Schneidezahns auf jeder Seite des Unterkiefers; die Anzahl der Zähne beträgt also vierunddreißig. Die Schneidezähne des Unterkiefers stehen aufrecht und nicht wie bei anderen Lemuren nach unten. Der Blinddarm ist mäßig lang. Das Gehirn ist fast glatt, aber es gibt eine Sylvische Spalte und eine anterotemporale Spalte, die nicht bis zum unteren Rand des Gehirns reicht, sondern den mittleren Teil des Temporallappens teilt. Der Name Koboldmaki wurde, wie man vermuten kann, dieser Kreatur ursprünglich von Buffon wegen des abnormalen Knöchels gegeben und von ihm mit dem Springmaus verglichen, einem Tier, das vom Koboldmaki springt, wenn es zu Boden fällt. Die Gattung ist malaiisch, ihr Verbreitungsgebiet reicht jedoch bis zu den Philippinen sowie nach Celebes und Borneo. Die Koboldmakis sind nachtaktiv und leben besonders auf Bäumen; Sie leben paarweise in Löchern in Baumstämmen und ernähren sich hauptsächlich von Insekten. Bei einer Geburt werden ein, selten zwei Junge geboren. Im

Gegensatz zu dem, was man bei vielen Lemuren findet, ist der Koboldmaki ein stilles Wesen und gibt höchstens einen „scharfen, schrillen Ruf" von sich. Dr. Charles Hose, der dieses Geschöpf untersucht hat, hat bemerkt, dass die Mutter ihr Junges oft wie eine Katze im Maul herumträgt. Wie so viele Lemuren wird dieses Tier in abergläubischer Angst gehalten, was zweifellos auf sein seltsames Aussehen zurückzuführen ist. [411]

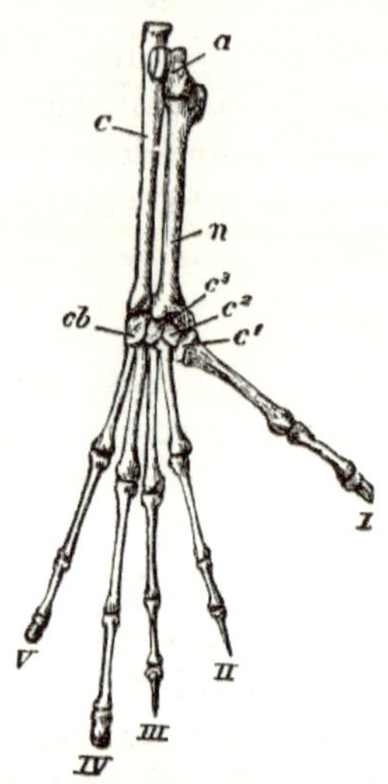

FEIGE. 264. – Rechte Pes des *Tarsius -Spektrums* . (Nat. Größe.) *a* , Astragalus; *c* , Kalkaneum; c^1 , innere Keilschrift; c^2 , mittlere Keilschrift; c^3 , äußere Keilschrift; *cb* , quaderförmig; *n* , Navikular; *IV* , die Ziffern. (Aus Flower's *Osteology* .)

Fossile Lemuren. — Die Lemuroiden sind eine sehr alte Rasse; Sie reichen zurück bis zu den allerersten Schichten des Eozäns, den Torrejon- und Puerco-Schichten, von denen man, wie bereits gesagt, annimmt, dass sie eher der Kreidezeit als dem Tertiär zuzuordnen sind. Eine dieser frühen Formen wird der Gattung *Mixodectes* zugeordnet , einer Gattung, die, wenn auch mit einer Abfrage, in die Ordnung Rodentia eingeordnet wurde. Es scheint jedoch ein Lemuroid zu sein und stammt aus amerikanischer Verbreitung. Die Schneidezähne wurden als Argument dafür herangezogen, dass sie auf der direkten Spur von *Chiromys liegen* ; Aber auch andere Merkmale, insbesondere die Form des Astragalus, wurden herangezogen, um die Berechtigung der Aufnahme dieses Typs in die Ordnung Rodentia zu begründen. Wie angenommen wird, ist mit dieser Form *Indrodon verwandt* , das ebenfalls zu den untersten eozänen Vorkommen der Vereinigten Staaten zählt. *Indrodon malaris* ist aus Fragmenten nahezu aller Skelettteile bekannt. Sie deuten auf die Existenz einer Kreatur hin, die etwa halb so groß ist wie *der Lemur varius* . Es hatte schlanke Gliedmaßen und einen langen und kräftigen Schwanz. Der Humerus hat, wie bei so vielen archaischen Tieren, ein Foramen entepicondylaris. Der Femur hat drei Trochanteren und das Wadenbein artikuliert mit dem Astragalus. Es ist nicht immer einfach, diese primitiven Säugetiere voneinander zu unterscheiden, so dass die kleinsten Charaktere zu unserer Hilfe herangezogen werden müssen. Eine der zeitgenössischen Gruppen, mit denen diese frühen Lemuren verwechselt werden könnten, ist die der Condylarthra ; Es ist daher wichtig zu beachten, dass bei *Indrodon* die calcaneo -quaderförmige Artikulation nahezu flach und nicht gebogen ist, wie es bei der ersteren Gruppe der Fall ist. Die Zähne haben das trituberkuläre Muster. Die Schneidezähne sind nicht bekannt, aber die Backenzähne und Prämolaren sind jeweils drei. Zur gleichen Familie, die als **Anaptomorphidae bezeichnet wurde** , gehört die Gattung *Anaptomorphus , die speziell mit Tarsius* verglichen wurde . Dieses kleine Tier hat ein Lemurengesicht mit riesigen Umlaufbahnen. Es hat einen Prämolaren weniger als *Indrodon* . Es wurde festgestellt, dass *A. homunculus* ein äußeres Tränenforamen hatte. [412]

Eine andere Familie, die der **Chriacidae** , scheint auf der Grenzlinie zwischen Lemuren und Kreodonten zu schweben, da sie von verschiedenen Paläontologen als beide bezeichnet wurden . Professor Scott schlägt ihre Verwandtschaft mit Lemurinen oder zumindest Primaten vor, während Cope auf ihre Verwandtschaft mit Creodonten drängt. Eine von Scott angesprochene Schwierigkeit bestand darin, dass bei *Chriacus* die Prämolaren des Unterkiefers voneinander entfernt waren. Aber es scheint, dass dies für ihre Aufnahme in die Primatengruppe nicht fatal ist, da *Tomitherium* , ein „unzweifelhafter Primas", das gleiche Merkmal aufweist. Wenn es sich bei *Chriacus* um einen Lemuren handelt, handelt es sich um einen früheren Typ als die betrachteten; denn es hat das typische Eutherian-Gebiss mit vier Prämolaren und drei Molaren. Diese Zähne, insbesondere die oberen Backenzähne, werden besonders mit den entsprechenden Zähnen von *Lemur* und *Galago verglichen* . Von dieser und der verwandten Gattung *Protochriacus* sind mehrere Arten bekannt.

Adapis , ein Vertreter einer anderen Familie, ist einer der bekanntesten antiken Lemuroiden. Es hat das typische Säugetiergebiss mit vierundvierzig Zähnen in einer engen Reihe ohne Diastemata. Die Augenhöhlen sind vollständig von der Schläfenhöhle getrennt , die Augen schauen nach vorne. Die Eckzähne sind groß und eckzahnförmig. Der Schädel ist hinten tief gefurcht und weist den üblichen Sagittalkamm auf. Diese Gattung ist europäisch und entspricht dem bereits erwähnten amerikanischen Eozän *Tomitherium* , das möglicherweise zur selben Familie gehört.

Nesopithecus ist eine ausgestorbene Gattung aus Madagaskar, die kürzlich von Dr. Forsyth Major beschrieben wurde. [413] Es gibt zwei Arten, *N. roberti* und *N. australis* . Die Zahnformel lautet I 2, C 1, Pm 3, M 3 für den Oberkiefer, der Unterkiefer hat nur ein einziges Paar Schneidezähne. Das Tränenforamen befindet sich direkt innerhalb oder am Rand der Augenhöhle, so dass ein charakteristischer lemurischer Charakter verloren geht. Die Gattung ist auch in der Form der Eckzähne und Schneidezähne affenähnlich, wobei diese insbesondere von Dr. Forsyth Major mit denen der Cercopithecidae verglichen wurden . Auch die Backenzähne stimmen mit denen derselben Familie überein. Es gibt jedoch ein wichtiges Merkmal, in dem *Nesopithecus* nicht nur den Lemuren im Gegensatz zu den Affen ähnelt, sondern auch den madagassischen Lemuren. Wie bereits erwähnt (S. 544), hat Dr. Major gezeigt, dass bei den madagassischen Lemuren, sogar einschließlich der abweichenden *Chiromys* , und bei den tertiären und europäischen *Adapis* , die Bulla tympani nicht durch eine verknöcherte Verlängerung des Annulus tympanicus entsteht , sondern vom angrenzenden periotischen Knochen, wobei der Anulus getrennt bleibt und innerhalb der vollständig ausgebildeten Bulla liegt. Dieses Merkmal zeigt schlüssig, dass *Adapis* ein Lemur ist und dass *Nesopithecus* , *der ursprünglich für einen Affen gehalten wurde, nicht von der* Lemuroidea entfernt werden kann , obwohl es zweifellos viele Ähnlichkeiten mit den höheren Primaten gibt. Dieses Merkmal, kombiniert mit der Tatsache, dass die Augenhöhlen- und Schläfenhöhlen in Verbindung stehen, zeigt jedoch die lemuroide Position von *Nesopithecus* , obwohl es durchaus denkbar ist, dass er auf dem Weg ist, ein Affe zu werden.

Eine Familie, **Megaladapididae** , wurde vor kurzem von Dr. Forsyth Major [414] gegründet, um die Überreste eines riesigen ausgestorbenen Lemuren aus Madagaskar zu umfassen, von denen es zu Lebzeiten, soweit wir anhand des Schädels urteilen können, drei oder vier gewesen sein müssen Mal so groß wie die gewöhnliche Katze. Der Name *Megaladapis madagascariensis* wurde dem Fossil aufgrund gewisser Ähnlichkeiten mit dem ebenfalls ausgestorbenen *Adapis zugeordnet* . Er unterscheidet sich von anderen Lemuren durch eine Reihe von Merkmalen, die zusammengenommen seine Einordnung in eine eigene Familie rechtfertigen. Die geringe Größe der Umlaufbahnen lässt auf ein tägliches Leben schließen ; Die tiefen Kiefer, die anders als bei anderen Lemuren an der Naht vollständig verschmolzen sind, deuten auf die Existenz eines Heulapparates wie bei *Mycetes hin* . Das niedrige Gehirngehäuse ist ein Merkmal, das bei so vielen ausgestorbenen Säugetieren zu finden ist, die zu vielen verschiedenen Ordnungen gehören, dass es bei der Betrachtung der systematischen Stellung des Tieres weder in die eine noch in die andere Richtung von Bedeutung ist. Die Form der Backenzähne, die wie bei anderen Lemuren in jeder Kieferhälfte drei sind, ähnelt nach Angaben des Entdeckers der der Gattung *Lepilemur* . Die Schneide- und Eckzähne sind nicht bekannt. Von einer noch größeren Form, *M. insignis* , sind die Backenzähne bekannt. [415]

Die Affen unterscheiden sich von den Lemuren dadurch, dass die Zitzen immer auf die Brustregion beschränkt sind; Obwohl die Augenhöhle von Knochen umgeben ist wie bei den Lemuren (und bei *Tupaia* , einem sehr lemurähnlichen Insektenfresser), öffnet sie sich nicht frei nach hinten in die Schläfengrube wie bei den Lemuren (mit Ausnahme von *Tarsius*). Die Tränenöffnung befindet sich innerhalb der Augenhöhle und nicht außerhalb; Die Großhirnhemisphären sind höher entwickelt und verbergen oder verbergen fast das Kleinhirn. die oberen Schneidezähne stehen in engem Kontakt; Einige weitere Punkte werden unter der Beschreibung der Charaktere der Lemuren erwähnt. Insgesamt gibt es etwa 212 Affen- und Menschenaffenarten. Ihr Verbreitungsgebiet ist tropisch und subtropisch und mit wenigen Ausnahmen sind sie ungeduldig gegenüber Kälte.

Die Affen lassen sich im Wesentlichen in zwei große Gruppen unterteilen, die aufgrund der Merkmale der Nase als Katarrhine und Platyrrhine bezeichnet werden. Bei ersterem blicken die Nasenlöcher nach unten und liegen dicht beieinander; bei letzteren sind sie durch ein breites Knorpelseptum getrennt und die Öffnungen sind nach außen gerichtet. Aber zahlreiche andere Unterschiede trennen diese beiden Gruppen des Affenstammes. Die Catarrhines haben oft diese bemerkenswerten Sitzbeinschwielen, Flecken harter Haut in leuchtenden Farben ; der Schwanz kann als eigenständiges Organ völlig fehlen, wie es beispielsweise bei den Menschenaffen der Fall ist; es gibt oft Backentaschen, so dass wir, wie Mr. Lydekker bemerkt hat, einen Affen beobachten können, der Nüsse in seinen Wangen verstaut, um später darauf zurückgreifen zu können. Wir können also sicher sein, dass seine Heimat in der Alten Welt liegt, denn dort leben ausschließlich die Catarrhines Bewohner der Alten Welt, während die Platyrrhines ausschließlich in der Neuen Welt vorkommen. Auch hier zeigen diejenigen Catarrhines, die einen langen Schwanz besitzen, wie etwa die Mitglieder der Gattung *Cercocebus* , niemals das geringste Anzeichen von Greiffähigkeit in diesem Schwanz. Die Zähne der Catarrhines sind ausnahmslos zweiunddreißig an der Zahl, die Formel lautet I 2/2 C 1/1 Pm 2/2 M 3/3 = 32.

Bei den Altweltaffen gibt es einen knöchernen äußeren Gehörgang, der bei den Platyrrhinen (als knöcherne Struktur) fehlt. Der verstorbene Herr WA Forbes wies darauf hin, dass bei den meisten Formen der Neuen Welt die Scheitelblätter und die Backenzähne in Kontakt kommen; Bei den Affen der Alten Welt werden sie durch die Frontale und die Alisphenoide daran gehindert, in Kontakt zu kommen . Die Platyrrhines können die gleiche Anzahl von Zähnen haben; Dies ist bei den Weißbüschelaffen der Fall, aber bei ihnen gibt es drei Prämolaren und zwei Molaren; Bei den übrigen

Neuweltaffen gibt es sechsunddreißig Zähne, aber davon sind drei Prämolaren und drei Backenzähne.

Diese beiden Gruppen der Primaten unterscheiden sich heute nicht nur völlig voneinander, sondern sie sind es, soweit wir wissen, auch schon seit sehr langer Zeit, da bisher überhaupt keine fossilen Überreste von Affen entdeckt wurden. Dies hat zu der Annahme geführt, dass es sich bei den Affen um sogenannte diphyletische Affen handelt , *das heißt* , dass sie aus zwei getrennten Vorfahrenstämmen hervorgegangen sind. Allerdings ist es aus dieser Sicht schwierig, die sehr großen Ähnlichkeiten zu verstehen, die den gerade erwähnten Divergenzen zugrunde liegen. Andererseits ist es jedoch ebenso schwer zu verstehen, warum sie, nachdem sie über einen so langen Zeitraum voneinander getrennt waren, in ihrer Struktur nicht weiter auseinander gegangen sind als bisher. Die Platyrrhines scheinen die Basis der Serie zu bilden. Dies ist ein weiteres Beispiel für die Existenz archaischer Kreaturen in Südamerika.

GRUPPE I. *PLATYRRHINA.*

Fam. 1. Hapalidae . – Wir können den Bericht über die Platyrrhine-Affen mit den Hapalidae oder Weißbüschelaffen beginnen; denn diese Familie ist strukturell niedriger als die anderen. Sie haben zweiunddreißig Zähne, die nach der folgenden Formel angeordnet sind: I 2/2 C 1/1 Pm 3/3 M 2/2 = 32. Die Backenzähne haben drei Haupthöcker und nicht vier wie bei den höheren Formen. Die Finger sind größtenteils mit Krallen versehen und nicht wie bei den höheren Arten mit Nägeln versehen; Allein die große Zehe trägt einen flachen Nagel. Auch der Schwanz ist beringt, ein Zustand, der für viele niedere Säugetiergruppen charakteristisch ist, nicht jedoch für die höheren Affen. Die Großhirnhemisphären sind glatt, was jedoch eher auf ihre geringe Größe als auf die niedrige zoologische Lage zurückzuführen ist. Die Schwänze der Weißbüschelaffen sind im Gegensatz zu denen vieler anderer amerikanischer Affenarten nicht greifbar, obwohl sie lang sind.

Die Gattung *Hapale* unterscheidet sich im Großen und Ganzen von der anderen Gattung *Midas* dadurch, dass die unteren Schneidezähne wie bei den Lemuren nach vorne geneigt sind. Es sind kleine Affen mit weichem Fell und langem Schwanz, die jeder kennt . Es gibt etwa sieben Arten, deren Verbreitungsgebiet vollständig auf Brasilien, Bolivien und Kolumbien beschränkt ist, wobei sich nur eine Art, *H. pygmaea* , nach Norden bis nach Mexiko erstreckt.

Von den Tamarinen der Gattung *Midas* gibt es noch viel mehr Arten – etwa vierzehn. Ihr Verbreitungsgebiet ist Süd- und Mittelamerika. Da beide Gattungen baumartig leben, ist es außergewöhnlich, dass sie nicht die Greifschwänze ihrer amerikanischen Verbündeten haben. Da jedoch der verstorbene Mr. Bates beobachtete, wie ein Individuum der Art *M. nigricollis* kopfüber aus einer Höhe von mindestens 50 Fuß fiel, sich auf die Füße setzte und davonrannte, als ob nichts Besonderes geschehen wäre, ist das offensichtlich dass keine zusätzlichen Greifkräfte unbedingt erforderlich sind. Einige der Tamarine haben eine lange Mähne; Dies lässt sich gut bei *M. rosalia* bzw. bei *M. leoninus beobachten* , der zwar nicht mit ihm identisch, aber zumindest sehr eng mit ihm verwandt ist. Der Name leitet sich offensichtlich von der Figur ab , auf die er sich bezieht, und der Affe, der ursprünglich vom Reisenden von Humboldt beschrieben wurde, soll „das Aussehen eines winzigen Löwen" haben. *M. bicolor* ist ein Beispiel für die Art ohne Mähne, aber mit einem weißen Fleck um den Mund, der wie „ein Ball aus schneeweißer Baumwolle" aussieht, der zwischen den Zähnen gehalten wird.

Fam. 2. Cebidae. — Die übrigen amerikanischen Affen gehören zur Familie der Cebidae. Dies unterscheidet sich vom letzten dadurch, dass es einen zusätzlichen Backenzahn gibt, wodurch insgesamt sechsunddreißig Zähne entstehen. Der manchmal sehr kurze Schwanz ist im Allgemeinen lang und sehr greifbar, wobei er am Ende nackt ist und daher besonders greifbar ist. Dieser Zustand ist häufig bei Tieren mit Greifschwänzen zu beobachten. Obwohl die Cebidae zumeist größer sind als die Weißbüschelaffen, erreichen sie in ihrer Größe nie die Größe der Altweltaffen.

Typisch für die Familie ist die Gattung *Cebus* , zu der auch die „Kapuzineraffen" gehören und die aus fast zwanzig Arten besteht; Obwohl der Schwanz greifbar ist, ist er bis zur Schwanzspitze mit Haaren bedeckt, eine Tatsache, die auf eine weniger vollkommene Greiffähigkeit hinweist, als sie bei einigen Affen mit nackter Unterseite bis zur Schwanzspitze vorliegt. Der Daumen ist gut entwickelt. Die Gattung reicht von Costa Rica bis Paraguay. Der häufigste Affe, der die Drehorgeln dieses Landes begleitet, ist ein *Cebus* . Es ist ein weit verbreiteter Irrglaube, dass diese und andere Affen sich ausschließlich von Gemüse ernährende Tiere seien. Tatsächlich sind *Cebus und Weißbüschelaffen besonders gern Raupen.*

Cebus verwandt ist *Lagothrix* , der Wollaffe, von dem *L. humboldti* die bekannteste Art ist, obwohl es tatsächlich nur eine weitere gibt. Es ist ein größeres und schwereres Tier als jede *Cebus-* Art ; und die hasenartige Wolligkeit des Fells ließ seinen wissenschaftlichen Namen auf seinen ursprünglichen Beschreiber, von Humboldt, schließen. Der Schwanz ist perfekt greifbar und an der Spitze nackt. Daumen und Großzehe sind gut entwickelt. Dabei handelt es sich um rein fruchtfressende Affen, die von den Portugiesen des Amazonasgebiets wegen ihres hervorstehenden Bauches als „ Barrigudos " bezeichnet werden, was offenbar auf die enorme Menge an verzehrten Früchten zurückzuführen ist. Sie werden oder wurden von Einheimischen häufig gegessen.

Brachyteles ist eine wenig bekannte Gattung, die die letzte mit der nächsten Gattung verbindet. Das Unterfell ist wollig; Der Daumen ist klein oder fehlt. Der Schwanz ist unten nackt.

Die Klammeraffen, *Ateles* oder Coaitas , wurden als die typischsten Baumaffen Amerikas beschrieben. Die Verwendung des Greifschwanzes kann häufig an lebenden Beispielen in den Gärten der Zoologischen Gesellschaft untersucht werden. Mit dieser „fünften Hand" tastet der Affe nach einer Stelle zum Greifen, dreht seinen Schwanz sicher herum und bewegt ihn so mit größter Leichtigkeit von einem Punkt zum anderen. Bei dieser Verwendung wird der Schwanz aufrecht über dem Kopf getragen. Die Tatsache, dass diese Gattung keinen funktionsfähigen Daumen besitzt, wird vermutlich mit der extremen Perfektion ihrer Anpassungsfähigkeit an ein ausschließlich baumlebendes Leben in Verbindung gebracht. Die Hand ohne Daumen kann als ebenso wirksamer Haken zum Aufhängen des Körpers dienen; und was in der Natur nutzlos ist, neigt dazu, zu verschwinden. Diese Affen haben ein weites Verbreitungsgebiet, das von Mexiko im Norden bis Uruguay im Süden reicht. Es gibt zehn Arten. Das Fleisch vieler Affen wird nicht nur von Einheimischen, sondern auch von Europäern gegessen; aber die Klammeraffen sollen die schmackhafteste Nahrung von allen liefern.

FEIGE. 265.— Klammeraffe. *Ateles ater* . × 1 / 12 .

Die Brüllaffen der Gattung *Mycetes* haben auch die entsprechenden Gattungsnamen *Alouatta* und *Stentor erhalten* . Der erstere dieser beiden Namen ist in der Tat derjenige, der ordnungsgemäß auf die Gattung angewendet werden sollte. Aber *Mycetes* ist vielleicht besser bekannt. Das „Heulen" wird durch sackförmige Divertikel des Kehlkopfes erzeugt, die größer sind als die anderer amerikanischer Affen, wie z. B. *Ateles* , wo sie jedoch auch entwickelt sind. Auch die Zungenbeine sind enorm vergrößert und höhlenartig, während der Kiefer – um diese verschiedenen Strukturen aufzunehmen und zu schützen – ungewöhnlich groß und tief ist. Die Heuler sind mit einem vollständig greifbaren Schwanz ausgestattet. Der Daumen ist vorhanden. Es wird beschrieben, dass sie von den amerikanischen Affen das abscheulichste Aussehen haben und die niedrigste Intelligenz aufweisen, wobei letzteres Merkmal mit einem weniger gewundenen Gehirn verbunden ist als beispielsweise bei den Ateles . Der Lärm, den diese Affen erzeugen, ist kilometerweit hörbar und soll nicht auf Nachahmung zurückzuführen sein, *also* nicht mit Singen oder Sprechen vergleichbar sein, sondern dazu dienen, ihre Feinde einzuschüchtern. Die von diesen und anderen Affen mit Greifschwänzen erzählte Geschichte, dass sie Flüsse mithilfe einer Brücke aus ineinander verschlungenen Affen überqueren, entbehrt offenbar der Wahrheit. Es gibt sechs Arten, die in Mittel- und Südamerika vorkommen.

Die Totenkopfäffchen, Gattung *Chrysothrix* , sind kleine Lebewesen mit langem Kopf und hervorstehendem Hinterkopf. Ihr Schwanz ist zwar lang, hat aber am Ende keinen nackten Bereich und ist nicht zum Greifen geeignet. Es ist eine bemerkenswerte Tatsache, dass die Proportionen des Schädels im Vergleich zum Gesicht größer sind, nicht nur als bei anderen Affen, sondern auch als beim Menschen selbst. Der Daumen ist kurz, aber nicht so kurz wie bei den Klammeraffen. Die Gehirnhälften sind sehr glatt; aber wie bereits erwähnt, ist dies eine Frage der Größe und nicht der niedrigen Position in der Serie. Auf den ersten Blick mag es so aussehen, als ob diese Aussage im Widerspruch zu der Aussage über die Heuler steht. Aber letztere sind große Affen und sollten daher sozusagen ein komplexeres Gehirn haben; aber das haben sie nicht. Wie so viele amerikanische Affen leben die Totenkopfäffchen gesellig und leben trotz ihres Schwanzes auf Bäumen. Sie ernähren sich hauptsächlich von Insekten, fangen aber auch kleine Vögel und verschlingen Eier. Es gibt vier Arten, von denen *C. sciurea* die häufigste ist und ständig in den Gärten der Zoologischen Gesellschaft zu finden ist. Humboldt behauptete, dass sich seine Augen mit Tränen füllten, wenn er verärgert war; Aber Darwin gelang es nicht, diesen sehr menschlichen Ausdruck einer Emotion zu erkennen.

Callithrix ist eine der letzteren nicht weit entfernte Gattung und kommt wie diese sowohl in Mittel- als auch in Südamerika vor. Er unterscheidet sich von *Chrysothrix vor allem* dadurch, dass der Kopf nicht nach hinten verlängert ist und der Schwanz eher pelzig ist . Der Unterkiefer ist ziemlich tief, wie bei den Heulern; aber einen Heulapparat wie den von *Mycetes* gibt es nicht oder wurde noch nicht entdeckt . Dennoch hat Professor Weldon [416] bei einem Weibchen von *C. gigot* eine Verknöcherungsstelle am Schildknorpel des Kehlkopfes gefunden, was ein Hinweis auf etwas anderes beim Männchen sein könnte. Es gibt elf Arten.

Nyctipithecus , die Doroucouli- Affen, ist eine Gattung mit etwas lemurischem Aussehen, was auf ihre großen Augen zurückzuführen ist. Aber sie erinnerten Bates an eine Eule oder eine Tigerkatze! Sie haben einen langen, aber nicht greifbaren Schwanz. Wie bei den Weißbüschelaffen ragen die unteren Schneidezähne lemurinisch nach vorne. Der Daumen ist sehr kurz. Eine Besonderheit dieser Gattung sind die zweiundzwanzig dorso -lumbalen Wirbel. Wie bei *Chrysothrix* , aber nicht wie bei *Callithrix* , sind die Gehirnhälften glatt. Es gibt fünf Arten, von denen eine bis nach Nicaragua vorkommt; Der Rest ist brasilianisch und reicht bis nach Argentinien.

FEIGE. 266. – Rotgesichtiger Ouakari . *Brachyurus Rubicundus* . × 1 / 5 .

Die Ouakari- Affen, *Brachyurus* , [417] sind, wie der Name schon sagt, Kurzschwanzaffen. Zwei Arten, *B. rubicundus* und *B. calvus* , haben leuchtend rote Gesichter; *B. melanocephalus* hat eine schwarze Variante. Es gibt einen kleinen Daumen. Das Gehirn ist ziemlich kompliziert und besonders mit dem von *Cebus* und *Pithecia* zu vergleichen . Die Art *B. rubicundus* hat auf jeden Fall eine sowohl absolut als auch relativ größere Darm- und Blinddarmlänge als jeder andere bekannte amerikanische Affe.

FEIGE. 267.— Weißnasen-Saki. *Pithecia albinasa* . × 1 / 5 . (Aus *der Natur* .)

Nicht die geringste bemerkenswerte Tatsache an diesen Ouakari- Affen ist ihre Verbreitung in Südamerika. Wir können nichts Besseres tun, als die Zusammenfassung der Herren PL und WL Sclater in ihrer *Geographie der Säugetiere* zu zitieren, die wie folgt lautet: „Jeder von ihnen ist, wie zuerst von Bates gezeigt und später von Forbes weiter erläutert, auf einen vergleichsweise kleinen begrenzt." Waldgebiet an den Ufern des Amazonas und seiner Zuflüsse. Der Schwarzköpfige Ouakari (*B. melanocephalus*) ... kommt nur in einem vom Rio Negro durchflossenen Gebiet vor ; der Kahlköpfige Ouakari scheint auf diesen beschränkt zu sein Dreieck, das durch die Vereinigung des Amazonas mit einem anderen Zufluss, dem Japura, und dem Roten Ouakari bis zu den Wäldern am Nordufer des Amazonas gegenüber von Olivença und zwischen dem Hauptstrom und dem Fluss Iça gebildet wird . Jeder von ihnen nimmt offensichtlich den Platz ein von den anderen in seinem jeweiligen Bezirk. Von dieser besonderen Art der

Verbreitung sind nur wenige Beispiele bei Säugetieren bekannt, aber viele einigermaßen ähnliche Fälle wurden bei Vögeln, Reptilien und Insekten beobachtet.

Die Gattung *Pithecia*, die Sakis, besteht aus fünf Arten mit langen, buschigen Schwänzen, die nicht greifbar sind. Sie sind bärtig und haben einen Daumen. Wie die letzte Gattung kommt *Pithecia* nicht nach Mittelamerika vor. Die Schneidezähne ragen nach vorne und der Unterkiefer ist tief, obwohl der Heulapparat von *Mycetes* fehlt. Die dünnen, eng beieinander stehenden und hervorstehenden Schneidezähne erinnern stark an die der Lemuren. *Brachyurus ist in dieser Hinsicht Pithecia* sehr ähnlich, und beide unterscheiden sich deutlich von einer Gattung wie *Cebus*, bei der die unteren Schneidezähne vertikal stehen. Eine anatomische Besonderheit von *Pithecia* ist die Breite der Rippen. *P. satanas* ist vielleicht die bekannteste Art, aber alle fünf wurden in den Gärten der Zoological Society ausgestellt. Wie der Name schon sagt, ist *P. satanas* vollständig schwarz; Es zeigt einen merkwürdigen Unterschied zu *P. cheiropotes* in der Trinkweise. Die letztgenannte Art trinkt, wie der Name schon sagt, mit der Hand, während *P. satanas* den Mund ins Wasser hält. *P. albinasa* ist schwarz mit einem roten Fleck auf der Nase, in dem sich wiederum ein kleiner weißer Fleck befindet.

GRUPPE II. KATARRHINA.

Die Katarrhinenaffen lassen sich in drei oder vielleicht nur zwei Familien unterteilen, die Cercopithecidae und die Simiidae, zu denen noch die Hominidae hinzukommen. Die Simiidae werden manchmal als Menschenaffen bezeichnet.

Fam. 1. Cercopithecidae . — Von den Cercopithecidae sind acht Gattungen (vielleicht neun) zu erkennen, die in zwei Unterfamilien aufgeteilt werden können. Die erste dieser beiden Unterfamilien, die der **Cercopithecinae**, hat folgende Merkmale : — Es gibt Backentaschen, in denen die Tiere vorübergehend Nahrung aufbewahren. Der Magen ist einfach und kugelig; dies entspricht einer gemischten Ernährung. Der Schwanz ist lang oder kurz oder fehlt praktisch.

Die bekannteste Gattung ist zweifellos *Macacus*. Dazu gehören alle gängigen sogenannten Makaken, der Haubenaffe, der Schweinsschwanzaffe usw. Bei dieser Gattung stellen wir fest, dass die Männchen größer sind als die Weibchen und stärkere Eckzähne haben. Sitzbeinschwielen sind gut entwickelt. Die Gattung ist rein asiatisch und reicht bis nach Japan, mit Ausnahme des Berberaffen *M. inuus*, der auch als Gibraltar-Affe bekannt ist. Insgesamt gibt es etwa siebzehn Arten.

Makakus inuus ist zweifelsohne in Gibraltar beheimatet. Allerdings ist es dort mittlerweile durchaus etabliert und wird sorgfältig gepflegt. Es ist ein großer Affe ohne äußeren Schwanz, was ihn unter den Mitgliedern seiner Gattung einzigartig macht. Zu einer Zeit war das Aussterben auf dem „Felsen" fast abgeschlossen, aber es waren drei Individuen bekannt. Im Jahr 1893 teilte der Gouverneur von Gibraltar Herrn Sclater mit, dass er selbst bis zu dreißig Tiere in einer Herde gezählt habe. Seine Plünderungen scheinen in manchen Kreisen dazu geführt zu haben, dass sie den Wunsch geäußert haben, dass die Zahlen verringert werden sollten; aber das Gefühl auf der anderen Seite scheint stärker zu sein, so dass es, was auch immer die tatsächliche Art seiner

Einführung auf den „Felsen" war, auf jeden Fall dort vorerst unbehelligt bleiben wird.

M. tcheliensis ist eine Art, die im Yung-ling-Gebirge in Nordchina vorkommt. Es ist, mit der möglichen Ausnahme von *M. speciosus* , die nördlichste Affenart. Das ist interessant, weil er wie der Tiger dieser Regionen eine zusätzliche Fellschicht trägt, um den harten Wintern standzuhalten. Es ist zweifelhaft, ob es sich um mehr als eine Varietät des Rhesusaffen (*M. rhesus*) handelt.

M. nemestrinus , „der Schweineschwanzmakak", wird von den Ureinwohnern des Ostens darauf trainiert, auf Kokospalmen zu klettern und nur die reifen Früchte sorgfältig auszuwählen und abzuwerfen. Sir Stamford Raffles war offenbar der erste, der über diese nützliche Intelligenz des Tieres berichtete, und Dr. Charles Hose aus Borneo hat dies bestätigt.

Der Japanische Makaken (*M. speciosus*) ist aus der Arbeit japanischer Künstler bekannt. Es handelt sich um die einzige in Japan vorkommende Affenart, die sehr weit nördlich vorkommt.

Eine eher seltene Form ist *M. leoninus* . Es hat einen kurzen Schwanz und kommt in Burma vor . *M. silenus* zeichnet sich durch eine Halskrause aus langen , hellen Haaren aus, die das Gesicht umgibt. Es wird manchmal Wanderoo genannt ; aber das ist offenbar ziemlich ungenau, da dieser Begriff von den Ceylonesen für einen *Semnopithecus* verwendet wird . Für diejenigen, die einen „pseudo-einheimischen" Namen wünschen, schlägt Dr. Blanford Pennants Namen „Löwenschwanzaffe" vor.

Die häufigsten Arten der Gattung sind *M. cynomolgus* , *M. sinicus* und *M. rhesus* .

Die Gattung *Cercocebus* , einschließlich der als Mangabeys bekannten Affen, ist auf Westafrika beschränkt. Sie haben immer einen langen Schwanz, der genauso lang ist wie der Körper. Die oberen Augenlider sind reinweiß gefärbt . Die Sitzbeinschwielen sind ausgeprägter als bei den Makaken. Bei den Mangabeys sind die Haare auch nicht mit verschiedenfarbigen Streifen umrandet , wie es sowohl bei Makaken als auch bei *Cercopithecus der Fall ist* , was ihnen den grünlichen Farbton verleiht, der so viele der letzten beiden Gattungen charakterisiert . Es gibt keine Kehlkopfluftsäcke wie bei den Makaken. Es gibt nicht mehr als sieben Arten.

Die Gattung *Cercopithecus* (die Meerengen) repräsentiert in Afrika die orientalischen und paläarktischen Makaken; Die Gattung hat einen langen Schwanz. Die Backentaschen sind größer als bei der Gattung *Macacus* . Die Sitzbeinschwielen sind weniger ausgedehnt als bei dieser Gattung. Ein Zahnmerkmal unterscheidet diese Gattung auch von *Macacus* ; Der letzte Backenzahn des Unterkiefers hat in der Regel nur vier Höcker statt der fünf, die man bei *Macacus findet* . Die supraciliaren Leisten im Schädel sind keineswegs so ausgeprägt wie bei den verwandten Gattungen.

Eine Art, der Talapoin, *C. talapoin* , wurde aufgrund der Tatsache, dass die unteren Backenzähne nur drei statt der üblichen vier Tuberkel haben, in eine eigene Gattung, *Miopithecus* , *unterteilt.* Wenn dies jedoch geschieht, sollte auch *Cercopithecus moloneyi* abgetrennt werden, der einen unteren Backenzahn mit fünf Tuberkeln hat.

FEIGE. 269.— Diana Monkey. *Cercopithecus diana* . × 1 / 6 .

Die Gattung *Cercopithecus* ist auf Afrika beschränkt und ihre zahlreichen Arten haben oft ein sehr begrenztes Verbreitungsgebiet. Sie sind häufig recht hell gefärbt und weisen blaue und weiße Flecken im Gesicht auf. Der Diana-Affe hat einen spitzen weißen Bart. Bei der Grünen Meerkatze (*C. lalandii*) *wurde* vor ein oder zwei Jahren in den Gärten der Zoologischen Gesellschaft eine merkwürdige Tatsache beobachtet : Es wurde beobachtet, dass das Junge beide Zitzen der Mutter gleichzeitig in den Mund nahm. Herr Sclater [418] führt in einer neueren Liste der Gruppe siebenundvierzig Arten auf, von denen dreiunddreißig von ihm selbst untersucht wurden. Später wurde die Liste jedoch von derselben Behörde auf vierzig reduziert. Eine der seltensten Arten ist *C. Stairsi* , die erstmals anhand der Haut eines Exemplars beschrieben wurde, das kurze Zeit im Zoologischen Garten lebte.

Zur Gattung *Cynocephalus* (oder *Papio*) gehören die Paviane; und der wissenschaftliche Name weist auf den hundeähnlichen Aspekt dieser Tiere aufgrund der hervorstehenden Schnauze hin. *Cynocephalus* ist auf Afrika und Arabien beschränkt. Mehrere Arten der Gattung sind gut bekannt. Der Mandrill, *C. mormon* (oder *maimon*), hat blaue Leisten an der Schnauze, während der Nasenrücken rot ist. Das Tier lebt in Herden und ist wild und

Allesfresser. Der Chacma-Pavian, *C. porcarius* , ist der größte Pavian. Er lebt in großen Herden in Südafrika. Der Arabische Pavian, *C. hamadryas* , ist der heilige Pavian der Ägypter. Auch die Namen zweier weiterer Arten, *C. thoth* und *C. anubis* , erinnern uns an die alten Ägypter. Insgesamt gibt es elf Arten von *Cynocephalus* .

Gelada (oder *Theropithecus*) wird als eigenständige Gattung abgegrenzt. Obwohl Garrod als Pavian gilt, hat er viele Ähnlichkeiten mit *Cercopithecus* *festgestellt* . [419] Die beiden Arten sind, wie die anderen Paviane, afrikanisch.

Cynopithecus Niger ist ein kleiner schwarzer Pavian aus Celebes. Wie bei anderen Pavianen weist er Schwellungen an der Schnauze auf, unterscheidet sich von diesen jedoch dadurch, dass er ein freundlicheres Tier ist und auch kleiner ist. Er hat einen rudimentären Schwanz, der sogar kleiner ist als der kleine Schwanz der typischen Paviane. Es hat, wie sie, Sitzbeinschwielen.

In der zweiten Unterfamilie, **den Semnopithecinae** , sind die folgenden Merkmale charakteristisch : Alle Affen dieser Gruppe sind schlank gebaut und haben einen langen Schwanz. Es gibt keine Backentaschen. Der Magen ist ausgesackt; es ist in drei Portionen aufgeteilt. Damit einher geht offenbar eine ausschließlich vegetarische Ernährung als bei anderen Affen, die neben ihrer Nahrung aus Früchten auch einen großen Anteil an Insekten, Eiern usw. vermischen.

FEIGE. 270.— Schwarzer Himmelsaffe . *Cynopithecus Niger* . × 1 / 5 .

Der erste, mit dem wir uns befassen werden, ist *Colobus*, der die als Guerezas bekannten Affen enthält. Diese Lebewesen kommen ausschließlich auf dem afrikanischen Kontinent vor und leben auf Bäumen. Es wurde versucht zu zeigen, dass ihre Affinität eher zu den Platyrrhinen besteht als zu der Gruppe, zu der sie eigentlich gehören. Für die Annahme , sie seien den amerikanischen Affen näher verwandt, sprechen nur zwei wichtige Tatsachen: Die erste ist das praktische Fehlen des Daumens, was natürlich an den für Ateles charakteristischen Zustand *erinnert* ; Zweitens ähneln die Nasenlöcher in ihrer Weite denen der Platyrrhinen. Es sind schlanke Affen mit deutlich ausgeprägten Schwielen. Sie haben einen komplexen, sackartigen Magen, der dem Dickdarm einiger anderer Tiere ähnelt; Er ist nicht in verschiedene Kammern unterteilt wie der Magen eines Wiederkäuers oder eines Wals. Offensichtlich korreliert mit diesem großen Magen die kleine Entwicklung der Backentaschen. Diese Gattung, von der es etwa zehn Arten gibt, zeichnet sich durch schöne Felle aus, die größtenteils gesammelt werden. Die Araber haben eine Legende, die besagt, dass eine Art, wenn sie verwundet ist und sieht, dass sie gefangen und ihre Haut unvermeidlich entfernt wird , diese vorsichtig zerreißt, damit ihre Fänger keinen Nutzen daraus ziehen. Die Arten dieser Gattung sind an der Westküste Afrikas am häufigsten anzutreffen. Interessant ist, dass eine Art, *C. kirki* , auf die Insel Sansibar beschränkt ist, wo sie jedoch fast ausgestorben ist.

Die „Heiligen Affen" oder Languren, Gattung *Semnopithecus* , sind bis zuletzt mit ihnen verwandt, haben aber ein asiatisches Verbreitungsgebiet. Der Daumen ist besser entwickelt, aber immer noch kürzer als bei anderen Cercopithecidae ; Die Schwielen sind klein und die Backentaschen fehlen. Es gibt einen einzigen großen Kehlkopfsack und der Magen ist komplex.

Diese Gattung wird, wie der Tiger, oft als Beispiel für eine Rasse angeführt, von der angenommen wird, dass sie typisch tropisch ist und gewöhnlich in den kältesten Klimazonen lebt. Eine *Semnopithecus* -Art wurde im Himalaya beim Klettern auf schneebedeckten Ästen in einer Höhe von 11.000 Fuß beobachtet. Es gibt etwa dreißig Arten, die bis nach Borneo im Osten vorkommen.

FEIGE. 271. – Entellus-Affe oder Hanuman. *Semnopithecus entellus.* × 1 / 6 .

Der Name *Semnopithecus* leitet sich von der Tatsache ab, dass das Hanuman bei den Hindus als heilig gilt. Die bekannteste *Semnopithecus -Art* ist dieser Langur oder Hanuman, *S. entellus* . Da es als heiliges Tier gilt und durch den daraus gewonnenen Vorteil ist es zu einer lästigen Plage in Gärten und Feldfrüchten geworden. Obwohl die Verehrung, mit der die Hindus diese Tiere betrachten, es ihnen nicht erlaubt, sie zu töten, sind sie einem Europäer überaus dankbar, der es ihnen ermöglicht, stellvertretend eine Sünde zu begehen. Dieser Affe verfügt über eine enorme Sprungkraft – ein Raum von 20 bis 30 Fuß kann von ihm überwunden werden, wenn eine Seite, von der aus er springt, erheblich höher ist als die andere. Sie sind für den Tigerjäger nützlich, da sie diesem, ihrem tödlichen Feind, folgen und ihn anschreien. *S. schistaceus* ist eine Art, die in großen Höhen, nicht weniger als 5000 Fuß, im Himalaya lebt.

Die Gattung *Nasalis* ist kaum von der Gattung *Semnopithecus zu trennen* . Es ist ein Tier aus Borna und zeichnet sich durch eine komische lange Nase aus, die nicht nur an die Adlernase der menschlichen Spezies erinnert, sondern darüber hinausgeht. Es besteht kein Zweifel daran, dass die Bornäer , unbewusst unsere Gewohnheit nachahmend, „Eingeborene" im Allgemeinen mit Affen zu vergleichen, es bei einem Namen nennen, der „weißer Mann" bedeutet. *Rhinopithecus* hat auch eine lange, aber deutlicher nach oben gerichtete Nase.

Fossile Affen. — Es ist auch bekannt, dass mehrere der existierenden Gattungen der Altweltaffen bereits in vergangenen Zeiten existierten; in einigen Fällen weist ihre frühere Verteilung auf eine größere Reichweite hin. Daher *Macacus* ist heute – und das zweifelhaft – in Europa nur noch durch den Berberaffen vertreten. Aber in Montpellier wurden Überreste von *M. priscus* aus pliozänen Schichten ausgegraben. Es ist bekannt, dass der asiatische *Semnopithecus* im Pliozän gelebt hat; Seine Überreste wurden in Frankreich und Italien sowie in Asien entdeckt. Zusätzlich zu diesen existierenden Formen sind eine Reihe völlig ausgestorbener Gattungen der Alten Welt bekannt. Die reiche Formation bei Pikermi in der Nähe von Athen hat *Mesopithecus* hervorgebracht *Pentelici* ; Dieser Affe hat einen Schädel, der an den von *Semnopithecus erinnert* , während die kräftigen Gliedmaßen eher an Makaken erinnern. Wie bei vielen lebenden Katarrhinen haben die Männchen stärkere Eckzähne. Das Tier hatte einen langen Schwanz.

Einen analogen Nebencharakter zeigt das italienische Fossil *Oreopithecus Bambus* . Dieses Tier wurde von einem Paläontologen den Menschenaffen zugeordnet, von einem anderen den Cercopithecidae . Es deutet auf eine gemeinsame Vorfahrenform hin und ist im Horizont dem mittleren Miozän zuzuordnen.

So wie es in der Alten Welt keine Platyrrhin-Affen gibt, gibt es auch in der Neuen Welt keine versteinerten Katarrhin-Affen; Soweit wir wissen, waren die beiden großen Gruppen der Affen in der Vergangenheit ebenso unterschiedlich wie heute – ein starkes Argument für diejenigen, die sie aus zwei Quellen ableiten würden. Auch die existierenden Gattungen *Cebus* , *Mycetes* und *Callithrix* , die heute in Südamerika leben, sind in fossilem Zustand bekannt. Die ausgestorbene Gattung *Homunculus* ist aus den Tertiärschichten Patagoniens bekannt, und eine offenbar verwandte Form ist *Anthropops* . Allerdings sind diese Lebewesen derzeit noch lange nicht vollständig bekannt.

Fam. 2. Simiidae . – Die anthropoiden oder menschenähnlichen Affen [420] können von den niederen Affen als eine Gruppe, Simiae , oder vielleicht besser, aufgrund der immerhin geringfügigen Unterschiede, als Familie Simiidae getrennt werden , die folgende Besonderheit aufweist Figuren.

Obwohl diese Affen größtenteils auf Bäumen leben, bewegen sie sich, wenn sie auf den Boden kommen, zumindest halb aufrecht. Wenn sie darüber hinaus, wie es gewöhnlich der Fall ist, ihre Hände auf den Boden legen, um ihnen beim Gehen zu helfen, ruhen sie nicht wie die niederen Affen auf der Handfläche, sondern auf der Rückseite der Finger. Keiner der Anthropoiden hat einen Schwanz oder Backentaschen. Ischiasschwielen kommen nur bei den Gibbons vor. Gewöhnlich gibt es einen Kehlkopfbeutel, der groß ist und bei der Erzeugung der im Allgemeinen lauten Stimme dieser Kreaturen hilft. Die Behaarung ist etwas spärlicher als bei den Cercopithecidae , was eine Annäherung an den Menschen darstellt. Die Plazenta unterscheidet sich im Detail von der der niederen Affen und ist genau wie die des Menschen. Als weitere Unterschiede zu den zugrunde liegenden Cercopithecidae weisen diese Affen die im Vergleich zu den Beinen größere Länge der Arme und das

Vorhandensein eines Wurmfortsatzes am Blinddarm auf. Im letzteren, nicht aber im ersteren Charakter stimmen sie mit dem Menschen überein, den wir einer separaten Familie, den Hominidae, zuordnen werden. Die Menschenaffen sind derzeit ausschließlich in der Altwelt heimisch und in ihrem Verbreitungsgebiet intratropisch .

Die Gibbons, Gattung *Hylobates* , stehen ganz am Ende der Reihe der existierenden Menschenaffen. Sie sind die kleinsten und am häufigsten baumfrequentierten Mitglieder dieser Gruppe. Mit dieser Angewohnheit hängt die strukturelle Besonderheit zusammen, dass ihre Arme verhältnismäßig länger sind als bei den anderen Anthropoiden. Die Verwandtschaft der Gibbons mit den Catarrhines wird durch das Vorhandensein deutlicher, aber kleiner Sitzbeinschwielen bewiesen. Die Arme sind so lang, dass die Hände beim aufrechten Gehen den Boden erreichen. Der Hallux ist gut entwickelt. Die Rippen bestehen aus dreizehn Paaren. Das Hauptmerkmal des Schädels im Vergleich zu anderen Anthropoiden ist die Tatsache, dass die Eckzähne bei beiden Geschlechtern gleich oder nahezu gleich groß sind. Die Backenzähne hingegen wurden insbesondere mit denen des Menschen verglichen. Das Gehirn ist einfacher als in den höheren Formen. Es ist jedoch nicht klar, dass dies nicht ein Fall einer verminderten Komplexität der Faltung ist, die mit einer geringeren Größe einhergeht.

FEIGE. 272.- Hoolock. *Hylobates hoolock.* × 1 / 6 .

Das Verbreitungsgebiet der Gibbons erstreckt sich über Südostasien von Assam und Burma bis nach Hainan. Die Artenzahl ist etwas zweifelhaft. Es ist klar, dass wir in erster Linie den Siamang, *H. syndactylus* , unterscheiden können, den manche tatsächlich als eine eigene Gattung betrachten. Es ist hauptsächlich durch den syndaktylen Charakter der zweiten und dritten Zehe zu definieren ; Sie sind bis zum letzten Gelenk durch Haut verbunden. Die Hainan-Art, *H. hainanus* , ist wahrscheinlich verschieden, und die folgenden Namen wurden verschiedenen anderen Arten oder Rassen gegeben, nämlich: *H. agilis* , *H. leuciscus* , *H. leucogenys* , *H. lar* , *H. hoolock* . Diese Tiere können aufrecht gehen; und wenn sie dies tun, wird der große Zeh abgetrennt, wie bei einem unkultivierten oder zumindest ungestiefelten Mann. Es ist bekannt, dass die Stimme laut ist, und es ist eine merkwürdige Tatsache, dass der Siamang, der einen großen Kehlkopfbeutel hat, in dieser Hinsicht nicht von Arten übertroffen wird, bei denen dieser Beutel nicht entwickelt ist.

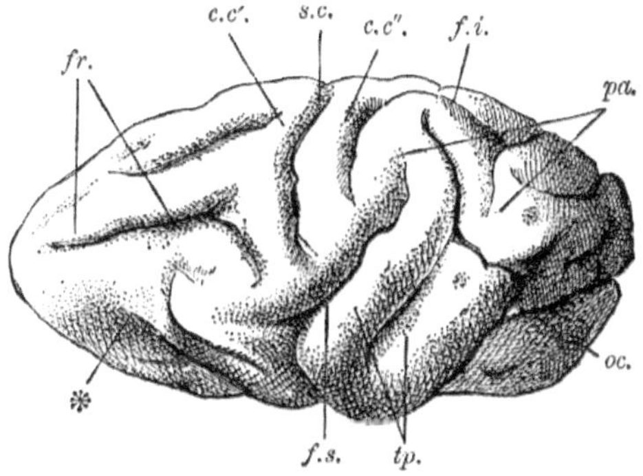

FEIGE. 273. – Großhirn des Gibbons (*Hylobates*). (Lateraler Aspekt.) *cc'* , *cc "* , vordere und hintere zentrale Faltung; *fi* , interparietale Fissur; *fr* , Frontallappen; *fs* , Sylvian-Spalte; *oc* , Hinterhauptslappen; *pa* , Parietallappen; *sc* , Spalte von Rolando; *tp* , Temporallappen; *, fronto -orbitale Fissur. (Aus Wiedersheims *Struktur des Menschen* .)

Von den Gorillas, der Gattung *Gorilla* , gibt es nur eine Art, die scheinbar und eher unglücklicherweise *Gorilla Gorilla genannt werden muss* .

Das Unglück ist zweifach: Erstens ist die Wiederholung desselben Wortes als allgemeine und spezifische Bezeichnung für die Ohren ermüdend und in ihrer Suggestion barbarisch; Zweitens ist heute bekannt, dass der „Gorilla“ von Hanno, den dieser karthagische Reisende auf einer Insel vor der afrikanischen Küste beobachtete, überhaupt kein Gorilla im heutigen Sinne war, sondern wahrscheinlich ein Pavian. Das äußere Erscheinungsbild dieses großen Anthropoiden ist aus vielen Reproduktionen bekannt. Das Männchen ist wie üblich größer als das Weibchen und seine Charaktere sind ausgeprägter.

Das Gesicht ist nackt und schwarz, und die Haut ist im Allgemeinen schon bei der Geburt tiefschwarz. Das Ohr ist verhältnismäßig klein und liegt seitlich am Kopf an; Es ist insgesamt menschlicher in der Form als das des Schimpansen, und diese Aussage trifft auch auf den rudimentären Zustand der Ohrmuskulatur zu, die rudimentärer ist als beim Schimpansen. Die Nase hat einen deutlichen Mittelkamm und ist somit als äußeres Merkmal ausgeprägt; Die Nasenlöcher sind sehr breit. Die Hände und Füße sind kurz, dick und breit; die Ziffern sind vernetzt. Am Fuß ist die Ferse deutlicher zu erkennen als bei anderen Anthropoiden. Es ist jedoch nicht so ausgeprägt wie beim Menschen und der Ausdruck „Ex pede" . „Herkulem " wurde treffend durch „Ex calce hominem" ergänzt. Das Haar auf dem Kopf bildet eine Art Kamm, der hochgezogen werden kann, wenn das Tier wütend ist. Der Hals ist dick und kurz, und das Tier hat massive Schultern und einen breiten Brust.

FEIGE. 274.— Gorilla. *Gorilla Gorilla* , ♀. × ⅛.

Wären die Menschenaffen nicht so zahlreich und dem Menschen nahe, wäre es zweifelhaft, ob der Gorilla als eigenständige Gattung eingestuft werden würde, [421] denn in seiner inneren Struktur kommt er dem Schimpansen sehr nahe. Der mikroskopische Charakter der Untersuchungen zur Anatomie des Menschen hat den eigentlichen Sinn für Perspektive etwas getrübt und dazu geführt, dass die beim Gorilla beobachteten Strukturunterschiede stärker in den Vordergrund gerückt werden, als es notwendig erscheint. Dr. Keith [422] hat diese Divergenzen kürzlich zusammengefasst und kommentiert, und der folgende Bericht über diesen Anthropoiden ist hauptsächlich aus seinen Memoiren abgeleitet.

Die Schädelkapazität des Gorillas ist größer als die des Schimpansen. Aus dieser Sicht lässt sich jedoch nicht entscheiden, ob es sich bei einem gegebenen Schädel um den eines oder des anderen dieser Affen handelt. Manche Schimpansen haben eine höhere Leistungsfähigkeit als manche Gorillas. Aber der Durchschnitt ist zweifellos wie angegeben. Es ist zu beachten, dass es einen Zusammenhang zwischen der Schädelkapazität und der Größe des Gaumens gibt, wobei der Zusammenhang umgekehrt ist, *dh* je größer das Gehirn, desto kleiner der Gaumen. Dies gilt für den Menschen im Vergleich zu seinen affenähnlichen Verwandten, trifft jedoch nicht so genau auf den Gorilla zu, der einen umfangreicheren Gaumen als der Schimpanse hat; seine „brutale Entwicklung" ist viel größer als die des Schimpansen. Nicht nur der Gaumen ist größer, sondern auch die Backenzähne sind mit etwas anderer Form größer und kräftiger. Dies ist so deutlich gekennzeichnet, dass „man fast mit Sicherheit sagen kann, dass jeder obere Backenzahn mit einer Länge von mehr als 12 mm der eines Gorillas und unter 12 mm der eines Schimpansen ist." Im Skelett allgemein kann man sagen, dass die Kämme für Muskelansätze an den Knochen beim Gorilla größer sind. Die Nasenknochen ähneln in ihrer Länge eher denen niederer Affen und haben einen scharfen Grat, der ausgeprägter ist als beim Schimpansen, der jedoch bei älteren Tieren verschwindet. Es ist eine merkwürdige Tatsache, dass Gorillas oft eine „Gaumenspalte" haben, weil der palatinale Teil der Gaumenknochen nicht vollständig zusammenpasst. Die allgemeine Konformation des Schädels ist beim Gorilla weniger brachyzephalisch.

Die Gliedmaßen weisen eine Reihe kleiner Unterschiede auf, die mit einem vollständigeren Baumleben des Schimpansen im Vergleich zum Gorilla zusammenhängen. Letzteres nähert sich der menschlichen Lebensweise an. Trotz dieser Unterschiede können jedoch keine eindeutigen Unterschiede zwischen den beiden afrikanischen Anthropoiden festgestellt werden, denn aus den vielen Memoiren, die über beide geschrieben wurden, geht hervor, dass „es kaum ein Merkmal in irgendeinem Muskel oder." Knochen, der bei einem Tier gefunden wird, der auch bei dem anderen nicht vorkommt. Die Ferse des Gorillas wurde bereits erwähnt. Dies ist natürlich mit einer plantigraden und daher nicht-baumartigen Progression verbunden. Bestimmte Muskeln der Wadenbeine, die an der Ferse befestigt sind, weisen beim Gorilla eine menschlichere Anordnung auf als beim Schimpansen. Es ist interessant festzustellen, dass die Muskeln des kleinen Zehs beim Gorilla wie beim Menschen abnehmen. Dies ist ganz klar auf den Fortschritt auf der Erde zurückzuführen, und wir könnten die gleiche Erklärung auf den Menschen anwenden und enge Stiefel ignorieren! Der Arm des Gorillas ist weniger an die Baumentwicklung angepasst. Seine Proportionen unterscheiden sich von denen des Schimpansenarms dadurch, dass der Unterarm kürzer ist. Bei beiden Tieren ist der Daumen nicht von großem Nutzen, und beim Gorilla ist dieser Finger eher retrograd, nicht nur in der proportionalen Länge, sondern auch in der Muskelversorgung. Der Hüftgürtel erzählt die gleiche Geschichte. Beim Gorilla ist er breiter und die Glutaei- Muskeln treten stärker hervor, wobei alle diese Merkmale mit dem aufrechteren Gang zusammenhängen.

Das Gehirn beider Tiere wurde untersucht, im Fall des Gorillas jedoch nicht anhand einer ausreichend großen Anzahl von Beispielen, um verwertbare Verallgemeinerungen zu ermöglichen. Im Großen und Ganzen hat der Gorilla das größere Gehirn, dies muss jedoch durch die Tatsache außer Acht gelassen werden, dass er auch den größeren Körper hat. Es ist eine bemerkenswerte Tatsache, dass die Leber des Gorillas der Leber niederer Affen viel ähnlicher ist als der Leber anderer Anthropoiden. Er hat, wie der Schimpanse, Kehlkopfsäcke. Die allgemeine Schlussfolgerung bezüglich der relativen Stellung der beiden afrikanischen Anthropoiden scheint zu sein, dass der Gorilla der primitivere ist; und da er sich somit dem ursprünglichen Elterntier nähern muss als der Schimpanse, kann man sagen, dass er auch dem Menschen eher näher kommt, da der Schimpanse sich auf einer anderen Linie vom gemeinsamen Stamm entfernt hat. Auf die detaillierten Ähnlichkeiten mit dem Menschen sollte jedoch nicht übermäßig eingegangen werden; denn sie resultieren hauptsächlich aus der Tendenz, den plantigraden Progressionsmodus anzunehmen.

Bei den geistigen Merkmalen gibt es den größten Unterschied zwischen den beiden Affen, die wir betrachten. Der Schimpanse ist lebhaft und – zumindest in jungen Jahren – lehrreich und zähmbar . Der Gorilla hingegen ist düster und wild und ziemlich unzähmbar . Wenn der Gorilla wütend ist, schlägt er sich auf die Brust, eine Aussage, die ursprünglich, wie wir glauben, von M. du Chaillu gemacht wurde , die jedoch bestritten wurde, obwohl sie vollkommen wahr zu sein scheint. Dabei konnte ein junger Gorilla beobachtet werden, der vor einiger Zeit in den Gärten der Zoologischen Gesellschaft ausgestellt wurde. Der Schrei des Schimpansen unterscheidet sich vom „Heulen" des Gorillas. Über die Lebensweise dieses Tieres in seinem eigenen Zuhause wurde viel geschrieben, darunter auch viele Legenden. Es heißt, dass der Gorilla in den Tiefen des Waldes lauert und einen Greiffuß hinunterstreckt, um einen unglücklichen schwarzen Mann, der unten vorbeigeht, zu ergreifen und zu erwürgen. Man sagt auch, man könne den Elefanten besiegen, indem man ihn mit einem starken Stock hart auf den Rüssel schlägt, und den Lauf eines Gewehrs mit seinen kräftigen Zähnen zerschmettern.

Abgesehen von den zweifelhaften „Pongo“ und „ Engeco “ von Andrew Battel gehen unsere ersten Erkenntnisse über den Gorilla auf Dr. Savage zurück, nach dem tatsächlich der verstorbene Sir Richard Owen das Tier Troglodytes savagei nannte, *ein Name* , der sein muss zugunsten eines früheren Namens aufgegeben .

Der Gorilla ist in seiner Verbreitung auf die Waldgebiete Gabuns beschränkt . Es kommt in Familien vor, in denen es nur einen erwachsenen Mann gibt, der später seine Position als Anführer der Bande einem anderen Mann streitig machen muss, den er tötet oder vertreibt, oder von dem er getötet oder vertrieben wird. Das Tier soll wie der Orang ein Nest in einem Baum bauen; aber diese Aussage wurde in Frage gestellt.

Es ernährt sich von den Beeren verschiedener Pflanzen und anderen pflanzlichen Substanzen; Es besteht offenbar keine so ausgeprägte Neigung zu tierischer Nahrung wie beim Schimpansen. Auf der Suche nach Nahrung wandern sie durch den Wald, teilweise auf gebeugter Hand und mit schlurfendem Gang. Bemerkenswert ist, dass der Gorilla angeblich auf der Handfläche läuft und nicht auf dem Rücken, wie es beim Schimpansen der Fall ist. Es kann problemlos die aufrechte Haltung einnehmen und balanciert dabei größtenteils mit den Armen. Professor Hartmann gibt jedoch an, dass auch der Handrücken beansprucht wird. Im Gegensatz zu den meisten oder vielen wilden Tieren zeigt der Gorilla kein Verlangen, wegzulaufen, wenn er einen menschlichen Feind sieht. Dr. Savage bemerkt: „Wenn das Männchen zum ersten Mal gesehen wird, gibt es einen schrecklichen Schrei von sich, der weit und breit durch den Wald hallt, so etwas wie kh -ah! kh -ah!, lang und schrill.“ Damit einher gehen Angriffstaktiken, denen die Einheimischen nicht gerne begegnen. Wenn ein Gorilla einen Angriff ausführt, steht er auf, und da ein ausgewachsenes Tier eine Höhe von etwa fünf Fuß erreicht, ist er ein äußerst gefährlicher Gegner. Der Angriff eines dieser Tiere soll mit der Hand erfolgen, mit der es seinen Gegner zu Boden schlägt und dann die kräftigen Eckzähne einsetzt. Das Klopfen auf die Brust, das einen Angriff ankündigt, ist eine Aussage von M. du Chaillu . Es wurde mit einer Heftigkeit und Härte bestritten, die der Bedeutung der Angelegenheit überhaupt nicht gerecht werden. [423]

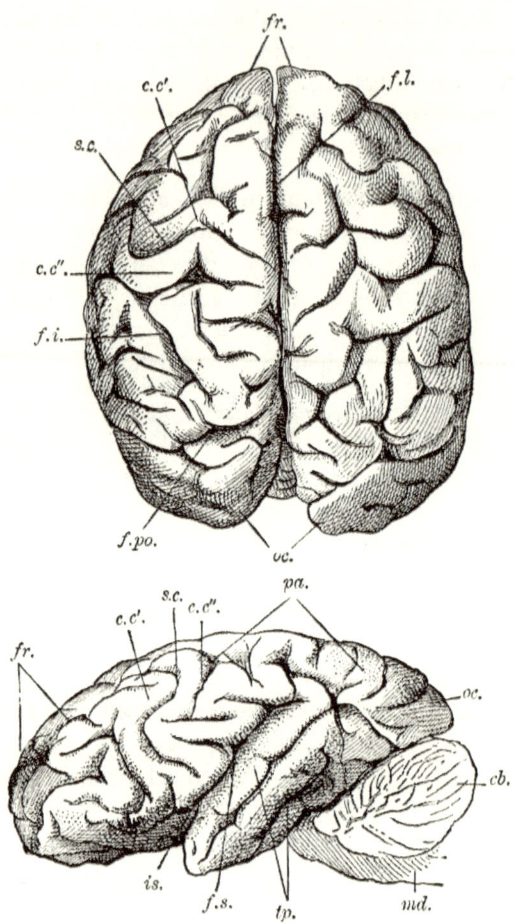

FEIGE. 275.- **A**, Großhirn eines zweijährigen Schimpansenweibchens. × ½. (Dorsaler Aspekt, zeigt asymmetrische Entwicklung.) *cc* ', *cc* ", vordere und hintere zentrale Windungen; *fi* , interparietale Fissur; *fl* , der Längsriss; *f.po* , Parieto-Occipital-Fissur; *fr* , Frontallappen; *oc* , Hinterhauptslappen; *sc* , Sulcus centralis. **B** : Gehirn eines zwei Jahre alten Schimpansenweibchens. × ½. (Seitenansicht.) *cb* , Kleinhirn; *cc* ', *cc* ", vordere und hintere zentrale Windungen; *fr* , Frontallappen; *fs* , Fissura Sylvii ; *ist* , Insel Reil ; *md* , Medulla oblongata; *oc* , Hinterhauptslappen; *pa* , Parietallappen; *sc* , Sulcus centralis; *tp* , Temporallappen. (Aus Wiedersheims *Struktur des Menschen* .)

Die Schimpansen, Gattung *Anthropopithecus* (oder *Troglodytes*), sind vom Gorilla durch die in der Beschreibung des letzteren Tieres erwähnten Merkmale zu unterscheiden. Kurz zusammengefasst sind sie im Wesentlichen wie folgt : Die Ohren sind groß und stehen im Allgemeinen vom Kopf ab; Es gibt jedoch derzeit Ausnahmen, die beachtet werden müssen. Die Pigmentierung des Körpers ist nicht immer so ausgeprägt wie beim Gorilla. Die Nasenknochen sind kürzer. Der Schädel insgesamt ist brachyzephaler und die Backenzähne sind kleiner. Die Hände und Füße sind viel länger, da das Tier reiner auf Bäumen lebt als der Gorilla. Das Schimpansenweibchen ist etwas kleiner als das Männchen, aber der große Unterschied, der beim Gorilla zu beobachten ist, ist nicht charakteristisch für seinen Verbündeten. Das Tier hat, wie der Gorilla, große Luftsäcke.

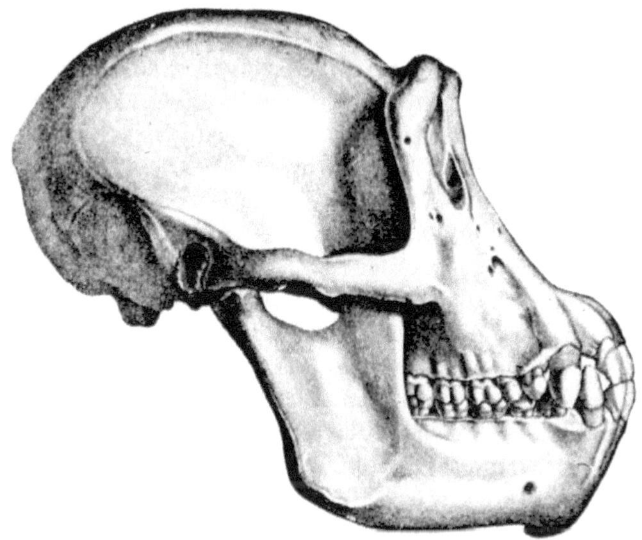

FEIGE. 276. – Schädel eines Schimpansen. *Anthropopithecus troglodytes.* × ⅓ .
(Nach de Blainville.)

Schimpansen kommen ausschließlich in Afrika vor, und obwohl sie scheinbar etwas weiter östlich als der Gorilla vordringen, ist die waldbedeckte Region des Äquatorgürtels ihre Heimat.

Bei der Behandlung des Gorillas wurde erwähnt, dass das Hauptmerkmal dieses Tieres, das einen ständigen Unterschied zum Schimpansen darstellt, sein düsteres und wildes Wesen ist. Der Schimpanse hingegen ist lebhaft und verspielt, wenn auch oft böswillig, und ziemlich zähmbar , wie viele Beispiele zeigen – insbesondere die berüchtigte „Sally" aus dem Zoologischen Garten. Die früheste Erwähnung von Tieren, bei denen es sich wahrscheinlich um Schimpansen handelt, findet sich in einem Werk über das Königreich Kongo, das 1598 veröffentlicht wurde. In einem Ausschnitt, der dieses Werk illustriert und von dem ein Teil in dem unten erwähnten Aufsatz von Professor Huxley wiedergegeben ist, [424] Die Affen, die in ihrem Aussehen in etwa den Schimpansen entsprechen, werden dargestellt, als würden sie durch das Gerät aus gekalkten Stiefeln, die die Affen anziehen, gefangen genommen. Diese Idee wurde später nachgeahmt und umgesetzt. Wenig später schrieb Andrew Battel über den Pongo und über ein anderes Lebewesen, den Engeco . Letzteres ist, was auch immer bei Ersterem der Fall sein mag, aller Wahrscheinlichkeit nach der Schimpanse, da das Wort „ Nchego ", das jetzt auf diese Kreaturen angewendet wird, dasselbe Wort zu sein scheint. Daraus scheint sich auch der Seemannsname „Jacko" abzuleiten. Ob es mehr als eine Schimpansenart gibt oder nicht, ist eine Frage, die Naturforscher beschäftigt und verwirrt hat. Dass es deutliche Unterschiede in den äußeren Merkmalen gibt, jedenfalls zwischen Individuen, ist völlig klar. Wir haben das Recht, drei Formen anzuerkennen , aber die Frage nach ihrer spezifischen Unterscheidbarkeit kann vorerst zurückgehalten werden. Die häufigste davon ist die Sorte *A. troglodytes* . Dies kommt in Menagerien häufig vor, obwohl die ausgestellten Exemplare fast immer jung und klein sind. Das Gesicht und die Hände sind fleischfarben und die Ohren sind sehr groß. An den Flanken bekommt das schwarze Haar einen rötlichen Schimmer. Die zweite Sorte wurde von du Chaillu benannt *Troglodytes kooloo-kamba* . Dieses Tier scheint auch der *T. aubryi von MM* zu sein . Gratiolet und Alix, [425] und mit zwei Affen identisch zu sein, die unter den Namen „ Mafuca " und „Johanna" bekannt sind. [426] Ersteres wurde in Dresden ausgestellt, letzteres auf der Ausstellung der Herren Barnum und Bailey. Die beiden Tiere wurden sorgfältig untersucht. Sie unterscheiden sich vom gewöhnlichen Schimpansen durch die dunkle Farbe des Gesichts, und im Fall von Mafuca hatte das Ohr die Form eines Gorillas . Das gilt auch für das Ohr von *A. aubryi* , während Johanna ein größeres Ohr hat. Diese Merkmale haben zu der Vermutung geführt, dass der Kooloo-kamba das Ergebnis einer Mésalliance zwischen einem Gorilla und einem gewöhnlichen Schimpansen war.

Es wurde jedenfalls festgestellt, dass die beiden Anthropoiden in Gesellschaft umhergehen; aber es scheint kaum Zweifel daran zu bestehen, dass es sich hier nicht um einen Hybriden handelt. Dr. Keiths sorgfältige Studien [427] über Johanna haben gezeigt, dass es unmöglich ist, diesen Affen als etwas anderes als einen Schimpansen zu betrachten. Das Tier hat die Verhaltensweisen und Manieren des Schimpansen; hat einen Schrei, der genau dem von *A. troglodytes entspricht* ; schlägt sich nicht wie ein Gorilla auf die Brust, wenn sie genervt ist. Anatomische Kenntnisse über dieses Exemplar fehlen jedoch derzeit.

FEIGE. 277. – Junger Orang- Utan . *Simia satyrus* . *Zeitschrift für Ethnologie (* *Anthropologe Gesellschaft*), Bd. viii. (Aus Wiedersheims *Struktur des Menschen* .)

Anthropopithecus calvus [428] scheint mindestens ebenso viel Anspruch auf Auszeichnung zu haben wie der letzte. Es wurde ursprünglich von du Chaillu beschrieben ; aber Dr. Gray, der die Häute untersuchte, glaubte, dass die Kahlheit ein Zufall sei, und fuhr dann nach dieser klugen Vorsicht fort, unter dem Namen *A. vellerosus* die vielleicht „schlimmste" Schimpansenart zu beschreiben, die der unnötig langen Liste hinzugefügt wurde von „Arten" von Schimpansen. Zu dieser Sorte gehörte „Sally" [429] vom Zoo, deren Intelligenz vom verstorbenen Dr. Romanes gefeiert wurde. Die Form ist charakterisiert durch seine intensive Schwärze, wobei die roten Reflexe anderer Schimpansen nicht sichtbar sind; auch an der Glatze, daher natürlich der Name. Die Nasenlöcher dieses Affen waren wie bei Johanna etwas erweitert und weisen daher eine gewisse Ähnlichkeit mit dem Gorilla auf. Es gibt jedoch keinen Hinweis darauf, dass *A. calvus* das Produkt einer

Verbindung zwischen den beiden afrikanischen Anthropoiden ist. Wie Johanna bekam auch Sally gelegentlich Tierfutter und genoss es. Es ist eine merkwürdige Tatsache, dass sowohl Sally als auch Johanna offenbar farbenblind waren .

FEIGE. 278.- Junger Orang- Utan . *Simia satyrus* . *Zeitschrift für Ethnologie* (*Anthropologe Gesellschaft*), Bd. viii. (Aus Wiedersheims *Struktur des Menschen* .)

Der Orang- Utan , Gattung *Simia* , hat nur eine definierbare Art, nämlich. *S. satyrus* . Die vermutete Art von Owen, *S. morio* , kann nicht zufriedenstellend definiert werden. Es wurden auch viele andere spezifische Namen für die aller Wahrscheinlichkeit nach nur eine einzige Art großer Menschenaffen gegeben, die auf den Inseln Borneo und Sumatra leben.

FEIGE. 279.— Skelett eines Orangs. *Simia satyrus* . (Nach de Blainville.)

Der Name Orang- Utan , der jetzt ausschließlich für den Gegenstand der vorliegenden Beschreibung verwendet wird, wurde früher auch für den Schimpansen und für dieses Tier darüber hinaus unter der latinisierten Version von *Homo sylvestris verwendet* . Der Orang ist ein großer und schwerer Affe mit einem besonders hervorstehenden Bauch und einem melancholischen Gesichtsausdruck. Das Gesicht des alten Mannes ist durch eine Art schwielige Ausweitung der nackten Haut an den Seiten verbreitert. Die Farbe des Tieres ist gelbbraun und variiert im genauen Farbton. Die Ohren sind besonders klein und anmutig und liegen eng an den Seiten des Kopfes an. Der Kopf ist sehr brachyzephal. Die Arme sind sehr lang und reichen im aufrechten Zustand des Tieres bis zum Knöchel. Der Hallux ist sehr kurz und weist meist keinen Nagel auf. Es ist eine merkwürdige Tatsache, dass der Kopf des Oberschenkelknochens nicht durch ein Band mit der Beckenpfanne verbunden ist, in der er artikuliert, ein Zustand, der dem Glied zwar größere Bewegungsfreiheit gibt, seine Festigkeit aber nicht erhöht; Tatsächlich wurde beschrieben, dass sich der Orang mit mühsamer Vorsicht bewegt.

Dieser Affe bewohnt flaches und waldbedecktes Gelände und lebt hauptsächlich in den Bäumen. Das Männchen führt außer zur Paarungszeit ein Einzelgängerleben, das Weibchen hingegen lebt mit seiner Familie. Auf dem Boden geht der Orang ohne große Leichtigkeit und benutzt seine Arme als Krücken, um den Körper vorwärts zu schwingen. Selbst bei Bäumen ist der Fortschritt nicht schnell und wird durch sorgfältige Untersuchungen der Fähigkeit der Äste, sein Gewicht zu tragen, erreicht. Der „Mann des Waldes" soll eine Hütte aus Bäumen bauen. Das ist eine Übertreibung der Tatsache, dass es ein temporäres Nest baut.

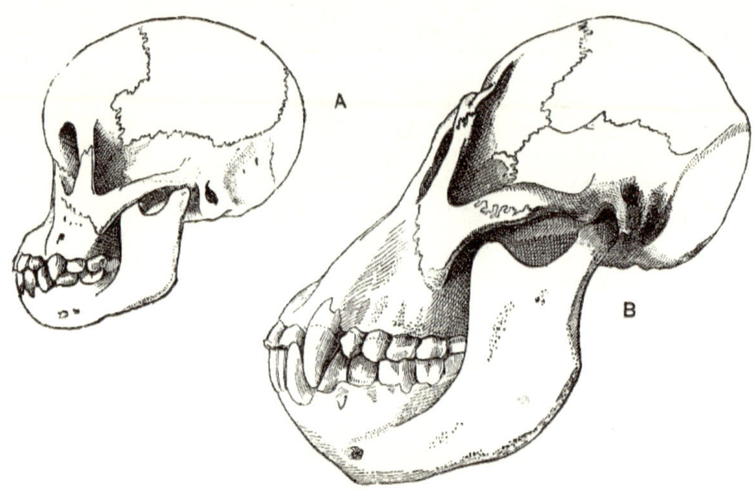

FEIGE. 280.- **A** , Schädel eines jungen Orang- Utans . *Simia satyrus* . (Ein Drittel natürlicher Größe.) **B** , Schädel eines erwachsenen Orang- Utans . (Ein Drittel natürliche Größe.) (Von Wiedersheim *Struktur des Menschen* .)

Eines dieser Nester wurde kürzlich von Dr. Moebius ausführlich beschrieben. Es wurde (von Dr. Selenka) auf der Astgabel eines Baumes in einer Höhe von 11 Metern über dem Boden gefunden . Wie es scheint, jede Nacht oder jede zweite Nacht baut sich das Tier ein neues Nest und verlässt das alte. Daher sind diese Nester an Orten, die von Orangs häufig besucht werden, so zahlreich, dass leicht ein Dutzend an einem Tag gefunden werden kann. Das besondere Nest, das Dr. Moebius untersuchte, war 1,42 Meter lang und höchstens 0,80 Meter breit. Es bestand aus etwa fünfundzwanzig Ästen, die abgebrochen und größtenteils parallel zueinander verlegt wurden. Über diesem Rahmen lagen mehrere lose Blätter. Es besteht daher kein Zweifel, dass es sich bei diesen Nestern keineswegs um kunstvolle Bauten handelt und dass sie nur als Schlafplätze und nicht, wie behauptet, als Kinderstuben für die Aufzucht der Jungen dienen.

Der Orang scheint normalerweise ein recht mildes Wesen zu haben; Es wird selten einen Mann unprovoziert angreifen. Aber Dr. Wallace, der eine große Anzahl von Beobachtungen über diese Tiere gesammelt hat, beschreibt ein

Orang-Weibchen, das „auf einem Durianbaum mindestens zehn Minuten lang einen ununterbrochenen Regen aus Zweigen und dickstacheligen Früchten von bis zu ..." 32-Pfünder, die uns am effektivsten von dem Baum fernhielten, auf dem sie war. Man konnte sehen, wie sie sie abbrach und mit allem Anschein von Wut zu Boden warf, wobei sie in Abständen ein lautes, pumpendes Grunzen von sich gab und offensichtlich Unheil im Sinn hatte. " Der Name, den die Dyaks den Orang geben, ist Mias Pappan . [430]

Fossile Menschenaffen . — Der zweifellos interessanteste fossile Anthropoide ist der mittlerweile berühmte *Pithecanthropus erectus* . Unser Wissen darüber ist in erster Linie Dubois zu verdanken. [431] Aber es gibt kaum einen Anatomen oder Anthropologen, der sich nicht zu diesem bedauerlicherweise sehr unvollständigen Überbleibsel geäußert hätte. Die Kreatur ist nur durch ein Schädeldach, zwei separate Zähne und einen Oberschenkelknochen bekannt. Und der Oberschenkelknochen ist außerdem erkrankt. M. Dubois entdeckte diese Überreste auf der Insel Java in Andesittuff aus dem Pliozän oder zumindest dem frühen Pleistozän. Die Überreste wurden zusammen mit dem heute ausgestorbenen *Stegodon und* dem in diesem Teil der Welt nicht mehr vorkommenden *Hippopotamus gefunden.* Der Name *Pithecanthropus* wurde ihm vom Entdecker gegeben, um dem theoretischen *Pithecanthropus* von Haeckel eine bestimmte Behausung und einen Namen zu geben. Selbst die anspruchsvollsten Forscher der Säugetiernomenklatur werden kaum Einwände dagegen haben, einen Namen ein zweites Mal zu verwenden , der mit einiger Klarheit ein *Nomen Nudum ist* ! Im aufrechten Zustand muss das Tier eine Höhe von 1,60 Meter gehabt haben. Der Inhalt des Schädels muss 1000 cm betragen haben, also 400 cm. mehr als die Schädelkapazität eines Menschenaffen und genauso groß oder sogar geringfügig größer als die Schädelkapazität einiger weiblicher Australier und Veddahs . Da diese letzteren jedoch keine 5 Fuß groß sind, hatte der affenähnliche Mensch tatsächlich eine weniger geräumige Gehirnhöhle. Der Schädel liegt im Profil etwa in der Mitte zwischen dem eines jungen Schimpansen (jung, um die durch den Kamm verursachten sekundären Veränderungen zu beseitigen) und dem niedrigsten menschlichen Schädel, dem des Neandertalers. Dieses Geschöpf ist tatsächlich, wie Professor Haeckel es ausdrückte, „das lange gesuchte ‚fehlende Glied'", mit anderen Worten: es stellt „den Anfang der Menschheit" dar.

Die Überreste von Affen, deutlicher Affen als *Pithecanthropus* , sind aus miozänen Schichten Frankreichs bekannt. Zwei Gattungen, *Pliopithecus* und *Dryopithecus* , sind bekannt. Ersterer scheint *Hylobates nahe zu stehen* . *Dryopithecus* ähnelt mehr dem Menschen als alle anderen Arten und scheint so groß wie ein Schimpanse gewesen zu sein. Die Schneidezähne sind in ihrer relativ geringen Größe menschlich. Es wurde jedoch darauf hingewiesen, dass die lange und schmale Symphyse des Unterkiefers einen Ähnlichkeitspunkt mit den Cercopithecidae darstellt .

Fam. 3. Hominidae. – Abgesehen von *Pithecanthropus* , der vielleicht ein Mitglied dieser Familie ist, dessen Überreste es uns jedoch erlauben, ihn zumindest vorerst bei den Simiidae zu belassen, enthält die Familie Hominidae nur eine Gattung, *Homo* , und wahrscheinlich nur eine Art, *H. Sapiens* . Die Merkmale der Familie können daher mit denen der Gattung verschmolzen sein. [432]

Obwohl es leicht genug ist, einen Menschen von einem Affen zu unterscheiden, ist es keineswegs einfach, absolut unterschiedliche Charaktere zu finden, die nicht „relativ" sind. Wie Professor Haeckel betont hat, gibt es eigentlich nur vier Merkmale , die den Menschen unterscheiden: Dies sind der aufrechte Gang und die daraus resultierende Veränderung der Vorder- und Hinterbeine in diese Position; die Existenz artikulierter Sprache; die Fähigkeit der Vernunft. Ob eine Gruppe von Psychologen recht hat, wenn sie argumentiert, dass Vernunft eine charakteristische menschliche Eigenschaft ist, die nicht mit der offensichtlichen Denkfähigkeit niederer Tiere verwechselt werden darf, oder ob andere berechtigt sind, den Menschen nur dem Grad nach von den niederen Tieren zu trennen, ist klar Gerade diese Meinungsverschiedenheit hindert uns vorerst daran, solche Charaktere als absolute Unterschiede zu verwenden . Auf jeden Fall würde die Erörterung dieser Themen den Rahmen dieses Buches sprengen.

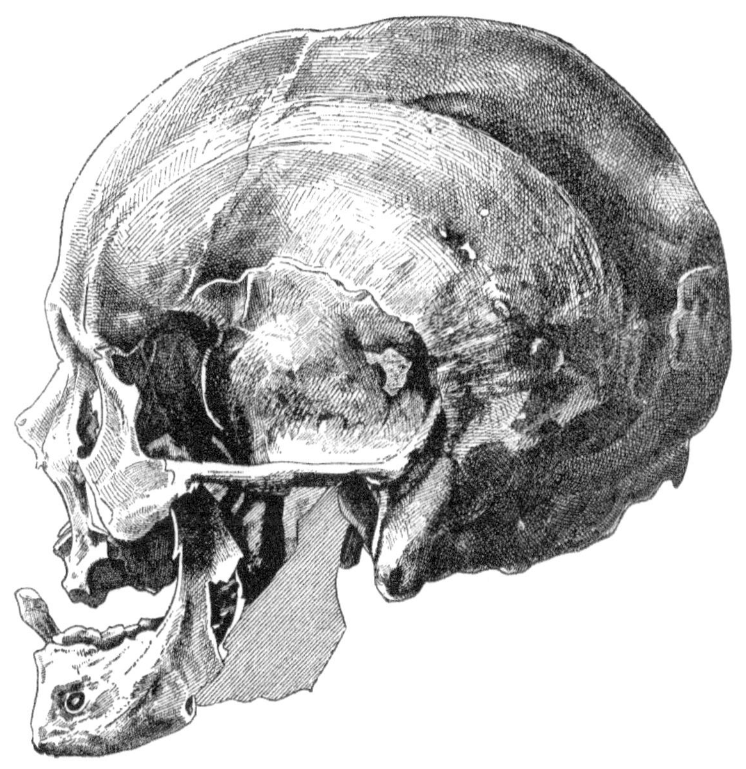

FEIGE. 281.— Schädel von Immanuel Kant. (Nach C. von Kupffer.)
Bemerkenswert ist die große Größe des Schädels. (Aus Wiedersheims
Struktur des Menschen .)

Anatomisch gesehen gibt es eine Reihe kleiner Merkmale, die den Menschen
auszeichnen; aber sie sind hauptsächlich auf den aufrechten Gang
zurückzuführen. Manchmal wird versucht, den Menschen als nacktes Tier
darzustellen. Aber das ist nur ein scheinbarer Unterschied; Das Haar ist am
Körper nicht so ausgeprägt wie bei den Affen, abgesehen von gelegentlichen
Anomalien, wie den verschiedenen haarigen Männern und Frauen, die in
Wanderausstellungen zu sehen sind, und in geringerem Maße bei den
japanischen Ainos, aber es ist überall vorhanden , wie eine mikroskopische
Untersuchung der Haut zeigt. Der Schädel des Menschen „ist ein glatter und
imposanter, runder oder ovaler Knochenkörper", der im Gegensatz zum
kleineren und tief gefurchten Schädel der Menschenaffen steht. Die Form
des Schädels entspricht weitgehend dem großen Gehirn. Das Gesicht ragt
nicht so stark hervor wie bei den Menschenaffen, obwohl dieser Charakter
nicht zu sehr betont werden darf, da bei einigen amerikanischen Affen das
Gesicht ebenso wenig hervorsteht. Dennoch vergleichen wir den Menschen
jetzt mit seinen zweifellos nächsten Verwandten, den Simiidae . Im

Unterkiefer verläuft die vordere Linie an der Symphyse annähernd gerade,
also im rechten Winkel zur Längsachse des Kiefers, während das Kinn der
Affen eher nach hinten verläuft. Die „schöne Sigmoidkurve, die von den
Lenden- und Rückenwirbeln gebildet wird" ist beim Menschen stärker
ausgeprägt, kommt aber nicht nur bei den Anthropoiden, sondern auch bei
anderen Affen vor. [433]

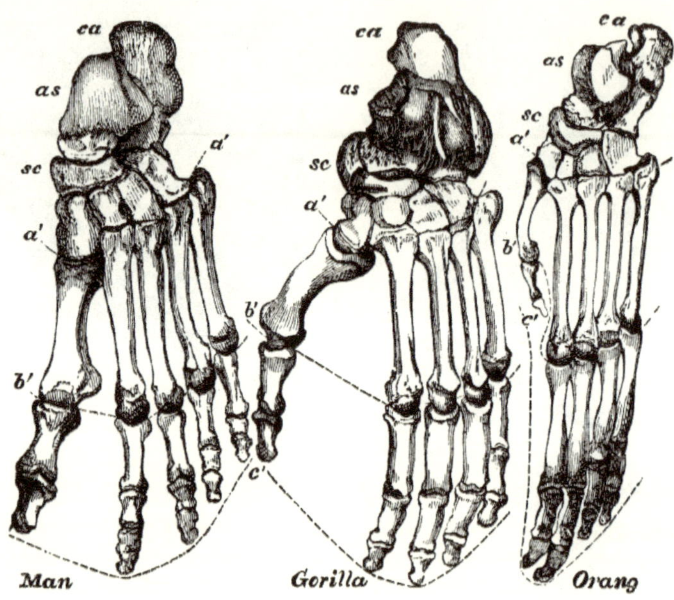

FEIGE. 282. – Fuß von Mensch, Gorilla und Orang von gleicher absoluter
Länge, um den Unterschied in den Proportionen zu zeigen. Die Linie *a'a'*
bezeichnet die Grenze zwischen Tarsus und Metatarsus; *b'b* ', das zwischen
den letzteren und den proximalen Phalangen; und *c'c* ' begrenzt die Enden
der Endphalangen. *als* , Astragalus; *ca* , Kalkaneum; *sc* , Kahnbein. (Nach
Huxley.)

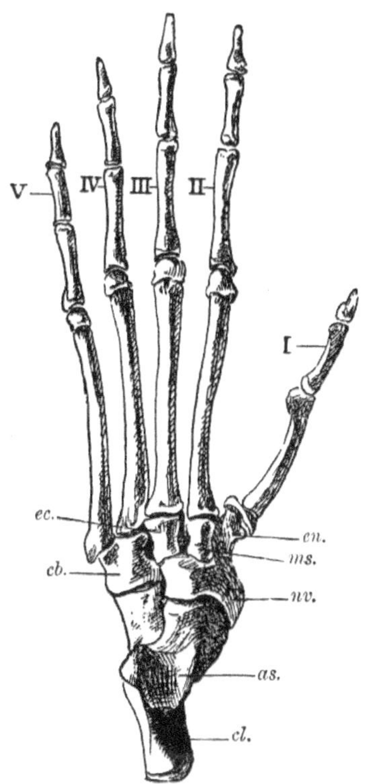

FEIGE. 283.— Skelett des linken Hinterbeins eines Schimpansen. (Dorsaler Aspekt.) *als*, Astragalus; *cb*, quaderförmig; *cl*, Kalkaneum; *ec*, ectocuneiform ; *en*, endokuneiform ; *ms*, mesokuneiform ; *nv*, Navikular; *IV*, Ziffern. (Aus Wiedersheims *Struktur des Menschen* .)

Die Vorderbeine sind relativ kurz, der Arm ist so lang, dass die ausgestreckte Hand das Knie nicht erreicht. Der Daumen ist beim Menschen ein großer und nützlicher Finger, viel größer als bei den Anthropoiden. Andererseits ist der Hallux nicht angreifbar . Dies hängt natürlich mit der aufrechten Haltung zusammen, ebenso wie die größere relative Dicke des Fingers, auf den beim Gehen die größte Belastung gelegt wird. Was die Muskulatur betrifft, so ist der Glutaeus maximus beim Menschen stärker entwickelt – der Affe, der ihm am nächsten kommt, ist der Gorilla, bei dem das Leben weniger völlig baumartig ist als bei einigen anderen. Der sogenannte „ Scansorius “ kommt beim Menschen nur gelegentlich vor. Der rudimentäre Charakter der Ohrmuskulatur für die Bewegung des Außenohrs beim Menschen wurde oft betont, ebenso wie ihre gelegentliche funktionelle Aktivität. Aber hier und anderswo sind die Anomalien so zahlreich, dass „die Lücke, die normalerweise das Muskelsystem des Menschen von dem der Anthropoiden trennt, vollständig überbrückt zu sein scheint .“ Dies sind Worte von

Professor Wiedersheim, zitiert aus Testut , und sie geben eine abschließende Zusammenfassung der Muskelthematik bei Mensch und Affe.

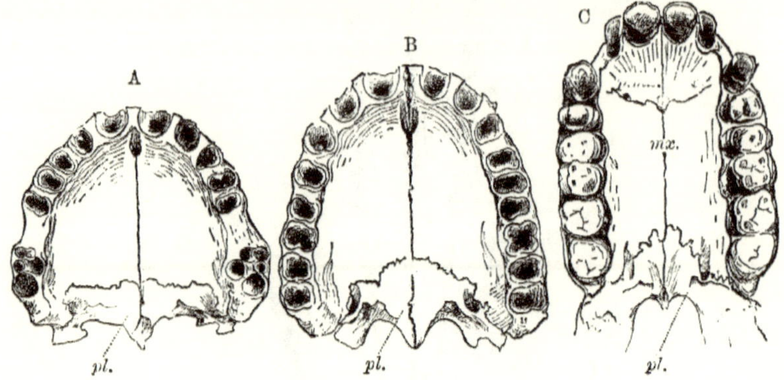

FEIGE. 284. – Der harte Gaumen, **A** , eines Kaukasiers; **B** , eines Negers; **C** , eines erwachsenen Orang- Utans , zeigt die Unterschiede in der Form der Knochen. Der Gaumen des Negers stellt einen Übergangstyp zwischen dem des Kaukasiers und dem des Orang dar. *mx* , Oberkiefer; *pl* , Gaumen; *p.mx* , Prämaxillare. (Aus Wiedersheims *Struktur des Menschen* .)

In seinen Zähnen unterscheidet sich der Mensch durch die geringfügige Überhöhung der Eckzähne, die sich bei den beiden Geschlechtern kaum oder gar nicht unterscheiden. Auch ein Diastema fehlt vollständig. Auch die Zähne sind im Großen und Ganzen schwächer als bei den Anthropoiden, obwohl *Hylobates* in dieser Hinsicht sehr menschlich ist.

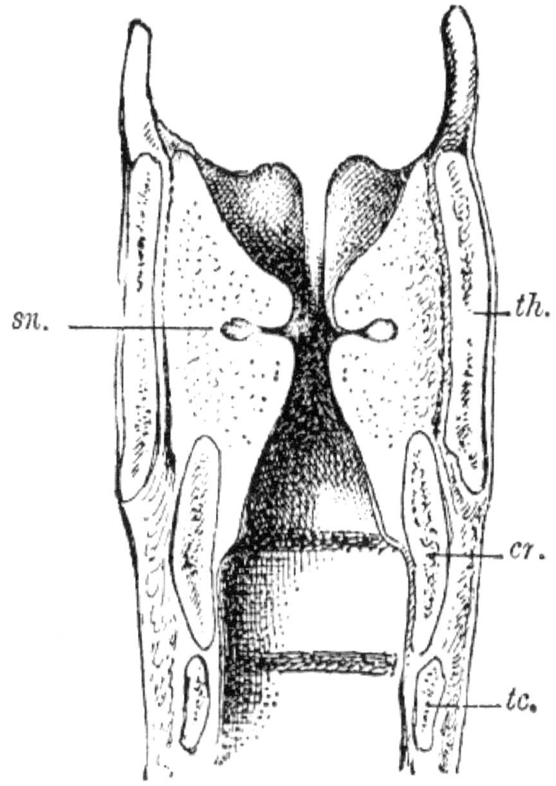

FEIGE. 285. – Menschlicher Kehlkopf im Frontalschnitt. *cr*, Ringknorpel; *sn* , Sinus von Morgagni; *tc* , erster Luftröhrenknorpel; *th* , Schildknorpel. (Aus Wiedersheims *Struktur des Menschen* .)

Beim Menschen besteht eine Tendenz zum Verschwinden der oberen äußeren Schneidezähne und noch deutlicher der Weisheitszähne, die erst sehr spät zum Vorschein kommen und oft unvollkommen sind. In vielen Fällen kommt der Zahn überhaupt nicht zum Vorschein. Im Kehlkopf gibt es keine große Entwicklung der großen Kehlsäcke der Anthropoiden. Die winzigen Divertikel dieses Organs, die den menschlichen Anatomen als die Ventrikel von Morgagni bekannt sind, zeugen nur noch von einem ehemaligen Heulapparat bei den Vorfahren des Menschen.

ANMERKUNGEN

[1] Die Degeneration der Hinterbeine bei Walen und Sirenien verbietet die Verwendung dieses Charakters als Unterscheidungsmerkmal gemäß den Grundsätzen, die in der Auswahl der obigen Liste vertreten werden. Aber es wäre absurd, Haare wegzulassen.

[2] „ Über die Haare der Säugethiere ", *Morph. Jahrb* . xxi. 1894, S. 312.

[3] " Bemerkungen über den Ursprung der Haare , *Anat. Anz* . 1893, S. 413.

[4] Siehe hierzu S. 90 . Dr. Bonavia vertrat kürzlich (*Studies in Evolution* , London, 1895) die etwas fantastische Ansicht, dass die Pigmentflecken von Fleischfressern und anderen Säugetieren eine Reminiszenz an eine frühere Schuppenerkrankung seien. Es gibt keinen direkten Beweis dafür, dass die primitiven Säugetiere schuppig waren, und die Monotremata oder Beuteltiere weisen auch nicht mehr Spuren einer solchen Erkrankung auf als andere Säugetiere. und sie sind die am wenigsten organisierten existierenden Säugetiere.

[5] *Proz. Zool. Soc.* 1887, S. 527.

[6] „ Über Beuteltierrudiment bei Placentaliern , *Morph. Jahrb* . xx. 1893, S. 276.

[7] Siehe Haacke , „Über die Beuteleizelle, den Brustbeutel usw. der Echidna", *Proc. Roy. Soc.* 1885, S. 72; und „ Über die Entstehung der Säugetiere ", *Biol. Zentralbl* . viii. 1889, S. 8.

[8] Siehe Gegenbaurs *Elemente von Comp. Anat.* Übers. von Bell, 1878, S. 421.

[9] „ Über die Beziehungen zwischen Mammartasche u. Marsupium, *Morph. Jahrb* . xvii. 1891, S. 483.

[10] *Katalog der Beuteltiere im British Museum* , 1886.

[11] Seine Unabhängigkeit vom Epistropheus wird bei Monotremen und einigen Beuteltieren durch seine späte Verschmelzung mit diesem Wirbel betont .

[12] Intercentra findet man nur selten vor der Schwanzreihe. Herr Parsons hat jedoch ihr Auftreten in den Lendenwirbeln von *Atherura aufgezeichnet* .

[13] *Tufts College Studies* , Nr. 6, 1900.

[14] Vgl. das Gürteltier *Peltephilus* , S. 186.

[15] Gegenbaur , *Vergl* . *Anat. Wirbelth* . Leipzig, 1898, S. 404.

[16] Ehlers *Zool. Verschiedenes* , ich . 1894.

[17] *Proz. Zool. Soc.* 1865, S. 567.

[18] *Vergl. Anat. der Wirbelth*. Leipzig, 1898, S. 497.

[19] Zu dieser Kategorie gehören möglicherweise Knorpelstücke, die bei Rabbit, *Mus* und *Sorex vorkommen* (siehe Abb. 29 oben).

[20] „Über das Coracoid der Landwirbeltiere", *PZS* 1893, S. 585.

[21] An den Extremitäten kann sich Hornmaterial bilden; Bekannte Beispiele sind die „Krallen" am Schwanz des Löwen und Leoparden sowie des Kängurus *Onychogale*. Für einen Bericht über das erste siehe *Proc. Zool. Soc.* 1832, S. 146.

[22] Vgl. Tomes, *A Manual of Dental Anatomy*, 5. Auflage. London, 1898.

[23] *Materialien für das Studium der Variation*, London, 1894.

[24] *Morph. Jahrb*. xix. 1892, S. 502.

[25] Im Zusammenhang mit diesem und vielen anderen Problemen wäre es von größtem Interesse, die genaue Bedeutung des monophyodontischen Gebisses von *Ornithorhynchus herauszufinden*.

[26] *Proz. Zool. Soc.* 1899, S. 922.

[27] Herr M. Woodward ist jedoch (*PZS* 1893, S. 467) geneigt zu glauben, dass bei einigen Macropodidae jedenfalls der vermeintliche Zahn des zweiten Satzes tatsächlich zum Milchgebiss gehört, das spät zwischen PM _{ 3} und Pm_{4}.

[28] Eine Zusammenfassung finden Sie bei Osborn, *American Nat.* Dez. 1897, S. 993.

[29] *zB* der „ Protoloph ", „Metaloph" usw. (siehe Abb. 36, S. 51) der modernen Huftier-Zahnform.

[30] „Über den Urtyp der Plexodont- Molaren von Säugetieren", *Proc. Zool. Soc.* 1899, S. 555.

[31] *Jen. Zeitschr*. ii. 1866, S. 365.

[32] *Proz. Zool. Soc.* 1883, S. 8.

[33] *Proz. Zool. Soc.* 1894, S. 715.

[34] Beddard , *Proc. Zool. Soc.* 1895, S. 136.

[35] *Quart. Reise . Mikro . Wissenschaft.* xxiv. 1884, S. 9.

[36] *SB Jen. Gesells*. 1885, S. 1.

[37] *Proz. Roy. Physik. Soc. Edin.* viii. 1885, S. 354.

[38] *Phil. Trans.* clxxviii. 1887, S. 463.

[39] Robinson, *Studies Biol. Labor. Owens Coll.* ii. 1890, S. 35.

[40] Beddard , *Proc. Zool. Soc.* 1900, S. 667.

[41] Wallace, *The Geographical Distribution of Animals* , 1876. Heilprin , *The Distribution of Animals* , Internat. Scientific Series, 1887. Beddard , *A Text-book of Zoogeography* , Cambridge Natural Science Manuals, 1895. Lydekker , *Geographical History of Mammals* , Cambridge Geographical Series, 1896. WL und PL Sclater , *The Geography of Mammals* , Kegan Paul and Co. 1899 .

[42] Dieser Begriff wird manchmal in einem weiteren Sinne verwendet; vgl. Bd. viii. P. 74.

[43] Eine Reihe von Artikeln im *Phil. Trans.* für 1888-96, von dem eine nützliche Zusammenfassung von Professor Osborn im *American Naturalist* , 1898, S. 17, veröffentlicht wurde. 309; siehe auch *Cambr. Nat. Hist.* viii. 1901, S. 303.

[44] Vgl. Bd. viii. P. 82.

[45] Es kann notwendig sein, die Wale aus dem Vergleich auszuschließen.

[46] *Zahnanatomie* , 5. Aufl. 1898, S. 304.

[47] „Über die fossilen Säugetiere aus dem Stonesfield-Schiefer", *Quart. Reise . Mikro . Wissenschaft.* xxxv. 1894, S. 407.

[48] Diese Rille wurde im vorhandenen *Myrmecobius gefunden* , siehe S. 154.

[49] *Trans. New York Acad. Wissenschaft.* xiii. 1894, S. 234.

[50] Gegenbaur , *Zur Kenntnisse der Mammarorgane der Monotremen* , Leipzig, 1886.

[51] *Quart. Reise . Mikro . Wissenschaft.* xxiv. 1884, S. 124.

[52] Beddard , *Proc. Roy. Physik. Soc. Edinb* . viii. 1885, S. 354.

[53] Siehe *Phil. Trans.* clxxviii. 1887, wo die Literatur zu diesem Thema vollständig zitiert wird.

[54] Muskelansätze und -ansätze stützen den Vergleich jedoch nicht vollständig.

[55] *Reise . Anat. Physik.* 1899, S. 309.

[56] *Proz. Zool. Soc.* 1864, S. 18.

[57] *Myrmecophaga aculeata* war der von Shaw gegebene Name.

[58] Als Name hat offenbar *Zaglossus Vorrang;* aber *Proechidna* ist besser bekannt.

[59] *Proz. Zool. Soc.* 1892, S. 545.

[60] *Quart. J. Micr. Wissenschaft.* xxix. 1888, S. 353.

[61] *Proz. Roy. Soc.* xlvi. 1889, S. 127. Siehe auch Stewart, *Quart. J. Micr. Wissenschaft.* xxxiii. 1892, S. 229.

[62] *Proz. Zool. Soc.* 1880, S. 649.

[63] Darüber hinaus sind das „Corpus callosum und die vordere Kommissur … bei … *Erinaceus* und *Dasypus* fast Monotrem-ähnlich.“

[64] Siehe Wilson und Hill, *Quart. J. Micr. Wissenschaft.* xxxix. 1899, S. 427.

[65] Zumindest bei *Dendrolagus*. Siehe *Proc. Zool. Soc.* 1895, S. 132.

[66] *Anat. Anz*. ich. 1886, S. 338; und siehe Weber, *ebenda.* ii. 1887, S. 42.

[67] Werke, die sich ausschließlich mit den Beuteltieren befassen, sind: Lydekker, in Allen's *Naturalists' Library*, 1894; Aflalo, *Natural History of Australia*, Macmillan and Co. 1896; Waterhouse, *Naturgeschichte der Mammalia*, ich. London, 1848; Oldfield Thomas, *British Museum Catalogue of Marsupialia and Monotremata*, 1888.

[68] „Die Gehirnkommissuren in den Marsupialia und Monotremata ", *Journ. Anat. Physik.* xxvii. 1893, S. 69.

[69] Wenn es mehr als zwei sind, sind *zwei* besonders entwickelt. Siehe Abb. 76, 77 (S. 149, 150).

[70] Siehe für eine weitere Diskussion dieses Themas die zoogeographischen Handbücher von Herrn Lydekker und mir, zitiert auf S. 78 (Fußnote).

[71] Hinzu kommt die Beobachtung von Herrn Thomas, dass die Familie der amerikanischen Opossums „sehr eng mit den Dasyuridae verwandt ist, von denen sie ohne ihre isolierte geographische Lage sehr zweifelhaft trennbar wäre.“

[72] Außer bei den südamerikanischen Diprotodonten.

[73] *Proz. Zool. Soc.* 1893, S. 450.

[74] *Ebenda.* 1876, S. 165.

[75] *Zeitschrift des Rt. Hon. Sir Joseph Banks, Bart., KB, PRS*, herausgegeben von Sir Joseph Hooker, London, 1896.

[76] *Proz. Zool. Soc.* 1896, S. 683.

[77] *Proz. Zool. Soc.* 1875, S. 48.

[78] *Proz. Zool. Soc.* 1852, S. 103.

[79] *Proz. Zool. Soc.* 1895, S. 131.

[80] *Ebenda.* 1884, S. 387.

[81] *Ebenda.* 1884, S. 407.

[82] *Proz. Linn. Soc. NS Wales*, ich . 1877, S. 34.

[83] „Über einige Punkte in der Anatomie des Koalas", *Proc. Zool. Soc.* 1881, S. 180.

[84] Thomas, „Über *Caenolestes*, einen noch existierenden Überlebenden der Epanorthidae von Ameghino und den Vertreter einer neuen Familie rezenter Beuteltiere", *PZS* 1895, S. 870.

[85] Stirling und Zietz , *Mem. Roy. Soc. Südaustralien* , i .; siehe auch eine Mitteilung in *Nature* , 18. Januar 1900.

[86] Vor kurzem (*Proc. Linn. Soc. NSW* 1898, S. 1) wurde der fleischfressende Charakter von *Thylacoleo von Herrn Broom erneut bestätigt.*

[87] *Horn Scientific Expedition* , pt. ii. *Zoologie* , 1896, S. 36.

[88] Leche fand fünf, und Waterhouse gab acht als Zahl an.

[89] *Proz. Zool. Soc.* 1887, S. 527. Siehe auch Leche, *Biol. Fören . Förhandl* . 1891, S. 136, und zitierte Literatur.

[90] Bei diesem Tier wurden Spuren von Hornballen, ähnlich denen des Entenschnabels, nachgewiesen. Dies ist äußerst interessant, wenn man es in Verbindung mit seinen vielhöckerigen Backenzähnen betrachtet.

[91] Einen Bericht über dieses Tier finden Sie in Professor Stirlings Memoir in *Trans. Roy. Soc. S. Australia* , 1891, p. 154 und Gadow , *Proc. Zool. Soc.* 1892, S. 361.

[92] Das Männchen hat laut Professor Spencer einen rudimentären Beutel.

[93] Brust- und Bauchmuskeln beim Armadillo *Tatusia* .

[94] Ein eher problematisches Gürteltier, *Necrodasypus* , wurde aus französischen Gesteinsschichten nachgewiesen. Es besteht nur aus wenigen Schildern .

[95] *Proz. Zool. Soc.* 1882, S. 358.

[96] *Trans. Linn. Soc.* (2) vii. 1898, S. 277.

[97] *dh* große Riechlappen.

[98] *Proz. Zool. Soc.* 1899, S. 1014.

[99] Zur Anatomie siehe Owen, *Trans. Zool. Soc.* iv. 1862, S. 117 und Forbes, *Proc. Zool. Soc.* 1882, S. 287.

[100] Für den Schädel von Edentates siehe allgemein Parker, *Phil. Trans.* clxxvi. 1885, Punkt. ich . P. 121.

[101] Die Farbe verblasst in Gefangenschaft aufgrund des Verschwindens der Algen.

[102] In einem an Dr. Gray gerichteten Brief, den dieser in einer Überarbeitung der Sloths zitierte, *Proc. Zool. Soc.* 1871, S. 428.

[103] Dieser Name wird von Gray „ *Prionodos* " *geschrieben, was zu einer Verwechslung mit dem Fleischfresser Prionodon führen könnte .*

[104] Zur Anatomie verschiedener Formen siehe Garrod, *Proc. Zool. Soc.* 1878, S. 222, der andere Memoiren zitiert.

[105] Flower, *Proc. Zool. Soc.* 1886, S. 419.

[106] Milne-Edwards, *Nouv . Bogen. Mus.* vii. 1871, S. 177.

[107] Siehe insbesondere Lydekker , *An. Mus. La Plata, Kumpel. Arg.* iii. 1894.

[108] Dr. Moreno und Herr A. Smith Woodward in *Proc. Zool. Soc.* 1899, S. 144; *Wiss . Ergeb . Schwed . Exped. Magellansland .* ii. 1899, S. 149.

[109] *Proz. Roy. Soc.* xlvii. 1890, S. 246.

[110] *Proz. Zool. Soc.* 1893, S. 239 und 1896, S. 296.

[111] „Revision der Manidae im Leyden Museum", *bemerkt Leyd . Mus.* iv. 1882, S. 193.

[112] Weber, *Zool. Ergebnisse einer Reise in Niederl . Ost Indien ,* 1892. Siehe auch Römer , in *Jen. Zeitschr .* xxxi. 1896, S. 604 und Reh, *ebenda.* xxx. 1895, S. 137.

[113] Siehe Wortman, „The Ganodonta and Their Relationship to the Edentata ", *Bull. Bin. Mus. Nat. Hist.* ix. 1897, S. 59.

[114] Diese Kreatur wird jedoch manchmal auf die Nachbarschaft der Nagetiere verwiesen.

[115] *Stier. Amer. Mus. Nat. Hist.* ix. 1897, S. 321.

[116] „Anmerkungen zu einigen Exemplaren von Geweihen des Damhirsches usw.", *Proc. Zool. Soc.* 1894, S. 485.

[117] *Stier. Amer. Mus. Nat. Hist.* X. 1898, S. 159.

[118] Marsh, *Amer. Reise . Wissenschaft.* xliii. 1892, S. 447.

[119] Siehe WD Matthew, *Bull. Amer. Mus. Nat. Hist.* ix. 1897, S. 303.

[120] Oder vielleicht eher zu den primitiven Huftieren Condylarthra. Es wird insbesondere mit *Periptychos* dieser Gruppe verglichen.

[121] Das Schulterblatt von *P. bathmodon ist* unbekannt.

[122] Zur Struktur dieser Gattung und von *Coryphodon* siehe Osborn, *Bull. Amer. Mus. Nat. Hist.* X. 1898, S. 169.

[123] Osborn, *Bull. Amer. Mus. Nat. Hist.* X. 1898, S. 81.

[124] Gadow, *A Classification of Vertebrata, Recent and Extinct*, London, 1898.

[125] Siehe Osborn, *American Naturalist*, Februar 1893, S. 118.

[126] Es ist nicht absolut klar, ob beide oder nur eine Gattung in Amerika vorkamen. Es wurden unterschiedliche Meinungen geäußert.

[127] Es muss jedoch daran erinnert werden, dass es Hinweise auf einen Greifcharakter in der Hand von *Phenacodus gibt* (siehe S. 203).

[128] Cope, *amerikanischer Naturforscher*, xxxi. 1897, S. 485.

[129] *Amerikanischer Nat.* Februar 1900, S. 89.

[130] Es muss berücksichtigt werden, dass die Zähne immer komplexer werden, wobei die zuerst nach oben geschobenen Zähne die wenigsten Platten haben. Der erste hat nur vier Querplatten.

[131] Forbes, *Proc. Zool. Soc.* 1879, S. 420.

[132] Siehe Krueg, *Zeitschr. wiss. Zool.* xxxiii. 1881, S. 652 und Beddard, *Proc. Zool. Soc.* 1893, S. 311.

[133] Manche Menschen sind vom unzähmbaren Charakter des Afrikanischen Elefanten so überzeugt, dass sogar vermutet wurde, dass es sich bei den Tieren, mit denen Hannibal die Alpen überquerte, nicht um *E. africanus handelte*, sondern um eine inzwischen ausgestorbene Art!

[134] *Wilde Tiere und ihre Wege*, London, 1890.

[135] Siehe *Natural History of the Ancients*, von Rev. MG Watkins, London, 1896.

[136] *Stier. Soc. Nat. d'Acclimat.* xlv. 1898, S. 41.

[137] *Trans. Zool. Soc.* ix. 1874, S. 1.

[138] Siehe Busk in *Trans. Zool. Soc.* vi. 1868, S. 227.

[139] Es gibt jedoch drei Milchvorläufer der Prämolaren, von denen einer keinen Nachfolger hat.

[140] Lydekker, *An. Mus. La Plata, Kumpel. Arg.* iii. 1894.

[141] MF Woodward „Über das Milchgebiss von *Procavia (Hyrax) capensis* usw. ", Proc . *Zool. Soc.* 1892, S. 38.

[142] „Über die Arten der Hyracoidea ", *Proc. Zool. Soc.* 1892, S. 50.

[143] Sir WH Flower, *The Horse* , London, 1890.

[144] Siehe Ewart, *The Penicuik Experiments* , Constable and Co., 1899.

[145] *Das Pferd* , London, 1890.

[146] Cuyer und Alix, *Le Cheval* , Paris, 1886.

[147] Lubbock, *Prehistoric Times* , London, 1865.

[148] J. Geikie, *Prehistoric Europe* , London, 1881.

[149] *Pferde, Esel und Zebras* , London, 1895.

[150] *Proz. Zool. Soc.* 1884, S. 540.

[151] *Proz. Zool. Soc.* 1895, S. 688.

[152] Siehe Pocock, *Ann. Nat. Hist.* (6) xx. 1897, S. 33.

[153] „Das Quagga", *Zool. Garten* , 1893, S. 289.

[154] Von diesem Pferd wurden kürzlich Überreste entdeckt (siehe Lönnberg , *Proc. Zool. Soc.* 1900, S. 379) in der Höhle, die die Überreste von *Glossotherium hervorbrachte* . Ein Stück Haut, das mit fuchsroten Haaren bedeckt ist und möglicherweise hellere Stellen aufweist, gilt als Relikt von *Onohippidium* .

[155] *Trans. Amerikanischer Phil. Soc.* xviii. 1896, S. 55.

[156] *T. leucogenys* und *T. ecuadorensis* sind wahrscheinlich nicht verschieden, letzterer ist in Wirklichkeit *T. terrestris* , ersterer *T. roulini* .

[157] Siehe Beddard , *Proc. Zool. Soc.* 1889, S. 252 und andere dort zitierte Arbeiten zur Anatomie des Tapirs.

[158] *Naturwissenschaften* , vi. 1895, S. 161.

[159] Garrod, *Proc. Zool. Soc.* 1873, S. 92; *ebenda.* 1877, S. 707. Beddard und Treves, *Trans. Zool. Soc.* xii. 1887, S. 183.

[160] *Proz. Zool. Soc.* 1876, S. 443.

[161] *Proz. Zool. Soc.* 1894, S. 329. Siehe auch den Aufsatz von Herrn Selous in *Proc. Zool. Soc.* 1881, S. 275.

[162] PL Sclater , *Proc. Zool. Soc.* 1893, S. 514.

[163] Erst kürzlich wurde jedoch von Professor Osborn bei einer in Darmstadt konservierten Art, *A. incisivum* , festgestellt, dass sie eine leichte

Ausbuchtung an den Stirnbeinen aufweist, was wahrscheinlich auf das Vorhandensein eines rudimentären Horns hinweist, und derselbe Autor ist ebenfalls der Meinung, dass dies der Fall ist scheint geneigt, die gehörnten *Teleoceras in Aceratherium zu platzieren* (siehe S. 261).

[164] Osborn, *Bull. Amer. Mus. Nat. Hist.* X. 1898, S. 51.

[165] Siehe Osborn, *Mem. Amerikanische Mus. Nat. Hist.* Bd. ich . pt. iii. 1898.

[166] Scott, in Gegenbaur *Festschrift* , ii. 1896, S. 351.

[167] Überreste der Gattung wurden auf dem Balkan gefunden.

[168] Siehe insbesondere Osborn und Wortman, *Bull. Amer. Mus. Nat. Hist.* vii. 1895, S. 333 und Osborn, *ebenda.* viii. 1896, S. 157.

[169] Siehe Osborn, *Bull. Amer. Mus. Nat. Hist.* vii. 1895, S. 82.

[170] *N. Acta Acad. Caes . Leo . Auto.* xxvii. 1885, S. 238.

[171] Siehe Bateson, *Materials for the Study of Variation* , London, 1894, S. 387.

[172] Siehe jedoch S. 196 , für eine Diskussion darüber, welches die primitivere Anordnung *ist* .

[173] *Titanotherium* (siehe S. 266) ist außergewöhnlich.

[174] Knochen von *Nilpferden* weisen jedoch darauf hin, dass dieses Tier erst in jüngster Zeit auf Madagaskar vorkam.

[175] „Über das Zwergflusspferd von Liberia", *Proc. Zool. Soc.* 1887, S. 612.

[176] Tomes, *Proc. Zool. Soc.* 1850, S. 160.

[177] Es bestehen jedoch einige Zweifel an den ersten Prämolaren.

[178] Dr. Garson hat seine Anatomie untersucht, *Proc. Zool. Soc.* 1883, S. 413 und gibt an, dass seine Unterschiede zu *Sus* „unwichtig und gering" seien.

[179] „Über die Arten von *Potamochoerus* ", *Proc. Zool. Soc.* 1897, S. 359.

[180] Marsh, *Amer. Reise . Wissenschaft.* xlvii. 1894, S. 407.

[181] Osborn, *Bull. Amer. Mus. Nat. Hist.* vii. 1895, S. 102.

[182] Marsh, *Amer. Reise . Wissenschaft.* xlviii. 1894, S. 262.

[183] Zur Struktur von *Tragulus* siehe Milne-Edwards, *Ann. Wissenschaft. Nat.* (5) ii. 1864, S. 49.

[184] Marsh, *Amer. Reise . Wissenschaft.* 1897, S. 165.

[185] Das ist das Winterkleid. Im Sommer verlieren beide Kamele ihr langes, raues Haar.

[186] Siehe Wortman, *Bull. Amer. Mus. Nat. Hist.* X. 1898, S. 93.

[187] „Osteology of *Poebrotherium* ", *Journ . Morph.* v. 1891, S. 1.

[188] Es sei denn, *Protoceras* (siehe S. 284) war mit Hörnern ausgestattet.

[189] Sir Victor Brooke, „On the Classification of the Cervidae", *Proc. Zool. Soc.* 1878, S. 883.

[190] Es wurde gelegentlich bei einem Axishirsch und bei einer anderen Art, *Cariacus , nachgewiesen Superciliaris .*

[191] Es ist nicht jeder, der so viele Gattungen zulässt. Ich folge Sir Victor Brooke.

[192] Garrod, „Über den chinesischen Hirsch namens *Lophotragus .*"*michianus* von Mr. Swinhoe , *Proc. Zool. Soc.* 1876, S. 757.

[193] *Proz. Zool. Soc.* 1877, S. 789.

[194] *Proz. Zool. Soc.* 1882, S. 636.

[195] Sir W. Flower „Über die Struktur und Verwandtschaft des Moschusrotwilds (*Moschus moschiferus*)", *Proc. Zool. Soc.* 1875, S. 159; Garrod, *loc. cit.* 1877, S. 287; und F. Jeffrey Bell, *Proc. Zool. Soc.* 1876, S. 182.

[196] Zu den Eingeweiden siehe Garrod, *Proc. Zool. Soc.* 1877, S. 5 usw.; und *ebenda.* P. 289 usw.

[197] *Proz. Zool. Soc.* 1897, S. 273.

[198] *Wilde Tiere und ihre Wege ,* 1890, S. 151.

[199] Siehe auch Sclater , *Proc. Zool. Soc. ,* 1901, ii. P. 3.

[200] Forsyth Major. *Proz. Zool. Soc.* 1891, S. 315.

[201] „On the Shedding of the Horns in the Prongbuck", siehe Bartlett, *Proc. Zool. Soc.* 1865, S. 718; Canfield, *ebenda.* 1866, S. 105; Murie , *ebenda.* 1870, S. 334; und Forbes, *ebenda.* 1880, S. 540.

[202] Die Unterscheidung zwischen den beiden Familien wurde als „phantasievoll" bezeichnet. Man muss zugeben, dass es nicht großartig ist.

[203] *Das Buch der Antilopen ,* London, Porter, 1894-1900.

[204] Sie sind gerade in der Jugend.

[205] WL Sclater , *Die Fauna Südafrikas, Säugetiere, ich .* 1900.

[206] Leider hat sich herausgestellt, dass *Taurotragus oryx der korrekte Name für die Elenantilopen ist.*

[207] AD Bartlett, „Über einige Hybrid-Rinder, die in den Gärten der Gesellschaft gezüchtet wurden", *Proc. Zool. Soc.* 1884, S. 399.

[208] Siehe *Proc. Zool. Soc.* 1890, S. 592.

[209] *Proz. Zool. Soc.* 1899, S. 64.

[210] *Proz. Zool. Soc.* 1900, S. 142.

[211] Der Name *Trigonolestes* muss durch *Pantolestes ersetzt werden* .

[212] *Trans. Amerikanischer Phil. Soc.* xviii. 1896, S. 125.

[213] Zur vollständigen Osteologie siehe Wortman, *Bull. Amer. Mus. Nat. Hist.* vii. 1895, S. 145.

[214] In *Halicore* ; wahrscheinlich auch in *Manatus* . Siehe Turner, *Trans. Roy. Soc. Edinb* . xxxv. 1889, S. 641.

[215] Kükenthal hat beim Fötus der Seekuh eine dicke Schicht rudimentärer Haare entdeckt und damit gezeigt, dass es sich um den Nachkommen eines pelzigen Tieres wie einer Robbe handelt.

[216] „On the Manatee", in *Trans. Zool. Soc.* Bd. viii. 1872, S. 127.

[217] Hartlaub , „ Beiträge zur Kenntnis der Manatus- Arten , *Zool. Jahrb* . 1886, S. 1.

[218] Beddard , „Anmerkungen zur Anatomie einer Seekuh (*Manatus inunguis*)", *Proc. Zool. Soc.* 1897, S. 47.

[219] Siehe Kükenthal in Semons „ Zoolog . Forschungen ", *Denkschr* . *Jen.* 1897; Langkavel , „Der Dugong", *Zool. Garten* , 1896, S. 337.

[220] *Proz. Zool. Soc.* 1892, S. 77.

[221] Siehe van Beneden und Gervais, *Ostéographie des Cétacés* ; und für einen allgemeineren Bericht Beddard , *A Book of Whales* , London, Murray, 1900.

[222] *Vergleichend-anatomische Untersuchungen an Walthiere* , Jena, 1889–93.

[223] „Und an seinen Kiemen zieht es ein und an seinem Rüssel quillt ein Meer heraus", schrieb Milton, und viele andere denken.

[224] Diese wurden von Professor Howes im Schweinswal aufgezeichnet.

[225] Einzelheiten und Literatur siehe Jungklaus ; *Jen. Zeitschr* . xxxii. 1898, S. 1.

[226] In *Proc. Zool. Soc.* 1886, S. 243.

[227] Perrin, „Anmerkungen zur Anatomie von *B. rostrata* ", *Proc. Zool. Soc.* 1870, S. 805.

[228] von Haast , „Notizen zu einem Skelett von *Balaenoptera australis* ", *Proc. Zool. Soc.* 1883, S. 592.

[229] *Ostéographie des Cétacés* , Paris, 1880, S. 130.

[230] *Meeressäugetiere der Nordwestküste Nordamerikas* , 1874.

[231] Vgl. Scammon, *loc. cit.*

[232] Der Name, der Priorität hat, scheint *glacialis zu sein* .

[233] *Proz. Zool. Soc.* 1881, S. 969.

[234] *Actes Linn. Soc. Bordeaux* , 1881.

[235] Zur Osteologie siehe Hector, *Trans. Neuer Eifer. Inst.* vii. 1876, S. 251; und Beddard , *Trans. Zool. Soc.* xv. 1901, S. 87.

[236] *Reise . de l'Anat* . xxvi. 1890, S. 270.

[237] *Die Kreuzfahrt auf dem Cachalot* , London, 1900.

[238] Siehe Pouchet , „Contribution a l'histoire du spermaceti", *Bergens Museums Aarbog für 1893* , Nr. I.

[239] Yule, *Reisen von Marco Polo* , ii. London, 1874, S. 231.

[240] Siehe Flower, *Trans. Zool. Soc.* viii. 1872, S. 203.

[241] *Bihang Svensk . Akad . Handl* . viii. 1883.

[242] Blume, *Trans. Zool. Soc.* X. 1878, S. 415; und HO Forbes, *Proc. Zool. Soc.* 1893, S. 216.

[243] *Trans. Zool. Soc.* xii. 1889, S. 241.

[244] *Ann. Wissenschaft. Nat.* (7), xiii. 1892, S. 259.

[245] *Proz. Zool. Soc.* 1882, S. 722, 726.

[246] *Stier. US Nat. Mus.* Nr. 36, 1889, S. 7.

[247] Siehe einen Aufsatz über die Jagd auf diesen Wal von SHC Müller, in *Fish and Fisheries* , Edinburgh (Blackwood), 1883.

[248] Grampus ist eine Abkürzung für „*Grand Poisson*"und ein naheliegender Name für jeden Wal.

[249] Siehe *Actes Soc. Linn. Bordeaux* , 1881; und für eine andere, ebenfalls farbige Figur , Blume, in *Trans. Zool. Soc.* xi. 1880, Taf. ich .

[250] *Stier. US Nat. Mus.* Nr. 36, 1889.

[251] *Zool. Jahrb . Syst. Theil* , vi. 1892, S. 442.

[252] *Anatomische Forschungen Yunnan Exp.* 1878, S. 417.

[253] *Blume, Trans. Zool. Soc.* vi. 1867, S. 106; und Burmeister, *Proc. Zool. Soc.* 1867, S. 484.

[254] *Proz. Zool. Soc.* 1892, S. 558.

[255] Thompson, *Studies Mus. Dundee* , ich . 1890; und *CR Congrès de Zoologie* , 1889, p. 225.

[256] Lydekker , *Proc. Zool. Soc.* 1892, S. 560.

[257] Für eine allgemeine Darstellung der Osteologie siehe Flower, *Proc. Zool. Soc.* 1869, S. 4; und zur Muskelanatomie Windle und Parsons, *Proc. Zool. Soc.* 1897, S. 370 und 1898, S. 152.

[258] Siehe St. G. Mivart „On the Aeluroidea ", *Proc. Zool. Soc.* 1882, S. 135: und *The Cat* , London, J. Murray, 1881.

[259] „Über die Schüler der Felidae", *Proc. Zool. Soc.* 1894, S. 481.

[260] „Observations ... on the Seal's Eye", *Proc. Zool. Soc.* 1893, S. 719.

[261] Bemerkenswert ist, dass beim Tiger einige der Streifen helle Zentren haben und daher wie herausgezogene Flecken wirken, während es auch kleine schwarze Flecken gibt.

[262] *Naturwissenschaften* , vi. 1895, S. 89.

[263] Für einen Bericht über dieses und andere Säugetiere, die in Mittelamerika vorkommen, siehe Alston in Messrs. Godman und Salvin's *Biologie Centrali -Americana* , 1879-1882.

[264] Aber Herr Belt sagt, dass der „Tigre" niemals einen Menschen angreift, es sei denn, er wird provoziert.

[265] Siehe E. Hamilton, *The Wild Cat of Europe* , London, Porter, 1896; und MG Watkins, *Gleanings from the Natural History of the Ancients* , London, Elliot Stock, 1896.

[266] Die Retraktilität ist bei den Linsangs am ausgeprägtesten.

[267] Beddard in *Proc. Zool. Soc.* 1895, S. 430.

[268] Wo es wahrscheinlich eingeführt wurde.

[269] *Proz. Zool. Soc.* 1873, S. 196.

[270] Flower, *Proc. Zool. Soc.* 1872, S. 683.

[271] Siehe auch Bd. viii. P. 591.

[272] Der ursprüngliche Name war *Rhinogale* .

[273] Dass es sich um eine Anomalie handelt, wurde kürzlich festgestellt.

[274] Zur Anatomie der Hyänen siehe Morrison Watson in *Proc. Zool. Soc.* 1877, S. 369; 1878, S. 416; und 1879, S. 79.

[275] Flower, *Proc. Zool. Soc.* 1869, S. 457.

[276] Für eine allgemeine Darstellung der Canidae siehe Mivart , *A Monograph of the Canidae* , London, 1890.

[277] Flower, *Proc. Zool. Soc.* 1879, S. 766.

[278] *Proz. Zool. Soc.* 1880, S. 70.

[279] Die Verwandtschaft zwischen den Canidae und den Procyonidae darf bei der Betrachtung dieses Punktes der äußerlichen Ähnlichkeit nicht aus den Augen verloren werden.

[280] *Stier. Amer. Mus. Nat. Hist.* xii. 1900, S. 109.

[281] *Proz. Zool. Soc.* 1890, S. 98.

[282] Temminck , sein Erstbeschreiber, ordnete es der Gattung *Hyaena zu* .

[283] Siehe Garrod, *Proc. Zool. Soc.* 1878, S. 373.

[284] *Proz. Zool. Soc.* 1899, S. 533.

[285] Siehe Beddard , *Proc. Zool. Soc.* 1900, S. 661, für Anatomie.

[286] Beddard , *Proc. Zool. Soc.* 1898, S. 129.

[287] Es ist eine merkwürdige Tatsache, dass ein einheimischer Name für das Geschöpf „Pottos" ist (vgl. natürlich *Potto*); und tatsächlich scheint der Gattungsname *Potos* Vorrang vor *Cercoleptes zu haben* .

[288] „ *Narica* " wird im Allgemeinen nach Linnaeus geschrieben. Aber das war laut Herrn Alston wahrscheinlich ein Fehler von *Nasica* .

[289] *Proz. Zool. Soc.* 1870, S. 752.

[290] Siehe Wortman, *Bull. Amer. Mus. Nat. Hist.* vi. 1894, S. 229.

[291] Als ein kleiner Punkt der Ähnlichkeit zwischen diesem Mustelid und den Procyonidae können die Farben des Gesichts erwähnt werden. *M. anakuma* ähnelt besonders dem Waschbären.

[292] Siehe *Trans. Zool. Soc.* ii. 1841, S. 201.

[293] *Proz. Zool. Soc.* 1894, S. 306.

[294] Ich habe fünfzehn gefunden.

[295] *Ann. Nat. Hist.* (6) xiii. 1893, S. 522.

[296] Siehe Matschie , *SB. Ges . Naturf . Berlin* , 1895, S. 171.

[297] *Proz. Zool. Soc.* 1879, S. 305.

[298] Lydekker , „Anmerkung zur Struktur und den Gewohnheiten des Seeotters (*Latax lutris*)", *Proc. Zool. Soc.* 1895, S. 421; und *ebenda.* 1896, S. 235.

[299] Siehe einen Artikel von Herrn Lydekker in *Knowledge* , April 1898, dem viele der oben genannten Fakten entnommen wurden.

[300] „Vorbemerkungen zu den Charakteren und der Synonymie der verschiedenen Otterarten", *Proc. Zool. Soc.* 1889, S. 190.

[301] Sogar scheinbar bei derselben Art.

[302] Die Anzahl der Prämolaren ist beim Eisbären reduziert.

[303] „Der blaue Bär von Thibet" usw., *Proc. Zool. Soc.* 1897, S. 412.

[304] *Neu . Bogen. Mus.* vii. 1872, *Bulle.* P. 92; und *Recherches pour servir à l'histoire naturelle des Mammifères* , 1868-1874, S. 321. Diese Gattung wurde erst kürzlich (Lankester , *Trans. Linn. Soc.* viii. 1901, S. 163) eindeutig den Procyonidae zugeordnet.

[305] Für die Gattungen von Pinnipedia siehe Mivart , *Proc. Zool. Soc.* 1885, S. 484.

[306] Murie , *Trans. Zool. Soc.* viii. 1874, S. 501.

[307] *Stier. Amer. Mus. Nat. Hist.* vi. 1894, S. 129.

[308] S. 456 unten.

[309] Siehe insbesondere Allen, *North American Pinnipedes* , 1880.

[310] Murie , *Trans. Zool. Soc.* vii. 1894, S. 411.

[311] Vgl. der Dugong, S. 336 .

[312] Kükenthal , *Jen. Zeitschr* . xxviii. 1894, S. 76.

[313] Cunningham, „Sexual Dimorphism in the Animal Kingdom", London, 1900; siehe auch Flower, *Proc. Zool. Soc.* 1881, S. 145.

[314] *Reise . Ac. Wissenschaft. Philadelphia* , ix. 1886, S. 175.

[315] Siehe insbesondere Tullberg , „ Über das System der Nagethiere ", *Act. Ak. Upsala* , 1899; und Alston, *Proc. Zool. Soc.* 1875, S. 61; und zur Nomenklatur Thomas, *Proc. Zool. Soc.* 1896, S. 1012; und Palmer, *Proc. Biol. Soc. Washington* ; xi. 1897, S. 241.

[316] *Proz. Zool. Soc.* 1884, S. 252.

[317] *Phil. Trans.* 1850, Punkt. ii. P. 529.

[318] Gesehen jedoch bei *Chaetomys* .

[319] Siehe Beddard , *Proc. Zool. Soc.* 1892, S. 596 und Gervais, *Journ . Zool.* ich . 1872, S. 450.

[320] „Observations sur le genre *Anomalurus* ", *Nouv . Bogen. Mus.* (2), vi. 1883, S. 277.

[321] „Über die Gewohnheiten der Flughörnchen der Gattung *Anomalurus* ", *Proc. Zool. Soc.* 1894, S. 243.

[322] WE de Winton, „Über eine neue Gattung und Art von Nagetieren" usw., *Proc. Zool. Soc.* 1898, S. 450. Anscheinend beschrieb Matschie genau zum Zeitpunkt der Veröffentlichung dieser Arbeit dasselbe Tier als *Zenkerella* .

[323] *Proz. Zool. Soc.* 1893, S. 179.

[324] Blume und Lydekker .

[325] Thomas, *J. Asiat . Soc. Bengalen* , lvii. 1888, S. 256.

[326] ET Newton, *Trans. Zool. Soc.* xiii. 1892, S. 165 .

[327] *Proz. Zool. Soc.* 1896, S. 1016.

[328] Reuvens , „Die Myoxidae Oder Schläfer , Leyden, 1890, erlaubt nur eine Gattung, *Myoxus* , die anderen hier übernommenen Gattungen werden als Untergattungen bezeichnet.

[329] Dazu kommt vielleicht noch eine sechste, die „Gelbhalsmaus", *Mus flavicollis* .

[330] Zur Anatomie siehe Windle, *Proc. Zool. Soc.* 1887, S. 53.

[331] *Proz. Zool. Soc.* 1889, S. 247.

[332] *Trans. Zool. Soc.* xiv. 1898, S. 377.

[333] *Neu . Bogen. Mus.* iii. 1867, S. 81.

[334] *Populäre Naturgeschichte der Tiere* , London, 1898.

[335] *Proz. Zool. Soc.* 1863, S. 95.

[336] Siehe O. Thomas, „On some Mammals from Central Peru", *Proc. Zool. Soc.* 1893, S. 333.

[337] „Anmerkungen zur Nagetiergattung *Heterocephalus* ", *Proc. Zool. Soc.* 1885, S. 845.

[338] *Proz. Zool. Soc.* 1885, S. 611.

[339] *Proz. Zool. Soc.* 1890, S. 610.

[340] Parsons, *Proc. Zool. Soc.* 1898, S. 858.

[341] Sehr wahrscheinlich sollte diese Form eher, wie es bei Thomas der Fall ist, auf die Nachbarschaft von *Pectinator bezogen werden* , was die geografische Anomalie klären würde.

[342] *Anmerkungen Leyd . Mus.* 1891, S. 105.

[343] Günther, *Proc. Zool. Soc.* 1879, S. 144.

[344] *Proz. Zool. Soc.* 1873, S. 786.

[345] *Ort. cit.* (auf S. 458), S. 123.

[346] *Proz. Zool. Soc.* 1892, S. 520.

[347] Siehe Dobson, *Proc. Zool. Soc.* 1884, S. 233.

[348] Peters, *Trans. Zool. Soc.* vii. 1871, S. 397.

[349] „Feldnotizen zu den Säugetieren Uruguays", *Proc. Zool. Soc.* 1894, S. 297.

[350] Beddard , *Proc. Zool. Soc.* 1891, S. 236.

[351] Tullberg gibt an, dass diese fehlen. Ich habe sie gefunden, aber es sind sehr kleine Knochen, nicht länger als einen halben Zoll.

[352] Es gibt eine schwache Entwicklung dieser Grate, jedoch hinter dem Gaumenforamina bei *Dasyprocta aguti* .

[353] *Proz. Zool. Soc.* 1885, S. 161.

[354] Oder abwesend?

[355] *Im Guayana-Wald* , London, 1894.

[356] *MB. Ak. Berlin* , 1873, S. 551.

[357] Ein Bericht über die drei Gattungen findet sich in *Trans. Zool. Soc.* ich , 1833, p. 35, von Herrn ET Bennett.

[358] Hudson, „On the Habits of the Vizcacha", *Proc. Zool. Soc.* 1872, S. 822.

[359] *Proz. Zool. Soc.* 1894, S. 251, 680.

[360] *Nat. Wissenschaft* , vi. 1895, S. 94.

[361] Siehe Parsons. *Proz. Zool. Soc.* 1894, S. 675.

[362] Günther, *Proc. Zool. Soc.* 1876, S. 739 und 1889, S. 75; und Cederblom , *Zool. Jahrb . Syst. Abth .* xi. 1897-98, S. 497.

[363] *Proz. Zool. Soc.* 1881, S. 624.

[364] *Proz. Biol. Soc. Washington* , x. 1896, S. 169.

[365] Siehe insbesondere Dobson, *A Monograph of the Insectivora* , London, 1886-90.

[366] Selbst beim otterähnlichen *Potamogale* ragt der Oberkiefer, obwohl breit und flach, beträchtlich über den Unterkiefer hinaus.

[367] " Bemerkungen über die Genealogie der Erinaceen ." In *Festschrift f. Liljeborg* , 1896. Siehe auch Anderson, *Trans. Zool. Soc.* viii. 1874, S. 453.

[368] Dobson, „Notes on the Anatomy of the Erinaceidae ", *Proc. Zool. Soc.* 1881, S. 389.

[369] Siehe *Naturwissenschaften* , xiii. 1898, S. 156.

[370] *Manuel d'Hist . Nat.* Französische Trans. von Artaud, 1803.

[371] „Anmerkungen zur viszeralen Anatomie der Tupaia von Burmah ", *Proc. Zool. Soc.* 1879, S. 301.

[372] *Proz. Zool. Soc.* 1848, S. 23.

[373] Ich zitiere Woodward, *Proc. Zool. Soc.* 1896, für dieses Gebiss. Der vierte Molar des Unterkiefers ist nicht immer vorhanden. Es kommt spät und nur *alte* Tiere besitzen es.

[374] Mivart in *Proc. Zool. Soc.* 1871, S. 58.

[375] Thomas, *Proc. Zool. Soc.* 1892, S. 500.

[376] Allman gibt an, dass die Eckzähne fehlen. Ich folge Flower und Lydekker .

[377] Siehe Allman in *Trans. Zool. Soc.* vi. 1869, S. 1.

[378] Der Gattungsname *Chalcochloris wurde von Dr.* Mivart für diese vorgeschlagen .

[379] Siehe Peters, *Reise nach Mosambik* , 1852, für äußere Charaktere und Anatomie.

[380] „Von Dr. Emin Pascha gesammelte Säugetiere", in *Proc. Zool. Soc.* 1890, S. 446.

[381] Ritsema Bos, *Biol. Zentralbl* . xviii. 1898, S. 63.

[382] „Eine Zusammenfassung der Gattungen der Familie Soricidae ", *Proc. Zool. Soc.* 1890, S. 49.

[383] Leche, „ Über Galeopithecus ," *K. Svensk . Ak. Handl* . 1886.

[384] Siehe Dobson, *Ann. Nat. Hist.* (5) xiv. 1884, S. 153.

[385] Dobson, *Proc. Zool. Soc.* 1875, S. 370.

[386] *Ebenda.* P. 381.

[387] Dobson, *Proc. Zool. Soc.* 1875, S. 546.

[388] *Ebenda.* 1876, S. 701.

[389] Für einen allgemeinen Bericht über die Primaten siehe Forbes in *Allen's Naturalists' Library*, London, 1894.

[390] Siehe Dr. Mivarts Arbeiten in *Proc. Zool. Soc.* 1864, -65, -66, -67 und -73 für Osteologie und Zähne.

[391] Murie und Mivart , *Trans. Zool. Soc.* vii. 1869, S. 1.

[392] *Trans. Zool. Soc.* v. 1863, S. 103.

[393] *Hist. Nat. de Madagaskar, Mamm* . 1875.

[394] *Proz. Zool. Soc.* 1895, S. 142.

[395] *Trans. Zool. Soc.* v. 1863, S. 33.

[396] *Verh . Ak. Amsterdam* , xxvii. 1890, Kunst. 2.

[397] „Zu einigen Punkten in der Struktur von *Hapalemur griseus* " *Proc. Zool. Soc.* 1884, S. 301.

[398] Beddard , *Proc. Zool. Soc.* 1900, S. 661.

[399] Über die Armdrüsen der Lemuren, *Proc. Zool. Soc.* 1887, S. 369.

[400] Zumindest die Formel ist also gegeben; aber es ist sehr wahrscheinlich, dass der angebliche zweite Schneidezahn, gemessen an den anderen Lemuren, tatsächlich ein Eckzahn ist.

[401] Die Definition des Madagassischen muss jedoch vage sein, oder ihre Interpreten sind nicht gut mit den Grundlagen der Sprache vertraut; denn Sonnerat gibt an, dass Indri „homme des bois " bedeutet .

[402] Syn. *Mikrorhynchus* .

[403] Beddard , *Proc. Zool. Soc.* 1884, S. 391 und 1891, S. 449; und Jentink, *Notes Leyd . Mus.* 1885, S. 33.

[404] *Proz. Zool. Soc.* 1899, S. 554.

[405] *Royal Natural History* , London, 1894, p. 211.

[406] Siehe *Novitate Zoologicae* , vol. ich . 1894, S. 2.

[407] *Proz. Zool. Soc.* 1900, S. 321.

[408] „Auf dem Angwantibo", *Proc. Zool. Soc.* 1864, S. 314.

[409] *Verh . Ak. Amsterdam* , xxvii. 1890.

[410] *Proz. Zool. Soc.* 1882, S. 639; siehe auch Rev. GA Shaw, *Proc. Zool. Soc.* 1883, S. 44, 2. Art.

[411] Für einen Überblick über die Position von *Tarsius* siehe Earle, *Amer. Naturforscher*, xxxi. 1897, S. 569; und *Nat. Wissenschaft*, x. 1897, S. 309.

[412] Siehe Schlosser, *Beiträge Pal. Osterr. Aufgehängt.* 1888; auch Osborn und Earle, *Bull. Amer. Mus. Nat. Hist.* vii. 1895, S. 16.

[413] *Proz. Zool. Soc.* 1899, S. 987.

[414] *Phil. Trans.* clxxxv. B, 1894, p. 15.

[415] Es scheint möglich, dass dieser große Lemur erst im Jahr 1658 existierte, als de Flacourt ein möglicherweise auf ihn reagierendes Geschöpf beschrieb .

[416] „Anmerkungen zu *Callithrix gigot* “, *Proc. Zool. Soc.* 1884, S. 6.

[417] Forbes, *Proc. Zool. Soc.* 1880, S. 639.

[418] „Über einen neuen afrikanischen Affen der Gattung *Cercopithecus* , mit einer Liste der bekannten Arten“, *Proc. Zool. Soc.* 1893, S. 243; siehe auch S. 441 .

[419] *Proz. Zool. Soc.* 1879, S. 451.

[420] Siehe die zitierten Bücher auf S. 576 (Fußnote).

[421] Es wird nicht von allen so eingestuft.

[422] *Proz. Zool. Soc.* 1899, S. 296.

[423] Für Berichte über die Gewohnheiten des Gorillas, zusammengestellt aus verschiedenen Quellen, siehe Hartmanns „Anthropoid Apes“, *International Scient. Ser.* London, 1885; HO Forbes, „Monkeys“, in Allen's *Naturalists' Series* , London, 1894; und Huxley, „Man's Place in Nature“, Bd. vii. of *Collected Essays* , London, 1894.

[424] „Der Platz des Menschen in der Natur“, Bd. vii. of *Collected Essays* , London, 1894.

[425] Hartmanns „Anthropoid Apes“, in *International Sci. Ser.* London, 1885.

[426] *Neu . Bogen. Mus. Hist. Nat.* Paris, ii. 1866.

[427] *Proz. Zool. Soc.* 1899, S. 296.

[428] Siehe auch Duckworth, *Proc. Zool. Soc.* 1898, S. 989.

[429] Zur Struktur dieses Affen siehe Beddard , *Trans. Zool. Soc.* xiii. 1893, S. 177; und für Experimente zu ihrer Intelligenz Romanes, *Proc. Zool. Soc.* 1889, S. 316.

[430] Zum äußeren Erscheinungsbild des Orang siehe Hermes, *Zeitschr . F. Ethn .* 1876, ein Papier mit farbigen Tafeln.

[431] *Pithecanthropus erectus. Eine menschenähnliche Übergangsform aus Java* , Batavia, 1894. Siehe auch Ernst Haeckel, *The Last Link* (mit Anmerkungen von H. Gadow), London, 1898; Manouvrier , *Amer. Reise . Wissenschaft.* 1897, S. 213 (Auszüge); und Klaatsch , *Zoolog . Zentralbl* . vi. 1899, S. 217.

[432] Siehe insbesondere Wiedersheim , *The Structure of Man* , übers. von Howes, London, 1895.

[433] Cunningham, „Cunningham Memoirs", Nr. II. *Royal Irish Acad.* 1886.